Cours d'analyse de l'école polytechnique

Volume 3: Calcul intégral; équations différentielles

Camille Jordan

Cambridge University Press

CAMBRIDGE
UNIVERSITY PRESS

University Printing House, Cambridge, CB2 8BS, United Kingdom

Published in the United States of America by Cambridge University Press, New York

Cambridge University Press is part of the University of Cambridge.
It furthers the University's mission by disseminating knowledge in the pursuit of education, learning and research at the highest international levels of excellence.

www.cambridge.org
Information on this title: www.cambridge.org/9781108064712

This edition first published 1887
This digitally printed version 2014

ISBN 978-1-108-06471-2 Paperback

CAMBRIDGE LIBRARY COLLECTION

Books of enduring scholarly value

Mathematics

From its pre-historic roots in simple counting to the algorithms powering modern desktop computers, from the genius of Archimedes to the genius of Einstein, advances in mathematical understanding and numerical techniques have been directly responsible for creating the modern world as we know it. This series will provide a library of the most influential publications and writers on mathematics in its broadest sense. As such, it will show not only the deep roots from which modern science and technology have grown, but also the astonishing breadth of application of mathematical techniques in the humanities and social sciences, and in everyday life.

Cours d'analyse de l'école polytechnique

One of the great algebraists of the nineteenth century, Marie Ennemond Camille Jordan (1838–1922) became known for his work on matrices, Galois theory and group theory. However, his most profound effect on how we see mathematics came through his *Cours d'analyse*, which appeared in three editions. Reissued here is the first edition, which was published in three volumes between 1882 and 1887. While highly influential in its time, it now appears to us a transitional work between the partially rigorous 'epsilon delta' calculus of Cauchy and his successors, and the new 'real number' analysis of Weierstrass and Cantor. The first two volumes follow the old tradition while the third volume incorporates a substantial amount of the new analysis. Ten years later, the even more influential second edition followed the new point of view from its start. Volume 3 (1887) covers the integration of differential equations and the calculus of variations.

Cambridge University Press has long been a pioneer in the reissuing of out-of-print titles from its own backlist, producing digital reprints of books that are still sought after by scholars and students but could not be reprinted economically using traditional technology. The Cambridge Library Collection extends this activity to a wider range of books which are still of importance to researchers and professionals, either for the source material they contain, or as landmarks in the history of their academic discipline.

Drawing from the world-renowned collections in the Cambridge University Library and other partner libraries, and guided by the advice of experts in each subject area, Cambridge University Press is using state-of-the-art scanning machines in its own Printing House to capture the content of each book selected for inclusion. The files are processed to give a consistently clear, crisp image, and the books finished to the high quality standard for which the Press is recognised around the world. The latest print-on-demand technology ensures that the books will remain available indefinitely, and that orders for single or multiple copies can quickly be supplied.

The Cambridge Library Collection brings back to life books of enduring scholarly value (including out-of-copyright works originally issued by other publishers) across a wide range of disciplines in the humanities and social sciences and in science and technology.

COURS
D'ANALYSE
DE L'ÉCOLE POLYTECHNIQUE.

ΕΙ Ο ΘΕΟΣ ΓΕΩΜΕΤΡΕΙ

COURS
D'ANALYSE
DE
L'ÉCOLE POLYTECHNIQUE,

PAR M. C. JORDAN,
MEMBRE DE L'INSTITUT, PROFESSEUR A L'ÉCOLE POLYTECHNIQUE.

TOME TROISIÈME.

CALCUL INTÉGRAL.

ÉQUATIONS DIFFÉRENTIELLES.

PARIS,
GAUTHIER-VILLARS, IMPRIMEUR-LIBRAIRE
DU BUREAU DES LONGITUDES, DE L'ÉCOLE POLYTECHNIQUE,
SUCCESSEUR DE MALLET-BACHELIER,
Quai des Augustins, 55.

1887

PRÉFACE.

Le présent Volume, qui terminera notre *Cours d'Analyse,* a pour objet l'étude des équations différentielles et le Calcul des variations.

Nous nous sommes trouvé conduit, en l'écrivant, à étendre sensiblement notre programme primitif.

La théorie des équations différentielles a été, en effet, depuis quelques années et dans des directions très diverses, l'objet de travaux considérables, qui l'ont complètement transformée. Le moment semble venu de résumer quelques-unes de ces théories nouvelles en vue de les introduire dans l'enseignement.

On trouvera donc dans ce Volume de nombreux emprunts aux travaux de MM. Briot et Bouquet, Poincaré, Darboux et Königsberger sur les équations différentielles ordinaires; de MM. Fuchs, Halphen et Picard sur les équations linéaires; de Jacobi et de MM. Lie et Mayer sur les équations aux dérivées partielles et aux différentielles totales; de Hankel sur les fonctions de Bessel; de MM. Clebsch et Mayer sur la seconde variation des intégrales.

Bien que nous ayons encore laissé de côté plusieurs théories importantes, ces diverses additions ont notablement accru les dimensions du présent Volume. Nous avons donc dû renoncer à notre projet primitif d'y joindre un Recueil d'exercices et des Notes complémentaires.

Celles de ces Notes qui se rapportaient aux sujets traités dans ce Volume ont été fondues dans le corps de l'Ouvrage; mais les autres ont été sacrifiées, à l'exception de l'une d'elles, ayant pour objet les principes du Calcul infinitésimal, et qu'il nous a paru indispensable de conserver.

Nous devons tous nos remerciements à M. Humbert pour la part active qu'il a bien voulu prendre à la revision des démonstrations de ce Livre et à la correction des épreuves.

TABLE DES MATIÈRES.

TROISIÈME PARTIE.

ÉQUATIONS DIFFÉRENTIELLES.

CHAPITRE I.

ÉQUATIONS DIFFÉRENTIELLES ORDINAIRES.

I. — *Notions préliminaires.*

II. — *Équations du premier ordre.*

III. — *Systèmes d'équations simultanées.*

CHAPITRE II.

ÉQUATIONS LINÉAIRES.

I. — *Généralités.*

II. — *Équations linéaires à coefficients constants.*

III. — *Intégration par des séries.*

IV. — *Intégration par des intégrales définies.*

V. — *Équations de M. Picard.*

CHAPITRE III.

ÉQUATIONS AUX DÉRIVÉES PARTIELLES.

I. — *Notions préliminaires.*

II. — *Équations aux dérivées partielles du premier ordre.*

III. — *Équations aux dérivées partielles du second ordre.*

IV. — *Équations linéaires à coefficients constants.*

CHAPITRE IV.

CALCUL DES VARIATIONS.

I. — Première variation des intégrales simples.

II. — Variation seconde.

III. — Variation des intégrales multiples.

NOTE SUR QUELQUES POINTS DE LA THÉORIE DES FONCTIONS.

FIN DE LA TABLE DES MATIÈRES.

ERRATA.

Pages	Lignes	*au lieu de*	*lisez*
27	10	m	n
27	11	n	m
52	29	$(\psi, \varphi_1$	$((\psi, \varphi_1), \varphi_2)$
66	13	o	t_0
77	20	$x_2, \ldots, x_m$	$y_2, \ldots, y_m$
122	16	$\frac{p-a}{p}$	$\frac{p+\alpha}{p}$
124	18	négatif	nul ou négatif
125	15	négatif	nul ou négatif
146	16	$-\mathrm{T}$	$=\mathrm{T}$
152	11	p_2	$p_2 x$
166	2 et 3	$\gamma + \gamma_1 s$	$\frac{\gamma}{s^2}$
199	4	$\mathrm{Y}'' =$ etc.	$\mathrm{Y}'' = \mathrm{SY}' - b\mathrm{Y}'$
215	23	négative	positive
239	8	$+$	$-$
322	13	Soient	Soit
347	12	$dz - \Sigma p_i\, dx_i$	$\rho(dz - \Sigma p_i\, dx_i)$
401	2	$\mathrm{K}^{\frac{1}{2}}$	$\mathrm{K}^{-\frac{1}{2}}$
414	22	(58)	(57)
414	23	(57)	(58)
416	15	$(2n+1)!$	$2n+1$
422	2	$\frac{c}{b}$	$\frac{b}{c}$
435	7	$d\alpha$	$d\beta$
435	19	$\mathrm{N}'\mathrm{N}''\, d\alpha$	$\mathrm{N}'\mathrm{N}''\, d\beta$
436	2	$\nu^2\, d\alpha$	$\nu^2\, d\beta$
454	13	$\frac{\rho'}{\rho - \rho}$	$\frac{\rho'}{\rho' - \rho}$
457	19	$\gamma + \delta$	$\gamma + \beta$
468	5	$[\delta\varphi]_0$	$2[\delta\varphi]_0$
480	4	de l'équation $\psi = 0$ laquelle a	des équations $\psi = 0$, $\chi = 0, \ldots,$ lesquelles ont
491	3	$\frac{\partial\psi}{\partial y_1}$	$\left(\frac{\partial\psi}{\partial y}\right)_1$
491	4	$\frac{\partial\chi}{\partial y_1}$	$\left(\frac{\partial\chi}{\partial y}\right)_1$
526	1	(35)	(39)
535	26	$\frac{\partial u}{\partial v}$	$\frac{\partial v}{\partial x}$
536	3	$\delta \mathrm{V}_1$	δv_1

Pages	Lignes	au lieu de	lisez
543	13	ds	$\sqrt{dx^2+dy^2}$
573	14	c	x
589	20	at_k	at_{k+1}

SUPPLÉMENT AUX ERRATA PRÉCÉDENTS.

TOME I.

Pages	Lignes	au lieu de	lisez
40	15	v	t
78	3	positif ou négatif	négatif ou positif
111	20	$+\frac{1}{4}$	$-\frac{1}{4}$
127	8	2	$2i$
163	12	vers $n=\infty$ pour	pour $x=\infty$ vers
177	13	q_n	Q_n
205	27	R	R_1
230	5	$\frac{\partial c}{1.2}$	$\frac{dc}{1.2}$
244	18	le	la
245	24	$ds\sqrt{}$	$ds=\sqrt{}$
250	21	a^3	a^2
261	21	d'un périmètre	du périmètre
269	15	B^α	B^2
271	20	$(B+\Delta B)$	$(B+\Delta B)^2$
283	3	$\sqrt{m^2n^2+m^2}$	$\sqrt{m^2n^2+m^4}$
283	3	$\frac{m\sqrt{1+n^2}}{(m^2+n^2)^{\frac{3}{2}}}$	$\frac{m}{m^2+n^2}$
283	4	l'errata du Tome Ier indique à tort une correction	
284	22	b	b_1
284	23	b	b_2
308	30	$t,\ t+dt$	$v,\ v+dv$
355	17	linéaires	trilinéaires

TOME II.

Pages	Lignes	au lieu de	lisez
XIV	12	a_{n-}	a_{n-2}
25	4	y	x
25	9	x	y
45	15	dx	$d\varphi$
83	19	o	c
236	2, 3, 4, 5	π	$n\pi$
381	2	z	u

COURS
D'ANALYSE
DE
L'ÉCOLE POLYTECHNIQUE.

TROISIÈME PARTIE.

ÉQUATIONS DIFFÉRENTIELLES.

CHAPITRE I.

ÉQUATIONS DIFFÉRENTIELLES ORDINAIRES.

I. — Notions préliminaires.

1. Nous avons vu dans le *Calcul différentiel* (Chap. II) que, lorsqu'on a un certain nombre de relations entre une ou plusieurs variables indépendantes x_1, x_2, ... et des fonctions y_1, y_2, ... de ces variables, on pouvait, en combinant ces équations avec celles qui s'en déduisent par dérivation, en déduire une infinité d'équations différentielles auxquelles satisfont ces fonctions.

Il nous reste à traiter le problème inverse, en cherchant à remonter des équations différentielles aux relations qui existent entre les variables elles-mêmes.

Nous nous occuperons d'abord des équations différentielles *ordinaires*, où ne figure qu'une variable indépendante x.

2. Soit proposé un système de m équations différentielles entre x et m fonctions $y_1, \ldots, y_m$ de cette variable. On pourra, par l'introduction de variables auxiliaires, ramener le système proposé à un autre système équivalent, où ne figurent que des dérivées du premier ordre.

En effet, supposons, pour fixer les idées, que nous ayons deux équations différentielles simultanées

$$F\left(x, y, \frac{dy}{dx}, \frac{d^2y}{dx^2}, \frac{d^3y}{dx^3}, z, \frac{dz}{dx}, \frac{d^2z}{dx^2}\right)=0,$$

$$F_1\left(x, y, \frac{dy}{dx}, \frac{d^2y}{dx^2}, \frac{d^3y}{dx^3}, z, \frac{dz}{dx}, \frac{d^2z}{dx^2}\right)=0.$$

Posons

$$\frac{dy}{dx}=y', \quad \frac{d^2y}{dx^2}=y'', \quad \frac{dz}{dx}=z'.$$

On aura évidemment

$$\frac{dy}{dx}=y', \quad \frac{dy'}{dx}=y'', \quad \frac{dz}{dx}=z',$$

$$F\left(x, y, y', y'', \frac{dy''}{dx}, z, z', \frac{dz'}{dx}\right)=0,$$

$$F_1\left(x, y, y', y'', \frac{dy''}{dx}, z, z', \frac{dz'}{dx}\right)=0.$$

Ces cinq équations différentielles forment un système manifestement équivalent aux deux équations primitives, mais où ne figurent plus que des dérivées du premier ordre.

3. Considérons donc un système simultané de m équations du premier ordre

$$F\left(x, y, \frac{dy}{dx}, z, \frac{dz}{dx}, u, \frac{du}{dx}, \ldots\right)=0,$$

$$F_1\left(x, y, \frac{dy}{dx}, z, \frac{dz}{dx}, u, \frac{du}{dx}, \ldots\right)=0,$$

$$\ldots\ldots\ldots\ldots\ldots\ldots\ldots\ldots\ldots,$$

entre la variable indépendante x et m fonctions inconnues y, z, u, ...

Si parmi ces équations il en figure une, $F = 0$, qui ne contienne pas de dérivée, soit y une des variables qu'elle contient, l'équation résolue par rapport à y donnera un résultat de la forme

$$y = \varphi(x, z, u, \ldots). \tag{1}$$

On en déduit

$$\frac{dy}{dx} = \frac{\partial\varphi}{\partial x} + \frac{\partial\varphi}{\partial z}\frac{dz}{dx} + \frac{\partial\varphi}{\partial u}\frac{du}{dx} + \cdots.$$

Substituant ces valeurs dans les équations

$$F_1 = 0, \quad F_2 = 0, \quad \ldots,$$

on aura un système de $m-1$ équations différentielles pour déterminer les $m-1$ variables z, u, ...; on calculera ensuite y par l'équation (1).

Supposons, au contraire, que l'équation $F = 0$ contienne au moins une dérivée, telle que $\frac{dy}{dx}$. Résolvant par rapport à cette dérivée, il viendra

$$\frac{dy}{dx} = f\left(x, y, z, u, \ldots, \frac{dz}{dx}, \frac{du}{dx}, \ldots\right).$$

Substituons cette valeur dans les équations suivantes; on obtiendra un système

$$\frac{dy}{dx} = f,$$

$$\varphi_1\left(x, y, z, \frac{dz}{dx}, u, \frac{du}{dx}, \ldots\right) = 0,$$

....

équivalent au proposé.

Si l'une des équations $\varphi_1 = 0$, ... ne contenait aucune dérivée, on pourrait s'en servir, comme il a été expliqué, pour éliminer une variable et ramener l'étude du système proposé à celle d'un système de $m-1$ équations différentielles seulement.

Si, au contraire, l'équation $\varphi_1 = 0$ contient une dérivée $\frac{dz}{dx}$, on en déduira

$$\frac{dz}{dx} = f_1\left(x, y, z, u, \ldots, \frac{du}{dx}, \ldots\right),$$

et l'on substituera cette valeur dans les équations suivantes.

Continuant ainsi, on arrivera à mettre le système sous la forme

$$\frac{dy}{dx} = f, \quad \frac{dz}{dx} = f_1, \quad \frac{du}{dx} = f_2, \quad \ldots,$$

f ne contenant plus $\frac{dy}{dx}$, f_1 ne contenant ni $\frac{dy}{dx}$ ni $\frac{dz}{dx}$, ...

Portant maintenant dans chaque équation les valeurs des dérivées fournies par les équations suivantes, on obtiendra un nouveau système d'équations, de la forme suivante :

$$\frac{dy}{dx} = \psi\,(x, y, z, u, \ldots),$$
$$\frac{dz}{dx} = \psi_1(x, y, z, u, \ldots),$$
$$\ldots\ldots\ldots\ldots\ldots\ldots$$

Un système d'équations simultanées du premier ordre, ainsi résolu par rapport aux dérivées, est dit ramené à sa *forme normale*.

On voit, par ce qui précède, que l'étude d'un système quelconque d'équations différentielles simultanées peut être ramenée à celle d'un système normal. Le nombre des équations de ce système normal équivalent au proposé servira de définition à l'*ordre* de ce dernier.

En particulier, si l'on n'a qu'une équation différentielle

$$\frac{d^m y}{dx^m} = f\left(x, y, \frac{dy}{dx}, \ldots, \frac{d^{m-1} y}{dx^{m-1}}\right),$$

elle sera équivalente au système normal

$$\frac{dy}{dx}=y',\quad \ldots,\quad \frac{dy^{m-2}}{dx^{m-2}}=y^{m-1},$$
$$\frac{dy^{m-1}}{dx}=f(x,y,y',\ldots,y^{m-1}).$$

Son ordre sera donc égal à m.

4. D'un système de m équations différentielles entre x et les m fonctions y, z, u, ..., on peut déduire, ainsi que nous allons le voir, une équation différentielle où ne figurent que x et y.

En général, le nombre des équations données n'est pas suffisant pour éliminer z, u, ... et leurs dérivées. Mais, si nous prenons la dérivée de chacune des équations données, nous obtiendrons m équations nouvelles, en introduisant $m-1$ inconnues de plus, à savoir une dérivée nouvelle de chacune des fonctions z, u, ... En répétant cette opération, on arrivera évidemment à se procurer assez d'équations pour effectuer l'élimination.

Considérons, par exemple, un système de trois équations

$$F=0,\quad F_1=0,\quad F_2=0$$

entre x, y, z, u. Supposons que l'ordre de la plus haute dérivée de chaque variable, dans chacune de ces équations, soit donné par le Tableau suivant :

(2)

	y	z	u
F	m	n	p
F_1	m_1	n_1	p_1
F_2	m_2	n_2	p_2

Différentions les trois équations respectivement A, A_1, A_2 fois. Nous obtiendrons ainsi un total de $A+A_1+A_2+3$ équations, entre lesquelles on aura à éliminer z et ses B premières dérivées, u et ses C premières dérivées, B désignant le plus grand des nombres $A + n$, $A_1 + n_1$, $A_2 + n_2$, et C le plus grand des nombres $A + p$, $A_1 + p_1$, $A_2 + p_2$; soit en tout $B + C + 2$ inconnues.

En thèse générale, l'élimination ne pourra se faire que si le nombre des équations surpasse celui des inconnues. On devra donc avoir

$$A + A_1 + A_2 \geqq B + C$$

et, comme on a

$$B \geqq A_1 + n_1, \quad C \geqq A_2 + p_2,$$
$$B \geqq A_2 + n_2, \quad C \geqq A_1 + p_1,$$

on en déduit

$$A \geqq n_1 + p_2, \quad A \geqq n_2 + p_1.$$

On voit de même que A_1 est au moins égal au plus grand des deux nombres $n + p_2$, $n_2 + p$, et A_2 au moins égal au plus grand des nombres $n + p_1$, $n_1 + p$.

Il est d'ailleurs aisé de voir qu'en prenant A, A_1, A_2 précisément égaux aux limites inférieures trouvées ci-dessus, on aura juste le nombre d'équations nécessaires pour l'élimination.

Soit en effet, pour fixer les idées,

$$A = n_1 + p_2 \geqq n_2 + p_1,$$
$$B = A + n \geqq A_1 + n_1 \geqq A_2 + n_2.$$

On en déduira

$$A + n = n + n_1 + p_2 \leqq A_1 + n_1,$$

d'où

$$B = A + n = A_1 + n_1;$$

et, d'autre part,

$$A + p = p + n_1 + p_2 \leqq A_2 + p_2.$$

On trouvera de même

$$A_1 + p_1 \leqq A_2 + p_2 \quad \text{ou} \quad \leqq A + p,$$

suivant que A_1 sera égal à $n + p_2$ ou à $n_2 + p$.

On aura donc, dans tous les cas,

$$C = A_2 + p_2 \overline{\overline{>}} A_1 + p_1 \overline{\overline{>}} A + p,$$

et, par suite,

$$B + C = A_1 + n_1 + A_2 + p_2 = A + A_1 + A_2.$$

En donnant à A, A_1, A_2 les valeurs ci-dessus, on aura donc une équation de plus qu'il n'est nécessaire pour déterminer z, u et leurs dérivées au moyen de y et de ses dérivées. Ces valeurs, substituées dans la dernière équation, donneront une équation finale ne contenant que y, et ses dérivées jusqu'à l'ordre D, D désignant le plus grand des nombres $A + m$, $A_1 + m_1$, $A_2 + m_2$.

Ce nombre D, qui représente l'ordre du système, sera évidemment égal au plus grand des nombres $m + n_1 + p_2$, $m_1 + n + p_2$, ..., qu'on obtient en associant ensemble trois nombres du Tableau (2) appartenant à la fois à des horizontales et à des verticales différentes.

5. Ce résultat, qu'on étendrait sans difficulté au cas d'un nombre quelconque d'équations, peut se trouver en défaut si z, u et leurs dérivées figurent dans les équations proposées de telle sorte que l'élimination puisse se faire avant qu'on ait formé toutes les équations auxiliaires qui paraissent au premier abord nécessaires, d'après le nombre des quantités à éliminer.

On obtiendra, même dans ce cas, une équation finale en y de la forme

$$\frac{d^\alpha y}{dx^\alpha} = f\left(x, y, \frac{dy}{dx}, \dots, \frac{d^{\alpha-1} y}{dx^{\alpha-1}}\right);$$

mais z, u, au lieu d'être immédiatement donnés en fonction de y et de ses dérivées, pourront être déterminés par de nouvelles équations différentielles, de la forme

$$\frac{d^\lambda z}{dx^\lambda} = \varphi\left(x, y, \frac{dy}{dx}, \dots, z, u, \dots, \frac{d^{\lambda-1} z}{dx^{\lambda-1}}, \frac{d^{\mu-1} u}{dx^{\mu-1}}\right),$$

$$\frac{d^\mu u}{dx^\mu} = \varphi_1\left(x, y, \frac{dy}{dx}, \dots, z, u, \dots, \frac{d^{\lambda-1} z}{dx^{\lambda-1}}, \frac{d^{\mu-1} u}{dx^{\mu-1}}\right).$$

Éliminant u entre ces équations par la répétition du même procédé, on arrivera à faire dépendre l'étude du système primitif de celle d'un système de la forme suivante :

$$\frac{d^\alpha y}{dx^\alpha} = f\left(x, y, \ldots, \frac{d^{\alpha-1} y}{dx^{\alpha-1}}\right),$$

$$\frac{d^\beta z}{dx^\beta} = f_1\left(x, y, \ldots, z, \ldots, \frac{d^{\beta-1} z}{dx^{\beta-1}}\right),$$

$$\frac{d^\gamma u}{dx^\gamma} = f_2\left(x, y, \ldots, z, \ldots, u, \ldots, \frac{d^{\gamma-1} u}{dx^{\gamma-1}}\right).$$

6. Considérons, en particulier, les fonctions déterminées par une équation différentielle

$$\mathrm{F}\left(x, y, \frac{dy}{dx}, \ldots, \frac{d^\alpha y}{dx^\alpha}\right) = 0,$$

algébrique par rapport à x, y, $\ldots$, $\frac{d^\alpha y}{dx^\alpha}$.

Toute solution d'une semblable équation satisfait évidemment à une infinité d'équations analogues résultant de la combinaison de F et de ses dérivées.

Réciproquement, soit y une fonction de x qui satisfasse à une série d'équations différentielles algébriques

$$\mathrm{F} = 0, \quad \mathrm{F}_1 = 0, \quad \ldots.$$

Toutes ces équations résulteront de la combinaison de l'une d'entre elles avec ses dérivées.

Considérons, en effet, parmi toutes les équations de ce genre auxquelles y satisfait, celles dont l'ordre est minimum, et parmi celles-ci choisissons celle où la plus haute dérivée est élevée à la puissance minimum. Soient α et μ cet ordre et ce degré, $\mathrm{F} = 0$ l'équation correspondante; $\mathrm{F}_1 = 0$ une autre équation quelconque du système.

De l'équation $\mathrm{F} = 0$ et de ses dérivées on pourra déduire les valeurs de $\frac{d^{\alpha+1} y}{dx^{\alpha+1}}$, $\ldots$ et des puissances de $\frac{d^\alpha y}{dx^\alpha}$ de degré $\overline{\gtrless} \mu$ en fonction rationnelle de x, y, $\frac{dy}{dx}$, $\ldots$, $\frac{d^\alpha y}{dx^\alpha}$, $\ldots$, $\left(\frac{d^\alpha y}{dx^\alpha}\right)^{\mu-1}$.

Substituant ces valeurs dans F_1, on obtiendra une nouvelle équation $\Phi = 0$, qui ne contiendra plus que x, y, $\frac{dy}{dx}$, ..., $\frac{d^\alpha y}{dx^\alpha}$, ..., $\left(\frac{d^\alpha y}{dx^\alpha}\right)^{\mu-1}$. Mais, d'après notre hypothèse, y ne satisfait à aucune équation de ce genre. Donc l'équation $\Phi = 0$ est une identité.

Nous dirons que la fonction y est une solution *propre* de l'équation $F = 0$ et une solution *impropre* des autres équations $F_1 = 0$, ...; et nous appellerons *ordre* de la fonction l'ordre de l'équation $F = 0$.

D'après cette définition, les fonctions algébriques seront d'ordre zéro; les fonctions d'ordre > 0 seront transcendantes.

Une équation différentielle algébrique $F = 0$ est dite *irréductible,* si elle n'admet que des solutions propres.

7. Soient y, z, ... des solutions des équations différentielles algébriques

$$(3)\qquad \begin{cases} F\left(x, y, \frac{dy}{dx}, \dots, \frac{d^\alpha y}{dx^\alpha}\right) = 0, \\ F_1\left(x, z, \frac{dz}{dx}, \dots, \frac{d^\beta z}{dx^\beta}\right) = 0, \\ \dots\dots\dots\dots\dots\dots\dots\dots, \end{cases}$$

de degrés μ, ν, ..., par rapport à $\frac{d^\alpha y}{dx^\alpha}$, $\frac{d^\beta z}{dx^\beta}$, ...

Soient, d'autre part, Y, Z, ... d'autres fonctions satisfaisant à des équations analogues

$$(4)\qquad \Phi = 0, \quad \Phi_1 = 0, \quad \dots.$$

Supposons qu'il existe entre ces diverses fonctions et leurs dérivées une relation algébrique

$$\Psi = 0.$$

Si nous éliminons Y, Z, ... entre cette équation et les équations (4), nous obtiendrons une équation différentielle

$G = 0$ entre $y, z, \ldots$, qui représentera la condition nécessaire et suffisante pour que ces fonctions, associées à des solutions convenablement choisies des équations (4), satisfassent à l'équation $\Psi = 0$.

Si donc l'équation $G = 0$ n'est qu'une conséquence des équations (3) et de leurs dérivées, tout système de solutions de (3), associé à un système convenable de solutions de (4), satisfera encore à l'équation $\Psi = 0$.

Ce cas se présentera nécessairement s'il n'existe entre les solutions $y, z, \ldots$, primitivement données, aucune relation algébrique de la forme

$$\text{(5)} \qquad H\left(x, y, \ldots, \frac{d^\alpha y}{dx^\alpha}, z, \ldots, \frac{d^\beta z}{dx^\beta}, \ldots\right) = 0,$$

où $\frac{d^\alpha y}{dx^\alpha}, \frac{d^\beta z}{dx^\beta}, \cdots$ figurent avec des degrés respectivement inférieurs à $\mu, \nu, \ldots$.

En effet, au moyen des équations (3) et de leurs dérivées, on peut éliminer de G les dérivées $\frac{d^{\alpha+1} y}{dx^{\alpha+1}}, \ldots, \frac{d^{\beta+1} z}{dx^{\beta+1}}, \ldots$ et les puissances $\left(\frac{d^\alpha y}{dx^\alpha}\right)^\mu, \left(\frac{d^\beta z}{dx^\beta}\right)^\nu, \ldots$. On obtiendra ainsi une équation de la forme (5), laquelle devra, par hypothèse, se réduire à une identité.

8. Comme application des considérations qui précèdent, cherchons la forme la plus générale des relations algébriques qui peuvent exister entre des intégrales abéliennes $y_1, \ldots, y_m$ définies par les équations différentielles algébriques

$$F_1\left(x, \frac{dy_1}{dx}\right) = 0, \quad \ldots, \quad F_m\left(x, \frac{dy_m}{dx}\right) = 0.$$

Soit

$$\text{(6)} \qquad \Psi(x, y_1, \ldots, y_m) = 0$$

une semblable relation. Nous pouvons évidemment admettre

qu'il n'existe aucune relation de même nature entre les fonctions $y_1, \ldots, y_{m-1}$ et la variable indépendante.

L'équation (6), résolue par rapport à y_m, pourra s'écrire

$$y_m = \varphi(x, y_1, \ldots, y_{m-1}).$$

D'après le théorème précédent, cette équation subsistera si l'on y remplace $y_1, \ldots, y_{m-1}$ par des solutions quelconques des équations $F_1, \ldots, F_{m-1}$, pourvu qu'on remplace en même temps y_m par une solution convenable de l'équation F_m. Mais il est clair que les solutions de chacune de ces équations s'obtiennent toutes en ajoutant à l'une d'elles une constante d'ailleurs arbitraire. On aura donc

$$y_m + c_m = \varphi(x, y_1 + c_1, \ldots, y_{m-1} + c_{m-1}),$$

$c_1, \ldots, c_{m-1}$ étant des constantes arbitraires, et c_m une autre constante, dépendant de celles-là.

Prenant la dérivée de cette équation par rapport à la constante c_1, il viendra

$$\frac{\partial c_m}{\partial c_1} = \frac{\partial \varphi(x, y_1 + c_1, \ldots)}{\partial c_1} = \frac{\partial \varphi(x, y_1 + c_1, \ldots)}{\partial y_1},$$

et, en posant $c_1 = \ldots = c_{m-1} = 0$,

$$\frac{\partial \varphi(x, y_1, \ldots)}{\partial y_1} = k_1,$$

k_1 désignant la valeur constante que prend dans cette hypothèse la dérivée $\frac{\partial c_m}{\partial c_1}$.

Cette dernière équation doit se réduire à une identité, puisque nous supposons que $x, y_1, \ldots, y_{m-1}$ ne sont liées par aucune relation algébrique. On aura de même identiquement

$$\frac{\partial \varphi}{\partial y_2} = k_2, \quad \ldots, \quad \frac{\partial \varphi}{\partial y_{m-1}} = k_{m-1},$$

$k_2, \ldots, k_{m-1}$ étant des constantes. On en déduit

$$\varphi = k_1 y_1 + \ldots + k_{m-1} y_{m-1} + X,$$

X étant une fonction algébrique de x. La relation cherchée sera donc de la forme

$$y_m = k_1 y_1 + \ldots + k_{m-1} y_{m-1} + X.$$

9. Ces préliminaires posés, il nous reste à indiquer les procédés par lesquels on peut *intégrer* une équation différentielle (ou un système de semblables équations), c'est-à-dire déterminer ses solutions.

Il est aisé de voir, par des exemples, que ce problème est indéterminé.

Considérons, en effet, une équation

$$(7) \qquad \varphi(x, y, c) = 0$$

entre la variable indépendante x, la fonction y et la constante arbitraire c. On en déduit par différentiation

$$(8) \qquad \frac{\partial \varphi}{\partial x} dx + \frac{\partial \varphi}{\partial y} dy = 0.$$

Tirons la valeur de c de l'équation (7) pour la substituer dans (8); il viendra, en représentant par des parenthèses le résultat de cette substitution,

$$(9) \qquad \left(\frac{\partial \varphi}{\partial x}\right) dx + \left(\frac{\partial \varphi}{\partial y}\right) dy = 0.$$

Cette équation différentielle admet pour solution la fonction y, définie par l'équation (7), quelle que soit la constante c. A chaque valeur de cette constante répond une solution particulière. L'ensemble de ces solutions se nomme la *solution générale*.

Pour reconnaître s'il existe d'autres solutions, en dehors de celles que nous venons de déterminer, introduisons une variable auxiliaire c définie par l'équation (7). Cette équation différentiée donne

$$\frac{\partial\varphi}{\partial x}dx + \frac{\partial\varphi}{\partial y}dy + \frac{\partial\varphi}{\partial c}dc = 0,$$

ou, en substituant pour c sa valeur tirée de (7),

$$\left(\frac{\partial\varphi}{\partial x}\right)dx + \left(\frac{\partial\varphi}{\partial y}\right)dy + \left(\frac{d\varphi}{\partial c}\right)dc = 0$$

ou enfin, en tenant compte de l'équation (9),

$$\left(\frac{\partial\varphi}{\partial c}\right)dc = 0.$$

On peut satisfaire à cette équation de deux manières :

1° En posant

$$dc = 0, \quad \text{d'où} \quad c = \text{const.};$$

la valeur correspondante de y étant donnée par l'équation (7), on retombe ainsi sur la solution générale;

2° En posant

$$\left(\frac{\partial\varphi}{\partial c}\right) = 0.$$

Cette équation détermine la valeur de y en fonction de x. L'inconnue auxiliaire c sera ensuite déterminée par l'équation (7).

La nouvelle solution ainsi obtenue se nomme la *solution singulière* de l'équation différentielle.

En considérant x, y comme les coordonnées d'un point, chaque solution particulière

$$\varphi(x, y, c) = 0,$$

où c est supposé constant, représente une courbe.

La solution générale représente l'ensemble de ces courbes. Enfin la solution singulière, définie par l'équation

$$\left(\frac{\partial\varphi}{\partial c}\right) = 0,$$

résultat de l'élimination de c entre les équations

$$(10) \qquad \varphi = 0, \quad \frac{\partial \varphi}{\partial c} = 0,$$

représentera l'enveloppe de ce système de courbes.

Il arrivera parfois que les deux équations (10) soient incompatibles, auquel cas il n'y aura pas de solution singulière; ou que la valeur de c en fonction de x, déduite de ces équations, se réduise à une constante; dans ce cas, la solution singulière se confondra avec l'une des solutions particulières contenues dans la solution générale.

10. Les considérations précédentes peuvent aisément s'étendre à des systèmes d'équations différentielles simultanées.

Soient, par exemple,

$$(11) \qquad \varphi_1 = 0, \quad \varphi_2 = 0$$

deux équations entre la variable indépendante x, les deux fonctions y_1, y_2 et deux constantes c_1, c_2; on en déduira, en différentiant et éliminant c_1, c_2, les deux équations différentielles

$$(12) \qquad \left\{ \begin{aligned} \left(\frac{\partial \varphi_1}{\partial x}\right) dx + \left(\frac{\partial \varphi_1}{\partial y_1}\right) dy_1 + \left(\frac{\partial \varphi_1}{\partial y_2}\right) dy_2 = 0, \\ \left(\frac{\partial \varphi_2}{\partial x}\right) dx + \left(\frac{\partial \varphi_2}{\partial y_1}\right) dy_1 + \left(\frac{\partial \varphi_2}{\partial y_2}\right) dy_2 = 0, \end{aligned} \right.$$

dont les équations (11) représentent la solution générale.

Pour obtenir les autres solutions s'il en existe, prenons pour inconnues auxiliaires les quantités c_1, c_2 définies par les équations (11).

La différentiation de ces équations donnera

$$\frac{\partial \varphi_1}{\partial x} dx + \frac{\partial \varphi_1}{\partial y_1} dy_1 + \frac{\partial \varphi_1}{\partial y_2} dy_2 + \frac{\partial \varphi_1}{\partial c_1} dc_1 + \frac{\partial \varphi_1}{\partial c_2} dc_2 = 0,$$

$$\frac{\partial \varphi_2}{\partial x} dx + \frac{\partial \varphi_2}{\partial y_1} dy_1 + \frac{\partial \varphi_2}{\partial y_2} dy_2 + \frac{\partial \varphi_2}{\partial c_1} dc_1 + \frac{\partial \varphi_2}{\partial c_2} dc_2 = 0$$

ou, en éliminant c_1, c_2 et tenant compte des équations (12),

$$(13)\quad \left\{\begin{aligned} &\left(\frac{\partial\varphi_1}{\partial c_1}\right) dc_1 + \left(\frac{\partial\varphi_1}{\partial c_2}\right) dc_2 = 0,\\ &\left(\frac{\partial\varphi_2}{\partial c_1}\right) dc_1 + \left(\frac{\partial\varphi_2}{\partial c_2}\right) dc_2 = 0. \end{aligned}\right.$$

On peut satisfaire à ces équations :

1° En posant

$$dc_1 = 0, \quad dc_2 = 0,$$

d'où

$$c_1 = \text{const.}, \quad c_2 = \text{const.};$$

on retombe ainsi sur la solution générale;

2° En posant

$$\Delta = \left(\frac{\partial\varphi_1}{\partial c_1}\right)\left(\frac{\partial\varphi_2}{\partial c_2}\right) - \left(\frac{\partial\varphi_1}{\partial c_2}\right)\left(\frac{\partial\varphi_2}{\partial c_1}\right) = 0,$$

auquel cas les équations (13) se réduisent à une seule d'entre elles, par exemple à

$$(14)\quad \left(\frac{\partial\varphi_1}{\partial c_1}\right) dc_1 + \left(\frac{\partial\varphi_1}{\partial c_2}\right) dc_2 = 0.$$

Cela posé, des trois équations

$$\varphi_1 = 0, \quad \varphi_2 = 0, \quad \Delta = 0$$

on pourra déduire les valeurs de c_1, c_2, y_2 en fonction de x et de y_1. Substituant ces valeurs et leurs différentielles dans l'équation (14), elle prendra la forme

$$\mathrm{X}\, dx + \mathrm{Y}\, dy_1 = 0,$$

où X, Y sont des fonctions de x et de y_1.

Toute solution y_1 de cette équation, combinée avec la valeur correspondante de y_2 tirée de $\Delta = 0$, donnera une solution singulière des équations différentielles (12).

3° Enfin, si les équations

$$\left(\frac{\partial\varphi_1}{\partial c_1}\right) = 0, \quad \left(\frac{\partial\varphi_1}{\partial c_2}\right) = 0, \quad \left(\frac{\partial\varphi_2}{\partial c_1}\right) = 0, \quad \left(\frac{\partial\varphi_2}{\partial c_2}\right) = 0$$

étaient satisfaites par un même système de valeurs de y_1, y_2, elles fourniraient une nouvelle solution; mais le système de ces équations est généralement surabondant.

11. Le problème de l'intégration des équations différentielles (ou des systèmes d'équations différentielles) peut être envisagé sous deux points de vue différents.

On peut se proposer d'obtenir une solution générale. Celle-ci trouvée, les solutions singulières s'en déduiront immédiatement si l'on a affaire à une seule équation, ou s'il s'agit d'un système d'équations différentielles, par l'intégration d'un nouveau système d'ordre moindre que le proposé. On pourra ainsi former le tableau de toutes les solutions possibles.

Mais, dans les applications du Calcul intégral, la question de l'intégration se présente autrement. Les fonctions inconnues sont assujetties, non seulement à satisfaire aux équations différentielles données, mais à d'autres conditions accessoires qui achèvent de les préciser, de telle sorte que le problème ne présente plus rien d'indéterminé.

Considérons, par exemple, le mouvement d'un point dans l'espace. D'après les principes de la Mécanique, ce mouvement sera défini par les six équations suivantes :

$$(15)\qquad \begin{cases} \dfrac{dx}{dt} = x', & \dfrac{dy}{dt} = y', & \dfrac{dz}{dt} = z', \\ m\dfrac{dx'}{dt} = \mathrm{X}, & m\dfrac{dy'}{dt} = \mathrm{Y}, & m\dfrac{dz'}{dt} = \mathrm{Z}, \end{cases}$$

où m désigne la masse du point; x, y, z ses coordonnées à l'époque t; X, Y, Z les composantes de la force qui le sollicite.

Il est clair que la question ainsi posée est encore indéterminée. Mais on pourra achever de la préciser en se donnant, par exemple, la position du point, et les composantes de sa vitesse à l'instant initial t_0. Le problème deviendra, en général, déterminé, et pourra se formuler ainsi :

Trouver six fonctions x, y, z, x', y', z' de la variable t, *qui satisfassent aux équations différentielles* (15), *et qui prennent des valeurs données* x_0, y_0, z_0, x'_0, y'_0, z'_0 *pour* $t = t_0$.

La question ainsi posée sera facile à résoudre si l'on peut déterminer la solution générale du système (15). Cette solution sera, en effet, donnée par un système de six équations

$$\varphi_1 = 0, \quad \ldots, \quad \varphi_6 = 0$$

entre x, y, z, x', y', z', t et six constantes arbitraires a_1, ..., a_6. En exprimant que ces six équations sont satisfaites lorsqu'on y pose $t = t_0$, $x = x_0$, ..., $z' = z'_0$, on obtiendra six équations de condition pour déterminer les valeurs de a_1, ..., a_6 correspondantes à la solution particulière que l'on cherche.

Mais ce n'est que dans des cas très spéciaux qu'on sait obtenir la solution générale d'un système d'équations différentielles. On se trouvera donc réduit le plus souvent à étudier la solution particulière qui satisfait au problème déterminé que l'on a en vue. Il existe pour traiter cette nouvelle question des procédés d'approximation numérique que nous exposerons plus tard, et qui seraient inapplicables au problème plus étendu, mais plus vague, de la recherche de la solution générale.

II. — Équations du premier ordre.

12. Considérons une équation différentielle du premier ordre ramenée à la forme normale

$$\frac{dy}{dx} = X$$

ou

$$dy - X\,dx = 0. \tag{1}$$

Au lieu de cette équation, on peut considérer, avec Euler,

la suivante

$$\mu\, dy - \mu X\, dx = 0, \tag{2}$$

où μ est une fonction de x, y choisie à volonté.

L'équation (2) est, en effet, équivalente à (1), tant que μ n'est ni nul ni infini. La seule différence est qu'elle pourra admettre la solution nouvelle $\mu = 0$, ou perdre la solution $\frac{1}{\mu} = 0$.

Supposons le facteur μ choisi de manière que le premier membre de l'équation (2) soit une différentielle exacte. On pourra déterminer, par de simples quadratures (t. II, n° 165), une fonction φ, telle que l'on ait

$$d\varphi = \mu\, dy - \mu X\, dx.$$

Lors même que ces quadratures ne pourraient s'effectuer exactement, il sera toujours possible de déterminer, avec telle approximation que l'on voudra, la valeur de φ pour chaque système de valeurs de x, y.

Cela posé, l'équation (2) se réduit à

$$d\varphi = 0$$

et donne immédiatement

$$\varphi = \text{const.}$$

Le problème de l'intégration sera donc résolu dès qu'on aura déterminé, soit la fonction φ, soit le multiplicateur μ, d'où φ peut se déduire par quadrature.

13. L'équation

$$d\varphi = \mu\, dy - \mu X\, dx$$

se décompose dans les deux suivantes :

$$\frac{\partial \varphi}{\partial y} = \mu, \quad \frac{\partial \varphi}{\partial x} = -\mu X.$$

Éliminant μ, on obtiendra l'équation aux dérivées partielles

$$\frac{\partial\varphi}{\partial x} + X\frac{\partial\varphi}{\partial y} = 0. \tag{3}$$

L'intégration de cette équation aux dérivées partielles et celle de l'équation (1) sont deux problèmes entièrement équivalents.

En effet, soit φ une solution (ou *intégrale*) quelconque de l'équation (3). On aura

$$d\varphi = \frac{\partial\varphi}{\partial x}dx + \frac{\partial\varphi}{\partial y}dy = \frac{\partial\varphi}{\partial y}(dy - X\,dx).$$

L'équation

$$dy - X\,dx = 0$$

sera donc équivalente à $d\varphi = 0$ et admettra la solution générale

$$\varphi = \text{const.}$$

Réciproquement, supposons que, par un procédé quelconque, on ait obtenu une solution générale de l'équation (1), telle que

$$f(x, y, c) = 0,$$

c étant une constante arbitraire. Cette équation, résolue par rapport à c, prendra la forme

$$\varphi_1(x, y) = c.$$

Différentiant, il viendra

$$\frac{\partial\varphi_1}{\partial x}dx + \frac{\partial\varphi_1}{\partial y}dy = 0.$$

Cette équation devant être équivalente à l'équation primitive (1), les coefficients de dx et de dy doivent être proportionnels; d'où la relation

$$\frac{\partial\varphi_1}{\partial x} + X\frac{\partial\varphi_1}{\partial y} = 0. \tag{4}$$

Donc φ_1 est une intégrale de l'équation (3).

Cette intégrale une fois connue, on pourra en déduire toutes les autres. Soit, en effet, φ une autre intégrale quelconque; des deux équations (3) et (4) on déduit

$$\begin{vmatrix} \frac{\partial\varphi}{\partial x} & \frac{\partial\varphi}{\partial y} \\ \frac{\partial\varphi_1}{\partial x} & \frac{\partial\varphi_1}{\partial y} \end{vmatrix} = 0,$$

équation qui exprime que φ est une fonction, d'ailleurs arbitraire, de φ_1.

14. Quant au multiplicateur μ, il doit satisfaire à la condition d'intégrabilité

$$(5) \qquad \frac{\partial\mu}{\partial x} + \frac{\partial\mu X}{\partial y} = 0,$$

et réciproquement, toute solution de cette équation donnera un multiplicateur.

Connaissant un multiplicateur μ et l'intégrale φ correspondante, on en déduira aisément tous les autres. Soit, en effet, $\mu' = \mu\nu$ un autre multiplicateur; on aura

$$\begin{aligned} 0 &= \frac{\partial\mu\nu}{\partial x} + \frac{\partial\mu\nu X}{\partial y} \\ &= \nu\left(\frac{\partial\mu}{\partial x} + \frac{\partial\mu X}{\partial y}\right) + \mu\left(\frac{\partial\nu}{\partial x} + X\frac{\partial\nu}{\partial y}\right) \\ &= \mu\left(\frac{\partial\nu}{\partial x} + X\frac{\partial\nu}{\partial y}\right) \end{aligned}$$

Donc ν sera une intégrale de l'équation (3), et l'on aura $\nu = F(\varphi)$, F désignant une fonction arbitraire.

15. Si, dans le premier membre de l'équation différentielle

$$dy - X\,dx = 0,$$

nous remplaçons x et y par $x + \varepsilon\xi$, $y + \varepsilon\eta$, ε désignant une constante infiniment petite et ξ, η des fonctions de x et de y, nous obtiendrons l'équation transformée

$$dy + \varepsilon \frac{\partial \eta}{\partial x} dx + \varepsilon \frac{\partial \eta}{\partial y} dy - \left(X + \varepsilon \xi \frac{\partial X}{\partial x} + \varepsilon \eta \frac{\partial X}{\partial y} + \dots \right)\left(dx + \varepsilon \frac{\partial \xi}{\partial x} dx + \varepsilon \frac{\partial \xi}{\partial y} dy \right) = 0$$

ou, en développant et négligeant le carré de ε,

$$\left[1 + \varepsilon \left(\frac{\partial \eta}{\partial y} - X \frac{\partial \xi}{\partial y} \right) \right] dy - \left[X + \varepsilon \left(X \frac{\partial \xi}{\partial x} + \xi \frac{\partial X}{\partial x} + \eta \frac{\partial X}{\partial y} - \frac{\partial \eta}{\partial x} \right) \right] dx = 0.$$

Si cette équation transformée reproduit à un facteur près l'équation primitive, nous dirons que cette dernière admet la transformation infinitésimale ξ, η.

Cette condition est exprimée par la relation

$$X \frac{\partial \xi}{\partial x} + \xi \frac{\partial X}{\partial x} + \eta \frac{\partial X}{\partial y} - \frac{\partial \eta}{\partial x} - X \left(\frac{\partial \eta}{\partial y} - X \frac{\partial \xi}{\partial y} \right) = 0.$$

Posons

$$\eta = X\xi + z;$$

cette équation se réduira à

$$0 = z \frac{\partial X}{\partial y} - \frac{\partial z}{\partial x} - X \frac{\partial z}{\partial y} = z^2 \left(\frac{\partial \frac{1}{z}}{\partial x} + \frac{\partial \frac{X}{z}}{\partial y} \right).$$

Cette relation montre que, lorsque z n'est pas nul, son inverse $\frac{1}{z} = \frac{1}{\eta - X\xi}$ est un multiplicateur.

On voit donc que la recherche des multiplicateurs et celle des transformations infinitésimales de l'équation différentielle en elle-même ne constituent au fond qu'un seul et même problème.

16. Les équations différentielles que les principes précé-

dents permettent d'intégrer se ramènent pour la plupart aux trois types fondamentaux suivants :

1° Les équations de la forme

$$dy - XY\,dx = 0,$$

où X est une fonction de x et Y une fonction de y. Ces équations admettent le multiplicateur $\frac{1}{Y}$; car les deux termes de l'expression

$$\frac{dy}{Y} - X\,dx,$$

ne contenant chacun qu'une seule variable, sont des différentielles exactes.

17. 2° Les équations *homogènes*

$$dy - \varphi\left(\frac{y}{x}\right)dx = 0.$$

Leur premier membre se reproduisant à un facteur près quand on y remplace x, y par $(1+\varepsilon)x$, $(1+\varepsilon)y$, elles admettront comme multiplicateur la quantité $\dfrac{1}{y - \varphi\left(\frac{y}{x}\right)x}$.

On peut le vérifier aisément par un changement de variable. Posons, en effet,

$$y = ux, \quad \text{d'où} \quad dy = u\,dx + x\,du;$$

l'équation deviendra

$$u\,dx + x\,du - \varphi(u)\,dx = 0,$$

et, si nous la divisons par le facteur

$$y - \varphi\left(\frac{y}{x}\right)x = x[u - \varphi(u)],$$

il viendra

$$\frac{dx}{x} + \frac{du}{u - \varphi(u)} = 0,$$

équation dont le premier membre est une différentielle exacte, les variables étant séparées.

Soient u_0 une valeur particulière de la variable auxiliaire u; x_0 la valeur correspondante de x, laquelle pourra être choisie arbitrairement. L'équation précédente, intégrée de u_0 à u, donnera

$$\log \frac{x}{x_0} + \int_{u_0}^{u} \frac{du}{u - \varphi(u)} = 0;$$

d'où

$$x = x_0 e^{-\int_{u_0}^{u} \frac{du}{u-\varphi(u)}}$$

On aura donc exprimé x et $y = ux$ en fonction de la variable auxiliaire u et de la constante arbitraire x_0.

18. 3° Les *équations linéaires*, de la forme

$$\frac{dy}{dx} = \mathrm{P}y + \mathrm{Q},$$

P et Q désignant des fonctions de x seul.

L'équation ne change pas si l'on y remplace y par $y + \varepsilon\eta$, η étant une fonction de x définie par l'équation

$$\frac{d\eta}{dx} = \mathrm{P}\eta. \tag{6}$$

Elle admet donc le multiplicateur $\frac{1}{\eta}$. On a effectivement

$$\frac{dy - (\mathrm{P}y + \mathrm{Q})\,dx}{\eta} = \frac{dy}{\eta} - \frac{y\,d\eta}{\eta^2} - \frac{\mathrm{Q}}{\eta}dx = d\frac{y}{\eta} - \frac{\mathrm{Q}}{\eta}dx = 0.$$

Intégrant, il viendra

$$\frac{y}{\eta} - \int_{x_0}^{x} \frac{\mathrm{Q}}{\eta}dx = \mathrm{C},$$

d'où

$$y = \mathrm{C}\eta + \eta \int_{x_0}^{x} \frac{\mathrm{Q}}{\eta}dx.$$

La fonction auxiliaire η qui figure dans cette formule est une solution choisie à volonté de l'équation (6), qui ne diffère de la proposée que par la suppression du dernier terme. Cette équation s'intègre immédiatement en séparant les variables. Il viendra

$$\frac{d\eta}{\eta} = \mathrm{P}\,dx,$$

d'où

$$\log\eta = \int_{x_0}^{x} \mathrm{P}\,dx + \log \mathrm{C}_1,$$

$$\eta = \mathrm{C}_1 e^{\int_{x_0}^{x} \mathrm{P}\,dx},$$

C_1 désignant une constante arbitraire.

19. Un grand nombre d'équations différentielles peuvent se ramener aux types précédents par des changements de variables.

Considérons d'abord l'équation

$$\frac{dy}{dx} = f\left(\frac{ax + by + c}{a'x + b'y + c'}\right).$$

Si $ab' - ba'$ n'est pas nul, posons

$$ax + by + c = \xi, \quad a'x + b'y + c' = \eta;$$

d'où

$$a\,dx + b\,dy = d\xi, \quad a'\,dx + b'\,dy = d\eta,$$
$$dx = \mathrm{A}\,d\xi + \mathrm{B}\,d\eta, \quad dy = \mathrm{A}'\,d\xi + \mathrm{B}'\,d\eta.$$

L'équation transformée

$$\frac{\mathrm{A}'\,d\xi + \mathrm{B}'\,d\eta}{\mathrm{A}\,d\xi + \mathrm{B}\,d\eta} = f\left(\frac{\xi}{\eta}\right)$$

sera manifestement homogène.

Soit, au contraire,

$$ab' - ba' = 0,$$

d'où

$$a'x + b'y + c' = m(ax + by + c) + n.$$

Le second membre de l'équation proposée sera de la forme

$$\varphi(ax + by + c).$$

Prenons $ax + by + c = \xi$ pour variable nouvelle, à la place de x par exemple. On aura

$$a\,dx + b\,dy = d\xi,$$

$$dx = \frac{1}{a}(d\xi - b\,dy),$$

et l'équation transformée deviendra

$$\frac{a\,dy}{d\xi - b\,dy} = \varphi(\xi)$$

ou

$$dy = \frac{\varphi(\xi)\,d\xi}{a + b\varphi(\xi)}.$$

Les variables sont séparées. On obtiendra donc y en fonction de ξ par une quadrature, et l'équation

$$ax + by + c = \xi$$

donnera la valeur correspondante de x.

20. L'équation de Bernoulli

$$\frac{dy}{dx} = Py + Qy^m,$$

où P et Q sont des fonctions de x, peut s'écrire

$$\frac{1}{1-m}\frac{dy^{1-m}}{dx} = Py^{1-m} + Q$$

et se changera immédiatement en une équation linéaire, si l'on prend y^{1-m} pour variable à la place de y.

21. L'équation

$$\frac{dy}{dx} = P + Qy + Ry^2$$

peut être intégrée complètement dès qu'on en connaît une

solution particulière. Soit, en effet, y_1 cette solution : posons

$$y = y_1 + z;$$

l'équation transformée sera

$$\frac{dy_1}{dx} + \frac{dz}{dx} = P + Q(y_1 + z) + R(y_1^2 + 2y_1 z + z^2)$$

et, comme l'on a par hypothèse

$$\frac{dy_1}{dx} = P + Qy_1 + Ry_1^2,$$

elle se réduit à

$$\frac{dz}{dx} = (2Ry_1 + Q)z + Rz^2.$$

C'est une équation de Bernoulli.

22. L'équation

$$X\,dx + Y\,dy + Z(x\,dy - y\,dx) = 0,$$

où X, Y, Z sont des fonctions homogènes dont les deux premières sont du même degré, se ramène également à l'équation de Bernoulli, en posant

$$y = ux, \quad dy = u\,dx + x\,du.$$

On a, en effet,

$$X = x^m \varphi(u), \quad Y = x^m \psi(u), \quad Z = x^n \chi(u).$$

Substituant, et divisant par x^m, il viendra

$$\varphi(u)\,dx + \psi(u)(x\,du + u\,dx) + x^{n-m+2}\chi(u)\,du = 0$$

ou

$$\frac{dx}{du} = -\frac{\psi(u)}{\varphi(u) + u\psi(u)}x - \frac{\chi(u)}{\varphi(u) + u\psi(u)}x^{n-m+2}.$$

23. Considérons encore l'équation

$$\alpha x\,dy + \beta y\,dx + x^m y^n(ax\,dy + by\,dx) = 0.$$

On a

$$(\alpha x\,dy + \beta y\,dx)x^{\beta-1}y^{\alpha-1} = d(x^\beta y^\alpha).$$

L'expression générale des multiplicateurs qui rendent intégrable $\alpha x\,dy + \beta y\,dx$ sera donc

$$x^{\beta-1} y^{\alpha-1} \varphi(x^\beta y^\alpha).$$

On voit de même que l'expression générale des multiplicateurs de $x^m y^n (a x\,dy + b\,y\,dx)$ sera

$$x^{b-1-m} y^{a-1-n} \psi(x^b y^a).$$

Il résulte de là que $x^\mu y^\lambda$ rendra séparément intégrable chacune des deux moitiés du premier membre de l'équation proposée, et, par suite, sera un facteur intégrant, si l'on a

$$\lambda = \alpha - 1 + \alpha\xi = a - 1 - m + a\eta,$$
$$\mu = \beta - 1 + \beta\xi = b - 1 - n + b\eta.$$

Ces équations simultanées détermineront aisément ξ, η, λ, μ, si le déterminant $\alpha b - \beta a$ n'est pas nul.

Si ce déterminant était nul, on aurait

$$a = k\alpha, \quad b = k\beta,$$

et l'équation se réduisant à

$$(1 + k x^m y^n)(\alpha x\,dy + \beta y\,dx) = 0$$

serait intégrable sans difficulté.

24. Considérons enfin, avec M. Darboux, les équations différentielles de la forme

$$A\,dX + B\,dY + C(Y\,dX - X\,dY) = 0,$$

où A, B, C désignent des fonctions rationnelles de X et de Y.

Ces équations prendront une forme plus symétrique si l'on remplace, comme dans la théorie des courbes algébriques, les variables X, Y par des coordonnées homogènes, en posant

$$X = \frac{\alpha_1 x + \beta_1 y + \gamma_1 z}{\alpha x + \beta y + \gamma z}, \quad Y = \frac{\alpha_2 x + \beta_2 y + \gamma_2 z}{\alpha x + \beta y + \gamma z}.$$

On en déduira sans peine pour dX, dY, $Y\,dX - X\,dY$ des expressions de la forme

$$\frac{a(y\,dz - z\,dy) + b(z\,dx - x\,dz) + c(x\,dy - y\,dx)}{(\alpha x + \beta y + \gamma z)^2}.$$

Ces valeurs, substituées dans l'équation proposée, donneront une transformée de la forme

$$(7)\quad L(y\,dz - z\,dy) + M(z\,dx - x\,dz) + N(x\,dy - y\,dx) = 0,$$

L, M, N étant des fonctions homogènes en x, y, z, et d'un même degré, que nous désignerons par m.

Cette équation peut encore s'écrire ainsi

$$(8)\qquad P\,dx + Q\,dy + R\,dz = 0,$$

en posant

$$P = Mz - Ny,$$
$$Q = Nx - Lz,$$
$$R = Ly - Mx;$$

d'où

$$(9)\qquad Px + Qy + Rz = 0.$$

25. Pour chaque point x, y, z du plan; la direction de la tangente à la courbe qui représente géométriquement l'intégrale sera donnée sans ambiguïté par l'équation (8). Il y a toutefois exception pour les points où l'on a simultanément

$$P = 0, \quad Q = 0, \quad R = 0,$$

pour lesquels l'équation (8), étant identiquement satisfaite, n'établit plus aucune relation entre dx, dy, dz.

Ces points *singuliers* sont évidemment les seuls par lesquels puissent passer plusieurs branches de courbes distinctes satisfaisant à l'équation différentielle. On peut donc affirmer que tout point multiple d'une courbe intégrale ou tout point d'intersection de deux courbes intégrales est nécessairement un point singulier.

Cherchons le nombre ξ de ces points singuliers. Nous remarquerons, à cet effet, que les points communs à $P = 0$, $Q = 0$, en nombre $(m+1)^2$, satisfont en vertu de (9) à la relation $Rz = 0$. On aura donc

$$(m+1)^2 = \xi + \eta,$$

η étant le nombre des points communs à $P = 0$, $Q = 0$, $z = 0$.

D'autre part, les $m+1$ points communs à $P = 0$, $z = 0$ satisfont à la relation $Qy = 0$. D'ailleurs, un seul d'entre eux, savoir $z = 0$, $y = 0$, satisfait à $y = 0$. Les m autres donneront

$$Q = 0;$$

donc

$$\eta = m \quad \text{et} \quad \xi = m^2 + m + 1.$$

26. Cherchons maintenant la condition pour qu'une courbe algébrique

$$f(x, y, z) = 0$$

soit une intégrale de l'équation différentielle. On trouvera, en différentiant l'équation ci-dessus,

$$\frac{\partial f}{\partial x} dx + \frac{\partial f}{dy} dy + \frac{\partial f}{\partial z} dz = 0.$$

On a d'autre part, pour tout point de la courbe,

$$x \frac{\partial f}{\partial x} + y \frac{\partial f}{\partial y} + z \frac{\partial f}{\partial z} = pf = 0,$$

p désignant le degré de la courbe $f = 0$.

Des deux équations précédentes on déduit celle-ci

$$\frac{\frac{\partial f}{\partial x}}{y\,dz - z\,dy} = \frac{\frac{\partial f}{\partial y}}{z\,dx - x\,dz} = \frac{\frac{\partial f}{\partial z}}{x\,dy - y\,dx},$$

dont la combinaison avec l'équation différentielle (7) donnera

$$L \frac{\partial f}{\partial x} + M \frac{\partial f}{\partial y} + N \frac{\partial f}{dz} = 0.$$

Le premier membre de cette équation est un polynôme entier. Puisqu'il s'annule pour tout système de valeurs de x, y, z, tel que l'on ait $f=0$, il sera divisible par f; on aura donc identiquement

$$L\frac{\partial f}{\partial x}+M\frac{\partial f}{\partial y}+N\frac{\partial f}{\partial z}=Kf,$$

K étant un polynôme entier, de degré évidemment égal à $m-1$.

Telle est donc l'équation de condition cherchée, laquelle peut encore s'écrire ainsi

$$(10)\quad \left(L-\frac{Kx}{p}\right)\frac{\partial f}{\partial x}+\left(M-\frac{Ky}{p}\right)\frac{\partial f}{\partial y}+\left(N-\frac{Kz}{p}\right)\frac{\partial f}{\partial z}=0.$$

27. Pour tout point singulier de l'équation différentielle, on aura

$$P=0,\quad Q=0,\quad R=0,$$

d'où

$$\frac{L}{x}=\frac{M}{y}=\frac{N}{z}.$$

Soit λ la valeur commune de ces rapports. On aura

$$L=\lambda x,\quad M=\lambda y,\quad N=\lambda z.$$

Substituant ces valeurs dans (10), il viendra

$$0=\left(\lambda-\frac{K}{p}\right)\left(x\frac{\partial f}{\partial x}+y\frac{\partial f}{\partial y}+z\frac{\partial f}{\partial z}\right)=(p\lambda-K)f.$$

Les points singuliers seront donc de deux sortes :

1° Ceux qui sont sur la courbe $f=0$;

2° Ceux qui ne sont pas sur cette courbe, et pour lesquels on aura nécessairement

$$p\lambda-K=0.$$

Dans le cas où la courbe f n'a pas de point multiple, il est aisé de déterminer le nombre des points singuliers de la première sorte. En effet, $\frac{\partial f}{\partial x}, \frac{\partial f}{\partial y}, \frac{\partial f}{\partial z}$ ne pouvant s'annuler simultanément, l'équation (10) donnera, d'après un théorème d'Algèbre connu (DARBOUX, *Bulletin des Sciences mathématiques,* 2e série, t. II),

$$\begin{aligned} L - \frac{Kx}{p} &= W\frac{\partial f}{\partial y} - V\frac{\partial f}{\partial z}, \\ M - \frac{Ky}{p} &= U\frac{\partial f}{\partial z} - W\frac{\partial f}{\partial x}, \\ N - \frac{Kz}{p} &= V\frac{\partial f}{\partial x} - U\frac{\partial f}{\partial y} \end{aligned}$$

et, par suite,

$$\begin{aligned} P &= \left(U\frac{\partial f}{\partial z} - W\frac{\partial f}{\partial x}\right)z - \left(V\frac{\partial f}{dx} - U\frac{\partial f}{\partial y}\right)y \\ &= pUf - (Ux + Vy + Wz)\frac{\partial f}{\partial x}, \\ Q &= pVf - (Ux + Vy + Wz)\frac{\partial f}{\partial y}, \\ R &= pWf - (Ux + Vy + Wz)\frac{\partial f}{\partial z}, \end{aligned}$$

U, V, W étant des polynômes de degré évidemment égal à $m - p + 1$.

Ces équations montrent immédiatement que les points singuliers cherchés sont les intersections de la courbe $f = 0$ avec la courbe de degré $m - p + 2$

$$Ux + Vy + Wz = 0.$$

Leur nombre sera donc

$$p(m - p + 2).$$

28. Cela posé, nous allons établir que, si l'on connaît un nombre suffisant d'intégrales particulières algébriques, on pourra en déduire l'intégrale générale de l'équation proposée.

Soient $f = 0$, $f_1 = 0$, ... ces intégrales particulières; p,

p_1, ... leurs degrés respectifs. En posant, pour abréger,

$$L\frac{\partial}{\partial x}+M\frac{\partial}{\partial y}+N\frac{\partial}{\partial z}=\Delta,$$

on aura (26)

$$\Delta f=\mathrm{K}f,\quad \Delta f_1=\mathrm{K}_1 f_1,\quad \ldots.$$

La fonction $\varphi=f^{\alpha}f_1^{\alpha_1}$, ... satisfera à une équation analogue; on a, en effet,

$$\Delta\varphi=\alpha\frac{\varphi}{f}\Delta f+\alpha_1\frac{\varphi}{f_1}\Delta f_1+\ldots=(\alpha\mathrm{K}+\alpha_1\mathrm{K}_1+\ldots)\varphi.$$

Si les constantes α, α_1, ... peuvent être déterminées de telle sorte qu'on ait

$$(11)\qquad \alpha\mathrm{K}+\alpha_1\mathrm{K}_1+\ldots=\frac{\partial L}{\partial x}+\frac{\partial M}{\partial y}+\frac{\partial N}{\partial z}$$

et

$$(12)\qquad \alpha p+\alpha_1 p_1+\ldots=-m-2,$$

l'expression φ sera un multiplicateur qui rend différentielle exacte le premier membre de l'équation différentielle.

En effet, il faut et il suffit pour cela qu'on ait les trois équations de condition

$$\frac{\partial\,\varphi(Mz-Ny)}{\partial y}=\frac{\partial\,\varphi(Nx-Lz)}{\partial x},\quad \ldots.$$

Développant et remarquant qu'en vertu de l'équation (12) φ est une fonction homogène de degré $-m-2$, d'où

$$x\frac{\partial\varphi}{\partial x}+y\frac{\partial\varphi}{\partial y}+z\frac{\partial\varphi}{\partial z}=(-m-2)\varphi,$$

ces trois équations se réduiront à l'équation unique

$$\Delta\varphi=\left(\frac{\partial L}{\partial x}+\frac{\partial M}{\partial y}+\frac{\partial N}{\partial z}\right)\varphi,$$

que nous supposons satisfaite.

Les deux membres de l'équation (11) étant des polynômes homogènes de degré $m-1$, leur identification donnera

$\frac{m(m+1)}{2}$ équations de condition distinctes, linéaires en α, α_1, ... Le nombre total des conditions à remplir sera donc $\frac{m(m+1)}{2}+1$, et il suffira, en général, d'avoir $\frac{m(m+1)}{2}+1$ intégrales particulières pour obtenir un multiplicateur et en déduire par quadrature l'intégrale générale.

29. Ce résultat serait en défaut si le déterminant des équations de condition était nul; mais, dans ce cas, on pourrait déterminer les quantités α, de telle sorte qu'on eût

$$(13)\qquad \left\{\begin{array}{l} \alpha K + \alpha_1 K_1 + \ldots = 0, \\ \alpha p + \alpha_1 p_1 + \ldots = 0. \end{array}\right.$$

Or il est aisé de voir que, si ces conditions sont satisfaites, $\varphi =$ const. sera l'intégrale générale de l'équation proposée.

En effet, φ étant homogène et de degré zéro, on aura

$$x\frac{\partial\varphi}{\partial x} + y\frac{\partial\varphi}{\partial y} + z\frac{\partial\varphi}{\partial z} = 0.$$

D'autre part,

$$0 = \Delta\varphi = L\frac{\partial\varphi}{\partial x} + M\frac{\partial\varphi}{\partial y} + N\frac{\partial\varphi}{\partial z};$$

d'où

$$\frac{\frac{\partial\varphi}{\partial x}}{Mz - Ny} = \frac{\frac{\partial\varphi}{\partial y}}{Nx - Lz} = \frac{\frac{\partial\varphi}{\partial z}}{Ly - Mx}.$$

De ces relations combinées avec l'équation différentielle on déduit

$$0 = \frac{\partial\varphi}{\partial x}dx + \frac{\partial\varphi}{\partial y}dy + \frac{\partial\varphi}{\partial z}dz = d\varphi,$$

d'où

$$\varphi = \text{const.}$$

Les équations (13) équivalant à $\frac{m(m+1)}{2}+1$ équations linéaires et homogènes en α, α_1, ... pourront toujours être satisfaites si le nombre de ces quantités est au moins égal à

$\frac{m(m+1)}{2}+2$. Mais, dans la plupart des cas, les équations de condition ne seront pas distinctes, ce qui réduira le nombre des solutions algébriques nécessaires pour l'application de la méthode.

En effet, pour que le polynôme $\alpha K + \alpha_1 K_1 + \ldots$ soit identiquement nul, il suffit qu'il s'annule pour $\frac{m(m+1)}{2}$ points $x, y, z;\ x_1, y_1, z_1;\ \ldots;$ car on obtiendra ainsi $\frac{m(m+1)}{2}$ équations linéaires et homogènes entre ses coefficients: Ceux-ci seront donc nuls, à moins que le déterminant de ces équations ne soit nul (ce qui aurait lieu dans le cas où les points considérés seraient tels que toute courbe d'ordre $m-1$ qui passe par quelques-uns d'entre eux passe nécessairement par les autres).

Cela posé, soit x, y, z un point singulier qui n'appartienne à aucune des courbes $f, f_1, \ldots$. On aura, pour ce point,

$$K = \lambda p, \quad K_1 = \lambda p_1, \quad \ldots,$$

d'où

$$\alpha K + \alpha_1 K_1 + \ldots = \lambda(\alpha p + \alpha_1 p_1 + \ldots).$$

L'équation de condition $\alpha K + \alpha_1 K_1 + \ldots = 0$, relative à ce point, fera donc double emploi avec l'équation

$$\alpha p + \alpha_1 p_1 + \ldots = 0.$$

Si donc il existe q points singuliers qui n'appartiennent à aucune des courbes $f, f_1, \ldots$ (et qui ne soient pas tels que toute courbe d'ordre $m-1$, qui passe par quelques-uns d'entre eux, passe nécessairement par les autres), on pourra les prendre dans la série des points $x, y, z;\ x_1, y_1, z_1;\ \ldots,$ pour lesquels on doit exprimer que $\alpha K + \alpha_1 K_1 + \ldots$ s'annule, et le nombre des équations de condition distinctes se réduira à $\frac{m(m+1)}{2}+1-q$. Il suffira, pour y satisfaire, d'avoir $\frac{m(m+1)}{2}+2-q$ intégrales particulières algébriques.

30. Supposons, par exemple, que l'on connaisse μ intégrales algébriques $f=0$, $f_1=0$, ... sans points multiples, ne se touchant mutuellement nulle part, et telles que la somme $p+p_1+\ldots$ de leurs degrés soit égale à $m+2$. Nous pourrons construire l'intégrale générale. Il suffit en effet, pour cela, qu'on ait

$$\mu \geqq \frac{m(m+1)}{2}+2-q.$$

Pour vérifier que cette équation est satisfaite, nous remarquerons que chacune des courbes données, telle que f, passe par $p(m+2-p)$ points singuliers, qui sont précisément ses points d'intersection avec les autres courbes du système. Chacun de ces points se trouvant sur deux de ces courbes, leur nombre total r sera

$$\sum \frac{p(m+2-p)}{2}=\frac{(m+2)^2}{2}-\tfrac{1}{2}\Sigma p^2.$$

Le nombre q des points singuliers qui ne sont sur aucune de ces courbes sera donc

$$m^2+m+1-\frac{(m+2)^2}{2}+\tfrac{1}{2}\Sigma p^2.$$

Substituant dans l'équation de condition précédente, elle devient

$$\mu+\tfrac{1}{2}\Sigma p^2 \geqq \tfrac{3}{2}m+3.$$

Le cas le plus défavorable pour l'existence de l'inégalité ci-dessus est celui où tous les nombres p sont égaux à l'unité. En effet, si nous remplaçons un de ces nombres p par deux autres p' et p'', tels que l'on ait $p'+p''=p$, μ sera accru d'une unité, et $\frac{1}{2}\Sigma p^2$ sera diminué de $\frac{1}{2}(p^2-p'^2-p''^2)=p'p''$, quantité au moins égale à 1.

Or, si tous les p sont égaux à l'unité, on aura

$$\mu=\Sigma p^2=m+2,$$

et les deux membres de l'équation sont égaux.

31. Considérons, comme application, l'équation de Jacobi

$$\begin{aligned}&(ax+by+cz)(y\,dz-z\,dy)\\&\quad+(a'x+b'y+c'z)(z\,dx-x\,dz)\\&\quad+(a''x+b''y+c''z)(x\,dy-y\,dx)=0.\end{aligned}$$

Cette équation admet trois droites comme solutions particulières. En effet, la condition pour que la droite

$$f=ux+vy+wz=0$$

soit une solution sera, d'après la théorie précédente,

$$\begin{aligned}&(ax+by+cz)u+(a'x+b'y+c'z)v+(a''x+b''y+c''z)w\\&=k(ux+vy+wz),\end{aligned}$$

k étant une constante.

Cette équation donne les trois suivantes

$$(14)\qquad \begin{cases}au+a'v+a''w=ku,\\ bu+b'v+b''w=kv,\\ cu+c'v+c''w=kw,\end{cases}$$

d'où l'on déduit pour k l'équation du troisième degré

$$\begin{vmatrix}a-k & a' & a''\\ b & b'-k & b''\\ c & c' & c''-k\end{vmatrix}=0.$$

Soient k_1, k_2, k_3 ses trois racines. A chacune d'elles k_ρ correspond une droite f_ρ, pour laquelle les rapports des coefficients u, v, w seront déterminés en fonction de k_ρ par les équations (14).

Cela posé, l'intégrale générale sera

$$f_1^{\alpha_1}f_2^{\alpha_2}f_3^{\alpha_3}=\text{const.},$$

α_1, α_2, α_3 étant déterminés par les relations

$$\begin{aligned}\alpha_1 k_1+\alpha_2 k_2+\alpha_3 k_3&=0,\\ \alpha_1+\alpha_2+\alpha_3&=0,\end{aligned}$$

auxquelles on satisfera en posant

$$\alpha_1 = k_2 - k_3, \quad \alpha_2 = k_3 - k_1, \quad \alpha_3 = k_1 - k_2.$$

32. Les équations différentielles

$$f(x, y, y') = 0,$$

où la dérivée y' se trouve à un degré supérieur au premier, exigent, pour être traitées par les méthodes qui précèdent, la résolution préalable de l'équation par rapport à y', ce qui peut présenter de graves difficultés. Mais on pourra, dans certains cas, se dispenser de cette opération par l'introduction de variables auxiliaires.

33. 1° Considérons d'abord les équations qui ne contiennent que la dérivée y' et une seule des variables x, y.

Ces équations sont des deux formes suivantes

$$f(x, y') = 0 \quad \text{ou} \quad f(y, y') = 0,$$

suivant qu'elles contiennent la variable indépendante x ou la fonction inconnue y. Mais ces deux types d'équations se ramènent immédiatement l'un à l'autre en prenant la fonction pour variable indépendante, et réciproquement.

Nous nous bornerons donc à considérer les équations de la forme

$$(15) \qquad f(y, y') = 0.$$

Si l'on sait exprimer y et y' au moyen d'une variable auxiliaire u par deux équations

$$y = \varphi(u), \quad y' = \psi(u),$$

dont le système soit équivalent à l'équation unique (15), l'intégration sera ramenée aux quadratures. On aura, en effet,

$$dx = \frac{dy}{\psi(u)} = \frac{\varphi'(u)}{\psi(u)} du,$$

d'où

$$x = \int_0^u \frac{\varphi'(u)}{\psi(u)} du + \text{const.}$$

avec

$$y = \varphi(u).$$

Ce cas se présentera en particulier si l'équation (15) représente une courbe unicursale, lorsque l'on y considère y, y' comme les coordonnées d'un point. Les fonctions φ et ψ sont alors rationnelles, de telle sorte que les intégrations pourront se faire.

Considérons, par exemple, l'équation

$$y'^3 - y'^2 + y^2 = 0.$$

Posons $y = uy'$; substituant et supprimant le facteur y'^2, il viendra

$$y' = 1 - u^2, \quad y = u - u^3,$$

$$x = \int \frac{1 - 3u^2}{1 - u^2} du$$

$$= \int \left(3 + \frac{1}{u-1} - \frac{1}{u+1}\right) du = 3u + \log \frac{u-1}{u+1} + c.$$

34. 2° Il existe une classe assez étendue d'équations différentielles qu'on peut intégrer à l'aide d'une différentiation préalable.

Considérons, en effet, l'équation

$$f(x, y, y') = 0.$$

On en déduira, par la différentiation,

$$df = \frac{\partial f}{\partial x} dx + \frac{\partial f}{\partial y} dy + \frac{\partial f}{\partial y'} dy' = 0.$$

Prenons y' pour variable auxiliaire; nous aurons la nouvelle équation

$$dy - y' \, dx = 0$$

qui, combinée à la précédente, donnera un système de deux équations simultanées pour déterminer y, y'.

Supposons qu'on soit parvenu à déterminer des multiplicateurs M, N, tels que l'on ait

$$\mathrm{M}\,df + \mathrm{N}(dy - y'\,dx) = d\varphi,$$

$d\varphi$ étant une différentielle exacte.

Les équations $f = 0$, $dy - y'\,dx = 0$ seront, en général, équivalentes aux deux suivantes :

$$f = 0, \quad d\varphi = 0$$

ou

$$f = 0, \quad \varphi = c.$$

On n'aura plus qu'à éliminer y' entre ces deux dernières équations pour avoir la relation qui lie x, y et la constante arbitraire c.

Les deux systèmes d'équations cesseraient toutefois d'être équivalents pour les valeurs de x, y, y', qui rendraient N nul ou infini, ou M infini. De là peuvent naître des solutions singulières.

35. Considérons, par exemple, l'équation

$$y = xf(y') + \varphi(y')$$

linéaire en x et y.

On en déduit, par différentiation,

$$(16) \qquad y'\,dx = f(y')\,dx + [xf'(y') + \varphi'(y')]\,dy'.$$

Cette équation étant linéaire en x et $\frac{dx}{dy'}$, on peut en déterminer un multiplicateur, et son intégration donnera x en fonction de la variable auxiliaire y'. Cette valeur, substituée dans l'équation primitive, donnera la valeur de y.

Un cas particulier digne de remarque est celui de l'équation de Clairaut,

$$y = xy' + \varphi(y').$$

L'équation auxiliaire (16) se réduit dans ce cas à

$$[x + \varphi'(y')]\,dy' = 0.$$

En égalant à zéro le facteur dy', on aura

$$y' = c$$

et, en substituant cette valeur dans l'équation primitive,

$$y = cx + \varphi(c).$$

La solution générale représente donc un système de droites.
On aura une solution singulière en posant

$$x + \varphi'(y') = 0.$$

Cette équation, associée à l'équation primitive, représente évidemment l'enveloppe des droites fournies par l'intégrale générale.

36. L'équation différentielle

$$(17) \qquad xyy'^2 + (x^2 - y^2 - A + B)y' - xy = 0$$

peut se ramener à l'équation de Clairaut, en posant

$$x^2 = u, \quad y^2 = v,$$

d'où

$$2x\,dx = du, \quad 2y\,dy = dv;$$

$$\frac{y\,dy}{x\,dx} = \frac{dv}{du} = v',$$

$$y' = \frac{x}{y}\,v'.$$

Substituant dans la proposée et multipliant par $\frac{y}{x}$, il vient successivement

$$x^2 v'^2 + (x^2 - y^2 - A + B)v' - y^2 = 0,$$

$$uv'^2 + (u - v - A + B)v' - v = 0,$$

$$v = uv' + \frac{B - A}{1 + v'}\,v'.$$

L'intégrale générale sera

$$v = cu + \frac{B - A}{1 + c}\,c$$

ou

$$y^2 = cx^2 + \frac{B - A}{1 + c}c.$$

Posons maintenant

$$c = -\frac{B + \lambda}{A + \lambda},$$

λ étant une nouvelle constante. L'équation précédente deviendra

$$\frac{x^2}{A + \lambda} + \frac{y^2}{B + \lambda} = 1$$

et représentera un système de coniques homofocales, ce qui concorde avec un résultat trouvé dans le *Calcul différentiel* (t. I, n° 51).

37. Supposons qu'en intégrant par divers procédés une même équation différentielle

$$\frac{dy}{dx} = X,$$

on ait obtenu deux solutions générales, de la forme

$$\varphi = \text{const.},$$
$$\varphi_1 = \text{const.}$$

On aura, comme nous l'avons vu (13), une relation de la forme

$$\varphi_1 = F(\varphi).$$

On peut déduire de cette remarque une démonstration nouvelle des propriétés fondamentales de plusieurs fonctions transcendantes.

38. Considérons, en effet, l'équation différentielle

$$\frac{dx}{x} + \frac{dy}{y} = 0.$$

L'intégration directe donnera

$$\log x + \log y = \text{const.}$$

D'autre part, l'équation peut s'écrire

$$0 = y\,dx + x\,dy = d.xy$$

et donne

$$xy = \text{const.}$$

On aura donc

$$\log x + \log y = \varphi(xy).$$

Pour déterminer la forme de la fonction φ, posons

$$y = 1,$$

il viendra

$$\log x = \varphi(x).$$

On aura donc, en général,

$$\log x + \log y = \log xy.$$

39. Considérons en second lieu l'équation

$$\frac{dx}{\sqrt{1 - x^2}} + \frac{dy}{\sqrt{1 - y^2}} = 0.$$

L'intégration directe donne

$$\text{arc sin}\, x + \text{arc sin}\, y = \text{const.}$$

D'autre part, chassons les dénominateurs et intégrons ; il viendra

$$\int dx \sqrt{1 - y^2} + \int dy \sqrt{1 - x^2} = \text{const.}$$

et, en intégrant par parties,

$$x\sqrt{1 - y^2} + y\sqrt{1 - x^2} + \int xy \left(\frac{dx}{\sqrt{1 - x^2}} + \frac{dy}{\sqrt{1 - y^2}} \right) = \text{const.}$$

L'intégrale qui reste ayant tous ses éléments nuls, en vertu de l'équation différentielle, on aura simplement

$$x\sqrt{1 - y^2} + y\sqrt{1 - x^2} = \text{const.}$$

et, par suite,

$$\text{arc sin}\, x + \text{arc sin}\, y = \varphi\left(x\sqrt{1 - y^2} + y\sqrt{1 - x^2}\right).$$

Posons

$$y = 0;$$

cette équation se réduira à

$$\arcsin x = \varphi(x).$$

Donc la fonction φ est un arc sinus, et l'on obtiendra la formule fondamentale

$$\arcsin x + \arcsin y = \arcsin\left(x\sqrt{1-y^2} + y\sqrt{1-x^2}\right).$$

40. Considérons enfin l'équation différentielle

$$\frac{dx}{\Delta(x)} + \frac{dy}{\Delta(y)} = 0,$$

où

$$\Delta(x) = \sqrt{(1-x^2)(1-k^2y^2)}.$$

L'intégration directe donne

$$F(x) + F(y) = \text{const.},$$

F désignant l'intégrale elliptique de première espèce.

Mais Euler a montré qu'on peut obtenir l'intégrale de cette même équation sous forme algébrique. Cet important résultat a été retrouvé depuis par des méthodes très variées. Voici celle de M. Darboux.

Posons

$$\frac{dx}{\Delta(x)} = -\frac{dy}{\Delta(y)} = dt,$$

t étant une variable auxiliaire. On en déduira successivement

$$\left(\frac{dx}{dt}\right)^2 = (1-x^2)(1-k^2x^2),$$

$$\left(\frac{dy}{dt}\right)^2 = (1-y^2)(1-k^2y^2)$$

et, en dérivant par rapport à t,

$$\frac{d^2x}{dt^2} = 2k^2x^3 - (1+k^2)x,$$

$$\frac{d^2y}{dt^2} = 2k^2y^3 - (1+k^2)y,$$

puis

$$y\frac{d^2x}{dt^2} - x\frac{d^2y}{dt^2} = 2k^2xy(x^2-y^2),$$

$$y^2\left(\frac{dx}{dt}\right)^2 - x^2\left(\frac{dy}{dt}\right)^2 = (1-k^2x^2y^2)(y^2-x^2),$$

$$\frac{y\dfrac{d^2x}{dt^2} - x\dfrac{d^2y}{dt^2}}{y^2\left(\dfrac{dx}{dt}\right)^2 - x^2\left(\dfrac{dy}{dt}\right)^2} = -\frac{2k^2xy}{1-k^2x^2y^2},$$

$$\frac{y\dfrac{d^2x}{dt^2} - x\dfrac{d^2y}{dt^2}}{y\dfrac{dx}{dt} - x\dfrac{dy}{dt}} = -\frac{2k^2xy\left(y\dfrac{dx}{dt} + x\dfrac{dy}{dt}\right)}{1-k^2x^2y^2}$$

et, en intégrant,

$$\log\left(y\frac{dx}{dt} - x\frac{dy}{dt}\right) = \log(1-k^2x^2y^2) + \text{const.},$$

$$\frac{y\dfrac{dx}{dt} - x\dfrac{dy}{dt}}{1-k^2x^2y^2} = \text{const.},$$

et enfin

$$\frac{y\,\Delta(x) + x\,\Delta(y)}{1-k^2x^2y^2} = \text{const.}$$

On aura donc

$$\text{F}(x) + \text{F}(y) = \varphi\left[\frac{y\,\Delta(x) + x\,\Delta(y)}{1-k^2x^2y^2}\right].$$

Posons

$$y = 0;$$

cette équation se réduira à

$$\text{F}(x) = \varphi(x).$$

On aura donc

$$F(x)+F(y)=F\left[\frac{y\,\Delta(x)+x\,\Delta(y)}{1-k^2x^2y^2}\right].$$

C'est la formule fondamentale que nous avions déduite du théorème d'Abel (t. II, nº 350).

III. — Systèmes d'équations simultanées.

41. Tout système d'équations différentielles simultanées, entre $n+1$ variables $x_0, \dots, x_n$, peut être ramené, comme on l'a vu, au type normal

$$\frac{dx_1}{dx_0}=X_1, \quad \dots, \quad \frac{dx_n}{dx_0}=X_n,$$

$X_1, \dots, X_n$ étant des fonctions de $x_0, \dots, x_n$.

Ces équations étant mises sous la forme

$$(1) \qquad F_k = dx_k - X_k\,dx_0 = 0 \quad (k=1, \dots, n),$$

cherchons à en déduire une combinaison

$$\sum_k \mu_k F_k = 0,$$

dont le premier membre soit une différentielle exacte $d\varphi$.

L'identité

$$\sum_k \mu_k F_k = d\varphi = \frac{\partial\varphi}{\partial x_0}dx_0+\dots+\frac{\partial\varphi}{\partial x_n}dx_n$$

donnera

$$-\sum_k \mu_k X_k = \frac{\partial\varphi}{\partial x_0},$$

$$\mu_k = \frac{\partial\varphi}{\partial x_k} \quad (k=1, \dots, n).$$

Éliminant les μ, on aura, pour déterminer φ, l'équation aux dérivées partielles

$$(2) \qquad \frac{\partial\varphi}{\partial x_0}+\sum_k X_k\frac{\partial\varphi}{\partial x_k}=0.$$

42. L'intégration de l'équation (2) et celle du système (1) sont deux problèmes équivalents.

En effet, si, par un procédé quelconque, on est parvenu à obtenir une solution générale du système (1) [1], représentée par n équations

$$(3) \qquad \psi_1 = 0, \quad \ldots, \quad \psi_n = 0,$$

entre $x_0, \ldots, x_n$ et n constantes arbitraires $c_1, \ldots, c_n$, on en déduira aisément toutes les solutions (ou *intégrales*) de l'équation (2). Résolvons, en effet, les équations (3) par rapport a $c_1, \ldots, c_n$; elles prendront la forme

$$(4) \qquad \varphi_1 = c_1, \quad \ldots, \quad \varphi_n = c_n.$$

D'ailleurs, les premiers membres $\varphi_1, \ldots, \varphi_n$ de ces équations seront des fonctions *distinctes* de $x_0, \ldots, x_n$, c'est-à-dire qu'elles ne seront liées par aucune relation; car, si une semblable relation existait, les équations (4) ou les équations équivalentes (3) seraient incompatibles, sauf pour les systèmes de valeurs des c qui satisfont à cette même relation, et, pour ces systèmes de valeurs, elles cesseraient d'être distinctes.

Cela posé, les équations (4) donnent, par différentiation,

$$d\varphi_1 = 0, \quad \ldots, \quad d\varphi_n = 0.$$

Ce système devant être équivalent au système (1), on aura des équations de la forme

$$d\varphi_i = \sum_k \mu_k^i \mathrm{F}_k.$$

Donc $\varphi_1, \ldots, \varphi_n$ seront des intégrales de l'équation (2).

Soit maintenant y une autre fonction quelconque de $x_0, \ldots, x_n$, qui soit distincte des précédentes. Si nous transformons l'équation (2), en prenant pour variables indépen-

---

[1] On verra dans la Section V qu'il existe toujours de semblables solutions.

dantes y, φ_1, ..., φ_n, elle prendra la forme

$$M_0 \frac{\partial \varphi}{\partial y} + M_1 \frac{\partial \varphi}{\partial \varphi_1} + \ldots + M_n \frac{\partial \varphi}{\partial \varphi_n} = 0.$$

Mais elle admet pour intégrales $\varphi_1, \ldots, \varphi_n$; donc

$$M_1 = 0, \quad \ldots, \quad M_n = 0.$$

L'équation se réduira donc à $\frac{\partial \varphi}{\partial y} = 0$. Donc, pour qu'une fonction $\varphi = F(y, \ldots, \varphi_n)$ satisfasse à cette équation, il est nécessaire et suffisant qu'elle ne contienne pas y. La forme générale des intégrales cherchées sera donc

$$\varphi = F(\varphi_1, \ldots, \varphi_n),$$

où F est une fonction arbitraire.

Réciproquement, supposons que nous ayons déterminé n intégrales distinctes $\varphi_1, \ldots, \varphi_n$ de l'équation (2); on aura

$$d\varphi_i = \sum_k \mu_k^i F_k \quad (i = 1, 2, \ldots, n),$$

$\mu_1^1, \ldots, \mu_n^n$ étant des fonctions de $x_0, \ldots, x_n$, dont le déterminant n'est pas nul, car il ne doit exister aucune relation linéaire entre $d\varphi_1, \ldots, d\varphi_n$. Le système (1) sera donc équivalent ([1]) au système

$$d\varphi_1 = 0, \quad \ldots, \quad d\varphi_n = 0$$

dont on obtient immédiatement la solution générale

$$\varphi_1 = c_1, \quad \ldots, \quad \varphi_n = c_n.$$

43. Nous appellerons, d'après Jacobi, *multiplicateur* le déterminant μ des coefficients

$$\mu_k^i = \frac{\partial \varphi_i}{\partial x_k}.$$

([1]) Sauf pour les systèmes de valeurs des variables qui rendraient infinis les coefficients μ ou qui annuleraient leur déterminant. Ces systèmes devront être considérés à part.

Si l'on remplaçait le système des intégrales $\varphi_1, \ldots, \varphi_n$ par un autre système d'intégrales distinctes $\psi_1(\varphi_1, \ldots, \varphi_n), \ldots, \psi_n(\varphi_1, \ldots, \varphi_n)$, on obtiendrait évidemment un nouveau multiplicateur μJ, J désignant le jacobien de $\psi_1, \ldots, \psi_n$ par rapport à $\varphi_1, \ldots, \varphi_n$.

Ce jacobien est une fonction de $\varphi_1, \ldots, \varphi_n$, qui peut d'ailleurs être arbitraire. En effet, F désignant une fonction arbitraire de $\varphi_1, \ldots, \varphi_n$, que nous supposerons contenir φ_1 par exemple, il suffira de poser

$$\psi_1 = \int_0^{\varphi_1} F\, d\varphi_1, \quad \psi_2 = \varphi_2, \quad \ldots, \quad \psi_n = \varphi_n$$

pour avoir $J = F$.

44. Soit β l'un des nombres $1, \ldots, n$. Désignons par D_β ce que devient le déterminant

$$\mu = \begin{vmatrix} \frac{\partial \varphi_1}{\partial x_1} & \cdots & \frac{\partial \varphi_1}{\partial x_n} \\ \cdots & \cdots & \cdots \\ \frac{\partial \varphi_n}{\partial x_1} & \cdots & \frac{\partial \varphi_n}{\partial x_n} \end{vmatrix},$$

lorsqu'on y remplace les éléments $\frac{\partial \varphi_i}{\partial x_\beta}$ $(i = 1, 2, \ldots, n)$ par les éléments $\frac{\partial \varphi_i}{\partial x_0}$. Comme on a

$$\frac{\partial \varphi_i}{\partial x_0} = -\sum_k X_k \frac{\partial \varphi_i}{\partial x_k},$$

il viendra évidemment, en supprimant les termes qui se détruisent,

$$D_\beta = -\mu X_\beta.$$

On en déduit

$$\frac{\partial \mu}{\partial x_0} + \sum_k \frac{\partial \mu X_k}{\partial x_k} = \frac{\partial \mu}{\partial x_0} - \sum \frac{\partial D_k}{\partial x_k} \quad (k = 1, \ldots, n).$$

Or le second membre de cette égalité est nul; car, en effectuant les calculs, on voit immédiatement que c'est une fonction linéaire des dérivées secondes $\frac{\partial^2 \varphi}{\partial x_i \partial x_k}, \ldots$, et que l'une quelconque de ces dérivées, telle que $\frac{\partial^2 \varphi}{\partial x_i \partial x_k}$, a pour coefficient la somme de deux déterminants qui ne diffèrent que par l'échange de deux colonnes, et qui, par suite, se détruisent.

Le multiplicateur μ satisfait donc à l'équation aux dérivées partielles

$$(5) \qquad \frac{\partial \mu}{\partial x_0} + \sum_k \frac{\partial \mu X_k}{\partial x_k} = 0 \quad (k = 1, \ldots, n).$$

Réciproquement, toute solution μ' de cette équation est un multiplicateur. Posons, en effet, $\mu' = \mu\nu$. L'équation deviendra, par la substitution de cette valeur de μ',

$$\begin{aligned} 0 &= \nu\left(\frac{\partial \mu}{\partial x_0} + \sum_k \frac{\partial \mu X_k}{\partial x_k}\right) + \mu\left(\frac{\partial \nu}{\partial x_0} + \sum_k X_k \frac{\partial \nu}{\partial x_k}\right) \\ &= \mu\left(\frac{\partial \nu}{\partial x_0} + \sum_k X_k \frac{\partial \nu}{\partial x_k}\right). \end{aligned}$$

Donc ν est une intégrale, et $\mu' = \mu\nu$ un multiplicateur.

45. Supposons que nous ayons réussi à déterminer seulement i intégrales distinctes $\varphi_1, \ldots, \varphi_i$ de l'équation (2), i étant $< n$. Soient $y_0, \ldots, y_{n-i}$ des fonctions de $x_0, \ldots, x_n$, qui, jointes à celles là, forment un système de $n+1$ fonctions distinctes. Si nous prenons les φ et les y pour variables indépendantes, les équations F_k prendront la forme

$$F_k = \sum_\alpha M_\alpha^k \, dy_\alpha + \sum_\beta N_\beta^k \, d\varphi_\beta = 0$$
$$(\alpha = 0, \ldots, n-i; \ \beta = 1, 2, \ldots, i).$$

En les résolvant par rapport à $dy_1, \ldots, d\varphi_1, \ldots$, on obtiendra un nouveau système équivalent

$$(6)\quad \begin{cases} G_1 = a_1^1 F_1 + \ldots + a_n^1 F_n = d\varphi_1 = 0, \\ \ldots\ldots\ldots\ldots\ldots\ldots\ldots\ldots, \\ G_i = a_1^i F_1 + \ldots + a_n^i F_n = d\varphi_i = 0, \\ G_{i+1} = a_1^{i+1} F_1 + \ldots + a_n^{i+1} F_n = dy_1 - Y_1 dy_0 = 0, \\ \ldots\ldots\ldots\ldots\ldots\ldots\ldots\ldots\ldots\ldots, \\ G_n = a_1^n F_1 + \ldots + a_n^n F_n = dy_{n-i} - Y_{n-i} dy_0 = 0, \end{cases}$$

Les i premières équations de ce nouveau système donnent immédiatement

$$\varphi_1 = \text{const.}, \quad \ldots, \quad \varphi_n = \text{const.}$$

Il ne restera donc plus qu'à intégrer le système d'ordre $n - i$ formé des équations

$$(7)\qquad G_{i+1} = 0, \quad \ldots, \quad G_n = 0,$$

où $\varphi_1, \ldots, \varphi_n$ doivent être considérés comme des constantes.

Les multiplicateurs μ' du système (6) s'obtiennent évidemment en divisant ceux du système (1) par le déterminant Δ des coefficients a.

D'ailleurs l'équation aux dérivées partielles qui les caractérise, se réduisant à

$$\frac{\partial \mu'}{\partial y_0} + \frac{\partial \mu' Y_1}{\partial y_1} + \ldots + \frac{\partial \mu' Y_{n-i}}{\partial y_{n-i}} = 0,$$

montre qu'ils sont des multiplicateurs du système (7). Si donc on connaît un multiplicateur μ du système primitif, on en déduira un multiplicateur $\frac{\mu}{\Delta}$ du système réduit (7).

Il résulte de là que, si l'on connaît $n - 1$ intégrales et un multiplicateur du système (1), la fin de l'intégration s'obtiendra par de simples quadratures; car la question se ramène à intégrer une seule équation du premier ordre, dont on connaît un multiplicateur.

46. On a souvent à étudier des systèmes d'équations différentielles dont on peut déterminer facilement un multiplicateur. Le cas le plus simple et le plus important en même temps est celui des systèmes d'ordre $2n$ et de la forme suivante

$$(8) \qquad dx_i = \frac{\partial\psi}{\partial p_i}dt, \quad dp_i = -\frac{\partial\psi}{\partial x_i}dt \quad (i = 1, 2, \ldots, n),$$

où ψ désigne une fonction connue des $2n$ variables $x_1, \ldots, x_n, p_1, \ldots, p_n$.

Ces systèmes sont connus sous le nom de *systèmes canoniques*. Ils se rencontrent dans les plus importantes questions de la Mécanique.

D'après la théorie précédente, leurs intégrales φ et leurs multiplicateurs μ seront déterminés par les équations aux dérivées partielles

$$\frac{\partial\varphi}{\partial t} + \sum_1^n \left(\frac{\partial\varphi}{\partial x_i}\frac{\partial\psi}{\partial p_i} - \frac{\partial\varphi}{\partial p_i}\frac{\partial\psi}{\partial x_i} \right) = 0$$

et

$$\frac{\partial\mu}{\partial t} + \sum_1^n \left(\frac{\partial \mu \frac{\partial\psi}{\partial p_i}}{\partial x_i} - \frac{\partial \mu \frac{\partial\psi}{\partial x_i}}{\partial p_i} \right) = 0.$$

Il est clair qu'on satisfera à cette dernière équation en posant simplement $\mu = 1$.

Parmi les intégrales, nous distinguerons de préférence celles qui sont indépendantes de t; elles seront données par l'équation

$$(9) \qquad \sum_1^n \left(\frac{\partial\varphi}{\partial x_i}\frac{\partial\psi}{\partial p_i} - \frac{\partial\varphi}{\partial p_i}\frac{\partial\psi}{\partial x_i} \right) = 0,$$

laquelle admet $2n - 1$ solutions distinctes, en fonction desquelles toutes les autres peuvent s'exprimer.

Si l'on a déterminé $2n - 2$ de ces solutions, $\varphi_1, \ldots, \varphi_{2n-2}$, on pourra achever l'intégration par de simples quadratures. En effet, soient y, y_1 deux fonctions quelconques des $x_1, \ldots, x_n, p_1, \ldots, p_n$, distinctes de $\varphi_1, \ldots, \varphi_{2n-2}$. Prenons pour variables indépendantes les φ et les y à la place des x et des p.

Il nous restera à intégrer un système de deux équations, de la forme

$$dy_1 = Y_1\, dy,$$
$$dt = Y_2\, dy,$$

et dont nous connaîtrons un multiplicateur.

Ce multiplicateur μ' satisfera à l'équation

$$\frac{\partial \mu'}{\partial y} + \frac{\partial \mu' Y_1}{\partial y_1} + \frac{\partial \mu' Y_2}{\partial t} = 0.$$

Mais tous les éléments qui entrent dans le calcul de μ', Y_1, Y_2 sont indépendants de t; donc l'équation précédente se réduira à

$$\frac{\partial \mu'}{\partial y} + \frac{\partial \mu' Y_1}{\partial y_1} = 0,$$

et μ' sera un multiplicateur de l'équation

$$dy_1 = Y_1\, dy.$$

On pourra donc intégrer cette équation par quadrature, et obtenir ainsi y_1 en fonction de y. Substituant cette valeur dans la seconde équation, on aura t par une dernière quadrature.

47. L'expression

$$\sum_1^n \left(\frac{\partial \varphi}{\partial x_i} \frac{\partial \psi}{\partial p_i} - \frac{\partial \varphi}{\partial p_i} \frac{\partial \psi}{\partial x_i} \right),$$

qui forme le premier membre de l'équation (9), se représente ordinairement par (ψ, φ). De la définition de ce symbole résultent plusieurs propriétés importantes, parmi lesquelles nous signalerons les suivantes :

(10) $(c, \varphi) = 0$ (c étant une constante),

(11) $(\psi, \varphi) = 0$ (si φ et ψ sont indépendants des p),

(12) $(\varphi, \psi) = -(\psi, \varphi)$,

(13) $(\varphi, \varphi) = 0$,

(14) $(F(\psi_1, \psi_2, \ldots), \varphi) = \frac{\partial F}{\partial \psi_1} (\psi_1, \varphi) + \frac{\partial F}{\partial \psi_2} (\psi_2, \varphi) + \ldots,$

(15) $((\varphi_1, \varphi_2), \psi) + ((\varphi_2, \psi), \varphi_1)) + (\psi, \varphi_1 \qquad = 0.$

Les formules (10) à (14) résultent immédiatement de la définition du symbole (ψ, φ). Pour vérifier la relation (15), on remarquera que son premier membre développé est formé de termes dont chacun est le produit d'une dérivée du second ordre de l'une des fonctions φ_1, φ_2, ψ par des dérivées du premier ordre de chacune des deux autres fonctions.

Considérons, par exemple, les termes qui contiennent les dérivées du second ordre de ψ; ils seront de l'une des formes

$$\frac{\partial^2 \psi}{\partial x_i \, \partial p_k} \frac{\partial \varphi_1}{\partial p_i} \frac{\partial \varphi_2}{\partial x_k}, \quad \frac{\partial^2 \psi}{\partial x_i \, \partial p_k} \frac{\partial \varphi_1}{\partial x_k} \frac{\partial \varphi_2}{\partial p_i},$$

$$\frac{\partial^2 \psi}{\partial x_i \, \partial x_k} \frac{\partial \varphi_1}{\partial p_i} \frac{\partial \varphi_2}{\partial p_k}, \quad \frac{\partial^2 \psi}{\partial p_i \, \partial p_k} \frac{\partial \varphi_1}{\partial x_i} \frac{\partial \varphi_2}{\partial x_k},$$

et proviendront exclusivement des deux derniers termes de l'équation (15).

On vérifie, d'ailleurs, aisément que chaque terme de l'une des formes ci-dessus provenant du second terme de l'équation est détruit par un terme correspondant provenant du troisième.

48. De la proposition que nous venons d'établir découle cette conséquence importante, connue sous le nom de *théorème de Poisson :*

Soient φ_1, φ_2 deux intégrales quelconques de l'équation aux dérivées partielles

$$(\psi, \varphi) = 0$$

(où ψ est une fonction donnée); *l'expression* (φ_1, φ_2) *sera une nouvelle intégrale.*

En effet, des identités

$$(\psi, \varphi_1) = 0, \quad (\psi, \varphi_2) = 0,$$

que l'on suppose satisfaites, on déduit immédiatement

$$((\psi, \varphi_1), \varphi_2) = (0, \varphi_2) = 0,$$

$$((\varphi_2, \psi), \varphi_1) = -((\psi, \varphi_2), \varphi_1) = (0, \varphi_1) = 0$$

et, par suite,

$$(\psi, (\varphi_1, \varphi_2)) = -((\varphi_1, \varphi_2), \psi) = 0.$$

Supposons donc que l'on connaisse un certain nombre d'intégrales distinctes $\varphi_1, \ldots, \varphi_k$ de l'équation proposée, on en déduira de nouvelles intégrales $(\varphi_1, \varphi_2), \ldots, (\varphi_{k-1}, \varphi_k)$. Si ces nouvelles intégrales sont des fonctions de $\varphi_1, \ldots, \varphi_k$, cela n'apprendra rien de nouveau; mais, si quelqu'une d'entre elles φ_{k+1} est distincte des précédentes, on pourra la leur adjoindre, puis refaire la même opération sur le système $\varphi_1, \varphi_2, \ldots, \varphi_{k+1}$, et ainsi de suite, tant qu'on trouvera de nouvelles intégrales distinctes de celles déjà connues.

49. Revenons à la théorie générale des systèmes d'équations simultanées de la forme (1). Si, dans un semblable système

$$(16) \qquad F_1 = 0, \quad \ldots, \quad F_n = 0,$$

nous changeons $x_0, \ldots, x_n$ en $x_0 + \varepsilon\xi_0, \ldots, x_n + \varepsilon\xi_n$, $\xi_0, \ldots, \xi_n$ étant des fonctions de $x_0, \ldots, x_n$, et ε étant une constante infiniment petite dont nous négligerons le carré, nous obtiendrons de nouvelles équations

$$(17) \qquad G_1 = 0, \quad \ldots, \quad G_n = 0.$$

Si ces équations transformées sont des combinaisons linéaires des équations primitives, telles que

$$(18) \qquad G_i = a_{1,i} F_1 + \ldots + a_{i,n} F_n \quad (i = 1, \ldots, n),$$

nous dirons que le système (16) admet la transformation infinitésimale $\xi_0, \ldots, \xi_n$.

L'étude de ces transformations infinitésimales se lie intimement à celle des intégrales et des multiplicateurs du système proposé. Nous remettrons l'examen de cette question à la Section suivante, où elle se présentera sous une forme plus générale. Nous nous bornerons pour le moment à montrer que l'ordre du système peut être abaissé, si l'on connaît une transformation infinitésimale $\xi_0, \ldots, \xi_n$, telle que l'équation aux dérivées partielles

$$\xi_0 \frac{\partial f}{\partial x_0} + \ldots + \xi_n \frac{\partial f}{\partial x_n} = 0 \tag{19}$$

puisse être intégrée.

Soient, en effet, $y_1, \ldots, y_n$ les n intégrales distinctes de cette équation. Lorsque $x_0, \ldots, x_n$ seront changés en $x_0 + \varepsilon\xi_0, \ldots, x_n + \varepsilon\xi_n$, $y_1, \ldots, y_n$ resteront invariables; car y_i se trouve accru de la quantité

$$\varepsilon\left(\xi_0 \frac{\partial y_i}{\partial x_0} + \ldots + \xi_n \frac{\partial y_i}{\partial x_n}\right) = 0.$$

Soit, d'autre part, η ce que devient ξ_0 lorsqu'on l'exprime en fonction de $x_0, y_1, \ldots, y_n$, et posons

$$y_0 = \int \frac{dx_0}{\eta},$$

$y_1, \ldots, y_n$ étant traitées comme constantes dans l'intégration.

La transformation infinitésimale donnée, accroissant x_0 de $\varepsilon\eta$ sans altérer $y_1, \ldots, y_n$, accroîtra y_0 de $\varepsilon\eta \dfrac{\partial y_0}{\partial x_0} = \varepsilon$.

Si donc nous prenons pour variables indépendantes $y_0, y_1, \ldots, y_n$, le système transformé ne variera pas quand on accroîtra y_0 de ε, sans changer les autres variables.

Cela posé, les équations de ce nouveau système, résolues par rapport aux différentielles $dy_1, \ldots, dy_n$, donneront un résultat de la forme

$$dy_0 = \frac{dy_1}{Y_1} = \ldots = \frac{dy_n}{Y_n}.$$

Pour que ce système se reproduise quand on accroît y_0 d'une constante ε sans altérer les autres variables, il faut évidemment que $Y_1, \ldots, Y_n$ soient indépendants de y_0.

Il suffira dès lors, pour intégrer ce système :

1° D'intégrer le système d'ordre $n-1$

$$\frac{dy_1}{Y_1} = \ldots = \frac{dy_n}{Y_n},$$

ce qui donnera $y_2, \ldots, y_n$ en fonction de y_1;

2° De substituer ces valeurs dans l'équation

$$dy_0 = \frac{dy_1}{Y_1},$$

laquelle donnera y_0 par une simple quadrature.

50. Parmi les cas d'intégrabilité de l'équation (19), le plus simple est celui où les variables sont séparées, ξ_0 dépendant de x_0 seulement, ξ_1 de x_1 seulement, etc. Le système

$$(20) \qquad \frac{dx_0}{\xi_0} = \ldots = \frac{dx_n}{\xi_n},$$

d'où dépend l'intégration de l'équation (19), s'intègre alors par de simples quadratures, et l'équation (19) admettra les intégrales suivantes :

$$y_1 = \int \frac{dx_1}{\xi_1} - \int \frac{dx_0}{\xi_0},$$
$$\ldots\ldots\ldots\ldots\ldots\ldots,$$
$$y_n = \int \frac{dx_n}{\xi_n} - \int \frac{dx_0}{\xi_0}.$$

1° Supposons, par exemple, que $\xi_0, \ldots, \xi_n$ soient des constantes. Il faudra, pour réduire le système, prendre pour nouvelles variables les quantités

$$y_1 = \frac{x_1}{\xi_1} - \frac{x_0}{\xi_0}, \quad \ldots, \quad y_n = \frac{x_n}{\xi_n} - \frac{x_0}{\xi_0}$$

et

$$y_0 = \int \frac{dx_0}{\xi_0} = \frac{x_0}{\xi_0}.$$

2° Supposons, en second lieu, $\xi_0 = \frac{x_0}{a_0}, \ldots, \xi_n = \frac{x_n}{a_n}$,

$a_0, \ldots, a_n$ étant des constantes. Les équations (20) deviendront

$$\frac{a_0\,dx_0}{x_0} = \frac{a_1\,dx_1}{x_1} = \ldots = \frac{a_n\,dx_n}{x_n}.$$

On en déduit

$$a_0 \log x_0 - a_i \log x_i = \text{const.} \quad (i = 1, \ldots, n)$$

ou, ce qui revient au même,

$$\frac{x_i^{a_i}}{x_0^{a_0}} = \text{const.}$$

Il faudra donc prendre pour nouvelles variables

$$y_1 = \frac{x_1^{a_1}}{x_0^{a_0}}, \quad \ldots, \quad y_n = \frac{x_n^{a_n}}{x_0^{a_0}},$$

$$y_0 = \int a_0 \frac{dx_0}{x_0} = a_0 \log x_0.$$

51. Lorsqu'on a une équation unique

$$(21) \qquad \frac{d^n y}{dx^n} = f\left(x, y, \frac{dy}{dx}, \ldots, \frac{d^{n-1}y}{dx^{n-1}}\right),$$

il est généralement avantageux de la remplacer par le système simultané

$$(22) \quad \frac{dy}{dx} = y', \quad \frac{dy'}{dx} = y'', \quad \ldots, \quad \frac{dy^{n-1}}{dx} = f(x, y, y', \ldots, y^{n-1}).$$

Ce système est susceptible d'abaissement, d'après ce qui précède :

1° Si l'équation primitive (21) est homogène par rapport à y et à ses dérivées; car le système (22) admettra évidemment la transformation infinitésimale qui remplace $y, y', \ldots$ par $y + \varepsilon y, y' + \varepsilon y', \ldots$, sans altérer x;

2° Si l'équation primitive se reproduit à un facteur près, lorsqu'on y change x et y en $x + \varepsilon x$, $y + \varepsilon y$; car le système (22) admettra la transformation infinitésimale qui remplace $x, y, y', y'', \ldots, y^{n-1}$ par $x + \varepsilon x$, $y + \varepsilon y$, y', $y'' - \varepsilon y''$, $\ldots$, $y^{n-1} - (n-2)\varepsilon y^{n-1}$;

3° Si l'une des deux variables x, y ne figure pas explicitement dans l'équation primitive; car cette variable ne figurera que par sa différentielle dans le système (22) et pourra se déterminer par une simple quadrature, quand on aura intégré le système d'ordre $n-1$, obtenu par l'élimination de cette différentielle.

52. Si nous supposons que, non seulement y, mais ses $k-1$ premières dérivées ne figurent pas explicitement dans l'équation primitive, on n'aura, pour déterminer $y^k, \ldots, y^{n-1}$, qu'à intégrer un système d'ordre $n-k$

$$\frac{dy^k}{dx} = y^{k+1}, \quad \ldots, \quad \frac{dy^{n-1}}{dx} = f(x, y^k, \ldots, y^{n-1}).$$

Ayant ainsi déterminé y^k, on trouvera, par une série de quadratures,

$$y^{k-1} = \int y^k \, dx,$$

puis

$$y^{k-2} = \int dx \left(\int y^k \, dx\right),$$

expression que nous représenterons par la notation suivante :

$$y^{k-2} = \int y^k \, dx^2.$$

On trouvera de même

$$y^{k-3} = \int y^{k-2} \, dx = \int y^k \, dx^3$$

et enfin

$$y = \int y^k \, dx^k.$$

53. Ces quadratures successives peuvent être remplacées par une quadrature simple.

Soit, en effet, $f(x)$ la valeur trouvée pour y^k en fonction de x. On aura, pour déterminer y, à intégrer l'équation

$$\frac{d^k y}{dx^k} = f(x).$$

Or on reconnaît aisément que cette équation admet, comme

solution, l'intégrale définie

$$y_1 = \frac{1}{1.2\ldots(k-1)} \int_0^t f(t)(x-t)^{k-1}\,dt.$$

Prenons, en effet, les dérivées successives de cette expression par rapport au paramètre x; il viendra, en remarquant que $f(t)(x-t)^{k-1}$ et ses $k-2$ premières dérivées par rapport à x s'annulent pour $t=x$,

$$\frac{dy_1}{dx} = \frac{1}{1.2\ldots(k-2)} \int_0^x f(t)(x-t)^{k-2}\,dt,$$

$$\ldots\ldots\ldots\ldots\ldots\ldots\ldots\ldots\ldots\ldots\ldots\ldots,$$

$$\frac{d^{k-1}y_1}{dx^{k-1}} = \int_0^x f(t)\,dt,$$

$$\frac{d^k y_1}{dx^k} = f(x).$$

Posons maintenant $y = y_1 + z$ dans l'équation proposée; il viendra

$$\frac{d^k z}{dx^k} = 0, \quad \text{d'où} \quad z = P_{k-1},$$

P_{k-1} désignant un polynôme arbitraire de degré $k-1$.

La solution la plus générale de l'équation proposée sera donc

$$y = y_1 + P_{k-1}.$$

54. Ce résultat fournit une démonstration nouvelle de la série de Maclaurin. Posons, en effet,

$$f(x) = F^k(x).$$

La fonction $F(x)$ étant une solution de l'équation

$$\frac{d^k y}{dx^k} = F^k(x)$$

sera, d'après ce qui précède, une expression de la forme

$$F(x) = A_0 + A_1 x + \ldots + A_{k-1} x^{k-1}$$
$$+ \frac{1}{1.2\ldots(k-1)} \int_0^x F^k(t)(x-t)^{k-1}\,dt.$$

Les coefficients A_0, A_1, ... s'obtiendront aisément en posant $x = 0$ dans cette équation et dans ses dérivées successives. On trouvera

$$A_0 = F(0), \quad \dots, \quad A_{k-1} = \frac{F^{k-1}(0)}{1.2\dots(k-1)},$$

et le reste se trouvera exprimé par une intégrale définie.

55. Considérons l'équation du second ordre

$$\frac{d^2y}{dx^2} = f\left(x, y, \frac{dy}{dx}\right).$$

On aura le système

$$\frac{dy}{dx} = y', \quad \frac{dy'}{dx} = f(x, y, y').$$

Sous cette forme, il est aisé de voir que l'intégration peut être ramenée aux quadratures, toutes les fois que la fonction f ne contient qu'une seule des trois quantités x, y, y'.

1° Si f ne dépend que de x, la seconde équation donnera

$$y' = \int_0^x f(x)\,dx + c,$$

et l'on trouvera ensuite

$$y = \int_0^x y'\,dx + c' = \int_0^x dx \left[\int_0^x f(x)\,dx\right] + cx + c'.$$

2° Si f ne dépend que de y, on déduira des équations ci-dessus la suivante

$$y'\,dy' = f(y)\,dy$$

et, en intégrant,

$$y'^2 = \int_0^y 2f(y)\,dy + c,$$

$$y' = \sqrt{\int_0^y 2f(y)\,dy + c},$$

et enfin

$$dx = \frac{dy}{y'},$$

d'où

$$x = \int \frac{dy}{y'} = \int_0^y \frac{dy}{\sqrt{\int_0^y 2f(y)\,dy + c}} + c'.$$

3° Si f ne dépend que de y', on aura

$$dx = \frac{dy'}{f(y')}, \quad dy = \frac{y'\,dy'}{f(y')},$$

d'où

$$x = \int_0^{y'} \frac{dy'}{f(y')} + c,$$

$$y = \int_0^{y'} \frac{y'dy'}{f(y')} + c'.$$

On aura donc x et y, exprimés tous deux en fonction de la nouvelle variable y'.

56. Comme autre application, cherchons à déterminer les courbes dont le rayon de courbure en chaque point est proportionnel à la portion de la normale interceptée par l'axe des x.

Le rayon de courbure R est donné par la formule

$$\mathrm{R} = \frac{\left[1 + \left(\frac{dy}{dx}\right)^2\right]^{\frac{3}{2}}}{\frac{d^2y}{dx^2}}.$$

D'autre part, en désignant par α l'angle de la tangente avec l'axe des x, on aura

$$\mathrm{N} = \frac{y}{\cos\alpha} = y\sqrt{1 + \left(\frac{dy}{dx}\right)^2}.$$

Les courbes cherchées auront donc pour équation différentielle

$$\frac{\left[1+\left(\frac{dy}{dx}\right)^2\right]^{\frac{3}{2}}}{\frac{d^2y}{dx^2}} = ny\sqrt{1+\left(\frac{dy}{dx}\right)^2}$$

ou

$$\frac{d^2y}{dx^2} = \frac{1}{ny}\left[1+\left(\frac{dy}{dx}\right)^2\right].$$

Cette équation du second ordre équivaut aux deux suivantes :

$$\frac{dy'}{dx} = \frac{1}{ny}(1+y'^2), \quad \frac{dy}{dx} = y'.$$

On déduit de leur combinaison

$$\frac{y'\,dy'}{1+y'^2} = \frac{dy}{ny}$$

et en intégrant,

$$\tfrac{1}{2}\log(1+y'^2) = \frac{1}{n}\log y + \text{const.},$$

ou

$$1+y'^2 = \left(\frac{y}{c}\right)^{\frac{2}{n}},$$

$$y' = \sqrt{\left(\frac{y}{c}\right)^{\frac{2}{n}} - 1}$$

et enfin

$$x = \int \frac{dy}{y'} = \int_0^y \frac{dy}{\sqrt{\left(\frac{y}{c}\right)^{\frac{2}{n}} - 1}} + c'.$$

Parmi les cas d'intégrabilité de cette expression, on doit signaler particulièrement les suivants :

1° $n = -1$, d'où

$$x = \int \frac{y\,dy}{\sqrt{c^2-y^2}} = -\sqrt{c^2-y^2} + c',$$

$$(x-c')^2 + y^2 = c^2.$$

La courbe est un cercle ayant son centre sur l'axe des y.

2° $n=1$, d'où

$$x=\int\frac{c\,dy}{\sqrt{y^2-c^2}}=c\log\frac{y+\sqrt{y^2-c^2}}{c}+c',$$

d'où

$$y+\sqrt{y^2-c^2}=ce^{\frac{x-c'}{c}},$$

$$y-\sqrt{y^2-c^2}=ce^{-\frac{x-c'}{c}}$$

et enfin

$$y=c\frac{e^{\frac{x-c'}{c}}+e^{-\frac{x-c'}{c}}}{2},$$

équation d'une chaînette.

3° $n=-2$, d'où

$$x=\sqrt{\frac{y}{c-y}}dy=\int\frac{y-\frac{1}{2}c}{\sqrt{\frac{c^2}{4}-(y-\frac{1}{2}c)^2}}dy+\frac{1}{2}\int\frac{c\,dy}{\sqrt{\frac{c^2}{4}-(y-\frac{1}{2}c)^2}}$$

$$=-\sqrt{cy-y^2}+\frac{c}{2}\arcsin\frac{y-\frac{1}{2}c}{\frac{1}{2}c}+c',$$

équation d'une cycloïde;

4° $n=2$, d'où

$$x=\int\sqrt{\frac{c}{y-c}}dy=2\sqrt{c(y-c)}+c',$$

équation d'une parabole.

57. Proposons-nous, comme dernière application, de déterminer le mouvement d'un point attiré vers un centre fixe par une force égale à $m\,f(r)$, r désignant le rayon vecteur et m la masse du point mobile.

Prenons pour origine des coordonnées le point attirant, et pour plan des xy celui de la vitesse initiale. D'après les principes de la Mécanique, la loi du mouvement sera donnée par les deux équations

$$\frac{d^2 x}{dt^2} = -f(r)\frac{x}{r}, \quad \frac{d^2 y}{dt^2} = -f(r)\frac{y}{r}.$$

On déduit de ces équations les combinaisons intégrables suivantes

$$0 = y\frac{d^2 x}{dt^2} - x\frac{d^2 y}{dt^2} = \frac{d}{dt}\left(y\frac{dx}{dt} - x\frac{dy}{dt}\right)$$

et

$$0 = \frac{dx}{dt}\frac{d^2 x}{dt^2} + \frac{dy}{dt}\frac{d^2 y}{dt^2} + f(r)\frac{x\,dx + y\,dy}{r\,dt}$$
$$= \frac{1}{2}\frac{d}{dt}\frac{dx^2 + dy^2}{dt^2} + f(r)\frac{dr}{dt},$$

dont l'intégration donne deux équations du premier ordre

$$y\frac{dx}{dt} - x\frac{dy}{dt} = c,$$
$$\frac{1}{2}\frac{dx^2 + dy^2}{dt^2} + \int f(r)\,dr = 0.$$

Remplaçons les variables x, y par des coordonnées polaires

$$x = r\cos\omega, \quad y = r\sin\omega;$$

ces équations deviendront

$$(23) \qquad r^2\frac{d\omega}{dt} = c,$$

$$(24) \qquad \frac{1}{2}\frac{dr^2 + r^2\,d\omega^2}{dt^2} + \int f(r)\,dr = 0;$$

d'où, en résolvant par rapport à $d\omega$ et dt et intégrant,

$$\omega = \int \frac{c\,dr}{r\sqrt{-c^2 - 2r^2\int f(r)\,dr}},$$
$$t = \int \frac{r\,dr}{\sqrt{-c^2 - 2r^2\int f(r)\,dr}}.$$

Le problème est ainsi ramené aux quadratures.

Les formules précédentes contiennent, comme cela devait

être, quatre constantes arbitraires, à savoir c et les trois constantes introduites par les intégrations.

58. Appliquons ces formules au cas de l'attraction newtonienne, où $f(r) = \frac{kM}{r^2}$, k désignant une constante, et M la masse du point attirant ; on aura

$$\int f(r)\,dr = -\frac{kM}{r} + c',$$

d'où

$$\omega = \int \frac{c\,dr}{r\sqrt{-c^2 + 2kMr - 2c'r^2}}$$

ou, en posant $r = \frac{1}{u}$, $dr = -\frac{du}{u^2}$,

$$\begin{aligned}\omega &= -\int \frac{c\,du}{\sqrt{-2c' + 2kMu - c^2u^2}}\\ &= -\int \frac{c^2\,du}{\sqrt{k^2M^2 - 2c'c^2 - (c^2u - kM)^2}}\\ &= \arccos \frac{c^2u - kM}{\sqrt{k^2M^2 - 2c'c^2}} + c'',\end{aligned}$$

$$c^2u = kM + \sqrt{k^2M^2 - 2c'c^2}\cos(\omega - c'')$$

ou

$$(25)\qquad \left\{\begin{aligned} r &= \frac{c^2}{kM + \sqrt{k^2M^2 - 2c'c^2}\cos(\omega - c'')}\\ &= \frac{p}{1 + e\cos(\omega - c'')},\end{aligned}\right.$$

en posant, pour abréger,

$$\frac{c^2}{kM} = p, \quad \sqrt{1 - \frac{2c'c^2}{k^2M^2}} = e.$$

On aura enfin

$$(26)\qquad dt = \frac{1}{c}r^2\,d\omega = \frac{p^2\,d\omega}{c[1 + e\cos(\omega - c'')]^2},$$

équation qui déterminera t par une quadrature.

Le problème deviendra complètement déterminé si l'on donne à un instant quelconque t_0 les coordonnées r_0, ω_0 du mobile, sa vitesse initiale v_0 et l'angle α_0 qu'elle fait avec le rayon vecteur. On a, en effet, en appelant v la vitesse à un instant quelconque, α l'angle qu'elle fait avec le rayon vecteur

$$\frac{dr^2 + r^2\,d\omega^2}{dt^2} = v^2, \quad r^2\frac{d\omega}{dt} = rv\sin\alpha.$$

Les équations (23) et (24) peuvent donc s'écrire

$$rv\sin\alpha = c,$$

$$\tfrac{1}{2}v^2 - \frac{kM}{r} + c' = 0.$$

On aura donc, en posant $t = 0$,

$$c = r_0 v_0 \sin\alpha_0, \quad c' = \frac{kM}{r_0} - \tfrac{1}{2}v_0^2.$$

On déterminera ensuite c'' en posant $t = 0$ dans l'équation (25); enfin, l'équation (26), intégrée de t_0 à t, donnera

$$t - t_0 = \int_{\omega_0}^{\omega} \frac{p^2\,d\omega}{c[1 + e\cos(\omega - c'')]^2}.$$

L'équation (25) entre r et ω fait connaître la trajectoire du mobile. *C'est une conique ayant un foyer à l'origine.* Ce sera une ellipse si $c' > 0$, une parabole si $c' = 0$, une hyperbole si $c' < 0$.

On a, d'autre part, en désignant par A l'aire comprise entre la courbe et les rayons vecteurs r et r_0,

$$\tfrac{1}{2}r^2\,d\omega = dA.$$

L'équation (23) peut donc s'écrire

$$2\frac{dA}{dt} = c;$$

d'où, en intégrant de t_0 à t,

$$A = \frac{c}{2}(t - t_0).$$

Les aires décrites par le rayon vecteur sont donc proportionnelles aux temps correspondants.

Supposons la trajectoire elliptique, et cherchons la durée T d'une révolution. L'aire A correspondant à cette période de temps sera l'aire totale πab de l'ellipse. On aura donc

$$\pi ab = \frac{c}{2}T.$$

D'ailleurs

$$c = \sqrt{kMp} = \sqrt{kM\frac{b^2}{a}}.$$

Substituant cette valeur dans l'équation précédente, il viendra

$$T = \frac{2\pi a^{\frac{3}{2}}}{\sqrt{kM}}.$$

La durée de la révolution est donc indépendante de l'excentricité de l'ellipse, et proportionnelle à la puissance $\frac{3}{2}$ *de son grand axe.*

Nous avons ainsi retrouvé toutes les lois fondamentales énoncées par Kepler.

IV. — Équations linéaires aux différentielles totales.

59. Les systèmes d'équations différentielles simultanées étudiés dans la Section précédente ne sont évidemment qu'un cas particulier des systèmes d'équations linéaires aux différentielles totales, de la forme

$$(1) \qquad F_k = dx_k - \sum_h X_k^h \, dx_h = 0$$

$$(h = 1, 2, \ldots, m; \quad k = m+1, \ldots, m+n).$$

Cherchons à déduire de ces équations une combinaison intégrable

$$o = \sum \mu_k F_k = d\varphi.$$

On aura évidemment

$$\mu_k = \frac{\partial \varphi}{\partial x_k}, \quad -\sum_k \mu_k X_k^h = \frac{\partial \varphi}{\partial x_h}.$$

Éliminant les μ, on voit que φ sera une intégrale commune aux m équations aux dérivées partielles

$$(2) \qquad E_h = \frac{\partial \varphi}{\partial x_h} + \sum_k X_k^h \frac{\partial \varphi}{\partial x_k} = o$$

$$(h = 1, 2, \ldots, m; \ k = m+1, \ldots, m+n).$$

Supposons que ces équations admettent n intégrales communes distinctes $\varphi_1, \ldots, \varphi_n$ (nous verrons plus loin dans quel cas il en est ainsi). Soient $y_1, \ldots, y_m$ de nouvelles fonctions des x, formant avec les φ un système de fonctions distinctes. En prenant les φ et les y pour variables, les équations (2) prendront la forme

$$E_h = M_1^h \frac{\partial \varphi}{\partial y_1} + \ldots + M_m^h \frac{\partial \varphi}{\partial y_m} = o$$

et seront manifestement équivalentes aux suivantes :

$$\frac{\partial \varphi}{\partial y_1} = o, \quad \ldots, \quad \frac{\partial \varphi}{\partial y_m} = o.$$

La forme la plus générale des fonctions qui satisfont à ces équations est évidemment

$$\varphi = F(\varphi_1, \ldots, \varphi_n),$$

F désignant une fonction arbitraire.

Les fonctions $\varphi_1, \ldots, \varphi_n$ étant des intégrales du système (2), on aura des relations de la forme

$$d\varphi_i = \sum_k \mu_k^i F_k,$$

et le système (1) équivaudra au suivant

$$d\varphi_1 = 0, \quad \ldots, \quad d\varphi_n = 0,$$

d'où l'on déduit

$$\varphi_1 = \text{const.}, \quad \ldots, \quad \varphi_n = \text{const.}$$

60. Le déterminant μ des coefficients $\mu_k^i = \dfrac{\partial \varphi_i}{\partial x_k}$ se nomme le *multiplicateur* correspondant aux intégrales $\varphi_1, \ldots, \varphi_n$. En remplaçant ce système d'intégrales par d'autres systèmes d'intégrales distinctes, on obtiendra une infinité de multiplicateurs, et l'on voit, comme au n° 43, qu'ils ont pour forme générale $\mu\, F(\varphi_1, \ldots, \varphi_n)$.

Soient α l'un des nombres $1, 2, \ldots, m$; β l'un des nombres $m+1, \ldots, m+n$. Désignons par D_β^α ce que devient le déterminant μ lorsqu'on y remplace les éléments $\dfrac{\partial \varphi_i}{\partial x_\beta}$ $(i = 1, 2, \ldots, n)$ par les éléments $\dfrac{\partial \varphi_i}{\partial x_\alpha} = -\sum_k X_k^\alpha \dfrac{\partial \varphi_i}{\partial x_k}$; on aura évidemment

$$D_\beta^\alpha = -\mu X_\beta^\alpha.$$

On en déduit par différentiation, comme au n° 44,

$$(3) \qquad \frac{\partial \mu}{\partial x_\alpha} + \sum_{\beta=m+1}^{\beta=m+n} \frac{\partial\, \mu X_\beta^\alpha}{\partial x_\beta} = 0 \quad (\alpha = 1, 2, \ldots, m).$$

Réciproquement, toute solution commune μ' des équations (3) est un multiplicateur; car, en posant $\mu' = \mu\nu$, on verra que ν est une intégrale des équations (2); donc ν sera de la forme $F(\varphi_1, \ldots, \varphi_n)$, et μ' sera un multiplicateur.

61. Si l'on a réussi à déterminer i intégrales distinctes $\varphi_1, \ldots, \varphi_i$ du système (2), on pourra, comme au n° 45, en les prenant pour variables indépendantes avec d'autres fonctions $y_1, \ldots, y_{m+n-i}$ choisies à volonté, remplacer le sys-

tème (1) par un système équivalent, de la forme

$$(4) \qquad d\varphi_1 = 0, \quad \ldots, \quad d\varphi_i = 0,$$

$$(5) \quad dy_k - \sum_{h=1}^{h=m} Y_k^h dy_h = 0 \quad (k = m+1, \ldots, m+n-i).$$

On en déduit

$$\varphi_1 = \text{const.}, \quad \ldots, \quad \varphi_i = \text{const.},$$

et il ne restera plus qu'à intégrer le système des $n - i$ équations (5).

D'ailleurs, si l'on connaît un multiplicateur du système (1), on en déduira, comme au n° **45**, un multiplicateur de ce nouveau système.

Si donc on a réussi à déterminer $n - 1$ intégrales et un multiplicateur du système (1), il ne restera plus qu'à intégrer une seule équation, dont on connaîtra un multiplicateur. Le problème sera donc ramené aux quadratures.

62. Les considérations qui précèdent nous conduisent à chercher les intégrales communes à un système d'équations aux dérivées partielles de la forme (2). Mais il conviendra de généraliser la question, en cherchant les intégrales communes à un système d'équations de la forme plus symétrique

$$X_1^h \frac{\partial \varphi}{\partial x_1} + \ldots + X_{m+n}^h \frac{\partial \varphi}{\partial x_{m+n}} = 0 \quad (h = 1, 2, \ldots, m).$$

Si nous désignons par X^h l'opération

$$X_1^h \frac{\partial}{\partial x_1} + \ldots + X_{m+n}^h \frac{\partial}{\partial x_{m+n}},$$

ces équations pourront s'écrire ainsi

$$X^h \varphi = 0 \quad (h = 1, 2, \ldots, m).$$

Cela posé, toute solution commune à deux de ces équations

$$X^i \varphi = 0, \quad X^k \varphi = 0$$

satisfera à l'équation nouvelle

$$o = X^i X^k \varphi - X^k X^i \varphi = \sum_\rho \sum_\sigma \left(X^i_\rho \frac{\partial X^k_\sigma}{\partial x_\rho} - X^k_\rho \frac{\partial X^i_\sigma}{\partial x_\rho} \right) \frac{\partial \varphi}{\partial x_\sigma}$$

$$(\rho = 1, \ldots, m+n;\ \sigma = 1, \ldots, m+n);$$

car on a séparément

$$X^i X^k \varphi = X^i(o) = o, \quad X^k X^i \varphi = X^k(o) = o.$$

Si d'ailleurs nous désignons pour plus de clarté par $p_1, \ldots, p_{m+n}$ les dérivées partielles $\frac{\partial \varphi}{\partial x_1}, \ldots, \frac{\partial \varphi}{\partial x_{m+n}}$, on aura

$$X^i \varphi = X^i_1 p_1 + \ldots + X^i_{m+n} p_{m+n},$$
$$X^k \varphi = X^k_1 p_1 + \ldots + X^k_{m+n} p_{m+n},$$

et le symbole $(X^i \varphi, X^k \varphi)$, défini comme au n° **47**, aura pour valeur

$$\sum_\rho \sum_\sigma \left(X^i_\rho \frac{\partial X^k_\sigma}{\partial x_\rho} - X^k_\rho \frac{\partial X^i_\sigma}{\partial x_\rho} \right) p_\sigma = X^i X^k \varphi - X^k X^i \varphi.$$

Ainsi, toute intégrale commune aux équations

$$X^1 \varphi = o, \quad \ldots, \quad X^m \varphi = o$$

satisfera en outre aux équations

$$X^i X^k \varphi - X^k X^i \varphi = (X^i \varphi, X^k \varphi) = o$$
$$(i = 1, 2, \ldots, m;\ k = 1, 2, \ldots, m),$$

lesquelles sont, comme les précédentes, linéaires et homogènes par rapport aux dérivées partielles de φ.

Si parmi ces équations nouvelles il en est qui soient linéairement distinctes des équations primitives, on pourra les leur adjoindre et recommencer les mêmes opérations sur le système ainsi complété. En continuant à suivre cette marche, deux cas pourront se présenter :

1° On arrivera à un système contenant $m+n$ équations distinctes ; on en déduira

$$\frac{\partial \varphi}{\partial x_1} = o, \quad \frac{\partial \varphi}{\partial x_2} = o, \quad \ldots, \quad \text{d'où} \quad \varphi = \text{const.}$$

En dehors de cette solution banale, les équations proposées n'auront donc aucune intégrale commune.

2° On arrivera à un système

$$X^1\varphi = 0, \quad \ldots, \quad X^l\varphi = 0 \quad (l < m + n),$$

tel que toutes les nouvelles équations que l'on peut en déduire soient des combinaisons linéaires des précédentes. Ce système satisfera donc à des relations de la forme

$$X^i X^k\varphi - X^k X^i\varphi = (X^i\varphi, X^k\varphi) = \alpha_1^{ik} X^1\varphi + \ldots + \alpha_l^{ik} X^l\varphi$$
$$(i = 1, 2, \ldots, l; \; k = 1, 2, \ldots, l),$$

où les α sont des fonctions des x.

Un semblable système se nomme un *système complet*.

63. Si dans un système complet nous prenons pour variables à la place de x_1, x_2, ... de nouvelles variables y_1, y_2, ..., le système transformé

$$Y^i\varphi = Y_1^i \frac{\partial\varphi}{\partial y_1} + Y_2^i \frac{\partial\varphi}{\partial y_2} + \ldots = 0 \quad (i = 1, 2, \ldots, l)$$

sera encore un système complet; car les opérations Y^1, ..., Y^l n'étant autre chose que les opérations X^1, ..., X^l, différemment exprimées, on aura encore

$$Y^i Y^k\varphi - Y^k Y^i\varphi = \alpha_1^{ik} Y^1\varphi + \ldots + \alpha_l^{ik} Y^l\varphi,$$

et il ne restera qu'à exprimer les quantités α en fonction des nouvelles variables y.

D'autre part, tout système

$$A^i\varphi = a_1^i X^1\varphi + \ldots + a_l^i X^l\varphi = 0 \quad (i = 1, 2, \ldots, l)$$

équivalent au système complet

$$X^1\varphi = 0, \quad \ldots, \quad X^l\varphi = 0$$

est lui-même un système complet.

En effet, l'expression

$$(A^i\varphi, A^k\varphi)$$

est une somme de termes de la forme

$$(a_\lambda^i X^\lambda \varphi, a_\mu^k X^\mu \varphi) = a_\lambda^i a_\mu^k (X^\lambda \varphi, X^\mu \varphi) + a_\lambda^i (X^\lambda \varphi, a_\mu^k) X^\mu \varphi$$
$$+ a_\mu^k (a_\lambda^i, X^\mu \varphi) X^\lambda \varphi + (a_\lambda^i, a_\mu^k) X^\lambda \varphi X^\mu \varphi.$$

Or (a_λ^i, a_μ^k) est évidemment nul, puisque les a ne contiennent pas les variables p; d'autre part, $(a_\lambda^i, X^\mu \varphi)$, $(X^\lambda \varphi, a_\mu^k)$ se réduisent à des fonctions des x; enfin $(X^\lambda \varphi, X^\mu \varphi)$ s'exprime linéairement au moyen des $X^1 \varphi, \ldots, X^l \varphi$. Donc $(A^i \varphi, A^k \varphi)$ est une fonction linéaire de ces quantités, qui sont elles-mêmes des fonctions linéaires de $A^1 \varphi, \ldots, A^l \varphi$.

64. Étant donné un système complet, contenant m équations, par exemple, où figurent $m+n$ variables $x_1, \ldots, x_{m+n}$, on obtiendra, en résolvant ces équations par rapport à $\frac{\partial \varphi}{\partial x_1}, \ldots, \frac{\partial \varphi}{\partial x_m}$, un système équivalent, de la forme

$$(6) \qquad \frac{\partial \varphi}{\partial x_h} + \sum_k X_k^h \frac{\partial \varphi}{\partial x_k} = X^h \varphi = 0$$
$$(h = 1, 2, \ldots, m; \; k = m+1, \ldots, m+n).$$

D'après ce qui précède, ce nouveau système sera encore complet.

Les systèmes complets de la forme (6), auxquels nous pouvons dorénavant borner notre étude, ont reçu le nom de *systèmes jacobiens*.

Pour ces systèmes particuliers, les équations de condition

$$(X^i \varphi, X^k \varphi) = \alpha_1^{ik} X^1 \varphi + \alpha_2^{ik} X^2 \varphi + \ldots,$$

qui caractérisent en général les systèmes complets, se réduisent à la forme plus simple

$$(X^i \varphi, X^k \varphi) = 0.$$

En effet, $(X^i \varphi, X^k \varphi)$ est évidemment indépendant de $\frac{\partial \varphi}{\partial x_1}, \ldots, \frac{\partial \varphi}{\partial x_m}$, tandis que $\alpha_1^{ik} X^1 \varphi + \alpha_2^{ik} X^2 \varphi + \ldots$ contient ces dérivées respectivement affectées des coefficients $\alpha_1^{ik}, \alpha_2^{ik}, \ldots$.

Ces expressions ne pourront donc être identiques que si les α sont tous nuls.

65. Théorème. — *Un système jacobien formé de m équations entre $m+n$ variables admet n intégrales distinctes.*

Nous avons admis provisoirement dans la section précédente la vérité de ce théorème pour le cas d'une seule équation; et nous pourrons évidemment supposer dans la démonstration qu'il ait été reconnu vrai pour les systèmes formés de moins de m équations.

Soit

$$X^1\varphi = 0, \quad \ldots, \quad X^m\varphi = 0 \tag{7}$$

le système proposé. La première équation, considérée isolément, admet $m+n-1$ intégrales distinctes $y_2, \ldots, y_{m+n}$. Soit y_1 une autre fonction quelconque, distincte de celles-là. En prenant les y pour variables indépendantes, nous obtiendrons un système transformé

$$X^h\varphi = M_1^h \frac{\partial\varphi}{\partial y_1} + M_2^h \frac{\partial\varphi}{\partial y_2} + \ldots = 0 \quad (h = 1, 2, \ldots, m),$$

dont la première équation, admettant $y_2, \ldots, y_{m+n}$ pour intégrales, se réduira à son premier terme

$$M_1^1 \frac{\partial\varphi}{\partial y_1} = 0.$$

Ces équations, résolues par rapport à $\frac{\partial\varphi}{\partial y_1}, \ldots, \frac{\partial\varphi}{\partial y_m}$, donneront un système jacobien

$$Y^1\varphi = \frac{\partial\varphi}{\partial y_1} = 0, \tag{8}$$

$$Y^h\varphi = \frac{\partial\varphi}{\partial y_h} + \sum_k Y_k^h \frac{\partial\varphi}{\partial y_k} = 0 \tag{9}$$

$$(h = 2, \ldots, m; \; k = m+1, \ldots, m+n).$$

Or on a évidemment

$$(\mathrm{Y}^1\varphi, \mathrm{Y}^h\varphi) = \sum_k \frac{\partial \mathrm{Y}_k^h}{\partial y_1} \frac{\partial \varphi}{\partial y_k};$$

et, pour que cette quantité s'annule identiquement, il faut qu'on ait

$$\frac{\partial \mathrm{Y}_k^h}{\partial y_1} = 0.$$

Les équations (9) sont donc entièrement débarrassées de la variable y_1. Elles forment, d'ailleurs, un système jacobien de $m - 1$ équations à $m + n - 1$ variables $y_2, \ldots, y_{m+n}$, lequel système admettra par hypothèse n intégrales distinctes. Ces intégrales, ne dépendant pas de y_1, satisferont encore à l'équation (8). Il ne restera plus qu'à remplacer dans leur expression $y_2, \ldots, y_{m+n}$ par leurs valeurs en $x_1, \ldots, x_{m+n}$ pour obtenir les intégrales correspondantes du système primitif.

66. Soit

$$\varphi_i(x_1, \ldots, x_{m+n}) \quad (i = 1, 2, \ldots, n)$$

le système d'intégrales distinctes du système (7), dont l'existence vient d'être démontrée. Ces intégrales, considérées comme fonctions de $x_{m+1}, \ldots, x_{m+n}$ seulement, seront encore distinctes.

Admettons, en effet, qu'elles satisfissent à une relation de la forme

$$\mathrm{F}(\varphi_1, \ldots, \varphi_n; x_1, \ldots, x_m) = 0.$$

L'opération X^h, appliquée à cette identité, donnerait

$$0 = \frac{\partial \mathrm{F}}{\partial \varphi_1} \mathrm{X}^h \varphi_1 + \ldots + \frac{\partial \mathrm{F}}{\partial \varphi_n} \mathrm{X}^h \varphi_n + \frac{\partial \mathrm{F}}{\partial x_h} = \frac{\partial \mathrm{F}}{\partial x_h}$$

(car $\varphi_1, \ldots, \varphi_n$ sont des intégrales de l'équation $\mathrm{X}^h\varphi = 0$). La fonction F serait donc indépendante de $x_1, \ldots, x_m$, et les fonctions $\varphi_1, \ldots, \varphi_n$ ne seraient pas distinctes, résultat contraire à leur définition.

Posons maintenant

$$\varphi_i(x_1, \ldots, x_{m+n}) = \varphi_i(c_1, \ldots, c_m; \psi_1, \ldots, \psi_n) \quad (i = 1, 2, \ldots, n),$$

$c_1, \ldots, c_m$ désignant des constantes arbitraires. Les quantités $\psi_1, \ldots, \psi_n$, définies par ces équations, seront des fonctions distinctes des intégrales primitives $\varphi_i(x_1, \ldots, x_{m+n})$. Elles formeront donc un nouveau système d'intégrales distinctes. Elles jouiront d'ailleurs de la propriété caractéristique de se réduire respectivement à $x_{m+1}, \ldots, x_{m+n}$, lorsqu'on donne simultanément à $x_1, \ldots, x_m$ les valeurs particulières $c_1, \ldots, c_m$.

Cela posé, remplaçons les m premières variables $x_1, \ldots, x_m$ par de nouvelles variables $y_1, \ldots, y_m$, définies par les relations

$$(10) \qquad x_h = c_h + (y_1 - c_1) y_h \quad (h = 1, 2, \ldots, m),$$

et résolvons les équations transformées par rapport à $\frac{\partial \varphi}{\partial y_1}, \ldots, \frac{\partial \varphi}{\partial y_m}$. Nous obtiendrons un nouveau système jacobien

$$(11) \qquad \mathrm{Y}^h \varphi = \frac{\partial \varphi}{\partial y_h} + \sum_k \mathrm{Y}_k^h \frac{\partial \varphi}{\partial x_k} = 0$$

$$(h = 1, 2, \ldots, m; \; k = m+1, \ldots, m+n).$$

Les fonctions $\psi_1, \ldots, \psi_n$, exprimées au moyen des nouvelles variables, donneront un système d'intégrales distinctes des équations (11). Elles se réduiront d'ailleurs respectivement à $x_{m+1}, \ldots, x_{m+n}$ lorsque $y_1 = c_1$, quels que soient $y_2, \ldots, y_m$; car, pour $y_1 = c_1$, les équations (10) donnent $x_1 = c_1, \ldots, x_m = c_m$.

67. Pour intégrer le système transformé (11), il suffira, comme l'a montré M. Mayer, d'intégrer l'équation unique

$$(12) \qquad \mathrm{Y}^1 \varphi = 0.$$

A cet effet, nous remarquerons que cette équation admet les intégrales $\psi_1, \ldots, \psi_n$, lesquelles, jointes aux intégrales évidentes $y_2, \ldots, y_m$, donneront un système de $m+n-1$ intégrales distinctes. Toute autre intégrale

$$f(y_1, \ldots, y_m; x_{m+1}, \ldots, x_{m+n})$$

de cette équation sera donc une fonction de celles-là, telle que

$$F(y_2, \ldots, y_m; \psi_1, \ldots, \psi_n).$$

Si dans l'égalité

$$f(y_1, \ldots, y_m; x_{m+1}, \ldots, x_{m+n}) = F(y_2, \ldots, y_m; \psi_1, \ldots, \psi_n),$$

nous donnons à y_1 la valeur constante c_1, il viendra

$$f(c_1, \ldots, y_m; x_{m+1}, \ldots, x_{m+n}) = F(y_2, \ldots, y_m; x_{m+1}, \ldots, x_{m+n}),$$

et, par suite,

$$f(c_1, \ldots, y_m; \psi_1, \ldots, \psi_n) = F(y_2, \ldots, y_m; \psi_1, \ldots, \psi_n).$$

On voit par là qu'une intégrale quelconque f de l'équation (12) étant supposée connue, on obtiendra immédiatement son expression en fonction de $y_2, \ldots, y_m, \psi_1, \ldots, \psi_n$, en remplaçant dans la fonction f les variables $y_1, x_{m+1}, \ldots, x_{m+n}$ par $c_1, \psi_1, \ldots, \psi_n$.

Cela posé, admettons que nous soyons parvenus à intégrer l'équation (12), en y considérant $y_1, x_{m+1}, \ldots, x_{m+n}$ comme seules variables, et $x_2, \ldots, x_m$ comme des paramètres (ce qui revient, comme nous l'avons vu, à déterminer une solution générale d'un système de n équations différentielles ordinaires). Soit $f_1, \ldots, f_n$ un système d'intégrales distinctes de cette équation; on aura, ainsi qu'on vient de le voir,

$$f_1 = F_1, \quad \ldots, \quad f_n = F_n,$$

$F_1, \ldots, F_n$ étant des fonctions connues de $y_2, \ldots, y_m$; $\psi_1, \ldots, \psi_n$; et il suffira de résoudre ces équations par rapport à $\psi_1, \ldots, \psi_n$ pour déterminer ces fonctions, lesquelles forment un système d'intégrales des équations (11). D'ailleurs, la résolution de ces équations ne sera jamais impossible, car les fonctions $y_2, \ldots, y_m; f_1, \ldots, f_n$ étant distinctes,

$f_1, \ldots, f_n$ sont nécessairement des fonctions distinctes par rapport à $\psi_1, \ldots, \psi_n$.

68. On peut aller plus loin et montrer que la connaissance d'une seule intégrale f_1 de l'équation (12) permet de déterminer une ou même plusieurs intégrales du système (11). On aura, en effet,

$$f_1 = F_1(y_2, \ldots, y_m; \psi_1, \ldots, \psi_n),$$

F_1 étant une fonction connue. Résolvant cette équation par rapport à ψ_1, on aura une relation de la forme

$$\psi_1 = \theta_1(y_1, \ldots, x_{m+n}; \psi_2, \ldots, \psi_n),$$

où θ_1 est une fonction connue.

Effectuons sur cette identité l'opération Y^h, h désignant l'un quelconque des nombres 1, 2, ..., m. Il viendra, en remarquant que $\psi_1, \ldots, \psi_n$ sont des intégrales de $Y^h\varphi = 0$,

$$0 = Y^h\theta_1 = \frac{\partial\theta_1}{\partial y_1} Y^h y_1 + \ldots + \frac{\partial\theta_1}{\partial x_{m+n}} Y^h x_{m+n}.$$

Le second membre de cette équation est une fonction connue de $y_1, \ldots, x_{m+n}; \psi_2, \ldots, \psi_n$. S'il ne s'annule pas identiquement, il contiendra l'une au moins des quantités ψ, par exemple ψ_2; car les variables $y_1, \ldots, x_{m+n}$ sont indépendantes. En résolvant par rapport à ψ_2, on obtiendra une relation de la forme

$$\psi_2 = \theta_2(y_1, \ldots, x_{m+n}; \psi_3, \ldots, \psi_n).$$

Effectuons sur cette équation l'opération Y^h, on en déduira une nouvelle équation pour déterminer ψ_3, et ainsi de suite jusqu'à une dernière équation qui donnera ψ_n. Le système (11) sera dès lors intégré.

On ne pourra se trouver arrêté dans cette suite d'opérations que si l'on arrive à une équation

$$\psi_i = \theta_i(y_1, \ldots, x_{m+n}; \psi_{i+1}, \ldots, \psi_n),$$

pour laquelle on ait identiquement

$$Y^h \theta_i = 0 \quad (h = 1, 2, \ldots, m).$$

Mais alors, en remplaçant dans θ_i les fonctions inconnues $\psi_{i+1}, \ldots, \psi_n$ par des constantes quelconques, on obtiendra une fonction φ_i qui satisfait évidemment aux mêmes équations, et qui sera, par suite, une intégrale du système (11).

69. Nous pouvons énoncer, comme résultat de cette étude, le théorème suivant :

Pour qu'un système d'équations aux différentielles totales

$$(1) \qquad F_k = dx_k - \sum_k X_k^h \, dx_h = 0$$

$$(h = 1, 2, \ldots, m; \; k = m+1, \ldots, m+n)$$

admette n intégrales distinctes

$$\varphi_1 = \text{const.}, \quad \ldots, \quad \varphi_n = \text{const.},$$

il faut et il suffit que les équations aux dérivées partielles

$$(2) \qquad \frac{\partial \varphi}{\partial x_h} + \sum_k X_k^h \frac{\partial \varphi}{\partial x_k} = 0 \quad (h = 1, 2, \ldots, m)$$

forment un système jacobien.

Cette condition étant supposée remplie, la recherche des intégrales du système dépend de l'intégration d'un système de n équations différentielles simultanées.

Chaque intégrale de ce dernier système fournira au moins une intégrale du système proposé.

70. Soit S un système d'équations aux différentielles totales, de la forme (1) et admettant n intégrales distinctes $\varphi_1, \ldots, \varphi_n$. Si nous y changeons $x_1, \ldots, x_{m+n}$ en $x_1 + \varepsilon\xi_1, \ldots, x_{m+n} + \varepsilon\xi_{m+n}$, ε étant une constante infiniment petite, dont nous négligerons le carré, et $\xi_1, \ldots, \xi_{m+n}$ des fonctions de $x_1, \ldots, x_{m+n}$, nous obtiendrons un autre système S'.

A toute intégrale φ du système S correspondra évidemment pour le système S′ une intégrale

$$\varphi(x_1+\varepsilon\xi_1, \ldots, x_{m+n}+\varepsilon\xi_{m+n})=\varphi+\varepsilon A\varphi,$$

en désignant par A l'opération

$$\xi_1\frac{\partial}{\partial x_1}+\ldots+\xi_{m+n}\frac{\partial}{\partial x_{m+n}}.$$

Cette opération est complètement définie quand $\xi_1, \ldots, \xi_{m+n}$ sont donnés, et réciproquement. Soient d'ailleurs $y_1, \ldots, y_{m+n}$ de nouvelles variables quelconques, fonctions des x. Lorsque $x_1, \ldots, x_{m+n}$ s'accroissent respectivement de $\varepsilon\xi_1, \ldots, \varepsilon\xi_{m+n}$, y_i s'accroîtra de

$$\varepsilon\left(\xi_1\frac{\partial y_i}{\partial x_1}+\ldots+\xi_{m+n}\frac{\partial y_i}{\partial x_{m+n}}\right),$$

quantité que nous désignerons par $\varepsilon\eta_i$. D'autre part, on a évidemment

$$\frac{\partial}{\partial x_i}=\frac{\partial y_1}{\partial x_i}\frac{\partial}{\partial y_1}+\frac{\partial y_2}{\partial x_i}\frac{\partial}{\partial y_2}+\ldots.$$

On déduit immédiatement de là l'égalité

$$\xi_1\frac{\partial}{\partial x_1}+\ldots+\xi_{m+n}\frac{\partial}{\partial x_{m+n}}=\eta_1\frac{\partial}{\partial y_1}+\ldots+\eta_{m+n}\frac{\partial}{\partial y_{m+n}}.$$

L'opération associée à la transformation infinitésimale considérée reste donc la même, lorsqu'on change de variables indépendantes.

Nous désignerons, pour abréger, par $A\varphi$ la transformation infinitésimale qui correspond à l'opération A, et qui, par suite, change l'intégrale φ en $\varphi+\varepsilon A\varphi$; et nous dirons que le système S *admet cette transformation infinitésimale* $A\varphi$ si le système transformé S′ est équivalent à S.

Pour cela, il faut et il suffit que le système S′ soit équivalent au système

$$d\varphi_1=0, \quad \ldots, \quad d\varphi_n=0,$$

auquel S est équivalent; et, par suite, que les systèmes S et S′ admettent les mêmes intégrales.

Or à toute intégrale φ de S correspond une intégrale $\varphi + \varepsilon A\varphi$ de S′. Celle-ci devra être une intégrale de S, ou, ce qui revient au même, $A\varphi$ sera une intégrale de S.

Si donc nous désignons, comme précédemment, par

$$X^h\varphi = \frac{\partial\varphi}{\partial x_h} + \sum_k X_k^h \frac{\partial\varphi}{\partial x_k} = 0 \quad (h = 1, 2, \ldots, m)$$

les équations aux dérivées partielles qui caractérisent les intégrales de S, ces équations devront entraîner comme conséquence les suivantes

$$X^h A\varphi = 0 \quad (h = 1, 2, \ldots, m)$$

ou, ce qui revient au même, celles-ci

$$X^h A\varphi - AX^h\varphi = (X^h\varphi, A\varphi) = 0 \quad (h = 1, 2, \ldots, m)$$

[car on a identiquement $AX^h\varphi = A(0) = 0$].

Cela posé, le système formé des équations

$$X^h\varphi = 0, \quad (X^h\varphi, A\varphi) = 0 \quad (h = 1, 2, \ldots, m),$$

admettant n intégrales distinctes $\varphi_1, \ldots, \varphi_n$, ne pourra contenir plus de m équations linéairement distinctes. On aura donc

$$(13) \quad (X^h\varphi, A\varphi) = \alpha_1^h X'\varphi + \ldots + \alpha_m^h X^m\varphi \quad (h = 1, 2, \ldots, m),$$

les coefficients α étant des fonctions des x. D'ailleurs il est évident que ces conditions seront suffisantes.

71. Toute expression de la forme

$$\sum_i \xi_i X^i\varphi \quad (i = 1, 2, \ldots, m)$$

représente une transformation infinitésimale de S en lui-même.

En effet, on a

$$\left(X^h\varphi, \sum_i \xi_i X^i\varphi\right) = \sum_i [\xi_i(X^h\varphi, X^i\varphi) + (X^h\varphi, \xi_i)X^i\varphi]$$
$$= \sum_i X^h\xi_i X^i\varphi,$$

car $(X^h\varphi, X^i\varphi)$ est nul; et, d'autre part, on a

$$(X^h\varphi, \xi_i) = \frac{\partial\xi_i}{\partial x_h} + \sum_k X_k^h \frac{\partial\xi_i}{\partial x_k} = X^h\xi_i.$$

Si donc S admet une transformation infinitésimale

$$A\varphi = \sum_i \xi_i \frac{\partial\varphi}{\partial x_i} \qquad (i = 1, 2, \ldots, m+n),$$

il admettra évidemment la transformation

$$B\varphi = A\varphi - \xi_1 X'\varphi - \ldots - \xi_m X^m\varphi,$$

laquelle se réduit à la forme

$$\xi_{m+1}\frac{\partial\varphi}{\partial x_{m+1}} + \ldots + \xi_{m+n}\frac{\partial\varphi}{\partial x_{m+n}}.$$

Il nous suffira évidemment d'étudier les transformations de cette sorte, toutes les autres pouvant s'en déduire par l'adjonction d'une fonction linéaire de $X'\varphi, \ldots, X^m\varphi$.

Pour les transformations de la forme $B\varphi$, les équations de condition (13) prendront la forme plus simple

$$(X^h\varphi, B\varphi) = 0;$$

car le premier membre de ces équations, ne contenant pas les dérivées partielles $\frac{\partial\varphi}{\partial x_1}, \ldots, \frac{\partial\varphi}{\partial x_m}$, ne pourra se réduire à une fonction linéaire de $X'\varphi, \ldots, X^m\varphi$ que s'il s'annule identiquement.

72. Si S admet deux transformations $B\varphi$, $B'\varphi$, il admettra la transformation $(B\varphi, B'\varphi)$.

On a, en effet (47), l'identité

$$(X^h\varphi, (B\varphi, B'\varphi)) + (B\varphi, (B'\varphi, X^h\varphi)) + (B'\varphi, (X^h\varphi, B\varphi)) = 0.$$

Mais $(X^h\varphi, B\varphi)$ et $(B'\varphi, X^h\varphi)$ sont nuls par hypothèse ; donc cette égalité se réduira à

$$(X^h\varphi, (B\varphi, B'\varphi)) = 0.$$

73. Soient $B'\varphi, \ldots, B^l\varphi$ des transformations du système S qui ne soient liées par aucune relation linéaire ; si l'expression

$$B\varphi = \sum_i \beta_i B^i\varphi \quad (i = 1, 2, \ldots, l)$$

est une autre transformation du même système, $\beta_1, \ldots, \beta_l$ seront des intégrales, et réciproquement.

On a, en effet,

$$\begin{aligned}(X^h\varphi, B\varphi) &= \sum_i (X^h\varphi, \beta_i B^i\varphi)\\ &= \sum_i [(X^h\varphi, \beta_i)B^i\varphi + (X^h\varphi, B^i\varphi)\beta_i] = \sum_i X^h\beta_i B^i\varphi,\end{aligned}$$

expression qui ne peut s'annuler, par hypothèse, que si tous les coefficients $X^h\beta_i$ sont nuls, ce qui montre que β_i est une intégrale.

74. Enfin, si l'on connaît un multiplicateur μ du système S et une transformation infinitésimale $B\varphi$, on en déduira une intégrale.

Soit, en effet,

$$B\varphi = \sum_i \xi_i \frac{\partial\varphi}{\partial x_i} \quad (i = m+1, \ldots, m+n).$$

Nous aurons, quel que soit h,

$$\begin{aligned}0 &= (X^h\varphi, B\varphi)\\ &= \sum_i \frac{\partial\xi_i}{\partial x_h}\frac{\partial\varphi}{\partial x_i} + \sum_i\sum_k \left(X^h_k \frac{\partial\xi_i}{\partial x_k} - \xi_k \frac{\partial X^h_i}{\partial x_k}\right)\frac{\partial\varphi}{\partial x_i},\end{aligned}$$

i et k variant de $m+1$ à $m+n$.

Dans cette identité, les coefficients de chacune des dérivées partielles $\frac{\partial\varphi}{\partial x_i}$ doivent être nuls séparément; nous aurons donc

$$\frac{\partial\xi_i}{\partial x_h}+\sum_k\left(X_k^h\frac{\partial\xi_i}{\partial x_k}-\xi_k\frac{\partial X_i^h}{\partial x_k}\right)=0 \quad (i=m+1,\ldots,m+n).$$

Différentions cette équation par rapport à x_i; sommons par rapport à i et supprimons les termes qui se détruisent; il viendra

$$\begin{aligned} 0&=\sum_i\frac{\partial^2\xi_i}{\partial x_h\,\partial x_i}+\sum_i\sum_k\left(X_k^h\frac{\partial^2\xi_i}{\partial x_i\,\partial x_k}-\xi_k\frac{\partial^2 X_i^h}{\partial x_i\,\partial x_k}\right)\\ &=X^h\left(\sum_i\frac{\partial\xi_i}{\partial x_i}\right)-B\left(\sum_i\frac{\partial X_i^h}{\partial x_i}\right). \end{aligned}$$

Mais on a, d'autre part,

$$\frac{\partial\mu}{\partial x_h}+\sum_i\frac{\partial\mu X_i^h}{\partial x_i}=0$$

ou, en développant et divisant par μ,

$$\sum_i\frac{\partial X_i^h}{\partial x_i}=-\frac{\frac{\partial\mu}{\partial x_h}+\sum_i X_i^h\frac{\partial\mu}{\partial x_i}}{\mu}=-X^h\log\mu.$$

L'équation précédente pourra donc s'écrire

$$\begin{aligned} 0&=X^h\left(\sum_i\frac{\partial\xi_i}{\partial x_i}\right)+BX^h\log\mu,\\ &=X^h\left(\sum_i\frac{\partial\xi_i}{\partial x_i}\right)+X^hB\log\mu. \end{aligned}$$

Cette équation, qui a lieu pour $h=1,\ldots,m$, montre que

$$\sum_i\frac{\partial\xi_i}{\partial x_i}+B\log\mu$$

est une intégrale.

75. Admettons qu'en combinant les procédés ci-dessus, ou autrement, on ait réussi à obtenir p intégrales dis-

tinctes $\varphi_1, \ldots, \varphi_p$ du système S. En prenant $\varphi_1, \ldots, \varphi_p$ pour variables à la place de $x_{m+1}, \ldots, x_{m+p}$ par exemple, les équations $X^h\varphi = 0$ seront transformées en de nouvelles équations de même forme, mais ne contenant pas les dérivées partielles $\frac{\partial\varphi}{\partial\varphi_1}, \ldots, \frac{\partial\varphi}{\partial\varphi_p}$, puisque $\varphi_1, \ldots, \varphi_p$ sont des solutions.

On aura donc

$$X^h\varphi = \frac{\partial\varphi}{\partial x_h} + \sum_k X_k^h \frac{\partial\varphi}{\partial x_k} = 0$$
$$(h = 1, 2, \ldots, m; \quad k = m+p+1, \ldots, m+n),$$

les X_k^h étant des fonctions de $\varphi_1, \ldots, \varphi_p, x_{m+p+1}, \ldots, x_{m+n}$.

Soient $B'\varphi, \ldots, B^\lambda\varphi, \ldots$ les transformations infinitésimales que l'on suppose connues. On aura

$$B^\lambda\varphi = \sum_i \beta_i^\lambda \frac{\partial\varphi}{\partial\varphi_i} + \sum_k \xi_k^\lambda \frac{\partial\varphi}{\partial x_k}$$
$$(i = 1, 2, \ldots, p; \quad k = m+p+1, \ldots, m+n).$$

D'ailleurs, φ_i étant une intégrale, $B^\lambda\varphi_i = \beta_i^\lambda$ sera également une intégrale. Si nous admettons que nous ayons tiré tout le parti possible des procédés ci-dessus indiqués, cette intégrale ne sera pas nouvelle, mais se réduira à une fonction de $\varphi_1, \ldots, \varphi_p$.

Posons, pour abréger,

$$\sum_i \beta_i^\lambda \frac{\partial\varphi}{\partial\varphi_i} = A^\lambda,$$

et supposons que, parmi ces expressions, il y en ait q qui soient linéairement distinctes, à savoir $A', \ldots, A^q$.

Les suivantes $A^{q+1}, \ldots$ seront de la forme

$$A^{q+\mu} = \gamma'_\mu A' + \ldots + \gamma_\mu^q A^q,$$

les coefficients γ étant des fonctions des β, et par suite étant des intégrales.

Cela posé, on aura évidemment

$$B^{\lambda+\mu}\varphi = \gamma'_\mu B'\varphi + \ldots + \gamma^q_\mu B^q\varphi + D^\mu\varphi,$$

$D^\mu\varphi$ étant une nouvelle transformation infinitésimale, qui se réduit à la forme plus simple

$$D^\mu\varphi = \sum_k \xi^\mu_k \frac{\partial\varphi}{\partial x_k}.$$

Admettons que, parmi les transformations de cette sorte ainsi déterminées, il y en ait r linéairement distinctes $D'\varphi, \ldots, D^r\varphi$.

Toutes les autres seront de la forme

$$\varepsilon_1 D'\varphi + \ldots + \varepsilon_r D^r\varphi,$$

où les quantités $\varepsilon_1, \ldots, \varepsilon_r$ devront être des intégrales, et par suite des fonctions de $\varphi_1, \ldots, \varphi_p$.

Réciproquement, toute expression de cette forme représentera une transformation infinitésimale du système S.

En particulier, les transformations

$$(D^i\varphi, D^k\varphi)$$

ne contenant pas dans leur expression les dérivées $\frac{\partial\varphi}{\partial\varphi_1}, \ldots, \frac{\partial\varphi}{\partial\varphi_p}$, devront être de cette forme.

76. Cela posé, deux cas pourront se présenter :

1° Si $p + r < n$, les équations

$$X^h\varphi = 0, \quad D^i\varphi = 0 \quad (h = 1, 2, \ldots, m;\ i = 1, 2, \ldots, r)$$

entre les $m + n - p$ variables $x_1, \ldots, x_m, x_{m+p+1}, \ldots, x_{m+n}$ ($\varphi_1, \ldots, \varphi_p$ étant traités comme des paramètres) forment un système complet, en vertu des relations

$$(X^i\varphi, X^k\varphi) = 0, \quad (D^i\varphi, X^k\varphi) = 0,$$
$$(D^i\varphi, D^k\varphi) = \varepsilon^{ik}_1 D'\varphi + \ldots + \varepsilon^{ik}_r D^r\varphi.$$

Ce système admettra donc $n - p - r$ intégrales, $\varphi_{p+1}, \ldots,$

φ_{n-r}, qui sont évidemment celles des intégrales du système S qui ne sont pas altérées par les transformations $D'\varphi, \ldots, D^r\varphi$. Lorsqu'on les aura trouvées (par l'intégration d'un système de $n-p-r$ équations différentielles ordinaires), les r intégrales encore inconnues dépendront de l'intégration d'un second système de r équations différentielles.

L'avantage obtenu dans ce cas consistera donc à décomposer en deux le problème de la recherche des intégrales $\varphi_{p+1}, \ldots, \varphi_n$ encore inconnues.

2° Si $p+r=n$, la connaissance des transformations $D'\varphi, \ldots, D^r\varphi$ fournira un multiplicateur du système.

Soit, en effet,

$$D^i\varphi = \sum_k \xi_k^i \frac{\partial\varphi}{\partial x_k} \quad (k = m+p+1, \ldots, m+n),$$

et désignons par Δ le déterminant des coefficients ξ_k^i; par J le jacobien des intégrales inconnues $\varphi_{p+1}, \ldots, \varphi_n$ par rapport aux variables x_k.

Formons le produit ΔJ par la règle connue; on obtiendra un nouveau déterminant I, dont les éléments sont les quantités $D^i\varphi_k$. Or ces expressions sont des intégrales; donc $\frac{1}{I}$ sera une intégrale; d'autre part, J est un multiplicateur; donc $\frac{J}{I}$ sera également un multiplicateur.

Or cette quantité est égale à $\frac{1}{\Delta}$, quantité connue.

V. — Étude directe des intégrales.

77. Les méthodes que nous avons exposées jusqu'à présent avaient pour but de trouver l'intégrale générale des équations différentielles. Mais elles ne réussissent, comme on l'a vu, que dans des cas fort limités, et nous ne pouvons même assurer que l'intégrale cherchée existe en général, car son existence a été admise sans démonstration.

Il est donc nécessaire de reprendre le problème de l'intégration, en le précisant, de manière à le rendre déterminé. La question ainsi posée peut se formuler ainsi :

1° *Étant donné un système d'équations différentielles normales*

$$\frac{dy}{dx} = f(x, y, z, \ldots), \quad \frac{dz}{dx} = \varphi(x, y, z, \ldots), \quad \ldots,$$

démontrer qu'il existe, en général, un système unique de fonctions $y, z, \ldots$ *jouissant de la double propriété de satisfaire à ces équations, et de prendre respectivement des valeurs données* $y_0, z_0, \ldots$ *pour une valeur donnée* x_0 *de la variable indépendante ;*

2° *Donner une méthode qui permette de calculer, avec telle approximation qu'on voudra, la valeur de ces fonctions pour toute valeur réelle ou imaginaire de* x ;

3° *Enfin, discuter les cas d'exception où les résultats établis se trouvent en défaut.*

78. Nous nous bornerons, pour abréger l'écriture, au cas de deux équations simultanées

$$(1) \qquad \frac{dy}{dx} = f(x, y, z), \quad \frac{dz}{dx} = \varphi(x, y, z).$$

Admettons que (x_0, y_0, z_0) soit un point ordinaire pour les fonctions f et φ lorsqu'on y traite x, y, z comme des variables indépendantes. On pourra, par définition, tracer autour de x_0, y_0, z_0 des contours fermés K, K', K'', tels que f, φ, et leurs dérivées partielles restent monodromes et continues, tant que x, y, z ne sortiront pas de ces contours.

Soient

d, d', d'' les distances minima des points x_0, y_0, z_0 à K, K', K'';

S, S', S'' les périmètres de ces contours;

M une limite supérieure du module de f et de φ, lorsque x, y, z décrivent respectivement ces contours.

On pourra écrire

$$f(x, y, z) = \sum a_{\alpha\beta\gamma}(x - x_0)^\alpha (y - y_0)^\beta (z - z_0)^\gamma,$$

$$\varphi(x, y, z) = \sum b_{\alpha\beta\gamma}(x - x_0)^\alpha (y - y_0)^\beta (z - z_0)^\gamma,$$

ces développements restant convergents tant que les modules de $x - x_0$, $y - y_0$, $z - z_0$ resteront inférieurs à d, d', d''. D'ailleurs

$$a_{\alpha\beta\gamma} = \frac{1}{\alpha!\,\beta!\,\gamma!}\,\frac{\partial^{\alpha+\beta+\gamma} f(x_0, y_0, z_0)}{\partial x^\alpha\,\partial y^\beta\,\partial z^\gamma}.$$

et l'on aura (t. II, n° 300)

$$\operatorname{mod} a_{\alpha\beta\gamma} \overline{\overline{<}} \frac{\mathrm{MSS'S''}}{(2\pi)^3}\,\frac{1}{d^{\alpha+1} d'^{\beta+1} d''^{\gamma+1}}$$

et, *a fortiori*,

$$\operatorname{mod} a_{\alpha\beta\gamma} \overline{\overline{<}} \frac{\mathrm{N}}{r^{\alpha+\beta+\gamma+3}},$$

en désignant par r la plus petite des quantités d, d', d'', et posant, pour abréger,

$$\frac{\mathrm{MSS'S''}}{(2\pi)^3} = \mathrm{N}.$$

On obtiendrait la même limite pour le module de $b_{\alpha\beta\gamma}$.

Soient enfin $x_0 + h$, $y_0 + k$, $z_0 + l$ des points assez voisins de x_0, y_0, z_0 pour que les droites qui les joignent à ces derniers points soient respectivement comprises dans l'intérieur des contours K, K', K'', et soient δ, δ', δ'' les plus courtes distances de ces droites à ces contours; on aura

$$(2)\quad \left\{\begin{aligned} &\operatorname{mod}[f(x_0 + h, y_0 + k, z_0 + l) - f(x_0, y_0, z_0)] \\ &\quad = \operatorname{mod} \int_0^1 \frac{d}{dt} f(x_0 + ht, y_0 + kt, z_0 + lt)\, dt \\ &\quad = \operatorname{mod} \int_0^1 \left(h\frac{\partial}{\partial x_0} + k\frac{\partial}{\partial y_0} + l\frac{\partial}{\partial z_0}\right) f(x_0 + ht, y_0 + kt, z_0 + lt) \\ &\quad \overline{\overline{<}} \left(\frac{\operatorname{mod} h}{\delta} + \frac{\operatorname{mod} k}{\delta'} + \frac{\operatorname{mod} l}{\delta''}\right)\frac{\mathrm{N}}{\delta\delta'\delta''}. \end{aligned}\right.$$

79. Ces préliminaires posés, cherchons à déterminer des fonctions y, z qui satisfassent aux équations données

$$(3)\quad \begin{cases} \dfrac{dy}{dx} = f(x, y, z) = \sum a_{\alpha\beta\gamma}(x-x_0)^\alpha (y-y_0)^\beta (z-z_0)^\gamma, \\ \dfrac{dz}{dx} = \varphi(x, y, z) = \sum b_{\alpha\beta\gamma}(x-x_0)^\alpha (y-y_0)^\beta (z-z_0)^\gamma, \end{cases}$$

et qui, pour $x = x_0$, se réduisent respectivement à $y_0 + k$ et à $z_0 + l$, k et l désignant des constantes très petites.

Nous poserons, à cet effet,

$$(4)\quad \begin{cases} y - y_0 = k + \sum c_{\lambda\mu\nu}(x-x_0)^\lambda k^\mu l^\nu \\ z - z_0 = l + \sum d_{\lambda\mu\nu}(x-x_0)^\lambda k^\mu l^\nu \end{cases} \begin{matrix} (\lambda = 1, 2, \ldots, \infty), \\ (\mu, \nu = 0, 1, \ldots, \infty). \end{matrix}$$

Substituons ces valeurs dans les équations (3), développons le second membre suivant les puissances de $x - x_0$, k, l, et égalons les coefficients du terme général; il viendra

$$(\lambda + 1) c_{\lambda+1, \mu, \nu} = \mathrm{F}, \quad (\lambda + 1) d_{\lambda+1, \mu, \nu} = \Phi,$$

F et Φ étant des polynômes à coefficients positifs, formés avec ceux des coefficients a, b, c, d, où la somme des indices ne surpasse pas $\lambda + \mu + \nu$.

Les équations précédentes déterminent, successivement et sans ambiguïté, les coefficients c et d; ils seront donnés par des expressions de la forme

$$(5)\qquad c_{\lambda\mu\nu} = \mathrm{F}_{\lambda\mu\nu}, \quad d_{\lambda\mu\nu} = \Phi_{\lambda\mu\nu},$$

$\mathrm{F}_{\lambda\mu\nu}$ et $\Phi_{\lambda\mu\nu}$ étant des polynômes à coefficients positifs, formés avec les quantités a, b.

Les expressions (4), où les coefficients c, d seront déterminés par les équations (5), satisfont évidemment aux conditions du problème. Si l'on y groupe ensemble les termes affectés des mêmes puissances de k et de l, on obtiendra un résultat de la forme

$$y - y_0 = \sum \mathrm{S}_{\mu\nu} k^\mu l^\nu, \quad z - z_0 = \sum \mathrm{T}_{\mu\nu} k^\mu l^\nu,$$

$S_{\mu\nu}$ et $T_{\mu\nu}$ étant des séries qui procèdent suivant les puissances de $x - x_0$.

En supprimant dans les expressions précédentes les termes qui dépendent de k et de l, il viendra

$$y - y_0 = S_{00}, \quad z - z_0 = T_{00},$$

et il est clair : 1° que ces équations donnent un système d'intégrales qui se réduisent à y_0, z_0 pour $x = x_0$; 2° qu'on aura

$$S_{\mu\nu} = \frac{1}{\mu!\,\nu!}\,\frac{\partial^{\mu+\nu} S_{00}}{\partial y_0^\mu\,\partial z_0^\nu}, \quad T_{\mu\nu} = \frac{1}{\mu!\,\nu!}\,\frac{\partial^{\mu+\nu} T_{00}}{\partial y_0^\mu\,\partial z_0^\nu}.$$

80. La méthode que nous venons de suivre suppose évidemment que les séries sur lesquelles nous opérons sont absolument convergentes. Nous allons vérifier qu'il en est ainsi tant que k, l, $x - x_0$ seront suffisamment petits.

Remplaçons, en effet, dans les séries (4) chacun des coefficients $a_{\alpha\beta\gamma}$, $b_{\alpha\beta\gamma}$ par la quantité $\frac{N}{r^{\alpha+\beta+\gamma+3}}$, limite supérieure de son module, et les quantités k, l par une même quantité m, dont le module soit au moins égal à mod k et à mod l. Nous obtiendrons de nouvelles séries, à coefficients positifs, et dont chaque terme aura un module au moins égal à celui du terme correspondant des séries primitives. Celles-ci seront donc absolument convergentes si les nouvelles séries le sont.

Mais ces séries sont évidemment celles que l'on obtiendrait si l'on cherchait à déterminer des fonctions Y, Z, qui se réduisent à $y_0 + m$, $z_0 + m$ pour $x = x_0$, et qui satisfassent aux équations différentielles

$$(6)\quad \begin{cases} \dfrac{dY}{dx} = \sum \dfrac{N}{r^{\alpha+\beta+\gamma+3}} (x - x_0)^\alpha (Y - y_0)^\beta (Z - z_0)^\gamma \\ \qquad = \dfrac{N}{[r - (x - x_0)]\,[r - (Y - y_0)]\,[r - (Z - z_0)]}, \\ \dfrac{dZ}{dx} = \dfrac{N}{[r - (x - x_0)]\,[r - (Y - y_0)]\,[r - (Z - z_0)]}. \end{cases}$$

Or on peut intégrer directement ces équations et s'assurer que ces fonctions Y, Z existent, et sont développables en séries convergentes quand m et $x - x_0$ sont suffisamment petits.

On en déduit, en effet,

$$dZ = dY,$$

et, en intégrant de x_0 à x,

$$Z - z_0 = Y - y_0.$$

Substituant dans la première équation, il vient

$$\frac{dY}{dx} = \frac{N}{[r - (x - x_0)][r - (Y - y_0)]^2}$$

ou, en séparant les variables et intégrant de x_0 à x,

$$\tfrac{1}{3}[r - (Y - y_0)]^3 - \tfrac{1}{3}(r - m)^3 = N \log\left(1 - \frac{x - x_0}{r}\right),$$

et enfin

$$(7) \quad Y - y_0 = r - \sqrt[3]{(r - m)^3 + 3N \log\left(1 - \frac{x - x_0}{r}\right)}.$$

La fonction de m et de $x - x_0$ ainsi définie n'a évidemment de points critiques que ceux pour lesquels on aurait

$$1 - \frac{x - x_0}{r} = 0, \quad \text{d'où} \quad x - x_0 = r$$

ou

$$(r - m)^3 + 3N \log\left(1 - \frac{x - x_0}{r}\right) = 0,$$

d'où

$$x - x_0 = r - re^{-\frac{(r - m)^3}{3N}}.$$

Si donc on assujettit m et $x - x_0$ aux conditions suivantes (où q désigne une quantité positive $< r$)

$$\operatorname{mod} m \leqq q,$$
$$\operatorname{mod}(x - x_0) < r - re^{-\frac{(r - q)^3}{3N}},$$

$Y - y_0$ restant monodrome et continu pour tous les systèmes de valeurs considérés, sera développable en une série procédant suivant les puissances de m et de $x - x_0$ et convergente dans les limites ci-dessus.

Cette série se déduirait d'ailleurs de la série (4), qui donne $y - y_0$, en remplaçant k, l par m et les coefficients $c_{\lambda\mu\nu}$ par une limite supérieure de leurs modules. On obtiendra une limite supérieure de la somme des modules de ses termes, et *a fortiori* une limite supérieure du module de $y - y_0$, en remplaçant m par q, et $x - x_0$ par son module dans la série, ou dans l'expression équivalente (7). Donc

$$\operatorname{mod}(y - y_0) \overline{\overline{<}} r - \sqrt[3]{(r-q)^3 + 3\mathrm{N}\log\left[1 - \frac{\operatorname{mod}(x - x_0)}{r}\right]},$$

et l'on obtiendra la même limite pour le module de $z - z_0$.

Si nous supposons maintenant que q tende vers zéro, la limite du module de $x - x_0$, en deçà de laquelle la convergence est assurée, tendra vers la quantité fixe

$$r - re^{-\frac{r^3}{3\mathrm{N}}},$$

que nous désignerons par ρ. Et, si $\operatorname{mod}(x - x_0)$ est assujetti à rester $< \rho - \delta$, δ étant une quantité positive quelconque, $\operatorname{mod}(y - y_0)$ et $\operatorname{mod}(z - z_0)$ resteront constamment moindres que $r - \varepsilon$, ε étant une quantité positive, déterminée par la relation

$$\varepsilon = \sqrt[3]{r^3 + 3\mathrm{N}\log\left(1 - \frac{\rho - \delta}{r}\right)}.$$

Nous obtenons donc, comme conséquence de toute cette analyse, le théorème suivant :

Les équations (1) *admettent un système d'intégrales y, z qui se réduisent à y_0, z_0 pour $x = x_0$. Ces intégrales et leurs dérivées successives par rapport aux paramètres y_0, z_0, sont développables suivant les puissances entières et positives de $x - x_0$, en séries convergentes, tant que le module de $x - x_0$ sera moindre que la quantité fixe*

$$\rho = r\left(1 - e^{-\frac{r^3}{3\mathrm{N}}}\right).$$

Enfin, si ce module reste inférieur à $\rho - \delta$, *les modules de* $y - y_0$ *et de* $z - z_0$ *resteront inférieurs à* $r - \varepsilon$, ε *étant une quantité positive, dépendante de* δ.

81. Le système d'intégrales que nous venons de trouver est le seul qui satisfasse aux conditions proposées. Soit, en effet, $y + \eta$, $z + \zeta$ un autre système d'intégrales qui jouisse de cette propriété. Nous allons prouver que η et ζ sont nuls, non seulement pour la valeur initiale $x = x_0$, mais pour toutes les valeurs de $x - x_0$, dont le module est $< \rho$.

On a, en effet, par hypothèse,

$$\frac{dy}{dx} = f(x, y, z), \qquad \frac{dz}{dx} = \varphi(x, y, z),$$

$$\frac{d(y+\eta)}{dx} = f(x, y + \eta, z + \zeta), \qquad \frac{d(z+\zeta)}{dx} = \varphi(x, y+\eta, z+\zeta);$$

d'où

$$(8) \qquad \begin{cases} \dfrac{d\eta}{dx} = f(x, y + \eta, z + \zeta) - f(x, y, z), \\ \dfrac{d\zeta}{dx} = \varphi(x, y + \eta, z + \zeta) - \varphi(x, y, z). \end{cases}$$

Supposons le module de $x - x_0$ assujetti à rester $< \rho - \delta$; on aura

$$\text{mod}(y - y_0) < r - \varepsilon, \quad \text{mod}(z - z_0) < r - \varepsilon;$$

donc, tant qu'on aura

$$\text{mod}\,\eta < \varepsilon - \delta', \quad \text{mod}\,\zeta < \varepsilon - \delta',$$

δ' étant une quantité choisie à volonté au-dessous de ε, les modules des quantités $x - x_0$, $y - y_0$, $z - z_0$, $y + \eta - y_0$, $z + \zeta - z_0$ seront $< r$, et les seconds membres des équations (8) resteront continus. Donc les fonctions η et ζ, dont ils sont les dérivées, seront elles-mêmes continues.

Mais, d'autre part, le point x est à une distance du contour K au moins égale à $r - \rho + \delta$, et les droites qui joignent le point y au point $y + \eta$ et le point z au point $z + \zeta$

sont partout à une distance des contours K′ et K″ au moins égale à δ'. On aura donc (78)

$$\begin{aligned}\operatorname{mod} d\eta &= \operatorname{mod}[f(x, y+\eta, z+\zeta) - f(x, y, z)]\,dx\\ &\overline{\overline{<}}\ \frac{\operatorname{mod}\eta + \operatorname{mod}\zeta}{\delta'}\ \frac{\mathrm{N}\,ds}{(r-\rho+\delta)\delta'^2} \overline{\overline{<}}\ \alpha(\operatorname{mod}\eta + \operatorname{mod}\zeta)\,ds,\end{aligned}$$

α désignant une constante fixe, et ds l'élément de la courbe décrite par x.

On trouvera de même

$$\operatorname{mod} d\zeta \overline{\overline{<}}\ \alpha(\operatorname{mod}\eta + \operatorname{mod}\zeta)\,ds.$$

Cela posé, soit u la valeur maximum de $\operatorname{mod}\eta + \operatorname{mod}\zeta$, lorsque l'arc décrit par x varie de o à s. Ce sera une fonction de s, positive et non décroissante, dont l'accroissement du correspondant au changement de s en $s + ds$ satisfait à l'inégalité

$$\begin{aligned}du &\overline{\overline{<}}\ \operatorname{mod} d \operatorname{mod}\eta + \operatorname{mod} d \operatorname{mod}\zeta\\ &\overline{\overline{<}}\ \operatorname{mod}[\operatorname{mod}(\eta + d\eta) - \operatorname{mod}\eta] + \operatorname{mod}[\operatorname{mod}(\zeta + d\zeta) - \operatorname{mod}\zeta]\\ &\overline{\overline{<}}\ \operatorname{mod} d\eta + \operatorname{mod} d\zeta \overline{\overline{<}}\ 2\alpha(\operatorname{mod}\eta + \operatorname{mod}\zeta)\,ds\\ &\overline{\overline{<}}\ 2\alpha u\,ds.\end{aligned}$$

D'ailleurs pour $s = 0$, on a $\eta = \zeta = 0$, d'où $u = 0$.

On aura donc $u \overline{\overline{<}}\ v$, v désignant une fonction de s qui s'annule pour $s = 0$ et satisfasse à l'équation

$$dv = 2\alpha v\,ds.$$

Or cette équation a pour intégrale générale

$$v = \mathrm{C}e^{2\alpha s},$$

et la valeur initiale de v étant nulle, on aura $\mathrm{C} = 0$, d'où $v = 0$. Donc $u = 0$.

Les fonctions η, ζ restent donc constamment nulles, tant qu'elles sont continues et que leur module est $< \varepsilon - \delta'$. Mais, d'autre part, elles ne peuvent devenir discontinues tant que cette valeur n'est pas atteinte. Donc elles restent toujours nulles, tant que $\operatorname{mod}(x - x_0) < \rho - \delta$, quelque petite que soit d'ailleurs la constante δ.

82. Nous avons démontré qu'il existe un système unique d'intégrales y, z, satisfaisant aux conditions du problème ; ces fonctions nous sont données sous forme de séries, qui les déterminent complètement dans l'intérieur de leur cercle de convergence. Mais, si la région de convergence n'embrasse pas le plan tout entier, de nouvelles recherches sont nécessaires pour déterminer les valeurs de y, z correspondant aux valeurs de x situées au delà de ce cercle.

Remarquons tout d'abord que les contours K, K′, K″, dont nous nous sommes servis pour déterminer le rayon ρ du cercle où la convergence est certaine, peuvent être choisis d'une infinité de manières. A chacune d'elles correspond une valeur de ρ. Si, parmi ces valeurs, il en est qui surpassent toute limite, les séries seront toujours convergentes. Dans le cas contraire, on pourra déterminer [1] une quantité R_0, telle que, par un choix de contours convenable, ρ puisse prendre une valeur $> R_0 - \varepsilon$, ε étant aussi petit qu'on voudra, mais ne puisse prendre aucune valeur $> R_0$.

Soit x_1, y_1, z_1 un système quelconque de valeurs des variables, tel que $x_1 - x_0$, $y_1 - y_0$, $z_1 - z_0$ aient leurs modules $< R_0$; ce sera un point ordinaire pour les fonctions f et φ. On peut, en effet, déterminer des contours K, K′, K″, tels que la valeur correspondante de ρ

$$\rho = r - re^{-\frac{r^3}{3N}}$$

soit $> R_0 - \varepsilon$; et le module de $x_1 - x_0$ étant $< R_0$, qui diffère infiniment peu de ρ, lequel est $< r$, sera lui-même $< r$. Donc $x_1 - x_0$ est dans l'intérieur du contour K ; de même, $y_1 - y_0$, $z_1 - z_0$ sont dans l'intérieur de K′ et de K″ ; donc x_1, y_1, z_1 est bien un point ordinaire.

De plus, si les modules de $x_1 - x_0$, $y_1 - y_0$, $z_1 - z_0$ sont inférieurs à une quantité infiniment petite δ, les distances des points x_1, y_1, z_1 à K, K′, K″ seront au moins égales à $r - \delta$.

Le rayon de convergence analogue à ρ, pris par rapport à

(1) *Voir* la Note à la fin du Volume.

x_1, y_1, z_1, en partant des contours K, K′, K″, sera donc au moins égal à la quantité

$$\rho_1 = r - \delta - (r - \delta) e^{-\frac{(r-\delta)^3}{3N}},$$

laquelle diffère infiniment peu de ρ, qui lui-même diffère infiniment peu de R_0. La quantité R_1, définie pour le point x_1, y_1, z_1 comme R_0 pour le point x_0, y_0, z_0, ne pourra donc être inférieure à R_0 que d'une quantité infiniment petite. Mais on verra de même que R_0 ne peut être inférieur à R_1 que d'une quantité infiniment petite. Donc $R_1 - R_0$ est un infiniment petit.

Il résulte de là que la quantité R_0, considérée comme fonction de x_0, y_0, z_0, varie d'une manière continue, lorsque ces quantités varient elles-mêmes de telle sorte que le système de leurs valeurs représente toujours un point ordinaire des fonctions f et φ.

83. Cela posé, admettons que x, partant de la valeur initiale x_0, se déplace suivant une ligne quelconque L, allant de x_0 à un autre point X. Tant qu'il restera dans un cercle de rayon R_0 décrit autour de x_0 comme centre, les valeurs correspondantes de y et de z seront données par des séries sûrement convergentes. Si donc L ne sortait pas du cercle, on connaîtraît y et z en chacun de ses points.

Dans le cas contraire, nous prendrons, sur la portion de L qui est encore intérieure au cercle, un point arbitraire x_1, dont nous supposerons, pour plus de simplicité, que la distance au centre soit au moins égale à θR_0, θ étant une quantité fixe comprise entre o et 1.

Nous connaissons, par ce qui précède, les valeurs de y, z sur tous les points de l'arc $x_0 x_1$, et notamment leurs valeurs y_1, z_1 pour le point x_1. Ces dernières valeurs, jointes à la condition de satisfaire aux équations différentielles, déterminent complètement ces fonctions. On pourra les représenter par des séries, procédant suivant les puissances de $x - x_1$ et convergentes dans un cercle de rayon R_1.

Si la ligne $x_1 X$ sort de ce nouveau cercle, nous prendrons sur la portion de cette ligne qui est intérieure au cercle un point x_2, dont la distance à x_1 soit au moins égale à θR_1. On connaîtra y et z sur l'arc $x_1 x_2$.

Continuant ainsi, on déterminera les valeurs de ces fonctions sur une série d'arcs successifs $x_0 x_1$, $x_1 x_2$, $x_2 x_3$, ... Si l'on arrive ainsi jusqu'à l'extrémité de L, on aura résolu le problème d'étudier les variations de y, z le long de cette ligne. Mais il peut arriver que les points x_1, x_2, ... convergent vers un point déterminé ξ de cette ligne, au lieu d'atteindre son extrémité.

Supposons que cette circonstance se présente, on pourra calculer, en chacun des points x_1, x_2, ..., x_m, ..., les valeurs correspondantes de y, z et des fonctions $f(x, y, z)$, $\varphi(x, y, z)$.

Si ces dernières fonctions convergent vers une limite finie et déterminée pour $m = \infty$, il en sera de même de y et de z, dont elles sont les dérivées. Soient η, ζ les valeurs limites de y et de z. Le point (ξ, η, ζ) sera critique pour l'une au moins des deux fonctions f et φ. En effet, s'il en était autrement, la limite R du rayon de convergence certaine aurait en ce point une valeur différente de zéro. Cela est impossible; soient, en effet, x_m, x_{m+1} deux points consécutifs de la suite $x_0, x_1, x_2, \ldots$; y_m, z_m et y_{m+1}, z_{m+1} les valeurs correspondantes de y, z; enfin, R_m le rayon de convergence certaine pour x_m, y_m, z_m. En prenant m infiniment grand, les différences $x_m - \xi$, $x_{m+1} - \xi$, $y_m - \eta$, $y_{m+1} - \eta$, $z_m - \zeta$, $z_{m+1} - \zeta$ auront leurs modules moindres que toute quantité donnée ε, et l'on aura, en conséquence,

$$R_m \geqq R - \varepsilon',$$

ε' étant infiniment petit. Mais, d'autre part, on a

$$\theta R_m \leqq \operatorname{mod}(x_{m+1} - x_m) \leqq \operatorname{mod}(x_{m+1} - \xi) + \operatorname{mod}(\xi - x_m)$$
$$\leqq 2\varepsilon.$$

Donc

$$R \leqq R_m + \varepsilon' \leqq \frac{2\varepsilon}{\theta} + \varepsilon'.$$

La quantité fixe R serait plus petite que toute quantité donnée, ce qui est absurde.

84. Le procédé que nous avons indiqué permet donc de déterminer, de proche en proche, les valeurs de y, z en tous les points de la ligne L, et enfin leurs valeurs finales Y, Z à l'extrémité X de cette ligne, et ne pourra jamais se trouver en défaut, tant que les systèmes successifs de valeurs simultanées obtenus pour les variables x, y, z seront des points ordinaires pour les fonctions f et φ.

La méthode qui précède est toutefois peu satisfaisante au point de vue du calcul numérique. En effet, chacune des valeurs successives $y_1, z_1, y_2, z_2, \ldots$ exige, pour sa détermination, un développement en série, puis la sommation de cette série, opération compliquée et dont le résultat ne peut s'obtenir en général exactement. Or chaque erreur commise sur l'une de ces quantités influe sur toute la suite des calculs. Il faudra donc opérer avec une grande approximation, sous peine d'altérer beaucoup le résultat final.

85. La méthode dite des *quadratures*, que nous allons exposer, est sujette à ce même inconvénient, mais donne lieu à des calculs plus faciles. Voici en quoi elle consiste.

Marquons sur la ligne L une série de points $x_1, x_2, \ldots, x_m$ intermédiaires entre x_0 et X, et suffisamment voisins les uns des autres; puis, déterminons deux séries de quantités $y'_1, y'_2, \ldots, y'_m$, Y' et $z'_1, z'_2, \ldots, z'_m$, Z' par les relations

$$\begin{aligned}
y'_{i+1} - y'_i &= f(x_i, y'_i, z'_i)\,(x_{i+1} - x_i),\\
Y' - y'_m &= f(x_m, y'_m, z'_m)\,(X - x_m),\\
z'_{i+1} - z'_i &= \varphi(x_i, y'_i, z'_i)\,(x_{i+1} - x_i),\\
Z' - z'_m &= \varphi(x_m, y'_m, z'_m)\,(X - x_m);
\end{aligned}$$

Y' et Z' seront des valeurs approchées de Y, Z, et l'erreur commise tendra vers zéro à mesure que l'on multipliera les points intermédiaires.

86. Nous justifierons cette méthode en cherchant une limite supérieure de l'erreur commise.

Considérons, à cet effet, deux variables y' et z' égales à y_0 et à z_0 pour $x = x_0$ et définies, en tout autre point de la ligne L, par les relations

$$y' - y'_i = f(x_i, y'_i, z'_i)(x - x_i),$$
$$z' - z'_i = \varphi(x_i, y'_i, z'_i)(x - x_i),$$

où x_i désigne celui des points de la suite $x_0, \ldots, x_m$ qui précède immédiatement le point x. Il est clair que, pour $x = x_1$, $x_2, \ldots, X$, on aura

$$y' = y'_1, y'_2, \ldots, Y' \quad \text{et} \quad z' = z'_1, z'_2, \ldots, Z'.$$

Soit u la valeur maximum de l'expression

$$\text{mod}(y' - y) + \text{mod}(z' - z)$$

sur l'arc de L compris entre x_0 et x. On aura, en changeant x en $x + dx$,

$$du \overline{\overline{<}} \text{mod}\, d(y' - y) + \text{mod}\, d(z' - z).$$

Or on a évidemment

$$dy' = f(x_i, y'_i, z'_i)\, dx, \quad dy = f(x, y, z)\, dx,$$
$$dz' = \varphi(x_i, y'_i, z'_i)\, dx, \quad dz = \varphi(x, y, z)\, dx.$$

Donc

$$(9) \quad \left\{ \begin{aligned} du \overline{\overline{<}}\ & \text{mod}[f(x_i, y'_i, z'_i) - f(x, y, z)]\, ds \\ & + \text{mod}[\varphi(x_i, y'_i, z'_i) - \varphi(x, y, z)]\, ds, \end{aligned} \right.$$

ds désignant l'élément d'arc décrit par x.

Cela posé, soit x un point quelconque de la ligne L. Cette valeur, associée aux valeurs correspondantes des variables y, z, donne, par hypothèse, un point ordinaire des fonctions f et φ.

On peut donc déterminer un rayon r tel que les fonctions $f(\xi, \eta, \zeta)$, $\varphi(\xi, \eta, \zeta)$ restent continues et monodromes tant que les modules de $\xi - x$, $\eta - y$, $\zeta - z$ restent $< r$. Si x se déplace sur L, cette quantité r variant d'une manière continue, sans jamais s'annuler, restera toujours supérieure à une quantité fixe ρ.

Soit d'ailleurs M la valeur maximum du module des fonctions f et φ lorsque ξ, η, ζ décrivent des cercles de rayon ρ autour des points x, y, z. On aura (t. II, n° 300)

$$\operatorname{mod} f(x, y, z) \overline{\overline{<}} \mathrm{M}, \quad \operatorname{mod} \varphi(x, y, z) \overline{\overline{<}} \mathrm{M}.$$

En outre, si les points x_i, y'_i, z'_i sont situés respectivement dans ces cercles, on aura, d'après la formule (2) du n° 78, en désignant par δ, δ', δ'' leurs distances respectives à ces cercles,

$$(10)\quad \left\{ \begin{aligned} &\operatorname{mod}[f(x_i, y'_i, z'_i) - f(x, y, z)] \\ &\quad \overline{\overline{<}} \left[\frac{\operatorname{mod}(x_i - x)}{\delta} + \frac{\operatorname{mod}(y'_i - y)}{\delta'} + \frac{\operatorname{mod}(z'_i - z)}{\delta''} \right] \frac{\mathrm{N}}{\delta\delta'\delta''}, \end{aligned} \right.$$

N étant égal à $\dfrac{\mathrm{M}(2\pi\rho)^3}{(2\pi)^3} = \mathrm{M}\rho^3$ et, par suite, $< \mu\rho^3$, μ désignant la limite supérieure des diverses valeurs que prend M lorsque x décrit la ligne L.

On obtiendra évidemment la même limite supérieure pour le module de la différence

$$\varphi(x_i, y'_i, z'_i) - \varphi(x, y, z).$$

87. Cela posé, soit l la longueur du plus grand des arcs partiels $x_0 x_1$, $x_1 x_2$, ... dans lesquels on a décomposé la ligne L. Admettons qu'elle ait été choisie assez petite pour qu'on ait

$$\rho - l > m, \quad \rho - \mu l > m,$$

m étant une quantité positive fixe. Nous pourrons trouver aisément une limite supérieure de du, valable tant que u sera $\overline{\overline{<}} m - n$, n étant une quantité positive choisie arbitrairement au-dessous de m. On a en effet

$$\begin{aligned} &\operatorname{mod}(x_i - x) \overline{\overline{<}} \operatorname{arc} x_i x \overline{\overline{<}} \operatorname{arc} x_i x_{i+1} \overline{\overline{<}} l, \\ &\delta = \rho - \operatorname{mod}(x_i - x) > m > n. \end{aligned}$$

D'autre part,

$$\operatorname{mod}(y_i - y) = \operatorname{mod} \int_{x_i}^{x} f(x, y, z)\, dx \overline{\overline{<}} \int \mathrm{M}\, ds \overline{\overline{<}} \mu l$$

(ds désignant l'élément de l'arc de la ligne L) et, par suite,

$$\begin{aligned}\operatorname{mod}(y'_i - y) &\leqq \operatorname{mod}(y'_i - y_i) + \operatorname{mod}(y_i - y)\\ &\leqq [\operatorname{mod}(y'_i - y_i) + \operatorname{mod}(z'_i - z_i)] + \operatorname{mod}(y_i - y)\\ &\leqq u + \mu l,\\ \delta' &\geqq r - u - \mu l \geqq m - u \geqq n.\end{aligned}$$

On trouvera de même

$$\operatorname{mod}(z'_i - z) \leqq u + \mu l, \quad \delta'' \geqq n.$$

Substituons ces valeurs, ainsi que la limite supérieure de N, dans la formule (10); il viendra

$$\operatorname{mod}[f(x_i, y'_i, z'_i) - f(x, y, z)] \leqq \frac{(l + 2u + 2\mu l)\mu\rho^3}{n^4}.$$

On aura la même limite pour le module de

$$\varphi(x_i, y'_i, z'_i) - \varphi(x, y, z).$$

Substituant dans la formule (9), il viendra

$$du \leqq \frac{(l + 2u + 2\mu l)2\mu\rho^3}{n^4}ds,$$

et, comme u s'annule pour $s = 0$, on aura

$$u \leqq v,$$

v étant une fonction de s s'annulant pour $s = 0$ et définie par l'équation

$$dv = \frac{(l + 2v + 2\mu l)2\mu\rho^3}{n^4}ds.$$

Cette équation a pour intégrale générale

$$\log\left(v + \frac{2\mu + 1}{2}l\right) = \frac{4\mu\rho^3}{n^4}s + \text{const.}$$

ou

$$v + \frac{2\mu + 1}{2}l = Ce^{\frac{4\mu\rho^3 s}{n^4}}.$$

Posant $s = 0$, $v = 0$, il viendra

$$C = \frac{2\mu + 1}{2} l$$

et, par suite,

$$v = \left(e^{\frac{4\mu\rho^3 s}{n^4}} - 1\right) \frac{2\mu + 1}{2} l.$$

Cette expression est une limite supérieure de la somme u des modules des erreurs commises sur y et sur z, tant qu'elle sera plus petite que $m - n$. Or sa plus grande valeur V s'obtient évidemment en posant $s = S$, S désignant la longueur totale de la ligne d'intégration ; et, en prenant l assez petit, on pourra la faire décroître indéfiniment. Donc y' et z' tendront bien vers y et z tout le long de L, si l décroît indéfiniment.

La formule précédente montre toutefois combien la méthode est imparfaite; car l'arc S figure sous une exponentielle dans l'expression de l'erreur à craindre. Pour peu que le champ d'intégration soit étendu, il faudra donc multiplier beaucoup les points de division x_1, x_2, ... pour obtenir une approximation suffisante.

88. On a souvent avantage à transformer les équations différentielles proposées par un changement de variables, avant de recourir aux quadratures. Ce procédé constitue la *méthode de la variation des constantes,* dont nous allons indiquer le principe.

Soient

$$(11) \qquad \frac{dy}{dx} = M + \alpha N, \quad \frac{dz}{dx} = M' + \alpha N'$$

deux équations différentielles simultanées, où M, M', N, N' sont des fonctions de x, y, z et α une constante très petite. Proposons-nous de trouver un système d'intégrales y, z se réduisant à y_0, z_0 pour $x = x_0$.

Si l'on négligeait les termes en α, les équations se réduiraient à

$$(12) \qquad \frac{dy}{dx} = M, \quad \frac{dz}{dx} = M'.$$

Supposons qu'on puisse déterminer, par un procédé quelconque, une intégrale générale de ces deux équations, représentée par deux équations

$$(13) \qquad y = f(x, c, c'), \quad z = \varphi(x, c, c').$$

Le système d'intégrales particulières des équations (12) qui, pour $x = x_0$, se réduisent à y_0, z_0 sera fourni par ces équations, en y donnant à c, c' les valeurs c_0, c'_0 qui se déduisent des équations

$$y_0 = f(x_0, c_0, c'_0), \quad z_0 = \varphi(x_0, c_0, c'_0).$$

Le système des intégrales particulières des équations (11) qu'on demande de trouver pourra de même être représenté par les équations (13), à la condition d'y considérer c, c' non plus comme des constantes, mais comme de nouvelles inconnues à déterminer en fonction de x. Ces nouvelles variables devront : 1° se réduire à c_0, c'_0 pour $x = x_0$; 2° satisfaire aux équations différentielles qu'on obtient en substituant dans les équations (11), à la place de y, z, $\frac{dy}{dx}$, $\frac{dz}{dx}$, leurs valeurs

$$y = f(x, c, c'), \quad z = \varphi(x, c, c'),$$
$$\frac{dy}{dx} = \frac{\partial f}{\partial x} + \frac{\partial f}{\partial c}\frac{dc}{dx} + \frac{\partial f}{\partial c'}\frac{dc'}{dx},$$
$$\frac{dz}{dx} = \frac{\partial \varphi}{\partial x} + \frac{\partial \varphi}{\partial c}\frac{dc}{dx} + \frac{\partial \varphi}{\partial c'}\frac{dc'}{dx}.$$

Les équations ainsi obtenues, résolues par rapport à $\frac{dc}{dx}$, $\frac{dc'}{dx}$, prendront la forme suivante

$$\frac{dc}{dx} = P + \alpha Q, \quad \frac{dc'}{dx} = P' + \alpha Q',$$

où P, Q, P', Q' sont des fonctions de x, c, c'.

Mais, si α était nul, c et c' seraient constants et leurs dérivées $\frac{dc}{dx}$, $\frac{dc'}{dx}$ se réduiraient à zéro. Donc P et P' sont nuls, et les équations précédentes se réduisent à la forme plus simple

$$\frac{dc}{dx} = \alpha Q, \quad \frac{dc'}{dx} = \alpha Q'.$$

On en déduit

$$c - c_0 = \alpha \int_{x_0}^{x} Q\, dx, \quad c' - c'_0 = \alpha \int_{x_0}^{x} Q'\, dx.$$

Les fonctions Q et Q′ contiennent, outre la variable d'intégration x, les fonctions inconnues c, c'. Mais les dérivées $\frac{dc}{dx}$, $\frac{dc'}{dx}$, contenant en facteur la quantité α supposée très petite, sont elles-mêmes très petites; donc c, c' varient lentement, et, si le champ d'intégration n'est pas trop étendu, on pourra, sans altérer sensiblement les fonctions Q, Q′, y remplacer les variables c, c' par leurs valeurs initiales c_0, c'_0. On n'aura plus alors qu'à intégrer une fonction de x seul, ce qui est facile.

Si le résultat obtenu n'est pas jugé assez exact, on pourra remplacer c et c' dans les fonctions Q et Q′ par les valeurs fournies par cette première approximation, et recommencer l'intégration, et ainsi de suite.

89. Nous ne nous sommes occupé jusqu'à présent que de calculer les valeurs numériques des fonctions y, z pour une valeur donnée de la variable. Il nous reste à tirer les conséquences des résultats trouvés au point de vue des propriétés analytiques de ces fonctions intégrales.

Leurs valeurs finales Y, Z en un point quelconque X dépendent, d'après notre mode de procéder, non seulement de la position de ce point, mais de la ligne L par laquelle la variable x se rend de x_0 à X. Toutefois, si cette ligne est telle que la valeur x de la variable indépendante en chacun de ses points; associée aux valeurs correspondantes y, z des fonctions intégrales, donne un point ordinaire des fonctions f et φ, on pourra lui faire subir une déformation infiniment petite quelconque sans altérer les valeurs finales Y et Z.

En effet, chacun de ces points x est le centre d'un cercle dans l'intérieur duquel y et z sont des fonctions monodromes de x. Le rayon R de ce cercle, variant d'une manière continue quand x se déplace sur L et n'étant jamais nul, ne pourra s'abaisser au-dessous d'un minimum fixe R'. Si l'on trace autour de chacun des points de L un cercle de rayon R', ces cercles recouvriront une région du plan dans l'intérieur de laquelle y et z seront évidemment monodromes. On n'altérera donc pas leurs valeurs finales Y, Z, si l'on remplace la ligne d'intégration L par une autre ligne quelconque L' ne sortant pas de cette région.

On pourra ainsi, sans altérer Y, Z, déformer la ligne L d'une façon continue, aussi longtemps que les valeurs simultanées de x, y, z correspondant à chacun de ses points seront un point ordinaire de f et de φ. Mais, si L prend dans le cours des déformations une forme telle qu'en un de ses points x, y, z soient un système de valeurs critique pour l'une au moins des deux fonctions f et φ, le raisonnement se trouvera en défaut et il pourra même arriver que dans cette position de la ligne d'intégration Y, Z ne puissent plus être calculés par nos procédés.

Les points pour lesquels les valeurs simultanées de x, y, z forment un système critique pour f ou φ pourront donc être (et seront le plus souvent) des points critiques pour les fonctions intégrales y, z.

90. Pour obtenir les éléments nécessaires à l'étude approfondie des fonctions intégrales, il resterait : 1° à déterminer la position de leurs points critiques; 2° à étudier les variations de ces fonctions aux environs de ces points critiques.

Le premier de ces deux problèmes est malheureusement inabordable dans la plupart des cas; car y et z figurant, ainsi que x, dans la définition de ces points, on n'a, en général, aucune méthode pour fixer leur position *a priori*. On ne pourra les connaître qu'après avoir achevé l'étude des intégrales, qu'ils auraient dû servir à faciliter. Il y a là un cercle vicieux, qui constitue la principale difficulté du problème de l'intégration.

Suivant les circonstances, ces points seront isolés ou non ; ils pourront même constituer des lignes entières, auquel cas les fonctions y, z n'auraient une existence définie que dans la région du plan que l'on peut atteindre, en partant du point initial x_0, sans traverser ces lignes critiques.

91. Il existe toutefois un cas extrêmement important, où l'on peut déterminer d'avance la position des points critiques : c'est celui où les seconds membres des équations différentielles sont linéaires par rapport aux fonctions inconnues.

Considérons, pour fixer les idées, un système de deux équations de ce genre

$$\frac{dy}{dx} = Ay + Bz + C, \quad \frac{dz}{dx} = A'y + B'z + C',$$

où A, B, ..., C' sont des fonctions de x. Soit x_0 un point ordinaire de ces fonctions; on aura, tant que le module de $x - x_0$ ne surpasse pas une quantité fixe r, des développements convergents

$$A = \sum a_\alpha (x - x_0)^\alpha,$$

$$B = \sum b_\alpha (x - x_0)^\alpha,$$

$$C = \sum c_\alpha (x - x_0)^\alpha,$$

$$\dots\dots\dots\dots\dots\dots,$$

les coefficients a_α, b_α, ... ayant pour limite supérieure de leurs modules une expression de la forme $\frac{M}{r^\alpha}$.

Cherchons un système d'intégrales

$$y = y_0 + \sum d_\lambda (x - x_0)^\lambda, \quad z = z_0 + \sum e_\lambda (x - x_0)^\lambda,$$

qui, pour $x = x_0$, se réduisent à y_0, z_0. On déterminera les coefficients d, e en substituant ces valeurs dans les équations différentielles. Il viendra, en égalant les coefficients des termes en $(x - x_0)^\lambda$,

$$(\lambda + 1) d_{\lambda+1} = a_0 d_\lambda + a_1 d_{\lambda-1} + \ldots + a_{\lambda-1} d_1 + b_0 e_\lambda + \ldots$$
$$+ b_{\lambda-1} e_1 + a_\lambda y_0 + b_\lambda z_0 + c_\lambda,$$
$$(\lambda + 1) e_{\lambda+1} = a'_0 d_\lambda + \ldots + a'_{\lambda-1} d_1 + b'_0 e_\lambda + \ldots$$
$$+ b'_{\lambda-1} e_1 + a'_\lambda y_0 + b'_\lambda z_0 + c'_\lambda.$$

Ces formules récurrentes donneront, pour les coefficients d, e, des expressions de la forme

$$d_\lambda = F_\lambda, \quad e_\lambda = \Phi_\lambda,$$

où F_λ et Φ_λ sont des polynômes linéaires et homogènes par rapport à y_0, z_0 et aux coefficients c, c', les coefficients de chacune de ces quantités étant des polynômes à coefficients positifs, formés avec les a, b, a', b'.

Nous obtenons ainsi cet important résultat, que *les intégrales cherchées y, z dépendent linéairement de y_0, z_0.*

92. Cherchons le rayon de convergence certaine de ces séries. Le cas le plus défavorable est évidemment celui où les coefficients a, b, c, a', b', c' sont remplacés par les limites supérieures de leurs modules, et y_0, z_0 par une limite supérieure m de leur module. Dans cette hypothèse, les équations différentielles se réduisent à

$$\frac{dz}{dx} = \frac{dy}{dx} = \frac{M}{1 - \frac{x - x_0}{r}} (y + z + 1).$$

On en déduit

$$z = y \quad \text{et} \quad \frac{dy}{dx} = \frac{M}{1 - \frac{x - x_0}{r}} (2y + 1)$$

et en intégrant, après séparation des variables,

$$\tfrac{1}{2} \log \frac{2y + 1}{2m + 1} = - M r \log\left(1 - \frac{x - x_0}{r}\right),$$
$$y = -\tfrac{1}{2} + \tfrac{1}{2}(2m + 1)\left(1 - \frac{x - x_0}{r}\right)^{-2Mr}.$$

Cette fonction n'a qu'un point critique, $x = x_0 + r$. La convergence est donc assurée dans tout le cercle de rayon r.

Donc, quels que soient y_0, z_0, les intégrales y, z seront continues et monodromes dans toute région du plan où les fonctions A, B, C, A', B', C' sont elles-mêmes continues et monodromes, et ne pourront avoir d'autres points critiques que ceux de ces fonctions. Encore n'est-il pas certain que ces derniers points soient critiques pour y et z.

93. Les exemples suivants, que nous empruntons à Briot et Bouquet, montrent comment on peut effectuer l'étude des intégrales, aux environs de leurs points critiques.

Soit l'équation différentielle

$$(14) \qquad \frac{dy}{dx} = \frac{1}{f(x, y)},$$

$f(x, y)$ s'annulant pour $x = 0$, $y = 0$ et admettant ces valeurs comme point ordinaire.

Cherchons celles de ses intégrales qui s'annulent pour $x = 0$.

Si nous considérons x comme fonction de y, il viendra

$$(15) \qquad \frac{dx}{dy} = f(x, y).$$

Cette équation admet une seule intégrale monodrome x, s'annulant pour $y = 0$. Sa dérivée s'annulant également, elle sera développable en une série de la forme

$$x = \sum_2^\infty a_\alpha y^\alpha.$$

Supposons que a_m soit le premier coefficient de la série qui ne s'annule pas ; l'équation précédente pourra s'écrire

$$\frac{x}{a_m y^m} = 1 + \frac{a_{m+1} y + a_{m+2} y^2 + \ldots}{a_m}.$$

Donc, si x et y tendent simultanément vers zéro, $\dfrac{x}{a_m y^m}$

tendra vers l'unité, et, par suite, y aura pour valeur principale une des m valeurs de l'expression

$$\left(\frac{x}{a_m}\right)^{\frac{1}{m}}.$$

Soit ξ cette valeur principale; on aura

$$x = a_m \xi^m, \quad y = \xi(1+u),$$

u s'annulant avec x et y.

Substituons ces valeurs dans l'équation, et supprimons le facteur commun ξ^m; elle prendra la forme suivante :

$$(16) \qquad 0 = m a_m u + b_{10}\xi + b_{02}u^2 + b_{11}\xi u + \ldots = f(\xi, u).$$

Cette équation équivaut évidemment à la suivante

$$0 = df = \frac{\partial f}{\partial \xi} d\xi + \frac{\partial f}{\partial u} du,$$

jointe à la condition que pour $\xi = 0$ on ait $u = 0$. Mais $\xi = 0$, $u = 0$ est un point ordinaire pour la dérivée

$$\frac{du}{d\xi} = -\frac{\frac{\partial f}{\partial \xi}}{\frac{\partial f}{\partial u}} = -\frac{b_{10} + b_{11}u + \ldots}{m a_m + 2 b_{02} u + b_{11}\xi + \ldots}.$$

Donc il existe une seule fonction u satisfaisant aux conditions requises, et cette fonction sera développable suivant les puissances entières et positives de ξ.

Substituant cette valeur de u dans l'expression de y, on aura un résultat de la forme

$$y = \xi + c_2\xi^2 + \ldots + c_\alpha \xi^\alpha + \ldots$$

et il ne restera plus qu'à remplacer ξ par sa valeur $\left(\frac{x}{a_m}\right)^{\frac{1}{m}}$.

Ce radical admettant m valeurs distinctes, on obtiendra pour y autant de développements différents, lesquels se permuteront les uns dans les autres lorsque x tournera autour de l'origine des coordonnées. L'origine sera donc un point critique algébrique pour la fonction intégrale.

Le cas où tous les coefficients a_α s'annuleraient à la fois échappe à l'analyse précédente. Il faut et il suffit, pour cela, que $x = 0$ soit une solution de l'équation (15) et, par suite, que $f(x, y)$ contienne x en facteur. Dans ce cas l'équation $x = 0$, ne contenant pas y, ne permettra pas de tirer la valeur de y en fonction de x. L'équation (14) n'admettra donc aucune intégrale qui s'annule avec x.

94. Considérons, en second lieu, l'équation différentielle

$$x \frac{dy}{dx} = f(x, y), \tag{17}$$

où $f(x, y)$ a la même forme que dans l'exemple précédent. Cherchons à déterminer les intégrales de cette équation, qui s'annulent pour $x = 0$.

Soit

$$f(x, y) = \lambda y + a_{10} x + a_{20} x^2 + a_{11} xy + \ldots.$$

Substituons, dans l'équation différentielle, à la place de y, une série

$$y = c_1 x + c_2 x^2 + \ldots, \tag{18}$$

et égalons les coefficients des mêmes puissances de x dans les deux membres. Nous obtiendrons une suite d'équations de la forme

$$\mu c_\mu = \lambda c_\mu + \varphi_\mu,$$

où φ_μ est un polynôme à coefficients entiers positifs, formé avec les coefficients a, et les quantités $c_1, \ldots, c_{\mu-1}$.

Si λ n'est pas un entier positif, on pourra résoudre ces équations par rapport aux c, et l'on en déduira un résultat de la forme

$$c_\mu = \psi_\mu,$$

ψ_μ étant une somme de termes ayant pour numérateur un produit de coefficients a, multiplié par un entier positif, et pour dénominateur un produit de facteurs de la forme $\mu - \lambda$. Ces derniers facteurs sont tous différents de zéro, et leur module croît indéfiniment quand μ augmente. On pourra donc déterminer une limite inférieure l de leurs modules.

Cela posé, la série (18) satisfait à l'équation (17); mais il faut prouver qu'elle a un rayon de convergence certaine. Or on accroîtra les modules de ses termes, en y remplaçant, d'une part, les coefficients $a_{\alpha\beta}$ par les quantités $\frac{M}{r^{\alpha+\beta}}$, limites supérieures de leurs modules, et, d'autre part, les facteurs en dénominateur par l, limite inférieure de leurs modules. Mais la nouvelle série, ainsi obtenue, est évidemment celle que l'on trouverait en cherchant à développer la racine nulle de l'équation algébrique

$$\begin{aligned} ly &= \frac{M}{r}x + \frac{M}{r^2}x^2 + \frac{M}{r^2}xy + \dots \\ &= \frac{M}{\left(1-\frac{x}{r}\right)\left(1-\frac{y}{r}\right)} - 1 - \frac{M}{r}y, \end{aligned}$$

et converge pour des valeurs de x suffisamment petites.

95. Pour reconnaître s'il existe d'autres intégrales que la série que nous venons de déterminer, et s'annulant également pour $x = 0$, posons

$$y = c_1 x + c_2 x^2 + \dots + z,$$

z étant une nouvelle variable. Substituant cette valeur dans l'équation différentielle et supprimant les termes indépendants de z, qui se détruisent, nous obtiendrons l'équation transformée

$$(19) \qquad x\frac{dz}{dx} = z(\lambda + b_{10}x + b_{01}z + b_{20}x^2 + \dots).$$

Nous avons à chercher une solution z de cette équation,

qui ne soit pas constamment nulle aux environs du point $x = 0$, mais qui tende vers zéro lorsque x tend vers zéro suivant une loi convenable.

Soient donc

x_0 un point voisin de l'origine;

$z_0 \gtrless 0$ la valeur correspondante de z;

L une ligne allant de x_0 à l'origine, et telle que z tende vers zéro quand x décrit cette ligne.

L'équation (19) pourra s'écrire

$$\frac{dz}{z(\lambda + b_{01}z + b_{02}z^2 + \ldots)} - \frac{dx}{x} = \frac{b_{10} + b_{20}x + b_{11}z + \ldots}{\lambda + b_{01}z + b_{02}z^2 + \ldots} dx$$

ou, en supposant que λ ne soit pas nul et développant en série le dénominateur de dz,

$$\frac{dz}{\lambda z} - \frac{dx}{x} = (c_0 + c_1 z + \ldots) dz + \frac{b_{10} + b_{20}x + \ldots}{\lambda + b_{01}z + \ldots} dx$$

et, en intégrant de x_0 à x le long de la ligne L,

$$\frac{1}{\lambda}\log\frac{z}{z_0} - \log\frac{x}{x_0}$$
$$= \int_{z_0}^{z} (c_0 + c_1 z + \ldots) dz + \int_{x_0}^{x} \frac{b_{10} + b_{20}x + \ldots}{\lambda + b_{01}z + \ldots} dx.$$

Si x tend vers zéro, z tendant également vers zéro, les intégrales du second membre tendront vers des limites finies et déterminées. Le second membre sera donc de la forme $A + \varepsilon$, A étant une constante et ε s'annulant avec x. On aura par suite

$$\frac{1}{\lambda}\log\frac{z}{z_0} - \log\frac{x}{x_0} = A + \varepsilon;$$

d'où, en passant des logarithmes aux nombres,

$$\frac{z}{x^\lambda} = \frac{z_0}{x_0^\lambda} e^{\lambda(A+\varepsilon)}, \qquad \lim \frac{z}{x^\lambda} = \frac{z_0}{x_0^\lambda} e^{\lambda A} = c,$$

c désignant une quantité finie et différente de zéro.

Pour que z tende vers zéro, il est donc nécessaire que x^λ tende vers zéro en même temps que x. Discutons cette condition.

Soient

$$\lambda = p + qi, \qquad x = \rho(\cos\theta + i\sin\theta),$$

on aura

$$x^\lambda = e^{\lambda \log x} = e^{(p+qi)(\operatorname{Log}\rho + i\theta)},$$

$$\operatorname{mod} x^\lambda = e^{p \operatorname{Log}\rho - q\theta}.$$

Quand x tend vers zéro, son module ρ tend vers zéro, son argument θ pouvant varier d'une manière arbitraire, suivant la nature de la ligne suivie L. Pour que x^λ tende vers zéro, il faut et il suffit que $p \operatorname{Log}\rho - q\theta$ tende vers $-\infty$.

Soit d'abord $q = 0$. Cette condition sera toujours satisfaite, quelle que soit la ligne L, si p est positif; mais elle ne pourra jamais l'être si p est négatif. Dans ce dernier cas, il n'existera donc aucune intégrale de l'espèce cherchée.

Si q n'est pas nul, on pourra toujours déterminer θ en fonction de ρ, de telle sorte que la condition

$$\lim(p \operatorname{Log}\rho - q\theta) = -\infty$$

soit satisfaite ou ne le soit pas. Mais ici il convient encore de distinguer le cas où p est positif de celui où il est négatif.

Si $p > 0$, la condition précédente sera satisfaite toutes les fois que θ sera assujetti à varier entre des limites finies. Pour que x^λ ne tendît pas vers zéro avec x, il faudrait donc que la ligne L fût une spirale décrivant un nombre infini de révolutions autour de l'origine.

Si $p < 0$, le contraire aura lieu et x^λ ne pourra tendre vers zéro avec x que si L est une semblable spirale.

96. Ces préliminaires posés, nous allons démontrer qu'à chaque valeur de la constante c correspond une intégrale de l'équation (19), développable en une série à double entrée suivant les puissances de x et de x^λ et convergente tant que ces deux quantités seront suffisamment petites.

Posons en effet

$$z = x^{\lambda} u;$$

l'équation (19) deviendra

$$(20) \qquad x\frac{du}{dx} = u(b_{10}x + b_{01}x^{\lambda}u + b_{20}x^2 + \ldots).$$

Substituons pour u une série à double entrée

$$u = \sum c_{\mu\nu} x^{\mu+\lambda\nu} \qquad (\mu, \nu = 0, 1, \ldots, \infty).$$

Égalant les coefficients des mêmes puissances de x dans les deux membres, il viendra

$$(\mu + \lambda\nu)c_{\mu\nu} = F_{\mu\nu},$$

$F_{\mu\nu}$ étant un polynôme à coefficients positifs, formé avec ceux des b et des c où la somme des indices est moindre que $\mu + \nu$.

Celle de ces équations qui donnerait c_{00} est identique; ce coefficient reste donc indéterminé, et l'on pourra lui assigner la valeur donnée c.

La résolution des autres équations donnera

$$c_{\mu\nu} = \varphi_{\mu\nu},$$

$\varphi_{\mu\nu}$ étant un polynôme dont chaque terme est un produit de facteurs b, multiplié par une puissance de c et par un entier positif et divisé par un produit de facteurs de la forme $s + \lambda t$, s et t étant des entiers positifs, dont l'un peut être nul.

Le module des facteurs $s + \lambda t = s + pt + iqt$ est différent de zéro et croît indéfiniment avec s ou t (l'hypothèse $q = 0$, $p < 0$, étant exclue par ce qui précède). On pourra donc trouver une limite inférieure m, telle que l'on ait

$$\operatorname{mod}(s + \lambda t) > m$$

pour toute valeur de s et de t.

La série que nous venons de déterminer est une solution de l'équation différentielle (20) satisfaisant aux conditions posées, solution admissible tant que la série sera convergente. Or on diminue évidemment la convergence en remplaçant partout les facteurs $s+\lambda t$ par m, c par son module C et les coefficients $b_{\alpha\beta}$ par les quantités $\frac{M}{r^{\alpha+\beta}}$, limites supérieures de leur module. Or on voit sans peine que la nouvelle série obtenue est celle que l'on trouverait en cherchant à développer suivant les puissances de x et de x^λ celle des deux racines de l'équation

$$\begin{aligned} mv &= mC + v\left(\frac{M}{r}x + \frac{M}{r}x^\lambda v + \frac{M}{r^2}x^2 + \ldots\right) \\ &= mC + Mv\left[1 - \frac{1}{\left(1-\frac{x}{r}\right)\left(1-\frac{x^\lambda v}{r}\right)}\right] \end{aligned}$$

qui se réduit à C pour $x=0$, $x^\lambda=0$.

Mais cette racine est évidemment continue et monodrome tant que les modules de x et de x^λ resteront au-dessous d'une certaine limite. Donc, tant que cette condition sera satisfaite, v sera développable en série convergente suivant les puissances de x et de x^λ, et la série qui donne u sera *a fortiori* convergente.

97. Supposons maintenant λ entier et positif. S'il est >1, posons

$$y = \frac{a_{10}}{1-\lambda}x + xz.$$

L'équation transformée en z, divisée par le facteur commun x, prendra la forme

$$x\frac{dz}{dx} = (\lambda-1)z + b_{10}x + b_{20}x^2 + b_{11}xz + \ldots$$

et sera semblable à la primitive, le premier coefficient λ étant diminué d'une unité.

Par une série de transformations analogues nous pourrons

réduire ce coefficient à l'unité. Reste donc à considérer l'équation

$$(21)\qquad x\frac{dy}{dx}-y+a_{10}x=a_{20}x^2+a_{11}xy+\ldots.$$

Nous allons démontrer qu'elle admet pour intégrale une série procédant suivant les puissances entières de x et $x\log x$ et contenant une constante arbitraire.

Désignons à cet effet par $A_{10}, \ldots, A_{\alpha\beta}, \ldots$ les modules des coefficients $a_{10}, \ldots, a_{\alpha\beta}, \ldots$; par λ une quantité positive un peu moindre que l'unité, et considérons d'abord, au lieu de l'équation proposée, la suivante :

$$(22)\qquad x\frac{dy}{dx}-\lambda y+A_{10}x=A_{20}x^2+A_{11}xy+\ldots.$$

D'après ce que nous venons de voir, elle admet comme intégrale une série procédant suivant les puissances de x et de x^λ et contenant une constante arbitraire.

Posons

$$x^\lambda=x+(1-\lambda)t.$$

Par cette substitution, nous obtiendrons, comme nouvelle forme de cette intégrale, une série procédant suivant les puissances de x et de t, et qui sera encore convergente quand ces variables seront assez petites. Pour calculer directement les coefficients de cette nouvelle série, nous remarquerons qu'on a

$$\lambda x^{\lambda-1}=1+(1-\lambda)\frac{dt}{dx};$$

d'où

$$x\frac{dt}{dx}=\frac{\lambda x^\lambda-x}{1-\lambda}=\lambda t-x.$$

Posons maintenant

$$(23)\qquad y=C_{10}x+C_{01}t+\ldots+C_{\mu\nu}x^\mu t^\nu+\ldots=\sum C_{\mu\nu}x^\mu t^\nu;$$

on aura

$$x\frac{dy}{dx} = \sum C_{\mu\nu} x \left[\mu x^{\mu-1} t^\nu + \nu x^\mu t^{\nu-1} \frac{dt}{dx} \right]$$
$$= \sum C_{\mu\nu} \left[(\mu + \lambda\nu) x^\mu t^\nu - \nu x^{\mu+1} t^{\nu-1} \right].$$

Substituons ces valeurs de y et $x\frac{dy}{dx}$ dans l'équation proposée et égalons les coefficients des mêmes puissances de x et de t dans les deux membres. Les termes en t se détruisent identiquement; ceux en x donneront

$$(1-\lambda)C_{10} - C_{01} + A_{10} = 0.$$

Enfin on aura généralement, lorsque $\mu + \nu > 1$,

$$(24) \qquad (\mu + \lambda\nu - \lambda) C_{\mu\nu} - (\nu + 1) C_{\mu-1, \nu+1} = \varphi_{\mu\nu},$$

$\varphi_{\mu\nu}$ étant le coefficient du terme en $x^\mu t^\nu$ dans le second membre de l'équation. D'ailleurs on voit sans peine que $\varphi_{\mu\nu}$ est une somme de termes de la forme

$$K A_{\alpha\beta} C_{\mu_1\nu_1} C_{\mu_2\nu_2} \ldots C_{\mu_\beta\nu_\beta},$$

où K est un coefficient binomial et où les indices α, β, μ_1, ν_1, ... satisfont aux relations

$$\alpha + \beta \geqq 2,$$
$$\mu_1 + \ldots + \mu_\beta = \mu - \alpha,$$
$$\nu_1 + \ldots + \nu_\beta = \nu.$$

Ces équations permettent de déterminer de proche en proche tous les coefficients $C_{\mu\nu}$ en fonction de C_{10}, qui reste arbitraire.

Ce premier coefficient étant supposé réel et positif, la résolution des équations précédentes donnera pour $C_{\mu\nu}$ une expression de la forme

$$C_{\mu\nu} = F_{\mu\nu},$$

$F_{\mu\nu}$ étant une somme de termes positifs dont chacun est le produit : 1° d'une puissance de C_{10}, 2° d'une puissance de $C_{01} = A_{10} + (1-\lambda)C_{10}$, 3° d'un produit de coefficients $A_{\alpha\beta}$,

4° d'un facteur numérique indépendant de λ; le tout divisé par un produit de facteurs de la forme

$$\mu+\lambda\nu-\lambda, \quad \mu'+\lambda\nu'-\lambda, \quad \ldots.$$

On remarquera d'ailleurs que le nombre de ces facteurs, qui figurent ainsi au dénominateur de chaque terme, ne peut surpasser $2\mu+\nu-1$.

Supposons en effet que ce théorème soit vrai pour tous ceux des coefficients dont le premier indice est $<\mu$ et pour tous ceux dont le premier indice est égal à μ et le second indice $<\nu$. Si nous substituons pour ces coefficients leurs valeurs dans l'équation (24), elle donnera pour $C_{\mu\nu}$ une somme de termes dont le premier contiendra en dénominateurs un nombre de facteurs au plus égal à

$$1+2(\mu-1)+\nu+1-1=2\mu+\nu-1.$$

Dans chacun des autres termes, le nombre des facteurs en dénominateur sera au plus égal à

$$\begin{aligned} 1+2\mu_1+\nu_1-1+\ldots+2\mu_\beta+\nu_\beta-1 &= 1+2(\mu-\alpha)+\nu-\beta \\ &\leqq 2\mu+\nu-1-\alpha. \end{aligned}$$

D'ailleurs la proposition se vérifie immédiatement pour C_{02}; donc elle est vraie généralement.

Cela posé, faisons tendre λ vers l'unité.

L'expression $t=\dfrac{x^\lambda-x}{1-\lambda}$ aura pour limite celle-ci

$$t'=-\left(\frac{dx^\lambda}{d\lambda}\right)_{\lambda=1}=-x\log x,$$

laquelle satisfait à l'équation

$$x\frac{dt'}{dx}=t'-x.$$

L'équation (22) sera changée en

$$x\frac{dy}{dx}-y+A_{01}x=A_{20}x^2+A_{11}xy+\ldots,$$

et, si l'on cherche à satisfaire à cette dernière par une série de la forme

$$(25) \qquad y = C_{10}x + C'_{01}t' + \ldots + C'_{\mu\nu}x^{\mu}t'^{\nu} + \ldots,$$

les nouveaux coefficients C' seront évidemment donnés par les mêmes formules que les C, sauf le remplacement de λ par l'unité.

Pour montrer la convergence de cette nouvelle série, comparons un terme quelconque T' de $C'_{\mu\nu}$ au terme correspondant T de $C_{\mu\nu}$. Les facteurs $A_{10} + (1 - \lambda)C_{10}$, qui figuraient au numérateur de T sont remplacés par la quantité moindre A_{10}. Quant aux facteurs $\mu + \lambda\nu - \lambda$ du dénominateur, ils sont remplacés par des facteurs $\mu + \nu - 1$, qui leur seront au moins égaux si ν n'est pas nul. D'autre part, si ν est nul, auquel cas $\mu \geqq 2$, on aura

$$\frac{\mu - \lambda}{\mu - 1} \leqq 2 - \lambda.$$

Le nombre total des facteurs du dénominateur étant

$$\leqq 2\mu + \nu - 1 < 2(\mu + \nu),$$

on aura donc

$$\frac{T'}{T} < (2 - \lambda)^{2(\mu+\nu)}$$

et, par suite,

$$\frac{C'_{\mu\nu}}{C_{\mu\nu}} < (2 - \lambda)^{2(\mu+\nu)}.$$

Cela posé, soit r le rayon d'un cercle dans lequel la série (23) est convergente : on aura, en désignant par M une constante,

$$C_{\mu\nu} < \frac{M}{r^{\mu+\nu}}$$

et, par suite,

$$C'_{\mu\nu} \leqq \frac{M}{[(2 - \lambda)^{-2}r]^{\mu+\nu}}.$$

La série (25) sera donc convergente dans un cercle de rayon $(2 - \lambda)^{-2}r$.

Revenons enfin à l'équation primitive (21) et cherchons à y satisfaire par une série

$$y = c_{01}x + c'_{01}t' + \ldots + c'_{\mu\nu}x^{\mu}t'^{\nu} + \ldots,$$

c_{01} étant une quantité arbitraire ayant pour module C_{01}. Il est clair que les coefficients $c'_{\mu\nu}$ seront déterminés par les mêmes formules que les coefficients $C'_{\mu\nu}$, sauf le remplacement des quantités

$$C_{10},\ A_{10},\ \ldots,\ A_{\alpha\beta},\ \ldots$$

par

$$c_{10},\ a_{10},\ \ldots,\ a_{\alpha\beta}$$

et que les coefficients $c'_{\mu\nu}$ auront les $C'_{\mu\nu}$ pour limites supérieures de leurs modules. La nouvelle série sera donc convergente pour des valeurs assez petites de x et de t'.

98. Considérons, en dernier lieu, une équation algébrique irréductible

$$f\left(\frac{dy}{dx}, y\right) = 0$$

entre y et sa dérivée, et de degré m par rapport à celle-ci.

Cherchons la nature des points critiques que peut offrir l'intégrale y. On sait d'avance que ces points critiques ne peuvent se présenter que lorsque x dans sa variation atteint une valeur x_0, telle que la valeur correspondante de y donne des racines égales ou infinies à l'équation $f = 0$, de telle sorte que $\frac{dy}{dx}$, considéré comme fonction de y, ait un point critique.

Ces valeurs de y, finies ou infinies, peuvent être déterminées *a priori*.

99. 1° Soit y_0 une de ces valeurs supposée finie. Nous savons que, en faisant tendre y vers y_0 suivant une courbe convenable, nous pourrons faire en sorte que $\frac{dy}{dx}$, ou son

inverse $\frac{dx}{dy}$, tende vers l'une quelconque des n valeurs que l'équation $f = 0$ peut fournir pour cette quantité.

Chacune de ces valeurs peut être développée en une série procédant suivant les puissances croissantes entières ou fractionnaires de $y - y_0$.

Soit

$$(26) \qquad \frac{dx}{dy} = A(y - y_0)^{\frac{\alpha}{p}} + B(y - y_0)^{\frac{\beta}{p}} + \ldots$$

ce développement; p, α, β étant des entiers qu'on peut évidemment supposer sans diviseur commun.

Si $p + \alpha \overline{\overline{<}} 0$, l'intégrale du second membre, prise de y à y_0, aura une valeur infinie; y ne peut donc atteindre la valeur y_0, avec cette détermination de $\frac{dx}{dy}$, pour aucune valeur finie de x.

Si $p + \alpha > 0$, l'intégration donnera, en désignant par x_0 la valeur finale de x,

$$(27) \quad x - x_0 = \frac{pA}{p + \alpha}(y - y_0)^{\frac{p-\alpha}{p}} + \frac{pB}{p + \beta}(y - y_0)^{\frac{p+\beta}{p}} + \ldots,$$

et x_0 pourra être un point critique de la fonction y.

Pour nous assurer s'il en est ainsi, développons, suivant les puissances croissantes de $x - x_0$, celles des valeurs de $(y - y_0)^{\frac{1}{p}}$ qui s'annulent avec $x - x_0$. Ces développements seront (93) de la forme

$$(y - y_0)^{\frac{1}{p}} = c_1\xi + c_2\xi^2 + \ldots,$$

où ξ représente les diverses valeurs du radical $(x - x_0)^{\frac{1}{p+\alpha}}$.

On en déduit

$$y - y_0 = (c_1\xi + c_2\xi^2 + \ldots)^p = c'_p\xi^p + c'_{p+1}\xi^{p+1} + \ldots.$$

On voit par là que le point x_0 sera en général un point critique algébrique pour la fonction y. Ce sera un point ordinaire, au moins lorsqu'on y arrive avec la détermination de $\frac{dx}{dy}$ que nous avons considérée, si le développement de y ne contient que des puissances de ξ multiples de $p+\alpha$.

Ce cas se présentera si $p+\alpha=1$. Cette condition est d'ailleurs nécessaire. Supposons, en effet, qu'on obtienne pour $y-y_0$ un développement suivant les puissances entières et positives de $x-x_0$, tel que

$$y-y_0=c_q(x-x_0)^q+c_{q+1}(x-x_0)^{q+1}+\ldots.$$

On en déduira, en renversant la série,

$$(x-x_0)=c_q^{-\frac{1}{q}}(y-y_0)^{\frac{1}{q}}+d(y-y_0)^{\frac{2}{q}}+\ldots,$$

et, en comparant avec le développement (27), on voit qu'on doit avoir

$$p=\mu q,\quad p+\alpha=\mu,\quad p+\beta=\mu\nu,\quad \ldots,$$

$\mu, \nu, \ldots$ étant des entiers. Mais $p, p+\alpha, p+\beta, \ldots$ n'ayant pas de facteurs communs, on aura $\mu=1$, d'où $p+\alpha=1$.

2° Considérons maintenant une valeur infinie de y. Posant $y=\frac{1}{z}$, nous obtiendrons une équation transformée

$$0=f\left(-\frac{dz}{z^2\,dx}, \frac{1}{z}\right)=f_1\left(\frac{dx}{dz}, z\right)=0,$$

et nous développerons les diverses valeurs de $\frac{dx}{dz}$ suivant les puissances croissantes de z. Soit

$$\frac{dx}{dz}=\mathrm{A}z^{\frac{\alpha}{p}}+\mathrm{B}z^{\frac{\beta}{p}}+\ldots \tag{28}$$

l'un de ces développements. Intégrons-le de z à zéro. Si $p+\alpha \overline{\gtrless} 0$, l'intégrale du second membre sera infinie; donc z ne pourra devenir nul ou y infini, avec cette détermination de la dérivée, pour aucune valeur finie de x.

Si $p+\alpha > 0$, on aura, en appelant x_0 la valeur finie de x qui correspond à $z=0$,

$$x - x_0 = \frac{pA}{p+\alpha} z^{\frac{p+\alpha}{p}} + \frac{pB}{p+\beta} z^{\frac{p+\beta}{p}} + \ldots;$$

d'où, en posant $(x-x_0)^{\frac{1}{p+\alpha}} = \xi$,

$$z = c'_p \xi^p + c'_{p+1} \xi^{p+1} + \ldots$$

et enfin

$$y = \frac{1}{z} = \frac{1}{c'_p} \xi^{-p} + d\xi^{-p+1} + \ldots.$$

Donc x_0 sera, en général, un point critique algébrique lorsqu'on y arrive avec la détermination de la dérivée que nous considérons. Ce sera un pôle si $p+\alpha = 1$.

100. Nous avons ainsi déterminé la manière dont la fonction y se comporte aux environs de chaque point critique; mais la position de ces points critiques reste encore inconnue.

Nous considérerons, en particulier, le cas où y est une fonction monodrome. D'après ce qui précède, ce cas est caractérisé par la condition que, dans chacun des développements précédents, $p+\alpha$ est négatif ou égal à l'unité.

Si cette condition est remplie, y, n'ayant que des pôles, sera une fonction méromorphe. Nous allons montrer qu'on peut la déterminer par des opérations purement algébriques.

En effet, $\frac{dx}{dy}$ étant une fonction algébrique de y, x considéré comme fonction de y sera une intégrale abélienne, et aura (t. II, n° 345), pour chaque valeur η de y, n systèmes de valeurs

$$\xi_1 + m\omega + m'\omega' + \ldots,$$
$$\ldots\ldots\ldots\ldots\ldots\ldots,$$
$$\xi_n + m\omega + m'\omega' + \ldots,$$

où m, m', ... sont des entiers et ω, ω', ... des constantes linéairement distinctes, chacun de ces systèmes de valeurs correspondant d'ailleurs à une des n déterminations de $\frac{dx}{dy}$ pour $y = \eta$.

L'intégrale y, considérée comme fonction de x, admettra donc les périodes ω, ω', ..., et, comme une fonction méromorphe ne peut avoir plus de deux périodes linéairement distinctes, trois cas pourront se présenter.

101. Premier cas : *Il existe deux périodes distinctes, ω et ω'.* — L'intégrale y sera une fonction méromorphe et doublement périodique d'ordre n.

A chaque valeur de y, finie ou infinie, et à chacune des déterminations de $\frac{dx}{dy}$ correspondront des valeurs finies de x, une dans chaque parallélogramme des périodes. Pour que ce cas se présente, il faudra donc que, dans chacun des développements (26) et (28), $p + \alpha$ soit égal à 1; car, s'il était négatif, ce développement ne pourrait fournir aucune valeur finie pour x.

Cela posé, soit $\operatorname{sn}(gx, k)$ une fonction elliptique dont le multiplicateur g et le module k soient choisis de telle sorte qu'elle admette les périodes ω et ω'; cette fonction, doublement périodique du second ordre, sera liée à y par une équation algébrique

$$F[y, \operatorname{sn}(gx, k)] = 0,$$

du second degré en y et de degré n en $\operatorname{sn}(gx, k)$. Il reste à déterminer : 1° les coefficients A, B, ... de l'équation $F = 0$; 2° les paramètres g, k.

Nous avons besoin pour cela d'indiquer quelle est celle des intégrales de l'équation $f = 0$ que nous désignons par y. Nous supposerons qu'on ait achevé de la préciser en donnant pour $x = 0$ la valeur initiale η de y et la détermination de la dérivée $\frac{dy}{dx}$. Cela posé, formons les dérivées successives de l'équation $f = 0$. En y posant $x = 0$, on aura les valeurs initiales des dérivées suivantes $\frac{d^2y}{dx^2}$, ... On connaît, d'autre part, les valeurs initiales de $\operatorname{sn}(gx, k)$ et de ses dérivées en fonction rationnelle de g et de k.

Formons maintenant les dérivées successives de l'équation $F = 0$. Posant $x = 0$ dans les équations obtenues, et remplaçant les dérivées de y et de $\operatorname{sn}(gx, k)$ par leurs valeurs, nous aurons, pour déterminer les constantes inconnues, une série d'équations linéaires par rapport à A, B, ... et rationnelles par rapport à g et k.

102. Deuxième cas : *Il n'existe qu'une seule période* ω. — Ceux des développements (28) dans lesquels $p + \alpha > 0$ donneront chacun une série de pôles de la fonction y, ayant pour formule générale $x_0 + m\omega$ (x_0 restant à déterminer). Aux environs de chacun d'eux, on aura pour y un développement de la forme

$$y = \frac{a_p}{(x - x_0 - m\omega)^p} + \ldots + \frac{a_1}{x - x_0 - m\omega} + a_0 + \ldots,$$

où p et les coefficients $a_p, \ldots, a_0, \ldots$ sont donnés par l'analyse précédente et ne dépendent pas de m.

Cela posé, l'expression

$$u = \frac{\frac{2\pi i}{\omega} e^{\frac{2\pi i x_0}{\omega}}}{e^{\frac{2\pi i x}{\omega}} - e^{\frac{2\pi i x_0}{\omega}}}$$

admet la période ω. Elle a pour pôles les points $x_0 + m\omega$, les résidus correspondants se réduisant à l'unité.

Sa dérivée d'ordre k admettra les mêmes pôles et sera, aux environs du pôle $x_0 + m\omega$, de la forme

$$\frac{(-1)^k 1.2\ldots k}{(x - x_0 - m\omega)^{k+1}} + R,$$

R ne devenant plus infini.

On aura donc

$$y = a_1 u - a_2 \frac{du}{dx} + \ldots + a_p \frac{(-1)^{p-1}}{1.2\ldots(p-1)} \frac{d^{p-1}u}{dx^{p-1}} + y',$$

le reste y' admettant la période ω et les pôles de y, sauf ceux de la série $x_0 + m\omega$. On trouvera de même

$$y' = S + y'',$$

S désignant une nouvelle fraction rationnelle formée avec $e^{\frac{2\pi i x}{\omega}}$ et y'' une autre fonction périodique où une seconde série de pôles a disparu. Continuant ainsi, on pourra mettre y sous la forme

$$y = T + Y,$$

T étant une fraction rationnelle en $e^{\frac{2\pi i x}{\omega}}$ et Y une fonction périodique qui n'a plus de points critiques à distance finie, et qui, par suite, sera développable par la formule de Fourier en une série procédant suivant les puissances positives et négatives de $e^{\frac{2\pi i x}{\omega}}$. Or M. Picard a démontré que, si cette série contenait un nombre infini de termes, l'équation précédente donnerait en général, pour chaque valeur de y, une infinité de valeurs de $e^{\frac{2\pi i x}{\omega}}$. Mais à chaque valeur de y correspondent n séries de valeurs de x; et, comme les diverses valeurs d'une même série donnent la même valeur pour $e^{\frac{2\pi i x}{\omega}}$, cette quantité n'a que n valeurs pour chaque valeur de y. Donc la série Y sera limitée, et y sera une fraction rationnelle en $e^{\frac{2\pi i x}{\omega}}$; on aura donc

$$Py + Q = 0, \tag{29}$$

P et Q étant deux polynômes entiers en $e^{\frac{2\pi i x}{\omega}}$, l'un de degré n, l'autre de degré $\overline{\gtrless} n$.

Les coefficients de ces deux polynômes se détermineront comme dans le cas précédent.

Il est aisé de trouver le critérium qui caractérise ce second cas. En effet, pour chaque valeur de y, l'équation (29) donne en général, pour $e^{\frac{2\pi i x}{\omega}}$, n valeurs finies et différentes de zéro; d'où résultent, pour x, n classes de valeurs $x_0 + m\omega$, ..., $x_{n-1} + m\omega$, x_0, ..., x_{n-1} étant des quantités finies.

Il y a toutefois exception pour les deux valeurs (finies ou infinies) de y qui annulent le coefficient de $e^{\frac{2n\pi i x}{\omega}}$ ou le terme indépendant de $e^{\frac{2\pi i x}{\omega}}$; car ces valeurs donnent pour $e^{\frac{2\pi i x}{\omega}}$ une racine, ou un groupe de racines, nulles ou infinies, auxquelles ne correspond aucune valeur finie de x.

Soit, par exemple, y_0 la valeur de y qui annule une ou plusieurs racines de l'équation. Soit q le nombre de ces racines. Aux environs du point y_0 on pourra les développer en séries de la forme

$$e^{\frac{2\pi i x}{\omega}} = \beta_1 (y - y_0)^{\frac{1}{q}} + \beta_2 (y - y_0)^{\frac{2}{q}} + \ldots.$$

On en déduit

$$\begin{aligned} \frac{2\pi i x}{\omega} &= \log\left[\beta_1 (y - y_0)^{\frac{1}{q}} + \beta_2 (y - y_0)^{\frac{2}{q}} + \ldots\right] \\ &= \frac{1}{q} \log (y - y_0) + \log\left[\beta_1 + \beta_2 (y - y_0)^{\frac{1}{q}} + \ldots\right] \\ &= \frac{1}{q} \log (y - y_0) + \gamma_1 + \gamma_2 (y - y_0)^{\frac{1}{q}} + \ldots; \end{aligned}$$

d'où, en prenant la dérivée par rapport à y,

$$(30) \qquad \frac{dx}{dy} = \frac{\omega}{2\pi i q} \frac{1}{y - y_0} + \frac{\gamma_2 \omega}{2\pi i q} (y - y_0)^{-1+\frac{1}{q}} + \ldots.$$

Soit de même y_1 la valeur de y qui donne des racines infinies, en nombre q'. On pourra développer leurs inverses en séries de la forme

$$e^{-\frac{2\pi i x}{\omega}} = \beta'_1 (y - y_1)^{\frac{1}{q'}} + \beta'_2 (y - y_1)^{\frac{2}{q'}} + \ldots,$$

d'où l'on déduit

$$(31)\quad \frac{dx}{dy} = -\frac{\omega}{2\pi i q'}\,\frac{1}{y-y_1} + \frac{\gamma'_2\omega}{2\pi i q'}(y-y_1)^{-1+\frac{1}{q'}} + \ldots.$$

Si les racines nulles ou infinies correspondaient à une valeur infinie de y, ces développements suivant les puissances de $y - y_0$ ou de $y - y_1$ devraient être remplacés par des développements analogues suivant les puissances de $\frac{1}{y} = z$.

Les deux développements précédents doivent évidemment faire partie de la série des développements (26) et (28). Donc parmi ces derniers il en existera deux qui commencent par un terme de degré -1 et pour lesquels $p + \alpha$ sera nul, cette quantité étant égale à 1 pour tous les autres, qui doivent donner pour x des valeurs finies.

L'identification de ces deux développements avec (30) et (31) fera d'ailleurs connaître la période ω, et les entiers q, q'.

103. Troisième cas : *Il n'y a aucune période.* — Dans ce cas x ayant n valeurs seulement pour chaque valeur de y, et n'ayant que des points critiques algébriques, sera une fonction algébrique de y. Réciproquement, y sera algébrique en x et, comme il est monodrome, il sera rationnel. On aura donc

$$Py + Q = 0,$$

P et Q étant des polynômes entiers en x, l'un de degré n, l'autre de degré $\overline{\gtrless} n$, dont on pourra déterminer les coefficients comme précédemment.

Pour chaque valeur de y, on aura n valeurs de x, généralement finies. Il n'y aura d'exception que pour la valeur (finie ou infinie) de y qui annule le coefficient de x^n, et à laquelle correspondra une racine, ou un groupe de q racines, infinies. Les inverses de ces racines pourront être développées en séries de la forme

$$\frac{1}{x} = \beta_1(y-y_0)^{\frac{1}{q}} + \beta_2(y-y_0)^{\frac{2}{q}} + \ldots,$$

d'où

$$x = \gamma_1(y - y_0)^{-\frac{1}{q}} + \gamma_2 + \gamma_3(y - y_0)^{\frac{1}{q}} + \ldots;$$

$$\frac{dx}{dy} = -\frac{\gamma_1}{q}(y - y_0)^{-\frac{q+1}{q}} + \ldots.$$

Donc l'un des développements (26) [ou des développements (28) si la valeur de y qui rend x infini est elle-même infinie] commencera par un terme d'exposant $-\frac{q+1}{q}$. On aura donc pour ce développement $p + \alpha = -1$, et pour tous les autres $p + \alpha = 1$.

Les divers caractères dont nous avons reconnu la nécessité dans chaque cas, étant contradictoires entre eux, seront en même temps suffisants. On pourra donc *a priori* reconnaître dans quel cas on se trouve, sans qu'il soit besoin de tâtonnement.

104. Comme application des résultats qui précèdent, cherchons, parmi les équations binômes de la forme

$$\left(\frac{dy}{dx}\right)^n = A(y - a_1)^{\lambda_1}(y - a_2)^{\lambda_2}\ldots,$$

$n, \lambda_1, \lambda_2, \ldots$ étant des entiers sans diviseur commun, celles dont l'intégrale est monodrome.

Les points critiques de

$$\frac{dx}{dy} = A^{-\frac{1}{n}}(y - a_1)^{-\frac{\lambda_1}{n}}(y - a_2)^{-\frac{\lambda_2}{n}}\ldots$$

sont $a_1, a_2, \ldots$. Pour l'un d'entre eux a_1, on aura comme développement

$$\frac{dx}{dy} = \beta_1(y - a_1)^{-\frac{\lambda_1}{n}} + \ldots.$$

D'autre part, si l'on pose $y = \frac{1}{z}$, on aura l'équation transformée

$$\frac{(-1)^n}{z^{2n}}\left(\frac{dz}{dx}\right)^n = A\left(\frac{1}{z} - a_1\right)^{\lambda_1}\left(\frac{1}{z} - a_2\right)^{\lambda_2}\ldots,$$

d'où

$$\frac{dx}{dz} = \gamma_1 z^{\frac{\lambda_1+\lambda_2+\ldots}{n}-2} + \ldots.$$

Si donc nous posons, pour abréger,

$$\frac{\lambda_1}{n} = \mu_1, \quad \frac{\lambda_2}{n} = \mu_2, \quad \ldots, \quad \frac{\lambda_1+\lambda_2+\ldots}{n} - 2 = -\mu,$$

il sera nécessaire et suffisant que μ, μ_1, μ_2, ... soient de la forme $\frac{p-1}{p}$, 1 ou $\frac{p+1}{p}$. Ces quantités satisfont d'ailleurs à la relation

$$(32) \qquad \mu + \mu_1 + \mu_2 + \ldots = 2.$$

Premier cas : *L'intégrale est doublement périodique.* — Dans ce cas, μ, μ_1, μ_2, ... seront tous de la forme $\frac{p-1}{p}$, et, par suite, au moins égaux à $\frac{1}{2}$, sauf μ, qui peut être nul.

Supposons d'abord $\mu = 0$. Il résulte de l'équation (32) que le nombre des quantités μ_1, μ_2, ..., qui sont toutes $\geqq \frac{1}{2}$, mais < 1, sera 4 ou 3.

S'il y en a quatre, on aura nécessairement

$$\mu_1 = \mu_2 = \mu_3 = \mu_4 = \tfrac{1}{2}, \quad \text{d'où} \quad \lambda_1 = \lambda_2 = \lambda_3 = \lambda_4 = 1, \quad n = 2.$$

S'il y en a trois, on aura, en substituant dans (32), pour μ_1, μ_2, μ_3, leurs valeurs $\frac{p_1-1}{p_1}$, $\frac{p_2-1}{p_2}$, $\frac{p_3-1}{p_3}$,

$$\frac{1}{p_1} + \frac{1}{p_2} + \frac{1}{p_3} = 1.$$

Les quantités p_1, p_2, p_3 étant supposées rangées par ordre de grandeur croissante, on en déduira

$$\frac{3}{p_1} \geqq 1, \qquad \text{d'où} \qquad p_1 = 3 \text{ ou } 2.$$

Si $p_1 = 3$, on devra avoir

$$p_2 = p_3 = 3,$$

d'où

$$\lambda_1 = \lambda_2 = \lambda_3 = 2, \qquad n = 3.$$

Si $p_1 = 2$, il viendra

$$\frac{1}{p_2} + \frac{1}{p_3} = \frac{1}{2},$$

d'où

$$p_2 > 2 \overline{\overline{<}} 4.$$

Si $p_2 = 4$, on aura aussi

$$p_3 = 4.$$

Si $p_2 = 3$, on aura

$$p_3 = 6,$$

ce qui donne les deux solutions

$$\lambda_1 = 2, \quad \lambda_2 = 1, \quad \lambda_3 = 1, \quad n = 4,$$
$$\lambda_1 = 3, \quad \lambda_2 = 4, \quad \lambda_3 = 5, \quad n = 6.$$

Les solutions où μ n'est pas nul se déduisent évidemment des précédentes par la suppression d'un facteur. On obtient ainsi les nouvelles solutions

$$\lambda_1 = \lambda_2 = \lambda_3 = 1, \quad n = 2,$$
$$\lambda_1 = \lambda_2 = 2, \quad n = 3,$$
$$\lambda_1 = 2, \quad \lambda_2 = 1, \quad n = 4,$$
$$\lambda_1 = 1, \quad \lambda_2 = 1, \quad n = 4,$$
$$\lambda_1 = 3, \quad \lambda_2 = 4, \quad n = 6,$$
$$\lambda_1 = 4, \quad \lambda_2 = 5, \quad n = 6,$$
$$\lambda_1 = 3, \quad \lambda_2 = 5, \quad n = 6.$$

Deuxième cas : *L'intégrale est simplement périodique.* — L'un au moins des nombres $\mu, \mu_1, \mu_2, \ldots$ sera égal à 1.

Soit d'abord $\mu = 0$, $\mu_1 = 1$. L'équation (32) deviendra

$$\mu_2 + \mu_3 + \ldots = 1,$$

les quantités μ_2, μ_3, ... étant égales à 1 ou de la forme $\frac{p-1}{p}$.

On voit par cette équation que le nombre des quantités μ_2, μ_3, ... ne peut surpasser deux.

Si ces quantités sont au nombre de deux, on aura nécessairement

$$\mu_2 = \mu_3 = \tfrac{1}{2},$$

d'où

$$\lambda_1 = 2, \qquad \lambda_2 = \lambda_3 = 1, \qquad n = 2.$$

S'il n'existe qu'une seule quantité μ_2, on aura

$$\mu_2 = 1,$$

d'où

$$\lambda_1 = \lambda_2 = 1, \quad n = 1.$$

Les solutions où μ n'est pas nul s'obtiendront encore par la suppression d'un facteur et seront les suivantes :

$$\begin{array}{lll} \lambda_1 = 2, & \lambda_2 = 1, & n = 2, \\ \lambda_1 = \lambda_2 = 1, & & n = 2, \\ \lambda_1 = 1, & & n = 1. \end{array}$$

Troisième cas : *L'intégrale est rationnelle.* — Une des quantités μ, μ_1, ... sera de la forme $\frac{q+1}{q}$, et les autres de la forme $\frac{p-1}{p}$.

Si $\mu = 0$ et $\mu_1 = \frac{q+1}{q}$, $\mu_2 = \frac{p_2 - 1}{p_2}$, ..., il viendra

$$\frac{p_2 - 1}{p_2} + \ldots = \frac{q-1}{q}.$$

On aura donc

$$\mu_3 = \ldots = 0 \qquad \text{et} \qquad p_2 = q,$$

d'où

$$\lambda_1 = q + 1, \qquad \lambda_2 = q - 1, \qquad n = q,$$

l'entier q restant arbitraire.

Enfin, si μ n'est pas nul, on aura les solutions

$$\lambda_1 = q + 1, \qquad n = q,$$
$$\lambda_1 = q - 1, \qquad n = q.$$

105. Les considérations développées dans cette Section permettent de définir, d'une manière plus précise, les diverses sortes d'intégrales que peut présenter une équation différentielle

$$\frac{dy}{dx} = f(x, y).$$

Soit x_0 une valeur particulière de la variable indépendante. A toute valeur initiale y_0 donnée à y, et telle que (x_0, y_0) soit un point ordinaire pour la fonction f, correspond, comme nous l'avons vu, une intégrale de l'équation différentielle, dont on pourra suivre la variation, soit dans tout le plan, soit dans une région limitée par des lignes singulières. Outre ces intégrales, *ordinaires par rapport au point* x_0, et qui diffèrent les unes des autres par la valeur de la constante y_0, il peut en exister d'autres, qui deviennent infinies ou indéterminées pour $x = x_0$, ou prennent en ce point une valeur y_0, telle que (x_0, y_0) soit un point critique pour la fonction f. Ces intégrales seront dites *singulières par rapport au point* x_0.

Cela posé, nous appellerons *intégrale générale* l'ensemble des intégrales particulières qui sont ordinaires pour quelque valeur de x; *intégrales singulières* celles qui seraient singulières par rapport à toute valeur de x.

Il est clair que l'existence de ces intégrales singulières sera un phénomène exceptionnel. Soit en effet $F(x, y) = 0$ la relation qui doit exister entre x et y pour que f présente un point critique en x, y; il faudra, pour qu'il y ait une intégrale singulière, que la valeur de y en fonction de x, tirée de l'équation $F = 0$, satisfasse à l'équation différentielle proposée, ce qui n'aura lieu qu'accidentellement.

CHAPITRE II.

ÉQUATIONS LINÉAIRES.

I. — Généralités.

106. On nomme *équations différentielles linéaires* celles où les fonctions inconnues et leurs dérivées ne figurent qu'au premier degré.

Ces équations jouissent de plusieurs propriétés que nous allons exposer.

107. 1° *Toute équation linéaire reste linéaire si l'on change la variable indépendante.*

Soit, en effet,

$$p_0 \frac{d^n x}{dt^n} + p_1 \frac{d^{n-1} x}{dt^{n-1}} + \ldots + p_n x = \mathrm{T}$$

une semblable équation, $p_0, p_1, \ldots, \mathrm{T}$ désignant des fonctions connues de la variable indépendante t.

Posons $t = \varphi(u)$, u désignant une nouvelle variable. On en déduira

$$\frac{dx}{du} = \frac{dx}{dt}\varphi'(u),$$

$$\frac{d^2 x}{du^2} = \frac{d^2 x}{dt^2}\varphi'^2(u) + \frac{dx}{dt}\varphi''(u),$$

$$\ldots\ldots\ldots\ldots\ldots\ldots\ldots\ldots,$$

équations qui donnent $\frac{dx}{dt}, \frac{d^2 x}{dt^2}, \cdots$ en fonction linéaire de $\frac{dx}{du}$, $\frac{d^2x}{du^2}$, ... Substituant ces valeurs, ainsi que celle de t, dans l'équation proposée, on obtiendra l'équation transformée, qui sera évidemment linéaire en x, $\frac{dx}{du}$, $\frac{d^2x}{du^2}$, ...

108. 2° *Soient x, y, ... n fonctions d'une même variable indépendante t, satisfaisant à un système de n équations linéaires*

$$E_1 = 0, \quad \ldots, \quad E_n = 0, \tag{1}$$

et soit V *un polynôme entier par rapport à x, y, ... et à leurs dérivées successives, dont les divers termes aient pour coefficients des fonctions quelconques de t. La fonction* V *satisfera à une équation linéaire dont les coefficients s'expriment rationnellement en fonction des coefficients de* E_1, ..., E_n, V *et de leurs dérivées successives.*

En effet, soient respectivement m, m', ... les ordres des plus hautes dérivées de x, y, ... qui figurent dans les équations (1); k le degré du polynôme V. Formons les dérivées successives de V. Chacune d'elles sera un polynôme de degré k par rapport à x, y, ... et à leurs dérivées successives. D'ailleurs les dérivées $\frac{d^m x}{dt^m}$, $\frac{d^{m+1} x}{dt^{m+1}}$, ..., $\frac{d^{m'} y}{dt^{m'}}$, $\frac{d^{m'+1} y}{dt^{m'+1}}$, ... peuvent s'exprimer linéairement par les dérivées précédentes, au moyen des équations (1) et de celles qui s'en déduisent par dérivation.

Substituant ces valeurs, on aura pour V, $\frac{dV}{dt}$, ..., des expressions de la forme

$$\left\{\begin{aligned} V &= T_1 P_1 + T_2 P_2 + \ldots, \\ \frac{dV}{dt} &= T'_1 P_1 + T'_2 P_2 + \ldots, \\ &\ldots\ldots\ldots\ldots\ldots\ldots\ldots, \end{aligned}\right. \tag{2}$$

T_1, T_2, ..., T'_1, T'_2, ... étant des fonctions de t, de l'espèce indiquée à l'énoncé, et $P_1, P_2, \ldots$ des produits de la forme

$$x^{\alpha}\left(\frac{dx}{dt}\right)^{\alpha_1}\cdots\left(\frac{d^{m-1}x}{dt^{m-1}}\right)^{\alpha_{m-1}} y^{\beta}\left(\frac{dy}{dt}\right)^{\beta_1}\cdots\left(\frac{d^{m'-1}y}{dt^{m'-1}}\right)^{\beta_{m'-1}}\cdots,$$

où le nombre total des facteurs est au plus égal à k. Soient P_1, $P_2, \ldots, P_l$ les divers produits de ce genre que l'on peut former et dont le nombre est évidemment limité. L'élimination de ces quantités entre les expressions (2) donne une relation linéaire entre $V, \frac{dV}{dt}, \ldots, \frac{d^lV}{dt^l}$.

109. 3° On sait que tout système d'équations différentielles simultanées peut être ramené, par l'adjonction de variables auxiliaires et la résolution par rapport aux dérivées des fonctions inconnues, à un système normal. Si les équations sont linéaires, il est clair que ces opérations laisseront subsister le caractère linéaire.

L'étude d'un système linéaire quelconque se ramène donc à celle d'un système linéaire normal de la forme

$$\frac{dx}{dt} + ax + by + \ldots = T,$$
$$\frac{dy}{dt} + a_1x + b_1y + \ldots = T_1,$$
$$\ldots\ldots\ldots\ldots\ldots\ldots\ldots\ldots,$$

où $a, b, \ldots, a_1, b_1, \ldots, T, T_1, \ldots$ sont des fonctions de T.

Nous considérerons en premier lieu les systèmes dits *sans second membre,* où l'on a

$$T = T_1 = \ldots = 0.$$

110. Théorème. — *Si* $x_1, y_1, \ldots; x_2, y_2, \ldots; \ldots$ *sont des solutions particulières d'un système d'équations linéaires sans second membre, les expressions*

$$C_1x_1 + C_2x_2 + \ldots, \qquad C_1y_1 + C_2y_2 + \ldots, \qquad \ldots,$$

où $C_1, C_2, \ldots$ *sont des constantes arbitraires, satisferont au même système d'équations.*

En effet, le résultat de la substitution de ces expressions dans le premier membre de l'une quelconque des équations proposées sera évidemment de la forme

$$C_1 H_1 + C_2 H_2 + \ldots,$$

H_1 désignant le résultat de la substitution de $x_1, y_1, \ldots$; H_2 le résultat de la substitution de $x_2, y_2, \ldots$. Mais $x_1, y_1, \ldots$; $x_2, y_2, \ldots$; ... étant des solutions, on aura

$$H_1 = 0, \qquad H_2 = 0, \qquad \ldots,$$

d'où

$$C_1 H_1 + C_2 H_2 + \ldots = 0.$$

111. Considérons spécialement un système canonique formé de n équations linéaires du premier ordre et sans second membre. Ce système admet la solution évidente $x = 0$, $y = 0, \ldots$; mais il admet une infinité d'autres solutions particulières.

Nous dirons que k solutions particulières d'un semblable système, telles que

$$\begin{array}{c} x_1, \; y_1, \; z_1, \; \ldots, \\ \ldots\ldots\ldots\ldots\ldots \\ x_k, \; y_k, \; z_k, \; \ldots \end{array}$$

sont *indépendantes,* si l'un au moins des déterminants d'ordre k formés avec les diverses colonnes du Tableau ci-dessus n'est pas identiquement nul.

Théorème. — *Si l'on connaît k solutions indépendantes d'un système de n équations linéaires du premier ordre et sans second membre* (k étant $< n$), *on pourra ramener l'intégration du système proposé à celle d'un système analogue ne contenant plus que $n - k$ équations et à des quadratures.*

Chaque solution de ce nouveau système fournira une solution du système primitif, indépendante de celles qui sont déjà connues.

Nous admettrons, pour fixer les idées, qu'on ait quatre équations

$$(3)\quad \begin{cases} \dfrac{dx}{dt} + ax + by + cz + du = 0, \\ \dfrac{dy}{dt} + a_1 x + b_1 y + c_1 z + d_1 u = 0, \\ \dfrac{dz}{dt} + a_2 x + b_2 y + c_2 z + d_2 u = 0, \\ \dfrac{du}{dt} + a_3 x + b_3 y + c_3 z + d_3 u = 0, \end{cases}$$

et que l'on connaisse deux solutions indépendantes

$$x_1,\ y_1,\ z_1,\ u_1;$$
$$x_2,\ y_2,\ z_2,\ u_2.$$

Admettons qu'on ait, par exemple,

$$\begin{vmatrix} x_1 & y_1 \\ x_2 & y_2 \end{vmatrix} \gtrless 0.$$

On pourra poser

$$x = C_1 x_1 + C_2 x_2,$$
$$y = C_1 y_1 + C_2 y_2,$$
$$z = C_1 z_1 + C_2 z_2 + \zeta,$$
$$u = C_1 u_1 + C_2 u_2 + \upsilon,$$

C_1, C_2, ζ, υ étant de nouvelles variables. Effectuant la substitution et remarquant que les termes en C_1, C_2 s'annulent (car les équations proposées seraient satisfaites si ζ, υ étaient nuls et C_1, C_2 constants), il viendra

$$\frac{dC_1}{dt} x_1 + \frac{dC_2}{dt} x_2 + c\zeta + d\upsilon = 0,$$
$$\frac{dC_1}{dt} y_1 + \frac{dC_2}{dt} y_2 + c_1\zeta + d_1\upsilon = 0;$$

$$\frac{dC_1}{dt} z_1 + \frac{dC_2}{dt} z_2 + \frac{d\zeta}{dt} + c_2\zeta + d_2\upsilon = 0,$$
$$\frac{dC_1}{dt} u_1 + \frac{dC_2}{dt} u_2 + \frac{d\upsilon}{dt} + c_3\zeta + d_3\upsilon = 0.$$

Résolvant par rapport aux dérivées $\frac{dC_1}{dt}$, $\frac{dC_2}{dt}$, $\frac{d\zeta}{dt}$, $\frac{dv}{dt}$, on aura un résultat de la forme

$$(4)\qquad \begin{cases} \dfrac{dC_1}{dt} = A\zeta + Bv, \\ \dfrac{dC_2}{dt} = A_1\zeta + B_1 v; \end{cases}$$

$$(5)\qquad \begin{cases} \dfrac{d\zeta}{dt} = A_2\zeta + B_2 v, \\ \dfrac{dv}{dt} = A_3\zeta + B_3 v. \end{cases}$$

On obtiendra donc ζ et v en intégrant les deux équations linéaires simultanées (5); C_1 et C_2 s'obtiendront ensuite par des quadratures.

Soient d'ailleurs ζ', v' une solution particulière quelconque des équations (5) (autre que la solution évidente $\zeta = 0$, $v = 0$); et supposons, pour fixer les idées, que ζ' ne soit pas nul. Soient C'_1, C'_2 les valeurs correspondantes de C_1, C_2. La solution

$$\begin{aligned} x_3 &= C'_1 x_1 + C'_2 x_2, \\ y_3 &= C'_1 y_1 + C'_2 y_2, \\ z_3 &= C'_1 z_1 + C'_2 z_2 + \zeta', \\ u_3 &= C'_1 u_1 + C'_2 u_2 + v' \end{aligned}$$

sera indépendante des deux solutions déjà connues x_1, y_1, z_1, u_1; x_2, y_2, z_2, u_2; car le déterminant

$$\begin{vmatrix} x_1 & y_1 & z_1 \\ x_2 & y_2 & z_2 \\ x_3 & y_3 & z_3 \end{vmatrix} = \zeta' \begin{vmatrix} x_1 & y_1 \\ x_2 & y_2 \end{vmatrix}$$

est différent de zéro.

112. Théorème. — *Tout système de n équations linéaires du premier ordre et sans second membre admet n solutions particulières indépendantes $x_1, y_1, \ldots; \ldots;$*

$x_n, y_n, \ldots$ *et sa solution la plus générale est la suivante*

$$x = C_1 x_1 + \ldots + C_n x_n, \qquad y = C_1 y_1 + \ldots + C_n y_n, \qquad \ldots,$$

où $C_1, \ldots, C_n$ *sont des constantes arbitraires.*

La première partie de cette proposition résulte de ce que nous venons d'établir, que de l'existence de k solutions indépendantes (k étant $< n$) résulte celle d'une nouvelle solution indépendante des précédentes.

Pour démontrer le second point, posons

$$x = C_1 x_1 + \ldots + C_n x_n, \qquad y = C_1 y_1 + \ldots + C_n y_n, \qquad \ldots,$$

$C_1, \ldots, C_n$ désignant de nouvelles variables. Effectuant la substitution et remarquant, comme au numéro précédent, que les termes en $C_1, \ldots, C_n$ s'annulent, il viendra

$$\begin{gathered} \frac{dC_1}{dt} x_1 + \ldots + \frac{dC_n}{dt} x_n = 0, \\ \frac{dC_1}{dt} y_1 + \ldots + \frac{dC_n}{dt} y_n = 0, \\ \ldots\ldots\ldots\ldots\ldots\ldots \end{gathered}$$

Mais le déterminant des quantités $x_1, y_1, \ldots; \ldots; x_n, y_n, \ldots$ est $\gtrless 0$ par hypothèse, les n solutions données étant indépendantes ; donc

$$\frac{dC_1}{dt} = 0, \qquad \ldots, \qquad \frac{dC_n}{dt} = 0$$

et $C_1, \ldots, C_n$ seront des constantes, d'ailleurs arbitraires.

113. Soient

$$\begin{array}{lll} \xi_1 = C'_1 x_1 + \ldots + C'_n x_n, & \eta_1 = C'_1 y_1 + \ldots + C'_n y_n, & \ldots, \\ \ldots\ldots\ldots\ldots\ldots\ldots, & \ldots\ldots\ldots\ldots\ldots\ldots & \ldots, \\ \xi_n = C^n_1 x_1 + \ldots + C^n_n x_n, & \eta_n = C^n_1 y_1 + \ldots + C^n_n y_n, & \ldots \end{array}$$

n solutions particulières quelconques du système proposé. Leur déterminant est évidemment égal au produit du déterminant des solutions $x_1, y_1, \ldots; \ldots; x_n, y_n, \ldots$ par le déterminant des constantes $C'_1, \ldots, C^n_n$. La condition nécessaire et suffisante pour que ces solutions soient indépendantes est donc que ce dernier déterminant soit différent de zéro.

114. Les coefficients des équations différentielles proposées peuvent aisément s'exprimer au moyen d'un système quelconque de n solutions indépendantes, telles que ξ_1, η_1, ...; ξ_n, η_n, ...

Soit, en effet,

$$\frac{dx}{dt} + ax + by + \ldots = 0$$

une de ces équations; on aura identiquement

$$\frac{d\xi_1}{dt} + a\xi_1 + b\eta_1 + \ldots = 0,$$
$$\ldots\ldots\ldots\ldots\ldots\ldots\ldots\ldots,$$
$$\frac{d\xi_n}{dt} + a\xi_n + b\eta_n + \ldots = 0,$$

et de ce système d'équations on déduira a, b, ... exprimés par des quotients de déterminants.

115. A tout système d'équations linéaires sans second membre, tel que

$$\frac{dx}{dt} + ax + by + cz = 0,$$
$$\frac{dy}{dt} + a_1 x + b_1 y + c_1 z = 0,$$
$$\frac{dz}{dt} + a_2 x + b_2 y + c_2 z = 0,$$

est associé un *système adjoint* défini par les équations

$$-\frac{dX}{dt} + aX + a_1 Y + a_2 Z = 0,$$
$$-\frac{dY}{dt} + bX + b_1 Y + b_2 Z = 0,$$
$$-\frac{dZ}{dt} + cX + c_1 Y + c_2 Z = 0.$$

Les solutions de ces deux systèmes ont entre elles une liaison remarquable. Pour la mettre en évidence, ajoutons les équations précédentes, respectivement multipliées par X, Y, Z, $-x$, $-y$, $-z$. Il viendra, toute réduction faite,

$$\begin{aligned} o &= X\frac{dx}{dt} + x\frac{dX}{dt} + Y\frac{dy}{dt} + y\frac{dY}{dt} + Z\frac{dz}{dt} + z\frac{dZ}{dt} \\ &= \frac{d}{dt}(Xx + Yy + Zz), \end{aligned}$$

d'où

$$Xx + Yy + Zz = \text{const.}$$

La liaison entre les deux systèmes adjoints est évidemment réciproque. L'intégration complète de l'un d'eux entraînera celle de l'autre. Supposons, en effet, que l'on connaisse trois solutions indépendantes x_1, y_1, z_1; x_2, y_2, z_2; x_3, y_3, z_3 du premier système. La solution générale X, Y, Z du système adjoint sera donnée par les relations

$$\begin{aligned} Xx_1 + Yy_1 + Zz_1 &= C_1, \\ Xx_2 + Yy_2 + Zz_2 &= C_2, \\ Xx_3 + Yy_3 + Zz_3 &= C_3, \end{aligned}$$

C_1, C_2, C_3 étant des constantes arbitraires.

Si l'on connaissait seulement une ou deux solutions indépendantes du premier système, on aurait seulement une relation linéaire

$$Xx_1 + Yy_1 + Zz_1 = C_1$$

ou deux relations

$$\begin{aligned} Xx_1 + Yy_1 + Zz_1 &= C_1, \\ Xx_2 + Yy_2 + Zz_2 &= C_2. \end{aligned}$$

Ces relations permettraient d'éliminer une ou deux des variables X, Y, Z des équations différentielles du système adjoint, et de ramener ainsi l'intégration de ce dernier système à celle d'un système plus simple, contenant une ou deux équations de moins.

116. *Systèmes d'équations linéaires à seconds membres.* — Soit à intégrer un système d'équations linéaires à seconds membres, tel que le suivant :

$$(6)\qquad \begin{cases} \dfrac{dx}{dt} + ax + by + cz + du = \mathrm{T}, \\ \dfrac{dy}{dt} + a_1 x + b_1 y + c_1 z + d_1 u = \mathrm{T}_1, \\ \dfrac{dz}{dt} + a_2 x + b_2 y + c_2 z + d_2 u = \mathrm{T}_2, \\ \dfrac{du}{dt} + a_3 x + b_3 y + c_3 z + d_3 u = \mathrm{T}_3. \end{cases}$$

Considérons le système linéaire analogue

$$(7)\qquad \begin{cases} \dfrac{dx}{dt} + ax + by + cz + du = 0, \\ \dots\dots\dots\dots\dots\dots\dots\dots, \end{cases}$$

obtenu en supprimant les seconds membres.

Nous avons vu (111) que, si l'on connaît deux solutions indépendantes de ce dernier système, on peut, par un changement de variables convenablement choisi, le ramener au système suivant :

$$\frac{d\mathrm{C}_1}{dt} = \mathrm{A}\zeta + \mathrm{B}\upsilon, \qquad \frac{d\mathrm{C}_2}{dt} = \mathrm{A}_1\zeta + \mathrm{B}_1\upsilon,$$
$$\frac{d\zeta}{dt} = \mathrm{A}_2\zeta + \mathrm{B}_2\upsilon, \qquad \frac{d\upsilon}{dt} = \mathrm{A}_3\zeta + \mathrm{B}_3\upsilon.$$

Il est clair que le même changement de variables, appliqué au système (6), le ramènera à la forme

$$\frac{d\mathrm{C}_1}{dt} = \mathrm{A}\zeta + \mathrm{B}\upsilon + \theta, \qquad \frac{d\mathrm{C}_2}{dt} = \mathrm{A}_1\zeta + \mathrm{B}_1\upsilon + \theta_1,$$
$$\frac{d\zeta}{dt} = \mathrm{A}_2\zeta + \mathrm{B}_2\upsilon + \theta_2, \qquad \frac{d\upsilon}{dt} = \mathrm{A}_3\zeta + \mathrm{B}_3\upsilon + \theta_3,$$

$\theta, \dots, \theta_3$ étant des fonctions de t. On n'aura donc, pour déterminer ζ et υ, qu'à intégrer un système de deux équations linéaires simultanées; C_1, C_2 s'obtiendront ensuite par de simples quadratures.

Si l'on avait obtenu l'intégrale générale du système (7)

$$x = C_1 x_1 + C_2 x_2 + C_3 x_3 + C_4 x_4,$$
$$\ldots\ldots\ldots\ldots\ldots\ldots,$$
$$u = C_1 u_1 + C_2 u_2 + C_3 u_3 + C_4 u_4,$$

l'intégration du système (6) pourrait s'effectuer par de simples quadratures. Substituons, en effet, les valeurs précédentes dans les équations de ce système, en considérant $C_1, \ldots, C_4$ comme de nouvelles variables. Ces équations deviendront

$$\frac{dC_1}{dt} x_1 + \frac{dC_2}{dt} x_2 + \frac{dC_3}{dt} x_3 + \frac{dC_4}{dt} x_4 = T,$$
$$\ldots\ldots\ldots\ldots\ldots\ldots,$$
$$\frac{dC_1}{dt} u_1 + \frac{dC_2}{dt} u_2 + \frac{dC_3}{dt} u_3 + \frac{dC_4}{dt} u_4 = T_3,$$

et donnent immédiatement les dérivées $\frac{dC_1}{dt}, \ldots, \frac{dC_4}{dt}$. On aura donc $C_1, \ldots, C_4$ par des quadratures.

117. On pourra même se dispenser de ces quadratures, si l'on connaît une solution particulière x_0, y_0, z_0, u_0 du système (6). Posons, en effet,

$$x = x_0 + \xi, \qquad y = y_0 + \eta, \qquad z = z_0 + \zeta, \qquad u = u_0 + \upsilon.$$

Le résultat de la substitution de x_0, y_0, z_0, u_0 dans les premiers membres des équations (6) détruira les seconds membres, et il restera

$$\frac{d\xi}{dt} + a\xi + b\eta + c\zeta + d\upsilon = 0,$$
$$\ldots\ldots\ldots\ldots\ldots\ldots$$

On obtiendra donc la solution générale du système proposé en ajoutant la solution particulière x_0, y_0, z_0, u_0 à la solution générale du système sans seconds membres.

On peut enfin remarquer que, si les seconds membres sont de la forme

$$T = T' + T'' + \ldots, \qquad T_1 = T'_1 + T''_1 + \ldots, \qquad \ldots,$$

et si l'on connaît une solution particulière $x'_0, y'_0, \ldots$ pour un système analogue où les seconds membres se réduisent respectivement à $T', T'_1, \ldots$, une autre solution particulière $x''_0, y''_0, \ldots$ pour le cas où les seconds membres se réduiraient à $T'', T''_1, \ldots$, etc., on aura une solution particulière du système proposé, en posant

$$x = x'_0 + x''_0 + \ldots, \qquad y = y'_0 + y''_0 + \ldots, \qquad \ldots.$$

118. Une équation linéaire d'ordre n

$$\frac{d^n x}{dt^n} + p_1 \frac{d^{n-1} x}{dt^{n-1}} + \ldots + p_n x = T$$

peut être remplacée par le système équivalent

$$\begin{aligned} &\frac{dx}{dt} - x' = 0, \\ &\ldots\ldots\ldots\ldots\ldots\ldots, \\ &\frac{dx^{n-2}}{dt} - x^{n-1} = 0, \\ &\frac{dx^{n-1}}{dt} + p_1 x^{n-1} + \ldots + p_n x - T, \end{aligned}$$

qui rentre comme cas particulier dans ceux que nous venons de discuter. Il convient, toutefois, d'effectuer l'étude directe de cette équation; car elle fera paraître sous un nouveau jour quelques-uns des résultats déjà obtenus.

119. Considérons d'abord l'équation sans second membre

$$(8) \qquad \frac{d^n x}{dt^n} + p_1 \frac{d^{n-1} x}{dt^{n-1}} + \ldots + p_n x = 0.$$

Soient $x_1, \ldots, x_k$ des solutions particulières de cette équation. Nous dirons que ces solutions sont indépendantes, si le déterminant

$$\begin{vmatrix} x_1 & x_2 & \dots & x_k \\ x'_1 & x'_2 & \dots & x'_k \\ \dots & \dots & \dots & \dots \\ x_1^{k-1} & x_2^{k-1} & \dots & x_k^{k-1} \end{vmatrix}$$

formé par ces fonctions et leurs $k-1$ premières dérivées n'est pas identiquement nul.

Toute équation linéaire d'ordre n sans second membre admet un système de n solutions indépendantes $x_1, \dots, x_n$, *et sa solution générale est*

$$C_1 x_1 + \dots + C_n x_n,$$

$C_1, \dots, C_n$ *étant des constantes arbitraires.*

Pour établir ce théorème, nous supposerons qu'il soit vrai pour les équations d'ordre $n-1$ et nous montrerons qu'il est encore vrai pour l'équation (8) d'ordre n.

Soit x_1 une solution de cette équation (autre que la solution évidente $x=0$). Posons $x = Cx_1$, C désignant une nouvelle variable. On aura

$$\begin{aligned} \frac{dx}{dt} &= C' x_1 + C x'_1, \\ \frac{d^2 x}{dt^2} &= C'' x_1 + 2 C' x'_1 + C x''_1, \\ &\dots\dots\dots\dots\dots\dots, \\ \frac{d^n x}{dt^n} &= C^n x_1 + n C^{n-1} x'_1 + \frac{n(n-1)}{2} C^{n-2} x''_1 + \dots + C x_1^n. \end{aligned}$$

Substituant ces valeurs dans l'équation proposée, on aura l'équation transformée

$$(9)\quad \left\{ \begin{array}{l|l|l} x_1 C^n + n x'_1 & C^{n-1} + \dfrac{n(n-1)}{2} x''_1 & C^{n-2} + \dots = 0. \\ \qquad + p_1 x_1 & \qquad + n p_1 x'_1 & \\ & \qquad + p_2 x_1 & \end{array} \right.$$

L'équation devant être satisfaite, par hypothèse, si l'on

suppose C constant, l'équation (9) ne contiendra aucun terme en C. Ce sera donc une équation linéaire d'ordre $n-1$ par rapport à sa dérivée C'. Elle admettra, par hypothèse, $n-1$ solutions indépendantes $y_2, \ldots, y_n$, et sa solution générale sera de la forme

$$C_2 y_2 + \ldots + C_n y_n,$$

où $C_2, \ldots, C_n$ sont des constantes arbitraires.

Intégrant cette expression, il viendra

$$C = C_1 + C_2 \int_\lambda^t y_2\, dt + \ldots + C_n \int_\lambda^t y_n\, dt,$$

λ étant une quantité choisie à volonté, et C_1 une nouvelle constante arbitraire.

On en déduit

$$x = C x_1 = C_1 x_1 + C_2 x_2 + \ldots + C_n x_n,$$

en posant, pour abréger,

$$x_2 = x_1 \int_\lambda^t y_2\, dt, \qquad \ldots, \qquad x_n = x_1 \int_\lambda^t y_n\, dt.$$

Il reste à prouver que le déterminant

$$\begin{vmatrix} x_1 & x_2 & \ldots & x_n \\ \ldots & \ldots & \ldots & \ldots \\ x_1^{n-1} & x_2^{n-1} & \ldots & x_n^{n-1} \end{vmatrix}$$

n'est pas identiquement nul.

Or ce déterminant est égal à

$$\begin{array}{lll} x_1 & x_1 \int_\lambda^t y_2\, dt & \ldots \quad x_1 \int_\lambda^t y_n\, dt \\ x'_1 & x'_1 \int_\lambda^t y_2\, dt + x_1 y_2 & \ldots \quad x'_1 \int_\lambda^t y_n\, dt + x_1 y_n \\ x''_1 & x''_1 \int_\lambda^t y_2\, dt + 2x'_1 y_2 + x_1 y'_2 & \ldots \quad x''_1 \int_\lambda^t y_n\, dt + 2x'_1 y_n + x_1 y'_n \\ \ldots & \ldots & \ldots \end{array}$$

ou, en supprimant les termes qui se détruisent, à

$$\begin{vmatrix} x_1 & x_1\int_\lambda^t y_2\,dt & \ldots & x_1\int_\lambda^t y_n\,dt \\ 0 & x_1 y_2 & \ldots & x_1 y_n \\ 0 & x_1 y'_2 & \ldots & x_1 y'_n \\ \ldots & \ldots & \ldots & \ldots \end{vmatrix} = x_1^n \begin{vmatrix} y_2 & \ldots & y_n \\ y'_2 & \ldots & y'_n \\ \ldots & \ldots & \ldots \end{vmatrix}.$$

Or chacun des deux facteurs qui composent ce produit est différent de zéro, par hypothèse.

120. Soient $x_1, \ldots, x_n$ le système de solutions indépendantes dont nous venons de démontrer l'existence, et

$$\xi_1 = C'_1 x_1 + \ldots + C'_n x_n,$$

$$\ldots\ldots\ldots\ldots\ldots\ldots$$

$$\xi_n = C_1^n x_1 + \ldots + C_n^n x_n$$

un autre système de n solutions. Le déterminant

$$\begin{vmatrix} \xi_1 & \ldots & \xi_n \\ \ldots & \ldots & \ldots \\ \xi_1^{n-1} & \ldots & \xi_n^{n-1} \end{vmatrix}$$

est évidemment égal au produit du déterminant des solutions $x_1, \ldots, x_n$ par celui des coefficients C.

Il est donc nécessaire et suffisant, pour que les solutions $\xi_1, \ldots, \xi_n$ soient indépendantes, que le déterminant des C ne soit pas nul.

S'il en est ainsi, $x_1, \ldots, x_n$, et par suite toutes les solutions de l'équation différentielle, seront des fonctions linéaires de $\xi_1, \ldots, \xi_n$.

121. Soient d'ailleurs $\xi_1, \xi_2, \ldots, \xi_n$ un système quelconque de solutions indépendantes de l'équation (8); on aura

$$\frac{d^n\xi_1}{dt^n} + p_1\frac{d^{n-1}\xi_1}{dt^{n-1}} + \ldots + p_n\xi_1 = 0,$$

$$\frac{d^n\xi_2}{dt^n} + p_1\frac{d^{n-1}\xi_2}{dt^{n-1}} + \ldots + p_n\xi_2 = 0,$$

$$\ldots\ldots\ldots\ldots\ldots\ldots$$

Ces équations permettront d'exprimer les coefficients $p_1, \ldots, p_n$ en fonction de $\xi_1, \ldots, \xi_n$ et de leurs dérivées.

122. On peut remarquer que la condition

$$\begin{vmatrix} x_1 & \ldots & x_n \\ \ldots & \ldots & \ldots \\ x_n^{n-1} & \ldots & x_n^{n-1} \end{vmatrix} \gtrless 0$$

exprime la condition nécessaire et suffisante pour qu'il n'existe entre les fonctions $x_1, \ldots, x_n$ aucune relation linéaire à coefficients constants, telle que

$$\alpha_1 x_1 + \ldots + \alpha_n x_n = 0.$$

En effet, s'il existait une relation de ce genre, on obtiendrait, en la différentiant,

$$\begin{gathered} \alpha_1 x'_1 + \ldots + \alpha_n x'_n = 0, \\ \ldots\ldots\ldots\ldots\ldots\ldots, \\ \alpha_1 x_1^{n-1} + \ldots + \alpha_n x_n^{n-1} = 0, \end{gathered}$$

et, en éliminant les paramètres $\alpha_1, \ldots, \alpha_n$, il viendrait

$$\begin{vmatrix} x_1 & \ldots & x_n \\ x'_1 & \ldots & x'_n \\ \ldots & \ldots & \ldots \\ x_1^{n-1} & \ldots & x_n^{n-1} \end{vmatrix} = 0.$$

Réciproquement, si ce déterminant est nul, $x_1, x_2, \ldots, x_n$ seront n solutions particulières de l'équation linéaire d'ordre $n-1$

$$\begin{vmatrix} X & x_2 & \ldots & x_n \\ X' & x'_2 & \ldots & x'_n \\ \ldots & \ldots & \ldots & \ldots \\ X^{n-1} & x_2^{n-1} & \ldots & x_n^{n-1} \end{vmatrix} = 0.$$

On aura donc, en désignant par $X_1, \ldots, X_{n-1}$ des solutions indépendantes de cette équation, et par $C'_1, \ldots, C^n_{n-1}$

des constantes,

$$x_1 = C'_1 X_1 + \ldots + C'_{n-1} X_{n-1},$$
$$\ldots\ldots\ldots\ldots\ldots\ldots\ldots\ldots,$$
$$x_n = C^n_1 X_1 + \ldots + C^n_{n-1} X_{n-1}.$$

Éliminant $X_1, \ldots, X_{n-1}$ entre ces équations, on en déduira une relation linéaire entre $x_1, \ldots, x_n$.

123. Si l'on connaît k solutions indépendantes $x_1, \ldots, x_k$ de l'équation linéaire sans second membre

$$x^n + p_1 x^{n-1} + \ldots + p_n x = 0,$$

on pourra ramener son intégration à celle d'une équation linéaire d'ordre $n - k$, suivie de k quadratures.

Posons en effet

$$x = \sum_1^k C_i x_i,$$

les C désignant k nouvelles variables, liées entre elles par les $k - 1$ relations

$$(10)\quad \sum_1^k C'_i x_i = 0, \quad \sum_1^k C'_i x'_i = 0, \quad \ldots, \quad \sum_1^k C'_i x_i^{k-2} = 0.$$

On aura, en tenant compte de ces relations,

$$x' = \sum_1^k C_i x'_i, \quad \ldots, \quad x^{k-1} = \sum_1^k C_i x_i^{k-1}$$

puis

$$x^k = F_1, \quad \ldots, \quad x^n = F_{n-k+1},$$

F_r désignant une fonction linéaire de $C_1, \ldots, C_k$ et de leurs dérivées jusqu'à l'ordre r.

Substituant ces valeurs dans l'équation proposée, on aura un résultat de la forme

$$G = 0,$$

G désignant une fonction linéaire de $C_1, \ldots, C_k$ et de leurs dérivées jusqu'à l'ordre $n - k + 1$. D'ailleurs, l'équation étant satisfaite en supposant $C_1, \ldots, C_k$ constants, les termes qui contiennent ces quantités disparaîtront, et G ne contiendra que les dérivées $C'_1, \ldots, C'_k$ et leurs dérivées successives jusqu'à l'ordre $n-k$.

Cela posé, on peut tirer des équations (10) les valeurs de $C'_2, \ldots, C'_k$ en fonction de C'_1. Substituant ces valeurs, ainsi que leurs dérivées, dans G, on aura pour déterminer C'_1 une équation linéaire d'ordre $n-k$.

Cette équation intégrée, on aura $C'_1, \ldots, C'_k$, et l'on en déduira $C_1, \ldots, C_k$ par quadratures.

124. Supposons, par exemple, qu'on connaisse une solution particulière x_1 de l'équation du second ordre

$$x'' + p_1 x' + p_2 = 0.$$

Posons $x = C_1 x_1$; nous obtiendrons l'équation transformée

$$C''_1 x_1 + (2x'_1 + p_1 x_1) C'_1 = 0$$

ou

$$\frac{C''_1}{C'_1} = -\frac{2x'_1}{x_1} - p_1$$

et, en intégrant,

$$\log C'_1 = -2\log x_1 - \int p_1\,dt + \text{const},$$

$$C'_1 = A\frac{e^{-\int p_1 dt}}{x_1^2},$$

$$C_1 = A\int \frac{e^{-\int p_1 dt}}{x_1^2} + B$$

et enfin

$$x = A x_1 \int \frac{e^{-\int p_1 dt}}{x_1^2} + B x_1,$$

A et B étant des constantes arbitraires.

125. L'intégrale générale de l'équation à second membre

$$x^n + p_1 x^{n-1} + \ldots + p_n x = T \tag{11}$$

se déduit, par de simples quadratures, de l'intégrale générale de l'équation sans second membre

$$x^n + p_1 x^{n-1} + \ldots + p_n x = 0. \tag{12}$$

Posons, en effet,

$$x = C_1 x_1 + \ldots + C_n x_n,$$

$C_1, \ldots, C_n$ étant de nouvelles variables, assujetties aux conditions

$$(13)\quad \sum_1^n C_i' x_i = 0, \qquad \sum_1^n C_i' x_i' = 0, \qquad \ldots, \qquad \sum_1^n C_i' x_i^{n-2} = 0.$$

On aura, en tenant compte de ces relations,

$$x' = \sum_1^n C_i x_i', \qquad \ldots, \qquad x^{n-1} = \sum_1^n C_i x_i^{n-1}$$

et enfin

$$x^n = \sum_1^n C_i x_i^n + \sum_1^n C_i' x_i^{n-1}.$$

Substituant dans l'équation proposée, les termes en $C_1, \ldots, C_n$ disparaîtront et il restera simplement

$$\sum_1^n C_i' x_i^{n-1} = T.$$

Cette équation, jointe aux relations (13), donnera $C_1', \ldots, C_n'$; et l'on en déduira $C_1, \ldots, C_n$ par des quadratures.

On pourra d'ailleurs se dispenser de ces quadratures si l'on connaît une solution x_0 de l'équation (11). Il suffira, dans ce cas, de l'ajouter à l'intégrale générale de l'équation sans second membre.

126. Revenons à l'équation sans second membre

$$(14)\qquad x^n + p_1 x^{n-1} + p_2 x^{n-2} + \ldots + p_n x = 0.$$

Multiplions-la par une fonction indéterminée y et intégrons. Il viendra, en appliquant aux termes qui contiennent les dérivées de x, l'intégration par parties

$$\begin{aligned} & y x^{n-1} - y' x^{n-2} + y'' x^{n-3} - \ldots \\ & + p_1 y x^{n-2} - (p_1 y)' x^{n-3} + \ldots + p_2 y x^{n-3} + \ldots \\ & + (-1)^n \int x [y^n - (p_1 y)^{n-1} + (p_2 y)^{n-2} - \ldots + (-1)^n p_n y]\, dt = \text{const.} \end{aligned}$$

Si la fonction y est une solution de l'équation linéaire

$$(15)\qquad y^n - (p_1 y)^{n-1} + (p_2 y)^{n-2} - \ldots + (-1)^n p_n y = 0,$$

l'intégrale disparaîtra de la formule précédente, et l'on aura, pour déterminer x, une équation linéaire d'ordre $n-1$, contenant une constante arbitraire.

Si l'on connaît k solutions $y_1, \ldots, y_k$ de l'équation (15), on obtiendra, en posant successivement $y = y_1, \ldots, y = y_k$, k équations linéaires d'ordre $n-1$ en x. Éliminant entre ces équations les dérivées $x^{n-1}, \ldots, x^{n-k+1}$, on aura, pour déterminer x, une équation linéaire d'ordre $n-k$, contenant k constantes arbitraires.

L'équation (15) se nomme l'*équation adjointe* de l'équation (14). Il est clair que réciproquement l'équation (14) est adjointe à l'équation (15).

127. On aurait pu arriver à l'équation adjointe (15) en remplaçant l'équation primitive (14) par le système d'équations du premier ordre

$$\begin{aligned}
&\frac{dx^{n-1}}{dt} + p_1 x^{n-1} + p_2 x^{n-2} + \ldots + p_n x = 0,\\
&\frac{dx^{n-2}}{dt} - x^{n-1} = 0,\\
&\ldots\ldots\ldots\ldots\ldots\ldots,\\
&\frac{dx}{dt} - x' = 0,
\end{aligned}$$

qui lui est équivalent.

Ce système a pour adjoint le suivant :

$$\begin{aligned}
&-\frac{dX^{n-1}}{dt} + p_1 X^{n-1} - X^{n-2} = 0,\\
&-\frac{dX^{n-2}}{dt} + p_2 X^{n-2} - X^{n-3} = 0,\\
&\ldots\ldots\ldots\ldots\ldots\ldots\ldots\ldots\\
&-\frac{dX}{dt} + p_n X = 0.
\end{aligned}$$

On peut aisément éliminer $X^{n-2}, \ldots, X$ entre ces équations. Il suffira de les différentier respectivement $n-1$ fois, $n-2$ fois, etc., et de retrancher la somme des équations de rang impair de celle des équations de rang pair; il viendra

$$\frac{d^n X^{n-1}}{dt^n} - \frac{d^{n-1} p_1 X^{n-1}}{dt^{n-1}} + \frac{d^{n-2} p_2 X^{n-1}}{dt^{n-2}} - \ldots = 0,$$

équation qui ne diffère de (15) que par la notation.

II. — Équations linéaires à coefficients constants.

128. L'équation linéaire sans second membre

$$(1) \qquad \frac{d^n x}{dt^n} + a_1 \frac{d^{n-1} x}{dt^{n-1}} + \ldots + a_n x = 0,$$

où les coefficients $a_1, \ldots, a_n$ sont des constantes, a été intégrée par Euler, comme il suit :

Substituons dans le premier membre de l'équation la valeur $x = e^{st}$, s étant une constante; il viendra

$$\frac{dx}{dt} = se^{st}, \quad \ldots, \quad \frac{d^n x}{dt^n} = s^n e^{st}.$$

Le résultat de la substitution sera donc

$$e^{st}(s^n + a_1 s^{n-1} + \ldots + a_n);$$

et l'équation sera satisfaite, si s est racine de l'*équation caractéristique*

$$F(s) = s^n + a_1 s^{n-1} + \ldots + a_n = 0.$$

Si cette équation a n racines inégales $s_1, \ldots, s_n$, nous obtiendrons ainsi n solutions particulières $e^{s_1 t}, \ldots, e^{s_n t}$. Ces solutions sont indépendantes; car leur déterminant

$$\begin{vmatrix} e^{s_1 t} & \ldots & e^{s_n t} \\ s_1 e^{s_1 t} & \ldots & s_n e^{s_n t} \\ \ldots & \ldots & \ldots \\ s_1^{n-1} e^{s_1 t} & \ldots & s_n^{n-1} e^{s_n t} \end{vmatrix} = e^{(s_1 + \ldots + s_n)t} \begin{vmatrix} 1 & \ldots & 1 \\ s_1 & \ldots & s_n \\ \ldots & \ldots & \ldots \\ s_1^{n-1} & \ldots & s_n^{n-1} \end{vmatrix}$$

n'est pas nul, le dernier déterminant ci-dessus étant, comme on sait, le produit des différences des quantités $s_1, \ldots, s_n$ qui sont supposées distinctes.

L'intégrale générale sera donc

$$C_1 e^{s_1 t} + \ldots + C_n e^{s_n t},$$

$C_1, \ldots, C_n$ étant des constantes arbitraires.

129. Cauchy a donné à cette expression une autre forme que nous allons indiquer.

On a (t. II, n° 297)

$$C_i e^{s_i t} = \frac{1}{2\pi i} \int \frac{C_i e^{st}\, ds}{s - s_i},$$

l'intégrale étant prise suivant un contour fermé entourant le point s_i.

Si donc nous prenons un contour d'intégration enveloppant tous les points $s_1, \ldots, s_n$, on aura

$$\begin{aligned} C_1 e^{s_1 t} + \ldots + C_n e^{s_n t} &= \frac{1}{2\pi i} \int \left(\frac{C_1}{s - s_1} + \ldots + \frac{C_n}{s - s_n} \right) e^{st}\, ds \\ &= \frac{1}{2\pi i} \int \frac{P(s)}{F(s)} e^{st}\, ds, \end{aligned}$$

$P(s)$ désignant un polynôme arbitraire de degré $< n$.

Cette transformation de l'intégrale a l'avantage de montrer immédiatement quelle modification doit éprouver la formule lorsque l'équation $F(s) = 0$ a des racines égales.

En effet, l'intégrale

$$\frac{1}{2\pi i} \int \frac{P(s)}{F(s)} e^{st}\, ds$$

est égale à la somme des résidus de la fonction $\frac{P(s)}{F(s)} e^{st}$ par rapport aux diverses racines, égales ou non, de l'équation $F(s) = 0$.

Soient $s_1, s_2, \ldots$ ces racines, $\mu_1, \mu_2, \ldots$ leurs degrés de multiplicité ; on aura

$$\frac{P(s)}{F(s)} = \frac{\alpha_{\mu_1}}{(s-s_1)^{\mu_1}} + \ldots + \frac{\alpha_1}{s-s_1}$$
$$+ \frac{\beta_{\mu_2}}{(s-s_2)^{\mu_2}} + \ldots + \frac{\beta_1}{s-s_2} + \ldots,$$

les constantes α, β, ... étant arbitraires.

D'autre part,

$$e^{st} = e^{s_1 t} e^{(s-s_1)t} = e^{s_1 t}\left[1 + (s-s_1)t + (s-s_1)^2 \frac{t^2}{1.2} + \ldots\right].$$

Multipliant ces deux expressions l'une par l'autre, on aura pour le résidu relatif à s_1 l'expression

$$e^{s_1 t}\left[\alpha_1 + \alpha_2 t + \ldots + \alpha_{\mu_1} \frac{t^{\mu_1 - 1}}{1.2\ldots(\mu_1 - 1)}\right] = P_1 e^{s_1 t},$$

P_1 étant un polynôme arbitraire en t, de degré $\mu_1 - 1$.

Les autres résidus pourront se calculer de même.

On a donc la règle pratique suivante pour intégrer l'équation (1) :

On formera l'équation caractéristique

$$s^n + a_1 s^{n-1} + \ldots + a_n = 0.$$

On déterminera ses racines s_1, s_2, ... *et leurs degrés de multiplicité* μ_1, μ_2, ... *L'intégrale générale sera*

$$P_1 e^{s_1 t} + P_2 e^{s_2 t} + \ldots,$$

P_1, P_2, ... *étant des polynômes arbitraires en* t, *de degrés* $\mu_1 - 1$, $\mu_2 - 1$, ...

130. Il peut arriver que, l'équation (1) ayant ses coefficients réels, l'équation caractéristique ait des racines imaginaires. La solution précédente contiendra dans ce cas des imaginaires; mais il est aisé de les faire disparaître. Soit, en effet, $s_1 = \alpha + \beta i$ une racine imaginaire de l'équation caractéristique. Elle admettra la racine conjuguée $s_2 = \alpha - \beta i$, avec le même ordre de multiplicité μ.

Les termes correspondants de l'intégrale générale seront

$$P_1 e^{(\alpha+\beta i)t} + P_2 e^{(\alpha-\beta i)t} = e^{\alpha t}[(P_1+P_2)\cos\beta t + (P_1-P_2)i\sin\beta t]$$
$$= e^{\alpha t}(Q_1\cos\beta t + Q_2\sin\beta t),$$

Q_1 et Q_2 étant, ainsi que P_1 et P_2, des polynômes arbitraires d'ordre $\mu - 1$.

131. L'équation linéaire à coefficients constants et à second membre

$$(2) \qquad \frac{d^n x}{dt^n} + a_1 \frac{d^{n-1} x}{dt^{n-1}} + \ldots + a_n x = T$$

peut être aisément intégrée par quadratures, en faisant varier les constantes (**125**). Mais on pourra éviter ces quadratures, si l'on sait déterminer une solution particulière de l'équation. Il suffira, en effet, de l'ajouter à l'intégrale générale de l'équation sans second membre.

Posons

$$(3) \qquad x = \frac{1}{2\pi i}\int \frac{\xi e^{st}}{F(s)} ds,$$

ξ étant une fonction de s. Cette expression, substituée dans le premier membre de l'équation proposée, donnera pour résultat

$$\frac{1}{2\pi i}\int \frac{(s^n + a_1 s^{n-1} + \ldots + a_n)\xi e^{st}}{F(s)} ds = \frac{1}{2\pi i}\int \xi e^{st} ds.$$

Si donc on sait déterminer la fonction ξ et la ligne d'intégration de telle sorte qu'on ait

$$\frac{1}{2\pi i}\int \xi e^{st} ds = T,$$

l'expression (3) sera une solution particulière de l'équation (2).

132. Cette détermination pourra se faire aisément lorsque le second membre T sera de la forme $Pe^{\lambda t}$, où P est un polynôme en t. Soit, en effet,

$$P = \alpha_0 + \alpha_1 t + \ldots + \alpha_m t^m.$$

Posons

$$\xi = \frac{\beta_0}{s-\lambda} + \frac{\beta_1}{(s-\lambda)^2} + \ldots + \frac{\beta_m}{(s-\lambda)^{m+1}},$$

et intégrons le long d'un petit cercle tracé autour du point λ. L'intégrale sera égale au résidu par rapport à ce point de la fonction

$$\xi e^{st} = \left[\frac{\beta_0}{s-\lambda} + \ldots + \frac{\beta_m}{(s-\lambda)^{m+1}}\right]\left[1 + (s-\lambda)t + \frac{(s-\lambda)^2}{1.2} t^2 + \ldots\right] e^{\lambda t}.$$

Ce résidu est le produit de $e^{\lambda t}$ par un polynôme en t

$$\beta_0 + \beta_1 t + \ldots + \beta_m \frac{t^m}{1.2\ldots m},$$

qui sera égal à P si l'on pose

$$\beta_0 = \alpha_0, \qquad \beta_1 = \alpha_1, \qquad \ldots, \qquad \beta_m = 1.2\ldots m\alpha_m.$$

La solution particulière correspondante sera le résidu de $\frac{\xi e^{st}}{F(s)}$ par rapport à λ. Ce sera le produit de e^{st} par un polynôme en t de degré $m+\mu$, μ désignant le nombre des racines de l'équation $F(s) = 0$ qui sont égales à λ, et se réduisant à zéro si λ n'est pas racine de l'équation.

En effet, $\frac{1}{F(s)}$, développé suivant les puissances de $(s-\lambda)$, sera de la forme

$$\frac{\gamma_\mu}{(s-\lambda)^\mu} + \ldots + \frac{\gamma_1}{s-\lambda} + \delta_0 + \delta_1(s-\lambda) + \ldots.$$

D'autre part,

$$e^{st} = e^{\lambda t}\left[1 + (s-\lambda)t + (s-\lambda)^2 \frac{t^2}{1.2} + \ldots\right].$$

Effectuant les multiplications, on trouvera pour coefficient de $\frac{1}{s-\lambda}$ dans le développement de $\frac{\xi e^{st}}{F(s)}$ un polynôme du degré indiqué.

On pourra, d'ailleurs, sans cesser d'avoir une solution, supprimer dans le polynôme ainsi trouvé tous les termes de degré moindre que μ; car ces termes, multipliés par e^{st}, donnant une solution de l'équation sans second membre (129), leur suppression ne troublera pas l'égalité des deux membres de l'équation (2).

Nous voyons donc que, lorsque le second membre est de la forme $Pe^{\lambda t}$, l'équation (2) admet comme solution particulière une expression de la forme

$$Q t^{\mu} e^{\lambda t},$$

où Q est un polynôme de même degré que P.

Les coefficients de ce polynôme peuvent être déterminés soit par le procédé ci-dessus, soit par la méthode des coefficients indéterminés, en substituant l'expression précédente dans l'équation proposée.

133. Cette analyse peut s'étendre au cas plus général où le second membre T est une fonction entière quelconque de t, d'exponentielles $e^{\alpha t}$, $e^{\beta t}$, ... et de sinus et cosinus $\sin\gamma t$, $\cos\gamma t$, ...; car, en remplaçant les lignes trigonométriques par leurs valeurs en exponentielles et faisant les multiplications, on pourra mettre T sous la forme d'une somme de termes $T' + T'' + \ldots$ de la forme $Pe^{\lambda t}$. A chacun de ces termes, s'il était seul, correspondrait une solution particulière. La somme de ces solutions partielles donnera la solution correspondante à T.

134. *Exemples :* 1° Soit à intégrer l'équation

$$\frac{d^2x}{dt^2} + n^2x = \cos mt.$$

L'équation caractéristique

$$s^2 + n^2 = 0$$

ayant pour racines simples ni et $-ni$, l'équation sans second membre aura pour intégrale générale

$$C_1 e^{nit} + C_2 e^{-nit}$$

ou, sous forme réelle,

$$D_1 \cos nt + D_2 \sin nt.$$

On a, d'autre part,

$$\cos mt = \tfrac{1}{2} e^{mit} + \tfrac{1}{2} e^{-mit}.$$

Chacun de ces deux termes est de la forme $Pe^{\lambda t}$, où P est de degré zéro et où $\lambda = \pm mi$.

Soit d'abord $m \gtrless n$; λ n'étant pas racine de l'équation caractéristique, on aura une solution particulière de la forme

$$ce^{mit} + c_1 e^{-mit}$$

ou, sous forme réelle,

$$k \cos mt + k_1 \sin mt.$$

Pour déterminer les coefficients k et k_1, substituons dans l'équation proposée; il viendra

$$\begin{aligned} &- m^2 k \cos mt - m^2 k_1 \sin mt \\ &+ n^2 k \cos mt + n^2 k_1 \sin mt = \cos mt; \end{aligned}$$

d'où

$$(n^2 - m^2) k = 1, \qquad (n^2 - m^2) k_1 = 0,$$

$$k = \frac{1}{n^2 - m^2}, \qquad k_1 = 0.$$

L'intégrale générale sera donc

$$D_1 \cos nt + D_2 \sin nt + \frac{1}{n^2 - m^2} \cos mt.$$

Soit, au contraire, $m = n$. Les deux valeurs de λ étant racines de l'équation caractéristique, l'intégrale particulière sera de la forme

$$cte^{nit} + c_1 te^{-nit}$$

ou, sous forme réelle,

$$t(k\cos nt + k_1 \sin nt).$$

Substituons dans l'équation proposée, il viendra

$$\begin{aligned}&-n^2 t(k\cos nt + k_1 \sin nt)\\&+2n(-k\sin nt + k_1 \cos nt) + n^2 t(k\cos nt + k_1 \sin nt) = \cos nt;\end{aligned}$$

d'où

$$-2nk = 0, \qquad 2nk_1 = 1,$$

$$k = 0, \qquad k_1 = \frac{1}{2n}.$$

L'intégrale générale sera donc

$$D_1 \cos nt + D_2 \sin nt + \frac{1}{2n} t \sin nt.$$

2° Soit à intégrer l'équation

$$\frac{d^4 x}{dt^4} - 2\frac{d^3 x}{dt^3} + \frac{d^2 x}{dt^2} = t.$$

L'équation caractéristique

$$0 = s^4 - 2s^3 + s^2 = (s-1)^2 s^2$$

admet les racines doubles 1 et 0. L'intégrale de l'équation sans second membre sera donc

$$(C + C_1 t)e^t + C_2 + C_3 t.$$

Le second membre t étant de la forme $Pe^{\lambda t}$, où P est du premier degré et où $\lambda = 0$ est racine double de l'équation caractéristique, on aura une intégrale particulière de la forme

$$(ct + c_1)t^2.$$

Substituant cette valeur dans l'équation proposée, il viendra

$$-12c + 6ct + 2c_1 = t;$$

d'où

$$6c = 1, \qquad -12c + 2c_1 = 0,$$

$$c = \tfrac{1}{6}, \qquad c_1 = 1.$$

L'intégrale générale de l'équation proposée sera donc

$$(C + C_1 t)e^t + C_2 + C_3 t + t^2 + \frac{t^3}{6}.$$

135. Considérons un système d'équations linéaires simultanées à coefficients constants et sans second membre, tel que le suivant :

$$a\frac{d^2x}{dt^2} + a_1\frac{dx}{dt} + a_2 x + b\frac{d^2y}{dt^2} + b_1\frac{dy}{dt} + b_2 y = 0,$$
$$c\frac{d^2x}{dt^2} + c_1\frac{dx}{dt} + c_2 x + d\frac{d^2y}{dt^2} + d_1\frac{dy}{dt} + d_2 y = 0.$$

Cherchons une solution particulière de la forme

$$x = Me^{st}, \qquad y = Ne^{st}.$$

Ces valeurs, substituées dans les équations, donneront, en supprimant le facteur e^{st},

$$(4)\qquad \begin{cases} M(as^2 + a_1 s + a_2) + N(bs^2 + b_1 s + b_2) = 0, \\ M(cs^2 + c_1 s + c_2) + N(ds^2 + d_1 s + d_2) = 0. \end{cases}$$

Pour qu'on puisse satisfaire à ces équations sans supposer $M = N = 0$, il faut que s soit racine de l'*équation caractéristique*

$$\begin{vmatrix} as^2 + a_1 s + a_2 & bs^2 + b_1 s + b_2 \\ cs^2 + c_1 s + c_2 & ds^2 + d_1 s + d_2 \end{vmatrix} = 0.$$

Soit s_1 une racine de cette équation. On la substituera dans les équations (4), qui donneront les rapports des quantités M, N. On obtiendra ainsi une solution particulière

$$x = M_1 e^{s_1 t}, \qquad y = N_1 e^{s_1 t},$$

où les quantités M_1, N_1, n'étant déterminées que par leurs rapports, contiendront en facteur une constante arbitraire.

Ajoutant ensemble les solutions particulières correspondant aux diverses racines de l'équation caractéristique, on obtiendra ordinairement l'intégrale générale du système proposé. Toutefois, il pourra se présenter des embarras dans l'application, soit parce que le degré de l'équation caractéristique s'abaisse pour certaines valeurs particulières des coefficients $a, b, \ldots$, soit parce qu'elle présente des racines égales.

136. La méthode suivante, indiquée par Cauchy, n'est sujette à aucune difficulté.

Supposons, ce qui est permis, que le système considéré ait été ramené à un système d'équations du premier ordre, tel que

$$\frac{dx}{dt} + ax + by + cz = 0,$$

$$\frac{dy}{dt} + a_1 x + b_1 y + c_1 z = 0,$$

$$\frac{dz}{dt} + a_2 x + b_2 y + c_2 z = 0.$$

Désignons par Δ le *déterminant caractéristique*

$$\begin{vmatrix} a+s & b & c \\ a_1 & b_1+s & c_1 \\ a_2 & b_2 & c_2+s \end{vmatrix},$$

par A, B, ... ses mineurs $\frac{d\Delta}{da}, \frac{d\Delta}{db}, \ldots$.

Substituons, dans les équations proposées, les expressions suivantes

$$(5) \quad \begin{cases} x = \dfrac{1}{2\pi i}\displaystyle\int \frac{A\xi + A_1\eta + A_2\zeta}{\Delta} e^{st}\,ds, \\ y = \dfrac{1}{2\pi i}\displaystyle\int \frac{B\xi + B_1\eta + B_2\zeta}{\Delta} e^{st}\,ds, \\ z = \dfrac{1}{2\pi i}\displaystyle\int \frac{C\xi + C_1\eta + C_2\zeta}{\Delta} e^{st}\,ds, \end{cases}$$

ξ, η, ζ étant des fonctions de s, et l'intégration par rapport à la variable imaginaire s étant effectuée sur un contour fermé quelconque. On aura

$$\frac{dx}{dt} = \frac{1}{2\pi i}\int s\,\frac{A\xi + A_1\eta + A_2\zeta}{\Delta}\,e^{st}\,ds,$$

. . . .

Substituant ces valeurs dans la première des équations proposées et remarquant que l'on a

$$\begin{aligned}(a+s)A + bB + cC &= \Delta,\\ (a+s)A_1 + bB_1 + cC_1 &= 0,\\ (a+s)A_2 + bB_2 + cC_2 &= 0,\end{aligned}$$

le résultat se réduira à

$$\frac{1}{2\pi i}\int \xi e^{st}\,ds.$$

La substitution dans les deux autres équations donnera des résultats analogues

$$\frac{1}{2\pi i}\int \eta e^{st}\,ds, \quad \frac{1}{2\pi i}\int \zeta e^{st}\,ds.$$

Si nous supposons que ξ, η, ζ se réduisent à des constantes arbitraires, ξe^{st}, ηe^{st}, ζe^{st} étant des fonctions entières, les intégrales ci-dessus seront nulles. Les formules donne ront donc une solution du système proposé, contenant trois constantes arbitraires.

Supposons qu'on ait pris pour contour d'intégration un cercle de rayon infini.

La valeur initiale de x pour $t = 0$ sera

$$x_0 = \frac{1}{2\pi i}\int \frac{A\xi + A_1\eta + A_2\zeta}{\Delta}\,ds.$$

Mais on a

$$\Delta = s^3 + \alpha s^2 + \ldots,$$

$$A\xi + A_1\eta + A_2\zeta = \begin{vmatrix} \xi & b & c \\ \eta & b_1 + s & c_1 \\ \zeta & b_2 & c_2 + s \end{vmatrix} = \xi s^2 + \beta s + \ldots;$$

d'où

$$\frac{A\xi + A_1\eta + A_2\zeta}{\Delta} = \frac{\xi}{s} + \gamma + \gamma_1 s + \ldots,$$

$$x_0 = \frac{1}{2\pi i}\int ds\left(\frac{\xi}{s} + \gamma + \gamma_1 s + \ldots\right) = \xi.$$

On trouvera de même, pour les valeurs initiales de y et z,

$$y_0 = \eta, \qquad z_0 = \zeta.$$

La solution que nous avons trouvée est donc l'intégrale générale, puisqu'en choisissant convenablement les constantes ξ, η, ζ on peut donner à x, y, z des valeurs initiales arbitraires.

137. La valeur des intégrales (5) se calcule d'ailleurs sans difficulté. Elle est égale, comme on sait, à la somme des résidus de la fonction à intégrer par rapport aux diverses racines de l'équation $\Delta = 0$.

Soient s_1 l'une de ces racines, μ son degré de multiplicité. On aura

$$\frac{A\xi + A_1\eta + A_2\zeta}{\Delta} = \frac{\alpha_\mu}{(s - s_1)^\mu} + \ldots + \frac{\alpha_1}{s - s_1} + \lambda_0 + \ldots,$$

$\alpha_\mu, \ldots, \alpha_1, \ldots$ étant des fonctions linéaires des constantes ξ, η, ζ. D'autre part,

$$e^{st} = e^{s_1 t}\left[1 + (s - s_1)t + (s - s_1)^2\frac{t^2}{1.2} + \ldots\right].$$

Effectuant le produit, on trouvera pour résidu l'expression

$$\left[\alpha_1 + \alpha_2 t + \ldots + \alpha_\mu \frac{t^{\mu-1}}{1.2\ldots(\mu-1)}\right]e^{s_1 t}.$$

La portion de la valeur de x qui provient de la racine s_1 sera donc de la forme $Pe^{s_1 t}$, P désignant un polynôme, qui sera, en général, de degré $\mu - 1$. Mais ce degré s'abaisserait à $\mu - k - 1$, si les mineurs A, A_1, A_2 étaient tous divisibles par $(s - s_1)^k$, car on aurait évidemment dans ce cas $\alpha_\mu = 0, \ldots,$ $\alpha_{\mu-k+1} = 0$.

On calculerait de la même manière les valeurs des intégrales y et z.

138. Considérons maintenant un système d'équations à second membre

$$\begin{aligned}
\frac{dx}{dt} + ax + by + cz &= \mathrm{T},\\
\frac{dy}{dt} + a_1 x + b_1 y + c_1 z &= \mathrm{T}_1,\\
\frac{dz}{dt} + a_2 x + b_2 y + c_2 z &= \mathrm{T}_2.
\end{aligned}$$

Les formules (5) donneront une solution particulière de ce système, si l'on y détermine les fonctions ξ, η, ζ et le contour d'intégration de telle sorte qu'on ait

$$(6)\qquad \left\{\begin{aligned}
\frac{1}{2\pi i}\int \xi e^{st}\,ds &= \mathrm{T},\\
\frac{1}{2\pi i}\int \eta e^{st}\,ds &= \mathrm{T}_1,\\
\frac{1}{2\pi i}\int \zeta e^{st}\,ds &= \mathrm{T}_2.
\end{aligned}\right.$$

Cette détermination pourra se faire aisément si les seconds membres sont de la forme $\mathrm{P}e^{\lambda t}$, où P est un polynôme.

Soit, en effet,

$$\mathrm{T} = (\alpha_0 + \alpha_1 t + \ldots + \alpha_m t^m) e^{\lambda t}.$$

Pour satisfaire à la première des équations (6), on n'aura qu'à poser

$$\xi = \frac{\alpha_0}{s-\lambda} + \ldots + \frac{1.2\ldots m\alpha_m}{(s-\lambda)^{m+1}}$$

et à intégrer le long d'un petit cercle entourant le point λ.

On voit par là que, si T, T_1, T_2 sont des polynômes d'ordre m, ξ, η, ζ seront des sommes de fractions simples, contenant $s-\lambda$ en dénominateur jusqu'à la puissance $m+1$. On aura par suite, μ étant égal à zéro, ou, si λ est racine de $\Delta=0$, au degré de multiplicité de cette racine,

$$\frac{A\xi+A_1\eta+A_2\zeta}{\Delta}=\frac{\gamma}{(s-\lambda)^{m+\mu+1}}+\ldots+\frac{\gamma_{m+\mu}}{s-\lambda}+\ldots,$$

et la valeur correspondante de x, égale au résidu de

$$\frac{A\xi+A_1\eta+A_2\zeta}{\Delta}e^{st}$$

pour le point λ, sera de la forme

$$Qe^{\lambda t},$$

Q étant un polynôme dont le degré, égal en général à $m+\mu$, pourra s'abaisser, si les premiers coefficients γ, γ_1, ... s'annulent.

On trouvera un résultat tout semblable pour y et z.

139. On peut ramener aux équations à coefficients constants les équations linéaires de la forme

$$(7)\quad (\alpha t+\beta)^n\frac{d^n x}{dt^n}+a_1(\alpha t+\beta)^{n-1}\frac{d^{n-1}x}{dt^{n-1}}+\ldots+a_n x=0.$$

Posons en effet

$$\alpha t+\beta=e^u,\qquad \text{d'où}\qquad \alpha\,dt=e^u\,du;$$

on aura

$$\frac{dx}{dt}=\alpha e^{-u}\frac{dx}{du},$$

$$\frac{d^2x}{dt^2}=\alpha e^{-u}\frac{d\frac{dx}{dt}}{du}=\alpha^2e^{-u}\left(-e^{-u}\frac{dx}{du}+e^{-u}\frac{d^2x}{du^2}\right)$$

et, en général,

$$\frac{d^kx}{dt^k}=\alpha^ke^{-ku}P_k,$$

P_k désignant une fonction linéaire à coefficients constants de $\frac{dx}{du}, \ldots, \frac{d^k x}{du^k}$. En effet, si cette proposition est établie pour le nombre k, elle sera encore vraie pour $k+1$; car on aura

$$\begin{aligned}\frac{d^{k+1}x}{dt^{k+1}} &= \alpha^{k+1}e^{-u}\frac{de^{-ku}\mathrm{P}_k}{du}\\ &= \alpha^{k+1}e^{-u}\left(-ke^{-ku}\mathrm{P}_k + e^{-ku}\frac{d\mathrm{P}_k}{du}\right)\\ &= \alpha^{k+1}e^{-(k+1)u}\mathrm{P}_{k+1}.\end{aligned}$$

Substituant ces valeurs dans l'équation proposée, on aura pour déterminer x en fonction de u une équation linéaire à coefficients constants.

Si l'équation caractéristique correspondante a ses racines inégales, l'intégrale générale sera de la forme

$$x = \mathrm{C}_1 e^{s_1 u} + \mathrm{C}_2 e^{s_2 u} + \ldots = \mathrm{C}_1(\alpha t + \beta)^{s_1} + \mathrm{C}_2(\alpha t + \beta)^{s_2} + \ldots.$$

S'il y a des racines multiples, à chacune d'elles, s_1, correspondra comme solution une expression de la forme

$$\begin{aligned}&e^{s_1 u}(\mathrm{C} + \mathrm{C}_1 u + \ldots + \mathrm{C}_{\mu-1}u^{\mu-1})\\ &= (\alpha t + \beta)^{s_1}[\mathrm{C} + \mathrm{C}_1\log(\alpha t+\beta) + \ldots + \mathrm{C}_{\mu-1}\log^{\mu-1}(\alpha t + \beta)].\end{aligned}$$

III. — Intégration par des séries.

140. Considérons une équation linéaire sans second membre

$$\frac{d^n x}{dt^n} + p_1\frac{d^{n-1}x}{dt^{n-1}} + \ldots + p_n x = 0$$

dont les coefficients soient monodromes en t et n'aient que des points critiques isolés.

Nous avons vu (**119**) que la forme générale de ses intégrales est la suivante

$$c_1 x_1 + \ldots + c_n x_n,$$

où $c_1, \ldots, c_n$ sont des constantes, et $x_1, \ldots, x_n$ un système quelconque de n intégrales indépendantes. Nous savons en outre (92) que ces intégrales n'ont pas d'autres points critiques que ceux des fonctions $p_1, \ldots, p_n$.

Cherchons comment se comportent ces intégrales lorsque la variable indépendante t tourne autour d'un de ces points critiques, que, pour plus de simplicité, nous supposerons situé à l'origine des coordonnées.

L'intégrale considérée x varie avec t, mais sans cesser de satisfaire à l'équation différentielle. Lorsque t revient à sa valeur initiale, $p_1, \ldots, p_n$ reprenant également leurs valeurs initiales, l'équation différentielle redevient ce qu'elle était primitivement; et l'intégrale transformée, devant satisfaire à cette équation, sera de la forme

$$c_1 x_1 + \ldots + c_n x_n.$$

En particulier, soit x_i l'une quelconque des intégrales indépendantes $x_1, \ldots, x_n$; elle sera transformée en une expression de la forme

$$c_{i1} x_1 + \ldots + c_{in} x_n,$$

de telle sorte que la rotation de t autour de l'origine aura pour résultat de faire subir aux intégrales $x_1, \ldots, x_n$ une substitution linéaire telle que

$$S = \begin{vmatrix} x_1 & c_{11} x_1 + \ldots + c_{1n} x_n \\ \ldots & \ldots\ldots\ldots\ldots\ldots \\ x_n & c_{n1} x_1 + \ldots + c_{nn} x_n \end{vmatrix}.$$

Le déterminant des coefficients c sera d'ailleurs différent de zéro; car, s'il était nul, les intégrales transformées seraient liées par une relation linéaire, qui continuerait d'avoir lieu en faisant rétrograder t en sens contraire de son mouvement primitif. La même relation subsisterait donc entre les intégrales primitives $x_1, \ldots, x_n$, contrairement à l'hypothèse faite, que ces intégrales sont indépendantes.

141. Soit

$$y_1 = \alpha_{11} x_1 + \ldots + \alpha_{1n} x_n,$$
$$\ldots\ldots\ldots\ldots\ldots\ldots,$$
$$y_n = \alpha_{n1} x + \ldots + \alpha_{nn} x_n$$

un autre système quelconque d'intégrales indépendantes. La substitution S, opérée sur les x, remplacera les y par d'autres fonctions linéaires des x, ou, comme les x s'expriment linéairement au moyen des y, par des fonctions linéaires des y.

La rotation autour de l'origine aura donc également pour effet de faire subir aux y une substitution linéaire. Nous pouvons nous proposer de profiter de l'indétermination des coefficients α pour simplifier le plus possible l'expression de cette substitution.

Cherchons tout d'abord s'il existe quelque intégrale

$$y = \alpha_1 x_1 + \ldots + \alpha_n x_n$$

qui se reproduise multipliée par un facteur constant s. Il faut pour cela qu'on ait

$$\begin{aligned} &\alpha_1(c_{11}x_1 + \ldots + c_{1n}x_n) + \ldots + \alpha_n(c_{n1}x_1 + \ldots + c_{nn}x_n) \\ &\quad = s(\alpha_1 x_1 + \ldots + \alpha_n x_n); \end{aligned}$$

d'où les équations de condition

$$(1)\qquad \left\{ \begin{array}{l} (c_{11} - s)\alpha_1 + c_{21}\alpha_2 + \ldots + c_{n1}\alpha_n = 0, \\ c_{12}\alpha_1 + (c_{22} - s)\alpha_2 + \ldots + c_{n2}\alpha_n = 0, \\ \ldots\ldots\ldots\ldots\ldots\ldots\ldots\ldots\ldots\ldots \\ c_{1n}\alpha_1 + c_{2n}\alpha_2 + \ldots + (c_{nn} - s)\alpha_n = 0. \end{array} \right.$$

Les coefficients $\alpha_1, \ldots, \alpha_n$ ne pouvant être nuls à la fois, il faudra que le *déterminant caractéristique*

$$\Delta = \begin{vmatrix} c_{11} - s & c_{21} & \ldots & c_{n1} \\ c_{12} & c_{22} - s & \ldots & c_{n2} \\ \ldots & \ldots\ldots & \ldots & \ldots \\ c_{1n} & c_{2n} & \ldots & c_{nn} - s \end{vmatrix}$$

s'annule.

Supposons d'abord que l'équation $\Delta = 0$ ait n racines inégales $s_1, \ldots, s_n$. Soit s_i l'une d'elles. En la substituant dans les équations (1) elles deviendront compatibles et détermineront les rapports des coefficients α. Il existera donc une fonction y_i qui se reproduira multipliée par s_i. D'ailleurs les n fonctions $y_1, \ldots, y_n$ ainsi obtenues sont indépendantes; car, si elles étaient liées par une relation

$$c_1 y_1 + \ldots + c_n y_n = 0,$$

la même relation devant subsister constamment entre leurs transformées, on aurait, en faisant faire $n-1$ révolutions successives autour de l'origine à la variable t,

$$\begin{aligned} c_1 s_1 y_1 + \ldots + c_n s_n y_n &= 0, \\ \ldots\ldots\ldots\ldots\ldots\ldots &\ldots, \\ c_1 s_1^{n-1} y + \ldots + c_n s_n^{n-1} y_n &= 0, \end{aligned}$$

équations incompatibles, car le déterminant

$$\begin{vmatrix} 1 & 1 & \ldots & 1 \\ s_1 & s_2 & \ldots & s_n \\ \ldots & \ldots & \ldots & \ldots \\ s_1^{n-1} & s_2^{n-1} & \ldots & s_n^{n-1} \end{vmatrix}$$

n'est pas nul, $s_1, s_2, \ldots, s_n$ étant inégaux; et, d'autre part, les intégrales $c_1 y_1, \ldots, c_n y_n$ ne peuvent être toutes nulles.

Donc, en choisissant $y_1, \ldots, y_n$ comme système d'intégrales indépendantes, la substitution S prendra la forme très simple

$$S = \begin{vmatrix} y_1 & s_1 y_1 \\ \ldots & \ldots \\ y_n & s_n y_n \end{vmatrix}.$$

142. Si nous avions choisi un autre système quelconque d'intégrales indépendantes, tel que $z_1, \ldots, z_n$, la substitution S aurait pris une forme telle que

$$\begin{vmatrix} z_1 & d_{11} z_1 + \ldots + d_{1n} z_n \\ \ldots & \ldots\ldots\ldots\ldots \\ z_n & d_{n1} z_1 + \ldots + d_{nn} z_n \end{vmatrix};$$

$y_1, \ldots, y_n$ deviendraient des fonctions linéaires de $z_1, \ldots, z_n$, lesquelles se reproduisent respectivement multipliées par $s_1, \ldots, s_n$.

Ces multiplicateurs devront satisfaire à l'équation

$$\begin{vmatrix} d_{11}-s & d_{21} & \dots & d_{n1} \\ d_{12} & d_{22}-s & \dots & d_{n2} \\ \dots & \dots\dots & \dots & \dots \\ d_{1n} & d_{2n} & \dots & d_{nn}-s \end{vmatrix} = 0.$$

Cette équation doit donc être identique à l'équation $\Delta = 0$, qui a les mêmes racines. On voit donc que les coefficients de l'équation en s ne dépendant pas du choix des intégrales indépendantes : ce sont des *invariants*.

143. Les résultats sont un peu plus compliqués lorsque l'équation en s a des racines égales. Nous allons établir la proposition suivante :

On peut toujours trouver un système d'intégrales indépendantes formant une ou plusieurs séries $y_1, \dots, y_m$; $y'_1, \dots, y'_{m'}$; ... *telles que* S *remplace les intégrales d'une même série,* $y_1, \dots, y_\mu, \dots, y_m$ *respectivement par* $s_i y_1, \dots, s_i(y_\mu + y_{\mu-1}), \dots, s_i(y_m + y_{m-1})$, s_i *étant une racine de l'équation caractéristique.*

Ce théorème étant supposé établi pour les substitutions à moins de n variables, nous allons démontrer qu'il subsiste pour une substitution S à n variables.

Soit s_1 une des racines de l'équation caractéristique. Il existe une intégrale y que S multiplie par s_1. En la prenant pour intégrale indépendante à la place d'une des intégrales primitives x_1, S prendra la forme

$$S = | y, x_2, \dots, x_n \quad s_1 y, X_2 + \lambda_2 y, \dots, X_n + \lambda_n y |,$$

$X_2, \dots, X_n$ étant des fonctions linéaires de $x_2, \dots, x_n$, et aura pour déterminant caractéristique

$$(s_1 - s)\Delta' = \Delta,$$

Δ' désignant le déterminant caractéristique de la substitution

$$S' = | x_2, \dots, x_n \quad X_2, \dots, X_n |.$$

Nous pourrons par hypothèse changer de variables, de manière à mettre S′ sous la forme

$$S' = \begin{vmatrix} y_1, \ldots, y_m & s_i y_1, \ldots, s_i(y_m + y_{m-1}) \\ y'_1, \ldots, y'_{m'} & s_{i'} y'_1, \ldots, s_{i'}(y'_{m'} + y'_{m'-1}) \\ \ldots\ldots\ldots\ldots & \ldots\ldots\ldots\ldots\ldots\ldots\ldots\ldots \end{vmatrix},$$

où s_i, $s_{i'}$, ... sont des racines de $\Delta' = 0$.

Ce même changement de variables, opéré sur S, la réduira à la forme

$$S = \begin{vmatrix} y & s_1 y \\ y_1, \ldots, y_m & s_i y_1 + \lambda_1 y, \ldots, s_i(y_m + y_{m-1}) + \lambda_m y \\ y'_1, \ldots, y'_{m'} & s_{i'} y'_1 + \lambda'_1 y, \ldots, s_{i'}(y'_{m'} + y'_{m-1}) + \lambda'_{m'} y \\ \ldots\ldots\ldots\ldots & \ldots\ldots\ldots\ldots\ldots\ldots\ldots\ldots\ldots\ldots\ldots\ldots \end{vmatrix}.$$

Changeons de variables en posant

$$y_k + \alpha_k y = Y_k.$$

S remplacera Y_1, ..., Y_k, ... par

$$s_i y_1 + \lambda_1 y + \alpha_1 s_1 y = s_i Y_1 + \mu_1 y,$$
$$\ldots\ldots\ldots\ldots\ldots\ldots\ldots\ldots\ldots,$$
$$s_i(y_k + y_{k-1}) + \lambda_k y + \alpha_k s_1 y = s_i(Y_k + Y_{k-1}) + \mu_k y,$$
$$\ldots\ldots\ldots\ldots\ldots\ldots\ldots\ldots\ldots\ldots\ldots\ldots\ldots,$$

en posant, pour abréger,

$$\lambda_1 + \alpha_1(s_1 - s_i) = \mu_1,$$
$$\lambda_k + \alpha_k(s_1 - s_i) - \alpha_{k-1} s_i = \mu_k.$$

La substitution S aura donc conservé sa forme générale; mais on peut disposer des indéterminées α_1, ..., α_k, ... de manière à annuler tous les coefficients μ si $s_1 \gtrless s_i$, tous ces coefficients, sauf le premier μ_1, si $s_1 = s_i$.

Nous pourrons faire disparaître de même les coefficients λ' (sauf le premier, si $s_{i'} = s_1$).

Nous pouvons ainsi ramener S à une forme telle que la

suivante :

$$S = \begin{vmatrix} y & s_1 y \\ Y_1, \ldots, Y_m & s_1 Y_1 + \mu_1 y, \ldots, s_1(Y_m + Y_{m-1}) \\ Y'_1, \ldots, Y'_{m'} & s_1 Y'_1 + \mu'_1 y, \ldots, s_1(Y_{m'} + Y_{m'-1}) \\ \ldots, \ldots, \ldots & \ldots\ldots, \ldots, \ldots\ldots \\ Z_1, \ldots, Z_{p'} & s_2 Z_1, \qquad \ldots, s_2(Z_p + Z_{p-1}) \\ \ldots, \ldots, \ldots & \ldots, \qquad \ldots, \ldots\ldots \end{vmatrix}.$$

144. Supposons que, parmi les coefficients $\mu_1, \mu'_1, \ldots$ que contient encore cette expression, il en existe au moins deux μ_1 et μ'_1 qui ne soient pas nuls, et soit, pour fixer les idées, $m' \overline{\gtrless} m$. Prenons pour intégrales indépendantes, à la place de $Y'_1, \ldots, Y'_{m'}$, les suivantes :

$$Y'_k - \frac{\mu'_1}{\mu_1} Y_k = U_k.$$

S remplacera évidemment $U_1, \ldots, U_k, \ldots$ par

$$s_1 U_1, \quad \ldots, \quad s_1(U_k + U_{k-1}), \quad \ldots,$$

de telle sorte que le terme $\mu'_1 y$ aura disparu.

On pourra ainsi faire disparaître tous les termes en y, sauf un seul, tel que $\mu_1 y$.

Supposons donc que $\mu'_1, \ldots$ soient nuls. Si $\mu_1 \gtrless 0$, on n'aura qu'à poser

$$\mu_1 y = s_1 Y_0$$

pour ramener S à la forme canonique cherchée

$$S = \begin{vmatrix} Y_0, Y_1, \ldots; & s_1 Y_0, s_1(Y_1 + Y_0), \ldots \\ Y'_1, Y'_2, \ldots; & s_1 Y'_1, s_1(Y'_2 + Y'_1), \ldots \\ \ldots, \ldots, \ldots; & \ldots, \ldots\ldots, \ldots \\ Z_1, Z_2, \ldots; & s_2 Z_1, s_2(Z_2 + Z_1), \ldots \\ \ldots, \ldots, \ldots; & \ldots, \ldots\ldots, \ldots \end{vmatrix}.$$

Si μ_1 était nul, S aurait déjà la forme demandée, la première série de variables étant formée de la seule variable y.

145. La substitution S étant ramenée à la forme canonique que nous venons d'indiquer, soient $y_0, y_1, \ldots, y_k$ une des séries formées par les nouvelles intégrales auxquelles elle est rapportée ; s la racine correspondante de l'équation $\Delta = 0$.

Proposons-nous de déterminer la forme générale de ces intégrales.

Posons, pour abréger, $\frac{1}{2\pi i}\log s = r$ et faisons

$$y_0 = t^r z_0, \quad \ldots, \quad y_k = t^r z_k,$$

les z étant de nouvelles inconnues. Lorsqu'on tourne autour de l'origine, t^r se reproduit multiplié par $e^{2\pi i r} = s$; donc les z devront subir l'altération suivante :

$$| z_0, \ldots, z_k, \ldots \quad z_0, \ldots, z_k + z_{k-1} |.$$

Pour trouver la forme générale des fonctions qui jouissent de cette propriété, nous remarquerons que la fonction $\frac{1}{2\pi i}\log t$ s'accroît de l'unité par une rotation autour de l'origine. Si donc nous posons

$$\theta_1 = \frac{1}{2\pi i}\log t, \quad \ldots, \quad \theta_k = \frac{\theta_1(\theta_1 - 1)\ldots(\theta_1 - k + 1)}{1.2\ldots k},$$

cette rotation changera θ_1 en $\theta_1 + 1$ et, plus généralement, θ_k en

$$\theta_k + \frac{(\theta_1 + 1)\theta_1\ldots(\theta_1 - k + 2)}{1.2\ldots k} - \frac{\theta_1(\theta_1 - 1)\ldots(\theta_1 - k + 1)}{1.2\ldots k} = \theta_k + \theta_{k-1}.$$

Posons maintenant

$$\begin{aligned} z_0 &= u_0, \\ z_1 &= \theta_1 u_0 + u_1, \\ &\ldots\ldots\ldots\ldots, \\ z_k &= \theta_k u_0 + \theta_{k-1} u_1 + \ldots + u_k, \end{aligned}$$

$u_0, u_1, \ldots, u_k$ étant de nouvelles fonctions. Pour que $z_0, \ldots,$

z_k subissent la transformation demandée par une rotation autour de l'origine, il sera nécessaire et suffisant que $u_0, \ldots,$ u_k restent invariables.

On obtiendra donc, en remplaçant les fonctions $\theta_1, \ldots, \theta_k$ par leurs valeurs en t, pour les intégrales cherchées $y_0, \ldots,$ y_k, des expressions de la forme

$$\begin{aligned} y_0 &= t^r \mathrm{M}_0, \\ y_1 &= t^r(\mathrm{M}_1 \log t + \mathrm{N}_1), \\ &\ldots\ldots\ldots\ldots\ldots\ldots, \\ y_k &= t^r(\mathrm{M}_k \log^k t + \mathrm{N}_k \log^{k-1} t + \ldots), \end{aligned}$$

$\mathrm{M}_0, \mathrm{M}_1, \ldots, \mathrm{N}_1, \ldots$ étant des fonctions monodromes aux environs de l'origine. Ces fonctions s'expriment, d'ailleurs, linéairement au moyen des $k+1$ fonctions distinctes $u_0, \ldots,$ u_k. En particulier, les fonctions $\mathrm{M}_0, \mathrm{M}_1, \ldots, \mathrm{M}_k$ de la première colonne ne diffèrent que par des facteurs constants.

146. Les fonctions monodromes $\mathrm{M}_0, \mathrm{M}_1, \mathrm{N}_0, \ldots$ seront développables en série suivant les puissances positives et négatives de t. Si la série des puissances négatives est limitée pour toutes les fonctions qui figurent dans une des intégrales ci-dessus, cette intégrale sera dite *régulière* aux environs du point $t = 0$.

Il est intéressant de reconnaître dans quel cas l'équation proposée admet un système d'intégrales indépendantes toutes régulières. M. Fuchs a établi à cet égard le théorème suivant :

Pour que l'équation

$$\frac{d^n x}{dt^n} + p_1 \frac{d^{n-1} x}{dt^{n-1}} + \ldots + p_n = 0$$

admette n intégrales indépendantes régulières aux environs du point $t = 0$, il faut et il suffit que, pour chacun des coefficients de l'équation, tel que p_i, le point $t = 0$ soit un point ordinaire, ou un pôle dont l'ordre de multiplicité ne surpasse pas i.

Démontrons d'abord que cette condition est nécessaire.

Il est manifeste, en premier lieu : 1° que toute expression régulière, telle que

$$t^r(\mathrm{M}\log^i t + \mathrm{N}\log^{i-1} t + \ldots + \mathrm{R}),$$

a une dérivée

$$t^r\left(\frac{r}{t}(\mathrm{M}\log^i t + \ldots + \mathrm{R}) + \frac{i\mathrm{M}\log^{i-1} t + \ldots}{t} + \mathrm{M}'\log^i t + \ldots\right)$$

également régulière ; 2° que tout produit d'expressions régulières est une expression régulière.

Si donc les intégrales $y_1, \ldots, y_n$ d'une équation d'ordre n sont régulières, les coefficients de l'équation, mise sous la forme

$$\begin{vmatrix} x & y_1 & \ldots & y_n \\ x' & y'_1 & \ldots & y'_n \\ \ldots & \ldots & \ldots & \ldots \\ x^n & y^n_1 & \ldots & y^n_n \end{vmatrix} = 0,$$

seront des sommes d'expressions régulières, telles que

$$(2)\qquad t^r(\mathrm{M}\log^i t + \ldots) + t^{r_1}(\mathrm{M}_1\log^{i_1} t + \ldots) + \ldots.$$

D'ailleurs, lorsque t tourne autour de l'origine, $y_1, \ldots, y_n$ subissant une substitution linéaire, leurs dérivées d'un ordre quelconque subissant la même substitution, les coefficients, qui sont des déterminants formés avec ces quantités, se reproduiront multipliés par le déterminant δ de la substitution.

Or, pour qu'une expression de la forme (2) jouisse de cette propriété, il faut manifestement que les logarithmes disparaissent et que les exposants $r, r_1, \ldots$ ne diffèrent de la quantité $\frac{1}{2\pi i}\log\delta = \beta$ que de nombres entiers. Les coefficients de l'équation seront donc de la forme $t^\beta \mathrm{P}$, P étant une fonction de la même espèce que $\mathrm{M}, \mathrm{M}_1, \ldots$, c'est-à-dire ayant un point ordinaire ou un pôle au point $t = 0$.

Si maintenant nous divisons l'équation par le coefficient

de la plus haute dérivée, t^β disparaîtra et il viendra

$$\frac{d^n x}{dt^n} + p_1 \frac{d^{n-1} x}{dt^{n-1}} + \ldots + p_n = 0,$$

les coefficients $p_1, \ldots, p_n$ étant des quotients de fonctions pour lesquelles $t = 0$ est un point ordinaire ou un pôle, et jouissant évidemment de la même propriété.

Il reste à montrer que l'ordre de multiplicité du pôle $t = 0$ pour le coefficient p_i ne peut surpasser i.

147. Posons à cet effet

$$x = \mathrm{T}\xi,$$

ξ étant une nouvelle variable et T une fonction de t qui soit de la forme

$$\mathrm{T} = ct^\beta + c_1 t^{\beta+1} + \ldots. \tag{3}$$

Nous obtiendrons une équation transformée

$$\mathrm{T}\frac{d^n \xi}{dt^n} + \left.\begin{matrix} n\,\mathrm{T}' \\ + p_1 \mathrm{T} \end{matrix}\right| \frac{d^{n-1}\xi}{dt^{n-1}} + \left.\begin{matrix} \dfrac{n(n-1)}{2}\mathrm{T}'' \\ + (n-1)p_1 \mathrm{T}' \\ + p_2 \mathrm{T} \end{matrix}\right| \frac{d^{n-2}\xi}{dt^{n-2}} + \ldots = 0$$

ou, en divisant par T,

$$\frac{d^n \xi}{dt^n} + \left(n\frac{\mathrm{T}'}{\mathrm{T}} + p_1\right)\frac{d^{n-1}\xi}{dt^{n-1}} + \left[\frac{n(n-1)}{2}\frac{\mathrm{T}''}{\mathrm{T}} + np_1\frac{\mathrm{T}'}{\mathrm{T}} + p_2\right]\frac{d^{n-2}\xi}{dt^{n-2}} + \ldots = 0.$$

Si l'équation primitive a ses intégrales régulières, il en sera de même de cette nouvelle équation, dont les intégrales s'obtiennent en multipliant les précédentes par l'expression régulière

$$\frac{1}{\mathrm{T}} = t^{-\beta}(d + d_1 t + \ldots).$$

D'autre part, $t = 0$ étant un pôle d'ordre 1 pour $\dfrac{\mathrm{T}'}{\mathrm{T}}$, d'ordre 2 pour $\frac{T''}{T}$, ..., on voit que, si ce point est un pôle d'ordre k au plus par rapport à chaque coefficient p_k de l'équation primitive, la même propriété subsistera pour l'équation transformée.

Réciproquement, si l'équation transformée jouit de cette propriété, l'équation primitive, qui s'en déduit par la substitution

$$\xi = \frac{1}{T} x,$$

la possédera également.

Il suffira donc, pour établir le théorème pour l'équation primitive, de le démontrer pour l'équation transformée.

Cela posé, il résulte de l'analyse du n° **145** que l'équation en x admet nécessairement au moins une intégrale $y_0 = t^r M_0$ dépourvue de logarithmes. Cette intégrale étant régulière, par hypothèse, sera de la forme (3). En la prenant pour T, la transformée en ξ, admettant comme intégrale la constante 1, ne contiendra pas de terme en ξ et se réduira à la forme

$$\frac{d^n \xi}{dt^n} + q_1 \frac{d^{n-1}\xi}{dt^{n-1}} + \ldots + q_{n-1} \frac{d\xi}{dt} = 0.$$

Posant $\frac{d\xi}{dt} = \xi'$, on aura l'équation d'ordre $n - 1$

$$\frac{d^{n-1}\xi'}{dt^{n-1}} + q_1 \frac{d^{n-2}\xi'}{dt^{n-2}} + \ldots + q_{n-1}\xi' = 0$$

dont les intégrales, étant les dérivées de celles de la précédente, seront encore régulières. Si donc le théorème est supposé vrai pour les équations d'ordre $n - 1$, $t = 0$ sera un pôle d'ordre k au plus pour q_k. Le théorème sera donc vrai pour l'équation en ξ et pour l'équation primitive en x.

Il suffit donc d'établir le théorème pour les équations du premier ordre. Or soit

$$\frac{dx}{dt} + p_1 x = 0$$

une semblable équation; si elle admet une intégrale régulière, elle sera de la forme

$$T = ct^r + c_1 t^{r+1} + \ldots.$$

Or, si $t = 0$ est pour p_1 un pôle dont l'ordre μ de multiplicité soit > 1, de telle sorte qu'on ait

$$p_1 = a t^{-\mu} + a_1 t^{-\mu+1} + \ldots$$

et qu'on substitue pour x une valeur de la forme T, le résultat de la substitution contiendra un terme $act^{-\mu+r}$ de degré moindre que tous les autres et qui ne pourra se réduire avec eux; donc il ne pourra pas exister d'intégrale régulière.

148. Réciproquement, nous allons établir que toute équation différentielle qui satisfait aux conditions énoncées a n intégrales régulières.

Multiplions l'équation par t^n; il viendra

$$t^n \frac{d^n x}{dt^n} + p_1 t . t^{n-1} \frac{d^{n-1} x}{dt^{n-1}} + p_2 t^2 . t^{n-2} \frac{d^{n-2} x}{dt^{n-2}} + \ldots = 0.$$

L'origine étant, par hypothèse, un point ordinaire pour les fonctions $p_1 t$, $p_2 t^2$, ..., on pourra écrire

$$\begin{aligned} p_1 t &= a_0 + a_1 t + a_2 t^2 + \ldots, \\ p_2 t^2 &= b_0 + b_1 t + b_2 t^2 + \ldots, \\ &\ldots\ldots\ldots\ldots\ldots\ldots \end{aligned}$$

Soit r le rayon de convergence commun à ces séries; on aura

$$\operatorname{mod} a_m \overline{\overline{<}} \frac{M}{r^m}, \qquad \operatorname{mod} b_m \overline{\overline{<}} \frac{M}{r^m}, \qquad \ldots,$$

M désignant une constante.

Si nous substituons dans le premier membre de l'équation proposée la valeur $x = t^r$, nous obtiendrons le résultat suivant

$$F(r) t^r + \varphi_1(r) t^{r+1} + \varphi_2(r) t^{r+2} + \ldots = \Phi(t, r) t^r$$

en posant, pour abréger,

$$r(r-1)\ldots(r-n+1)+a_0 r(r-1)\ldots(r-n+2)$$
$$+b_0 r(r-1)\ldots(r-n+3)+\ldots=\mathrm{F}(r),$$

$$a_m r(r-1)\ldots(r-n+2)$$
$$+b_m r(r-1)\ldots(r-n+3)+\ldots=\varphi_m(r).$$

En substituant la valeur

$$x=t^r\log^\lambda t=\frac{d^\lambda}{dr^\lambda}t^r,$$

on obtiendrait évidemment comme résultat

$$\frac{d^\lambda}{dr^\lambda}\Phi(t,r)t^r=\Phi t^r\log^\lambda t+\lambda\frac{\partial\Phi}{\partial r}t^r\log^{\lambda-1}t$$
$$+\frac{\lambda(\lambda-1)}{1.2}\frac{\partial^2\Phi}{\partial r^2}t^r\log^{\lambda-2}t+\ldots+\frac{\partial^\lambda\Phi}{\partial r^\lambda}t^r.$$

Nous nommerons *équation déterminante* l'équation de degré n

$$\mathrm{F}(r)=0.$$

Nous pourrons grouper ses racines en séries, en réunissant ensemble toutes celles dont la différence est nulle ou égale à un entier réel. On peut démontrer qu'à chaque série contenant m racines correspondent m intégrales régulières de l'équation.

149. Admettons, pour fixer les idées, que nous ayons une série contenant quatre racines, dont deux égales à α et deux égales à $\alpha+i$, i désignant un entier positif. Nous allons obtenir une intégrale régulière de la forme suivante

$$(4)\quad \left\{\begin{aligned} x=&\sum_0^{i-1}t^{\alpha+\mu}(c_\mu+c'_\mu\log t)\\ &+\sum_i^\infty t^{\alpha+\mu}(c_\mu+c'_\mu\log t+\ldots+c'''_\mu\log^3 t),\end{aligned}\right.$$

dans laquelle quatre des coefficients c resteront arbitraires, ce qui donne bien quatre intégrales particulières distinctes.

Substituons en effet la valeur précédente dans l'équation proposée, et égalons à zéro les coefficients des termes en

$$t^{\alpha+\mu}\log^3 t, \quad t^{\alpha+\mu}\log^2 t, \quad t^{\alpha+\mu}\log t, \quad t^{\alpha+\mu};$$

il viendra

$$(5)\left\{\begin{aligned}
&F(\alpha+\mu)c'''_{\mu}+\varphi_1(\alpha+\mu-1)c'''_{\mu-1}+\varphi_2(\alpha+\mu-2)c'''_{\mu-2}+\ldots=0,\\
&F(\alpha+\mu)c''_{\mu}+\varphi_1(\alpha+\mu-1)c''_{\mu-1}+\varphi_2(\alpha+\mu-2)c''_{\mu-2}+\ldots\\
&+3[F'(\alpha+\mu)c'''_{\mu}+\varphi'_1(\alpha+\mu-1)c'''_{\mu-1}+\varphi'_2(\alpha+\mu-2)c'''_{\mu-2}+\ldots]=0,\\
&F(\alpha+\mu)c'_{\mu}+\varphi_1(\alpha+\mu-1)c'_{\mu-1}+\varphi_2(\alpha+\mu-2)c'_{\mu-2}+\ldots\\
&+2[F'(\alpha+\mu)c''_{\mu}+\varphi'_1(\alpha+\mu-1)c''_{\mu-1}+\varphi'_2(\alpha+\mu-2)c''_{\mu-2}+\ldots]\\
&+3[F''(\alpha+\mu)c'''_{\mu}+\varphi''_1(\alpha+\mu-1)c'''_{\mu-1}+\varphi''_2(\alpha+\mu-2)c'''_{\mu-2}+\ldots]=0,\\
&F(\alpha+\mu)c_{\mu}+\varphi_1(\alpha+\mu-1)c_{\mu-1}+\varphi_2(\alpha+\mu-2)c_{\mu-2}+\ldots\\
&+F'(\alpha+\mu)c'_{\mu}+\varphi'_1(\alpha+\mu-1)c'_{\mu-1}+\varphi'_2(\alpha+\mu-2)c'_{\mu-2}+\ldots]\\
&+F''(\alpha+\mu)c''_{\mu}+\varphi''_1(\alpha+\mu-1)c''_{\mu-1}+\varphi''_2(\alpha+\mu-2)c''_{\mu-2}+\ldots\\
&+F'''(\alpha+\mu)c'''_{\mu}+\varphi'''_1(\alpha+\mu-1)c'''_{\mu-1}+\varphi'''_2(\alpha+\mu-2)c'''_{\mu-2}+\ldots]=0.
\end{aligned}\right.$$

Dans les deux premières équations, on aura à donner à μ toutes les valeurs de i à ∞, dans les deux dernières toutes les valeurs de 0 à ∞ ; d'ailleurs les séries qui forment les premiers membres se limiteront d'elles-mêmes, ceux des coefficients c'', c''' dont l'indice serait $< i$ et ceux des coefficients c, c' dont l'indice serait < 0 étant identiquement nuls.

Pour toute valeur de μ supérieure à i, $F(\alpha+\mu)$ étant $\gtrless 0$, ces équations donneront c'''_{μ}, c''_{μ}, c'_{μ}, c_{μ} en fonction des coefficients d'indice moindre. Pour $\mu = i$ les deux premières équations deviennent identiques, car elles se réduisent à

$$F(\alpha+i)c'''_i = 0, \qquad F(\alpha+i)c''_i + 3F'(\alpha+i)c'''_i = 0;$$

et $\alpha+i$ étant racine double de l'équation déterminante, $F(\alpha+i)$ et $F'(\alpha+i)$ s'annulent; mais $F''(\alpha+i)$ étant $\gtrless 0$, les deux dernières équations détermineront c'''_i, c''_i.

Si $\mu < i > 0$, il ne reste plus que deux équations qui déterminent c'_μ, c_μ en fonction des coefficients précédents. Enfin, pour $\mu = 0$, ces équations deviennent identiques. La détermination des coefficients peut donc toujours se faire, et il en reste quatre arbitraires, à savoir c'_i, c_i, c'_0, c_0.

150. Il reste toutefois à prouver la convergence de la série obtenue. Pour l'établir, nous remarquerons que, $F(\alpha + \mu)$ étant un polynôme d'ordre n, les valeurs de c'''_μ, ..., c_μ en fonction des coefficients précédents fournies par les équations (5), lorsque $\mu > i$, seront de la forme

$$c^{\nu}_{\mu} = \sum_{\lambda,\nu} \frac{1}{\mu^n} [P\varphi_\lambda(\alpha + \mu - \lambda) + P_1\varphi'_\lambda(\alpha + \mu - \lambda) + \ldots + P_3\varphi'''_\lambda(\alpha + \mu - \lambda)] c^{\nu}_{\mu-\lambda}$$
$$(\lambda = 1, 2, \ldots, \mu, \quad \nu = 0, 1, 2, 3),$$

P, P_1, P_2, P_3 étant des fonctions rationnelles en μ, dont le dénominateur est d'un degré au moins égal à celui du numérateur.

Nous obtiendrons évidemment une limite supérieure du module des coefficients cherchés en remplaçant les fonctions P, $\varphi_\lambda(\alpha + \mu - \lambda)$, etc., et enfin les coefficients $c^{\nu}_{\mu-\lambda}$ par des limites supérieures de leurs modules.

Or P, ..., P_3 tendant pour $\mu = \infty$ vers des limites déterminées, leurs modules seront constamment inférieurs à une quantité fixe θ_1.

Nous obtiendrons, d'autre part, une limite supérieure du module de l'expression

$$\begin{aligned}
&\varphi_\lambda(\alpha + \mu - \lambda)\\
&\quad = a_\lambda(\alpha + \mu - \lambda)(\alpha + \mu - \lambda - 1)\ldots(\alpha + \mu - \lambda - n + 2)\\
&\quad + b_\lambda(\alpha + \mu - \lambda)(\alpha + \mu - \lambda - 1)\ldots(\alpha + \mu - \lambda - n + 3)\\
&\quad + \ldots\ldots\ldots\ldots\ldots\ldots\ldots\ldots\ldots\ldots,
\end{aligned}$$

en remplaçant a_λ, b_λ, ... par la limite de leurs modules $\frac{M}{r^\lambda}$, les facteurs $\alpha + \mu - \lambda$, ... par $\operatorname{mod}\alpha + \mu + n$. On trouvera ainsi

$$\operatorname{mod}\varphi_\lambda(\alpha+\mu-\lambda) \leqq \frac{M}{r^\lambda}[(\operatorname{mod}\alpha+\mu+n)^{n-1}+(\operatorname{mod}\alpha+\mu+n)^{n-2}+\ldots]$$

$$\leqq \frac{M}{r^\lambda}\theta_2\mu^{n-1},$$

θ_2 désignant une quantité limitée.

Le même procédé donnera

$$\operatorname{mod}\varphi'_\lambda(\alpha+\mu-\lambda) \leqq \frac{M}{r^\lambda}\theta_3\mu^{n-2} \leqq \frac{M}{r^\lambda}\theta_3\mu^{n-1},$$

$$\operatorname{mod}\varphi''_\lambda(\alpha+\mu-\lambda) \leqq \frac{M}{r^\lambda}\theta_4\mu^{n-1},$$

$$\operatorname{mod}\varphi'''_\lambda(\alpha+\mu-\lambda) \leqq \frac{M}{r^\lambda}\theta_5\mu^{n-1}$$

et, par suite,

$$\operatorname{mod} c_\mu^k \leqq \sum\nolimits_{\lambda,\nu} \frac{\theta}{\mu\, r^\lambda} \operatorname{mod} c_{\mu-\lambda}^\nu,$$

θ désignant une quantité fixe.

Cette formule n'est établie que pour les coefficients dont l'indice inférieur surpasse i; mais, les précédents étant en nombre limité, on pourra toujours prendre θ assez grand pour qu'elle soit encore satisfaite pour ceux-ci.

Faisons successivement $k=0, 1, 2, 3$, ajoutons et multiplions par r^μ; enfin posons, pour abréger,

$$r^\mu(\operatorname{mod} c_\mu + \operatorname{mod} c'_\mu + \operatorname{mod} c''_\mu + \operatorname{mod} c'''_\mu) = d_\mu;$$

il viendra

$$d_\mu \leqq \frac{4\theta}{\mu}\sum\nolimits_0^{\mu-1} d_\lambda$$

et, en changeant μ en $\mu+1$,

$$d_{\mu+1} \leqq \frac{4\theta}{\mu+1}\left[\sum\nolimits_0^{\mu-1} d_\lambda + d_\mu\right]$$

$$\leqq \frac{4\theta}{\mu}\left[\sum\nolimits_0^{\mu-1} d_\lambda + \frac{4\theta}{\mu}\sum\nolimits_0^{\mu-1} d_\lambda\right]$$

$$\leqq \left[\frac{4\theta}{\mu}+\left(\frac{4\theta}{\mu}\right)^2\right]\sum\nolimits_0^{\mu-1} d_\lambda$$

et, en continuant ainsi,

$$d_{\mu+m} \overline{\overline{<}} \left[\frac{4\theta}{\mu} + \left(\frac{4\theta}{\mu}\right)^2 + \ldots + \left(\frac{4\theta}{\mu}\right)^{m+1}\right] \sum_0^{\mu-1} d_\lambda.$$

En posant $m = \infty$, la série entre parenthèses est convergente, pourvu qu'on ait pris $\mu > 4\theta$; les quantités $d_0, d_1, \ldots, d_\mu, \ldots$ sont donc toutes inférieures à une limite finie N. *A fortiori*, chacune des quantités

$$r^\mu \bmod c_\mu, \quad \ldots, \quad r^\mu \bmod c'''_\mu$$

restera $<$ N; donc la série (4) sera convergente dans un cercle de rayon r.

151. Si la valeur de c'''_i déduite des équations (5) s'annule (il faut pour cela qu'un certain déterminant, qu'il serait facile d'écrire, soit égal à zéro), tous les coefficients c''', qui s'expriment linéairement en fonction de celui-là, s'annuleront également, de sorte que tous les termes en $\log^3 t$ disparaîtront de l'expression (4).

Si l'on a en outre $c''_i = 0$, les termes en $\log^2 t$ disparaîtront aussi; mais, c'_0 et c'_1 étant arbitraires, il restera toujours des termes en $\log t$.

Pour que les logarithmes pussent disparaître entièrement de l'intégrale, il serait évidemment nécessaire que la série de racines que nous avons considérée ne contînt que des racines simples.

Remarquons enfin qu'il peut se faire que les racines de l'équation déterminante soient des entiers positifs et que les intégrales ne contiennent pas de logarithmes. Dans ce cas, le point $t = 0$ ne sera pas un point critique pour les intégrales.

Ainsi l'équation

$$t\frac{dx}{dt} + (-m + a_1 t + a_2 t^2 + \ldots)x = 0,$$

où m est supposé entier et positif, a pour équation déterminante

$$r - m = 0$$

et son intégrale sera de la forme

$$x = c_0 t^m + c_1 t^{m+1} + \ldots.$$

152. Nous venons d'établir que, lorsque l'équation différentielle proposée a toutes ses intégrales régulières, on peut les obtenir par la méthode des coefficients indéterminés. Sachant d'ailleurs que, lorsque t tourne autour de l'origine, t^r se reproduit multiplié par $e^{2r\pi i}$ et $\log t$ se change en $\log t + 2\pi i$, on voit aisément, par la comparaison des développements obtenus, quelle est la substitution que cette rotation fait subir aux intégrales.

153. La question se présente moins simplement dans le cas général où l'équation différentielle admet des intégrales irrégulières, car on ne peut les obtenir par la méthode des coefficients indéterminés. On peut employer dans ce cas le procédé suivant :

Traçons trois cercles K, K′, K″ se croisant à l'origine (*fig.* 1) et d'un rayon assez petit pour ne contenir aucun des autres points critiques. Soient a, a', a'' les centres de ces cercles.

Fig. 1.

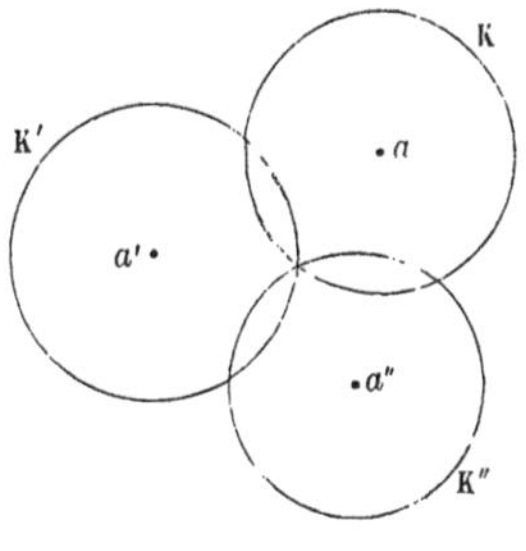

Soit, d'autre part, $X_1, \ldots, X_n$ un système de n intégrales indépendantes. On peut supposer que chacune d'elles est définie par la valeur qu'elle prend, ainsi que ses $n-1$ premières dérivées en un point $t=b$ pris à volonté dans le cercle K.

Tant que t, partant de cette valeur initiale, restera compris dans le cercle K, l'intégrale générale de l'équation sera de la forme $c_1 x_1 + \ldots + c_n x_n$; $x_1, \ldots, x_n$ étant des séries convergentes procédant suivant les puissances de $t-a$ et $c_1, \ldots, c_n$ des constantes. On aura donc, tant que t restera dans ce cercle,

$$X_i = c_{1i} x_1 + \ldots + c_{ni} x_n. \tag{6}$$

En exprimant que le second membre de cette égalité et ses $n-1$ premières dérivées prennent au point b les valeurs qui définissent X_i, on aura un système d'équations linéaires qui détermineront les coefficients c.

Supposons que t sorte de ce cercle pour entrer dans le cercle suivant K'. Dans ce second cercle les intégrales sont développables suivant les puissances de $t-a'$ et auront pour forme générale

$$d_1 y_1 + \ldots + d_n y_n,$$

$y_1, \ldots, y_n$ étant des séries déterminées, qu'il est aisé de calculer par la méthode des coefficients indéterminés. On aura donc, en particulier,

$$X_i = d_{1i} y_1 + \ldots + d_{ni} y_n \tag{7}$$

et ce nouveau développement fera connaître la valeur de X_i dans tout l'intérieur du cercle K', lorsque les coefficients $d_{1i}, \ldots, d_{ni}$ seront connus.

Pour les déterminer, il suffit de remarquer que, dans la partie commune aux deux cercles, les deux développements (6) et (7) étant valables à la fois, on aura

$$c_{1i} x_1 + \ldots + c_{ni} x_n = d_{1i} y_1 + \ldots + d_{ni} y_n$$

et par une série de dérivations successives

$$c_{1i} x'_1 + \ldots + c_{ni} x'_n = d_{1i} y'_1 + \ldots + d_{ni} y'_1,$$
$$\ldots\ldots\ldots\ldots\ldots\ldots\ldots\ldots\ldots,$$
$$c_{1i} x_1^{n-1} + \ldots + c_{ni} x_n^{n-1} = d_{1i} y_1^{n-1} + \ldots + d_{ni} y_n^{n-1}.$$

En donnant à t une valeur particulière arbitrairement choisie dans cette région commune, on obtiendra un système d'équations linéaires qui donnera les coefficients d.

Si t passe du cercle K' dans le troisième cercle K'', $X_1, \ldots, X_n$ y seront donnés par de nouveaux développements

$$X_i = e_{1i} z_1 + \ldots + e_{ni} z_n$$

suivant les puissances de $t - a''$; $z_1, \ldots, z_n$ étant des séries aisées à établir, et $e_{1i}, \ldots, e_{ni}$ des coefficients qu'on déterminera au moyen de l'équation

$$d_{1i} y_1 + \ldots + d_{ni} y_n = e_{1i} z_1 + \ldots + e_{ni} z_n$$

et de ses dérivées, en donnant à t une valeur comprise dans la région commune à K' et à K''.

Enfin, si t, achevant sa révolution autour de l'origine, sort du cercle K'' pour rentrer dans le cercle K, on aura dans ce nouveau cercle

$$X_i = f_{1i} x_1 + \ldots + f_{ni} x_n,$$

les coefficients f se déterminant encore de même.

En comparant ces valeurs finales de $X_1, \ldots, X_n$ à leurs valeurs initiales (6), on voit que la substitution produite sur les intégrales par une révolution de t autour de l'origine sera

$$| X_i = g_{1i} X_1 + \ldots + g_{ni} X_n |,$$

les constantes g étant déterminées par les équations linéaires

$$f_{ki} = g_{1i} c_{k1} + \ldots + g_{ni} c_{kn} \quad (i, k = 1, 2, \ldots, n).$$

Cette substitution étant connue, on la ramènera aisément à la forme canonique en changeant le système d'intégrales distinctes que l'on considère.

Les nouvelles intégrales formeront une ou plusieurs séries. Soit $(Y_0, \ldots, Y_k)$ l'une de ces séries. Ces intégrales auront

(145) la forme suivante :

$$(8)\qquad \begin{cases} Y_0 = t^r u_0, \\ \dots\dots\dots, \\ Y_k = t^r(\theta_k u_0 + \theta_{k-1} u_1 + \dots + u_k). \end{cases}$$

Tout est connu dans ces développements, sauf les fonctions monodromes $u_0, \dots, u_k$. Mais, en chaque point de la région occupée par les cercles K, K', K'', on connaît par les développements précédents la valeur numérique des intégrales $X_1, \dots, X_n$ et par suite celle des intégrales $Y_1, \dots, Y_k$. Les équations (8) permettent d'en déduire celle de $u_0, \dots, u_k$. Le théorème de Laurent (t. II, n° 303) fournira dès lors les coefficients des séries, procédant suivant les puissances positives et négatives de t, qui représentent ces fonctions.

154. Des considérations analogues à celles qui viennent d'être exposées permettront d'intégrer par des séries toute équation linéaire qui n'a qu'un nombre limité de points critiques.

Soit, en effet, $F = 0$ une semblable équation. Il nous sera permis de supposer, pour plus de simplicité, que $t = \infty$ est un point ordinaire; car, s'il en était autrement, soient t_1, $t_2, \dots$ les points critiques situés à distance finie; b un autre point quelconque; posons

$$t = b + \frac{1}{u}.$$

L'équation transformée en u admettra évidemment pour points critiques le point $u = 0$, correspondant à $t = \infty$, et les points $u_1 = \frac{1}{t_1 - b}$, $u_2 = \frac{1}{t_2 - b}$, $\dots$ correspondant à t_1, $t_2, \dots$; mais $u = \infty$, correspondant à $t = b$, sera un point ordinaire.

Cette hypothèse admise, traçons un cercle K enveloppant tous les points critiques $t_1, t_2, \dots, t_i$. A l'extérieur de ce cercle l'intégrale générale aura la forme

$$(9)\qquad c_1 x_1 + \dots + c_n x_n$$

$x_1, \ldots, x_n$ étant des séries qui procèdent suivant les puissances de $\frac{1}{t}$.

Il est clair, d'autre part, qu'on pourra toujours recouvrir l'intérieur de K et les portions voisines de la région extérieure au moyen d'un nombre limité de cercles $K_1, K_2, \ldots$, dont chacun passe par un ou plusieurs points critiques, mais n'en contient aucun dans son intérieur, tout autre point situé sur K ou dans son intérieur étant au contraire intérieur à l'un au moins de ces cercles $K_1, K_2, \ldots$.

Soient K_m l'un quelconque de ces cercles, a_m son centre. Dans l'intérieur de ce cercle, l'intégrale générale aura la forme

$$(10) \qquad c_{m1} x_{m1} + \ldots + c_{mn} x_{mn}$$

$x_{m1}, \ldots, x_{mn}$ étant des séries procédant suivant les puissances de $t - a_m$.

Traçons maintenant une série de coupures $L_1, L_2, \ldots$ allant de chacun des points critiques $t_1, t_2, \ldots$ jusqu'à l'infini. Tant que t ne traversera aucune de ces coupures, les intégrales de l'équation resteront monodromes. Soit $X_1, \ldots, X_n$ un système quelconque d'intégrales indépendantes, Chacune d'elles sera définie en un point quelconque par l'un ou l'autre des développements (9) ou (10) parmi lesquels il y en a au moins un de convergent. Les coefficients c qui figurent dans ce développement pourront d'ailleurs se déterminer comme au n° 153. La valeur de ces intégrales sera donc connue en chaque point du plan.

D'ailleurs, lorsque t tourne autour d'un des points critiques, ces intégrales subissent une substitution linéaire que nous savons déterminer. Supposons donc que t se rende de la valeur initiale t_0 à une valeur finale quelconque T. Pour obtenir la valeur finale des intégrales $X_1, \ldots, X_n$, il suffira de réduire le chemin parcouru par la variable à une série de contours élémentaires A, A′, ... suivis d'un chemin Λ qui ne traverse plus les coupures. Lorsque t reviendra au point de départ t_0 après avoir décrit le contour A, les intégrales auront subi une substitution linéaire connue S ; le contour A′ leur fera subir une seconde substitution S′, etc. L'ensemble des contours A, A′, ... successivement décrits leur fera donc subir la substitution résultante SS′..., de telle sorte que les intégrales auront passé de leurs valeurs initiales $X_1, \ldots, X_n$ à des valeurs finales $X'_1, \ldots, X'_n$ de la forme

$$X'_i = \lambda_{1i} X_1 + \ldots + \lambda_{ni} X_n.$$

Lorsque t décrira ensuite la ligne Λ, ces expressions varieront et prendront en T les valeurs suivantes

$$\lambda_{1i} \Xi_1 + \ldots + \lambda_{ni} \Xi_n,$$

$\Xi_1, \ldots, \Xi_n$ étant les valeurs finales de $X_1, \ldots, X_n$, lesquelles sont données sous forme de séries, ainsi que nous l'avons vu.

On peut donc déterminer *a priori* la valeur finale d'une intégrale quelconque lorsque la variable t décrit une ligne donnée, sans être obligé de calculer la série des valeurs successives par lesquelles elle passe, pour les points intermédiaires.

155. La méthode précédente est susceptible de nombreuses modifications, si l'on admet, pour représenter les fonctions intégrales, d'autres développements que ceux qui sont fournis par la série de Taylor. Supposons, par exemple, que, parmi les points critiques, il y en ait aux environs desquels les intégrales soient régulières. On pourra évidemment substituer à quelques-uns des cercles dont nous nous sommes servis des cercles décrits autour de ces points critiques (pourvu qu'ils ne contiennent dans leur intérieur aucun autre point critique) ; car on connaît un développement des intégrales dans ces cercles, et cela suffit.

On peut encore, dans beaucoup de cas, transformer l'équation différentielle par un changement de variable

$$t = \varphi(u), \qquad \text{d'où} \qquad u = \psi(t).$$

Soit a un point ordinaire de l'équation transformée : on

aura un développement de ses intégrales suivant les puissances de $u - a$, lequel sera convergent tant que le module de $u - a$ sera moindre qu'une constante donnée r. Les intégrales de l'équation primitive admettront un développement correspondant suivant les puissances de $\psi(t) - \psi(a)$, valable dans toute la région du plan où

$$\operatorname{mod}[\psi(t) - \psi(a)] < r,$$

lequel développement pourra être utilisé au besoin.

156. Nous avons vu que, lorsque la variable t revient à sa valeur initiale t_0, après avoir décrit un contour fermé quelconque, les intégrales $X_1, \ldots, X_n$ subissent une substitution linéaire. Considérons l'ensemble de ces substitutions S, S′, ... correspondant aux divers contours fermés possibles K, K′, ... Il est clair que, si S, S′, ... sont deux de ces substitutions, correspondant respectivement aux contours K, K′, on obtiendra, en décrivant successivement ces deux contours, un nouveau contour fermé KK′ auquel correspondra la substitution SS′, résultante des deux premières. Cette dernière substitution fera donc elle-même partie de la suite S, S′, ...

On dit qu'une suite de substitutions forme un *groupe* lorsqu'elle jouit de cette dernière propriété.

Nous appellerons *groupe de l'équation différentielle* celui qui est formé par l'ensemble des substitutions S, S′, ... Toutes ces substitutions résultent évidemment de la combinaison successive des substitutions correspondantes aux contours élémentaires relatifs aux divers points critiques.

157. La notion de ce groupe est d'une grande importance dans toutes les questions qui se rattachent à l'étude des équations qui nous occupent. Nous allons, par exemple, montrer comment on peut reconnaître, à l'inspection du groupe de l'équation différentielle

$$F = \frac{d^n x}{dt^n} + p_1 \frac{d^{n-1} x}{dt^{n-1}} + \ldots + p_n x = 0,$$

si elle est *réductible* ou non, c'est-à-dire si elle admet ou non des solutions communes avec une autre équation

$$G = \frac{d^m x}{dt^m} + q_1 \frac{d^{m-1} x}{dt^{m-1}} + \ldots + q_m x = 0$$

où $m \overline{\gtrless} n$.

Formons les dérivées successives de G; il viendra

$$\frac{dG}{dt} = \frac{d^{m+1} x}{dt^{m+1}} + q_1 \frac{d^m x}{dt^m} + q_1' \frac{d^{m-1} x}{dt^{m-1}} + \ldots,$$
$$\ldots\ldots\ldots\ldots\ldots\ldots\ldots\ldots\ldots\ldots\ldots\ldots,$$
$$\frac{d^{n-m} G}{dt^{n-m}} = \frac{d^n x}{dt^n} + q_1 \frac{d^{n-1} x}{dt^{n-1}} + \ldots,$$

et, en tirant de ces équations les valeurs de $\frac{d^m x}{dt^m}, \ldots, \frac{d^n x}{dt^n}$ pour les substituer dans F, il viendra

$$F = \frac{d^{n-m} G}{dt^{n-m}} + A_1 \frac{d^{n-m-1} G}{dt^{n-m-1}} + \ldots + A_{n-m} G + G_1,$$

$A_1, \ldots, A_{n-m}$ étant des fonctions monodromes de t, et G_1 une fonction linéaire de $\frac{d^{m-1}x}{dt^{m-1}}, \ldots, \frac{dx}{dt}, x$, à coefficients monodromes en t.

Les solutions communes à $F = 0$, $G = 0$ sont évidemment les mêmes que les solutions communes à $G = 0$, $G_1 = 0$.

Donc, si G_1 est identiquement nul, l'équation $F = 0$ admettra toutes les intégrales de G, et son premier membre sera une fonction linéaire de G et de ses dérivées.

Si G_1 n'est pas identiquement nul, mais ne contient aucune des dérivées de x, on n'aura $G_1 = 0$ qu'en posant $x = 0$. En dehors de cette solution évidente, les équations $F = 0$, $G = 0$ n'auront aucune intégrale commune.

Enfin, si $G_1 = B_0 \frac{d^k x}{dt^k} + \ldots + B_k x$, B_0 n'étant pas nul, on pourra opérer sur les équations

$$G = 0, \qquad \frac{1}{B_0} G_1 = 0,$$

comme sur les équations primitives, et en déduire une nouvelle équation $G_2 = 0$, à laquelle les solutions communes devront encore satisfaire.

En poursuivant cette série d'opérations, toutes semblables à celles du plus grand commun diviseur, on arrivera évidemment à ce résultat :

Si deux équations linéaires $F = 0$, $G = 0$, à coefficients monodromes, ont des intégrales communes, on pourra déterminer une équation de même espèce $H = 0$, ayant pour intégrales ces solutions communes; et F, G seront des fonctions linéaires de H et de ses dérivées.

Donc, si l'équation $F = 0$ est réductible, il existera une équation d'ordre moindre, $H = 0$, dont elle admet toutes les intégrales.

158. Cela posé, soient $X_1, \ldots, X_n$ un système quelconque d'intégrales indépendantes de $F = 0$, $Y_1, \ldots, Y_m$ un système d'intégrales indépendantes de $H = 0$. Les intégrales de cette dernière équation auront pour forme générale

$$c_1 Y_1 + \ldots + c_m Y_m$$

et se permuteront les unes dans les autres lorsque t décrit un contour fermé quelconque. D'ailleurs $Y_1, \ldots, Y_m$, étant des intégrales de $F = 0$, seront des fonctions linéaires de $X_1, \ldots, X_n$.

Donc, si $F = 0$ est réductible, on pourra déterminer des fonctions linéaires $Y_1, \ldots, Y_m$ des intégrales $X_1, \ldots, X_n$, en nombre $< n$ et telles que les fonctions du faisceau

$$c_1 Y_1 + \ldots + c_m Y_m$$

soient exclusivement permutées les unes dans les autres par toutes les substitutions du groupe de l'équation $F = 0$.

Nous exprimerons, pour abréger, cette propriété du groupe de l'équation en disant qu'il n'est pas *primaire*.

Réciproquement, si le groupe de l'équation $F = 0$ n'est

pas primaire, l'équation sera réductible. En effet, les intégrales $Y_1, \ldots, Y_m$ satisfont à l'équation d'ordre m

$$\begin{vmatrix} x & Y_1 & \ldots & Y_m \\ \frac{dx}{dt} & Y'_1 & \ldots & Y'_m \\ \ldots & \ldots & \ldots & \ldots \\ \frac{d^m x}{dt^m} & Y_1^m & \ldots & Y_m^m \end{vmatrix} = 0,$$

dont les coefficients sont monodromes (après qu'on a divisé par le coefficient du premier terme). En effet, faisons décrire à t un contour fermé quelconque. Les fonctions $Y_1, \ldots, Y_m$ étant transformées en des fonctions linéaires de $Y_1, \ldots, Y_m$, les déterminants qui forment les coefficients de l'équation se reproduiront multipliés par le déterminant de la transformation. Leurs rapports reprendront donc la même valeur.

Pour reconnaître si l'équation $F = 0$ est irréductible, nous n'aurons donc qu'à chercher si son groupe Γ est primaire.

159. Soient S, S', ... les substitutions relatives aux divers points critiques, et dont la combinaison reproduit Γ. Si chacune d'elles multiplie toutes les intégrales par un même facteur constant, il est clair que toutes les substitutions de Γ jouiront de cette même propriété et que ce groupe ne sera pas primaire.

Supposons au contraire que, parmi les substitutions S, S', ..., il en existe au moins une S qui ne multiplie pas toutes les intégrales par un même facteur. Prenons à la place de $X_1, \ldots, X_n$ un autre système d'intégrales indépendantes, choisi de manière à ramener S à la forme canonique. Supposons, pour fixer les idées, que l'équation caractéristique pour cette substitution ait deux racines a, b; qu'à la racine a correspondent quatre séries d'intégrales, dont trois contiennent k intégrales et la quatrième l intégrales, l étant $< k$, et qu'à la racine b corresponde une seule série de

ι intégrales; la forme canonique de S sera la suivante :

$$S = \left|\begin{array}{ll} y_1, y_2, \ldots, y_k & a(y_1+y_2), a(y_2+y_3), \ldots, ay_k \\ y'_1, y'_2, \ldots, y'_k & a(y'_1+y'_2), a(y'_2+y'_3), \ldots, ay'_k \\ y''_1, y''_2, \ldots, y''_k & a(y''_1+y''_2), a(y''_2+y''_3), \ldots, ay''_k \\ z_1, z_2, \ldots, z_l & a(z_1+z_2), a(z_2+z_3), \ldots, az_l \\ u_1, u_2, \ldots, u_i & b(u_1+u_2), b(u_2+u_3), \ldots, bu_i \end{array}\right|.$$

Soit

$$Y_1 = d_1 y_1 + d_2 y_2 + \ldots + d'_1 y'_1 + \ldots + e_1 z_1 + \ldots + f_1 u_1 + \ldots + f_i u_i$$

une intégrale quelconque. Effectuons sur cette expression les transformations S, S′, ... Nous obtiendrons de nouvelles expressions de la forme

$$D_1 y_1 + D_2 y_2 + \ldots + F_i u_i,$$

où $D_1, D_2, \ldots, F_i$ sont des fonctions linéaires de $d_1, d_2, \ldots, f_i$.

Si parmi ces expressions il en est qui ne soient pas linéairement distinctes de celles qui les précèdent lorsque d_1, $d_2, \ldots, f_i$ restent indéterminés, on pourra les supprimer et transformer de nouveau celles qui restent par les substitutions S, S′, ... Parmi ces transformées on supprimera celles qui ne sont pas distinctes, et ainsi de suite, jusqu'à ce qu'une nouvelle transformation ne donne plus aucune expression distincte de celles obtenues précédemment. Cette suite d'opérations est nécessairement limitée, car toutes les fonctions obtenues sont linéaires par rapport aux produits en nombre limité qu'on peut former en multipliant les intégrales $y_1, y_2, \ldots, u_i$ par les arbitraires $d_1, d_2, \ldots, f_i$.

Soient $Y_1, Y_2, \ldots$ les diverses fonctions ainsi obtenues. Il est clair que toute substitution de Γ transforme les unes dans les autres les fonctions

$$c_1 Y_1 + c_2 Y_2 + \ldots$$

du faisceau Φ formé avec ces fonctions.

160. Cela posé, cherchons à déterminer les arbitraires d_1,

$d_2, \ldots, f_i$, de telle sorte que dans chacune des fonctions $Y_1, Y_2, \ldots$ les coefficients D_1, D'_1, D''_1 des termes en y_1, y'_1, y''_1 disparaissent. Nous obtiendrons ainsi une série d'équations linéaires par rapport aux arbitraires $d_1, d_2, \ldots, f_i$.

Supposons d'abord que ces équations soient compatibles. Assignons à $d_1, d_2, \ldots, f_i$ un système de valeurs qui satisfasse à ces équations.

Les fonctions $Y_1, Y_2, \ldots$ ne dépendant plus que des variables $y_2, \ldots, y_k, y'_2, \ldots, y'_k, y''_2, \ldots, y''_k, z_1, \ldots, u_i$ en nombre $< n$, celles de ces fonctions $Y_1, \ldots, Y_m$ qui restent encore linéairement distinctes seront en nombre $< n$. D'ailleurs les fonctions suivantes $Y_{m+1}, \ldots$ s'exprimant linéairement au moyen de celles-là, toutes les fonctions de Φ pourront se mettre sous la forme

$$c_1 Y_1 + \ldots + c_m Y_m,$$

et, comme elles sont transformées les unes dans les autres par toutes les substitutions de Γ, ce groupe ne sera pas primaire.

161. Supposons, au contraire, que les équations soient incompatibles. Quelle que soit l'intégrale Y_1 qui a servi de point de départ, le faisceau Φ, déduit de ses transformées, contiendra une intégrale

$$Y = D_1 y_1 + D'_1 y'_1 + D''_1 y''_1 + D_2 y_2 + \ldots + E_1 z_1 + \ldots + F_1 u_1 + \ldots$$

où l'un au moins des trois coefficients D_1, D'_1, D''_1 n'est pas nul. Il contiendra sa transformée par la substitution S; cette transformée, que nous désignerons par SY, est de la forme

$$SY = D_1 a(y_1 + y_2) + \ldots + E_1 a(z_1 + z_2) + \ldots + F_1 b(u_1 + u_2) + \ldots$$

Le faisceau Φ contiendra encore la fonction

$$Y' = \frac{1}{a - b}(SY - bY),$$

où les coefficients de y_1, y'_1, y''_1 ont les mêmes valeurs que dans Y, mais où le coefficient de u_1 s'annule.

Il contiendra de même la fonction

$$Y'' = \frac{1}{a-b}[S(SY) - bSY] = SY' - bY',$$

où D_1, D'_1, D''_1 ont encore conservé leurs valeurs primitives, mais où le terme en u_2 disparaîtra.

Continuant ainsi, on voit que Φ contiendra une fonction de la forme

$$Z = D_1 y_1 + D'_1 y'_1 + D''_1 y''_1 + \delta_2 y_2 + \ldots + \varepsilon_1 z_1 + \ldots + \varepsilon_l z_l,$$

d'où les u ont entièrement disparu.

Il contiendra encore la fonction

$$Z' = \frac{1}{a} SZ - Z = D_1 y_2 + D'_1 y'_2 + D''_2 y''_2 + \ldots + \varepsilon_1 z_2 + \ldots,$$

d'où y_1, y'_1, y''_1, z_1 ont disparu. Il contiendra de même la fonction

$$Z'' = \frac{1}{a} SZ' - Z' = D_1 y_3 + D'_1 y'_3 + D''_1 y''_3 + \ldots + \varepsilon_1 z_3 + \ldots.$$

Continuant ainsi, on voit que Φ contient la fonction

$$U = D_1 y_k + D'_1 y'_k + D''_1 y''_k.$$

Donc, quelle que soit l'intégrale initiale Y_1, il existe dans le faisceau Φ, dérivé de ses transformées, une intégrale φ de la forme plus simple

(11) $$\varphi = d y_k + d' y'_k + d'' y''_k.$$

Prenons pour point de départ cette nouvelle intégrale et formons le faisceau Φ' dérivé de ses transformées, lequel fait évidemment partie du faisceau Φ.

Les fonctions qu'il contient seront de la forme

$$D_1 y_1 + D_2 y_2 + \ldots + D'_1 y'_1 + \ldots + F_i u_i,$$

où les coefficients $D_1, \ldots, F_i$ sont linéaires et homogènes en d, d', d''. D'ailleurs, de toute fonction de cette forme contenue dans Φ' on déduira, comme on vient de le voir, une fonction correspondante

$$D_1 y_k + D'_1 y'_k + D''_1 y''_k,$$

également contenue dans Φ'.

Formons successivement les diverses fonctions de cette dernière sorte qui sont contenues dans Φ', en supprimant à mesure qu'on les obtient toutes celles qui ne sont pas linéairement distinctes des précédentes, même lorsque d, d', d'' restent indéterminés. Il restera un nombre limité de fonctions

$$(12) \qquad \begin{cases} \varphi_0 = d y_k + d' y'_k + d'' y''_k = \varphi, \\ \varphi_1 = D_1 y_k + D'_1 y'_k + D''_1 y''_k, \\ \dots\dots\dots\dots\dots\dots, \\ \varphi_\mu = D_\mu y_k + D'_\mu y'_k + D''_\mu y''_k, \end{cases}$$

dont toutes les autres sont des combinaisons linéaires.

Soit φ_α l'une quelconque de ces fonctions. Les coefficients D_α, D'_α, D''_α seront de la forme

$$\begin{aligned} D_\alpha &= \lambda\ d + \lambda' d' + \lambda'' d'', \\ D'_\alpha &= \lambda_1 d + \lambda'_1 d' + \lambda''_1 d'', \\ D''_\alpha &= \lambda_2 d + \lambda'_2 d' + \lambda''_2 d'', \end{aligned}$$

de telle sorte qu'on aura

$$\varphi_\alpha = \sigma_\alpha \varphi,$$

σ_α désignant la substitution

$$\sigma_\alpha = \begin{vmatrix} y_k & \lambda\ y_k + \lambda_1 y'_k + \lambda_2 y''_k \\ y'_k & \lambda' y_k + \lambda'_1 y'_k + \lambda'_2 y''_k \\ y''_k & \lambda'' y_k + \lambda''_1 y'_k + \lambda''_2 y''_k \end{vmatrix}.$$

Les opérations σ satisfont à l'équation symbolique

$$\sigma_\alpha \sigma_\beta = c_0 \sigma_0 + c_1 \sigma_1 + \ldots + c_\mu \sigma_\mu,$$

où $c_0, \ldots, c_\mu$ sont des constantes.

En effet, puisque de l'existence de la fonction φ dans le faisceau Φ on déduit l'existence dans ce même faisceau des transformées $\sigma_\alpha\varphi$ et $\sigma_\beta\varphi$, on déduira de l'existence de cette dernière fonction celle de la fonction $\sigma_\alpha\sigma_\beta\varphi$. Cette fonction, ne dépendant d'ailleurs que des variables y_k, y'_k, y''_k, sera de la forme

$$c_0\varphi + c_1\varphi_1 + \ldots + c_\mu\varphi_\mu = c_0\sigma_0\varphi + c_1\sigma_1\varphi + \ldots + c_\mu\sigma_\mu\varphi.$$

162. Cela posé, considérons le groupe γ dérivé des substitutions $\sigma_0, \ldots, \sigma_\mu$ entre les trois variables y_k, y'_k, y''_k. Il est clair que le faisceau résultant de la combinaison des fonctions $\varphi, \varphi_1, \ldots, \varphi_\mu$ se confondra avec le faisceau déduit des transformées de φ par les diverses substitutions de γ.

Le groupe γ contenant moins de variables que le groupe Γ primitivement considéré, nous pouvons évidemment supposer que nous sachions reconnaître s'il est ou non primaire.

1° Si γ n'est pas primaire, nous pouvons assigner aux coefficients d, d', d'' de la fonction φ un système de valeurs tel que le nombre des fonctions $\varphi, \varphi_1, \ldots, \varphi_\mu$ qui restent encore distinctes dans cette hypothèse soit moindre que celui des variables y_k, y'_k, y''_k. Dans ce cas Γ ne sera pas primaire. En effet, supposons, par exemple, qu'il reste deux fonctions distinctes; soient

$$\varphi = dy_k + d'y'_k + d''y''_k = \varphi(y_k, y'_k, y''_k),$$
$$\varphi_1 = d_1y_k + d'_1y'_k + d''_1y''_k = \varphi_1(y_k, y'_k, y''_k).$$

Considérons le faisceau Φ' dérivé des transformées de φ par les diverses substitutions de Γ. Soit

$$D_1y_1 + D'_1y'_1 + D''_1y''_1 + D_2y_2 + \ldots + F_iu_i$$

une quelconque des fonctions qu'il contient. Nous avons vu que ce faisceau contenait la fonction

$$D_1y_k + D'_1y'_k + D''_1y''_k,$$

laquelle doit être une combinaison linéaire de φ et de φ_1. On aura donc

$$D_1 y_1 + D'_1 y'_1 + D''_1 y''_1 = c\,\varphi(y_1, y'_1, y''_1) + c_1\,\varphi_1(y_1, y'_1, y''_1),$$

c, c_1 étant des constantes.

Les intégrales y_1, y'_1, y''_1 ne figurant dans Φ' que par les deux combinaisons $\varphi(y_1, y'_1, y''_1)$ et $\varphi_1(y_1, y'_1, y''_1)$, le nombre des fonctions linéairement distinctes dont Φ' dépend sera moindre que n. Donc Γ n'est pas primaire.

2° Si le groupe γ est primaire, de quelque manière qu'on choisisse d, d', d'', la suite φ, φ_1, ..., φ_μ contiendra toujours trois fonctions distinctes, φ, φ_1, φ_2; et chacune des intégrales y_k, y'_k, y''_k dont elles dépendent, y_k par exemple, pourra s'exprimer linéairement en fonction de φ, φ_1, φ_2. Elle appartiendra donc au faisceau Φ'.

Formons maintenant les transformées successives de y_k par les diverses substitutions de Γ.

Cette intégrale étant entièrement déterminée, il n'y aura aucune difficulté à reconnaître combien le faisceau Φ'', dérivé de ses transformées, contient de fonctions distinctes; si ce nombre est inférieur à n, Γ ne sera pas primaire; dans le cas contraire il sera primaire.

Soient, en effet,

$$\Psi = c_1 Y_1 + \ldots + c_m Y_m$$

un faisceau quelconque d'intégrales que les substitutions de Γ transforment les unes dans les autres; Y_1 l'une de ces intégrales. Le faisceau Ψ contiendra le faisceau Φ déduit des transformées de Y_1; dans celui-ci existe une intégrale φ de la forme (11), dont la combinaison avec ses transformées donne l'intégrale y_k. Donc Ψ contient cette intégrale et ses transformées, parmi lesquelles il y en a n linéairement distinctes.

163. Une seconde application de la notion du groupe nous sera fournie par la recherche des intégrales algébriques que peut offrir une équation linéaire.

Soit $F = 0$ une équation d'ordre n, admettant des intégrales algébriques. Il est clair que, si t décrit un contour fermé quelconque, ces intégrales, restant toujours algébriques, se transformeront les unes dans les autres. Soient donc $x_1, \ldots, x_m$ celles de ces intégrales qui sont linéairement distinctes; les intégrales algébriques cherchées auront pour forme générale

$$c_1 x_1 + \ldots + c_m x_m$$

et seront les solutions d'une équation linéaire d'ordre m

$$G = \begin{vmatrix} x & x_1 & \ldots & x_m \\ \frac{dx}{dt} & x'_1 & \ldots & x'_m \\ \ldots & \ldots & \ldots & \ldots \\ \frac{d^m x}{dt^m} & x_1^m & \ldots & x_m^m \end{vmatrix} = 0$$

à coefficients monodromes, après division par le coefficient du terme en $\frac{d^m x}{dt^m}$. Si donc F est une équation irréductible, on aura $m = n$, et les équations $F = 0$, $G = 0$ se confondront.

164. Étudions les équations, telles que G, à coefficients monodromes, et dont toutes les intégrales sont algébriques. Leurs coefficients, étant des fonctions algébriques et monodromes, seront des fonctions rationnelles.

D'ailleurs, aux environs de chaque point critique, les intégrales seront régulières. Considérons, en effet, un point critique quelconque a. Une intégrale quelconque x_0 sera développable suivant les puissances croissantes de $(t-a)^{\frac{1}{p}}$, p étant un entier convenable.

Soit

$$x_0 = c_\alpha (t-a)^{\frac{\alpha}{p}} + c_\beta (t-a)^{\frac{\beta}{p}} + \ldots$$

ce développement. Groupons ensemble tous les termes dont

les exposants ne diffèrent que de nombres entiers; on pourra écrire

$$x_0 = (t-a)^{\frac{\alpha}{p}} u_\alpha + (t-a)^{\frac{\beta}{p}} u_\beta + \ldots,$$

u_α, u_β, ... étant des séries qui procèdent suivant les puissances entières de $t-a$.

Si l'on fait décrire à t un contour élémentaire autour du point a une fois, deux fois, etc., on obtiendra de nouvelles intégrales

$$x_1 = \theta^\alpha (t-a)^{\frac{\alpha}{p}} u_\alpha + \theta^\beta (t-a)^{\frac{\beta}{p}} u_\beta + \ldots,$$

$$x_2 = \theta^{2\alpha} (t-a)^{\frac{\alpha}{p}} u_\alpha + \theta^{2\beta} (t-a)^{\frac{\beta}{p}} u_\beta + \ldots.$$

. . . . ,

en posant, pour abréger,

$$e^{\frac{2\pi i}{p}} = \theta.$$

Résolvant ces équations par rapport à

$$(t-a)^{\frac{\alpha}{p}} u_\alpha,\ (t-a)^{\frac{\beta}{p}} u_\beta,\ \ldots,$$

on voit que ces quantités s'expriment linéairement en x_0, x_1, ... : ce sont donc des intégrales; d'ailleurs elles sont manifestement régulières.

On voit de même que les intégrales seront régulières pour $t = \infty$.

165. Ce premier résultat nous donne déjà quelque lumière sur la forme des équations cherchées. En effet, d'après le n° **146**, chacun des points critiques t_1, ..., t_μ devant être un pôle d'ordre k tout au plus pour le coefficient de $\frac{d^{m-k}x}{dt^{m-k}}$, l'équation aura nécessairement la forme

$$\frac{d^m x}{dt^m} + \frac{M_1}{T}\frac{d^{m-1}x}{dt^{m-1}} + \frac{M_2}{T^2}\frac{d^{m-2}x}{dt^{m-2}} + \ldots + \frac{M_m}{T^m} x = 0,$$

T désignant le produit $(t-t_1)\ldots(t-t_\mu)$ et M_1, M_2, ... étant des fonctions entières.

Il reste encore à exprimer que les intégrales sont régulières aux environs de $t = \infty$. A cet effet, posons

$$t = \frac{1}{u}, \qquad \text{d'où} \qquad dt = -\frac{du}{u^2},$$

on a

$$\frac{dx}{dt} = -u^2 \frac{dx}{du},$$

$$\frac{d^2x}{dt^2} = -u^2 \frac{d}{du}\left(-u^2\frac{dx}{du}\right) = u^4 \frac{d^2x}{du^2} + 2u^3 \frac{dx}{du}$$

et généralement

$$\frac{d^kx}{dt^k} = (-1)^k\left(u^{2k}\frac{d^kx}{du^k} + a_{k,k-1}u^{2k-1}\frac{d^{k-1}x}{dt^{k-1}} \right.$$
$$\left. + a_{k,k-2}u^{2k-2}\frac{d^{k-2}x}{dt^{k-2}} + \ldots\right),$$

$a_{k,k-1}$, $a_{k,k-2}$, ... étant des entiers, dont le premier est égal à $k(k-1)$; car on voit sans peine que cette formule, étant supposée vraie pour $\frac{d^kx}{dt^k}$, sera encore vraie pour la dérivée suivante.

Substituant ces valeurs des dérivées dans l'équation proposée, et divisant par $(-1)^m u^{2m}$, on aura l'équation transformée

$$\frac{d^mx}{du^m} + \left|\begin{array}{l} a_{m,m-1}\dfrac{1}{u} \\ -\dfrac{M_1}{T}\dfrac{1}{u^2} \end{array}\right| \frac{d^{m-1}x}{du^{m-1}} + \left|\begin{array}{l} a_{m,m-2}\dfrac{1}{u^2} \\ -a_{m-1,m-2}\dfrac{M_1}{T}\dfrac{1}{u^3} \\ +\dfrac{M_2}{T^2}\dfrac{1}{u^4} \end{array}\right| \frac{d^{m-2}x}{du^{m-2}} + \ldots = 0$$

où il ne restera plus qu'à substituer $t = \frac{1}{u}$ dans T, M_1, M_2, ...

Le point $u = 0$ doit être un pôle d'ordre 1, 2, ... au plus pour les coefficients des dérivées $\frac{d^{m-1}x}{du^{m-1}}$, $\frac{d^{m-2}x}{du^{m-2}}$, ... Il faut et il suffit pour cela que $\frac{M_1}{T}$, $\frac{M_2}{T^2}$, ... soient développables suivant les puissances croissantes de u et commencent respectivement par des termes de degrés 1, 2, ... Mais on a

$$\frac{1}{T} = \frac{1}{\left(\frac{1}{u} - t_1\right)\cdots\left(\frac{1}{u} - t_\mu\right)} = u^\mu + c_1 u^{\mu+1} + \ldots.$$

On devra donc avoir

$$M_1 = \frac{d_1}{u^{\mu-1}} + \frac{d_2}{u^{\mu-2}} + \ldots = d_1 t^{\mu-1} + d_2 t^{\mu-2} + \ldots,$$

$$M_2 = \frac{e_1}{u^{2\mu-2}} + \frac{e_2}{u^{2\mu-3}} + \ldots = e_1 t^{2\mu-2} + e_2 t^{2\mu-3} + \ldots,$$

....

Donc, $M_1, \ldots, M_k, \ldots$ sont des polynômes entiers en t, de degrés au plus égaux à $\mu - 1, \ldots, k(\mu - 1), \ldots$.

166. Il est aisé d'établir que la somme des racines des équations déterminantes relatives aux points critiques $t_1, \ldots, t_\mu, \infty$ est égale à $(\mu - 1)\frac{m(m-1)}{2}$.

En effet, l'équation déterminante relative au point t_i sera évidemment

$$r(r-1)\ldots(r-m+1) + \frac{M_1(t_i)}{T'(t_i)} r(r-1)\ldots(r-m+2)$$
$$+ \frac{M_2(t_i)}{T'(t_i)^2} r(r-1)\ldots(r-m+3) + \ldots = 0$$

et la somme de ses racines sera

$$\frac{m(m-1)}{2} - \frac{M_1(t_i)}{T'(t_i)}.$$

D'autre part, l'équation déterminante relative au point $t = \infty$ sera

$$r(r-1)\ldots(r-m+1)$$
$$+ (a_{m,m-1} - d_1) r(r-1)\ldots(r-m+2) + \ldots = 0,$$

et la somme de ses racines sera

$$\frac{m(m-1)}{2} - a_{m,m-1} + d_1 = -\frac{m(m-1)}{2} + d_1.$$

La somme totale des racines de ces équations sera donc

$$(\mu-1)\frac{m(m-1)}{2} + d_1 - \sum \frac{M_1(t_i)}{T'(t_i)} = (\mu-1)\frac{m(m-1)}{2};$$

car on a, d'après une formule connue de la décomposition des fonctions rationnelles,

$$\sum \frac{M_1(t_i)}{T'(t_i)} \frac{1}{t-t_i} = \frac{M_1(t)}{T(t)};$$

d'où, en multipliant par t et posant $t=\infty$,

$$\sum \frac{M_1(t_i)}{T'(t_i)} = d_1.$$

167. Nous venons d'obtenir la forme générale des équations dont les intégrales sont partout régulières; mais il s'en faut de beaucoup que toutes les équations de ce genre aient leurs intégrales algébriques. Pour qu'il en soit ainsi, un second caractère est nécessaire : il faut que le groupe de l'équation ne contienne qu'un nombre fini de substitutions.

En effet, chacune des substitutions du groupe est définie par le système des fonctions dans lesquelles elle transforme les intégrales indépendantes $x_1, \ldots, x_m$; mais chacune de ces intégrales, étant algébrique, n'a qu'un nombre fini de transformées distinctes; le nombre des substitutions distinctes est donc fini.

Réciproquement, toute équation à intégrales régulières, dont le groupe ne contient qu'un nombre fini de substitutions, a toutes ses intégrales algébriques.

En effet, soient x_1 une quelconque de ces intégrales, $x_2, \ldots$ ses transformées par les substitutions du groupe. Toute fonction symétrique de ces transformées étant évidemment monodrome, x_1 sera racine de l'équation

$$(13)\qquad (x - x_1)(x - x_2)\ldots = 0,$$

dont les coefficients sont monodromes.

Considérons d'ailleurs un point critique quelconque t_1. On aura aux environs de ce point un système d'intégrales distinctes dont les développements auront la forme

$$(t - t_1)^r[u_0 + u_1 \log(t - t_1) + \ldots + u_k \log^k(t - t_1)],$$

$u_0, \ldots, u_k$ étant monodromes aux environs de t_1.

Mais, pour qu'une expression de ce genre n'admette qu'un nombre limité de transformées distinctes lorsqu'on tourne autour de t_1, il faut évidemment : 1° que les logarithmes disparaissent, 2° que r soit rationnel. On aura donc un système d'intégrales distinctes

$$\xi_1 = (t - t_1)^{r_1} u_{01}, \qquad \xi_2 = (t - t_1)^{r_2} u_{02}, \qquad \ldots,$$

où $r_1, r_2, \ldots$ sont des fractions rationnelles.

Soit p le plus petit multiple de leurs dénominateurs. Les intégrales $\xi_1, \xi_2, \ldots$ seront développables suivant les puissances entières et croissantes de $(t - t_1)^{\frac{1}{p}}$; et il en sera de même de $x_1, x_2, \ldots$ qui s'expriment linéairement en ξ_1, $\xi_2, \ldots$. Le point t_1 sera donc un point critique algébrique pour chacune des intégrales $x_1, x_2, \ldots$ et, par suite, pour les coefficients de l'équation (13). Mais ces coefficients sont monodromes; donc t_1 sera un pôle (ou un point ordinaire) pour chacun d'eux.

On verra de même que ∞ est un pôle ou un point ordinaire pour ces coefficients.

Les coefficients de l'équation (13) étant monodromes et n'ayant d'autres points critiques que des pôles, même à l'infini, seront des fractions rationnelles, et $x_1, x_2, \ldots$ seront des fonctions algébriques.

Si donc on savait déterminer tous les groupes formés d'un nombre fini de substitutions entre m variables, on connaîtrait par là même les divers types possibles d'équations linéaires d'ordre m à intégrales algébriques, et il suffirait, pour reconnaître si une équation donnée appartient à cette catégorie, de chercher à identifier son groupe avec l'un de ceux dont on aurait dressé le tableau.

Le problème arithmétique de la construction des groupes d'un nombre fini de substitutions, auquel la question se trouve ainsi ramenée, n'est résolu d'une manière complète que pour $m = 2$ ou 3. On a toutefois démontré que, pour une valeur quelconque de m, le nombre de ces groupes est limité, et l'on en a déduit ce théorème :

Si l'équation $G = 0$, *d'ordre* m, *a toutes ses intégrales algébriques, elle admettra un système d'intégrales distinctes* $x_1, \ldots, x_m$ *de la forme*

$$x_1 = \sqrt[p]{U_1}, \quad x_2 = \sqrt[p]{U_2}, \quad \ldots,$$

p *étant un entier et* $U_1, U_2, \ldots$ *étant des fonctions rationnelles de* t *et d'une irrationnelle* u *définie par une équation*

$$f(t, u) = 0,$$

dont le degré est limité en fonction de m.

Nous nous bornerons à énoncer ce résultat, dont la démonstration exigerait une exposition détaillée des principes de la théorie des substitutions.

168. Le cas où l'intégrale générale de l'équation $G = 0$ est non seulement algébrique, mais rationnelle, mérite une attention particulière. Il est aisé de le reconnaître.

En effet, les intégrales devant n'avoir d'autres points critiques que des pôles, l'équation déterminante relative à l'un quelconque des points critiques de G n'aura que des racines entières, et les développements des intégrales régulières ne contiendront point de logarithmes.

Pour que cette dernière condition soit remplie, il faudra

tout d'abord qu'aucune des équations déterminantes n'ait de racines multiples (151).

Supposons qu'il en soit ainsi; soit $F(r) = 0$ l'équation déterminante relative au point t_1, et soient α, α', α'', ... ses racines, rangées par ordre de grandeur croissante. L'intégrale générale aux environs du point t_1 sera de la forme

$$\sum_0^\infty \left[\begin{array}{l} c_{\alpha+\mu}(t-t_1)^{\alpha+\mu} + c'_{\alpha'+\mu}(t-t_1)^{\alpha'+\mu}\log(t-t_1) \\ \quad + c''_{\alpha''+\mu}(t-t_1)^{\alpha''+\mu}\log^2(t-t_1) + \ldots \end{array} \right].$$

et, en substituant cette valeur dans l'équation différentielle, comme au n° 149, on obtiendra une série d'équations linéaires et homogènes qui détermineront par voie récurrente tous les coefficients c, c', c'', ... en fonction des m coefficients c_α, $c_{\alpha'}$, $c_{\alpha''}$, ... qui restent arbitraires. On voit d'ailleurs sans difficulté que tous les coefficients c', c'', ... qui multiplient des termes logarithmiques s'expriment en fonction des $m-1$ coefficients $c'_{\alpha'}$, $c'_{\alpha''}$, ..., et que ceux-ci ont des expressions de la forme

$$c'_{\alpha'} = A c_\alpha, \quad c'_{\alpha''} = B c_\alpha + B' c_{\alpha'}, \quad c_{\alpha'''} = C c_{\alpha'} + C' c_{\alpha'} + C'' c_{\alpha''}, \quad \ldots.$$

Donc, pour que les logarithmes disparaissent, il faut et il suffit qu'on ait les $\frac{m(m-1)}{2}$ équations de condition

$$0 = A = B = B' = C = \ldots.$$

169. Réciproquement, si l'ensemble des conditions qui précèdent est rempli, l'intégrale générale sera rationnelle. En effet, elle n'a pour points singuliers à distance finie que des pôles. Elle est donc monodrome dans tout le plan.

Formons d'ailleurs l'équation déterminante pour $t = \infty$ et groupons ses racines en classes en réunissant celles dont les différences mutuelles sont entières. Soient ρ, ρ', ... les plus petites racines de chaque classe; μ, μ', ... le nombre des racines contenues dans leurs classes respectives. Pour des valeurs suffisamment grandes de t, on aura, pour l'intégrale générale, un développement de la forme

$$\frac{1}{t^\rho}\left[\varphi+\varphi_1\log\frac{1}{t}+\ldots+\varphi_{\mu-1}\log^{\mu-1}\frac{1}{t}\right]$$
$$+\frac{1}{t^{\rho'}}\left[\varphi'+\ldots+\varphi'_{\mu-1}\log^{\mu'-1}\frac{1}{t}\right]+\ldots,$$

les expressions φ, φ_1, ..., φ', ... étant des séries procédant suivant les puissances entières et croissantes de $\frac{1}{t}$. Mais, puisque cette expression est monodrome, les logarithmes disparaîtront nécessairement et les exposants ρ, ρ', ... seront entiers. L'intégrale générale aura donc un simple pôle à l'infini; ce sera donc une fonction rationnelle $\frac{P}{Q}$.

On pourra d'ailleurs la déterminer par des opérations purement algébriques. En effet, on connaît, par ce qui précède, la situation des pôles à distance finie et l'ordre de multiplicité de chacun d'eux. On pourra donc former le dénominateur Q. L'ordre de multiplicité du pôle $t=\infty$ étant également connu par le développement obtenu suivant les puissances de $\frac{1}{t}$, le degré du numérateur P sera déterminé. Pour déterminer ses coefficients, il suffira d'identifier le développement de $\frac{P}{Q}$ suivant les puissances de $\frac{1}{t}$ à celui qu'a fourni l'équation différentielle.

170. Considérons plus généralement, avec M. Halphen, les équations dont les intégrales sont partout régulières et sont monodromes dans toute région du plan qui ne contient pas le point t_1. Les autres points critiques t_2, ..., t_μ des coefficients de l'équation ne pouvant être que des pôles pour l'intégrale, les équations déterminantes qui leur correspondent n'auront que des racines entières, et les logarithmes disparaîtront des développements correspondants, ce qui donnera $(\mu-1)\frac{m(m-1)}{2}$ équations de condition, dont l'existence sera à vérifier.

Lorsque l'ensemble des conditions précédentes est rempli, on peut trouver l'intégrale générale. En effet, d'après l'analyse du n° 145, on peut déterminer un système d'intégrales particulières formant une ou plusieurs séries, et telles qu'aux environs du point t_1 les intégrales $y_0, \ldots, y_k$ d'une même série soient de la forme

$$\begin{aligned} y_0 &= (t-t_1)^r u_0, \\ y_1 &= (t-t_1)^r (\theta_1 u_0 + u_1), \\ &\ldots\ldots\ldots\ldots\ldots\ldots\ldots, \\ y_k &= (t-t_1)^r (\theta_k u_0 + \theta_{k-1} u_1 + \ldots + u_k), \end{aligned}$$

$u_0, \ldots, u_k$ étant des fonctions monodromes aux environs du point t_1, r désignant une racine de l'équation caractéristique qui correspond à ce point et les θ étant définis par les relations

$$\theta_1 = \frac{1}{2\pi i}\log(t-t_1), \qquad \ldots, \qquad \theta_k = \frac{\theta_1(\theta_1-1)(\theta_1-k+1)}{1.2\ldots k}.$$

Les fonctions $u_0, \ldots, u_k$, définies par les équations précédentes, seront des fractions rationnelles. En effet, les points $t_2, \ldots, t_\mu$ étant des points ordinaires pour les fonctions $(t-t_1)^{-r}$ et $\log(t-t_1)$, et de simples pôles pour $y_0, \ldots, y_k$, seront de simples pôles pour $u_0, \ldots, u_k$. Donc ces fonctions sont monodromes non seulement aux environs de t_1, mais dans tout le plan. D'autre part,

$$(t-t_1)^{-r} = \frac{1}{t^r}\left(1-\frac{t_1}{t}\right)^{-r}$$

et

$$\log(t-t_1) = -\log\frac{1}{t} + \log\left(1-\frac{t_1}{t}\right)$$

sont des expressions régulières pour $t=\infty$; il en est de même pour $y_0, \ldots, y_k$ et, par suite, pour $u_0, \ldots, u_k$. De ces deux propriétés réunies on déduit que $u_0, \ldots, u_k$ sont des fractions rationnelles de la forme $\frac{P_0}{Q}, \ldots, \frac{P_k}{Q}$.

On pourra d'ailleurs les déterminer par des opérations algébriques. En effet, connaissant les pôles $t_2, \ldots, t_\mu$ des intégrales et leur ordre de multiplicité, on pourra former le dénominateur Q. Le développement de l'intégrale générale pour $t=\infty$ fera connaître le degré des numérateurs $P_0, \ldots, P_k$. Pour obtenir leurs coefficients, il ne restera plus qu'à substituer les expressions précédentes dans l'équation différentielle et à identifier le résultat à zéro.

171. Considérons encore les équations de la forme

$$P_0 \frac{d^m x}{dt^m} + P_1 \frac{d^{m-1} x}{dt^{m-1}} + \ldots + P_m x = 0, \tag{14}$$

où $P_0, \ldots, P_m$ sont des polynômes dont le degré soit au plus égal à celui du premier d'entre eux, P_0.

Lorsque l'intégrale d'une équation de cette forme n'a pour points critiques à distance finie que des pôles, ce qu'on reconnaîtra aisément par les méthodes précédentes, on pourra obtenir l'intégrale générale par les considérations suivantes, également dues à M. Halphen.

Remarquons tout d'abord que la condition imposée aux degrés des polynômes P équivaut à dire que les développements de $\frac{P_1}{P_0}, \ldots, \frac{P_m}{P_0}$ suivant les puissances décroissantes de t ne contiennent pas de puissances positives.

Posons maintenant

$$x = Ry,$$

R désignant une fraction rationnelle en t. La transformée en y

$$P_0 R \frac{d^m y}{dt^m} + \left.\begin{matrix} m P_0 R' \\ + \quad P_1 R \end{matrix}\right| \frac{d^{m-1} y}{dt^{m-1}} + \left.\begin{matrix} \frac{m(m-1)}{2} P_0 R'' \\ + \quad (m-1) P_1 R' \\ + \quad P_2 R \end{matrix}\right| \frac{d^{m-2} y}{dt^{m-2}} + \ldots = 0$$

sera de la même forme que la primitive en x; car son intégrale n'a que des singularités polaires, et ses coefficients sont rationnels et pourront être rendus entiers en chassant le dénominateur commun. Enfin, si nous admettons que R, développé suivant les puissances décroissantes de t, commence par un terme en t^p, ses dérivées R′, R″, ... commenceront par des termes d'ordre moindre, en t^{p-1}, t^{p-2}, ... On en déduit sans peine que les développements des coefficients de l'équation (après division par $P_0 R$) ne contiendront pas de puissances positives de t.

172. Cela posé, on peut déterminer *a priori* les pôles t_1, t_2, ... de l'intégrale de l'équation (14) et leurs ordres de multiplicité μ_1, μ_2, ...

Posons

$$x = \frac{y}{(t-t_1)^{\mu_1}(t-t_2)^{\mu_2}\cdots}.$$

La transformée en y

$$Q_0 \frac{d^m y}{dt^m} + Q_1 \frac{d^{m-1} y}{dt^{m-1}} + \ldots + Q_m y = 0$$

appartiendra au même type que la primitive; mais ses intégrales n'auront plus de pôles.

Posons

$$y = e^{\lambda t} z.$$

La transformée en z (après suppression du facteur commun $e^{\lambda t}$) sera

$$\begin{aligned} 0 &= Q_0 \frac{d^m z}{dt^m} + \left.\begin{matrix} m\lambda Q_0 \\ + \quad Q_1 \end{matrix}\right| \frac{d^{m-1} z}{dt^{m-1}} + \ldots + \left.\begin{matrix} \lambda^m \quad Q_0 \\ + \lambda^{m-1} Q_1 \\ + \quad \cdot\cdot \\ + \quad Q_m \end{matrix}\right| z \\ &= R_0 \frac{d^m z}{dt^m} + R_1 \frac{d^{m-1} z}{dt^{m-1}} + \ldots + R_m z, \end{aligned}$$

et appartiendra évidemment encore au même type. Mais on pourra disposer de l'indéterminée λ, de manière à annuler le coefficient du terme de degré le plus élevé dans R_m, qui sera dès lors un polynôme de degré moindre que R_0.

173. Supposons ce résultat atteint, et cherchons à nous rendre compte de la forme des coefficients de l'équation en z.

Soient θ_1, θ_2, ... les racines de l'équation $R_0 = 0$; on aura par la décomposition en fractions simples, en remarquant que R_k est au plus du même degré que R_0,

$$\frac{R_k}{R_0} = A_k + \sum_{kl} \frac{B_{ikl}}{(t-\theta_i)^l},$$

les A, B étant des constantes. (En particulier A_m sera nul.) D'ailleurs chacun des points θ_i étant un point ordinaire, aux environs duquel les intégrales sont régulières, l'indice l ne pourra prendre dans la sommation que les valeurs $1, 2, \ldots, k$.

L'équation déterminante relative au point θ_i sera

$$r(r-1)\ldots(r-m+1) + B_{i11}r(r-1)\ldots(r-m+2) + B_{i22}r(r-1)\ldots(r-m+3) + \ldots = 0.$$

La somme de ses racines est

$$\frac{m(m-1)}{2} - B_{i11}.$$

D'ailleurs θ_i étant un point ordinaire pour les intégrales, ces racines seront nécessairement entières, non négatives et inégales. Leur somme est donc au moins égale à

$$0 + 1 + \ldots + m - 1 = \frac{m(m-1)}{2};$$

donc B_{i11} est un entier non positif. *A fortiori* la somme

$$S = \sum B_{i11},$$

étendue à tous les points critiques apparents, sera entière et non négative.

174. Cela posé, admettons d'abord que R_m ne soit pas nul et prenons pour variable auxiliaire la quantité $z' = \frac{dz}{dt}$.

L'équation en z pourra s'écrire

$$R_0 \frac{d^{m-1} z'}{dt^{m-1}} + R_1 \frac{d^{m-2} z'}{dt^{m-2}} + \ldots + R_m z = 0.$$

Différentiant, il viendra

$$R_0 \frac{d^m z'}{dt^m} + (R'_0 + R_1) \frac{d^{m-1} z'}{dt^{m-1}} + \ldots + R'_m z = 0.$$

Éliminant z entre ces deux équations, on aura la transformée en z'

$$R_0 R_m \frac{d^m z'}{dt^m} + [(R'_0 + R_1) R_m - R_0 R'_m] \frac{d^{m-1} z'}{dt^{m-1}} + \ldots$$
$$+ [(R'_{m-1} + R_m) R_m - R_{m-1} R'_m] z' = 0.$$

Cette équation est évidemment du même type que l'équation en z; et le rapport des deux premiers coefficients, qui dans l'équation primitive était $\frac{R_1}{R_0}$, sera devenu

$$\frac{(R'_0 + R_1) R_m - R_0 R'_m}{R_0 R_m} = \frac{R_1}{R_0} + \frac{R'_0}{R_0} - \frac{R'_m}{R_m}.$$

Or soient

$$R_0 = c_0 (t - \theta_1)^{\alpha_1} (t - \theta_2)^{\alpha_2} \ldots,$$
$$R_m = c_m (t - \tau_1)^{\beta_1} (t - \tau_2)^{\beta_2} \ldots;$$

on aura

$$\frac{R'_0}{R_0} = \frac{\alpha_1}{t - \theta_1} + \frac{\alpha_2}{t - \theta_2} + \ldots$$

et de même

$$\frac{R'_m}{R_m} = \frac{\beta_1}{t - \tau_1} + \frac{\beta_2}{t - \tau_2} + \ldots.$$

La somme S′, analogue à S, formée pour l'équation en z', sera donc

$$S + \sum \alpha - \sum \beta$$

et sera $> S$, car $\Sigma \alpha$, degré de R_0, est supérieur à $\Sigma \beta$, degré de R_m.

La dérivée seconde z'' satisfera de même à une équation du même type, mais où la somme S'', analogue à S, sera $> S'$.

Si l'on pouvait poursuivre ainsi indéfiniment, on obtiendrait par là une suite illimitée de nombres entiers $S, S', S'', \ldots$ non positifs et croissants, ce qui est absurde. Or on ne peut se trouver arrêté qu'en arrivant à une équation où le coefficient du dernier terme soit nul. Supposons que cette circonstance se présente pour l'équation en z^n. Cette équation admettra comme intégrale particulière une constante; et l'équation en z aura pour intégrale correspondante un polynôme Π de degré n; enfin l'équation en y admettra l'intégrale particulière $e^{\lambda t}\Pi$.

Posons maintenant

$$y = e^{\lambda t}\Pi \int y_1\,dt.$$

La nouvelle variable y_1 satisfait à une équation d'ordre $m-1$, et qui, d'après ce qui précède, appartiendra au même type que l'équation en y. On pourra donc en déterminer une solution, de la forme $e^{\lambda_1 t}\Pi_1$, Π_1 désignant un polynôme.

Posant

$$y_1 = e^{\lambda_1 t}\Pi_1 \int y_2\,dt,$$

on continuera de même, jusqu'à ce que l'on arrive à une équation du premier ordre, dont l'intégrale sera

$$y_{m-1} = c_m e^{\lambda_{m-1} t}\Pi_{m-1},$$

c_m désignant une constante arbitraire.

Les intégrations indiquées sont d'ailleurs de celles qu'on sait effectuer et fourniront un résultat de la forme

$$y = \sum c_k e^{\alpha_k t}\Psi_k,$$

les Ψ_k désignant des polynômes et les c_k des constantes arbitraires.

Divisant cette expression par le produit $(t-t_1)^{\mu_1}(t-t_2)^{\mu_2}\ldots$, on aura l'intégrale générale de l'équation en x, sous la forme

$$x = \sum c_k e^{\alpha_k t} f_k(t), \tag{15}$$

les f_k étant des fonctions rationnelles.

175. Réciproquement, toute équation différentielle dont l'intégrale générale est de cette forme appartient au type que nous avons considéré.

En effet, éliminant les constantes c_k entre l'équation (15) et ses dérivées et supprimant les facteurs communs exponentiels, on obtiendra une équation à coefficients rationnels, qu'on pourra rendre entiers en chassant les dénominateurs. Soit

$$P_0 \frac{d^m x}{dt^m} + \ldots + P_m x = 0$$

cette équation. Son intégrale n'a, à distance finie, que des singularités polaires. Reste à prouver que les degrés de $P_1, \ldots, P_m$ ne surpassent pas celui de P_0.

La chose est manifeste pour les équations du premier ordre; car de l'équation

$$x = c e^{\lambda t} f(t)$$

on déduira, en prenant la dérivée logarithmique, l'équation

$$\frac{\frac{dx}{dt}}{x} = \lambda + \frac{f'(t)}{f(t)}$$

où le coefficient $\lambda + \frac{f'(t)}{f(t)}$, développé suivant les puissances décroissantes de t, ne contient pas de puissances positives.

Supposons d'ailleurs le théorème établi pour les équations d'ordre $m - 1$. Il sera vrai pour l'équation

$$Q_0 \frac{d^{m-1} u}{dt^{m-1}} + \ldots + Q_{m-1} u = 0$$

qui admet pour intégrale générale

$$c_2 \frac{d}{dt} e^{(\alpha_2-\alpha_1)t} \frac{f_2(t)}{f_1(t)} + \ldots + c_m \frac{d}{dt} e^{(\alpha_m-\alpha_1)t} \frac{f_m(t)}{f_1(t)},$$

car chaque terme de cette expression est le produit d'une exponentielle par une fraction rationnelle. Il sera encore vrai pour l'équation de degré m

$$Q_0 \frac{d^m u}{dt^m} + \ldots + Q_{m-1} \frac{du}{dt} = 0,$$

dont l'intégrale générale est

$$c_1 + c_2 e^{(\alpha_2-\alpha_1)t} \frac{f_2(t)}{f_1(t)} + \ldots + c_m e^{(\alpha_m-\alpha_1)t} \frac{f_m(t)}{f_1(t)},$$

et si nous posons

$$u = \frac{e^{-\alpha_1 t}}{f_1(t)} x,$$

il sera encore vrai (171 et 172) pour la transformée en x. Or celle-ci a précisément pour intégrale générale $\Sigma c_k e^{\alpha_k t} f_k(t)$.

176. La méthode que nous avons indiquée plus haut pour intégrer par des séries les équations qui n'ont qu'un nombre fini de points critiques peut aisément s'étendre au cas où les coefficients de l'équation, au lieu d'être monodromes en t, sont des fonctions monodromes de t et d'une irrationnelle u, racine d'une équation algébrique $f(t, u) = 0$.

En effet, les points critiques de l'équation considérée sont de deux sortes : 1° ceux aux environs desquels u reste monodrome; 2° ceux autour desquels les diverses déterminations $u_1, u_2, \ldots$ de cette irrationnelle s'échangent les unes dans les autres.

A partir de chaque point critique de cette seconde sorte, traçons une coupure allant jusqu'à l'infini. Tant que t ne traversera pas ces coupures, $u_1, u_2, \ldots$ resteront monodromes. Substituant successivement ces diverses fonctions dans l'équation différentielle à la place de u, on obtiendra une suite d'équations différentielles

$$F_i = \frac{d^n x}{dt^n} + \varphi_1(t, u_i)\frac{d^{n-1}x}{dt^{n-1}} + \varphi_2(t, u_i)\frac{d^{n-2}x}{dt^{n-2}} + \ldots = 0.$$

Chacune d'elles admettra un système de n intégrales distinctes $x_{1i}, \ldots, x_{ni}$, qu'on pourra exprimer par des séries dans la région considérée.

Il reste à voir quel changement subissent les intégrales lorsqu'on traverse les coupures. Or, si nous supposons qu'en traversant une d'elles u_i se change en u_k, l'équation F_i se changera en F_k. Les intégrales $x_{1i}, \ldots, x_{ni}$ se changeront donc en intégrales de cette dernière équation, soit en expressions de la forme

$$c_{11}x_{1k} + \ldots + c_{1n}x_{nk}, \quad \ldots, \quad c_{n1}x_{1k} + \ldots + c_{nn}x_{nk}.$$

Pour déterminer les coefficients c, on n'aura qu'à égaler les valeurs numériques que prennent les intégrales $x_{1i}, \ldots, x_{ni}$ et leurs $n-1$ premières dérivées en arrivant à la coupure aux valeurs que prennent $c_{11}x_{1k} + \ldots + c_{1n}x_{nk}, \ldots$ et leurs $n-1$ premières dérivées de l'autre côté de la coupure.

177. Nous terminerons cette section en effectuant quelques applications particulières des principes généraux que nous avons exposés.

Proposons-nous d'étudier les équations linéaires du second ordre à trois points critiques t_0, t_1, t_2 et à intégrales régulières.

Soit $F = 0$ l'équation proposée. Changeons de variable indépendante en posant

$$t = \frac{mu + n}{m'u + n'}.$$

Soient θ, υ deux valeurs correspondantes de t, u. On voit sans peine qu'on aura, aux environs de ces valeurs, une relation de la forme

$$t - \theta = a_1(u - \upsilon) + a_2(u - \upsilon)^2 + \ldots$$

(formule où l'on devra remplacer $t - \theta$ ou $u - \upsilon$ par $\frac{1}{t}$ ou $\frac{1}{u}$ si θ ou υ deviennent infinis).

Cette valeur de $t - \theta$, étant substituée dans une fonction entière de $t - \theta$, donnera une fonction entière de $u - \upsilon$. D'autre part, en la substituant dans une fonction régulière de $t - \theta$, telle que

$$(t - \theta)^r [T_0 + T_1 \log(t - \theta) + \ldots + T_\lambda \log^\lambda (t - \theta)],$$

où $T_0, T_1, \ldots, T_\lambda$ sont des fonctions entières de $t - \theta$, on obtiendra évidemment un résultat de la forme

$$(u - \upsilon)^r [U_0 + U_1 \log(u - \upsilon) + \ldots + U_\lambda \log^\lambda (u - \upsilon)],$$

$U_0, \ldots, U_\lambda$ étant des fonctions entières de $u - \upsilon$.

Donc l'équation transformée entre x et u admettra comme points critiques les trois points u_0, u_1, u_2 correspondant à t_0, t_1, t_2 ; ses intégrales seront régulières aux environs de ces points, et les équations déterminantes relatives à ces points seront les mêmes qu'aux points correspondants de l'équation primitive.

Nous pouvons d'ailleurs disposer des rapports des coefficients m, n, m', n' de manière à donner à u_0, u_1, u_2 des valeurs arbitrairement choisies. Nous ferons en sorte que ces valeurs soient 0, 1, ∞. Ce résultat pourra évidemment être obtenu de six manières distinctes, suivant qu'on posera $u_0 = 0$, $u_1 = 1$, $u_2 = \infty$, ou $u_0 = 1$, $u_1 = 0$, $u_2 = \infty$, etc.

178. Soient respectivement λ, λ'; μ, μ' et ν, ν' les racines des équations déterminantes relatives aux points critiques 0, 1, ∞. Si $\lambda - \lambda'$, $\mu - \mu'$, $\nu - \nu'$ ne sont pas entiers, on aura pour les intégrales aux environs de chacun de ces trois points des développements de la forme

$$c u^\lambda U + c' u^{\lambda'} U',$$
$$c(u - 1)^\mu V + c'(u - 1)^{\mu'} V',$$
$$c \frac{1}{u^\nu} W + c' \frac{1}{u^{\nu'}} W',$$

U, U' étant des fonctions entières de u; V, V' des fonctions entières de $u-1$; W, W' des fonctions entières de $\frac{1}{u}$.

Posons maintenant

$$x = u^\lambda (1-u)^\mu y,$$

y étant une nouvelle variable. Nous aurons entre u et y une équation transformée $H=0$, dont les intégrales seront données aux environs des points 0, 1, ∞ par les développements

$$\begin{gathered} c\,U_1 + c' u^{\lambda'-\lambda} U'_1, \\ c\,V_1 + c'(u-1)^{\mu'-\mu} V'_1, \\ c\,\frac{1}{u^{\lambda+\mu+\nu}} W_1 + c' \frac{1}{u^{\lambda+\mu+\nu'}} W'_1, \end{gathered}$$

les quantités

$$\begin{aligned} U_1 &= (1-u)^{-\mu} U, & U'_1 &= (1-u)^{-\mu} U', \\ V_1 &= (-1)^\mu u^{-\lambda} V, & V'_1 &= (-1)^\mu u^{-\lambda} V', \\ W_1 &= \left(\frac{1}{u}-1\right)^{-\mu} W, & W'_1 &= \left(\frac{1}{u}-1\right)^{-\mu} W' \end{aligned}$$

étant respectivement développables suivant les puissances entières et positives de u, de $u-1$ et de $\frac{1}{u}$.

L'équation $H=0$ a donc ses intégrales régulières, et ses équations déterminantes par rapport aux points 0 et 1 admettent une racine nulle, la seconde racine étant respectivement $\lambda'-\lambda$ et $\mu'-\mu$.

Il existe évidemment quatre manières d'arriver à ce résultat; car on peut prendre pour λ une quelconque des deux racines de l'équation déterminante du point 0, pour μ une quelconque des deux racines de l'équation déterminante du point 1. Sur ces quatre manières, il y en aura une telle que les racines $\lambda'-\lambda$ et $\mu'-\mu$ aient leur partie réelle positive (à moins que ces différences ne soient purement imaginaires).

L'équation $H=0$ doit être de la forme

$$\frac{d^2 y}{du^2} + \frac{M_1(u)}{u(u-1)}\frac{dy}{du} + \frac{M_2(u)}{u^2(u-1)^2} y = 0,$$

M_1, M_2 étant des polynômes de degrés 1 et 2, et ses équations déterminantes par rapport aux points 0 et 1 seront

$$r(r-1) - M_1(0)r + M_2(0) = 0,$$
$$r(r-1) + M_1(1)r + M_2(1) = 0.$$

Comme elles ont une racine nulle, M_2 devra admettre les racines 0 et 1 et sera divisible par $u(u-1)$. En effectuant la division et chassant les dénominateurs, l'équation prendra la forme

$$u(u-1)\frac{d^2y}{du^2} + (Au + B)\frac{dy}{du} + Cy = 0$$

ou, en remplaçant A, B, C par trois nouvelles constantes α, β, γ définies par les relations

$$A = \alpha + \beta + 1, \qquad B = -\gamma, \qquad C = \alpha\beta,$$
$$u(1-u)\frac{d^2y}{du^2} + [\gamma - (\alpha + \beta + 1)u]\frac{dy}{du} - \alpha\beta y = 0.$$

179. Les équations déterminantes relatives aux trois points critiques 0, 1, ∞ sont respectivement

$$r(r-1) + \gamma r = 0,$$
$$r(r-1) - (\gamma - \alpha - \beta - 1)r = 0,$$
$$-r(r+1) + (\alpha + \beta + 1)r - \alpha\beta = 0,$$

et ont pour racines

$$0 \text{ et } 1-\gamma, \quad 0 \text{ et } \gamma - \alpha - \beta, \quad \alpha \text{ et } \beta.$$

L'équation admet donc une intégrale développable aux environs du point 0 suivant les puissances entières et positives de u.

Soit

$$y_1 = c_0 + c_1 u + \ldots + c_\mu u^\mu + \ldots$$

cette intégrale. En la substituant dans l'équation et égalant à zéro les termes en u^μ, il viendra

$$[-\mu(\mu-1) - (\alpha + \beta + 1)\mu - \alpha\beta]c_\mu$$
$$+ [(\mu+1)\mu + \gamma(\mu+1)]c_{\mu+1} = 0;$$

d'où

$$c_{\mu+1} = \frac{(\alpha+\mu)(\beta+\mu)}{(1+\mu)(\gamma+\mu)} c_\mu,$$

et, par suite, en donnant à c_0, qui reste arbitraire, la valeur 1,

$$y_1 = 1 + \frac{\alpha\beta}{\gamma} u + \frac{\alpha(\alpha+1)\beta(\beta+1)}{1.2.\gamma(\gamma+1)} u^2 + \ldots = F(\alpha, \beta, \gamma, u),$$

F désignant la série hypergéométrique (t. I, n° 170).

180. Cela posé, il existe, comme on l'a vu plus haut, vingt-quatre substitutions de la forme

$$u = \frac{m\upsilon + n}{m'\upsilon' + n'}, \qquad y = \upsilon^\lambda (1-\upsilon)^\mu z,$$

qui transforment l'équation proposée en une équation analogue. L'équation transformée admettra comme solution une série hypergéométrique, et l'on en déduira aisément une intégrale correspondante de l'équation primitive.

Au système de valeurs 0, 1, ∞ données à u doivent correspondre pour υ les mêmes valeurs, mais dans un ordre arbitraire, ce qui donnera, pour la fraction $\frac{m\upsilon+n}{m'\upsilon+n'}$, les six formes suivantes :

$$\upsilon, \quad 1-\upsilon, \quad \frac{1}{\upsilon}, \quad \frac{1}{1-\upsilon}, \quad \frac{\upsilon}{\upsilon-1}, \quad \frac{\upsilon-1}{\upsilon}.$$

A chacune d'elles correspondent quatre équations transformées, qu'on obtiendra en prenant successivement pour λ chacune des deux racines de l'équation déterminante du point 0, pour μ chacune des racines de l'équation déterminante du point 1.

Nous allons donner un exemple du calcul de l'une de ces intégrales.

181. Soit par exemple $u = \frac{\upsilon}{\upsilon-1}$. Pour $u = 0, 1, \infty$, on aura $\upsilon = 0, \infty, 1$; l'équation entre y et υ aura donc ces trois points critiques, et les racines des équations déterminantes correspondant à ces trois points seront comme précédemment

$$0 \text{ et } 1-\gamma, \quad 0 \text{ et } \gamma-\alpha-\beta, \quad \alpha \text{ et } \beta.$$

On pourra donc prendre

$$\lambda = 0 \text{ ou } 1-\gamma, \qquad \mu = \alpha \text{ ou } \beta.$$

Prenons, par exemple,

$$\lambda = 1-\gamma, \qquad \mu = \alpha.$$

Les racines des équations déterminantes pour l'équation entre z et v seront

Pour 0... $\quad -\lambda = \gamma - 1, \qquad \gamma - 1 - \lambda = 0,$

Pour ∞.. $\quad \lambda + \mu = \alpha + 1 - \gamma, \qquad \gamma - \alpha - \beta + \lambda + \mu = 1 - \beta,$

Pour 1... $\quad \alpha - \mu = 0, \qquad \beta - \mu = \beta - \alpha.$

Si nous posons

$$\gamma - 1 = 1 - \gamma', \qquad \beta - \alpha = \gamma' - \alpha' - \beta',$$
$$\alpha + 1 - \gamma = \alpha', \qquad 1 - \beta = \beta',$$

d'où

$$\alpha' = \alpha + 1 - \gamma, \qquad \beta' = 1 - \beta, \qquad \gamma' = 2 - \gamma,$$

cette équation admettra la solution

$$F(\alpha', \beta', \gamma', v).$$

L'équation primitive admettra donc la solution

$$y = v^{1-\gamma}(1-v)^{\alpha} F(\alpha', \beta', \gamma', v)$$

ou, en remplaçant v par sa valeur $\dfrac{u}{u-1}$ et α', β', γ' par leurs valeurs et supprimant le facteur constant $(-1)^{\gamma-\alpha-1}$,

$$y = u^{1-\gamma}(1-u)^{\gamma-\alpha-1} F\left(\alpha+1-\gamma,\ 1-\beta,\ 2-\gamma,\ \frac{u}{u-1}\right).$$

182. On obtient par un procédé tout semblable les vingt-quatre intégrales suivantes :

$$(16)\qquad F(\alpha, \beta, \gamma, u),$$

$$(17)\qquad (1-u)^{\gamma-\alpha-\beta} F(\gamma-\alpha, \gamma-\beta, \gamma, u),$$

$$(18)\qquad (1-u)^{-\alpha} F\left(\alpha, \gamma-\beta, \gamma, \frac{u}{u-1}\right),$$

$$(19)\qquad (1-u)^{-\beta} F\left(\beta, \gamma-\alpha, \gamma, \frac{u}{u-1}\right),$$

$$(20)\qquad u^{1-\gamma} F(\alpha-\gamma+1, \beta-\gamma+1, 2-\gamma, u),$$

$$(21)\qquad u^{1-\gamma}(1-u)^{\gamma-\alpha-\beta} F(1-\alpha, 1-\beta, 2-\gamma, u),$$

$$(22)\qquad u^{1-\gamma}(1-u)^{\gamma-\alpha-1} F\left(\alpha-\gamma+1, 1-\beta, 2-\gamma, \frac{u}{u-1}\right),$$

$$(23)\qquad u^{1-\gamma}(1-u)^{\gamma-\beta-1} F\left(\beta-\gamma+1, 1-\alpha, 2-\gamma, \frac{u}{u-1}\right),$$

$$(24)\qquad F(\alpha, \beta, \alpha+\beta-\gamma+1, 1-u),$$

$$(25)\qquad u^{1-\gamma} F(\alpha-\gamma+1, \beta-\gamma+1, \alpha+\beta-\gamma+1, 1-u),$$

$$(26)\qquad u^{-\alpha} F\left(\alpha, \alpha-\gamma+1, \alpha+\beta-\gamma+1, \frac{u-1}{u}\right),$$

$$(27)\qquad u^{-\beta} F\left(\beta, \beta-\gamma+1, \alpha+\beta-\gamma+1, \frac{u-1}{u}\right),$$

$$(28)\qquad (1-u)^{\gamma-\alpha-\beta} F(\gamma-\alpha, \gamma-\beta, \gamma-\alpha-\beta+1, 1-u),$$

$$(29)\qquad (1-u)^{\gamma-\alpha-\beta} u^{1-\gamma} F(1-\alpha, 1-\beta, \gamma-\alpha-\beta+1, 1-u),$$

$$(30)\qquad (1-u)^{\gamma-\alpha-\beta} u^{\alpha-\gamma} F\left(1-\alpha, \gamma-\alpha, \gamma-\alpha-\beta+1, \frac{u-1}{u}\right),$$

$$(31)\qquad (1-u)^{\gamma-\alpha-\beta} u^{\beta-\gamma} F\left(1-\beta, \gamma-\beta, \gamma-\alpha-\beta+1, \frac{u-1}{u}\right),$$

$$(32)\qquad u^{-\alpha} F\left(\alpha, \alpha-\gamma+1, \alpha-\beta+1, \frac{1}{u}\right),$$

$$(33)\qquad u^{-\alpha}\left(1-\frac{1}{u}\right)^{\gamma-\alpha-\beta} F\left(1-\beta, \gamma-\beta, \alpha-\beta+1, \frac{1}{u}\right),$$

$$(34)\qquad u^{-\alpha}\left(1-\frac{1}{u}\right)^{-\alpha} F\left(\alpha, \gamma-\beta, \alpha-\beta+1, \frac{1}{1-u}\right),$$

$$(35)\quad u^{-\alpha}\left(1-\frac{1}{u}\right)^{\gamma-\alpha-1} F\left(\alpha-\gamma+1,\ 1-\beta,\ \alpha-\beta+1,\ \frac{1}{1-u}\right),$$

$$(36)\quad u^{-\beta} F\left(\beta,\ \beta-\gamma+1,\ \beta-\alpha+1,\ \frac{1}{u}\right),$$

$$(37)\quad u^{-\beta}\left(1-\frac{1}{u}\right)^{\gamma-\alpha-\beta} F\left(1-\alpha,\ \gamma-\alpha,\ \beta-\alpha+1,\ \frac{1}{u}\right),$$

$$(38)\quad u^{-\beta}\left(1-\frac{1}{u}\right)^{-\beta} F\left(\beta,\ \gamma-\alpha,\ \beta-\alpha+1,\ \frac{1}{1-u}\right),$$

$$(39)\quad u^{-\beta}\left(1-\frac{1}{u}\right)^{\gamma-\beta-1} F\left(\beta-\gamma+1,\ 1-\alpha,\ \beta-\alpha+1,\ \frac{1}{1-u}\right).$$

183. Traçons dans le plan deux coupures, l'une de o à $-\infty$, l'autre de 1 à $+\infty$. Chacun des développements précédents restera monodrome tant qu'on ne traversera pas ces coupures. Pour achever de les préciser, il faut indiquer quelle est la détermination que l'on adopte pour les diverses puissances de u, $1-u$, $1-\frac{1}{u}$ qui figurent en multiplicateurs. Nous choisirons celles qui se réduisent à l'unité lorsque l'on a respectivement $u=1$, $u=0$, $u=\infty$.

Cela posé, les vingt-quatre développements ci-dessus forment six groupes de quatre, dont chacun représente une même fonction. En effet, les développements (16) à (19), par exemple, sont convergents et monodromes aux environs du point o, et se réduisent à 1 pour $u=0$. Or il n'existe évidemment qu'une seule intégrale jouissant de cette propriété, à savoir l'intégrale régulière y_1 correspondant à la racine zéro de l'équation déterminante, et où le coefficient du premier terme se réduit à 1.

Les développements (20) à (23) sont le produit de $u^{1-\gamma}$ par des expressions convergentes et monodromes aux environs du point o, et qui se réduisent à l'unité pour $u=0$. Ils représentent donc tous la même intégrale régulière y_2 correspondant à la racine $1-\gamma$ de l'équation déterminante.

Les développements (24) à (27) d'une part, et (28) à (31)

d'autre part, représenteront de même les deux intégrales régulières y_3, y_4 correspondant au point $u=1$, et les développements (32) à (35) et (36) à (39) les deux intégrales régulières y_5, y_6 correspondant au point $u=\infty$.

Quant à la région de convergence, ce sera : 1° pour les développements où la série hypergéométrique a l'argument u ou $1-u$, l'intérieur d'un cercle de rayon 1 décrit autour du point 0 ou du point 1 respectivement; 2° pour ceux d'argument $\frac{1}{u}$, $\frac{1}{1-u}$, l'extérieur de ces mêmes cercles; 3° pour ceux d'argument $\frac{u}{u-1}$, la moitié du plan située à gauche de la droite $x=\frac{1}{2}$, lieu des points pour lesquels $\operatorname{mod}\frac{u}{u-1}=1$; et pour ceux d'argument $\frac{u-1}{u}$, la moitié à droite de cette ligne.

184. Il nous reste à trouver les relations linéaires qui lient les trois systèmes d'intégrales indépendantes y_1, y_2; y_3, y_4 et y_5, y_6, ou, ce qui revient au même, les trois systèmes d'intégrales

$$c_1 y_1,\ c_2 y_2;\quad c_3 y_3,\ c_4 y_4;\quad c_5 y_5,\ c_6 y_6;$$

$c_1, \ldots, c_6$ étant des constantes que nous nous réservons de choisir ultérieurement de manière à simplifier les relations entre les intégrales.

On peut admettre, ainsi que nous l'avons vu, que les racines $1-\gamma$ et $\gamma-\alpha-\beta$ ont leur partie réelle positive ou nulle. Supposons-la positive. Les développements (16), (20), (24), (28), (32), (36) seront encore convergents sur leurs cercles de convergence respectifs (t. I, n° 170), et l'on aura, pour $u=0$,

$$(y_1)_0=1, \qquad (y_2)_0=0,$$

$$(y_3)_0=\frac{\Gamma(\alpha+\beta-\gamma+1)\,\Gamma(1-\gamma)}{\Gamma(\beta-\gamma+1)\,\Gamma(\alpha-\gamma+1)}, \qquad (y_4)_0=\frac{\Gamma(\gamma-\alpha-\beta+1)\,\Gamma(1-\gamma)}{\Gamma(1-\alpha)\,\Gamma(1-\beta)},$$

et, pour $u = 1$,

$$(y_1)_1 = \frac{\Gamma(\gamma)\Gamma(\gamma-\alpha-\beta)}{\Gamma(\gamma-\alpha)\Gamma(\gamma-\beta)}, \qquad (y_2)_1 = \frac{\Gamma(2-\gamma)\Gamma(\gamma-\alpha-\beta)}{\Gamma(1-\alpha)\Gamma(1-\beta)},$$

$$(y_3)_1 = 1, \qquad (y_4)_1 = 0,$$

$$(y_5)_1 = \frac{\Gamma(\alpha-\beta+1)\Gamma(\gamma-\alpha-\beta)}{\Gamma(1-\beta)\Gamma(\gamma-\beta)}, \qquad (y_6)_1 = \frac{\Gamma(\beta-\alpha+1)\Gamma(\gamma-\alpha-\beta)}{\Gamma(1-\alpha)\Gamma(\gamma-\alpha)}.$$

Cela posé, soient

$$(40) \qquad c_3 y_3 = A c_1 y_1 + B c_2 y_2, \qquad c_4 y_4 = C c_1 y_1 + D c_2 y_2,$$

$$(41) \qquad c_5 y_5 = E c_1 y_1 + F c_2 y_2, \qquad c_6 y_6 = G c_1 y_1 + H c_2 y_2$$

les équations qui lient les trois systèmes d'intégrales.

Si nous faisons décrire à la variable indépendante un cercle de rayon 1 autour de l'origine, y_1 ne variera pas, tandis que y_2, y_5, y_6 se reproduiront multipliés respectivement par $e^{2\pi i(1-\gamma)}$, $e^{-2\pi i\alpha}$, $e^{-2\pi i\beta}$. Les équations (41) seront donc transformées dans les suivantes :

$$(42) \qquad \begin{cases} e^{-2\pi i\alpha} c_5 y_5 = E c_1 y_1 + F e^{2\pi i(1-\gamma)} c_2 y_2, \\ e^{-2\pi i\beta} c_6 y_6 = G c_1 y_1 + H e^{2\pi i(1-\gamma)} c_2 y_2. \end{cases}$$

Posant $u = 0$ dans les équations (40), puis $u = 1$ dans les équations (40) à (42), on aura, pour déterminer les coefficients A, ..., H, les équations suivantes

$$(43) \qquad \begin{cases} c_3 (y_3)_0 = A c_1, & c_4 (y_4)_0 = C c_1, \\ c_3 = A c_1 (y_1)_1 + B c_2 (y_2)_1, & 0 = C c_1 (y_1)_1 + D c_2 (y_2)_1, \\ c_5 (y_5)_1 = E c_1 (y_1)_1 + F c_2 (y_2)_1, & c_6 (y_6)_1 = G c_1 (y_1)_1 + H c_2 (y_2)_1, \\ \quad e^{-2\pi i\alpha} c_5 (y_5)_1 = E c_1 (y_1)_1 + F e^{2\pi i(1-\gamma)} c_2 (y_2)_1, \\ \quad e^{-2\pi i\beta} c_6 (y_6)_1 = G c_1 (y_1)_1 + H e^{2\pi i(1-\gamma)} c_2 (y_2)_1, \end{cases}$$

les quantités $(y_3)_0$, etc., étant connues par ce qui précède.

Si l'on posait $c_1 = \ldots = c_6 = 1$, on voit que les coefficients A, ..., H pourraient s'exprimer par des exponentielles et des fonctions Γ. Mais on obtient un résultat plus simple en posant

$$c_1 = \frac{\Gamma(\alpha)\Gamma(\gamma-\alpha)}{\Gamma(\gamma)}, \qquad c_2 = \frac{\Gamma(1-\beta)\Gamma(\beta-\gamma+1)}{\Gamma(2-\gamma)},$$

$$c_3 = \frac{\Gamma(\alpha)\Gamma(\beta-\gamma+1)}{\Gamma(\alpha+\beta-\gamma+1)}, \qquad c_4 = \frac{\Gamma(1-\beta)\Gamma(\gamma-\alpha)}{\Gamma(\gamma-\alpha-\beta+1)},$$

$$c_5 = \frac{\Gamma(\alpha)\Gamma(1-\beta)}{\Gamma(\alpha-\beta+1)}, \qquad c_6 = \frac{\Gamma(\beta-\gamma+1)\Gamma(\gamma-\alpha)}{\Gamma(\beta-\alpha+1)}.$$

En effet, les équations (43) deviendront

$$\frac{\Gamma(\alpha)\Gamma(1-\gamma)}{\Gamma(\alpha-\gamma+1)} = A\frac{\Gamma(\alpha)\Gamma(\gamma-\alpha)}{\Gamma(\gamma)},$$

$$\frac{\Gamma(1-\gamma)\Gamma(\gamma-\alpha)}{\Gamma(1-\alpha)} = C\frac{\Gamma(\alpha)\Gamma(\gamma-\alpha)}{\Gamma(\gamma)},$$

$$\frac{\Gamma(\alpha)\Gamma(\beta-\gamma+1)}{\Gamma(\alpha+\beta-\gamma+1)} = A\frac{\Gamma(\gamma-\alpha-\beta)\Gamma(\alpha)}{\Gamma(\gamma-\beta)} + B\frac{\Gamma(\gamma-\alpha-\beta)\Gamma(\beta-\gamma+1)}{\Gamma(1-\alpha)},$$

$$0 = C\frac{\Gamma(\gamma-\alpha-\beta)\Gamma(\alpha)}{\Gamma(\gamma-\beta)} + D\frac{\Gamma(\gamma-\alpha-\beta)\Gamma(\beta-\gamma+1)}{\Gamma(1-\alpha)},$$

$$\frac{\Gamma(\gamma-\alpha-\beta)\Gamma(\alpha)}{\Gamma(\gamma-\beta)} = E\frac{\Gamma(\gamma-\alpha-\beta)\Gamma(\alpha)}{\Gamma(\gamma-\beta)} + F\frac{\Gamma(\gamma-\alpha-\beta)\Gamma(\beta-\gamma+1)}{\Gamma(1-\alpha)},$$

$$\frac{\Gamma(\gamma-\alpha-\beta)\Gamma(\beta-\gamma+1)}{\Gamma(1-\alpha)} = G\frac{\Gamma(\gamma-\alpha-\beta)\Gamma(\alpha)}{\Gamma(\gamma-\beta)} + H\frac{\Gamma(\gamma-\alpha-\beta)\Gamma(\beta-\gamma+1)}{\Gamma(1-\alpha)},$$

. . . .

Divisant chacune de ces équations par le produit des fonctions Γ qui figurent au numérateur et utilisant la relation connue

$$\Gamma(p)\Gamma(1-p) = \frac{\pi}{\sin p\pi},$$

ces équations deviendront

$$\sin(\gamma-\alpha)\pi = A\sin\gamma\pi, \qquad \sin\alpha\pi = C\sin\gamma\pi,$$
$$\sin(\gamma-\alpha-\beta)\pi = A\sin(\gamma-\beta)\pi + B\sin\alpha\pi,$$
$$0 = C\sin(\gamma-\beta)\pi + D\sin\alpha\pi,$$
$$\sin(\gamma-\beta)\pi = E\sin(\gamma-\beta)\pi + F\sin\alpha\pi,$$
$$\sin\alpha\pi = G\sin(\gamma-\beta)\pi + H\sin\alpha\pi,$$
$$e^{-2\pi i\alpha}\sin(\gamma-\beta)\pi = E\sin(\gamma-\beta)\pi + F e^{2\pi i(1-\gamma)}\sin\alpha\pi,$$
$$e^{-2\pi i\beta}\sin\alpha\pi = G\sin(\gamma-\beta)\pi + H e^{2\pi i(1-\gamma)}\sin\alpha\pi.$$

Les expressions des coefficients A, B, ..., tirées de ces équations, ne contiendront plus que des sinus et des exponentielles.

185. L'équation

$$(44)\quad u(1-u)\frac{d^2y}{du^2}+[\gamma-(\alpha+\beta+1)u]\frac{dy}{du}-\alpha\beta y=0,$$

étant différentiée, donnera

$$u(1-u)\frac{d^3y}{du^3} + [\gamma+1-(\alpha+\beta+3)u]\frac{d^2y}{du^2}-(\alpha+1)(\beta+1)\frac{dy}{du}=0$$

ou, en posant $\frac{dy}{du}=y'$,

$$u(1-u)\frac{d^2y'}{du^2} + [\gamma+1-(\alpha+\beta+3)u]\frac{dy'}{du}-(\alpha+1)(\beta+1)y'=0.$$

Cette équation ne diffère de la précédente que par le remplacement de α, β, γ par $\alpha+1$, $\beta+1$, $\gamma+1$.

La dérivée $\frac{d^{n-1}y}{du^{n-1}}=y^{n-1}$ satisfera donc à l'équation

$$u(1-u)\frac{d^2y^{n-1}}{du^2}+[\gamma+n-1-(\alpha+\beta+2n-1)u]\frac{dy^{n-1}}{du} -(\alpha+n-1)(\beta+n-1)y^{n-1}=0.$$

Cette équation, multipliée par $u^{\gamma+n-2}(1-u)^{\alpha+\beta-\gamma+n-1}$, pourra s'écrire

$$\frac{d}{du}u^n(1-u)^n My^n =(\alpha+n-1)(\beta+n-1)u^{n-1}(1-u)^{n-1}My^{n-1},$$

en posant, pour abréger,

$$M=u^{\gamma-1}(1-u)^{\alpha+\beta-\gamma}.$$

En la différentiant $n-1$ fois, il viendra

$$\frac{d^n}{du^n} u^n(1-u)^n M y^n$$
$$= (\alpha+n-1)(\beta+n-1)\frac{d^{n-1}}{du^{n-1}} u^{n-1}(1-u)^{n-1} M y^{n-1}.$$

L'application répétée de cette formule de réduction donnera, pour toute valeur de n entière et positive,

$$(45) \quad \begin{cases} \dfrac{d^n u^n(1-u)^n M y^n}{du^n} \\ \quad = \alpha(\alpha+1)\ldots(\alpha+n-1)\beta(\beta+1)\ldots(\beta+n-1) M y. \end{cases}$$

Cette formule est particulièrement intéressante lorsque β est un entier négatif $-n$. L'équation (44) admettra dans ce cas comme solution l'expression

$$y = F(\alpha, -n, \gamma, u),$$

laquelle est un polynôme de degré n, dont la dérivée $n^{\text{ième}}$ se réduit à la constante

$$\frac{\alpha(\alpha+1)\ldots(\alpha+n-1)\beta(\beta+1)\ldots(\beta+n-1)}{\gamma(\gamma+1)\ldots(\gamma+n-1)}.$$

La formule (45) donnera donc dans ce cas particulier

$$F(\alpha, -n, \gamma, u) = \frac{1}{M\gamma(\gamma+1)\ldots(\gamma+n-1)} \frac{d^n}{du^n} u^n(1-u)^n M$$

ou, en remplaçant M par sa valeur et changeant α en $\alpha+n$,

$$F(\alpha+n, -n, \gamma, u)$$
$$= \frac{u^{1-\gamma}(1-u)^{\gamma-\alpha}}{\gamma(\gamma+1)\ldots(\gamma+n-1)} \frac{d^n u^{\gamma+n-1}(1-u)^{\alpha+n-\gamma}}{du^n}.$$

Le polynôme

$$F(\alpha+n, -n, \gamma, u) = Z_n$$

est donc un produit de puissances par une dérivée $n^{\text{ième}}$.

186. Les quantités γ et $\alpha+1-\gamma$ étant supposées positives, les intégrales définies

$$J_{m,n}=\int_0^1 u^{\gamma-1}(1-u)^{\alpha-\gamma}Z_m Z_n\,du$$

seront finies et déterminées; elles auront d'ailleurs les valeurs suivantes :

$$(46)\qquad J_{m,n}=0,\quad \text{si } m \gtrless n,$$

$$(47)\qquad J_{n,n}=\frac{1}{\alpha+2n}\,\frac{\Gamma(n+1)\,\Gamma^2(\gamma)\,\Gamma(\alpha+n-\gamma+1)}{\Gamma(\alpha+n)\,\Gamma(\gamma+n)}.$$

En effet, Z_n satisfait à l'équation

$$u(1-u)\frac{d^2Z_n}{du^2}+[\gamma-(\alpha+1)u]\frac{dZ_n}{du}+n(n+\alpha)Z_n=0,$$

qui peut s'écrire

$$\frac{d}{du}u^{\gamma}(1-u)^{\alpha+1-\gamma}Z'_n=-n(n+\alpha)\,u^{\gamma-1}(1-u)^{\alpha-\gamma}Z_n.$$

Multiplions par Z_m et intégrons de 0 à 1; il viendra

$$n(n+\alpha)\,J_{m,n}=-\int_0^1 Z_m\,d[u^{\gamma}(1-u)^{\alpha+1-\gamma}Z'_n],$$

ou, en intégrant par parties et remarquant que le terme tout intégré s'annule aux deux limites,

$$n(n+\alpha)J_{m,n}=\int_0^1 u^{\gamma}(1-u)^{\alpha+1-\gamma}Z'_n Z'_m\,du=m(m+\alpha)J_{m,n};$$

car le second membre ne change pas si l'on y permute m et n.

On aura donc, si $m\gtrless n$,

$$J_{m,n}=0.$$

Si $m=n$, on remarquera que Z'_n satisfait à une équation de même forme que Z_n, sauf le changement de α, n, γ en

$\alpha+2$, $n-1$, $\gamma+1$; on aura donc, par un procédé tout semblable,

$$(n-1)(n+\alpha+1)\int_0^1 u^\gamma(1-u)^{\alpha+1-\gamma} Z'_n Z'_n\, du$$
$$=\int_0^1 u^{\gamma+1}(1-u)^{\alpha+2-\gamma} Z''_n Z''_n\, du.$$

Continuant ainsi, on aura finalement

$$J_{nn}=\frac{1}{n(n-1)\ldots 1(\alpha+n)(\alpha+n+1)\ldots(\alpha+2n-1)}$$
$$\times\int_0^1 u^{\gamma+n-1}(1-u)^{\alpha+n-\gamma} Z_n^n Z_n^n\, du.$$

D'ailleurs

$$Z_n^n=\frac{(\alpha+n)\ldots(\alpha+2n-1)(-n)(-n+1)\ldots 1}{\gamma(\gamma+1)\ldots(\gamma+n-1)}$$

et

$$\int_0^1 u^{\gamma+n-1}(1-u)^{\alpha+n-\gamma}\, du=\frac{\Gamma(\gamma+n)\,\Gamma(\alpha+n-\gamma+1)}{\Gamma(\alpha+2n+1)}.$$

Substituant ces valeurs et remplaçant les factorielles par des quotients de fonctions Γ, on trouvera la formule (47).

Soit maintenant $f(u)$ une fonction quelconque, que nous nous proposons de développer en une série de la forme

$$f(u)=A_0 Z_0+A_1 Z_1+\ldots+A_n Z_n+\ldots.$$

Un semblable développement étant supposé possible (¹), on en déterminera aisément les coefficients. Multiplions en effet les deux membres par $u^{\gamma-1}(1-u)^{\alpha-\gamma} Z_n$ et intégrons de 0 à 1; il viendra

$$\int_0^1 f(u)\, u^{\gamma-1}(1-u)^{\alpha-\gamma} Z_n\, du=A_n J_{nn},$$

(¹) Sur cette possibilité, *voir* le Mémoire de M. Darboux *Sur les fonctions de grands nombres* (*Journal de Liouville*).

ce qui donnera le coefficient A_n exprimé par une intégrale définie.

187. Les résultats que nous venons de trouver renferment comme cas particuliers ceux qui ont été obtenus précédemment pour les fonctions X_n de Legendre. Posons en effet $\alpha = \gamma = 1$; nous aurons

$$Z_n = F(n+1, -n, 1, u) = \frac{1}{1.2\ldots n}\frac{d^n}{du^n}u^n(1-u)^n,$$

et, en posant $u = \frac{1-x}{2}$, nous obtiendrons le nouveau polynôme

$$F\left(n+1, -n, 1, \frac{1-x}{2}\right) = \frac{1}{2^n.1.2\ldots n}\frac{d^n}{dx^n}(x^2-1)^n = X_n.$$

188. Considérons comme dernière application l'équation de Bessel

$$\frac{d^2y}{dx^2} + \frac{1}{x}\frac{dy}{dx} + \left(1 - \frac{n^2}{x^2}\right)y = 0.$$

Substituons pour y la série

$$y = c_0 x^r + c_1 x^{r+2} + \ldots + c_\mu x^{r+2\mu} + \ldots.$$

Il viendra, en égalant à zéro le terme en $x^{r+2\mu}$,

$$\begin{aligned}(r+2\mu+2)(r+2\mu+1)c_{\mu+1}\\ +(r+2\mu+2)c_{\mu+1} + c_\mu - n^2 c_{\mu+1} = 0;\end{aligned}$$

d'où

$$\begin{aligned}c_{\mu+1} &= -\frac{c_\mu}{(r+2\mu+2)^2 - n^2}\\ &= \frac{-c_\mu}{(r+2\mu+2+n)(r+2\mu+2-n)}.\end{aligned}$$

En posant $\mu = -1$, on aura l'équation déterminante

$$r^2 - n^2 = 0, \qquad \text{d'où} \qquad r = \pm n.$$

Prenons d'abord $r = n$, il viendra

$$c_{\mu+1} = \frac{-c_\mu}{4(n+\mu+1)(\mu+1)},$$

et, par suite,

$$y = c_0 \left[x^n - \frac{x^{n+2}}{2^2(n+1).1} + \ldots + \frac{(-1)^\mu x^{n+2\mu}}{2^{2\mu}(n+1)\ldots(n+\mu).1.2\ldots\mu} + \ldots \right].$$

Le terme général de la série entre parenthèses peut s'écrire ainsi

$$\frac{2^n\,\Gamma(n+1)\,(-1)^\mu \left(\frac{x}{2}\right)^{n+2\mu}}{\Gamma(n+\mu+1)\,\Gamma(\mu+1)}.$$

Si donc nous prenons pour plus de simplicité la constante c_0 égale à $\frac{1}{2^n\,\Gamma(n+1)}$, il viendra comme première solution la série

$$\sum_0^\infty \frac{(-1)^\mu \left(\frac{x}{2}\right)^{n+2\mu}}{\Gamma(n+\mu+1)\,\Gamma(\mu+1)},$$

que nous désignerons par J_n.

En posant $r = -n$, on trouvera un résultat tout semblable, sauf le changement de signe de n.

Les deux intégrales J_n, J_{-n} seront évidemment indépendantes si n n'est pas un entier réel; l'intégrale générale sera donc

$$c J_n + c' J_{-n}.$$

Si n est entier, on peut évidemment le supposer positif, car il ne figure que par son carré dans l'équation différentielle. Dans ce cas les n premiers termes de J_{-n} s'annulent, car ils contiennent en dénominateur des fonctions Γ d'argument entier négatif, lesquelles sont infinies. On aura donc

$$J_{-n} = \sum_n^\infty \frac{(-1)^\mu \left(\frac{x}{2}\right)^{-n+2\mu}}{\Gamma(-n+\mu+1)\,\Gamma(\mu+1)}$$

ou, en posant $\mu = n + \mu'$,

$$J_{-n} = \sum_0^\infty \frac{(-1)^{n+\mu'} \left(\frac{x}{2}\right)^{n+2\mu'}}{\Gamma(\mu'+1)\Gamma(n+\mu'+1)} = (-1)^n J_n.$$

Les deux intégrales J_n et J_{-n} ne seront donc pas indépendantes et ne suffiront pas pour former l'intégrale générale.

189. Pour obtenir dans ce cas une nouvelle intégrale, nous supposerons que l'argument, au lieu d'être tout d'abord égal à n, soit égal à $n - \varepsilon$, ε étant infiniment petit. Nous pourrons prendre pour intégrales indépendantes, au lieu de $J_{n-\varepsilon}$ et $J_{-n+\varepsilon}$, $J_{n-\varepsilon}$ et $\frac{(-1)^n J_{-n+\varepsilon} - J_{n-\varepsilon}}{\varepsilon}$. La limite de cette dernière quantité pour $\varepsilon = 0$ nous donnera l'intégrale cherchée, que nous représenterons par Y_n.

Séparons les n premiers termes du développement de $J_{-n+\varepsilon}$ et changeons dans les autres l'indice de sommation μ en $n + \mu$; il viendra

$$\begin{aligned} Y_n = & \lim \sum_0^{n-1} \frac{(-1)^{n+\mu} \left(\frac{x}{2}\right)^{-n+\varepsilon+2\mu}}{\varepsilon\,\Gamma(\mu+1)\Gamma(-n+\varepsilon+\mu+1)} \\ & + \lim \sum_0^\infty (-1)^\mu \left(\frac{x}{2}\right)^{n+2\mu} \frac{f(\varepsilon)}{\varepsilon}, \end{aligned}$$

en posant, pour abréger,

$$\begin{aligned} f(\varepsilon) = & \frac{1}{\Gamma(n+\mu+1)\Gamma(\varepsilon+\mu+1)} \left(\frac{x}{2}\right)^{\varepsilon} \\ & - \frac{1}{\Gamma(n-\varepsilon+\mu+1)\Gamma(\mu+1)} \left(\frac{x}{2}\right)^{-\varepsilon}. \end{aligned}$$

Or, en appliquant la formule connue

$$\Gamma(p)\Gamma(1-p) = \frac{\pi}{\sin p\pi},$$

on aura

$$\frac{1}{\varepsilon\,\Gamma(-n+\varepsilon+\mu+1)} = \Gamma(n-\varepsilon-\mu)\,\frac{\sin(n-\varepsilon-\mu)\pi}{\pi\varepsilon},$$

expression dont la limite pour $\varepsilon = 0$ est

$$-\Gamma(n-\mu)\cos(n-\mu)\pi = (-1)^{n-\mu+1}\,\Gamma(n-\mu).$$

D'autre part,

$$\lim \frac{f(\varepsilon)}{\varepsilon} = f'(0) = 2\log\frac{x}{2}\,\frac{1}{\Gamma(n+\mu+1)\,\Gamma(\mu+1)}$$
$$-\frac{\Gamma'(\mu+1)}{\Gamma(n+\mu+1)\,\Gamma^2(\mu+1)} - \frac{\Gamma'(n+\mu+1)}{\Gamma(\mu+1)\,\Gamma(n+\mu+1)^2}.$$

Substituant ces valeurs, il vient

$$Y_n = -\sum_0^{n-1} \frac{\Gamma(n-\mu)}{\Gamma(\mu+1)}\left(\frac{x}{2}\right)^{-n+2\mu}$$
$$+\sum_0^{\infty} \frac{(-1)^{\mu}\left(\dfrac{x}{2}\right)^{n+2\mu}}{\Gamma(n+\mu+1)\,\Gamma(\mu+1)}\left[2\log\frac{x}{2} - \frac{\Gamma'(\mu+1)}{\Gamma(\mu+1)} - \frac{\Gamma'(n+\mu+1)}{\Gamma(n+\mu+1)}\right].$$

190. Les fonctions J_n sont liées par la formule récurrente

$$(48) \qquad \frac{2n}{x}\,J_n = J_{n-1} + J_{n+1}.$$

En effet, substituant pour les fonctions J leurs développements en série et comparant le coefficient du terme en $x^{n+2\mu-1}$ dans les deux membres, on aura à vérifier l'égalité

$$\frac{2n(-1)^{\mu}}{2^{n+2\mu}\,\Gamma(\mu+1)\,\Gamma(n+\mu+1)}$$
$$= \frac{(-1)^{\mu}}{2^{n-1+2\mu}\,\Gamma(\mu+1)\,\Gamma(n+\mu)} + \frac{(-1)^{\mu-1}}{2^{n+2\mu-1}\,\Gamma(\mu)\,\Gamma(n+\mu+1)}.$$

Or on a

$$\Gamma(\mu+1) = \mu\,\Gamma\mu, \qquad \Gamma(n+\mu+1) = (n+\mu)\,\Gamma(n+\mu).$$

Substituant ces valeurs et supprimant les facteurs communs, l'égalité à vérifier se réduira à

$$\frac{n}{\mu(n+\mu)} = \frac{1}{\mu} - \frac{1}{n+\mu},$$

ce qui est évident.

On vérifiera de même cette autre formule

$$(49) \qquad 2\frac{dJ_n}{dx} = J_{n-1} - J_{n+1},$$

dont la combinaison avec la précédente donnera

$$(50) \qquad \frac{dJ_n}{dx} = J_{n-1} + \frac{n}{x}J_n.$$

Nous signalerons enfin les deux formules

$$(51) \qquad \frac{d}{dx}x^{-\frac{n}{2}}J_n(\sqrt{x}) = -\tfrac{1}{2}x^{-\frac{n+1}{2}}J_{n+1}(\sqrt{x}),$$

$$(52) \qquad \frac{d}{dx}x^{\frac{n}{2}}J_n(\sqrt{x}) = \tfrac{1}{2}x^{\frac{n-1}{2}}J_{n-1}(\sqrt{x}),$$

qu'il est également aisé de vérifier.

191. On peut rattacher à l'équation de Bessel plusieurs équations qui se rencontrent fréquemment dans les applications.

Transformons en effet cette équation en posant

$$y = t^\alpha V, \qquad x = \gamma t^\beta,$$

t et V désignant de nouvelles variables ; on aura

$$dx = \beta\gamma t^{\beta-1}\,dt,$$

$$\frac{dy}{dx} = \frac{1}{\beta\gamma}t^{1-\beta}\frac{dy}{dt},$$

$$\frac{d^2y}{dx^2} = \frac{1}{\beta\gamma}t^{1-\beta}\left(\frac{1}{\beta\gamma}t^{1-\beta}\frac{d^2y}{dt^2} + \frac{1-\beta}{\beta\gamma}t^{-\beta}\frac{dy}{dt}\right).$$

D'autre part,

$$y = t^\alpha V,$$

$$\frac{dy}{dt} = t^\alpha \frac{dV}{dt} + \alpha t^{\alpha-1} V,$$

$$\frac{d^2 y}{dt^2} = t^\alpha \frac{d^2 V}{dt^2} + 2\alpha t^{\alpha-1} \frac{dV}{dt} + \alpha(\alpha-1) t^{\alpha-2} V.$$

Substituant les valeurs précédentes de y et de ses dérivées dans l'équation de Bessel, on aura l'équation transformée

$$(53) \quad t^2 \frac{d^2 V}{dt^2} + (2\alpha+1) t \frac{dV}{dt} + (\alpha^2 - \beta^2 n^2 + \beta^2 \gamma^2 t^{2\beta}) V = 0.$$

L'équation en y ayant pour intégrale générale

$$y = c J_n(x) + c' J_{-n}(x),$$

la transformée aura, pour intégrale générale

$$V = t^{-\alpha} y = c t^{-\alpha} J_n(\gamma t^\beta) + c' t^{-\alpha} J_{-n}(\gamma t^\beta)$$

(J_{-n} devant toutefois être remplacé par Y_n si n est entier).

On pourra donc intégrer par les transcendantes J toute équation de la forme

$$(54) \qquad t^2 \frac{d^2 V}{dt^2} + a t \frac{dV}{dt} + (b + c t^\lambda) V = 0,$$

car on peut disposer des quatre constantes α, β, γ, n de manière à identifier l'équation (54) avec (53).

On remarquera toutefois que, β et γ ne pouvant être nuls, la transformation serait en défaut si c ou λ étaient nuls. Mais alors l'équation (54) se ramène à une équation à coefficients constants (139).

Les cas particuliers les plus intéressants sont les suivants :

$$t \frac{d^2 V}{dt^2} + (\pm 2n + 1) \frac{dV}{dt} + t V = 0,$$

correspondant à $\alpha = \pm n$, $\beta = \gamma = 1$, et

$$t\frac{d^2V}{dt^2} + (1+n)\frac{dV}{dt} + \tfrac{1}{4}V = 0,$$

correspondant à $\alpha = \frac{n}{2}$, $\beta = \frac{1}{2}$, $\gamma = 1$; enfin l'équation de Riccati

$$\frac{d^2V}{dt^2} + ct^\lambda V = 0,$$

correspondant à $\alpha = -\frac{1}{2}$, $\beta = \frac{1}{2n}$, $\gamma = 2n\sqrt{c}$, $n = \frac{1}{\lambda+2}$.

IV. — Intégration par des intégrales définies.

192. L'équation de Gauss est un cas particulier de la suivante

$$(1)\quad \left\{\begin{aligned} 0 = Q(x)\frac{d^nI}{dx^n} &- (\xi - n)Q'(x)\frac{d^{n-1}I}{dx^{n-1}} \\ &+ \frac{(\xi-n)(\xi-n+1)}{1.2}Q''(x)\frac{d^{n-2}I}{dx^{n-2}} - \ldots \\ &- R(x)\frac{d^{n-1}I}{dx^{n-1}} + (\xi-n+1)R'(x)\frac{d^{n-2}I}{dx^{n-2}} - \ldots, \end{aligned}\right.$$

où ξ est une constante, et $Q(x)$, $R(x)$ deux polynômes, tels que l'un des polynômes $Q(x)$, $xR(x)$ soit de degré n, et l'autre de degré $\overline{\gtrless} n$.

Nous essayerons de satisfaire à cette équation en posant

$$I = \int_L U(u-x)^{\xi-1}\,du,$$

U étant une fonction de u qui reste à déterminer ainsi que la ligne L d'intégration.

Substituant dans l'équation la valeur précédente et supprimant le facteur commun $(-1)^n(\xi-1)\ldots(\xi-n+1)$, il viendra

$$o=\int_L \left\{ \begin{array}{l} (\xi-n)(u-x)^{\xi-n-1}\left[Q(x)+Q'(x)(u-x)+Q''(x)\dfrac{(u-x)^2}{1.2}+\ldots\right] \\ +(u-x)^{\xi-n}\left[R(x)+R'(x)(u-x)+R''(x)\dfrac{(u-x)^2}{1.2}+\ldots\right] \end{array} \right\} U\,du$$

$$=\int_L [(\xi-n)(u-x)^{\xi-n-1}Q(u)+(u-x)^{\xi-n}R(u)]\,U\,du.$$

Déterminons U par la condition

$$R(u)U=\frac{d}{du}U\,Q(u),$$

d'où

$$\frac{d.U\,Q(u)}{U\,Q(u)}=\frac{R(u)}{Q(u)}du, \qquad \log U\,Q(u)=\int\frac{R(u)}{Q(u)}du$$

et enfin

$$U=\frac{1}{Q(u)}e^{\int\frac{R(u)}{Q(u)}du};$$

l'équation précédente deviendra

$$o=\int_L d.U\,Q(u)(u-x)^{\xi-n}=\int_L dV,$$

en posant, pour abréger,

$$(2) \qquad V=U\,Q(u)(u-x)^{\xi-n}=e^{\int\frac{R(u)}{Q(u)}du}(u-x)^{\xi-n}.$$

L'intégrale de dV sera nulle et l'équation sera satisfaite :

1° Si L est un contour fermé tel que V reprenne sa valeur initiale lorsqu'on revient au point de départ;

2° Si L est une ligne telle que V s'annule à ses deux extrémités.

193. Nous allons voir, en discutant ces diverses lignes d'intégration, qu'on peut obtenir en général n intégrales particulières distinctes, dont la combinaison donnera l'intégrale générale de l'équation proposée.

La fraction $\frac{R(u)}{Q(u)}$, décomposée en fractions simples, donnera un résultat de la forme

$$(3)\quad \left\{\begin{aligned} \frac{R(u)}{Q(u)} &= m_{\lambda-1}u^{\lambda-1} + \ldots + m_1 u + m_0 \\ &+ \frac{\alpha_\mu}{(u-a)^\mu} + \ldots + \frac{\alpha_1}{u-a} \\ &+ \frac{\beta_\nu}{(u-b)^\nu} + \ldots + \frac{\beta_1}{u-b} + \ldots, \end{aligned}\right.$$

où

$$\lambda + \mu + \nu + \ldots = n.$$

On en déduit

$$(4)\qquad V = (u-a)^{\alpha_1}(u-b)^{\beta_1}\ldots(u-x)^{\xi-n}e^{W},$$

en posant, pour abréger,

$$(5)\quad \left\{\begin{aligned} W = \frac{m_{\lambda-1}}{\lambda}u^\lambda + \ldots + m_0 u - \frac{\alpha_\mu}{\mu-1}\frac{1}{(u-a)^{\mu-1}} - \ldots \\ - \frac{\alpha_2}{u-a} - \frac{\beta_\nu}{\nu-1}\frac{1}{(u-b)^{\nu-1}} - \ldots + \text{const.} \end{aligned}\right.$$

Les fonctions $U(u-x)^{\xi-1}$, V admettent donc comme points critiques le point x et les racines a, b, ... de l'équation $Q=0$ et se reproduisent multipliées par $e^{2\pi i\xi}$, $e^{2\pi i\alpha_1}$, $e^{2\pi i\beta_1}$, ... lorsque l'on tourne autour de ces divers points.

Cela posé, soit O un point quelconque du plan. Joignons-le aux points a, b, ..., x par des contours élémentaires A, B, ..., X; soient $\overline{A}$, $\overline{B}$, ..., $\overline{X}$ les valeurs de l'intégrale $\int U(u-x)^{\xi-1}\,du$ prise dans le sens direct le long de ces divers contours avec une détermination initiale donnée M de la fonction à intégrer. On pourra prendre pour ligne d'intégration L l'un quelconque des contours suivants : $ABA^{-1}B^{-1}$, ..., $AXA^{-1}X^{-1}$, ...; car, si l'on décrit le contour $ABA^{-1}B^{-1}$, par exemple, la fonction V se reproduira, au retour, multipliée par

$$e^{2\pi i\alpha_1}e^{2\pi.\beta}\,e^{-2\pi i\alpha_1}e^{-2\pi i\beta_1} = 1.$$

La valeur [AB] de l'intégrale prise suivant le contour $ABA^{-1}B^{-1}$ est donc une solution de l'équation proposée. Il est aisé de la déterminer. En effet, en décrivant d'abord le contour A, on obtiendra une première intégrale $\overline{A}$, et $U(u-x)^{\xi-1}$ aura pour valeur finale $e^{2\pi i\alpha_1}M$. Décrivant ensuite le contour B, on obtient comme seconde partie de l'intégrale $e^{2\pi i\alpha_1}\overline{B}$, et $U(u-x)^{\xi-1}$ aura pour valeur finale $e^{2\pi i(\alpha_1+\beta_1)}M$. L'intégrale suivante, le long de A^{-1}, serait évidemment $-\overline{A}$ si la fonction à intégrer avait pour valeur initiale $e^{2\pi i\alpha_1}M$ (qui est sa valeur finale lorsque l'on décrit A avec la valeur initiale M); elle sera donc, dans le cas actuel, égale à $-e^{2\pi i\beta_1}\overline{A}$, et $U(u-x)^{\xi-1}$ aura pour valeur finale $e^{2\pi i\beta_1}M$.

Enfin l'intégrale suivant B^{-1} sera $-\overline{B}$.

On aura donc, en réunissant ces résultats,

$$(6) \qquad [AB] = (1-e^{2\pi i\beta_1})\overline{A} - (1-e^{2\pi i\alpha_1})\overline{B}.$$

On obtiendra des formules semblables pour les intégrales analogues, telles que [AX], [BX], ... On déduit immédiatement de ces relations les suivantes :

$$(7) \qquad [XA] = -[AX],$$

$$(8) \qquad (1-e^{2\pi i\xi})[AB] + (1-e^{2\pi i\alpha_1})[BX] + (1-e^{2\pi i\beta_1})[XA] = 0,$$

qui montrent que toutes les intégrales [AB], ... s'expriment linéairement au moyen des intégrales particulières [AX], [BX], ... [à moins toutefois que ξ ne soit un entier, auquel cas on aurait évidemment

$$1-e^{2\pi i\xi}=0, \quad \overline{X}=0, \quad \text{d'où} \quad [AX]=0, \quad [BX]=0, \quad \ldots$$

de telle sorte que l'équation (8) deviendrait identique].

194. Le nombre des intégrales obtenues par ce qui précède est égal au nombre des racines distinctes de l'équation $Q(u)=0$. Si donc le polynôme Q a des racines égales, ou si son degré est inférieur à n, il nous faudra trouver de nouvelles intégrales particulières. Nous les obtiendrons en choisissant la ligne d'intégration L, de telle sorte que V s'annule à ses extrémités.

Soit a une racine multiple d'ordre μ de l'équation $Q = 0$. Posons

$$u - a = \rho(\cos\varphi + i\sin\varphi),$$

et

$$-\frac{\mu - 1}{\alpha_{\mu-1}} = r(\cos p + i\sin p)$$

dans les formules (4) et (5) et faisons tendre ρ vers zéro; on aura évidemment

$$V = \theta\rho^{\alpha_1}(\cos\alpha_1\varphi + i\sin\alpha_1\varphi)e^{r\rho^{1-\mu}\{\cos[p-(\mu-1)\varphi]+i\sin[p-(\mu-1)\varphi]\}},$$

θ étant un facteur qui tend vers la limite finie

$$(a - b)^{\beta_1}\ldots(a - x)^{\xi - n}.$$

Cette expression tendra vers 0 ou vers ∞, suivant que $\cos[p - (\mu - 1)\varphi]$ sera négatif ou positif.

Or l'équation

$$\cos[p - (\mu - 1)\varphi] = 0$$

donne pour φ un système de $2(\mu - 1)$ valeurs équidistantes, dans l'intervalle de zéro à 2π. Si du point a on mène des droites dans ces diverses directions, elles partageront les environs de ce point en $2(\mu - 1)$ secteurs. Et, lorsque u tendra vers a, V tendra vers 0 si u se meut dans un des secteurs de rang impair, vers ∞ s'il reste dans un secteur de rang pair.

Si donc nous supposons (*fig.* 2) que u, partant de la va-

Fig. 2.

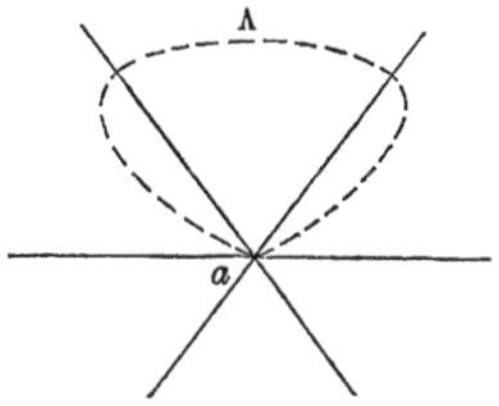

leur a, s'en éloigne suivant le premier secteur, traverse ensuite le second secteur et revienne en a par le troisième secteur, la ligne Λ ainsi décrite pourra être prise comme ligne d'intégration, car V est nul à ses deux extrémités.

La valeur de l'intégrale particulière ainsi obtenue variera évidemment suivant que la ligne Λ enveloppe quelques-uns des points $b, \ldots, x$ ou les laisse tous en dehors. Nous admettrons qu'elle ait été tracée de manière à satisfaire à cette dernière condition. L'intégrale ainsi obtenue ne changera pas si l'on contracte cette ligne de manière à rendre ses dimensions aussi petites que l'on voudra; la diminution du champ de l'intégration sera compensée par l'accroissement de la valeur de la fonction soumise à l'intégration.

On obtiendra une autre intégrale particulière en intégrant suivant une ligne infiniment petite Λ' qui s'éloigne de a suivant le troisième secteur et y revienne par le cinquième, etc., ce qui donnera évidemment $\mu - 1$ intégrales particulières.

Chaque racine multiple de l'équation $Q = 0$ donnera évidemment un résultat analogue, de telle sorte que, si λ est nul, nous aurons le nombre d'intégrales voulu.

193. Si λ n'est pas nul, cherchons ce que devient V lorsque u tend vers ∞. Nous aurons à poser

$$u = \rho(\cos\varphi + i\sin\varphi), \qquad \frac{m_{\lambda-1}}{\lambda} = r(\cos p + i\sin p)$$

et à faire tendre ρ vers ∞. On aura évidemment

$$V = \theta\rho^{\alpha_1+\beta_1+\ldots}[\cos(\alpha_1+\beta_1+\ldots)\varphi + i\sin(\alpha_1+\beta_1+\ldots)\varphi] \times e^{r\rho^{\lambda}[\cos(p+\lambda\varphi)+i\sin(p+\lambda\varphi)]},$$

le facteur θ tendant vers l'unité.

Cette expression tendra vers 0 ou ∞ suivant le signe de $\cos(p+\lambda\varphi)$. Or l'équation $\cos(p+\lambda\varphi) = 0$ donne 2λ valeurs de φ. Traçons, à partir d'un point quelconque du plan, des droites ayant ces directions. Elles partageront le plan en 2λ secteurs; pour $u = \infty$, on aura

$$V = 0 \quad \text{ou} \quad V = \infty$$

suivant que u sera dans un secteur de rang impair ou pair. Et si l'on suppose une ligne Λ partant de l'infini dans le $(2m+1)^{\text{ième}}$ secteur et y retournant par le $(2m+3)^{\text{ième}}$ (après avoir laissé à sa gauche tous les points $a, b, \ldots, x$), elle fournira une intégrale particulière. On en obtiendra ainsi λ.

196. Nous avons ainsi obtenu dans tous les cas le nombre d'intégrales nécessaire. On pourrait en déterminer une foule d'autres. Il est clair, en effet, qu'on pourrait prendre pour ligne d'intégration :

1° Toute combinaison de contours élémentaires, telle que chaque contour fût décrit aussi souvent dans le sens direct que dans le sens rétrograde;

2° Toute ligne L joignant deux des points $a, b, \ldots, \infty$, pourvu qu'elle arrive à ces points dans une direction telle, qu'on ait, en y arrivant, $V = 0$.

Mais nous savons d'avance, et il serait d'ailleurs aisé de le vérifier, que ces intégrales sont liées linéairement aux intégrales fondamentales que nous avons déterminées.

197. Pour une valeur donnée de x, les lignes suivant lesquelles sont prises ces intégrales fondamentales peuvent être déformées à volonté sans que la valeur des intégrales soit altérée, pourvu que dans cette déformation elles ne traversent jamais les points $a, b, \ldots, x$. Si l'on fait varier x d'une manière continue, ces intégrales varieront également d'une manière continue, pourvu que le mouvement de x soit accompagné, lorsque cela devient nécessaire, d'une déformation des lignes d'intégration, qui leur fasse éviter la traversée des points $a, b, \ldots, x$.

Ces considérations permettent de déterminer le groupe de l'équation différentielle proposée. En effet, les points critiques de cette équation sont les points $a, b, \ldots$, et il est aisé de se rendre compte de la manière dont varient les intégrales fondamentales lorsque x tourne dans le sens direct autour de l'un de ces points, tel que a.

198. Les contours élémentaires B, ... n'auront pas changé; mais les contours X et A, pour éviter d'être traversés par a et x, auront dû se transformer en X′ et A′

Fig. 3.

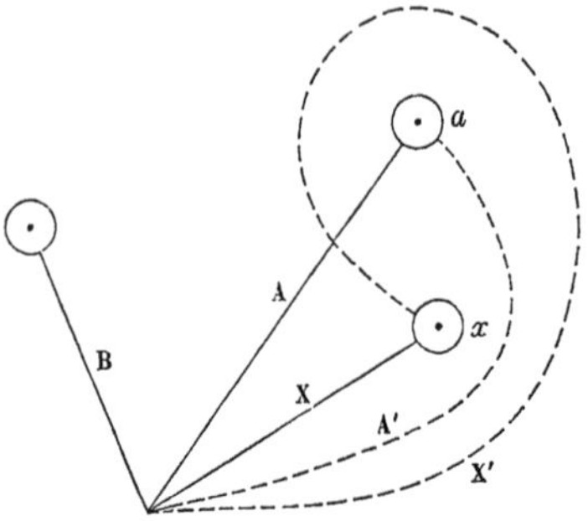

(*fig.* 3). Or le nouveau contour X′ est évidemment équivalent à $XAXA^{-1}X^{-1}$ et le contour A′ à

$$XAX^{-1} = XAX^{-1}A^{-1}.A.$$

L'intégrale suivant X′ sera donc égale à $\overline{X} + e^{2\pi\xi i}[AX]$, et l'intégrale suivant A′ à $-[AX] + \overline{A}$. Par suite, l'intégrale

$$[AX] = (1 - e^{2\pi i\xi})\overline{A} - (1 - e^{2\pi i\alpha_1})\overline{X}$$

se trouvera transformée en

$$\begin{aligned}&(1 - e^{2\pi i\xi})\overline{A'} - (1 - e^{2\pi i\alpha_1})\overline{X'}\\ &\quad = [AX][1 - (1 - e^{2\pi i\xi}) - (1 - e^{2\pi i\alpha_1})e^{2\pi i\xi}] = e^{2\pi i(\alpha_1+\xi)}[AX],\end{aligned}$$

et l'une quelconque [BX] des autres intégrales [BX], [CX], ... sera changée en

$$[BX] + (e^{2\pi i\beta_1} - 1)e^{2\pi i\xi}[AX].$$

199. Si a est une racine multiple d'ordre μ pour l'équation $Q = 0$, il existera $\mu - 1$ intégrales particulières $I_1^a, \ldots, I_{\mu-1}^a$ correspondant à des contours fermés infiniment petits A,

A', ... passant par ce point (194). Ces contours n'étant pas traversés par x dans son mouvement pourront être conservés sans altération. Mais la fonction à intégrer contient le facteur $(u-x)^{\xi-n}$, qui se reproduit multiplié par $e^{2\pi i\xi}$ lorsque x tourne autour de a, car il enveloppe en même temps le point u qui en est infiniment voisin. Les intégrales I_1^a, ..., $I_{\mu-1}^a$ se reproduiront donc multipliées par $e^{2\pi i\xi}$.

Soient b une autre racine multiple de $Q=0$, ν son ordre de multiplicité. Il existera $\nu-1$ intégrales particulières correspondant à des contours fermés infiniment petits passant par b. Le point x restant extérieur à ces contours lorsqu'il tourne autour de a, cette rotation ne changera ni les lignes d'intégration, ni la valeur du facteur $(u-x)^{\xi-n}$. Ces intégrales resteront donc inaltérées.

Enfin il en est évidemment de même des intégrales correspondant aux λ racines infinies que pourrait présenter l'équation $Q=0$ (195).

Nous avons ainsi déterminé d'une manière complète la transformation que subissent les intégrales par une rotation autour de a. On déterminerait de même la transformation opérée par une rotation autour de chacun des autres points critiques b, ...

200. Il peut arriver, pour certaines valeurs particulières des coefficients de l'équation différentielle, que les intégrales obtenues cessent d'être distinctes. Ainsi, si nous supposons que α_1 soit un nombre entier m, l'intégrale

$$[AX]=(1-e^{2\pi i\xi})\overline{A}-(1-e^{2\pi i\alpha_1})\overline{X}$$

sera identiquement nulle; car, d'une part, $e^{2\pi i\alpha_1}=1$ et. d'autre part, $\overline{A}=0$, car la fonction à intégrer reste monodrome dans l'intérieur du contour élémentaire A.

Pour obtenir dans ce cas l'intégrale particulière qui doit remplacer l'intégrale évanouissante, nous supposerons $\alpha_1=m+\varepsilon$, ε étant infiniment petit. L'intégrale $[AX]$ dans cette nouvelle hypothèse ne sera plus nulle, et, en la développant en série suivant les puissances de ε, on aura

$$[AX] = [AX]_{\alpha_1=m}$$
$$+ \varepsilon\left(\frac{d}{d\alpha_1}[AX]\right)_{\alpha_1=m} + \frac{\varepsilon^2}{1.2}\left(\frac{d^2}{d\alpha_1^2}[AX]\right)_{\alpha_1=m} + \ldots.$$

Le premier terme de ce développement est identiquement nul. Divisant le reste par ε, nous obtiendrons une autre intégrale

$$\frac{1}{\varepsilon}[AX] = \left(\frac{d}{d\alpha_1}[AX]\right)_{\alpha_1=m} + \ldots$$

qui, pour $\varepsilon = 0$, se réduira à son premier terme

$$\left(\frac{d}{d\alpha_1}[AX]\right)_{\alpha_1=m}$$
$$= 2\pi i\left[e^{2\pi i\alpha_1}\overline{X}\right]_{\alpha_1=m} + (1 - e^{2\pi i\xi})\overline{\mathcal{A}} - (1 - e^{2\pi i m})\overline{\mathcal{X}},$$

$\overline{\mathcal{A}}$ et $\overline{\mathcal{X}}$ désignant ce que deviennent les intégrales $\overline{A}$ et $\overline{X}$ lorsqu'on y remplace dans les fonctions à intégrer le facteur $(u-a)^{\alpha_1}$ par sa dérivée $(u-a)^m \log(u-a)$ pour la valeur particulière $\alpha_1 = m$.

On pourra opérer de même dans tous les cas analogues où une combinaison linéaire des intégrales fondamentales s'annule identiquement. En faisant varier infiniment peu l'un des paramètres, convenablement choisi, cette expression cesserait de s'annuler. Sa dérivée par rapport à ce paramètre donnera l'intégrale supplémentaire dont on a besoin.

201. Considérons en particulier le cas où toutes les racines de $Q(u)$ sont inégales et finies; on aura

$$Q(u) = (u-a)(u-b)\ldots,$$
$$\frac{R(u)}{Q(u)} = \frac{\alpha}{u-a} + \frac{\beta}{u-b} + \ldots,$$
$$V = (u-a)^{\alpha}(u-b)^{\beta}\ldots(u-x)^{\xi-n},$$

et les intégrales particulières de l'équation proposée seront données par la formule

$$I_{\alpha\beta\ldots\xi} = \int_L (u-a)^{\alpha-1}(u-b)^{\beta-1}\ldots(u-x)^{\xi-1}\,du,$$

où L est un contour fermé quelconque, tel que la fonction à intégrer reprenne sa valeur initiale après l'avoir décrit.

La différentiation sous le signe $\int$ donne évidemment

$$\frac{d^\mu I_{\alpha\beta\ldots,\xi}}{dx^\mu} = (-1)^\mu(\xi-1)(\xi-2)\ldots(\xi-\mu)\,I_{\alpha\beta,\ldots,\xi-\mu}.$$

L'équation différentielle à laquelle satisfait $I_{\alpha\beta\ldots\xi}$ équivaut donc à une relation linéaire entre les $n+1$ intégrales consécutives $I_{\alpha\beta\ldots\xi}$, $I_{\alpha\beta\ldots,\xi-1}$, ..., $I_{\alpha\beta\ldots,\xi-n}$.

D'autre part, on a évidemment

$$I_{\alpha+1,\beta\ldots\xi} = I_{\alpha\beta\ldots,\xi+1} + (x-a)\,I_{\alpha\beta\ldots\xi}.$$

Cette formule et ses analogues, combinées avec la relation précédente, montrent que toutes les intégrales de la forme

$$I_{\alpha+p,\,\beta+q,\,\ldots,\,\xi+r},$$

où p, q, ..., r sont des entiers, s'expriment linéairement en fonction de n d'entre elles, telles que $I_{\alpha\beta\ldots\xi-1}$, ..., $I_{\alpha\beta\ldots\xi-n}$.

Signalons encore cette formule, dont la vérification est immédiate,

$$(\xi-1)\frac{\partial I_{\alpha\beta\ldots\xi}}{\partial a} - (\alpha-1)\frac{\partial I_{\alpha\beta\ldots\xi}}{\partial x} = (x-a)\frac{\partial^2 I_{\alpha\beta\ldots\xi}}{\partial a\,\partial x}.$$

202. Si les exposants α, β, ..., ξ sont réels et rationnels, l'intégrale

$$\int (u-a)^{\alpha-1}(u-b)^{\beta-1}\ldots(u-x)^{\xi-1}\,du$$

sera une intégrale abélienne, et l'intégrale $I_{\alpha\beta\ldots\xi}$ en sera une période.

On pouvait prévoir *a priori* que les périodes d'une intégrale abélienne, considérées comme fonctions de l'un des paramètres a qui figurent dans l'intégrale, seraient les solutions d'une équation différentielle linéaire à coefficients monodromes. En effet, soient P, P_1, ... les périodes linéairement distinctes. La forme générale des périodes sera

$$mP + m_1 P_1 + \ldots,$$

m, m_1, ... étant des entiers. Si nous faisons varier a d'une manière quelconque, P, P_1, ... varieront d'une manière continue. Et, si a reprend sa valeur primitive, les valeurs finales de ces fonctions, étant encore des périodes, seront de la forme $mP + m_1 P_1 + \ldots$. L'effet du contour fermé décrit par a sera donc d'opérer sur P, P_1, ... une certaine substitution linéaire. L'équation linéaire

$$\begin{vmatrix} I & P & P_1 & \ldots \\ \frac{dI}{da} & \frac{dP}{da} & \frac{dP_1}{da} & \ldots \\ \ldots & \ldots & \ldots & \ldots \end{vmatrix} = 0,$$

dont ces périodes sont les solutions, se reproduira multipliée par le déterminant de cette substitution lorsque a décrit ce contour; et, si nous divisons l'équation par le coefficient du premier terme, les coefficients de la nouvelle équation obtenue se reproduiront sans altération. Ce sont donc des fonctions monodromes.

203. Proposons-nous, comme application, de former l'équation différentielle à laquelle satisfont les périodes de l'intégrale elliptique

$$I = \int \frac{dt}{\sqrt{(1-t^2)(1-k^2t^2)}}$$

considérées comme fonctions du module k.

On a

$$kI = \int \frac{dt}{\sqrt{(1-t^2)\left(\frac{1}{k^2}-t^2\right)}}$$

ou

$$kI = \frac{1}{2}\int u^{-\frac{1}{2}}(u-1)^{-\frac{1}{2}}(u-x)^{-\frac{1}{2}}\,du,$$

en posant

$$\frac{1}{k^2} = x, \qquad t^2 = u.$$

Les périodes de cette intégrale, considérées comme fonctions de x, satisferont à l'équation différentielle (1) si l'on pose

$$Q(u) = u(u-1), \qquad \xi = \tfrac{1}{2}, \qquad n = 2,$$

$$R(u) = \left[\frac{1}{2u} + \frac{1}{2(u-1)}\right]Q(u) = u - \tfrac{1}{2}.$$

Substituant ces valeurs, il viendra

$$x(x-1)\frac{d^2 kI}{dx^2} + (2x-1)\frac{dkI}{dx} + \tfrac{1}{4}kI = 0.$$

Il reste à transformer cette expression en substituant à x sa valeur $\frac{1}{k^2}$.

On a

$$dx = -\frac{2\,dk}{k^3}, \qquad \text{d'où} \qquad \frac{dk}{dx} = -\tfrac{1}{2}k^3,$$

$$\frac{dkI}{dx} = -\tfrac{1}{2}k^3\frac{dkI}{dk},$$

$$\frac{d^2kI}{dx^2} = \left(-\tfrac{1}{2}k^3\frac{d^2kI}{dk^2} - \tfrac{3}{2}k^2\frac{dkI}{dk}\right)\left(-\tfrac{1}{2}k^3\right)$$

et, en substituant,

$$k(1-k^2)\frac{d^2kI}{dk^2} - (1+k^2)\frac{dkI}{dk} + I = 0.$$

204. L'équation différentielle de Laplace

$$(9)\quad \left\{\begin{aligned} &(f+gx)\frac{d^nI}{dx^n} \\ &\quad +(f_1+g_1x)\frac{d^{n-1}I}{dx^{n-1}} + \ldots + (f_n+g_nx)I = 0, \end{aligned}\right.$$

où les f, g sont des constantes, peut s'intégrer par un procédé tout semblable à celui qui nous a servi pour l'équation (1).

Posons, en effet,

$$I = \int_L U e^{ux} \, du.$$

Le résultat de la substitution de cette intégrale sera

$$\int_L [R(u) + Q(u)x] U e^{ux} \, du,$$

en posant, pour abréger,

$$R(u) = fu^n + f_1 u^{n-1} + \ldots + f_n,$$
$$Q(u) = gu^n + g_1 u^{n-1} + \ldots + g_n,$$

Si nous déterminons ici encore U par la condition

$$R(u) U = \frac{d}{du} U Q(u).$$

d'où

$$U = \frac{1}{Q(u)} e^{\int \frac{R(u)}{Q(u)} du}$$

l'intégrale précédente se réduira à

$$\int_L d.UQ(u) e^{ux} = \int_L dV.$$

Elle sera nulle, et l'on obtiendra, par suite, une intégrale de l'équation proposée, si l'on choisit pour L un contour fermé tel que V reprenne sa valeur initiale quand on revient au point de départ ou une ligne telle que V s'annule à ses deux extrémités.

Soient

$a, b, c, \ldots$ les racines distinctes de l'équation $Q = 0$;
m leur nombre;
A, B, C, ... les contours élémentaires correspondants.

On obtiendra $m - 1$ intégrales en prenant successivement pour L les contours

$$ABA^{-1}B^{-1}, \quad ACA^{-1}C^{-1}, \quad \ldots.$$

Si l'équation $Q = 0$ a des racines multiples, soient a l'une d'elles, μ son ordre de multiplicité : on obtiendra, comme au n° **194**, $\mu - 1$ nouvelles intégrales, en prenant pour L des contours partant du point a et y revenant dans des directions convenables.

Enfin, soit λ le nombre des racines infinies de l'équation $Q = 0$ (ce nombre pouvant être nul); on aura

$$\frac{R(u)}{Q(u)} = pu^\lambda + p_1 u^{\lambda-1} + \ldots$$
$$+ \frac{\alpha_1}{u-a} + \frac{\alpha_2}{(u-a)^2} + \ldots + \frac{\beta_1}{u-b} + \ldots$$

et, par suite,

$$V = e^{\int \frac{R(u)}{Q(u)} du + ux},$$
$$= e^{\frac{p}{\lambda+1} u^{\lambda+1} + \ldots + (p_\lambda + x) u} (u-a)^{\alpha_1} (u-b)^{\beta_1} \ldots \theta,$$

le facteur θ restant fini pour $u = \infty$.

On verra, comme au n° **195**, qu'il existe $\lambda + 1$ intégrales correspondant à des lignes L ayant leurs deux extrémités à l'infini.

Ce résultat subsistera, même si $\lambda = 0$, auquel cas V serait de la forme

$$V = e^{(p+x)u} (u-a)^{\alpha_1} (u-b)^{\beta_1} \ldots \theta.$$

Les $\lambda + 1$ intégrales ainsi obtenues, jointes aux précédentes, compléteront le nombre des intégrales requises pour former l'intégrale générale.

205. Nous allons appliquer la méthode précédente à l'équation

$$(10) \qquad x \frac{d^2 I}{dx^2} + (2n+1) \frac{dI}{dx} + xI = 0.$$

On aura, dans ce cas,

$$R(u) = (2n+1)u, \qquad Q(u) = u^2+1,$$

$$\int \frac{R(u)}{Q(u)} du = (n+\tfrac{1}{2}) \log(u^2+1).$$

Nous aurons donc, comme solution de l'équation proposée, l'intégrale

$$\int e^{ux}(u^2+1)^{n-\frac{1}{2}} du,$$

pourvu que l'expression

$$V = e^{ux}(u^2+1)^{n+\frac{1}{2}}$$

prenne la même valeur aux deux extrémités de la ligne d'intégration.

206. Avant de procéder à l'étude des solutions fournies par cette intégrale, il convient de donner quelques explications sur les fonctions eulériennes, lorsque leur argument est une quantité complexe quelconque.

La définition de $\Gamma(z)$ par un produit infini n'est soumise à aucune restriction; elle donne, pour toute valeur de z, une valeur unique et déterminée de $\Gamma(z)$, laquelle est toujours différente de zéro et reste finie, sauf pour les valeurs entières et négatives de z, pour lesquelles elle est infinie du premier ordre. Mais, pour qu'on puisse considérer $\Gamma(z)$ comme fonction de la variable imaginaire z, il faut encore établir qu'elle a une dérivée.

Or $\Gamma(z)$ est un produit infini ayant pour facteur général (t. I, n° 137)

$$\frac{n}{n+z} \frac{(n+1)^z}{n^z}.$$

Donc $\log\Gamma(z)$ sera donné par une série infinie S ayant pour terme général

$$\log n - \log(n+z) + z\log(n+1) - z\log n.$$

Prenant les dérivées des termes de cette série, nous aurons

une nouvelle série S' ayant pour terme général

$$-\frac{1}{n+z}+\log(n+1)-\log n.$$

Mais on a

$$\log(n+1)-\log n=\int_n^{n+1}\frac{dn}{n}=\frac{1}{n+\theta_n},$$

θ_n étant une quantité comprise entre 0 et 1.

Le terme général de la série des dérivées sera donc

$$-\frac{1}{n+z}+\frac{1}{n+\theta_n}=\frac{z-\theta_n}{(n+z)(n+\theta_n)},$$

et son module aura pour limite supérieure la quantité

$$A_n=\frac{Z+1}{(n-Z)n},$$

Z désignant le maximum du module de z dans la région où l'on considère sa variation.

Les quantités A_n ne dépendent plus de z et forment une série manifestement convergente. Donc la série S' est uniformément convergente dans la région considérée et sera la dérivée de $\log\Gamma(z)$. Donc $\Gamma(z)=e^{\log\Gamma(z)}$ aura lui-même une dérivée égale à $S'\Gamma(z)$.

207. La définition de $\Gamma(z)$ par l'intégrale définie

$$\Gamma(z)=\int_0^\infty e^{-t}t^{z-1}\,dt$$

est bornée au cas où z est réel et positif. Mais il est aisé de la modifier, de manière à obtenir une expression de $\Gamma(z)$ en intégrale définie applicable à toute valeur de z.

Considérons en effet l'intégrale

$$\int e^{-t}t^{z-1}\,dt$$

prise suivant une ligne L partant de l'infini positif et y revenant, après avoir entouré l'origine dans le sens direct, comme l'indique la *fig.* 4.

Fig. 4.

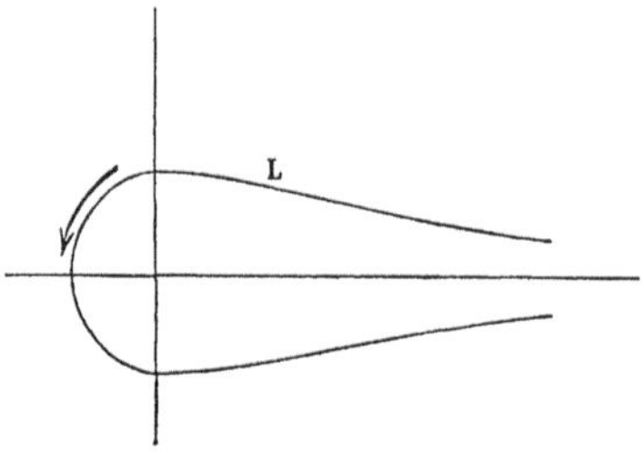

Pour définir complètement cette intégrale, il faut préciser quelle est celle des déterminations de la fonction t^{z-1} que l'on adopte. Soit

$$t = \rho(\cos\varphi + i\sin\varphi);$$

on aura, par définition,

$$t^{z-1} = e^{(z-1)(\operatorname{Log}\rho + i\varphi)}.$$

Pour chaque position du point t, ρ est complètement déterminé; mais l'argument φ n'est connu qu'aux multiples près de 2π; suivant celle de ces valeurs que l'on adopte, celle de t^{z-1} variera.

Nous prendrons pour valeur de φ celle qui varie de 0 à 2π lorsque t se meut sur la ligne L. On aura, dans ce cas,

$$\int_L e^{-t} t^{z-1}\,dt = (e^{2\pi i z} - 1)\Gamma(z).$$

En effet, les deux membres de cette égalité sont des fonctions continues et monodromes de z. On sait que deux semblables fonctions sont égales dans tout le plan dès qu'elles sont égales le long d'une ligne déterminée. Il nous suffira donc de montrer que l'égalité a lieu pour les valeurs réelles et positives de z.

Dans ce cas, la ligne d'intégration L peut être déformée de manière à se composer : 1° de l'axe des x, de ∞ à ε,

ε étant une quantité infiniment petite; 2° d'un cercle de rayon ε décrit autour de l'origine; 3° de l'axe des x de ε à ∞.

Si ε tend vers zéro, l'intégrale rectiligne $\int_\infty^\varepsilon$ aura pour limite

$$\int_\infty^0 = -\int_0^\infty e^{-t} t^{z-1}\, dt,$$

où l'on prendra pour t^{z-1} sa valeur réelle.

Cette intégrale est égale à $-\Gamma(z)$ (t. II, n° 176).

L'intégrale suivant le cercle est nulle. Enfin l'intégrale de retour sera

$$e^{2\pi i(z-1)} \int_0^\infty e^{-t} t^{z-1}\, dt = e^{2\pi i z}\,\Gamma(z),$$

parce que la rotation autour de l'origine a multiplié t^{z-1} par le facteur $e^{2\pi i(z-1)} = e^{2\pi i z}$.

L'égalité est donc démontrée.

208. Considérons, d'autre part, l'intégrale

$$\int_{\text{ABA}^{-1}\text{B}^{-1}} t^{p-1}(1-t)^{q-1}\, dt,$$

A, B (*fig.* 5) désignant des contours élémentaires rectilignes qui joignent les points critiques $+1$ et o à un point

Fig. 5.

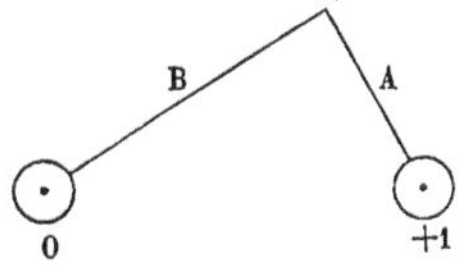

quelconque α. Les valeurs de t^{p-1}, $(1-t)^{q-1}$ dépendent des valeurs initiales adoptées au point α pour les arguments φ, φ_1 des quantités t et $1-t$. Nous adopterons celles de ces valeurs qui sont comprises entre $-\pi$ et $+\pi$. La signification de l'intégrale étant ainsi précisée, nous aurons

$$\int_{\mathrm{ABA}^{-1}\mathrm{B}^{-1}} t^{p-1}(1-t)^{q-1}\,dt = (1-e^{2\pi i p})(1-e^{2\pi i q})\frac{\Gamma(p)\Gamma(q)}{\Gamma(p+q)}.$$

Il suffira, comme tout à l'heure, d'établir la proposition pour le cas où p et q sont réels et positifs.

En désignant par $\overline{\mathrm{A}}$, $\overline{\mathrm{B}}$ les valeurs de l'intégrale prise le long des contours élémentaires A, B, on aura

$$\int_{\mathrm{ABA}^{-1}\mathrm{B}^{-1}} = (1-e^{2\pi i p})\overline{\mathrm{A}} - (1-e^{2\pi i q})\overline{\mathrm{B}}.$$

D'ailleurs les intégrales le long des petits cercles étant nulles, on aura

$$\overline{\mathrm{A}} = \int_\alpha^1 + \int_1^\alpha = (1-e^{2\pi i q})\int_\alpha^1,$$

$$\overline{\mathrm{B}} = \int_\alpha^0 + \int_0^\alpha = (-e^{2\pi i p}+1)\int_0^\alpha.$$

Donc

$$\int_{\mathrm{ABA}^{-1}\mathrm{B}^{-1}} = (1-e^{2\pi i p})(1-e^{2\pi i q})\int_0^1.$$

Mais, en vertu de l'hypothèse faite, t et $1-t$ auront leur argument nul entre 0 et 1; donc t^{p-1} et $(1-t)^{q-1}$ seront réels dans l'intégrale $\int_0^1$; celle-ci aura donc pour valeur $\frac{\Gamma(p)\Gamma(q)}{\Gamma(p+q)}$ (t. II, nos 186-187).

209. Revenons à l'intégrale $\int e^{ux}(u^2+1)^{n-\frac{1}{2}}du$.

Soient (*fig.* 6)

A, B des contours élémentaires joignant l'origine aux points critiques i et $-i$;

C une droite joignant l'origine au point $-\frac{\infty}{x}$, situé à l'infini dans la direction du point $\frac{-1}{x}$;

$\bar{A}$, $\bar{B}$, $\bar{C}$ les valeurs de l'intégrale prise le long de ces lignes, en choisissant celle des déterminations du radical $(u^2+1)^{n-\frac{1}{2}}$ qui se réduit à $+1$ pour la valeur initiale $u=0$, ce qui revient à adopter, parmi les divers argu-

Fig. 6.

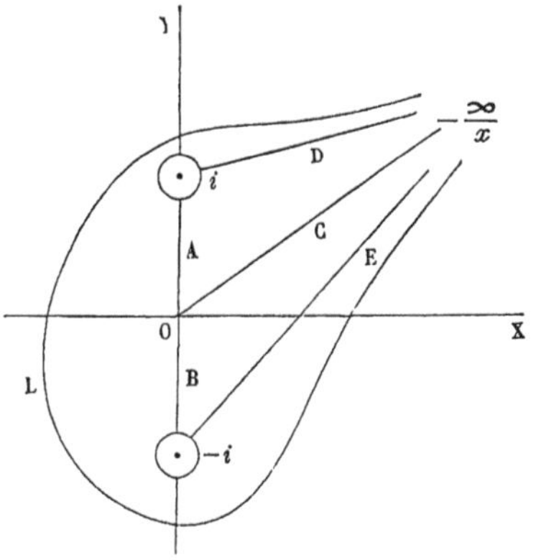

ments de la quantité u^2+1 (lesquels diffèrent les uns des autres de multiples de 2π) celui dont la valeur initiale est nulle.

On peut obtenir une première solution en prenant pour ligne d'intégration $ABA^{-1}B^{-1}$. L'intégrale correspondante étant

$$\left[1-e^{2\pi i\left(n-\frac{1}{2}\right)}\right]\left[\bar{A}-\bar{B}\right],$$

on voit, en supprimant un facteur constant, que

$$I_1=\bar{A}-\bar{B}$$

est une solution.

On obtiendrait d'ailleurs directement cette solution en prenant pour ligne d'intégration le contour fermé AB^{-1}, à l'extrémité duquel la fonction V reprend sa valeur initiale $+1$; car les deux facteurs exponentiels par lesquels elle a été successivement multipliée sont inverses l'un de l'autre.

$$I_1 = \bar{A} - \bar{B} = \int_A e^{ux}(u^2+1)^{n-\frac{1}{2}}du - \int_B e^{ux}(u^2+1)^{n-\frac{1}{2}}du,$$

ou, en développant les exponentielles en séries,

$$I_1 = \sum_{m=0}^{m=\infty} \frac{x^m}{\Gamma(m+1)} \left[\int_A u^m(1+u^2)^{n-\frac{1}{2}}du - \int_B u^m(1+u^2)^{n-\frac{1}{2}}du\right].$$

Si m est impair, les deux intégrales entre parenthèses ont évidemment les mêmes éléments et se détruisent; si m est pair $=2\mu$, ces éléments seront égaux et de signe contraire; on aura donc plus simplement

$$I_1 = \sum_0^\infty \frac{x^{2\mu}}{\Gamma(2\mu+1)} 2\int_A u^{2\mu}(u^2+1)^{n-\frac{1}{2}}du.$$

Posons $u = it^{\frac{1}{2}}$, il viendra

$$2\int_A u^{2\mu}(u^2+1)^{n-\frac{1}{2}}du = (-1)^\mu i \int_{A'} t^{\mu-\frac{1}{2}}(1-t)^{n-\frac{1}{2}}dt,$$

A' désignant le contour élémentaire qui joint l'origine au point 1, t étant réel et positif ainsi que $(1-t)^{n-\frac{1}{2}}$ lorsqu'on va de 0 à 1.

Dans ces conditions, l'intégrale suivant A' sera égale à

$$\left[1 - e^{2\pi i\left(n-\frac{1}{2}\right)}\right] \frac{\Gamma(\mu+\frac{1}{2})\Gamma(n+\frac{1}{2})}{\Gamma(\mu+n+1)}.$$

D'ailleurs $e^{2\pi i\left(n-\frac{1}{2}\right)} = -e^{2\pi i n}$. En outre, si dans la formule

$$\frac{m^{mz}\Gamma(z)\Gamma\left(z+\frac{1}{m}\right)\cdots\Gamma\left(z+\frac{m-1}{m}\right)}{\Gamma(mz)} = (2\pi)^{\frac{m-1}{2}} m^{\frac{1}{2}},$$

démontrée au t. I, n° 176, on pose $m = 2$, $z = \mu + \frac{1}{2}$, il viendra

$$(11) \qquad \Gamma(\mu + \tfrac{1}{2}) = \frac{\Gamma(2\mu + 1)}{\Gamma(\mu + 1)} \frac{1}{2^{2\mu}} \sqrt{\pi}.$$

Substituant ces valeurs, il viendra finalement

$$(12) \quad \left\{ \begin{aligned} I_1 &= (1 + e^{2\pi i n}) i \Gamma(n + \tfrac{1}{2}) \sqrt{\pi} \sum_0^\infty \frac{(-1)^\mu \left(\frac{x}{2}\right)^{2\mu}}{\Gamma(\mu + 1)\Gamma(\mu + n + 1)} \\ &= (1 + e^{2\pi i n}) i \Gamma(n + \tfrac{1}{2}) \sqrt{\pi} \left(\frac{x}{2}\right)^{-n} J_n(x). \end{aligned} \right.$$

210. Nous obtiendrons une seconde solution I_2 en intégrant suivant une ligne L partant du point $\frac{-\infty}{x}$ et y revenant après avoir enveloppé dans le sens direct la partie de l'axe des y comprise entre $-i$ et $+i$ (*fig.* 6); car $e^{ux}(u^2 + 1)^{n + \frac{1}{2}}$ s'annule au point $\frac{-\infty}{x}$.

Posons

$$u = -\frac{t}{x},$$

d'où

$$(13) \qquad u^2 + 1 = \frac{t^2}{x^2} + 1 = \frac{t^2}{x^2}\left(1 + \frac{x^2}{t^2}\right) e^{2k\pi i}$$

et, par suite,

$$(u^2 + 1)^{n - \frac{1}{2}} = e^{(2n-1)k\pi i} \frac{t^{2n-1}}{x^{2n-1}} \left(1 + \frac{x^2}{t^2}\right)^{n - \frac{1}{2}},$$

k étant un entier choisi de telle sorte que les deux membres de l'équation (13) aient le même argument lorsqu'on donne à t sa valeur initiale $+\infty$ et à u la valeur correspondante $\frac{-\infty}{x}$.

Nous adopterons pour arguments de t et de $1 + \frac{x^2}{t^2}$ ceux dont la valeur initiale est nulle; pour argument de x celui qui est compris entre $-\frac{\pi}{2}$ et $\frac{3\pi}{2}$, pour argument de u^2+1 celui qu'on obtient en faisant décrire à u la ligne C et prenant zéro pour l'argument initial correspondant à l'origine.

Il est clair que, lorsque u décrit la ligne C, l'argument de l'un des facteurs $u-i$, $u+i$ augmente, l'autre diminue. D'ailleurs chacun d'eux varie d'une quantité inférieure à π; donc l'argument final à adopter pour u^2+1 sera compris entre $-\pi$ et $+\pi$.

On devra donc déterminer k, de telle sorte que l'argument

$$2k\pi - 2\arg x$$

du second membre de l'équation (13) soit compris entre $-\pi$ et $+\pi$.

Si x est à droite de l'axe des y, $\arg x$ sera compris entre $-\frac{\pi}{2}$ et $\frac{\pi}{2}$, et l'on devra poser $k=0$; si x est à gauche de cet axe, $\arg x$ sera compris entre $\frac{\pi}{2}$ et $\frac{3\pi}{2}$, et l'on devra poser $k=1$.

Cela posé, faisons $u=-\frac{t}{x}$ dans l'intégrale

$$\int_L e^{ux}(u^2+1)^{n-\frac{1}{2}}\,du,$$

elle deviendrait

$$\int e^{-t}\,e^{(2n-1)k\pi i}\,\frac{t^{2n-1}}{x^{2n-1}}\left(1+\frac{x^2}{t^2}\right)^{n-\frac{1}{2}}\frac{-dt}{x},$$

t ayant pour valeur initiale et finale $+\infty$, et son argument variant de 0 à 2π le long de la nouvelle ligne d'intégration. En supposant, ce qui est évidemment permis, que le module de t soit plus grand que celui de x tout le long de cette ligne, on pourra développer le facteur $\left(1+\frac{x^2}{t^2}\right)^{n-\frac{1}{2}}$ par la formule du binôme, et l'on aura ainsi

$$\begin{aligned} I_2 &= - e^{(2n-1)k\pi i}\sum_{\mu} \frac{\Gamma(n+\frac{1}{2})\, x^{2\mu-2n}}{\Gamma(\mu+1)\Gamma(n-\mu+\frac{1}{2})}\int e^{-t}\, t^{2n-2\mu-1}\, dt \\ &= - e^{(2n-1)k\pi i}\sum_{\mu} \frac{\Gamma(n+\frac{1}{2})\, x^{2\mu-2n}}{\Gamma(\mu+1)\Gamma(n-\mu+\frac{1}{2})}(e^{4\pi i n}-1)\,\Gamma(2n-2\mu). \end{aligned}$$

On a d'ailleurs, en changeant μ en $n-\mu-\frac{1}{2}$ dans la formule (11),

$$\begin{aligned} \frac{\Gamma(2n-2\mu)}{\Gamma(n-\mu+\frac{1}{2})} &= \frac{2^{2n-2\mu-1}}{\sqrt{\pi}}\,\Gamma(n-\mu) \\ &= \frac{2^{2n-2\mu-1}}{\sqrt{\pi}}\,\frac{\pi}{\Gamma(\mu-n+1)\sin(n-\mu)\pi} \\ &= \frac{2^{2n-2\mu}\sqrt{\pi}}{2\sin n\pi}(-1)^{\mu}\frac{1}{\Gamma(\mu-n+1)}. \end{aligned}$$

Enfin

$$\frac{e^{4\pi i n}-1}{2\sin n\pi} = i e^{\pi i n}(1+e^{2\pi i n}).$$

On aura, par suite,

$$(14)\quad \left\{ \begin{aligned} I_2 &= - e^{(2n-1)k\pi i}(1+e^{2\pi i n})\, e^{\pi i n} \\ &\quad \times i\,\Gamma(n+\tfrac{1}{2})\sqrt{\pi}\sum_{\mu}\frac{(-1)^{\mu}\left(\frac{x}{2}\right)^{2\mu-2n}}{\Gamma(\mu+1)\Gamma(\mu-n+1)} \\ &= (1+e^{2\pi i n})\, e^{(2n-1)k\pi i+(n+1)\pi i} \\ &\quad \times i\,\Gamma(n+\tfrac{1}{2})\sqrt{\pi}\left(\frac{x}{2}\right)^{-n} J_{-n}(x). \end{aligned} \right.$$

211. Les deux solutions que nous venons d'obtenir sont donc, à des facteurs constants près, égales à $x^{-n}J_n(x)$ et $x^{-n}J_{-n}(x)$, ce qui confirme un résultat déjà obtenu au nº **191**.

On peut trouver deux nouvelles solutions I_3 et I_4 en intégrant le long des contours élémentaires D et E joignant respectivement les points critiques i et $-i$ au point $-\frac{\infty}{x}$

(*fig.* 6); car $.e^{ux}(u^2+1)^{n+\frac{1}{2}}$ s'annule en ce dernier point. Nous préciserons le sens de ces intégrales en adoptant pour argument de u^2+1 au commencement de chacune de ces lignes celui qui est compris entre $-\pi$ et $+\pi$.

Il est d'ailleurs aisé de déterminer les relations qui lient ces nouvelles intégrales aux précédentes. En effet, l'argument de u^2+1 reprenant sa valeur initiale lorsqu'on décrit le contour AB^{-1}, ce contour sera équivalent au contour $C^{-1}AB^{-1}C = C^{-1}AC.C^{-1}B^{-1}C$ qu'on peut aisément déformer en DE^{-1}. L'intégrale relative à ce dernier contour est $I_3 - I_4$; on aura donc

$$(15) \qquad I_1 = I_3 - I_4.$$

D'autre part, le contour L peut évidemment être transformé en DE ou en ED suivant que $-\frac{\infty}{x}$ est à droite ou à gauche de l'axe des y. Dans le premier cas, x sera à gauche de cet axe, et l'on aura

$$(16) \qquad I_2 = I_3 + e^{(2n-1)\pi i} I_4.$$

Dans le second cas, x sera à droite de cet axe, et l'on aura

$$(17) \qquad I_2 = I_4 + e^{(2n-1)\pi i} I_3.$$

212. Proposons-nous de déterminer une valeur approchée de I_3 et de I_4 lorsque le module de x est très grand. Nous admettrons, pour plus de simplicité dans cette recherche, que n a sa partie imaginaire positive. Le cas où cette partie imaginaire serait négative se ramène immédiatement à celui-là, car, en posant $I = x^{-2n}K$, l'équation transformée en K ne diffère de la primitive que par le signe de n.

Dans l'hypothèse admise, les intégrales prises le long de cercles infiniment petits décrits autour de i et de $-i$ sont nulles, et l'on aura évidemment

$$I_3 = -(1+e^{2\pi i n}) I'_3,$$
$$I_4 = -(1+e^{2\pi i n}) I'_4,$$

I'_3 et I'_4 étant les intégrales prises suivant les droites P et Q qui joignent respectivement les points i et $-i$ au point $\frac{-\infty}{x}$.

Soit P′ une droite menée à partir du point i et faisant avec la droite P un angle λ inférieur en valeur absolue à $\frac{\pi}{2}$. L'intégrale suivant un arc de cercle de rayon infini tracé entre P et P′ sera nulle; car e^{ux} tend vers zéro tout le long de cet arc plus rapidement qu'une puissance négative quelconque du rayon. On pourra donc remplacer l'intégrale suivant P par l'intégrale suivant P′.

Or on a sur cette dernière droite

$$u = i - \frac{te^{\lambda i}}{x} = e^{\frac{\pi i}{2}} + \frac{e^{(-\pi+\lambda)i}t}{x},$$

t étant réel et variant de o à ∞.

On en déduit

$$(18)\quad \begin{cases} u^2+1 = \dfrac{2e^{\left(-\frac{\pi}{2}+\lambda\right)i}t}{x} + \dfrac{e^{2\lambda i}t^2}{x^2} \\ = \dfrac{2e^{\left(-\frac{\pi}{2}+\lambda\right)i}t}{x}\left[1+\dfrac{e^{\left(\frac{\pi}{2}+\lambda\right)i}t}{2x}\right]e^{2k'\pi i}, \end{cases}$$

k' étant un entier à déterminer de telle sorte que les deux membres de l'équation aient le même argument le long de P′.

Nous adopterons, comme précédemment, pour argument de x celui qui est compris entre $-\frac{\pi}{2}$ et $\frac{3\pi}{2}$, pour argument de t celui qui s'annule sur P′, pour argument de $1+\frac{e^{\left(\frac{\pi}{2}+\lambda\right)i}t}{2x}$ celui qui s'annule pour $t=0$.

Considérons sur les deux lignes P et P′ deux points p, p' infiniment voisins du point i; l'argument de $u+i$ aura sensiblement la même valeur en ces deux points; et la valeur de l'argument de $u-i$ au point p' surpassera de λ sa valeur au point p. Or au point p l'argument de u^2+1 est compris entre $-\pi$ et $+\pi$. Sa valeur au point p' sera donc comprise entre $-\pi+\lambda$ et $\pi+\lambda$.

Mais l'argument du second membre de la relation (18) au point p' est égal à

$$-\frac{\pi}{2}+\lambda-\arg x+2k'\pi.$$

Pour qu'il soit compris entre $-\pi+\lambda$ et $\pi+\lambda$, il faudra poser $k'=0$ ou $k'=1$, suivant que l'argument de x sera compris entre $-\frac{\pi}{2}$ et $\frac{\pi}{2}$ ou entre $\frac{\pi}{2}$ et $\frac{3\pi}{2}$. On aura donc, en tout état de cause, $k'=k$, le nombre k étant celui qui figure dans l'expression (14) de l'intégrale I_2.

Prenant donc t pour variable indépendante au lieu de u et remarquant que $e^{\frac{\pi i}{2}}=i$, il viendra

$$I'_3=-e^{(2n-1)k\pi i}\,e^{-\left(n-\frac{1}{2}\right)\frac{\pi}{2}i}\,2^{n-\frac{1}{2}}\frac{e^{ix}}{x^{n+\frac{1}{2}}}\,H,$$

H désignant l'intégrale

$$\int_0^\infty e^{-e^{\lambda i}t}(e^{\lambda i}t)^{n-\frac{1}{2}}\left[1+\frac{ie^{\lambda i}t}{2x}\right]^{n-\frac{1}{2}}e^{\lambda i}\,dt.$$

Or on a

$$\left[1+\frac{ie^{\lambda i}t}{2x}\right]^{n-\frac{1}{2}}=\sum_{\mu=0}^{\mu=m-1}\frac{\Gamma(n+\frac{1}{2})}{\Gamma(\mu+1)\Gamma(n-\mu+\frac{1}{2})}\left(\frac{ie^{\lambda i}t}{2x}\right)^{\mu}+R_m,$$

R_m étant un reste dont nous aurons à discuter la valeur. Donc

$$H=\sum_{\mu=0}^{\mu=m-1}\frac{\Gamma(n+\frac{1}{2})}{\Gamma(\mu+1)\Gamma(n-\mu+\frac{1}{2})}\left(\frac{i}{2x}\right)^{\mu}\int_0^\infty e^{-e^{\lambda i}t}(e^{\lambda i}t)^{n-\frac{1}{2}+\mu}e^{\lambda i}\,dt+U,$$

le reste U étant donné par l'intégrale

$$U=\int_0^\infty e^{-e^{\lambda i}t}(e^{\lambda i}t)^{n-\frac{1}{2}}R_m e^{\lambda i}\,dt.$$

Mais

$$\int_0^\infty e^{-e^{\lambda i}t}(e^{\lambda i}t)^{n-\frac{1}{2}+\mu}e^{\lambda i}dt$$

n'est autre chose que l'intégrale

$$\int e^{-z}z^{n-\frac{1}{2}+\mu}dz$$

prise le long d'une droite allant de l'origine jusqu'à l'infini avec un azimut λ. L'intégrale de cette même fonction étant évidemment nulle sur un arc de cercle de rayon infini, compris entre cette ligne et l'axe des x, on pourra remplacer la ligne d'intégration par l'axe des x, ce qui donnera, pour valeur de l'intégrale,

$$\Gamma(n+\mu+\tfrac{1}{2}).$$

Nous aurons donc, pour expression approchée de H, la série

$$\sum_{\mu=0}^{\mu=m-1}\frac{\Gamma(n+\frac{1}{2})\Gamma(n+\mu+\frac{1}{2})}{\Gamma(\mu+1)\Gamma(n-\mu+\frac{1}{2})}\left(\frac{i}{2x}\right)^\mu$$

et nous n'aurons plus qu'à trouver une limite supérieure du module de l'intégrale U, qui nous permette d'apprécier l'erreur commise.

213. Or $e^{-e^{\lambda i}t}e^{\lambda i}$ a pour module $e^{-t\cos\lambda}$; et, si nous supposons $n=\alpha+\beta i$, la quantité

$$(e^{\lambda i}t)^{n-\frac{1}{2}}=e^{(\operatorname{Log}t+\lambda i)\left(\alpha-\frac{1}{2}+\beta i\right)}$$

aura pour module

$$t^{\alpha-\frac{1}{2}}e^{-\beta\lambda}.$$

Pour obtenir, d'autre part, une limite du module de R_m, posons

$$\left(1+\frac{ie^{\lambda i}t}{2x}\right)^{n-\frac{1}{2}}=F(t)=f(t)+i\varphi(t),$$

$f(t)$ et $\varphi(t)$ étant des fonctions réelles. La série de Maclaurin, appliquée à ces deux fonctions séparément, donnera

$$f(t)=f(0)+tf'(0)+\ldots+\frac{t^{m-1}f^{m-1}(0)}{1.2..(m-1)}+\frac{t^m}{1.2..m}f^m(\theta t),$$

$$\varphi(t)=\varphi(0)+\ldots\qquad+\frac{t^{m-1}\varphi^{m-1}(0)}{1.2..(m-1)}+\frac{t^m}{1.2..m}\varphi^m(\theta' t),$$

θ et θ' étant compris entre 0 et 1; on aura donc, pour l'expression du reste,

$$R_m=\frac{t^m}{1.2..m}[f^m(\theta t)+i\varphi^m(\theta' t)].$$

Or on a

$$F^m(t)=f^m(t)+i\,\varphi^m(t)$$

et, par suite,

$$\operatorname{mod} F^m(t) \geqq \operatorname{mod} f^m(t) \geqq \operatorname{mod} \varphi^m(t).$$

Soit donc M la valeur maximum du module de $F^m(t)$ entre 0 et ∞; on aura

$$f^m(\theta t)\leqq M,\qquad \varphi^m(\theta' t)\leqq M,$$

d'où

$$\operatorname{mod} R_m \leqq \frac{t^m}{1.2..m}M\sqrt{2}.$$

D'ailleurs

$$F^m(t)=\frac{\Gamma(n+\frac{1}{2})}{\Gamma(n-m+\frac{1}{2})}\left(\frac{ie^{\lambda i}}{2x}\right)^m\left(1+\frac{ie^{\lambda i}t}{2x}\right)^{n-\frac{1}{2}-m},$$

et, si nous supposons

$$x=\rho(\cos\varphi+i\sin\varphi)=\rho\,e^{i\varphi},$$

on aura

$$1+\frac{ie^{\lambda i}t}{2x}=1-\frac{t}{2\rho}\sin(\lambda-\varphi)+i\frac{t}{2\rho}\cos(\lambda-\varphi).$$

Le module de cette expression

$$r=\sqrt{1-\frac{t\sin(\lambda-\varphi)}{\rho}+\frac{t^2}{4\rho^2}}$$

a pour valeur minimum

$$\operatorname{mod}\cos(\lambda - \varphi)$$

correspondant à $t = 2\rho\sin(\lambda - \varphi)$, et son argument ψ, qui est nul pour $t = 0$, sera constamment compris entre $-\pi$ et $+\pi$.

Cela posé,

$$\left(1 + \frac{ie^{\lambda i}t}{2x}\right)^{n-\frac{1}{2}-m} = e^{(\operatorname{Log} r + i\psi)\left(\alpha - \frac{1}{2} - m + \beta i\right)}$$

a pour module

$$r^{\alpha-\frac{1}{2}-m}e^{-\beta\psi}.$$

Si nous avons poussé ce développement assez loin pour que m soit $> \alpha - \frac{1}{2}$, le maximum de cette expression correspondra au minimum de r et sera au plus égal à

$$[\operatorname{mod}\cos(\lambda - \varphi)]^{\alpha-\frac{1}{2}-m}e^{\pi \operatorname{mod}\beta}.$$

On aura, par suite,

$$M \overline{\gtrless} \operatorname{mod}\frac{\Gamma(n+\frac{1}{2})}{\Gamma(n-m+\frac{1}{2})}\,\frac{1}{(2\rho)^m}[\operatorname{mod}\cos(\lambda-\varphi)]^{\alpha-\frac{1}{2}-m}e^{\pi\operatorname{mod}\beta}.$$

214. Nous obtiendrons donc pour limite supérieure du module de U une expression de la forme

$$\frac{Ke^{-\beta\lambda}[\operatorname{mod}\cos(\lambda-\varphi)]^{\alpha-\frac{1}{2}-m}}{\rho^m}\int_0^\infty e^{-t\cos\lambda}t^{\alpha-\frac{1}{2}+m}\,dt,$$

K désignant une constante indépendante de x et de λ. D'ailleurs, en posant $t\cos\lambda = z$, on aura

$$\int_0^\infty e^{-t\cos\lambda}t^{\alpha-\frac{1}{2}+m}\,dt = \frac{1}{(\cos\lambda)^{\alpha+\frac{1}{2}+m}}\int_0^\infty e^{-z}z^{\alpha-\frac{1}{2}+m}\,dz$$

$$= \frac{\Gamma(\alpha+\frac{1}{2}+m)}{(\cos\lambda)^{\alpha+\frac{1}{2}+m}}$$

et enfin, par suite,

$$\operatorname{mod} U \overline{\overline{<}} K\Gamma(\alpha + \tfrac{1}{2} + m) \frac{e^{-\beta\lambda}[\operatorname{mod}\cos(\lambda - \varphi)]^{\alpha - \frac{1}{2} - m}}{(\cos\lambda)^{\alpha + \frac{1}{2} + m}} \frac{1}{\rho^m}.$$

Le second membre contient l'indéterminée λ, variable entre $-\frac{\pi}{2}$ et $\frac{\pi}{2}$ et dont nous pourrons profiter pour rendre minimum le coefficient de $\frac{1}{\rho^m}$. Nous aurons ainsi

$$\operatorname{mod} U \overline{\overline{<}} \frac{A_\varphi}{\rho^m},$$

A_φ étant une fonction de φ évidemment finie et continue. Soit A son maximum; on aura

$$\operatorname{mod} U < \frac{A}{\rho^m}.$$

La limite ainsi obtenue pour le module du reste U est de l'ordre de $\frac{1}{\rho^m}$, tandis que les modules des termes de l'expression approchée de I''_3 sont de l'ordre de $\frac{1}{\rho^\mu}$, où $\mu < m$; circonstance qui justifie notre formule d'approximation lorsque ρ sera suffisamment grand, toutes choses égales d'ailleurs.

215. Un procédé analogue permettra de trouver la valeur approchée de I'_4. On substituera à la ligne d'intégration Q une autre ligne d'intégration Q' faisant avec elle un angle λ inférieur à $\frac{\pi}{2}$ en valeur absolue. On aura, le long de cette ligne,

$$u = -i - \frac{te^{\lambda i}}{x} = e^{-\frac{\pi i}{2}} + \frac{e^{(\pi+\lambda)i}t}{x},$$

$$u^2 + 1 = \frac{2e^{\left(\frac{\pi}{2}+\lambda\right)i}t}{x}\left[1 + \frac{e^{\left(\frac{3\pi}{2}+\lambda\right)i}t}{2x}\right],$$

les arguments des deux membres étant ici égaux, comme étant tous deux compris entre $-\pi+\lambda$ et $\pi+\lambda$.

On aura, par suite,

$$I'_4 = -e^{\left(n-\frac{1}{2}\right)\frac{\pi}{2}i}\, 2^{n-\frac{1}{2}} \frac{e^{-ix}}{x^{n+\frac{1}{2}}} H_1,$$

H_1 désignant l'intégrale

$$\int_0^\infty e^{-e^{\lambda i}t} (e^{\lambda i} t)^{n-\frac{1}{2}} \left(1 - \frac{ie^{\lambda i} t}{2x}\right)^{n-\frac{1}{2}} e^{\lambda i}\, dt;$$

et enfin, en développant la puissance du binôme,

$$H_1 = \sum_{\mu=0}^{\mu=m-1} \frac{\Gamma(n+\frac{1}{2})\,\Gamma(n+\mu+\frac{1}{2})}{\Gamma(\mu+1)\,\Gamma(n-\mu+\frac{1}{2})} \left(\frac{-i}{2x}\right)^{\mu} + U_1,$$

U_1 étant un reste dont le module a pour limite supérieure $\frac{A_1}{\rho^m}$, A_1 désignant une constante.

216. En nous bornant au premier terme des développements de I_3 et de I_4, nous aurons pour ces intégrales les valeurs asymptotiques suivantes :

$$I_3 = (1+e^{2n\pi i})\, e^{(2n-1)k\pi i} \frac{e^{-\left(n-\frac{1}{2}\right)\frac{\pi i}{2}}\, 2^{n-\frac{1}{2}} e^{ix}}{x^{n+\frac{1}{2}}} \Gamma(n+\tfrac{1}{2}),$$

$$I_4 = (1+e^{2n\pi i}) \frac{e^{\left(n-\frac{1}{2}\right)\frac{\pi i}{2}}\, 2^{n-\frac{1}{2}} e^{-ix}}{x^{n+\frac{1}{2}}} \Gamma(n+\tfrac{1}{2}).$$

On en déduit, pour la fonction

$$J_n(x) = \frac{1}{(1+e^{2\pi i n})\, i\, \Gamma(n+\frac{1}{2})\sqrt{\pi}} \left(\frac{x}{2}\right)^n (I_3 - I_4),$$

la valeur asymptotique

$$\frac{1}{\sqrt{2\pi x}}\left[e^{ix+(2n-1)k\pi i-\left(n+\frac{1}{2}\right)\frac{\pi i}{2}} + e^{-ix+\left(n+\frac{1}{2}\right)\frac{\pi i}{2}}\right].$$

Si x est à droite de l'axe des y, on aura $k=0$, et cette expression se réduira à

$$\sqrt{\frac{2}{\pi x}}\cos\left[x-(n+\tfrac{1}{2})\frac{\pi}{2}\right].$$

S'il est à gauche, on aura $k=1$, et l'expression deviendra

$$e^{(2n+1)\frac{\pi i}{2}}\sqrt{\frac{2}{\pi x}}\cos\left[x+(n+\tfrac{1}{2})\frac{\pi}{2}\right].$$

Au moyen des relations qui lient $J_{-n}(x)$ à I_2 et cette dernière intégrale à I_3 et I_4, on trouvera de même la valeur approchée de $J_{-n}(x)$.

217. On doit remarquer que les développements en série que nous avons obtenus pour les intégrales I'_3 et I'_4 se limitent d'eux-mêmes si $n-\frac{1}{2}$ est un nombre entier m. On voit donc que, dans ce cas, l'intégrale générale de l'équation différentielle se présente sous forme finie.

V. — Équations de M. Picard.

218. Soit

$$(1) \qquad \frac{d^n y}{dx^n}+p_1\frac{d^{n-1}y}{dx^{n-1}}+\ldots+p_n y=0$$

une équation différentielle linéaire à coefficients méromorphes et doublement périodiques. Supposons que ses intégrales soient monodromes, ce dont il est aisé de s'assurer par un développement en série. Nous allons donner le moyen de les déterminer.

Soient ω, ω' les deux périodes; $\varphi_1(x)$, ..., $\varphi_n(x)$ un système de n intégrales indépendantes. Si nous changeons x en $x+\omega$, l'équation transformée, laquelle est identique à l'équation primitive, admettra comme système d'intégrales indépendantes $\varphi_1(x+\omega)$, ..., $\varphi_n(x+\omega)$. Ces nouvelles fonctions seront donc liées aux intégrales primitives par des relations linéaires de la forme

$$\varphi_k(x+\omega) = c_{1k}\varphi_1(x) + \ldots + c_{nk}\varphi_n(x), \qquad (k=1, \ldots, n),$$

les c étant des constantes dont le déterminant n'est pas nul.

Le changement de x en $x+\omega$ dans les intégrales $\varphi_1, \ldots, \varphi_n$ revient donc à opérer sur ces intégrales une substitution linéaire, que nous désignerons par S.

On verrait de même que le changement de x en $x+\omega'$ équivaut à une autre substitution linéaire S'.

Enfin le changement de x en $x+\omega+\omega'$ équivaudra à opérer successivement la substitution S suivie de la substitution S', ou la substitution S', suivie de S. Les deux opérations S et S' satisferont donc à la relation

$$(2) \qquad SS' = S'S.$$

219. Proposons-nous de simplifier l'expression des substitutions S et S' en remplaçant $\varphi_1, \ldots, \varphi_n$ par un autre système d'intégrales indépendantes.

Soit s l'une des racines de l'équation caractéristique de S; il existera des intégrales que S multiplie par s; soient y, y', ... celles de ces intégrales qui sont distinctes. La forme générale des intégrales qui jouissent de cette propriété sera $\alpha y + \alpha' y' + \ldots$.

Soit Y la fonction que S' fait succéder à y; SS' remplacera y par sY; S'S doit produire le même résultat; or S' remplace y par Y; donc S doit transformer Y en sY; donc Y est de la forme $\alpha y + \alpha' y' + \ldots$.

La substitution S' remplaçant ainsi chacune des intégrales y, y', ... par une fonction linéaire de ces mêmes intégrales, il existera au moins une fonction linéaire u de ces intégrales que S' multiplie par une constante s'.

Nous avons donc prouvé qu'il existe au moins une intégrale u que S et S' multiplient respectivement par des constantes s et s'.

220. Nous allons démontrer qu'on peut déterminer un système d'intégrales indépendantes

$$\begin{array}{llll} y_{11}, \ldots, y_{1,l_1}, & y_{21}, \ldots, y_{2,l_2}, & \ldots, & y_{\lambda 1}, \ldots, y_{\lambda,l_\lambda}, \\ z_{11}, \ldots, z_{1,m_1}, & z_{21}, \ldots, z_{2,m_2}, & \ldots, & z_{\mu 1}, \ldots, z_{\mu,m_\mu}, \\ \ldots \ldots \ldots & \ldots \ldots \ldots & \ldots & \ldots \ldots \ldots \ldots, \end{array}$$

tel que les deux substitutions S, S' prennent la forme suivante :

$$(3)\quad \left\{ \begin{array}{l} S = \left| \begin{array}{llllll} y_{1k}, & \ldots, y_{ik}, & \ldots & s_1 y_{1k}, & \ldots, & s_1(y_{ik}+Y_{ik}), \ldots \\ z_{1k}, & \ldots, z_{ik}, & \ldots & s_2 z_{1k}, & \ldots, & s_2(z_{ik}+Z_{ik}), \ldots \\ \ldots, & \ldots, \ldots, & \ldots & \ldots\ldots, & \ldots, & \ldots\ldots\ldots\ldots, \ldots \end{array} \right| \\ S' = \left| \begin{array}{llllll} y_{1k}, & \ldots, y_{ik}, & \ldots & s'_1 y_{1k}, & \ldots, & s'_1(y_{ik}+Y'_{ik}), \ldots \\ z_{1k}, & \ldots, z_{ik}, & \ldots & s'_2 z_{1k}, & \ldots, & s'_2(z_{ik}+Z'_{ik}), \ldots \\ \ldots, & \ldots, \ldots, & \ldots & \ldots\ldots, & \ldots, & \ldots\ldots\ldots\ldots, \ldots \end{array} \right|, \end{array} \right.$$

s_1, s'_1; s_2, s'_2; ... étant des couples de constantes différents; Y_{ik}, Y'_{ik} des fonctions linéaires de celles des intégrales y dont le premier indice est $< i$; Z_{ik}, Z'_{ik} des fonctions linéaires de celles des intégrales z dont le premier indice est $< i$, etc.

Cette proposition étant supposée vraie pour les substitutions à moins de n variables, nous allons montrer qu'elle subsiste pour deux substitutions S, S' à n variables.

On a vu qu'il existe au moins une intégrale u que S et S' multiplient respectivement par des constantes s, s'. En la prenant pour intégrale indépendante à la place d'une des intégrales primitives, telle que φ_n, S et S' prendront les formes suivantes

$$S = | \varphi_1, \ldots, \varphi_{n-1}, u \quad \Phi_1 + a_1 u, \ldots, \Phi_{n-1} + a_{n-1} u, su |,$$
$$S' = | \varphi_1, \ldots, \varphi_{n-1}, u \quad \Phi'_1 + a'_1 u, \ldots, \Phi'_{n-1} + a'_{n-1} u, s'u |,$$

les diverses quantités Φ, Φ' étant des fonctions linéaires de $\varphi_1, \ldots, \varphi_{n-1}$.

Désignons par Σ, Σ' les substitutions à $n-1$ variables

$$\Sigma = | \varphi_1, \ldots, \varphi_{n-1} \quad \Phi_1, \ldots, \Phi_{n-1} |,$$
$$\Sigma' = | \varphi_1, \ldots, \varphi_{n-1} \quad \Phi'_1, \ldots, \Phi'_{n-1} |.$$

L'égalité $SS' = S'S$ entraînera évidemment la suivante :

$$\Sigma\Sigma' = \Sigma'\Sigma.$$

On pourra donc, en appliquant le théorème à ces substitutions, les mettre sous la forme (3). Le même changement d'intégrales indépendantes, appliqué à S, S', les mettra évidemment sous la forme

$$S = \begin{vmatrix} y_{1k}, & \ldots, & y_{ik}, & \ldots & s_1 y_{1k} + c_{1k} u, & \ldots, & s_1(y_{ik} + Y_{ik}) + c_{ik} u, & \ldots \\ z_{1k}, & \ldots, & z_{ik}, & \ldots & s_2 z_{1k} + d_{1k} u, & \ldots, & s_2(z_{ik} + Z_{ik}) + d_{ik} u, & \ldots \\ \ldots, & \ldots, & \ldots, & \ldots & \ldots\ldots, & \ldots, & \ldots\ldots, & \ldots \\ u & & & & su & & & \end{vmatrix},$$

$$S' = \begin{vmatrix} y_{1k}, & \ldots, & y_{ik}, & \ldots & s'_1 y_{1k} + c'_{1k} u, & \ldots, & s'_1(y_{ik} + Y'_{ik}) + c'_{ik} u, & \ldots \\ z_{1k}, & \ldots, & z_{ik}, & \ldots & s'_2 z_{1k} + d'_{1k} u, & \ldots, & s'_2(z_{ik} + Z'_{ik}) + d'_{ik} u, & \ldots \\ \ldots, & \ldots, & \ldots, & \ldots & \ldots\ldots, & \ldots, & \ldots\ldots, & \ldots \\ u & & & & s' u & & & \end{vmatrix}$$

Prenons pour intégrales indépendantes, au lieu des y, les suivantes

$$y'_{ik} = y_{ik} + \alpha_{ik} u;$$

les substitutions S, S' conserveront la forme précédente, sauf le changement de

$$c_{ik} \quad \text{en} \quad (s - s_1)\alpha_{ik} - s_1 A_{ik} + c_{ik},$$
$$c'_{ik} \quad \text{en} \quad (s' - s'_1)\alpha_{ik} - s'_1 A'_{ik} + c'_{ik},$$

A_{ik}, A'_{ik} étant ce que deviennent Y_{ik}, Y'_{ik}, quand on y remplace les y par les α correspondants.

Cela posé, si $s \gtrless s_1$, on pourra évidemment disposer des α de manière à faire disparaître tous les coefficients c_{ik}. Les coefficients c'_{ik} disparaîtront d'ailleurs en même temps, en vertu de l'égalité $SS' = S'S$. Égalons en effet les coefficients de u dans les expressions que SS' et $S'S$ font succéder à y_{ik}; il viendra

$$(4) \qquad s_1(c'_{ik} + C'_{ik}) + s' c_{ik} = s'_1(c_{ik} + C_{ik}) + s c'_{ik},$$

C_{ik}, C'_{ik} étant ce que deviennent respectivement Y'_{ik} et Y_{ik}.

lorsqu'on y remplace les y par les c ou par les c' correspondants. Si les c_{ik} sont nuls, ces relations se réduisent à la forme

$$(s_1 - s)c'_{ik} + s_1 C'_{ik} = 0.$$

Ces équations sont linéaires et homogènes par rapport aux c'_{ik}, et leur déterminant, étant une puissance de $s_1 - s$, n'est pas nul. Elles ne peuvent donc être satisfaites que si les c'_{ik} sont tous nuls.

Si $s' \gtrless s'_1$, on pourra de même faire disparaître les c'_{ik}; et les relations (4) montrent que les c_{ik} disparaîtront en même temps.

Si donc le couple de constantes s, s' ne se confond avec aucun des couples s_1, s'_1; s_2, s'_2; ..., on pourra faire disparaître tous les coefficients c_{ik}, c'_{ik}; d_{ik}, d'_{ik}; ...; et S, S' seront ramenées à la forme requise; aux diverses classes d'intégrales y, z, ... viendra seulement se joindre une classe nouvelle, formée de la seule intégrale u. Soit au contraire $s = s_1$, $s' = s'_1$; on pourra faire disparaître les coefficients d_{ik}, d'_{ik}; ...; et l'on n'aura qu'à poser $c_{ik} = s_1 m_{ik}$, $c'_{ik} = s'_1 m'_{ik}$ pour ramener S et S' à la forme requise, la nouvelle intégrale u rentrant ici dans la catégorie des intégrales y_{1k}, qui appartiennent à la classe des y et ont l'unité pour premier indice.

221. Admettons donc que les intégrales indépendantes aient été choisies de manière à ramener les substitutions S, S' à la forme (3). Considérons en particulier une des classes formées par ces intégrales, telle que y_{11}, ..., y_{ik}, ... Le changement de x en $x + \omega$ ou $x + \omega'$ leur fera éprouver les substitutions partielles

$$(5) \quad \begin{cases} \sigma = |\, y_{1k}, \ldots, y_{ik}, \ldots, \quad s_1 y_{1k}, \ldots, s_1(y_{ik} + Y_{ik}), \ldots \,| \\ \sigma' = |\, y_{1k}, \ldots, y_{ik}, \ldots, \quad s'_1 y_{1k}, \ldots, s'_1(y_{ik} + Y'_{ik}), \ldots \,|, \end{cases}$$

lesquelles devront évidemment satisfaire à la relation

$$(6) \qquad \sigma\sigma' = \sigma'\sigma.$$

On a, par définition,

$$Y_{ik} = \sum_{l,m} a_{ik}^{lm} y_{lm}, \qquad Y'_{ik} = \sum_{l,m} b_{ik}^{lm} y_{lm},$$

la sommation s'étendant à toutes les valeurs du premier indice l qui sont $< i$, et aux diverses valeurs de m correspondant à chacune de ces valeurs de l.

On voit aisément que $\sigma\sigma'$ remplace en général y_{ik} par

$$s_1 s'_1 \left[y_{ik} + Y_{ik} + Y'_{ik} + \sum_{l,m} \left(a_{ik}^{lm} \sum_{l',m'} b_{lm}^{l'm'} y_{l'm'} \right) \right],$$

la sommation par rapport à l', m' s'étendant aux valeurs de l' inférieures à l et aux valeurs correspondantes de m'.

La substitution $\sigma'\sigma$ remplacera y_{ik} par une expression analogue, où les coefficients a et b seront permutés.

Ces deux expressions doivent être identiques, en vertu de (6). En égalant les coefficients des termes en $y_{l'm'}$, on aura les relations

$$(7) \qquad \sum_{l,m} (a_{ik}^{lm} b_{lm}^{l'm'} - b_{ik}^{lm} a_{lm}^{l'm'}) = 0,$$

la sommation s'étendant à toutes les valeurs de l qui sont $< i$ et $> l'$, et aux valeurs correspondantes de m.

222. Réciproquement, soient σ, σ' deux substitutions de la forme (5) et satisfaisant à la relation (6) ou aux conditions équivalentes (7). Nous allons montrer qu'on peut construire des fonctions $y_{11}, \ldots, y_{ik}$ qui subissent ces substitutions lorsqu'on accroît la variable x de ω ou de ω', et nous déterminerons la forme la plus générale de ces fonctions.

Nous avons vu (t. I, n° 165) que la fonction $\theta_1(x)$ satisfait aux relations suivantes :

$$\theta_1(x+\omega) = -\theta_1(x), \qquad \theta_1(x+\omega') = -e^{-\frac{2\pi i x}{\omega} - \frac{\pi i \omega'}{\omega}} \theta_1(x).$$

La fonction

$$G(x) = e^{px} \frac{\theta_1(x-q)}{\theta_1(x)},$$

où p et q sont des constantes, satisfera donc aux relations

$$G(x+\omega)=e^{p\omega}G(x), \qquad G(x+\omega')=e^{p\omega'+\frac{2\pi i}{\omega}q}G(x).$$

Elle se reproduit donc, multipliée par des facteurs constants, lorsque x s'accroît de ω ou de ω'. M. Hermite a donné le nom de *fonctions doublement périodiques de seconde espèce* à celles qui jouissent de cette propriété.

Les deux multiplicateurs se réduiront respectivement à s_1, s'_1, si l'on pose

$$e^{p\omega}=s_1, \qquad e^{p\omega'+\frac{2\pi i}{\omega}q}=s'_1;$$

d'où, en désignant par $\operatorname{Log}s_1$, $\operatorname{Log}s'_1$ des déterminations choisies à volonté des logarithmes de s_1 et s'_1, et par m, m' des entiers arbitraires,

$$p\omega=\operatorname{Log}s_1+2m'\pi i,$$

$$p\omega'+\frac{2\pi i}{\omega}q=\operatorname{Log}s'_1+2m\pi i.$$

On en déduit

$$p=\frac{\operatorname{Log}s_1}{\omega}+\frac{2m'\pi i}{\omega},$$

$$q=\frac{1}{2\pi i}[\omega\operatorname{Log}s'_1-\omega'\operatorname{Log}s_1]+m\omega-m'\omega'.$$

Parmi les systèmes de valeurs de p et de q ainsi obtenus, il en existera un seul, tel que q soit dans le parallélogramme formé à partir de l'origine avec les périodes ω et ω' : c'est celui que nous adopterons.

La fonction $G(x)$, aux multiplicateurs s_1, s'_1 que nous venons de construire, admet dans le parallélogramme un zéro simple $x=q$, et un pôle simple $x=0$.

On doit toutefois excepter le cas où q serait nul; $G(x)$ se réduisant alors à l'exponentielle e^{px} n'aurait plus ni zéro ni pôle.

223. Nous avons vu d'autre part (t. I, n° 168) que la

fonction $Z(x)$ satisfait aux relations

$$Z(x+\omega) = Z(x), \qquad Z(x+\omega') = -\frac{2\pi i}{\omega} + Z(x).$$

La fonction

$$(8) \qquad mx + m' Z(x-a) = \varphi(x),$$

où m, m', a sont des constantes, subira donc, lorsque x s'accroît de ω ou de ω', des accroissements $\Delta\varphi(x)$, $\Delta'\varphi(x)$ respectivement égaux à $m\omega$ et à $m\omega' - \frac{2\pi i}{\omega} m'$. On peut évidemment disposer des constantes m et m', de manière à donner à ces accroissements des valeurs arbitraires. On pourra construire ainsi :

1° Une fonction μ de la forme (8), pour laquelle on ait

$$\Delta\mu = 1, \qquad \Delta'\mu = 0;$$

2° Une fonction μ', de la même forme, pour laquelle on ait

$$\Delta\mu' = 0, \qquad \Delta'\mu' = 1.$$

Ces deux fonctions auront d'ailleurs dans le parallélogramme des périodes un seul pôle simple $x = a$, ainsi que la fonction $Z(x-a)$ dont elles dérivent.

224. Posons maintenant

$$\mu_0 = 1, \qquad \ldots, \qquad \mu_n = \frac{\mu(\mu-1)\ldots(\mu-n+1)}{1.2\ldots n}, \qquad \ldots,$$

$$\mu'_0 = 1, \qquad \ldots, \qquad \mu'_n = \frac{\mu'(\mu'-1)\ldots(\mu'-n+1)}{1.2\ldots n}, \qquad \ldots.$$

On aura évidemment

$$(9) \quad \begin{cases} \Delta\mu_n = \dfrac{(\mu+1)\mu\ldots(\mu-n+2)}{1.2\ldots n} - \dfrac{\mu(\mu-1)\ldots(\mu-n+1)}{1.2\ldots n} = \mu_{n-1}, \\ \Delta'\mu_n = 0, \\ \Delta\mu'_n = 0, \qquad \Delta'\mu'_n = \mu'_{n-1}. \end{cases}$$

Tout polynôme P entier en μ et μ', considéré comme fonction de μ, peut évidemment se mettre d'une seule manière sous la forme

$$A_0\mu_0 + A_1\mu_1 + \ldots,$$

les A étant des polynômes en μ', dont chacun pourra, à son tour, se mettre sous la forme

$$A_l = B_{l0}\mu'_0 + B_{l1}\mu'_1 + \ldots,$$

les B étant des constantes.

Le polynôme P pourra donc se mettre d'une seule manière sous la forme

$$P = \sum B_{rr'}\mu_r\mu'_{r'}.$$

225. Ces préliminaires posés, nous allons établir qu'il existe des fonctions y_{ik} satisfaisant aux conditions requises, et qu'elles ont pour forme générale

$$(10)\quad \begin{cases} y_{1k} = G(x-a)\,H_{1k}, \\ \ldots\ldots\ldots\ldots\ldots\ldots, \\ y_{ik} = G(x-a)\left(H_{ik} + \sum_{l,m} P_{ik}^{lm} H_{lm}\right), \end{cases}$$

les H étant des fonctions doublement périodiques ordinaires, aux périodes ω et ω', qui peuvent être choisies d'ailleurs d'une manière arbitraire; les P_{ik}^{lm} désignant des polynômes d'ordre $i-l$ en μ, μ', et entièrement déterminés; la sommation s'étendant d'ailleurs à toutes les valeurs de l inférieures à i et aux diverses valeurs de m correspondant à chacune d'elles.

Posons en effet

$$y_{ik} = G(x-a)\,z_{ik}.$$

La fonction $G(x-a)$ se reproduisant respectivement multipliée par s_1, s'_1 lorsque x croît de ω ou de ω', nous satisferons à la question en déterminant les seconds facteurs z_{ik}, de telle sorte que ce même changement leur fasse éprouver les substitutions

$$\tau = | z_{1k}, \ldots, z_{ik}, \ldots \quad z_{1k}, \ldots, z_{ik} + Z_{ik}, \ldots |,$$
$$\tau' = | z_{1k}, \ldots, z_{ik}, \ldots \quad z_{1k}, \ldots, z_{ik} + Z'_{ik}, \ldots |,$$

Z_{ik} et Z'_{ik} se déduisant de Y_{ik}, Y'_{ik} en y remplaçant les y par les z.

On aura d'ailleurs évidemment

$$\tau\tau' = \tau'\tau.$$

On voit tout d'abord que les fonctions z_{1k} restent inaltérées par ces substitutions; elles sont donc doublement périodiques, de telle sorte qu'on pourra poser

$$z_{1k} = H_{1k}.$$

Supposons qu'on ait réussi à construire de proche en proche toutes celles des fonctions z dont le premier indice est $< \lambda$, et qu'elles aient pour forme générale

$$z_{ik} = H_{ik} + \sum_{l,m} P_{ik}^{lm} H_{lm},$$

ainsi que nous l'avons annoncé. Nous aurons, pour continuer l'opération, à construire des fonctions $z_{\lambda k}$ que le changement de x en $x + \omega$ ou $x + \omega'$ transforme en

$$z_{\lambda k} + Z_{\lambda k}, \quad z_{\lambda k} + Z'_{\lambda k}.$$

Substituons aux fonctions z_{ik}, qui figurent dans $Z_{\lambda k}$, $Z'_{\lambda k}$, leurs valeurs déjà déterminées; il viendra

$$Z_{\lambda k} = \sum_{l,m} Q_{\lambda k}^{lm} H_{lm}, \qquad Z'_{\lambda k} = \sum_{l,m} Q'^{lm}_{\lambda k} H_{lm},$$

$Q_{\lambda k}^{lm}$ et $Q'^{lm}_{\lambda k}$ étant des polynômes d'ordre $\lambda - 1 - l$ par rapport à μ, μ', et qui dépendent linéairement des coefficients de $Z_{\lambda k}$, $Z'_{\lambda k}$; la sommation s'étendant d'ailleurs à tous les systèmes de valeurs de l, m pour lesquels $l < \lambda$.

Les substitutions $\tau\tau'$ et $\tau'\tau$ transforment respectivement $z_{\lambda k}$ en $z_{\lambda k} + Z_{\lambda k} + Z'_{\lambda k} + \delta' Z_{\lambda k}$ et en $z_{\lambda k} + Z_{\lambda k} + Z'_{\lambda k} + \delta Z'_{\lambda k}$,

$\delta' Z_{\lambda k}$ désignant l'accroissement que subit $Z_{\lambda k}$ par la substitution τ', et $\delta Z'_{\lambda k}$ l'accroissement de $Z'_{\lambda k}$ par la substitution τ; mais on a

$$\tau\tau' = \tau'\tau;$$

donc

$$\delta' Z_{\lambda k} = \delta Z'_{\lambda k}.$$

D'ailleurs, en opérant les substitutions τ, τ' sur les intégrales déjà construites ou sur les $Z_{\lambda k}$, $Z'_{\lambda k}$, qui en sont des fonctions linéaires, on obtient par hypothèse le même résultat qu'en changeant x en $x + \omega$ ou en $x + \omega'$; on aura donc

$$\delta' Z_{\lambda k} = \Delta' Z_{\lambda k} = \sum_{l,m} \Delta' Q_{\lambda k}^{lm} H_{lm},$$

$$\delta Z'_{\lambda k} = \Delta Z'_{\lambda k} = \sum_{l,m} \Delta Q_{\lambda k}^{\prime lm} H_{lm}.$$

Les fonctions doublement périodiques H_{lm} étant arbitraires, l'égalité de ces deux expressions exigera que l'on ait pour chaque système de valeurs de l, m

$$\Delta' Q_{\lambda k}^{lm} = \Delta Q_{\lambda k}^{\prime lm}.$$

Or, si l'on met les polynômes $Q_{\lambda k}^{lm}$, $Q_{\lambda k}^{\prime lm}$ sous la forme

$$\left.\begin{aligned} Q_{\lambda k}^{lm} &= \sum_{r,r'} B_{rr'} \mu_r \mu'_{r'} \\ Q_{\lambda k}^{\prime lm} &= \sum_{r,r'} B'_{rr'} \mu_r \mu'_{r'} \end{aligned}\right\} \quad (r + r' \overline{\lessgtr} \lambda - 1 - l),$$

on aura, en vertu des relations (9),

$$\Delta' Q_{\lambda k}^{lm} = \sum_{r,r'} B_{rr'} \mu_r \mu'_{r'-1},$$

$$\Delta Q_{\lambda k}^{\prime km} = \sum_{r,r'} B'_{rr'} \mu_{r-1} \mu'_{r'}.$$

Ces deux expressions devant être identiques, on aura les équations de condition

$$(11) \qquad B_{r-1,r'} = B'_{r,r'-1}.$$

Cela posé, on pourra déterminer un polynôme d'ordre $\lambda - l$ en μ, μ'

$$P_{\lambda k}^{lm} = \sum C_{rr'} \mu_r \mu'_{r'} \quad (r + r' \overline{\overline{<}} l),$$

tel que ses variations

$$\Delta P_{\lambda k}^{lm} = \sum C_{rr'} \mu_{r-1} \mu'_{r'},$$

$$\Delta' P_{\lambda k}^{lm} = \sum C_{rr'} \mu_r \mu'_{r'-1}$$

se réduisent respectivement à $Q_{\lambda k}^{lm}$, $Q_{\lambda k}^{\prime lm}$; car ces deux identifications donnent les équations de condition

$$C_{rr'} = B_{r-1, r'}, \qquad C_{rr'} = B'_{r, r'-1},$$

qui sont compatibles, en vertu des relations (11).

Posons maintenant

$$z_{\lambda k} = u_{\lambda k} + \sum_{l, m} P_{\lambda k}^{lm} H_{lm}.$$

Le changement de x en $x + \omega$ accroîtra cette expression de

$$\Delta u_{\lambda k} + \sum_{l, m} \Delta P_{\lambda k}^{lm} H_{lm} = \Delta u_{\lambda k} + \sum_{l, m} Q_{\lambda k}^{lm} H_{lm} = \Delta u_{\lambda k} + Z_{\lambda k},$$

et le changement de x en $x + \omega'$ l'accroîtra de même de $\Delta' u_{\lambda k} + Z'_{\lambda k}$. La fonction $z_{\lambda k}$ satisfera donc aux conditions requises si l'on a

$$\Delta u_{\lambda k} = 0, \qquad \Delta' u_{\lambda k} = 0,$$

ce qui exprime que $u_{\lambda k}$ est une fonction doublement périodique $H_{\lambda k}$.

226. Nous avons ainsi déterminé la forme générale des intégrales y_{ik}. Mais il reste à déterminer les fonctions doublement périodiques H_{ik} et les constantes inconnues qui figurent dans les expressions précédentes, de manière à satisfaire à l'équation différentielle proposée.

Remarquons à cet effet que les pôles a, b, ... des intégrales sont connus, car ce sont ceux des coefficients p_1, ..., p_n de l'équation différentielle. D'ailleurs, pour s'assurer que l'intégrale générale est monodrome, on a dû la développer en série suivant les puissances croissantes de $x-a$, $x-b$, ... On connaît donc les ordres de multiplicité α, β, ... de ces divers pôles dans l'intégrale générale. Les intégrales particulières y_{ik} auront ces mêmes pôles, avec des ordres de multiplicité au plus égaux à α, β, ...

Or la fonction $G(x-a)$ admet (aux multiples près des périodes) un seul pôle simple a et un seul zéro simple $a+q$. (Nous supposons pour plus de simplicité qu'on ait pris la constante arbitraire a égale à l'affixe de l'un des pôles de l'intégrale générale.) Donc les fonctions z_{ik} n'auront d'autres pôles que $a+q$, a, b, ..., avec des ordres de multiplicité au plus égaux à 1, $\alpha-1$, β, ... D'ailleurs μ et μ' n'admettent qu'un seul pôle simple a; les polynômes P_{ik}^{lm} n'admettront donc que ce seul pôle, avec un ordre de multiplicité $i-l$. Donc, en vertu des relations

$$z_{ik} = H_{ik} + \sum_{l,m} P_{ik}^{lm} H_{lm},$$

les fonctions H_{ik} n'auront d'autres pôles que $a+q$, a, b, ..., avec des ordres de multiplicité au plus égaux à 1, $\alpha+i-2$, β, ...

On aura donc (t. II, n° 337)

$$(12)\quad \left\{\begin{aligned} H_{ik} = {} & A_1 Z(x-a) + A_2 Z'(x-a) + \ldots + A_{\alpha+i-2} Z^{\alpha+i-3}(x-a) \\ & + B_1 Z(x-b) + B_2 Z'(x-b) + \ldots + B_\beta \quad Z^{\beta-1} \quad (x-a) \\ & + \ldots + MZ(x-a-q) + C, \end{aligned}\right.$$

A_1, A_2, ..., B_1, ..., M, C étant des coefficients qui restent à déterminer et qui satisfont à la relation

$$(13)\qquad A_1 + B_1 + \ldots + M = 0.$$

227. On peut transformer cette expression, de manière à y remplacer les fonctions Z par des fonctions elliptiques.

On a, en effet,

$$Z(x-a)-Z(x)=\frac{\operatorname{sn} a}{\operatorname{sn} x \operatorname{sn}(x-a)}+Z\left(\frac{\omega'}{2}-a\right)-Z\left(\frac{\omega'}{2}\right);$$

car les deux membres de cette équation ont les mêmes périodes ω, ω', les mêmes pôles simples 0 et a et les mêmes résidus; enfin ils sont égaux pour $x=\frac{\omega'}{2}$.

On vérifie de même la relation

$$Z'(x-a)=-\frac{1}{\operatorname{sn}^2(x-a)}+Z'\left(\frac{\omega'}{2}\right).$$

Tirons de ces équations les valeurs de $Z(x-a)$, $Z'(x-a)$, $Z''(x-a)$, ..., pour les substituer dans (12); éliminons de même $Z(x-b)$, ...; $Z(x)$ disparaîtra en vertu de l'équation (13) et il viendra, en désignant par C' une nouvelle constante,

$$(14)\quad \left\{\begin{aligned} H_{ik} = {} & A_1 \frac{\operatorname{sn} a}{\operatorname{sn} x \operatorname{sn}(x-a)} - \frac{A_2}{\operatorname{sn}^2(x-a)} - \ldots \\ & - A_{\alpha+i-2} \frac{d^{\alpha+i-4}}{dx^{\alpha+i-4}} \frac{1}{\operatorname{sn}^2(x-a)} \\ & + B_1 \frac{\operatorname{sn} b}{\operatorname{sn} x \operatorname{sn}(x-b)} + \ldots + M \frac{\operatorname{sn}(a+q)}{\operatorname{sn} x \operatorname{sn}(x-a-q)} + C'. \end{aligned}\right.$$

Il ne restera donc d'indéterminé dans l'expression de la fonction H_{ik} que les constantes A, B, ..., M, C'.

228. Tout est maintenant connu dans les intégrales y_{ik}, à l'exception des paramètres p, q et des coefficients encore inconnus qui figurent dans l'expression des fonctions H_{ik} et dans les fonctions linéaires Y_{ik} (les polynômes P dépendant de ces derniers). On déterminera ces dernières inconnues par la substitution des expressions obtenues dans l'équation différentielle.

Cherchons d'abord les intégrales doublement périodiques de seconde espèce, telles que y_{11}. On aura

$$y_{11}=GH$$

en posant, pour abréger,

$$H = H_{11}, \qquad G = G(x-a) = e^{p(x-a)} \frac{\theta_1(x-a-q)}{\theta_1(x-a)}.$$

En prenant la dérivée logarithmique de G, il viendra

$$\begin{aligned}\frac{G'}{G} &= p + Z(x-a-q) - Z(x-a)\\ &= p + \frac{\operatorname{sn} q}{\operatorname{sn}(x-a)\operatorname{sn}(x-a-q)} + Z\left(\frac{\omega'}{2} - q\right) - Z\left(\frac{\omega'}{2}\right).\end{aligned}$$

Le second membre de cette égalité est une fonction doublement périodique, que nous désignerons par I.

On aura, par suite,

$$G' = GI,$$

d'où

$$\begin{aligned}\frac{d}{dx} GH &= G'H + GH' = G(IH + H'),\\ \frac{d^2}{dx^2} GH &= G[I(IH + H') + (IH + H')'],\\ &= G[(I^2 + I')H + 2IH' + H''],\\ &\ldots\ldots\ldots\ldots\ldots\ldots\ldots\ldots\ldots\ldots\end{aligned}$$

Ces valeurs, substituées dans le premier membre de l'équation différentielle, donneront pour résultat GL, L désignant la fonction doublement périodique

$$p_n H + p_{n-1}(IH + H') + p_{n-2}[(I^2 + I')H + 2IH' + H''] + \ldots$$

Les coefficients $p_1, p_2, \ldots, p_l, \ldots$ étant, par hypothèse, des fonctions doublement périodiques, telles que p_l admette les pôles $a, b, \ldots$ avec des ordres de multiplicité au plus égaux à l, seront de la forme

$$\begin{aligned}p_l = \mathcal{A}_1^l \frac{\operatorname{sn} a}{\operatorname{sn} x \operatorname{sn}(x-a)} - \mathcal{A}_2^l \frac{1}{\operatorname{sn}^2(x-a)} - \ldots\\ - \mathcal{A}_l^l \frac{d^{l-2}}{dx^{l-2}} \frac{1}{\operatorname{sn}^2(x-a)} + \mathcal{B}_1^l \frac{\operatorname{sn} b}{\operatorname{sn} x \operatorname{sn}(x-b)} - \ldots + \mathcal{E}^l.\end{aligned}$$

Nous avons trouvé pour H une forme analogue, linéaire et homogène par rapport aux coefficients inconnus $A_1, A_2, \ldots,$

$B_1, \ldots, M, C'$, et l'on en déduit, par dérivation, $H', H'', \ldots$ Enfin, en posant, pour abréger,

$$p + Z\left(\frac{\omega'}{2} - q\right) - Z\left(\frac{\omega'}{2}\right) = p',$$

nous avons

$$I = p' + \frac{\operatorname{sn} q}{\operatorname{sn}(x-a)\operatorname{sn}(x-a-q)},$$

$$I' = Z'(x-a-q) - Z'(x-a)$$

$$= -\frac{1}{\operatorname{sn}^2(x-a-q)} + \frac{1}{\operatorname{sn}^2(x-a)},$$

et l'on en déduit, par dérivation, $I'', \ldots$.

En substituant ces valeurs, nous aurons l'expression de la fonction doublement périodique L. Cette fonction s'annulera identiquement (et y_{11} sera une intégrale), si elle a plus de zéros que de pôles.

Or y_{11} admettant les pôles $a, b, \ldots$ avec des ordres de multiplicité au plus égaux à $\alpha, \beta, \ldots$, sa dérivée d'ordre i les admettra avec des degrés de multiplicité au plus égaux à $\alpha + i$, $\beta + i, \ldots$. En la multipliant par le coefficient p_{n-i}, qui les admet avec des ordres de multiplicité au plus égaux à $n - i$, on aura une expression admettant ces pôles avec des degrés de multiplicité au plus égaux à $\alpha + n$, $\beta + n, \ldots$; et GL, qui est une somme d'expressions semblables, jouira de la même propriété. D'ailleurs G n'admet qu'un pôle et qu'un zéro (si toutefois il en admet). Donc le nombre total des pôles de L, comptés avec leur ordre de multiplicité, sera au plus égal à

$$\alpha + n + \beta + n + \ldots.$$

Il suffira donc, pour annuler L identiquement, d'exprimer que cette fonction admet des zéros simples ou multiples, choisis à volonté, et dont l'ordre de multiplicité totale surpasse $\alpha + n + \beta + n + \ldots$, ou que, la somme des ordres de multiplicité de ses pôles étant inférieure de δ à la limite ci-dessus, il existe $\alpha + n + \beta + n + \ldots - \delta + 1$ zéros.

Les équations de condition ainsi obtenues forment un système surabondant. Mais on sait *a priori* qu'elles admettent des solutions. Elles sont linéaires et homogènes par rapport aux coefficients $A_1, A_2, \ldots, B_1, \ldots, M, C'$ de H. En éliminant ces coefficients, on obtiendra des équations entre p' et q, lesquelles seront manifestement algébriques, par rapport à p', $\operatorname{sn} q$ et sa dérivée $\operatorname{cn} q \operatorname{dn} q$.

A chaque système de valeurs ainsi trouvé pour p' et q correspond pour p une valenr

$$p = p' + Z\left(\frac{\omega'}{2}\right) - Z\left(\frac{\omega'}{2} - q\right),$$

et pour s_1, s'_1 des valeurs

$$s_1 = e^{p\omega}, \qquad s'_1 = e^{p\omega' + \frac{2\pi i q}{\omega}}.$$

Les valeurs de p' et de q étant substituées dans les équations de condition, celles-ci détermineront une partie des coefficients $A_1, A_2, \ldots, B_1, \ldots, M, C'$ en fonction des autres. Autant il en restera d'indéterminés, autant on aura d'intégrales particulières $y_{11}, y_{12}, \ldots$ aux multiplicateurs s_1, s'_1.

On aura ainsi obtenu toutes celles des intégrales qui sont doublement périodiques de seconde espèce.

229. Nous avons ainsi déterminé les divers couples de multiplicateurs s_1, s'_1; s_2, s'_2; ... et les diverses intégrales doublement périodiques de seconde espèce

$$\begin{array}{llll} y_{11}, & \ldots, & y_{1k}, & \ldots, \\ z_{11}, & \ldots, & z_{1k}, & \ldots, \\ \ldots, & \ldots, & \ldots, & \ldots \end{array}$$

correspondant à chacun d'eux. Si le nombre de ces intégrales est égal à l'ordre n de l'équation différentielle (ce qui aura généralement lieu), leur combinaison donnera l'intégrale générale. Dans le cas contraire, il faudra déterminer de nouvelles intégrales.

Supposons que nous ayons construit toutes celles des intégrales $y_{ik}, z_{ik}, \ldots$, dont le premier indice est $< \lambda$, et déterminé les fonctions linéaires correspondantes Y_{ik}, Y'_{ik}, ... Cherchons à déterminer les intégrales $y_{\lambda k}$ (s'il en existe) et les fonctions correspondantes $Y_{\lambda k}$, $Y'_{\lambda k}$.

On a

$$y_{\lambda k} = G[H_{\lambda k} + \Sigma P^{lm}_{\lambda k} H_{lm}],$$

où tout est connu, sauf les coefficients indéterminés $A^{\lambda k}_1$, $A^{\lambda k}_2$, ..., $B^{\lambda k}_1$, ..., $M^{\lambda k}$, $C'^{\lambda k}$, dont dépend $H_{\lambda k}$, et les coefficients de $Y_{\lambda k}$, $Y'_{\lambda k}$, dont les polynômes $P^{lm}_{\lambda k}$ dépendent linéairement.

Substituons cette expression de $y_{\lambda k}$ dans l'équation différentielle. Le résultat sera de la forme $GL_{\lambda k}$, $L_{\lambda k}$ étant une fonction aisée à obtenir par la différentiation et telle que la somme des ordres de multiplicité de ses pôles ne surpasse pas $\alpha + n + \beta + n + \ldots$. D'ailleurs cette fonction est doublement périodique. En effet, changeons x en $x + \omega$. Il est évidemment indifférent de faire cette opération sur $y_{\lambda k}$ avant de le substituer dans l'équation différentielle ou de la faire dans le résultat de la substitution. Dans le premier cas, on change $y_{\lambda k}$ en $s_1(y_{\lambda k} + Y_{\lambda k})$ et comme $Y_{\lambda k}$ est une fonction linéaire des intégrales déjà trouvées, le résultat de la substitution de cette nouvelle expression se réduira à $s_1 GL_{\lambda k}$. Donc $GL_{\lambda k}$ se reproduit multiplié par s_1 quand on y change x en $x + \omega$, et comme G jouit de cette propriété, $L_{\lambda k}$ ne sera pas altéré.

On verra de même qu'on n'altère pas $L_{\lambda k}$ en changeant x en $x + \omega'$.

Il suffira donc, pour annuler $L_{\lambda k}$, d'exprimer qu'il admet plus de $\alpha + n + \beta + n + \ldots$ zéros. On obtiendra ainsi un système d'équations linéaires et homogènes pour déterminer les coefficients inconnus. Si ce système est compatible, il existera des intégrales de l'espèce cherchée. Sinon on sera assuré que la classe des intégrales y_{ik} est entièrement épuisée, et l'on fera une recherche analogue sur les autres classes d'intégrales. En continuant ainsi, on arrivera nécessairement à un système de n intégrales distinctes.

230. Parmi les équations qui rentrent dans le type qui

vient d'être étudié se trouve l'équation de Lamé

$$\frac{d^2y}{dx^2} - [m(m+1)\,k^2 \operatorname{sn}^2 x + h]y = 0,$$

où m est un entier positif, et k le module de la fonction elliptique $\operatorname{sn} x$.

Changeons x en $x + \frac{\omega'}{2}$, l'équation deviendra

$$\frac{d^2y}{dx^2} - \left[\frac{m(m+1)}{\operatorname{sn}^2 x} + h\right] y = 0$$

ou, en développant $\frac{1}{\operatorname{sn}^2 x}$ en série,

$$(15)\qquad \frac{d^2y}{dx^2} - \left[\frac{m(m+1)}{x^2} + a_0 + a_1 x^2 + \ldots\right] y = 0.$$

Cette équation n'a qu'un point critique, $x = 0$, et ses intégrales sont monodromes. En effet, posons

$$y = c_0 x^r + c_1 x^{r+2} + c_2 x^{r+4} + \ldots.$$

On aura les équations de condition

$$r(r-1) - m(m+1) = 0,$$

$$[(r+2\mu)(r+2\mu-1) - m(m+1)]c_\mu$$
$$- a_0 c_{\mu-1} - a_1 c_{\mu-2} - \ldots = 0.$$

On en déduit pour r les deux valeurs entières

$$r = -m, \qquad r = m+1.$$

D'ailleurs le multiplicateur de c_μ, se réduisant à

$$2\mu(2\mu + 2r - 1),$$

ne sera pas nul, quelque valeur positive que l'on donne à μ. On a donc deux intégrales monodromes, dont l'une a un pôle d'ordre m et l'autre un zéro d'ordre $m+1$.

231. Effectuons les calculs dans le cas particulier où $m = 1$. Nous aurons au moins une intégrale doublement périodique de seconde espèce ayant $x = 0$ pour pôle simple. Elle sera donc de la forme

$$G(x) = e^{px}\frac{\theta_1(x-q)}{\theta_1(x)}.$$

En la substituant dans l'équation (15), il viendra

$$G\left[I^2 + I' - \frac{2}{\text{sn}^2 x} - h\right] = GL = 0,$$

où

$$I = p' + \frac{\text{sn}\, q}{\text{sn}\, x\, \text{sn}(x-q)}, \qquad I' = -\frac{1}{\text{sn}^2(x-q)} + \frac{1}{\text{sn}^2 x},$$

$$p' = p + Z\left(\frac{\omega'}{2} - q\right) - Z\left(\frac{\omega'}{2}\right).$$

La fonction GL admettant un seul pôle $x = 0$, d'ordre 3 au plus, L admettra le pôle $x = 0$, d'ordre 2 au plus, et le pôle $x = q$, d'ordre 1 au plus.

Cherchons les termes infinis du développement de L suivant les puissances croissantes de x. On a

$$\text{sn}\, x = x + A x^3 + \ldots,$$

$$\text{sn}(x-q) = -\text{sn}\, q + x\, \text{sn}' q + \ldots,$$

$$I = p' - \frac{1}{x} - \frac{\text{sn}' q}{\text{sn}\, q} + \ldots, \qquad I' = \frac{1}{x^2} + \ldots,$$

$$L = -\frac{2}{x}\left(p' - \frac{\text{sn}' q}{\text{sn}\, q}\right) + \ldots.$$

Si donc nous posons

$$p' = \frac{\text{sn}' q}{\text{sn}\, q} = \frac{\text{cn}\, q\, \text{dn}\, q}{\text{sn}\, q},$$

L ne deviendra plus infini pour $x = 0$; n'ayant pas plus d'un pôle, il se réduira à une constante.

Enfin, pour $x = \frac{\omega'}{2}$, L se réduit à

$$p'^2 - \frac{1}{\text{sn}^2\left(\frac{\omega'}{2} - q\right)} - h = p'^2 - k^2\, \text{sn}^2 q - h.$$

Si cette quantité s'annule, L sera identiquement nul.

Remplaçant p' par sa valeur déjà obtenue, on aura pour déterminer q l'équation

$$\frac{\operatorname{cn}^2 q \operatorname{dn}^2 q}{\operatorname{sn}^2 q} - k^2 \operatorname{sn}^2 q - h = 0$$

ou

$$1 - (1 + k^2 + h) \operatorname{sn}^2 q = 0.$$

On obtient ainsi pour q deux valeurs égales et contraires; les deux valeurs correspondantes de la quantité

$$p = \frac{\operatorname{cn} q \operatorname{dn} q}{\operatorname{sn} q} + \mathrm{Z}\left(\frac{\omega'}{2}\right) - \mathrm{Z}\left(\frac{\omega'}{2} - q\right)$$

seront aussi égales et contraires. En effet, $\frac{\operatorname{cn} q \operatorname{dn} q}{\operatorname{sn} q}$ est une fonction impaire de q, et il en est de même de

$$\mathrm{Z}\left(\frac{\omega'}{2}\right) - \mathrm{Z}\left(\frac{\omega'}{2} - q\right).$$

On a en effet

$$\begin{aligned} \mathrm{Z}\left(\frac{\omega'}{2} - q\right) &= \mathrm{Z}\left(-\frac{\omega'}{2} - q + \omega'\right) \\ &= \mathrm{Z}\left(-\frac{\omega'}{2} - q\right) - \frac{2\pi i}{\omega} = -\mathrm{Z}\left(\frac{\omega'}{2} + q\right) - \frac{2\pi i}{\omega}. \end{aligned}$$

Donc

$$\mathrm{Z}\left(\frac{\omega'}{2} - q\right) + \mathrm{Z}\left(\frac{\omega'}{2} + q\right) = -\frac{2\pi i}{\omega}.$$

Posant $q = 0$ dans cette formule, il vient

$$2\mathrm{Z}\left(\frac{\omega'}{2}\right) = -\frac{2\pi i}{\omega},$$

et la soustraction donnera

$$\mathrm{Z}\left(\frac{\omega'}{2} - q\right) + \mathrm{Z}\left(\frac{\omega'}{2} + q\right) - 2\mathrm{Z}\left(\frac{\omega'}{2}\right) = 0,$$

ce qu'il fallait démontrer.

Désignant donc par p, q l'un des systèmes de valeurs obtenus, l'intégrale générale sera

$$C e^{px} \frac{\theta_1(x-q)}{\theta_1(x)} + C_1 e^{-px} \frac{\theta_1(x+q)}{\theta_1(x)}.$$

Le cas particulier où $1+k^2+h=0$ mérite un examen spécial. Les deux valeurs de q sont toutes deux égales à $\frac{\omega'}{2}$ et p se présente sous la forme indéterminée $\infty-\infty$. Pour obtenir sa vraie valeur, nous y remplacerons q par $\frac{\omega'}{2}+\varepsilon$; il viendra

$$\begin{aligned} p &= \frac{\operatorname{cn}\left(\frac{\omega'}{2}+\varepsilon\right)\operatorname{dn}\left(\frac{\omega'}{2}+\varepsilon\right)}{\operatorname{sn}\left(\frac{\omega'}{2}+\varepsilon\right)} + Z\left(\frac{\omega'}{2}\right) - Z(-\varepsilon) \\ &= -\frac{\operatorname{cn}\varepsilon\operatorname{dn}\varepsilon}{\operatorname{sn}\varepsilon} - \frac{\pi i}{\omega} - Z(-\varepsilon). \end{aligned}$$

Le premier terme est de la forme $-\frac{1}{\varepsilon}+A\varepsilon+\ldots$. D'autre part, $Z(x)$ étant une fonction impaire dont le résidu pour $x=0$ est égal à 1, on aura

$$Z(-\varepsilon) = \frac{-1}{\varepsilon} + B\varepsilon + \ldots$$

Substituant ces développements dans l'expression de p et posant $\varepsilon=0$ après les réductions, il viendra

$$p = -\frac{\pi i}{\omega},$$

et l'on aura dans ce cas l'intégrale unique

$$e^{-\frac{\pi i x}{\omega}} \frac{\theta_1\left(x-\frac{\omega'}{2}\right)}{\theta_1(x)}.$$

Mais on a

$$\theta_1\left(x-\frac{\omega'}{2}\right) = -\theta_1\left(-x+\frac{\omega'}{2}\right) = i e^{\frac{\pi i x}{\omega} - \frac{\pi i \omega'}{4\omega}} \theta(-x).$$

L'intégrale trouvée sera donc égale, à un facteur constant près, lequel est indifférent, à

$$\sqrt{k}\frac{\theta(-x)}{\theta_1(x)} = \frac{\sqrt{k}\,\theta(x)}{\theta_1(x)} = \frac{1}{\operatorname{sn} x}.$$

Nous la désignerons par y_1.

Pour déterminer la seconde intégrale, posons $y = y_1 z$, z étant une nouvelle variable. En substituant et remarquant que y_1 est une intégrale, il viendra

$$y_1 z'' + 2y'_1 z' = 0,$$

ou, en séparant les variables,

$$\frac{z''}{z'} = -\frac{2y'_1}{y_1},$$

$$\log z' = -2\log y_1 + \text{const.},$$

d'où, en désignant la constante par $-Ck^2$,

$$z' = \frac{-Ck^2}{y^2} = -Ck^2\operatorname{sn}^2 x = \frac{-C}{\operatorname{sn}^2\left(x+\frac{\omega'}{2}\right)}$$

$$= C\left[Z'\left(x+\frac{\omega'}{2}\right) - Z'\left(\frac{\omega'}{2}\right)\right]$$

$$= C\left[Z'\left(x+\frac{\omega'}{2}\right) + \frac{\pi i}{\omega}\right],$$

et en intégrant

$$z = C\left[Z\left(x+\frac{\omega'}{2}\right) + \frac{\pi i x}{\omega}\right] + C'$$

L'intégrale générale y sera donc

$$y = C\,\frac{Z\left(x+\frac{\omega'}{2}\right) + \frac{\pi i x}{\omega}}{\operatorname{sn} x} + \frac{C'}{\operatorname{sn} x}.$$

On voit qu'elle a bien la forme que la théorie générale permettait de prévoir.

CHAPITRE III.

ÉQUATIONS AUX DÉRIVÉES PARTIELLES.

I. — Notions préliminaires.

232. Tout système d'équations aux dérivées partielles $F = 0$, $F_1 = 0$, ... entre des variables indépendantes x_1, ..., x_n, des fonctions de ces variables $u_1, \ldots, u_m$ et leurs dérivées jusqu'à l'ordre p peut être remplacé par un système ne contenant que des dérivées partielles premières.

En effet, chacune des dérivées partielles d'ordre p, qui figurent dans les équations, est, par définition, la dérivée première d'une des dérivées partielles d'ordre $p - 1$; celles-ci sont des dérivées premières de celles d'ordre $p - 2$, etc. Si donc nous prenons pour inconnues auxiliaires les dérivées partielles d'ordre $< p$, les équations $F = 0$, $F_1 = 0$, ... ne contiendront plus que des dérivées premières; et il en sera de même des équations qui définissent chacune de nos inconnues auxiliaires, et qui, jointes aux précédentes, constitueront un système évidemment équivalent au système primitif.

On peut donc se borner à considérer les systèmes d'équations simultanées aux dérivées partielles du premier ordre. Il est même permis de supposer que les dérivées partielles n'y figurent que linéairement, à la condition de joindre aux équations différentielles certaines conditions accessoires.

Soit en effet

$$F\left(x_1, \ldots, x_n; u_1, \ldots, u_m; \frac{\partial u_1}{\partial x_1}, \ldots \frac{\partial u_m}{\partial x_n}\right) = 0,$$

$$\ldots\ldots\ldots\ldots\ldots\ldots\ldots\ldots\ldots\ldots\ldots\ldots$$

un semblable système. Prenons pour inconnues auxiliaires les dérivées partielles $\frac{\partial u_1}{\partial x_1}, \ldots, \frac{\partial u_m}{\partial x_n}$, que nous représenterons par $p_{11}, \ldots, p_{mn}$. Le système donné équivaudra au suivant :

$$(1) \quad \left\{ \begin{array}{l} F(x_1, \ldots, x_n; u_1, \ldots, u_m; p_{11}, \ldots, p_{mn}) = 0, \\ \ldots\ldots\ldots\ldots\ldots\ldots\ldots\ldots\ldots\ldots\ldots; \end{array} \right.$$

$$(2) \qquad \frac{\partial u_1}{\partial x_1} = p_{11}, \qquad \ldots, \qquad \frac{\partial u_m}{\partial x_n} = p_{mn}.$$

D'ailleurs, pour que F, ... soient identiquement nuls, il faut et il suffit : 1° qu'ils s'annulent pour une valeur particulière ξ_1 de la variable x_1 ; 2° que leurs dérivées par rapport à x_1 soient nulles. Nous pourrons donc remplacer les équations (1) par les suivantes :

$$(3) \quad \left\{ \begin{array}{l} F(\xi_1, \ldots, x_n; u_1, \ldots, u_m; p_{11}, \ldots, p_{mn}) = 0, \\ \ldots\ldots\ldots\ldots\ldots\ldots\ldots\ldots\ldots\ldots\ldots, \end{array} \right.$$

pour $x_1 = \xi_1$, et

$$(4) \quad \left\{ \begin{array}{l} \frac{\partial F}{\partial x_1} + \frac{\partial F}{\partial u_1} p_{11} + \ldots + \frac{\partial F}{\partial u_m} p_{m1} \\ \qquad + \frac{\partial F}{\partial p_{11}} \frac{\partial p_{11}}{\partial x_1} + \ldots + \frac{\partial F}{\partial p_{mn}} \frac{\partial p_{mn}}{\partial x_1} = 0, \\ \ldots\ldots\ldots\ldots\ldots\ldots\ldots\ldots\ldots\ldots\ldots \end{array} \right.$$

Or les équations (2) et (4) forment un système d'équations linéaires, auquel il suffira de joindre les conditions accessoires (3).

233. Un système d'équations aux dérivées partielles

$$F_1 = 0, \qquad \ldots, \qquad F_i = 0$$

entre n variables indépendantes $x_1, \ldots, x_n$ et m fonctions $u_1, \ldots, u_m$ sera en général incompatible, si le nombre i de ses équations surpasse le nombre m des fonctions inconnues.

Supposons en effet que les équations données renferment

les dérivées partielles des fonctions u jusqu'à l'ordre p. Joignons à ces équations leurs dérivées partielles successives par rapport aux diverses variables indépendantes. Il arrivera nécessairement un moment où le nombre des équations obtenues surpassera celui des fonctions u et de leurs dérivées partielles qui y figurent. En effet, lorsque nous prenons les dérivées partielles d'ordre k des équations primitives, nous obtenons $i\frac{n(n+1)\ldots(n+k-1)}{1.2\ldots k}$ équations nouvelles; d'autre part, nous introduisons comme nouvelles inconnues les dérivées partielles d'ordre $p+k$ des fonctions u, dont le nombre est $m\frac{n(n+1)\ldots(n+p+k-1)}{1.2\ldots(p+k)}\cdot$ Ce nombre sera inférieur au précédent, dès que k commencera à satisfaire à l'inégalité

$$i > m\frac{(n+k)\ldots(n+p+k-1)}{(1+k)\ldots(p+k)}.$$

A partir de ce moment, le nombre des équations successivement obtenues croîtra plus vite que celui des inconnues et finira par le surpasser. Éliminant alors ces inconnues, on obtiendra une ou plusieurs relations $\Phi=0$, $\Phi_1=0$, ... entre les variables $x_1, \ldots, x_n$; celles-ci étant indépendantes par hypothèse, on voit que les équations données seront incompatibles, à moins que Φ, Φ_1, ... ne soient identiquement nuls, ce qui donnera autant d'équations de condition nécessaires pour que les équations $F_1=0, \ldots, F_i=0$ puissent subsister simultanément.

234. On voit de la même manière qu'un système de m équations aux dérivées partielles

$$F_1=0, \quad \ldots, \quad F_m=0$$

entre $x_1, \ldots, x_n$ et m fonctions $u_1, \ldots, u_m$ peut en général être ramené à un système d'équations

$$\Phi=0, \quad \Phi_1=0, \quad \ldots$$

ne contenant plus qu'une seule fonction inconnue u_1; car, en joignant aux équations proposées leurs dérivées partielles successives, il arrivera un moment où le nombre des équations obtenues surpassera celui des fonctions $u_2, \ldots, u_m$ et de leurs dérivées partielles. L'élimination de ces inconnues donnera de nouvelles équations $\Phi = 0$, $\Phi_1 = 0$, .. entre $x_1, \ldots, x_n, u_1$ et ses dérivées partielles.

235. Considérons un système d'équations aux dérivées partielles

$$F_1 = 0, \quad \ldots, \quad F_m = 0$$

entre les variables indépendantes $x_1, \ldots, x_n$ et m fonctions $u_1, \ldots, u_m$; et soit r_k l'ordre des dérivées partielles les plus élevées de la fonction u_k dans ces équations. On pourra, en remplaçant $x_1, \ldots, x_n$ par de nouvelles variables indépendantes

$$(5) \qquad \begin{cases} y_1 = c_{11} x_1 + \ldots + c_{1n} x_n, \\ \ldots\ldots\ldots\ldots\ldots\ldots, \\ y_n = c_{n1} x_1 + \ldots + c_{nn} x_n, \end{cases}$$

choisir les constantes c, de telle sorte que chacune des dérivées $\frac{\partial^{r_1} u_1}{\partial y_1^{r_1}}, \ldots, \frac{\partial^{r_k} u_k}{\partial y_1^{r_k}}, \ldots$ figure dans les équations transformées.

En effet, on aura

$$\frac{\partial}{\partial x_i} = c_{1i} \frac{\partial}{\partial y_1} + \ldots + c_{ni} \frac{\partial}{\partial y_n}.$$

Chacune des dérivées partielles des fonctions $u_1, \ldots, u_m$ par rapport aux variables $x_1, \ldots, x_n$ s'exprimera donc linéairement au moyen des dérivées partielles du même ordre prises par rapport aux nouvelles variables $y_1, \ldots, y_n$.

Posons, pour abréger,

$$\frac{\partial^{\alpha_1 + \ldots + \alpha_n} u_1}{\partial x_1^{\alpha_1} \ldots \partial x_n^{\alpha_n}} = p_{\alpha_1 \ldots \alpha_n}.$$

L'une au moins des équations données, par exemple

$F_1 = 0$, contiendra des dérivées partielles d'ordre r_1 de la fonction u_1; soient

$$p_{\alpha'_1\ldots\alpha'_n}, \quad p_{\alpha''_1\ldots\alpha''_n}, \quad \ldots$$

ces dérivées partielles. La dérivée $\frac{\partial F_1}{\partial x_1}$ sera de la forme

$$\frac{\partial F_1}{\partial x_1} = G_0 + G_1 p_{\alpha'_1+1,\ldots,\alpha'_n} + G_2 p_{\alpha''_1+1,\ldots,\alpha''_n} + \ldots,$$

G_1, G_2, ... n'étant pas identiquement nuls et ne contenant, ainsi que G_0, aucune dérivée de u_1 d'ordre $> r_1$.

Transformons cette équation par la substitution (5); il viendra

$$\frac{\partial F_1}{\partial x_1} = c_{11}\frac{\partial F_1}{\partial y_1} + \ldots + c_{n1}\frac{\partial F_1}{\partial y_n},$$

$$p_{\alpha'_1+1,\ldots,\alpha'_n} = \left(c_{11}\frac{\partial}{\partial y_1} + \ldots + c_{n1}\frac{\partial}{\partial y_n}\right)^{\alpha'_1+1} \cdots \left(c_{1n}\frac{\partial}{\partial y_1} + \ldots + c_{nn}\frac{\partial}{\partial y_n}\right)^{\alpha'_n} u_1$$

$$= c_{11}^{\alpha'_1+1} \ldots c_{1n}^{\alpha'_n}\frac{\partial^{r_1+1} u_1}{\partial y_1^{r_1+1}} + R',$$

R' étant linéaire par rapport aux dérivées partielles d'ordre $r_1 + 1$ de la fonction u_1, autres que celle que nous avons mise en évidence.

Les autres dérivées d'ordre $r_1 + 1$ qui figurent dans l'expression de $\frac{\partial F_1}{\partial x_1}$ donnent un résultat analogue.

On aura enfin

$$G_0 = \Gamma_0, \qquad G_1 = \Gamma_1 \qquad \ldots,$$

Γ_0, Γ_1, ... ne contenant les nouvelles dérivées partielles de u_1 que jusqu'à l'ordre r_1.

On aura donc, pour transformée de $\frac{\partial F_1}{\partial x_1}$, l'expression

$$c_{11}\frac{\partial F_1}{\partial y_1} + \ldots + c_{n1}\frac{\partial F_1}{\partial y_n}$$
$$= \left(\Gamma_1 c_{11}^{\alpha'_1+1} \ldots c_{1n}^{\alpha'_n} + \Gamma_2 c_{11}^{\alpha''_1+1} \ldots c_{1n}^{\alpha''_n} + \ldots\right)\frac{\partial^{r_1+1} u_1}{\partial y_1^{r_1+1}} + R,$$

R ne contenant pas la dérivée $\frac{\partial^{r_1+1} u_1}{\partial y_1^{r_1+1}}$. D'ailleurs le coefficient de $\frac{\partial^{r_1+1} u_1}{\partial y_1^{r_1+1}}$ ne peut être identiquement nul; car, en l'exprimant au moyen des anciennes variables x, il devient

$$G_1 c_{11}^{\alpha'_1+1} \ldots c_{1n}^{\alpha'_n} + G_2 c_{11}^{\alpha''_1+1} \ldots c_{1n}^{\alpha''_n} + \ldots,$$

et comme G_1, G_2, ... ne sont pas identiquement nuls, il ne peut évidemment s'annuler que pour des valeurs particulières des constantes c. En ayant soin d'éviter ces valeurs, on voit que

$$c_{11} \frac{\partial F_1}{\partial y_1} + \ldots + c_{n1} \frac{\partial F_1}{\partial y_n}$$

contiendra la dérivée $\frac{\partial^{r_1+1} u_1}{\partial y_1^{r_1+1}}$, ce qui serait évidemment impossible, si F_1 ne contenait pas la dérivée $\frac{\partial^{r_1} u_1}{\partial y_1^{r_1}}$.

236. Nous nous bornerons à considérer le cas où les équations transformées ont pour premiers membres des fonctions distinctes des dérivées $\frac{\partial^{r_1} u_1}{\partial y_1^{r_1}}, \ldots, \frac{\partial^{r_m} u_m}{\partial y_1^{r_m}}$. En les résolvant par rapport à ces dérivées, nous pourrons mettre le système sous la forme *normale*

$$\frac{\partial^{r_1} u_1}{\partial y_1^{r_1}} = \Phi_1, \quad \ldots, \quad \frac{\partial^{r_m} u_m}{\partial y_1^{r_m}} = \Phi_m, \tag{6}$$

$\Phi_1, \ldots, \Phi_m$ étant des fonctions des variables indépendantes $y_1, \ldots, y_n$ des fonctions $u_1, \ldots, u_m$ et de leurs dérivées partielles jusqu'à l'ordre $r_1, \ldots, r_m$ respectivement (celles de ces dérivées qui figurent aux premiers membres étant exceptées).

Théorème. — *Les quantités* $y_1, \ldots, y_n, u_1, \ldots, u_m, \ldots, \frac{\partial^{\alpha_1+\alpha_2+\ldots} u_i}{\partial y_1^{\alpha_1} \partial y_2^{\alpha_2} \ldots}, \ldots$ *qui figurent dans les fonctions* $\Phi_1, \ldots, \Phi_m$ *étant traitées comme des variables indépendantes, soit*

$a_1, \ldots, a_n, b_1, \ldots, b_m, \ldots, b^i_{\alpha_1\alpha_2\ldots}, \ldots$ un système quelconque de valeurs de ces variables aux environs duquel $\Phi_1, \ldots, \Phi_m$ soient développables par la série de Taylor.

Soient d'autre part

$$\varphi_1, \quad \varphi_1^1, \quad \ldots, \quad \varphi_1^{r_1-1}; \quad \varphi_2, \quad \ldots, \quad \varphi_2^{r_2-1}; \quad \ldots$$

des fonctions quelconques de $y_2, \ldots, y_m$ développables par la série de Taylor aux environs du système de valeurs $a_2, \ldots, a_m$, et telles en outre que l'on ait en ce point

$$\frac{\partial^{\alpha_2+\cdots}\varphi_i^{\alpha_1}}{\partial y_2^{\alpha}\cdots} = b^i_{\alpha_1\alpha_2\ldots}.$$

On pourra déterminer, et cela d'une seule manière, un système de fonctions $u_1, \ldots, u_m$ des variables $y_1, \ldots, y_n$, développable par la série de Taylor aux environs du point $a_1, \ldots, a_n$, et qui satisfasse aux équations (6) ainsi qu'aux conditions initiales suivantes :

$$(7)\quad \left\{\begin{array}{llll} u_1 = \varphi_1, & \dfrac{\partial u_1}{\partial y_1} = \varphi_1^1, & \ldots, & \dfrac{\partial^{r_1-1} u_1}{\partial y_1^{r_1-1}} = \varphi_1^{r_1-1} \\ u_2 = \varphi_2, & \dfrac{\partial u_2}{\partial y_1} = \varphi_2^1 & \ldots, & \dfrac{\partial^{r_2-1} u_2}{\partial y_1^{r_2-1}} = \varphi_2^{r_2-1} \\ \ldots & \ldots & \ldots & \ldots \end{array}\right\} \text{pour } y_1 = a_1.$$

Cette proposition fondamentale est due à Cauchy. Mme de Kowalewska en a donné une démonstration élégante, que nous allons reproduire.

237. Considérons tout d'abord le cas où les équations aux dérivées partielles proposées sont du premier ordre, linéaires et homogènes par rapport aux dérivées partielles, et ne contiennent pas les variables indépendantes, de telle sorte que le système (6) se réduise à la forme

$$(8)\qquad \frac{\partial u_i}{\partial y_1} = \sum_{k,l} G^i_{kl}\frac{\partial u_k}{\partial y_l}$$

$$(i = 1, 2, \ldots, m; \quad k = 1, 2, \ldots, m; \quad l = 2, \ldots, n),$$

où les G sont des fonctions de $u_1, \ldots, u_m$.

L'énoncé du théorème général se réduira alors au suivant :

Soient $b_1, \ldots, b_m$ *un système de valeurs de* $u_1, \ldots, u_m$, *aux environs duquel les fonctions* G *soient développables par la série de Taylor;* $a_1, \ldots, a_n$ *d'autres constantes quelconques. Soient, d'autre part,* $\varphi_1, \ldots, \varphi_m$ *des fonctions de* $y_2, \ldots, y_n$, *qui se réduisent respectivement à* $b_1, \ldots, b_m$ *pour* $y_2 = a_2, \ldots, y_n = a_n$, *et qui soient développables par la série de Taylor aux environs de ce système de valeurs. On pourra déterminer d'une seule manière un système de fonctions* $u_1, \ldots, u_m$ *des variables* $y_1, \ldots, y_n$, *développables par la série de Taylor aux environs du point* $y_1 = a_1, \ldots, y_n = a_n$, *qui satisfassent aux équations* (8), *et enfin se réduisent respectivement à* $\varphi_1, \ldots, \varphi_m$ *pour* $y_1 = a_1$.

Nous supposerons, pour simplifier l'écriture, que $a_1, \ldots, a_n, b_1, \ldots, b_m$ soient nuls, ce qui ne nuit pas à la généralité de la démonstration, car on pourrait au besoin prendre pour variables indépendantes $y_1 - a_1, \ldots, y_n - a_n$ et pour fonctions inconnues $u_1 - b_1, \ldots, u_m - b_m$; enfin, considérer à la place des fonctions $\varphi_1, \ldots, \varphi_m$ les fonctions $\varphi_1 - b_1, \ldots, \varphi_m - b_m$.

D'après les hypothèses faites, les fonctions G^i_{kl} sont développables en séries, de la forme

$$G^i_{kl} = \sum A^{ikl}_{\alpha_1\alpha_2\ldots} u_1^{\alpha_1} u_2^{\alpha_2} \ldots \tag{9}$$

Ces séries étant convergentes tant que les modules de $u_1, u_2, \ldots$ seront assez petits, on pourra déterminer deux constantes M, r, telles que l'on ait

$$\operatorname{mod} A^{ikl}_{\alpha_1\alpha_2\ldots} \leqq \frac{M}{r^{\alpha_1+\alpha_2+\ldots}}$$

et, *a fortiori*,

$$\operatorname{mod} A^{ikl}_{\alpha_1\alpha_2\ldots} \leqq \frac{(\alpha_1+\alpha_2+\ldots)!}{\alpha_1!\,\alpha_2!\ldots} \frac{M}{r^{\alpha_1+\alpha_2+\ldots}}. \tag{10}$$

On aura de même

$$\varphi_i = \sum B^i_{\beta_2\beta_3\ldots} y_2^{\beta_2} y_3^{\beta_3} \ldots,$$

et l'on pourra déterminer deux constantes N, ρ, telles que l'on ait

$$(11)\qquad \operatorname{mod} B^{i}_{\beta_2\beta_3\ldots} \leqq \frac{(\beta_2+\beta_3+\ldots)!}{\beta_2!\,\beta_3!\ldots}\,\frac{N}{\rho^{\beta_2+\beta_3+\ldots}}.$$

Les fonctions cherchées $u_1, \ldots, u_m$, devant être développables suivant les puissances de $y_1, \ldots, y_n$ pour $y_1 = 0$, seront de la forme

$$(12)\qquad u_i = \varphi_i + \varphi_{i1} y_1 + \varphi_{i2} y_1^2 + \ldots,$$

$\varphi_{i1}, \varphi_{i2}, \ldots$ étant des séries qui procèdent suivant les puissances de $y_2, \ldots, y_n$.

Remplaçons, dans les équations (8), les fonctions G^{i}_{kl}, puis les fonctions u_i par les développements (9) et (12), et égalons les coefficients des mêmes puissances de y_1 dans les deux membres; nous obtiendrons, pour déterminer les coefficients $\varphi_{i1}, \ldots, \varphi_{i\mu}, \ldots$, une série d'équations de la forme suivante :

$$(13)\qquad (\mu+1)\varphi_{i,\mu+1} = F_{i,\mu+1},$$

$F_{i,\mu+1}$ étant une somme de termes dont chacun est le produit : 1° d'un entier positif; 2° d'un des coefficients A; 3° d'un produit de séries φ dont le second indice ne surpasse pas μ; 4° d'une dérivée partielle de l'une de ces fonctions φ.

Les formules (13) fourniront, par voie récurrente et sans ambiguïté, les valeurs des diverses fonctions $\varphi_{i\mu}$ sous forme de séries procédant suivant les puissances de $y_2, \ldots, y_n$, chaque terme ayant pour coefficient un polynôme formé avec les coefficients A, B et dont chaque terme est affecté d'un facteur numérique positif.

Nous trouvons ainsi une solution unique; mais, pour prouver qu'elle est acceptable, il reste encore à établir la convergence des séries obtenues.

238. Or il est clair qu'on diminuera les chances de convergence en remplaçant les coefficients A, B par les limites supérieures (10) et (11) de leurs modules; mais nous allons prouver que, même dans ces conditions défavorables, la convergence subsiste lorsque $y_1, \ldots, y_n$ sont suffisamment petits.

On a, en effet, dans ce cas,

$$G^i_{kl} = \sum \frac{(\alpha_1+\alpha_2+\ldots)!}{\alpha_1!\,\alpha_2!\ldots} M \frac{u_1^{\alpha_1} u_2^{\alpha_2}\ldots}{r^{\alpha_1+\alpha_2+\ldots}} = \frac{M}{1 - \dfrac{u_1+u_2+\ldots+u_m}{r}}$$

et de même

$$\varphi_i = \sum \frac{(\beta_2+\beta_3+\ldots)!}{\beta_2!\,\beta_3!\ldots} N \frac{y_2^{\beta_2} y_3^{\beta_3}\ldots}{\rho^{\beta_2+\beta_3+\ldots}}, \quad (\beta_2+\beta_3+\ldots > 0),$$

$$= \frac{Nt}{\rho - t},$$

en posant, pour abréger, $y_2 + \ldots + y_n = t$.

Les équations aux dérivées partielles deviendront donc

$$(14) \qquad \frac{\partial u_i}{\partial y_1} = \frac{M}{1 - \dfrac{u_1+\ldots+u_m}{r}} \sum_{k,l} \frac{\partial u_k}{\partial y_l},$$

et les conditions initiales seront

$$(15) \qquad u_i = \frac{Nt}{\rho - t} \quad \text{pour } y_1 = 0.$$

Posons

$$u_1 = \ldots = u_m = \psi(y_1, t).$$

Les équations (14) et (15) se réduiront aux deux suivantes:

$$(16) \qquad \frac{\partial \psi}{\partial y_1} = \frac{M}{1 - \dfrac{m\psi}{r}} m(n-1) \frac{\partial \psi}{\partial t},$$

$$(17) \qquad \psi = \frac{Nt}{\rho - t} \quad \text{pour } y_1 = 0.$$

Or l'équation (16) étant mise sous la forme

$$\left(1 - \frac{m\psi}{r}\right) \frac{\partial \psi}{\partial y_1} - Mm(n-1) \frac{\partial \psi}{\partial t} = 0,$$

son premier membre est le jacobien des deux fonctions ψ et

$\left(1-\frac{m\psi}{r}\right)t+\mathrm{M}m(n-1)y_1$. Elle équivaut donc à la relation

$$\left(1-\frac{m\psi}{r}\right)t+\mathrm{M}m(n-1)y_1=\mathrm{F}(\psi),$$

F étant une fonction arbitraire. Cette fonction sera déterminée par la condition (17), laquelle donne

$$\left[1-\frac{m\mathrm{N}t}{r(\rho-t)}\right]t=\mathrm{F}\left(\frac{\mathrm{N}t}{\rho-t}\right)$$

ou, en posant

$$\frac{\mathrm{N}t}{\rho-t}=v, \qquad \text{d'où} \qquad t=\frac{\rho v}{\mathrm{N}+v},$$

$$\mathrm{F}(v)=\left(1-\frac{mv}{r}\right)\frac{\rho v}{\mathrm{N}+v}.$$

Donc ψ sera déterminé par l'équation

$$\left(1-\frac{m\psi}{r}\right)t+\mathrm{M}m(n-1)y_1=\left(1-\frac{m\psi}{r}\right)\frac{\rho\psi}{\mathrm{N}+\psi}.$$

Les deux racines de cette équation se réduisent respectivement à zéro et à $\frac{r}{m}$ pour $y_1=0$, $t=0$. Aux environs de ce système de valeurs, elles sont développables en série convergente suivant les puissances de y_1 et de t. Prenant celle de ces deux séries qui s'annule pour $y_1=0$, $t=0$, on aura la fonction cherchée $\psi(y_1, t)$, dans laquelle on n'aura plus qu'à substituer $t=y_2+\ldots+y_n$ pour obtenir les développements de $u_1, \ldots, u_m$, qui seront évidemment convergents tant que les modules des variables y seront moindres que $\frac{\mathrm{R}}{n-1}$, R désignant le rayon de convergence de la série $\psi(y_1, t)$ par rapport aux variables y_1 et t.

239. La démonstration du théorème général du n° **236** se ramène aisément au cas particulier que nous venons de discuter.

Prenons, en effet, pour variables auxiliaires les dérivées partielles

$$\frac{\partial^{\alpha_1+\alpha_2+\dots} u_i}{\partial y_1^{\alpha_1} \partial y_2^{\alpha_2} \dots} = p^i_{\alpha_1, \alpha_2, \dots},$$

qui figurent dans les équations (6) et, pour plus de symétrie, posons en outre $u_i = p^i_{0,0,\dots}$. Les équations (6) et (7) deviendront

$$(18) \quad p^i_{r_i,0,\dots,0} = \Phi_i(y_1, \dots, y_n, p^1_{0,0,\dots}, \dots, p^k_{\alpha_1,\alpha_2\dots}, \dots),$$

$$(19) \quad p^i_{\alpha_1,0,0,\dots} = \varphi_i^{\alpha_1} \quad \text{pour } y_1 = a_1 \quad \text{et} \quad \alpha_1 < r_i.$$

Ces dernières équations, dérivées par rapport à $y_2, \dots, y_n$, donneront plus généralement

$$(20) \quad p^i_{\alpha_1,\alpha_2,\dots,\alpha_n} = \frac{\partial^{\alpha_2+\dots+\alpha_n} \varphi_i^{\alpha_1}}{\partial^{\alpha_2} y_2 \dots \partial^{\alpha_m} y_n} \quad \text{pour } y_1 = a_1 \text{ et } \alpha_1 < r_i$$

et, par suite,

$$p^i_{\alpha_1,\alpha_2\dots,\alpha_m} = b^i_{\alpha_1,\alpha_2,\dots,\alpha_m} \quad \text{pour } y_1 = a_1, \ \dots, \ y_n = a_n.$$

Enfin, si l'on pose $y_1 = a_1$ dans les équations (18), il viendra

$$(21) \quad p^i_{r_i,0,0,\dots} = \Phi_i\left(a_1, \dots, y_n, \varphi_1, \dots, \frac{\partial^{\alpha_2+\dots} \varphi_k^{\alpha_1}}{\partial^{\alpha_2} y_2 \dots}, \dots\right) \text{ pour } y = a_1.$$

Aux équations (18), (19), (20), il faut encore joindre celles qui définissent les dérivées partielles $p^i_{\alpha_1,\alpha_2,\dots,\alpha_m}$, à savoir

$$(22) \quad \frac{\partial p^i_{\alpha_1,0,0,\dots}}{\partial y_1} = p^i_{\alpha_1+1,0,0,\dots}, \quad \text{si } \alpha_1 < r_i$$

et

$$(23) \quad p^i_{\alpha_1,\alpha_2,\dots,\alpha_n} = \frac{\partial^{\alpha_2+\dots+\alpha_n} p^i_{\alpha_1,0,0,\dots}}{\partial^{\alpha_2} y_2 \dots \partial^{\alpha_n} y_n}, \quad \text{si } \alpha_2 + \dots + \alpha_n > 0.$$

Les relations (20) et (21) expriment d'ailleurs que les équations (23) et (18) sont satisfaites pour $y_1 = a_1$. En tenant compte de cette condition, on pourra évidemment remplacer ces équations (23) et (18) par leurs dérivées partielles par rapport à y_1.

On trouve ainsi, en supposant $\alpha_2 > 0$ par exemple,

$$(23)' \qquad \frac{\partial p^i_{\alpha_1,\alpha_2,\ldots,\alpha_n}}{\partial y_1} = \frac{\partial^{1+\alpha_2+\ldots+\alpha_n} p^i_{\alpha_1,0,0,\ldots}}{\partial y_1 \partial^{\alpha_2} y_2 \ldots \partial^{\alpha_n} y_n} = \frac{\partial p^i_{\alpha_1+1,\alpha_2-1,\ldots,\alpha_n}}{\partial y_2}.$$

Si α_2 était nul, mais $\alpha_3 > 0$, on trouverait de même

$$(23)'' \qquad \frac{\partial p^i_{\alpha_1,0,\alpha_3,\ldots}}{\partial y_1} = \frac{\partial p^i_{\alpha_1+1,0,\alpha_3-1,\ldots}}{\partial y_3},$$

et, enfin, si $\alpha_2, \ldots, \alpha_{n-1}$ étaient nuls, d'où $\alpha_n > 0$,

$$(23)''' \qquad \frac{\partial p^i_{\alpha_1,0,\ldots,\alpha_n}}{\partial y_1} = \frac{\partial p^i_{\alpha_1+1,0,\ldots,\alpha_n-1}}{\partial y_n}.$$

Prenant enfin la dérivée partielle des équations (18) par rapport à y_1, et substituant dans le second membre aux dérivées partielles des p leurs valeurs (22), (23'), (23''), ..., (23'''), il viendra

$$(24) \qquad \left\{ \begin{aligned} \frac{\partial p^i_{r_i,0,0,\ldots}}{\partial y_1} = \frac{\partial \Phi_i}{\partial y_1} &+ \sum \frac{\partial \Phi_i}{\partial p^k_{\alpha_1,0,\ldots,0}} p^k_{\alpha_1+1,\ldots,0,\ldots,0} \\ &+ \sum \frac{\partial \Phi_i}{\partial p^k_{\alpha_1,\alpha_2,\ldots}} \frac{\partial p^k_{\alpha_1+1,\alpha_2-1,\ldots}}{\partial y_2} + \ldots \\ &+ \sum \frac{\partial \Phi_i}{\partial p^k_{\alpha_1,0,\ldots,\alpha_n}} \frac{\partial p^k_{\alpha_1+1,0,\ldots,\alpha_n-1}}{\partial y_n}. \end{aligned} \right.$$

240. Nous avons ainsi remplacé le système des équations (6) et des conditions initiales (7) par celui des équations (22), (23)', (23)'', ..., (23)''' et (24) et des conditions initiales (20), (21). Nos nouvelles équations sont du premier ordre et linéaires; mais elles ne sont pas homogènes et contiennent encore en général les variables indépendantes $y_1, \ldots, y_n$. Pour achever de les réduire à la forme voulue, introduisons de nouvelles variables auxiliaires $t_1, \ldots, t_n$ définies par les équations

$$t_1 = y_1, \qquad \ldots, \qquad t_n = y_n.$$

Elles satisfont aux équations aux dérivées partielles

$$(25) \qquad \frac{\partial t_1}{\partial y_1} = 1, \qquad \frac{\partial t_2}{\partial y_1} = 0, \qquad \ldots, \qquad \frac{\partial t_n}{\partial y_1} = 0$$

et aux conditions initiales

$$(26)\quad t_1 = a_1,\quad t_2 = y_2,\quad \ldots,\quad t_n = y_n \quad \text{pour } y_1 = a_1.$$

Il est clair que ces conditions suffisent à les déterminer. Joignons ces conditions aux équations précédentes et transformons d'ailleurs celles-ci : 1° en y remplaçant dans les dérivées partielles de Φ_i les variables indépendantes $y_1, \ldots, y_n$ par les quantités équivalentes $t_1, \ldots, t_n$; 2° en multipliant tous les termes des seconds membres qui n'ont pas en facteur une dérivée partielle des inconnues p par $\frac{\partial t_2}{\partial y_2}$, qui est évidemment égal à 1. Cette transformation opérée, les inconnues p et t seront fournies par un système d'équations linéaires et homogènes du premier ordre, auquel on devra joindre les conditions initiales (20), (21), (26) qui ont lieu pour $y_1 = a_1$.

Les valeurs des variables $t_1, \ldots, t_n$ et $p^i_{\alpha_1, \alpha_2, \ldots, \alpha_n}$ pour $y_1 = a_1, \ldots, y_n = a_n$ sont d'ailleurs $a_1, \ldots, a_n$ et $b^i_{\alpha_1, \alpha_2, \ldots, \alpha_n}$. Aux environs de ce système de valeurs, les fonctions Φ_i sont par hypothèse développables suivant la série de Taylor; il en sera de même de leurs dérivées partielles.

Toutes les conditions nécessaires à l'application du théorème du n° 237 se trouvant ainsi remplies, nous obtiendrons pour les inconnues t et p, et en particulier pour les inconnues primitives

$$u_i = p^i_{0.0,\ldots},$$

des séries procédant suivant les puissances de $y_1 - a_1, \ldots, y_n - a_n$ et satisfaisant à toutes les conditions du problème.

Les fonctions u_i ne sont définies par ces séries que dans la région où celles-ci sont convergentes; mais on pourra suivre leur variation de proche en proche par les mêmes procédés que nous avons employés pour l'étude des équations différentielles à une seule variable indépendante.

II. — Équations aux dérivées partielles du premier ordre.

241. Considérons l'équation aux dérivées partielles linéaire et du premier ordre

$$(1) \qquad P_1 p_1 + \ldots + P_n p_n = Z,$$

où $P_1, \ldots, P_n$, Z sont des fonctions des variables indépendantes $x_1, \ldots, x_n$ et de la fonction inconnue z; $p_1, \ldots, p_n$ désignant les dérivées partielles $\frac{\partial z}{\partial x_1}, \ldots, \frac{\partial z}{\partial x_n}$.

La fonction z étant supposée définie par une équation implicite

$$(2) \qquad \Phi(x_1, \ldots, x_n, z) = 0,$$

cherchons à déterminer la forme de la fonction Φ, de telle sorte que l'équation (1) soit satisfaite.

L'équation (2) dérivée par rapport à x_i donnera

$$(3) \qquad \frac{\partial \Phi}{\partial x_i} + \frac{\partial \Phi}{\partial z} p_i = 0.$$

Substituant dans (1) les valeurs des dérivées partielles p_i tirées des équations (3), il viendra

$$(4) \qquad P_1 \frac{\partial \Phi}{\partial x_1} + \ldots + P_n \frac{\partial \Phi}{\partial x_n} + Z \frac{\partial \Phi}{\partial z} = 0.$$

Pour que la valeur de z tirée de (2) satisfasse à l'équation (1), il sera donc nécessaire et suffisant que l'équation (4) soit une conséquence de (2).

Cela posé, intégrons le système des équations différentielles

$$(5) \qquad \frac{dx_1}{P_1} = \ldots = \frac{dx_n}{P_n} = \frac{dz}{Z}.$$

Les équations intégrales, résolues par rapport aux constantes d'intégration $c_1, \ldots, c_n$, prendront la forme

$$(6) \qquad \varphi_1 = c_1, \qquad \ldots, \qquad \varphi_n = c_n,$$

$\varphi_1, \ldots, \varphi_n$ étant des fonctions de $x_1, \ldots, x_n, z$. On sait (42) qu'en posant

$$\Phi = F(\varphi_1, \ldots, \varphi_n),$$

F désignant une fonction arbitraire, l'équation (4) sera identiquement satisfaite.

Nous obtiendrons donc une solution de l'équation (1) en déterminant z par l'équation

$$F(\varphi_1, \ldots, \varphi_n) = 0.$$

Mais il n'est pas établi que cette solution soit la seule possible, car il n'est pas nécessaire, pour qu'on ait une solution, que l'équation (4) soit identique. Il suffit qu'elle soit satisfaite pour tous les systèmes de valeurs de $x_1, \ldots, x_n, z$ qui satisfont à $\Phi = 0$.

Pour déterminer les autres solutions, s'il en existe, nous remarquerons que les équations (5) ayant pour intégrales générales les équations (6), les équations (5) ou les équations équivalentes

$$P_2\, dx_1 - P_1\, dx_2 = 0, \qquad \ldots, \qquad P_n\, dx_1 - P_1\, dx_n = 0,$$
$$Z\, dx_1 - P_1\, dz = 0$$

sont des combinaisons linéaires des équations

$$d\varphi_1 = 0, \qquad \ldots, \qquad d\varphi_n = 0.$$

On aura donc, en désignant par $A_{11}, \ldots; B_1, \ldots$; des fonctions de $x_1, \ldots, x_n, z$ faciles à déterminer,

$$P_i\, dx_1 - P_1\, dx_i = A_{i1}\, d\varphi_1 + \ldots + A_{in}\, d\varphi_n, \tag{7}$$
$$Z\, dx_1 - P_1\, dz = B_1\, d\varphi_1 + \ldots + B_n\, d\varphi_n. \tag{8}$$

Multiplions les équations (7) respectivement par $p_1, \ldots, p_i, \ldots$ et retranchons-en l'équation (8). En tenant compte de l'identité

$$dz = p_1\, dx_1 + \ldots + p_n\, dx_n$$

et posant, pour abréger,

$$\sum_i A_{ik} p_i - B_k = C_k,$$

il viendra

$$(P_1 p_1 + \ldots + P_n p_n - Z)\, dx_1 = \sum_k C_k\, d\varphi_k.$$

Si nous supposons l'équation (1) satisfaite, cette équation se réduira à

$$\sum_k C_k\, d\varphi_k = 0.$$

Si donc les quantités C_k ne sont pas toutes nulles, les différentielles $d\varphi_1, \ldots, d\varphi_n$ seront liées par une relation linéaire, et l'on aura entre les fonctions φ une relation

$$F(\varphi_1, \ldots, \varphi_n) = 0.$$

C'est la solution trouvée tout à l'heure.

Reste l'hypothèse

$$C_1 = 0, \qquad \ldots, \qquad C_k = 0, \qquad \ldots.$$

Ces équations, combinées avec l'équation donnée

$$P_1 p_1 + \ldots + P_n p_n = Z,$$

déterminent $p_1, \ldots p_n, z$ en fonction de $x_1, \ldots, x_n$. Les valeurs ainsi obtenues fourniront une solution si elles satisfont aux relations

$$\frac{\partial z}{\partial x_i} = p_i,$$

ce qui n'aura évidemment lieu que dans des cas très exceptionnels.

242. *Applications.* — 1° Soit à intégrer l'équation aux dérivées partielles

$$a\frac{\partial z}{\partial x} + b\frac{\partial z}{\partial y} = 1$$

des cylindres parallèles à la droite $(x = az, y = bz)$. On formera le système

$$\frac{dx}{a} = \frac{dy}{b} = dz$$

dont l'intégrale générale est

$$x - az = c, \qquad y - bz = c_1.$$

L'équation proposée a donc pour intégrale générale

$$\Phi(x - az, y - bz) = 0.$$

2° Considérons l'équation aux dérivées partielles

$$(x - \alpha)\frac{\partial z}{\partial x} + (y - \beta)\frac{\partial z}{\partial y} = z - \gamma$$

des cônes ayant leur sommet au point α, β, γ. On formera le système

$$\frac{dx}{x - \alpha} = \frac{dy}{y - \beta} = \frac{dz}{z - \gamma}$$

dont l'intégrale générale est

$$\log(x - \alpha) = \log(z - \gamma) + \text{const.},$$
$$\log(x - \beta) = \log(z - \gamma) + \text{const.}$$

ou

$$\frac{x - \alpha}{z - \gamma} = \text{const.}, \qquad \frac{y - \beta}{z - \gamma} = \text{const.}$$

L'intégrale cherchée sera

$$\Phi\left(\frac{x - \alpha}{z - \gamma}, \frac{y - \beta}{z - \gamma}\right) = 0.$$

3° Considérons l'équation aux dérivées partielles

$$(\gamma y - \beta z)\frac{\partial z}{\partial x} + (\alpha z - \gamma x)\frac{\partial z}{\partial y} = \beta x - \alpha y$$

des surfaces de révolution autour de l'axe $\frac{x}{\alpha} = \frac{y}{\beta} = \frac{z}{\gamma}$. Nous aurons le système

$$\frac{dx}{\gamma y - \beta z} = \frac{dy}{\alpha z - \gamma x} = \frac{dz}{\beta x - \alpha y}.$$

Soit dt la valeur commune de ces rapports ; on aura

$$dx = (\gamma y - \beta z)\,dt, \quad dy = (\alpha z - \gamma x)\,dt, \quad dz = (\beta x - \alpha y)\,dt.$$

On en déduit immédiatement les combinaisons intégrables

$$x\,dx + y\,dy + z\,dz = 0,$$
$$\alpha\,dx + \beta\,dy + \gamma\,dz = 0;$$

d'où

$$x^2 + y^2 + z^2 = \text{const}, \qquad \alpha x + \beta y + \gamma z = \text{const.},$$

et l'intégrale cherchée sera

$$\Phi(x^2 + y^2 + z^2, \alpha x + \beta y + \gamma z) = 0.$$

4° Soit, en dernier lieu, l'équation

$$x\frac{\partial z}{\partial x} + y\frac{\partial z}{\partial y} = nz,$$

qui définit les fonctions homogènes de degré n en x, y. On formera le système

$$\frac{dx}{x} = \frac{dy}{y} = \frac{dz}{nz};$$

d'où

$$\frac{x}{y} = \text{const.}, \qquad \frac{z}{x^n} = \text{const.}.$$

L'intégrale générale sera donc

$$\Phi\left(\frac{x}{y}, \frac{z}{x^n}\right) = 0$$

ou, en résolvant par rapport à $\frac{z}{x^n}$,

$$\frac{z}{x^n} = f\left(\frac{x}{y}\right)$$

et enfin

$$z = x^n f\left(\frac{x}{y}\right).$$

243. Passons à l'étude des équations aux dérivées partielles du premier ordre en général.

Soit

$$(9) \qquad \Phi = 0$$

une équation entre n variables indépendantes $x_1, \ldots, x_n$, une fonction z de ces variables et n constantes arbitraires $a_1, \ldots, a_n$. En éliminant ces constantes entre l'équation $\Phi = 0$ et ses dérivées partielles

$$(10) \qquad \frac{\partial \Phi}{\partial x_i} + p_i \frac{\partial \Phi}{\partial z} = 0,$$

nous obtiendrons, en général, une seule équation aux dérivées partielles

$$(11) \qquad F(z, x_1, \ldots, x_n; p_1, \ldots, p_n) = 0.$$

La fonction z, définie par l'équation (9), sera une solution de cette équation, quelles que soient les constantes $a_1, \ldots, a_n$.

Une semblable solution a reçu le nom d'*intégrale complète*. Il est aisé d'en déduire les autres solutions de l'équation aux dérivées partielles.

On pourra, en effet, dans cette dernière équation, faire abstraction de la condition que $p_1, \ldots, p_n$ soient les dérivées partielles de z, pourvu qu'on y joigne la relation

$$(12) \qquad dz = p_1 dx_1 + \ldots + p_n dx_n,$$

qui exprime précisément cette dernière propriété.

Cela posé, l'équation (11), résultant de l'élimination de $a_1, \ldots, a_n$ entre les équations (9) et (10), sera algébriquement équivalente à celles-ci, pourvu qu'on y considère les a, non plus comme des constantes, mais comme des inconnues auxiliaires.

Nous aurons donc à déterminer les inconnues $z, a_1, \ldots, a_n, p_1, \ldots, p_n$ par les équations (9), (10) et (12).

Cela posé, différentions l'équation (9), il viendra

$$\frac{\partial \Phi}{\partial z} dz + \frac{\partial \Phi}{\partial x_1} dx_1 + \ldots + \frac{\partial \Phi}{\partial a_1} da_1 + \ldots + \frac{\partial \Phi}{\partial a_n} da_n = 0$$

ou plus simplement, en vertu des équations (10) et (12),

$$(13) \qquad \frac{\partial \Phi}{\partial a_1} da_1 + \ldots + \frac{\partial \Phi}{\partial a_n} da_n = 0.$$

Cette nouvelle équation aux différentielles totales pourra

remplacer l'équation (12) pour la détermination des fonctions inconnues. Il existe plusieurs manières d'y satisfaire :

1° On peut d'abord poser

$$\frac{\partial\Phi}{\partial a_1}=0, \qquad \ldots, \qquad \frac{\partial\Phi}{\partial a_n}=0.$$

Ces n équations, jointes à (9) et (10), achèveront de déterminer une solution, à laquelle on donne le nom d'*intégrale singulière*.

2° Si les $\frac{\partial\Phi}{\partial a_i}$ ne sont pas tous nuls, l'équation aux différentielles totales (13) montre qu'il doit exister au moins une équation de condition entre les inconnues $a_1, \ldots, a_n$. Admettons qu'il en existe k distinctes, à savoir

$$(14) \qquad f_1=0, \qquad \ldots, \qquad f_k=0.$$

On en déduira, entre les différentielles $da_1, \ldots, da_n$, les k relations

$$df_1=0, \qquad \ldots, \qquad df_k=0,$$

dont l'équation (13) devra être une conséquence. On aura donc identiquement, en désignant par $\lambda_1, \ldots, \lambda_k$ des facteurs convenables,

$$\frac{\partial\Phi}{\partial a_1}da_1+\ldots+\frac{\partial\Phi}{\partial a_n}da_n=\lambda_1 df_1+\ldots+\lambda_k df_k;$$

d'où, en égalant les coefficients des diverses différentielles da_i,

$$(15) \qquad \frac{\partial\Phi}{\partial a_i}=\lambda_1\frac{\partial f_1}{\partial a_i}+\ldots+\lambda_k\frac{\partial f_k}{\partial a_i}.$$

Ces équations, jointes au système (9), (10), (14), détermineront toutes les inconnues du problème, y compris les multiplicateurs λ. Les fonctions $f_1, \ldots, f_k$ restent d'ailleurs arbitraires.

Le système de ces solutions, renfermant des fonctions arbitraires, se nomme l'*intégrale générale*.

Si nous donnons, en particulier, à k sa valeur maximum n, les quantités a, étant liées par n équations, seront des constantes, d'ailleurs arbitraires. Nous retrouvons donc, comme cas particulier de l'intégrale générale, l'intégrale complète d'où nous étions parti.

On voit par cette analyse que la recherche des solutions d'une équation aux dérivées partielles du premier ordre

$$F(z, x_1, \ldots, x_n; p_1, \ldots, p_n) = 0 \tag{16}$$

se ramène à la détermination d'une intégrale complète.

Plusieurs méthodes ont été proposées pour arriver à cette intégration ; nous allons exposer les trois principales.

244. *Méthode des caractéristiques.* — Posons, pour abréger,

$$\frac{\partial F}{\partial z} = Z, \qquad \frac{\partial F}{\partial x_i} = X_i, \qquad \frac{\partial F}{dp_i} = P_i,$$

et soit

$$z = \Phi(x_1, \ldots, x_n), \qquad p_i = \frac{\partial \Phi}{\partial x_i} \tag{17}$$

une solution quelconque de l'équation proposée. A chaque système de valeurs de $x_1, \ldots, x_n$ correspondra un système de valeurs de z et de ses dérivées partielles $p_1, \ldots, p_n$.

Nous appellerons *éléments* de la solution considérée les divers systèmes de valeurs simultanées de $x_1, \ldots, x_n, z$; $p_1, \ldots, p_n$ qui satisfont aux équations (17).

Soit z^0, x_i^0, p_i^0 l'un de ces éléments. Supposons qu'on fasse varier les quantités x_i à partir de leurs valeurs initiales x_i^0, de manière à satisfaire constamment aux équations différentielles

$$\frac{dx_1}{P_1} = \ldots = \frac{dx_n}{P_n} = dt, \tag{18}$$

t désignant une variable auxiliaire, dont la valeur initiale soit nulle.

Les systèmes de valeurs successifs de ces quantités, associés aux valeurs correspondantes des quantités z, p_i, donneront une suite d'éléments de l'intégrale, à laquelle nous donnerons le nom de *caractéristique*.

245. Soient z, x_i, p_i l'un de ces éléments; $z+\delta z$, $x_i+\delta x_i$, $p_i+\delta p_i$ un élément quelconque de l'intégrale, infiniment voisin de celui-là. On aura, par définition,

$$\delta z = p_1 \delta x_1 + \ldots + p_n \delta x_n, \tag{19}$$

et, en désignant par p_{ik} les dérivées secondes $\dfrac{\partial^2 \Phi}{\partial x_i \partial x_k}$,

$$\delta p_i = p_{i1} \delta x_1 + \ldots + p_{in} \delta x_n. \tag{20}$$

Soit $z+dz$, x_i+dx_i, p_i+dp_i un nouvel élément encore infiniment voisin du premier, mais situé sur la caractéristique; on aura de même

$$dz = p_1\, dx_1 + \ldots + p_n\, dx_n, \tag{21}$$

$$dp_i = p_{i1} dx_1 + \ldots + p_{in} dx_n. \tag{22}$$

L'équation (16), différentiée par rapport aux δ, donnera

$$Z\delta z + \sum_i (X_i \delta x_i + P_i \delta p_i) = 0,$$

et, en remplaçant les quantités P_i, δz, δp_i par leurs valeurs tirées des équations (18), (19), (20),

$$0 = \sum_i (X_i + p_i Z)\delta x_i + \sum_i \sum_k p_{ik} \frac{dx_i}{dt} \delta x_k.$$

Permutant les indices i et k dans la somme double et tenant compte de l'équation (22), il viendra

$$0 = \sum_i \left[X_i + p_i Z + \frac{dp_i}{dt} \right] \delta x_i,$$

et, comme les δx_i sont entièrement arbitraires, on en déduira

$$X_i + p_i Z + \frac{dp_i}{dt} = 0, \qquad (i = 1, \ldots, n). \tag{23}$$

Enfin la différentiation de l'équation (16) par rapport aux d donne

$$0 = Z dz + \sum_i X_i dx_i + P_i dp_i$$

et, en remplaçant les dx_i, dp_i par leurs valeurs tirées de (18) et (23),

$$0 = dz - \sum_i P_i p_i dt. \tag{24}$$

Les éléments successifs de la caractéristique satisferont donc aux équations (18), (23), (24), qui peuvent s'écrire

$$\frac{dx_i}{P_i} = \ldots = -\frac{dp_i}{X_i + p_i Z} = \ldots = \frac{dz}{\sum P_i p_i} = dt. \tag{25}$$

Ces équations différentielles, jointes à la connaissance des valeurs initiales z^0, x_i^0, p_i^0 des variables z, x_i, p_i, déterminent complètement la loi de leur variation. Elles sont d'ailleurs indépendantes de la fonction Φ. Nous obtenons donc ce résultat remarquable :

Toute intégrale qui contient l'élément z^0, x_i^0, p_i^0 contiendra tous les éléments de la caractéristique correspondante.

246. Les équations différentielles (25), intégrées en partant du système de valeurs initiales z^0, x_i^0, p_i^0, donneront, pour z, x_i, p_i, au moins tant que les quantités Z, X_i, P_i, n'auront pas de points critiques, des valeurs parfaitement déterminées

$$\begin{cases} z = f(t, z^0, x_i^0, p_i^0), \\ x_i = \varphi_i(t, z^0, x_i^0, p_i^0), \\ p_i = \psi_i(t, z^0, x_i^0, p_i^0). \end{cases} \tag{26}$$

Ce système d'équations représentera une caractéristique pourvu que les valeurs z^0, x_i^0, p_i^0 satisfassent à l'équation

$$F(z^0, x_1^0, \ldots, x_n^0, p_1^0, \ldots, p_n^0) = 0, \tag{27}$$

qui caractérise les éléments des intégrales.

Les valeurs des variables z, x_i, p_i correspondant aux divers éléments des intégrales sont ainsi exprimées en fonction des $2n+2$ paramètres t, z^0, x_i^0, p_i^0, ces derniers vérifiant l'équation (27).

En laissant z^0, x_i^0, p_i^0 constants et faisant varier t, on obtiendra une infinité d'éléments formant une caractéristique. On doit toutefois excepter le cas où les valeurs de z^0, x_i^0, p_i^0 annuleraient simultanément toutes les quantités P_i, $X_i + p_i Z$, car les intégrales des équations (25), se réduisant alors à

$$z = z^0, \qquad x_i = x_i^0, \qquad p_i = p_i^0,$$

seraient indépendantes de t, et la caractéristique se réduirait à son élément initial.

Enfin, en faisant varier z^0, x_i^0, p_i^0, on passera d'une caractéristique à l'autre.

Soit maintenant

$$(28) \qquad z = \Phi(x_1, \ldots, x_n), \qquad p_i = \frac{\partial \Phi}{\partial x_i}$$

une intégrale quelconque. Pour qu'elle contienne un élément donné z, x_i, p_i, il faut et il suffit qu'elle contienne l'élément initial z^0, x_i^0, p_i^0 situé sur la même caractéristique, ce qui donne les équations de condition

$$(29) \qquad z^0 = \Phi(x_1^0, \ldots, x_n^0), \qquad p_i^0 = \frac{\partial \Phi}{\partial x_i^0}.$$

Ces $n+1$ équations, jointes aux équations (26) et (27), caractériseront les éléments qui appartiennent à l'intégrale. On retrouvera donc les équations (28) de l'intégrale en éliminant les paramètres t, z^0, x_i^0, p_i^0 entre les équations (26), (27), (29).

247. Réciproquement, considérons l'ensemble des caractéristiques pour lesquelles les paramètres z^0, x_i^0, p_i^0 sont liés par $n+1$ équations de condition quelconques

$$(30) \qquad \varpi = 0, \qquad \ldots, \qquad \varpi_n = 0.$$

Entre ces équations et les équations (26) et (27), on pourra éliminer les paramètres z^0, x_i^0, p_i^0, t, et l'on obtiendra ainsi, entre les variables z, x_i, p_i, $n+1$ équations,

$$\chi = 0, \qquad \ldots, \qquad \chi_n = 0,$$

d'où l'on pourra tirer en général les valeurs de z et des p_i en fonction des x_i.

Le système des éléments qui satisfont à ces équations constituera une intégrale si les valeurs ainsi obtenues satisfont aux relations suivantes :

$$(31) \qquad F(z\,;\, x_1, \ldots, x_n\,;\, p_1, \ldots, p_n) = 0$$

et

$$(32) \qquad p_i = \frac{\partial z}{\partial x_i}.$$

248. L'équation (31) est identiquement satisfaite. Soient, en effet, z, x_i, p_i un élément quelconque du système considéré.

En donnant aux paramètres t et z^0, x_i^0, p_i^0 des accroissements infiniment petits, dt et δz^0, δx_i^0, δp_i^0, ces derniers compatibles avec les équations (27) et (30), on obtiendra un élément $z + \Delta z$, $x_i + \Delta x_i$, $p_i + \Delta p_i$ infiniment voisin du premier, et les différentielles totales Δz, Δx_i, Δp_i seront évidemment de la forme $dz + \delta z$, $dx_i + \delta x_i$, $dp_i + \delta p_i$, en désignant par dz, dx_i, dp_i les différentielles partielles provenant de la variation de t, par δz, δx_i, δp_i celles qui proviennent de la variation des autres paramètres, z^0, x_i^0, p_i^0.

Les différentielles dz, dx_i, dp_i satisfont aux équations (25), d'où l'on déduit aisément les combinaisons suivantes :

$$(33) \qquad dz - \sum_i p_i\, dx_i = 0,$$

$$(34) \qquad 0 = Z\, dz + \sum_i (X_i\, dx_i + P_i\, dp_i) = \frac{\partial F}{\partial t}\, dt.$$

Donc F est indépendant de t. D'ailleurs, pour $t = 0$, il se réduit à

$$F(z^0;\, x_1^0, \ldots, x_n^0;\, p_1^0, \ldots, p_n^0),$$

qui est nul en vertu de l'équation de condition (27).

249. Il reste encore à satisfaire aux équations (32). Ce système d'équations est équivalent à l'équation aux différentielles totales

$$\Delta z - \sum_i p_i \,\Delta x_i = 0.$$

Remplaçant Δz, Δx_i par $dz + \delta z$, $dx_i + \delta x_i$, et tenant compte de (33), cette égalité se change en

$$\delta z - \sum_i p_i \,\delta x_i = 0.$$

Désignons par U le premier membre de cette équation, et cherchons comment il varie avec t.

On aura

$$dU = d\,\delta z - \sum_i dp_i \,\delta x_i - \sum p_i \,d\,\delta x_i;$$

d'ailleurs

$$d\,\delta z = \delta\, dz = \sum_i (\delta p_i \,dx_i + p_i \,d\,\delta x_i).$$

Donc

$$dU = \sum_i (\delta p_i \,dx_i - dp_i \,\delta x_i)$$

ou, en remplaçant les dx_i, dp_i par leurs valeurs tirées des équations (25),

$$dU = \sum_i (P_i \,\delta p_i + X_i \,\delta x_i + Z p_i \,\delta x_i)\, dt;$$

mais l'équation $F = 0$, différentiée par rapport aux δ, donne

$$Z\,\delta z + \sum_i (P_i \,\delta p_i + X_i \,\delta x_i) = 0,$$

d'où

$$dU = -Z\left(\delta z - \sum_i p_i \,\delta x_i\right) dt = -ZU\, dt.$$

Cette équation intégrée donnera

$$U = U_0 e^{-\int_0^t Z\,dt},$$

U_0 désignant la valeur initiale de U.

Il est clair que, tant que Z n'aura pas de points critiques, comme nous l'avons supposé, l'exponentielle restera finie. Donc, pour que U soit identiquement nul, il sera nécessaire et suffisant qu'on ait

$$(35) \qquad 0 = U_0 = \delta z^0 - \sum_i p_i^0\,\delta x_i^0.$$

250. Les solutions de cette équation aux différentielles totales se trouvent aisément par la méthode du n° **243**.

Cette équation montre d'abord que z^0 est une fonction des x_i^0. D'ailleurs, les $2n+1$ quantités z^0, x_i^0, p_i^0 étant liées par l'équation $F = 0$ et les $n+1$ relations (30), dont nous cherchons à déterminer la forme, il existera une relation au moins entre les quantités x_i^0. Supposons qu'il en existe k distinctes, telles que

$$(36) \qquad \Psi_1(x_1^0, \ldots, x_n^0) = 0, \qquad \ldots, \qquad \Psi_k = 0,$$

et soit en outre

$$(37) \qquad z^0 = \Psi(x_1^0, \ldots, x_n^0).$$

On déduira de ces relations par la différentiation

$$\delta\Psi_1 = 0, \qquad \ldots, \qquad \delta\Psi_k = 0, \qquad \delta z_0 = \delta\Psi.$$

L'équation (35) devant être une conséquence de celles-là, on aura identiquement

$$U_0 = \delta\Psi - \sum_i p_i^0\,\delta x_i^0 = \lambda_1\,\delta\Psi_1 + \ldots + \lambda_k\,\delta\Psi_k,$$

les λ étant des multiplicateurs convenables. Égalant séparément à zéro les coefficients des diverses différentielles δx_i^0, on aura les n équations

$$\frac{\partial\Psi}{\partial x_i^0} - p_i^0 = \lambda_1 \frac{\partial\Psi_1}{\partial x_i} + \ldots + \lambda_k \frac{\partial\Psi_k}{\partial x_i} \tag{38}$$

qui, jointes aux équations (26), (27), (36), (37), représenteront l'intégrale, les fonctions Ψ, Ψ_1, ..., Ψ_k restant arbitraires.

251. La solution précédente donne lieu à diverses remarques :

1° Le système d'éléments déterminé par les équations précédentes ne représente une intégrale, dans le sens attaché jusqu'ici à ce mot, que si l'on peut en tirer les valeurs explicites des quantités z, p_i en fonction des x_i, ceux-ci restant indépendants. Il n'en serait pas ainsi dans le cas particulier où l'on pourrait déduire de ces équations une ou plusieurs relations entre les x_i. La considération de ces systèmes, qui ne fournissent pas des intégrales proprement dites, est pourtant utile dans beaucoup de cas. Pour en tenir compte, il conviendra d'élargir la définition de l'intégrale en donnant ce nom à tout système d'éléments z, x_i, p_i dépendant de n variables indépendantes et satisfaisant aux relations

$$F = 0, \qquad dz = p_1\,dx_1 + \ldots + p_n\,dx_n.$$

2° Nous avons admis dans notre analyse que le système des valeurs initiales z^0, x_i^0, p_i^0 représentait un point ordinaire pour les fonctions Z, X_i, P_i et n'annulait pas simultanément les quantités P_i, $X_i + p_i Z$. S'il existait donc quelque intégrale dont tous les éléments fussent des points critiques de Z, X_i, P_i ou annulassent les P_i et les $X_i + p_i Z$, elles échapperaient à la méthode précédente; mais il est clair que ces intégrales singulières ne peuvent se rencontrer que dans des cas particuliers.

252. Parmi les intégrales fournies par notre analyse, il en est deux qui méritent une attention particulière.

La première s'obtient en posant $k = n$. Les quantités z^0, x_i^0, satisfaisant ainsi à $n + 1$ relations, seront des constantes; leurs différentielles δz^0, δx_i^0 seront donc nulles et l'équation (35) sera identiquement satisfaite.

On voit donc que les équations (26), (27) de la caractéristique représentent une intégrale si l'on y considère les z^0, x_i^0 comme des constantes arbitraires et les p_i^0 comme des inconnues auxiliaires.

L'intégrale ainsi obtenue est une intégrale complète, car elle contient n (et même $n + 1$) constantes arbitraires. D'autre part, on ne peut déduire des équations qui la définissent aucune équation aux dérivées partielles

$$F_1(z, x_1, \ldots, x_n, p_1, \ldots, p_n) = 0,$$

distincte de la proposée $F = 0$; car, si l'on avait une semblable identité, en y faisant $t = 0$, on trouverait

$$F_1(z^0, x_1^0, \ldots, x_n^0, p_1^0, \ldots, p_n^0) = 0,$$

relation qui ne résulte pas des équations (26), (27).

253. On obtiendra une autre intégrale remarquable en admettant qu'il n'existe entre les paramètres z^0, x_i^0 que les deux relations

$$(39) \qquad z^0 = \Psi(x_2^0, \ldots, x_n^0), \qquad x_1^0 = \text{const.}$$

Les autres équations à joindre à celles de la caractéristique pour obtenir l'intégrale seront, d'après l'analyse précédente,

$$\frac{\partial \Psi}{\partial x_1^0} - p_1^0 = \lambda_1, \quad \frac{\partial \Psi}{\partial x_i^0} - p_i^0 = 0 \quad (i > 1).$$

Pour la valeur particulière $x_1 = x_1^0$, on aura $t = 0$, $x_2 = x_2^0, \ldots$, $z = z^0$. Ces valeurs initiales étant liées par la relation (39), on voit que nous avons résolu le problème de déterminer une intégrale z satisfaisant à la condition

$$z = \Psi(x_2, \ldots, x_n) \quad \text{pour } x_1 = x_1^0,$$

Ψ désignant une fonction arbitraire. L'existence d'une semblable intégrale avait déjà été établie au n° 236.

254. Lorsque le nombre des variables indépendantes se réduit à deux, les résultats qui précèdent peuvent s'interpréter géométriquement.

Une intégrale $z = \Phi(x_1, x_2)$ représente une surface. Chaque système de valeurs de z, x_1, x_2 représente un point; p_1, p_2 sont les coefficients de l'équation du plan tangent. Chaque élément de l'intégrale définit donc un point et le plan tangent correspondant.

L'équation aux dérivées partielles

$$F(z, x_1, x_2, p_1, p_2) = 0$$

devient, en y remplaçant p_1, p_2 par leurs valeurs tirées des équations de la normale,

$$\frac{\xi_1 - x_1}{p_1} = \frac{\xi_2 - x_2}{p_2} = \frac{\zeta - z}{-1},$$

$$F\left(z, x_1, x_2, -\frac{\xi_1 - x_1}{\zeta - z}, -\frac{\xi_2 - x_2}{\zeta - z}\right) = 0,$$

équation d'un cône, dont la normale sera une génératrice.

Une caractéristique représentera une courbe et la développable circonscrite à la surface intégrale le long de cette courbe, et le théorème du n° 245 pourra s'énoncer ainsi :

Deux surfaces intégrales tangentes en un point z^0, x_1^0, x_2^0 sont tangentes tout le long de la caractéristique déterminée par ce point et le plan tangent correspondant.

Toute surface intégrale aura pour génératrices des caractéristiques. En particulier, l'intégrale complète du n° 252 sera formée par l'ensemble des caractéristiques issues d'un même point.

255. *Première méthode de Jacobi.* — Soit à déterminer une intégrale complète de l'équation

$$F(z, x_1, \ldots, x_n, p_1, \ldots, p_n) = 0. \tag{40}$$

On peut réduire le problème au cas où z ne figure pas explicitement dans l'équation.

Supposons en effet z déterminé par l'équation

$$V(z, x_1, \ldots, x_n) = 0. \tag{41}$$

On en déduira

$$\frac{\partial V}{\partial x_i} + p_i \frac{\partial V}{\partial z} = 0. \tag{42}$$

Substituant les valeurs de $p_1, \ldots, p_n$ ainsi obtenues dans (40), il viendra

$$F = \Phi\left(z, x_1, \ldots, x_n, \frac{\partial V}{\partial z}, \frac{\partial V}{\partial x_1}, \ldots, \frac{\partial V}{\partial x_n}\right) = 0. \tag{43}$$

Si donc nous déterminons une fonction V des $n+1$ variables $z, x_1, \ldots, x_n$ qui satisfasse identiquement à cette équation (laquelle ne contient pas V explicitement), on obtiendra une solution de l'équation primitive en déterminant z par l'équation

$$V = 0.$$

Si d'ailleurs la solution V que l'on a trouvée contient n constantes arbitraires $b_1, \ldots, b_n$, de telle sorte que le jacobien J des quantités $\frac{\partial V}{\partial x_i}$ par rapport à ces constantes ne soit pas nul, la valeur de z sera une intégrale complète de l'équation primitive; car, d'une part, elle contient n constantes arbitraires et, d'autre part, le jacobien J_1 des quantités $\frac{\partial V}{\partial x_i} + p_i \frac{\partial V}{\partial z}$ par rapport aux constantes b ne sera pas identiquement nul; car, en y donnant aux quantités p_i les valeurs particulières o, il se réduit à J. Donc on pourra tirer des équations (42) les valeurs des constantes pour les substituer dans (41), ce qui fournira une seule équation $F = 0$.

256. L'équation $\Phi = 0$ étant résolue, pour plus de simplicité, par rapport à $\frac{\partial V}{\partial z}$, prendra la forme

$$\frac{\partial V}{\partial z} + H\left(x_1, \ldots, x_n, \frac{\partial V}{\partial x_1}, \ldots, \frac{\partial V}{\partial x_n}\right) = 0. \tag{44}$$

Désignons par H ce que devient le second terme de cette équation lorsqu'on y remplace les dérivées partielles $\frac{\partial V}{\partial x_i}$ par des indéterminées p_i; et formons les équations différentielles ordinaires

$$(45)\qquad \frac{dx_i}{dz} = \frac{\partial H}{\partial p_i}, \qquad \frac{dp_i}{dz} = -\frac{\partial H}{\partial x_i}.$$

Nous allons établir que la détermination d'une solution V de l'équation (44) satisfaisant aux conditions requises et l'intégration du système canonique (45) sont deux problèmes entièrement équivalents.

257. Supposons, en effet, qu'on ait obtenu la solution demandée

$$V(z;\ x_1, \ldots, x_n;\ b_1, \ldots, b_n).$$

Les équations

$$(46)\qquad \frac{\partial V}{\partial x_i} = p_i, \qquad \frac{\partial V}{\partial b_i} = a_i,$$

où les a_i désignent de nouvelles constantes arbitraires, seront l'intégrale générale du système (45).

En effet, les équations (46), différentiées par rapport à la variable indépendante z, donnent

$$(47)\qquad \begin{cases} \dfrac{\partial^2 V}{\partial x_i\, \partial z} + \sum_k \dfrac{\partial^2 V}{\partial x_i\, \partial x_k} \dfrac{dx_k}{dz} = \dfrac{dp_i}{dz}, \\ \dfrac{\partial^2 V}{\partial b_i\, \partial z} + \sum_k \dfrac{\partial^2 V}{\partial b_i\, \partial x_k} \dfrac{dx_k}{dz} = 0. \end{cases}$$

Mais, d'autre part, en remplaçant dans l'identité (44) les $\frac{\partial V}{\partial x_i}$ par leurs valeurs p_i, elle deviendra

$$\frac{\partial V}{\partial z} + H = 0,$$

et, en prenant les dérivées partielles, par rapport aux x_i et aux b_i, on trouvera

$$(48)\qquad \left\{\begin{aligned} &\frac{\partial^2 V}{\partial x_i\,\partial z}+\sum_k \frac{\partial H}{\partial p_k}\frac{\partial p_k}{\partial x_i}+\frac{\partial H}{\partial x_i}=0,\\ &\frac{\partial^2 V}{\partial b_i\,\partial z}+\sum_k \frac{\partial H}{\partial p_k}\frac{\partial p_k}{\partial b_i}=0. \end{aligned}\right.$$

D'ailleurs on a

$$p_k=\frac{\partial V}{\partial x_k};$$

d'où

$$\frac{\partial p_k}{\partial x_i}=\frac{\partial^2 V}{\partial x_i\,\partial x_k},\qquad \frac{\partial p_k}{\partial b_i}=\frac{\partial^2 V}{\partial b_i\,\partial x_k}.$$

Substituons ces valeurs dans les équations (48) et retranchons ensuite chacune d'elles de sa correspondante du système (47); il viendra

$$\sum_k \frac{\partial^2 V}{\partial x_i\,\partial x_k}\left(\frac{dx_k}{dz}-\frac{\partial H}{\partial p_k}\right)=\frac{dp_i}{dz}+\frac{\partial H}{\partial x_i},$$

$$\sum_k \frac{\partial^2 V}{\partial b_i\,\partial x_k}\left(\frac{dx_k}{dz}-\frac{\partial H}{\partial p_k}\right)=0.$$

Ces équations sont linéaires et homogènes par rapport aux quantités $\frac{dx_k}{dz}-\frac{\partial H}{\partial p_k}$, $\frac{dp_i}{dz}+\frac{\partial H}{\partial x_i}$. D'ailleurs le déterminant des coefficients n'est autre chose que le jacobien J des dérivées partielles $\frac{\partial V}{\partial x_k}$ par rapport à $b_1, \ldots, b_n$, lequel, par hypothèse, n'est pas nul. Nous obtenons donc, comme conséquence des équations (46), le système d'équations différentielles

$$\frac{dx_k}{dz}-\frac{\partial H}{\partial p_k}=0,\qquad \frac{dp_i}{dz}+\frac{\partial H}{\partial x_i}=0,$$

qui n'est autre que le système (45).

258. Réciproquement, supposons que par un procédé quelconque nous ayons réussi à obtenir une intégrale générale des équations (45). Elle fournira les valeurs des x_i, p_i

en fonction de z et de $2n$ constantes arbitraires $c_1, \ldots, c_{2n}$. Soient d'ailleurs a_i, b_i les valeurs des x_i, p_i pour une valeur initiale donnée z^0 de la variable z. On pourra déterminer les constantes c au moyen des a_i, b_i. Substituant ces valeurs dans les équations intégrales, celles-ci prendront la forme

$$x_i = f_i(z, a_1, \ldots, a_n, b_1, \ldots, b_n), \tag{49}$$

$$p_i = \varphi_i(z, a_1, \ldots, a_n, b_1, \ldots, b_n), \tag{50}$$

où les a_i, b_i peuvent être considérés comme de nouvelles constantes arbitraires.

Le jacobien I des fonctions f_i par rapport à $a_1, \ldots, a_n$ n'est pas identiquement nul ; car, pour la valeur particulière $z = z^0$, f_i se réduisant à a_i, I aura pour valeur l'unité.

Les équations (49) peuvent donc être résolues par rapport aux a_i et fourniront les valeurs de ces quantités en fonction des z, x_i, b_i. Il résulte de là que toute fonction des quantités z, x_i, p_i, a_i, b_i peut s'exprimer à volonté, soit par les z, a_i, b_i seulement, soit par les z, x_i, b_i.

259. Cela posé, désignons par U ce que devient la quantité

$$\sum_k p_k \frac{\partial H}{\partial p_k} - H$$

lorsqu'on l'exprime au moyen de z, a_i, b_i; et considérons l'expression

$$V = \sum_k a_k b_k + \int_{z^0}^{z} U\, dz.$$

Changeons simultanément z en $z + dz$, et a_i, b_i en $a_i + \delta a_i$, $b_i + \delta b_i$; x_i sera accru de la quantité

$$\Delta x_i = \frac{\partial x_i}{\partial z} dz + \sum_k \left(\frac{\partial x_i}{\partial a_k} \delta a_k + \frac{\partial x_i}{\partial b_k} \delta b_k \right),$$

dont nous représenterons respectivement les deux termes par dx_i, δx_i; p_i et V éprouveront des accroissements analogues

$$\Delta p_i = dp_i + \delta p_i,$$

et

$$(51)\quad \Delta V = dV + \delta V = U\,dz + \sum_k (a_k\,\delta b_k + b_k\,\delta a_k) + \int_{z^0}^{z} \delta U\,dz.$$

Or on a

$$\delta U = \delta\left(\sum_k p_k \frac{\partial H}{\partial p_k} - H\right)$$

$$= \sum_k \left(\delta p_k \frac{\partial H}{\partial p_k} + p_k\,\delta\frac{\partial H}{\partial p_k} - \frac{\partial H}{\partial x_k}\delta x_k - \frac{\partial H}{\partial p_k}\delta p_k\right)$$

ou, en supprimant les termes qui se détruisent et remplaçant $\frac{\partial H}{\partial p_k}$, $\frac{\partial H}{\partial x_k}$ par leurs valeurs tirées des équations différentielles (45)

$$\delta U = \sum_k \left(p_k\,\delta\frac{dx_k}{dz} + \frac{dp_k}{dz}\delta x_k\right).$$

D'ailleurs

$$\delta\frac{dx_k}{dz} = \delta\frac{\partial x_k}{\partial z} = \sum_i \left(\frac{\partial}{\partial a_i}\delta a_i + \frac{\partial}{\partial b_i}\delta b_i\right)\frac{\partial x_k}{\partial z}$$

$$= \frac{\partial}{\partial z}\sum_i \left(\frac{\partial}{\partial a_i}\delta a_i + \frac{\partial}{\partial b_i}\delta b_i\right)x_k = \frac{d\,\delta x_k}{dz};$$

d'où

$$\delta U = \sum_k p_k \frac{d\,\delta x_k}{dz} + \frac{dp_k}{dz}\delta x_k = \frac{d}{dz}\sum_k p_k\,\delta x_k$$

et

$$\int_{z^0}^{z} \delta U\,dz = \left(\sum_k p_k\,\delta x_k\right)_{z^0}^{z} = \sum_k p_k\,\delta x_k - \sum_k b_k\,\delta a_k.$$

D'autre part,

$$U\,dz = \left(\sum_k p_k \frac{\partial H}{\partial p_k} - H\right)dz = \sum_k p_k\,dx_k - H\,dz.$$

Substituant ces valeurs dans (51), il viendra

$$\Delta V = \sum_k (p_k\,dx_k + p_k\,\delta x_k + a_k\,\delta b_k) - H\,dz$$

$$= \sum_k (p_k\,\Delta x_k + a_k\,\delta b_k) - H\,dz.$$

Cette relation entre les différentielles totales ΔV, Δx_k, δb_k, dz montre que, si l'on exprime V en fonction des variables z, x_k, b_k, on aura

$$(52)\qquad \frac{\partial V}{\partial x_k} = p_k, \qquad \frac{\partial V}{\partial b_k} = a_k,$$

$$(53)\qquad \frac{\partial V}{\partial z} = -H.$$

Les équations (52) donnent, entre les variables z, x_k, p_k et les constantes a_k, b_k, $2n$ relations nécessairement distinctes; car chacune d'elles contient dans son second membre une quantité p ou a qui ne figure pas dans les autres. Ces équations ne sont donc autre chose que le système des équations intégrales (49) et (50) mises sous une forme nouvelle.

Quant à l'équation (53), elle se transforme, lorsqu'on y remplace les p_k qui figurent dans H par leurs valeurs $\frac{\partial V}{\partial x_k}$, en l'équation aux dérivées partielles (44).

La solution V que nous avons ainsi obtenue pour cette équation satisfait aux conditions requises; car elle contient n constantes arbitraires $b_1, \ldots, b_n$, et d'autre part le jacobien J des dérivées $\frac{\partial V}{\partial x_k}$ par rapport à ces constantes n'est pas identiquement nul; car, en donnant à z la valeur particulière z^0, $\frac{\partial V}{\partial x_k} = p_k$ se réduisant à b_k, J sera égal à l'unité.

On voit immédiatement que si, à la solution V que nous venons de trouver, on ajoute une nouvelle constante arbitraire α, on aura une nouvelle solution $V + \alpha$ à $n+1$ constantes arbitraires, et qui sera une solution complète de (44).

260. *Nouvelle méthode de Jacobi et Mayer.* — Les deux méthodes précédentes pour l'intégration des équations aux dérivées partielles du premier ordre ont pour caractère commun de ramener le problème à l'intégration complète d'un système d'équations aux différentielles ordinaires.

Jacobi a donné une nouvelle méthode, considérablement

perfectionnée depuis par MM. Lie et Mayer, dans laquelle on considère successivement une série de systèmes d'équations différentielles, dans chacun desquels il suffit de déterminer une seule intégrale. Cette méthode s'applique d'ailleurs sans difficulté, ainsi que nous allons le voir, à la recherche des solutions communes à plusieurs équations aux dérivées partielles simultanées.

Soient

$$(54)\qquad F_1(x_1, \ldots, x_n, p_1, \ldots, p_n) = 0, \qquad \ldots, \qquad F_m = 0$$

ces équations, où nous supposerons pour plus de simplicité qu'on ait fait disparaître la fonction inconnue par l'artifice du n° 255. Pour que ces équations aient une solution commune, il faut et il suffit qu'on puisse déterminer des fonctions p_i des variables indépendantes x_i, qui satisfassent à la fois à ces équations et aux relations

$$(55)\qquad \frac{\partial p_i}{\partial x_k} = \frac{\partial p_k}{\partial x_i},$$

qui expriment que $p_1\,dx_1 + \ldots + p_n\,dx_n$ est une différentielle exacte; car l'intégration de cette différentielle donnera immédiatement la valeur correspondante de z.

261. Soient $F_\alpha = 0$, $F_\beta = 0$ deux quelconques des équations données. Prenons la dérivée de la première par rapport à x_i; il viendra

$$\frac{\partial F_\alpha}{\partial x_i} + \sum_k \frac{\partial F_\alpha}{\partial p_k}\frac{\partial p_k}{\partial x_i} = 0.$$

Multipliant par $\dfrac{\partial F_\beta}{\partial p_i}$ et sommant par rapport à i, il vient

$$\sum_i \frac{\partial F_\alpha}{\partial x_i}\frac{\partial F_\beta}{\partial p_i} + \sum_i\sum_k \frac{\partial F_\beta}{\partial p_i}\frac{\partial F_\alpha}{\partial p_k}\frac{\partial p_k}{\partial x_i} = 0.$$

On trouvera de même, en permutant α et β,

$$\sum_i \frac{\partial F_\beta}{\partial x_i}\frac{\partial F_\alpha}{\partial p_i} + \sum_i\sum_k \frac{\partial F_\alpha}{\partial p_i}\frac{\partial F_\beta}{\partial p_k}\frac{\partial p_k}{\partial x_i} = 0.$$

Retranchons cette équation de la précédente après avoir permuté les indices de sommation i et k dans la somme double; il vient

$$(56)\quad \left\{\begin{aligned} &\sum_i\left(\frac{\partial F_\alpha}{\partial x_i}\frac{\partial F_\beta}{\partial p_i}-\frac{\partial F_\beta}{\partial x_i}\frac{\partial F_\alpha}{\partial p_i}\right)\\ &\quad+\sum_i\sum_k\frac{\partial F_\beta}{\partial p_i}\frac{\partial F_\alpha}{\partial p_k}\left(\frac{\partial p_k}{\partial x_i}-\frac{\partial p_i}{\partial x_k}\right)=0.\end{aligned}\right.$$

Mais la somme double s'annule en vertu des équations (55). On aura donc simplement

$$0=\sum_i\left(\frac{\partial F_\alpha}{\partial x_i}\frac{\partial F_\beta}{\partial p_i}-\frac{\partial F_\beta}{\partial x_i}\frac{\partial F_\alpha}{\partial p_i}\right)=-(F_\alpha, F_\beta).$$

Ainsi, des équations primitives $F_1=0, \ldots, F_m=0$, jointes aux conditions (55), on déduit entre les x_i, p_i de nouvelles relations

$$(F_\alpha, F_\beta)=0.$$

Si parmi ces équations il en est qui ne soient pas une conséquence algébrique des équations (54), on pourra les leur adjoindre, recommencer les mêmes opérations sur le système ainsi complété, et ainsi de suite. On arrivera finalement, soit à un système contenant plus de n équations distinctes, auquel cas le problème sera impossible, soit à un système

$$(57)\qquad F_1=0, \qquad \ldots, \qquad F_\mu=0,$$

tel que les équations nouvelles $(F_\alpha, F_\beta)=0$ qui s'en déduisent, ou soient identiquement satisfaites, ou soient, tout au moins, une conséquence algébrique des précédentes.

Lorsque cette dernière circonstance se présente, elle pourrait donner lieu à quelque incertitude. Pour la lever, résolvons les équations (57) par rapport à μ des quantités p qui y figurent; elles prendront la forme

$$p_1-f_1=0, \qquad \ldots, \qquad p_\mu-f_\mu=0.$$

Les nouvelles équations

$$(p_\alpha-f_\alpha, p_\beta-f_\beta)=0,$$

qui se déduisent de celles-là, ne contiennent plus $p_1, \ldots, p_\mu$; elles ne peuvent donc être une conséquence des équations précédentes. Elles fourniront donc des relations nouvelles, qui permettront de continuer la série de nos opérations, à moins qu'elles ne soient identiquement satisfaites.

Nous arriverons donc nécessairement, ou à constater l'impossibilité du problème, ou à former un système

$$(57) \qquad F_1 = 0, \qquad \ldots, \qquad F_\mu = 0,$$

jouissant de la propriété qu'on ait identiquement

$$(58) \qquad (F_\alpha, F_\beta) = 0.$$

Un semblable système a reçu le nom de *système complet*.

Une équation unique $F_1 = 0$ peut être considérée comme constituant un cas particulier des systèmes complets, correspondant à $\mu = 1$.

262. Étant donné, en général, un système complet tel que (57), cherchons à déterminer une nouvelle équation

$$\varphi = 0,$$

qui, jointe aux précédentes, forme encore un système complet.

Le premier membre de cette nouvelle équation devra satisfaire aux μ équations simultanées aux dérivées partielles

$$(59) \qquad 0 = (\varphi, F_\alpha) = \sum_i \left(\frac{\partial F_\alpha}{\partial x_i} \frac{\partial}{\partial p_i} - \frac{\partial F_\alpha}{\partial p_i} \frac{\partial}{\partial x_i} \right) \varphi.$$

Ces équations linéaires forment un système jacobien, d'après la définition du n° 64.

En effet, on a

$$\begin{aligned}
&\sum_i \left(\frac{\partial F_\alpha}{\partial x_i} \frac{\partial}{\partial p_i} - \frac{\partial F_\alpha}{\partial p_i} \frac{\partial}{\partial x_i} \right) \sum_k \left(\frac{\partial F_\beta}{\partial x_k} \frac{\partial}{\partial p_k} - \frac{\partial F_\beta}{\partial p_k} \frac{\partial}{\partial x_k} \right) \varphi \\
-&\sum_i \left(\frac{\partial F_\beta}{\partial x_i} \frac{\partial}{\partial p_i} - \frac{\partial F_\beta}{\partial p_i} \frac{\partial}{\partial x_i} \right) \sum_k \left(\frac{\partial F_\alpha}{\partial x_k} \frac{\partial}{\partial p_k} - \frac{\partial F_\alpha}{\partial p_k} \frac{\partial}{\partial x_k} \right) \varphi \\
=&\sum_k \left(A_k \frac{\partial \varphi}{\partial x_k} + B_k \frac{\partial \varphi}{\partial p_k} \right),
\end{aligned}$$

en posant, pour abréger,

$$A_k = \sum_i \left\{ \begin{array}{l} -\dfrac{\partial F_\alpha}{\partial x_i}\dfrac{\partial^2 F_\beta}{\partial p_i \partial p_k} + \dfrac{\partial F_\alpha}{\partial p_i}\dfrac{\partial^2 F_\beta}{\partial x_i \partial p_k} \\ + \dfrac{\partial F_\beta}{\partial x_i}\dfrac{\partial^2 F_\alpha}{\partial p_i \partial p_k} - \dfrac{\partial F_\beta}{\partial p_i}\dfrac{\partial^2 F_\alpha}{\partial x_i \partial p_k} \end{array} \right\} = \frac{\partial}{\partial p_k}(F_\alpha, F_\beta),$$

$$B_k = \sum_i \left\{ \begin{array}{l} \dfrac{\partial F_\alpha}{\partial x_i}\dfrac{\partial^2 F_\beta}{\partial p_i \partial x_k} - \dfrac{\partial F_\alpha}{\partial p_i}\dfrac{\partial^2 F_\beta}{\partial x_i \partial x_k} \\ - \dfrac{\partial F_\beta}{\partial x_i}\dfrac{\partial^2 F_\alpha}{\partial p_i \partial x_k} + \dfrac{\partial F_\beta}{\partial p_i}\dfrac{\partial^2 F_\alpha}{\partial x_i \partial x_k} \end{array} \right\} = -\frac{\partial}{\partial x_k}(F_\alpha, F_\beta).$$

Mais (F_α, F_β) est identiquement nul; donc les A_k, B_k sont nuls, et notre proposition est démontrée.

Le système (59) admet donc des solutions et son intégration se ramène à celle d'une seule équation linéaire aux dérivées partielles à $2n - \mu$ variables, ou, ce qui revient au même, à l'intégration d'un système de $2n - \mu$ équations linéaires ordinaires. On connaît d'ailleurs μ solutions du système, à savoir $F_1, \ldots, F_\mu$. L'ordre du système s'abaisse donc encore de μ unités et se réduit à $2n - 2\mu$.

263. Supposons qu'on en ait trouvé une intégrale φ_1, laquelle, en tant que fonction des p, soit distincte de $F_1, \ldots, F_\mu$. Il est clair qu'on peut y ajouter une constante arbitraire a_1, sans cesser d'avoir une intégrale. Donc le système

$$F_1 = 0, \quad \ldots, \quad \varphi_1 + a_1 = 0$$

sera complet.

On déterminera de même une nouvelle équation $\varphi_2 + a_2 = 0$ contenant une constante arbitraire a_2 et formant avec les précédentes un système complet, en trouvant une intégrale d'un système d'équations différentielles d'ordre $2n - 2\mu - 2$, et l'on continuera de même jusqu'à ce qu'on ait obtenu un système complet

$$\begin{array}{lll} F_1 = 0, & \ldots, & F_\mu = 0, \\ F_{\mu+1} = \varphi_1 + a_1 = 0, & \ldots, & F_n = \varphi_{n-\mu} + a_{n-\mu} = 0. \end{array}$$

Les valeurs des p_i, fournies par ce système, rendront $p_1\,dx_1 + \ldots + p_n\,dx_n$ différentielle exacte; car, en tenant compte des relations $(F_\alpha, F_\beta) = 0$, les équations (56) se réduiront à

$$\sum_i \sum_k \frac{\partial F_\beta}{\partial p_i} \frac{\partial F_\alpha}{\partial p_k} \left(\frac{\partial p_k}{\partial x_i} - \frac{\partial p_i}{\partial x_k} \right) = 0.$$

Le déterminant R des quantités $\frac{\partial F_\beta}{\partial p_i}$ n'est pas nul, car nous avons opéré de telle sorte que les $F_1, \ldots, F_n$ fussent des fonctions distinctes des p_i; donc les quantités

$$\sum_k \frac{\partial F_\alpha}{\partial p_k} \left(\frac{\partial p_k}{\partial x_i} - \frac{\partial p_i}{\partial x_k} \right)$$

que ces coefficients multiplient seront nulles. D'ailleurs le déterminant des coefficients $\frac{\partial F_\alpha}{\partial p_k}$ est encore égal à R et différent de zéro. On aura donc

$$\frac{\partial p_k}{\partial x_i} - \frac{\partial p_i}{\partial x_k} = 0,$$

ce qu'il fallait démontrer.

264. Les quantités $p_1, \ldots, p_n$ étant déterminées par les équations $F_1 = 0, \ldots, F_n = 0$, il ne restera plus qu'à intégrer la différentielle exacte $p_1\,dx_1 + \ldots + p_n\,dx_n$. On trouvera ainsi

$$z = \psi(x_1, \ldots, x_n; a_1, \ldots, a_{n-\mu}) + \alpha,$$

α étant une nouvelle constante arbitraire.

Nous obtenons de cette manière une solution du système des équations aux dérivées partielles $F_1 = 0, \ldots, F_\mu = 0$, contenant $n - \mu + 1$ constantes arbitraires, et qu'on pourra appeler une solution complète du système.

En prenant les dérivées partielles de z par rapport aux diverses variables $x_1, \ldots, x_n$, on obtiendra les équations

$$\frac{\partial \psi}{\partial x_1} = p_1, \quad \ldots, \quad \frac{\partial \psi}{\partial x_n} = p_n,$$

manifestement équivalentes aux équations

$$F_1=0, \quad \ldots, \quad F_\mu=0,$$
$$\varphi_1+a_1=0, \quad \ldots, \quad \varphi_{n-\mu}+a_{n-\mu}=0.$$

De cette solution complète on déduira immédiatement toutes les solutions du système

$$(60) \qquad F_1=0, \quad \ldots, \quad F_\mu=0.$$

En effet, soient z une semblable solution; $p_1, \ldots, p_n$ ses dérivées partielles; enfin $a_1, \ldots, a_{n-\mu}, \alpha$ des inconnues auxiliaires, déterminées par les relations

$$(61) \qquad \begin{cases} \varphi_1+a_1=0, \quad \ldots, \quad \varphi_{n-\mu}+a_{n-\mu}=0, \\ z-\psi(x_1, \ldots, x_n, a_1, \ldots, a_{n-\mu})-\alpha=0. \end{cases}$$

On aura, en différentiant cette dernière équation,

$$(62) \quad dz=\frac{\partial\psi}{\partial x_1}dx_1+\ldots+\frac{\partial\psi}{\partial x_n}dx_n+\frac{\partial\psi}{\partial a_1}da_1+\ldots+d\alpha=0.$$

D'ailleurs, des équations (60) et (61), on déduit

$$\frac{\partial\psi}{\partial x_1}=p_1, \quad \ldots, \quad \frac{\partial\psi}{dx_n}=p_n,$$

et, comme

$$dz=p_1\,dx_1+\ldots+p_n\,dx_n,$$

l'équation de condition (62) se réduira à

$$(63) \qquad \frac{\partial\psi}{\partial \alpha_1}da_1+\ldots+\frac{\partial\psi}{\partial a_{n-\mu}}da_{n-\mu}+d\alpha=0.$$

Cette équation aux différentielles totales s'intégrera comme au n° 243.

265. Il existe une classe particulière d'équations aux dérivées partielles auxquelles on peut étendre la méthode d'intégration par différentiation exposée au n° 34 pour les équations différentielles ordinaires.

Soient, en effet, $Z, X_1, \ldots, X_n, P_1, \ldots, P_n, \rho$ des fonctions des $2n+1$ variables $z, x_1, \ldots, x_n, p_1, \ldots, p_n$, satisfaisant identiquement à la relation

$$(64)\quad \begin{cases} dZ - P_1\,dX_1 - \ldots - P_n\,dX_n \\ \quad = \rho(dz - p_1\,dx_1 - \ldots - p_n\,dx_n). \end{cases}$$

Supposons que, les variables $x_1, \ldots, x_n$ restant indépendantes, on pose

$$p_1 = \frac{\partial z}{\partial x_1}, \qquad \ldots, \qquad p_n = \frac{\partial z}{\partial x_n},$$

et qu'on veuille déterminer z par l'équation

$$Z = 0,$$

on aura là une équation aux dérivées partielles du premier ordre qu'il s'agit d'intégrer.

En la différentiant, on aura

$$dZ = 0$$

et, en tirant la valeur de dZ de l'identité (64) et remarquant qu'on a par hypothèse

$$dz = p_1\,dx_1 + \ldots + p_n\,dx_n,$$

il viendra

$$P_1\,dX_1 + \ldots + P_n\,dX_n = 0.$$

On pourra satisfaire à cette équation aux différentielles totales :

1° Ou bien en posant

$$P_1 = 0, \qquad \ldots, \qquad P_n = 0 :$$

ces équations, jointes à $Z = 0$, détermineront une intégrale singulière ;

2° Ou bien en posant entre les X un certain nombre d'équations de condition

$$f_1 = 0, \qquad \ldots, \qquad f_k = 0$$

qui, jointes aux suivantes,

$$P_i = \lambda_1 \frac{\partial f_1}{\partial X_i} + \ldots + \lambda_k \frac{\partial f_k}{\partial X_i}$$

et à l'équation $Z = 0$, fourniront une intégrale générale.

Pour trouver la forme générale des équations aux dérivées partielles du premier ordre auxquelles la méthode précédente est applicable, nous aurons à déterminer, par le procédé qui a déjà été exposé plusieurs fois, la forme générale des fonctions Z, X_i, P_i, ρ qui satisfont à l'équation aux différentielles totales (64).

266. L'équation aux différentielles totales (64) équivaut évidemment au système des équations suivantes aux dérivées partielles

$$\frac{\partial Z}{\partial z} - \sum_k P_k \frac{\partial X_k}{\partial z} = \rho, \tag{65}$$

$$\frac{\partial Z}{\partial x_i} - \sum_k P_k \frac{\partial X_k}{\partial x_i} = -\rho p_i, \tag{66}$$

$$\frac{\partial Z}{\partial p_i} - \sum_k P_k \frac{\partial X_k}{\partial p_i} = 0. \tag{67}$$

Ces équations peuvent être remplacées par d'autres, d'une forme très remarquable, et que nous allons établir.

Nous désignerons, pour abréger, par $\frac{d}{dx_i}$ l'opération $\frac{\partial}{\partial x_i} + p_i \frac{\partial}{\partial z}$, et par le symbole $[UV]$ l'expression

$$[UV] = \sum_i \left(\frac{\partial U}{\partial p_i} \frac{dV}{dx_i} - \frac{\partial V}{\partial p_i} \frac{dU}{dx_i} \right).$$

A la place des équations (66), on peut écrire les suivantes

$$\frac{dZ}{dx_i} - \sum_k P_k \frac{dX_k}{dx_i} = 0, \tag{68}$$

qui s'en déduisent, en y ajoutant la première équation multipliée par p_i.

Cela posé, donnons aux variables indépendantes z, x_i, p_i deux systèmes distincts d'accroissements infiniment petits dz, dx_i, dp_i et δz, δx_i, δp_i, satisfaisant aux relations

$$(69) \qquad dz = \sum p_i\, dx_i, \qquad \delta z = \sum p_i\, \partial x_i.$$

Soient dZ, dX_i, dP_i et δZ, δX_i, δP_i les différentielles correspondantes de Z, X_i, P_i.

L'identité

$$dZ - \sum P_i\, dX_i = \rho\left(dz - \sum p_i\, dx_i\right),$$

différentiée par rapport aux δ, donnera, en tenant compte de (69),

$$\begin{aligned} \delta\, dZ &- \sum_i (\delta P_i\, dX_i + P_i\, \delta\, dX_i) \\ &= \rho\left[\delta\, dz - \sum_i (\delta p_i\, dx_i + p_i\, \delta\, dx_i)\right] \end{aligned}$$

Permutant les d avec les δ et retranchant la nouvelle équation ainsi obtenue de la précédente, il viendra

$$(70) \quad \sum_i (dP_i\, \delta X_i - dX_i\, \delta P_i) = \rho \sum_i (dp_i\, \delta x_i - dx_i\, \delta p_i).$$

Or on a, d'après la relation (69),

$$(71) \quad \left\{ \begin{aligned} dX_i &= \frac{\partial X_i}{\partial z} dz + \sum_k \left(\frac{\partial X_i}{\partial x_k} dx_k + \frac{\partial X_i}{\partial p_k} dp_k\right) \\ &= \sum_k \left(\frac{dX_i}{dx_k} dx_k + \frac{\partial X_i}{\partial p_k} dp_k\right); \end{aligned} \right.$$

de même

$$(72) \qquad dP_i = \sum_k \left(\frac{dP_i}{dx_k} dx_k + \frac{\partial P_i}{\partial p_k} dp_k\right).$$

Substituons ces valeurs dans l'identité (70) et égalons séparément à zéro les coefficients des diverses différentielles

dp_k, dx_k, il viendra

$$\rho\,\delta x_k = \sum_i \left[\frac{\partial P_i}{\partial p_k}\,\delta X_i - \frac{\partial X_i}{\partial p_k}\,\delta P_i\right],$$

$$-\rho\,\delta p_k = \sum_i \left[\frac{dP_i}{dx_k}\,\delta X_i - \frac{dX_i}{dx_k}\,\delta P_i\right];$$

d'où, en changeant les δ en d et résolvant par rapport aux quantités dx_k, dp_k,

$$(7^3)\qquad \begin{cases} dx_k = \dfrac{1}{\rho}\sum_i \left(\dfrac{\partial P_i}{\partial p_k}\,dX_i - \dfrac{\partial X_i}{\partial p_k}\,dP_i\right), \\ dp_k = -\dfrac{1}{\rho}\sum_i \left(\dfrac{dP_i}{dx_k}\,dX_i - \dfrac{dX_i}{dx_k}\,dP_i\right). \end{cases}$$

Ces équations doivent être identiques à celles que l'on obtiendrait en résolvant les équations (71), (72) par rapport aux dx_k, dp_k. Les deux déterminants

$$\Delta = \begin{vmatrix} \cdots & \cdots & \cdots & \cdots & \cdots \\ \cdots & \dfrac{dX_i}{dx_k} & \cdots & \dfrac{\partial X_i}{\partial p_k} & \cdots \\ \cdots & \cdots & \cdots & \cdots & \cdots \\ \cdots & \dfrac{dP_i}{dx_k} & \cdots & \dfrac{\partial P_i}{\partial p_k} & \cdots \\ \cdots & \cdots & \cdots & \cdots & \cdots \end{vmatrix}$$

et

$$\Delta_1 = \begin{vmatrix} \cdots & \cdots & \cdots & \cdots & \cdots \\ \cdots & \dfrac{1}{\rho}\dfrac{\partial P_i}{\partial p_k} & \cdots & -\dfrac{1}{\rho}\dfrac{\partial X_i}{\partial p_k} & \cdots \\ \cdots & \cdots & \cdots & \cdots & \cdots \\ \cdots & -\dfrac{1}{\rho}\dfrac{dP_i}{dx_k} & \cdots & \dfrac{1}{\rho}\dfrac{dX_i}{dx_k} & \cdots \\ \cdots & \cdots & \cdots & \cdots & \cdots \end{vmatrix}$$

satisfont donc à la relation $\Delta\Delta_1 = 1$.

Mais, d'autre part, si dans Δ_1 on permute les n premières lignes avec les n dernières, puis les n premières colonnes avec les n dernières, si l'on fait sortir du déterminant les facteurs $\frac{1}{\rho}$ et -1, communs à une même ligne ou à une même colonne, et enfin, si l'on permute les lignes avec les colonnes, il viendra

$$\Delta_1 = \frac{1}{\rho^{2n}} \Delta.$$

De cette équation, combinée avec la précédente, on déduit

$$\Delta^2 = \rho^{2n}.$$

Donc, si ρ n'est pas nul, Δ sera différent de zéro.

On en déduit que les fonctions Z, X_i, P_i sont indépendantes. Considérons en effet leur jacobien

$$J = \begin{vmatrix} \frac{\partial Z}{\partial z} & \frac{\partial Z}{\partial x_1} & \cdots & \frac{\partial Z}{\partial p_n} \\ \frac{\partial X_1}{\partial z} & \frac{\partial X_1}{\partial x_1} & \cdots & \frac{\partial X_1}{\partial p_n} \\ \cdots & \cdots & \cdots & \cdots \\ \frac{\partial P_n}{\partial z} & \frac{\partial P_n}{\partial x_1} & \cdots & \frac{\partial P_n}{\partial p_n} \end{vmatrix}$$

En ajoutant aux colonnes de rang $2, \ldots, n+1$ la première colonne, respectivement multipliée par $p_1, \ldots, p_n$, on aura

$$J = \begin{vmatrix} \frac{\partial Z}{\partial z} & \frac{dZ}{dx_1} & \cdots & \frac{\partial Z}{\partial p_n} \\ \frac{\partial X_1}{\partial z} & \frac{dX_1}{dx_1} & \cdots & \frac{\partial X_1}{\partial p_n} \\ \cdots & \cdots & \cdots & \cdots \\ \frac{\partial P_n}{\partial z} & \frac{dP_n}{dx_1} & \cdots & \frac{\partial P_n}{\partial p_n} \end{vmatrix}$$

Retranchons de la première ligne les n suivantes, respectivement multipliées par $P_1, \ldots, P_n$; il viendra, en vertu dés équations (65), (67), (68),

$$J = \begin{vmatrix} \rho & 0 & \dots & 0 \\ \frac{\partial X_1}{\partial z} & \frac{dX_1}{dx_1} & \dots & \frac{\partial X_1}{\partial p_n} \\ \dots & \dots & \dots & \dots \\ \frac{\partial P_n}{\partial z} & \frac{dP_n}{dx_1} & \dots & \frac{\partial P_n}{\partial p_n} \end{vmatrix} = \rho\Delta = \pm \rho^{n+1}.$$

Donc J n'est pas nul.

267. Soit maintenant u une fonction quelconque de z, x_i, p_i. On aura

$$du = \sum_k \frac{du}{dx_k} dx_k + \frac{\partial u}{\partial p_k} dp_k$$

ou, en substituant pour dx_k, dp_k les valeurs (73),

$$\rho\, du = \sum_i ([P_i u] dX_i - [X_i u] dP_i).$$

Faisons en particulier $u = X_k$, puis $u = P_k$; il viendra

$$\rho\, dX_k = \sum_i ([P_i X_k] dX_i - [X_i X_k] dP_i),$$

$$\rho\, dP_k = \sum_i ([P_i P_k] dX_i - [X_i P_k] dP_i).$$

Les différentielles dX_i, dP_i étant indépendantes, ces équations devront être identiques; on en déduit

(74) $$\begin{cases} [X_i X_k] = 0, & [P_i P_k] = 0, \\ [P_i X_i] = \rho, & [P_i X_k] = 0. \end{cases}$$

Faisons enfin $u = Z$. L'identité (64) donne, en remarquant que $dz - \sum p_i dx_i = 0$,

$$dZ = \sum P_i dX_i.$$

On aura donc ces nouvelles relations

(75) $$[P_i Z] = \rho P_i, \qquad [X_i Z] = 0,$$

qui, jointes aux équations (74), seront équivalentes à la relation (64).

268. Supposons qu'on ait trouvé un système de $n+1$ fonctions indépendantes Z, X_i, satisfaisant aux relations

$$[X_i X_k] = 0, \qquad [X_i Z] = 0.$$

On pourra déterminer sans difficulté et d'une seule manière les $n+1$ autres fonctions P_i, ρ par les équations

$$(65) \qquad \frac{\partial Z}{\partial z} - \sum_k P_k \frac{\partial X_k}{\partial z} = \rho,$$

$$(67) \qquad A_i = \frac{\partial Z}{\partial p_i} - \sum_k P_k \frac{\partial X_k}{\partial p_i} = 0,$$

$$(68) \qquad B_i = \frac{dZ}{dx_i} - \sum_k P_k \frac{dX_k}{dx_i} = 0.$$

Les $2n$ équations (67) et (68), qui doivent déterminer les n inconnues P_i, forment un système surabondant; mais il est aisé de voir qu'elles sont toujours compatibles. On a, en effet, les identités

$$\sum_i \left(A_i \frac{dX_h}{dx_i} - B_i \frac{\partial X_h}{\partial p_i} \right) = -[X_h Z] - \sum_k P_k [X_k X_h] = 0,$$

qui fournissent n relations distinctes entre les A_i, B_i; car l'un au moins des déterminants formés avec les éléments du tableau

$$\begin{vmatrix} \cdots & \cdots & \cdots & \cdots & \cdots \\ \cdots & \dfrac{dX_h}{dx_i} & \cdots & \dfrac{\partial X_h}{\partial p_i} & \cdots \\ \cdots & \cdots & \cdots & \cdots & \cdots \end{vmatrix}$$

diffère de zéro, puisque le déterminant Δ, qui est une fonction linéaire de ces déterminants, n'est pas nul.

Ceci montre d'une part que, parmi les $2n$ équations (67) et (68), il y en a nécessairement n qui sont des conséquences des autres, et d'autre part que, parmi ces équations, il y en a toujours n essentiellement distinctes, dont la résolution donnera les inconnues P_k.

269. Soit

$$(76)\qquad F\left(z, x_1, \ldots, x_n, \frac{\partial z}{\partial x_1}, \ldots, \frac{\partial z}{\partial x_n}, \frac{\partial^2 z}{\partial x_1^2}, \ldots\right)$$

une équation aux dérivées partielles entre les variables indépendantes $x_1, \ldots, x_n$ et une fonction inconnue z. On pourra remplacer cette équation par le système des deux suivantes :

$$(77)\qquad F\left(z, x_1, \ldots, x_n, p_1, \ldots, p_n, \frac{\partial p_1}{\partial x_1}, \ldots\right),$$

$$dz - \sum p_i\, dx_i = 0.$$

Soient Z, X_i, P_i des fonctions de z, x_i, p_i déterminées comme ci-dessus, de manière à satisfaire à l'identité

$$dZ - \sum P_i\, dX_i = dz - \sum p_i\, dx_i.$$

Substituant dans les équations (77) les valeurs de z, x_i, p_i, $\frac{\partial p_1}{\partial x_1}$, ... en fonction de Z, X_i, P_i et de leurs dérivées partielles par rapport à $X_1, X_2, \ldots$, on aura de nouvelles équations

$$\Phi\left(Z, X_1, \ldots, X_n, P_1, \ldots, P_n, \ldots, \frac{\partial Z}{\partial X_i}, \ldots, \frac{\partial P_k}{\partial X_i}, \ldots\right),$$

$$dZ - \sum P_i\, dX_i = 0,$$

équivalentes à l'équation aux dérivées partielles

$$\Phi\left(Z, X_1, \ldots, X_n, \frac{\partial Z}{\partial X_1}, \ldots, \frac{\partial Z}{\partial X_n}, \ldots, \frac{\partial Z}{\partial X_i}, \ldots, \frac{\partial^2 Z}{\partial X_i\, \partial X_k}, \ldots\right).$$

Cette équation transformée est du même ordre que la primitive.

270. Les transformations de ce genre, auxquelles M. Lie a donné le nom de *transformations de contact*, ont une grande importance. L'une des plus simples est la suivante, déjà considérée par Legendre,

$$Z = -z + \sum_i p_i x_i, \qquad X_i = p_i, \qquad P_i = x_i.$$

C'est bien une transformation de contact, car on a

$$dZ - \sum_i P_i dX_i = -dz + \sum_i (p_i dx_i + x_i dp_i) - \sum_i x_i dp_i$$
$$= -\left(dz - \sum p_i dx_i\right).$$

Cette transformation est d'ailleurs réciproque, car on déduit des équations ci-dessus, résolues par rapport à z, x_i, p_i,

$$z = -Z + \sum_i P_i X_i, \qquad x_i = P_i, \qquad p_i = X_i.$$

III. — Équations aux dérivées partielles du second ordre.

271. Parmi les équations aux dérivées partielles à deux variables indépendantes et d'ordre supérieur au premier, la plus simple est évidemment l'équation monôme

$$\frac{\partial^{m+n} z}{\partial x^m \partial y^n} = 0.$$

Il est facile de trouver son intégrale générale.

En effet, prenons pour variable auxiliaire la dérivée $\frac{\partial^n z}{\partial y^n} = u$; on aura

$$\frac{\partial^m u}{\partial x^m} = 0.$$

Donc, pour une valeur constante de y, la quantité u, considérée comme fonction de x seul, aura sa dérivée $m^{\text{ième}}$ nulle; elle sera donc de la forme

$$A_0 + A_1 x + \ldots + A_{m-1} x^{m-1},$$

$A_0, \ldots, A_{m-1}$ étant des quantités indépendantes de x et, par suite, des fonctions, d'ailleurs arbitraires, de la seule variable y.

La valeur de u étant ainsi déterminée, on aura

$$\frac{\partial^n z}{\partial y^n} = A_0 + A_1 x + \ldots + A_{n-1} x^{m-1}.$$

Désignons par $Y_0, \ldots, Y_{m-1}$ des fonctions de y, ayant respectivement pour dérivée $n^{\text{ième}}$ $A_0, \ldots, A_{m-1}$. L'équation précédente admettra la solution particulière

$$\zeta = Y_0 + Y_1 x + \ldots + Y_{m-1} x^{m-1}.$$

Pour obtenir la solution générale, posons

$$z = \zeta + v.$$

L'équation deviendra

$$\frac{\partial^n v}{\partial y^n} = 0$$

et donnera

$$v = X_0 + X_1 y + \ldots + X_{n-1} y^{n-1},$$

$X_0, \ldots, X_{n-1}$ étant des fonctions arbitraires de x. On aura donc finalement

$$\begin{aligned} z = {} & Y_0 + Y_1 x + \ldots + Y_{m-1} x^{m-1}, \\ & + X_0 + X_1 y + \ldots + X_{n-1} y^{n-1}. \end{aligned}$$

D'ailleurs $A_0, \ldots, A_{m-1}$ étant des fonctions arbitraires de y, leurs intégrales $n^{\text{ièmes}}$ $Y_0, \ldots, Y_{m-1}$ seront également des fonctions arbitraires.

En particulier, l'équation du second ordre

$$\frac{\partial^2 z}{\partial x \, \partial y} = 0$$

aura pour intégrale

$$z = X + Y.$$

272. Considérons avec Euler l'équation plus générale

$$a\frac{\partial^2 z}{\partial x^2}+2b\frac{\partial^2 z}{\partial x\,\partial y}+c\frac{\partial^2 z}{\partial y^2}=0,$$

a, b, c étant des constantes.

Changeons de variables indépendantes, en posant

$$\alpha x+\beta y=\xi,\qquad \gamma x+\delta y=\eta,$$

α, β, γ, δ étant des constantes.

On aura

$$\frac{\partial}{\partial x}=\alpha\frac{\partial}{\partial \xi}+\gamma\frac{\partial}{\partial \eta},\qquad \frac{\partial}{\partial y}=\beta\frac{\partial}{\partial \xi}+\delta\frac{\partial}{\partial \eta},$$

$$\frac{\partial^2}{\partial x^2}=\left(\alpha\frac{\partial}{\partial \xi}+\gamma\frac{\partial}{\partial \eta}\right)^2,\qquad \cdots\cdot$$

L'équation transformée sera donc la suivante :

$$(a\alpha^2+2b\alpha\beta+c\beta^2)\frac{\partial^2 z}{\partial \xi^2}+(a\gamma^2+2b\gamma\delta+c\delta^2)\frac{\partial^2 z}{\partial \eta^2}$$
$$+2[a\alpha\gamma+b(\alpha\delta+\beta\gamma)+c\beta\delta]\frac{\partial^2 z}{\partial \xi\,\partial \eta}=0.$$

Soit en particulier

$$\alpha=\gamma=1,\qquad \beta=\lambda_1,\qquad \gamma=\lambda_2,$$

λ_1 et λ_2 étant les deux racines de l'équation

$$a+2b\lambda+c\lambda^2=0.$$

Les termes en $\frac{\partial^2 z}{\partial \xi^2}$, $\frac{\partial^2 z}{\partial \eta^2}$ disparaîtront, et l'équation transformée, se réduisant à

$$\frac{\partial^2 z}{\partial \xi\,\partial \eta}=0,$$

aura pour intégrale générale

$$z=f(\xi)+\varphi(\eta)=f(x+\lambda_1 y)+\varphi(x+\lambda_2 y),$$

f et φ désignant des fonctions arbitraires.

Si l'équation en λ a ses deux racines égales, les deux nouvelles variables ξ et η ne seront pas distinctes. Le procédé précédent doit donc être légèrement modifié. On prendra, dans ce cas, $\alpha = 1$, $\beta = \lambda$ et on laissera γ et δ arbitraires. Les quantités $a + b\lambda$, $b + c\lambda$ étant nulles, le terme en $\frac{\partial^2 z}{\partial\xi\,\partial\eta}$ s'annulera, et l'équation se réduira à

$$\frac{\partial^2 z}{\partial\eta^2} = 0.$$

et aura pour intégrale générale

$$f(\xi) + \varphi(\xi)\eta = f(x + \lambda y) + \varphi(x + \lambda y)(\gamma x + \delta y).$$

273. La méthode précédente, convenablement généralisée, permet de ramener à une forme plus simple l'équation

$$A\frac{\partial^2 z}{\partial x^2} + 2B\frac{\partial^2 z}{\partial x\,\partial y} + C\frac{\partial^2 z}{\partial y^2} + M = 0,$$

où A, B, C sont des fonctions de x, y, et M une fonction de x, y, z, $\frac{\partial z}{\partial x}$, $\frac{\partial z}{\partial y}$.

Soient, en effet, ξ, η deux fonctions de x, y, que nous prendrons pour nouvelles variables indépendantes; on aura

$$\frac{\partial z}{\partial x} = \frac{\partial z}{\partial\xi}\frac{\partial\xi}{\partial x} + \frac{\partial z}{\partial\eta}\frac{\partial\eta}{\partial x},$$

$$\frac{\partial z}{\partial y} = \frac{\partial z}{\partial\xi}\frac{\partial\xi}{\partial y} + \frac{\partial z}{\partial\eta}\frac{\partial\eta}{\partial y},$$

$$\frac{\partial^2 z}{\partial x^2} = \frac{\partial^2 z}{\partial\xi^2}\left(\frac{\partial\xi}{\partial x}\right)^2 + \frac{\partial^2 z}{\partial\eta^2}\left(\frac{\partial\eta}{\partial x}\right)^2 + 2\frac{\partial^2 z}{\partial\xi\,\partial\eta}\frac{\partial\xi}{\partial x}\frac{\partial\eta}{\partial x}$$
$$+ \frac{\partial z}{\partial\xi}\frac{\partial^2\xi}{\partial x^2} + \frac{\partial z}{\partial\eta}\frac{\partial^2\eta}{\partial x^2},$$

$$\frac{\partial^2 z}{\partial x\,\partial y} = \frac{\partial^2 z}{\partial\xi^2}\frac{\partial\xi}{\partial x}\frac{\partial\xi}{\partial y} + \frac{\partial^2 z}{\partial\eta^2}\frac{\partial\eta}{\partial x}\frac{\partial\eta}{\partial y}$$
$$+ \frac{\partial^2 z}{\partial\xi\,\partial\eta}\left(\frac{\partial\xi}{\partial x}\frac{\partial\eta}{\partial y} + \frac{\partial\eta}{\partial x}\frac{\partial\xi}{\partial y}\right) + \frac{\partial z}{\partial\xi}\frac{\partial^2\xi}{\partial x\,\partial y} + \frac{\partial z}{\partial\eta}\frac{\partial^2\eta}{\partial x\,\partial y},$$

$$\frac{\partial^2 z}{\partial y^2} = \frac{\partial^2 z}{\partial\xi^2}\left(\frac{\partial\xi}{\partial y}\right)^2 + \frac{\partial^2 z}{\partial\eta^2}\left(\frac{\partial\eta}{\partial y}\right)^2 + 2\frac{\partial^2 z}{\partial\xi\,\partial\eta}\frac{\partial\xi}{\partial y}\frac{\partial\eta}{\partial y}$$
$$+ \frac{\partial z}{\partial\xi}\frac{\partial^2\xi}{\partial y^2} + \frac{\partial z}{\partial\eta}\frac{\partial^2\eta}{\partial y^2}.$$

Substituant ces valeurs dans l'équation proposée, on aura une transformée de même forme

$$A' \frac{\partial^2 z}{\partial \xi^2} + 2 B' \frac{\partial^2 z}{\partial \xi \, \partial \eta} + C' \frac{\partial^2 z}{\partial \eta^2} + M' = 0,$$

où

$$A' = A \left(\frac{\partial \xi}{\partial x} \right)^2 + 2 B \frac{\partial \xi}{\partial x} \frac{\partial \xi}{\partial y} + C \left(\frac{\partial \xi}{\partial y} \right)^2,$$

$$C' = A \left(\frac{\partial \eta}{\partial x} \right)^2 + 2 B \frac{\partial \eta}{\partial x} \frac{\partial \eta}{\partial y} + C \left(\frac{\partial \eta}{\partial y} \right)^2.$$

Ces deux coefficients s'annulent donc si l'on prend pour ξ et η deux intégrales distinctes de l'équation aux dérivées partielles du premier ordre

$$(1) \qquad A \left(\frac{\partial u}{\partial x} \right)^2 + 2 B \frac{\partial u}{\partial x} \frac{\partial u}{\partial y} + C \left(\frac{\partial u}{\partial y} \right)^2 = 0.$$

Le premier membre de cette équation est un produit de deux facteurs $\lambda \frac{\partial u}{\partial x} + \mu \frac{\partial u}{dy}$, $\lambda_1 \frac{\partial u}{\partial x} + \mu_1 \frac{\partial u}{\partial y}$. En les égalant séparément à zéro, on aura deux équations linéaires du premier ordre; leur intégration donnera les fonctions ξ, η, dont l'introduction comme variables indépendantes réduira la proposée à la forme plus simple

$$(2) \qquad \frac{\partial^2 z}{\partial \xi \, \partial \eta} = F\left(\xi, \eta, z, \frac{\partial z}{\partial \xi}, \frac{\partial z}{\partial \eta} \right).$$

Cette méthode serait en défaut si le premier membre de (1) était un carré parfait; car ξ et η, déterminées par une même équation linéaire, ne seraient pas distinctes. Mais, en prenant dans ce cas, pour η, une intégrale de cette équation et, pour ξ, une fonction quelconque, on voit aisément que B' s'annulera ainsi que C', de sorte qu'on obtiendra une transformée de la forme

$$\frac{\partial^2 z}{\partial \xi^2} = F\left(\xi, \eta, z, \frac{\partial z}{\partial \xi}, \frac{\partial z}{\partial \eta} \right).$$

274. Parmi les équations de la forme (2), nous considérerons en particulier l'équation de Laplace

$$(3)\qquad \frac{\partial^2 z}{\partial x\,\partial y} + M\frac{\partial z}{\partial x} + N\frac{\partial z}{\partial y} + Pz + Q = 0,$$

où M, N, P, Q sont des fonctions de x, y seulement.

En prenant pour variable auxiliaire la quantité

$$(4)\qquad \frac{\partial z}{\partial y} + Mz = u,$$

l'équation proposée pourra s'écrire

$$(5)\qquad \frac{\partial u}{\partial x} + Nu + Q + Az = 0,$$

en posant, pour abréger,

$$P - \frac{\partial M}{\partial x} - MN = A.$$

L'équation (3) est donc équivalente au système des deux équations simultanées (4) et (5). Ce système s'intègre immédiatement si $A = 0$. En effet, l'équation

$$\frac{\partial u}{\partial x} + Nu + Q = 0,$$

ne contenant de dérivation que par rapport à x, deviendra, pour une valeur constante de y, une équation aux différentielles ordinaires, linéaire et du premier ordre, dont on déterminera aisément l'intégrale générale sous la forme

$$u = Ce^{-\int N dx} + u_1,$$

u_1 étant une intégrale particulière et C une quantité constante pour y constant et, par suite, une fonction de y seul, d'ailleurs arbitraire.

Substituons la valeur de u ainsi trouvée dans l'équation (4). Cette équation, ne contenant de dérivation que par rapport à y, pourra de même s'intégrer comme une équation aux différentielles ordinaires, à la condition de remplacer la constante d'intégration par une fonction arbitraire de x. On aura donc, pour z, une expression où figurent deux fonctions arbitraires, l'une de x, l'autre de y.

275. Supposons, en second lieu, que A soit différent de zéro. L'équation (5) donnera

$$(6) \qquad z = -\frac{1}{A}\left(\frac{\partial u}{\partial x} + Nu + Q\right).$$

Substituons cette valeur dans (4) et posons, pour abréger,

$$M_1 = M - \frac{1}{A}\frac{\partial A}{\partial y} = M - \frac{\partial \log A}{\partial y},$$

$$P_1 = \frac{\partial N}{\partial y} - \frac{N}{A}\frac{\partial A}{\partial y} + MN + A = \frac{\partial N}{\partial y} - N\frac{\partial \log A}{\partial y} + P - \frac{\partial M}{\partial x},$$

$$Q_1 = \frac{\partial Q}{\partial y} - \frac{Q}{A}\frac{\partial A}{\partial y} + MQ \qquad = \frac{\partial Q}{\partial y} - Q\frac{\partial \log A}{\partial y} + MQ;$$

il viendra

$$(7) \qquad \frac{\partial^2 u}{\partial x\,\partial y} + M_1\frac{\partial u}{\partial x} + N\frac{\partial u}{\partial y} + P_1 u + Q_1 = 0,$$

équation de même forme que la primitive. Si elle peut être intégrée, la formule (6) donnera la valeur de z.

Cette intégration pourra se faire immédiatement si l'on a

$$0 = A_1 = P_1 - \frac{\partial M_1}{\partial x} - M_1 N = \frac{\partial^2 \log A}{\partial x\,\partial y} + A + \frac{\partial N}{\partial y} - \frac{\partial M}{\partial x}$$

$$= \frac{\partial^2 \log A}{\partial x\,\partial y} + 2A + \frac{\partial N}{\partial y} + MN - P.$$

Sinon, opérons sur la transformée comme nous l'avons fait sur l'équation primitive; nous ramènerons son intégration à celle d'une nouvelle transformée

$$\frac{\partial^2 v}{\partial x\,\partial y} + M_2\frac{\partial v}{\partial x} + N\frac{\partial v}{\partial y} + P_2 v + Q_2 = 0,$$

laquelle pourra se faire si l'on a

$$0 = A_2 = \frac{\partial^2 \log A_1}{\partial x\, \partial y} + A_1 + \frac{\partial N}{\partial y} - \frac{\partial M_1}{\partial x}$$
$$= \frac{\partial^2 \log A_1}{\partial x\, \partial y} + 2A_1 - A.$$

Continuant de même, nous aurons un nouveau cas d'intégrabilité, si la quantité

$$A_3 = \frac{\partial^2 \log A_2}{\partial x\, \partial y} + 2A_2 - A_1$$

est nulle, et ainsi de suite.

276. L'équation primitive ne changeant pas de forme si l'on y permute x et M avec y et N, nous obtiendrons évidemment une seconde série de cas d'intégrabilité analogue à la précédente en formant successivement les quantités

$$B = P - \frac{\partial N}{\partial y} - MN,$$
$$B_1 = \frac{\partial^2 \log B}{\partial x\, \partial y} + B + \frac{\partial M}{\partial x} - \frac{\partial N}{\partial y},$$
$$B_2 = \frac{\partial^2 \log B_1}{\partial x\, \partial y} + 2B_1 - B,$$
$$\cdots\cdots\cdots\cdots\cdots$$

Si l'une d'elles s'annule, on arrivera à une transformée intégrable.

277. Considérons l'équation de Liouville

$$\frac{\partial^2 z}{\partial x\, \partial y} = e^{2\lambda z}.$$

Posons

$$\frac{\partial z}{\partial y} = Q.$$

Il viendra

$$\frac{\partial Q}{\partial x} = e^{2\lambda z}$$

et, en prenant la dérivée par rapport à y,

$$\frac{\partial^2 Q}{\partial x\,\partial y} = e^{2\lambda z}\,2\lambda\,\frac{\partial z}{\partial y} = \frac{\partial Q}{\partial x}\,2\lambda\,Q.$$

Cette équation peut s'écrire ainsi

$$\frac{\partial}{\partial x}\left(\frac{\partial Q}{\partial y} - \lambda Q^2\right) = 0$$

ou, en intégrant,

$$\frac{\partial Q}{\partial y} - \lambda Q^2 = F(y).$$

Soit $\psi(y) = \frac{1}{2\lambda}\frac{f''(y)}{f'(y)}$ une solution particulière de cette équation; on aura

$$\frac{\partial \psi}{\partial y} - \lambda\psi^2 = F, \qquad \psi = \frac{1}{2\lambda}\frac{f''}{f'},$$

et ces équations n'apprendront rien sur les fonctions ψ et f, la fonction F étant arbitraire.

Pour avoir la solution générale, posons

$$Q = \frac{1}{2\lambda}\frac{f''(y)}{f'(y)} + u,$$

u étant une nouvelle variable, il viendra

$$\frac{\partial u}{\partial y} - u\frac{f''(y)}{f'(y)} - \lambda u^2 = 0$$

ou, en multipliant par $-\frac{f'(y)}{u^2}$,

$$-\frac{f'(y)\frac{\partial u}{\partial y}}{u^2} + \frac{f''(y)}{u} + \lambda f'(y) = 0$$

ou

$$\frac{\partial}{\partial y}\frac{f''(y)}{u} + \lambda f'(y) = 0.$$

Intégrant par rapport à y, il vient

$$\frac{f''(y)}{u} + \lambda f(y) + \varphi(x) = 0,$$

d'où

$$u = \frac{-f'(y)}{\lambda f(y) + \varphi(x)},$$

$$Q = \frac{1}{2\lambda} \frac{f''(y)}{f'(y)} - \frac{f'(y)}{\lambda f(y) + \varphi(x)}$$

et enfin

$$e^{2\lambda z} = \frac{\partial Q}{\partial x} = \frac{f'(y)\varphi'(x)}{[\lambda f(y) + \varphi(x)]^2}.$$

278. Étant donnée une équation aux dérivées partielles du second ordre

$$F(z, x, y, p, q, r, s, t),$$

où nous posons, pour abréger, $\frac{\partial z}{\partial x} = p$, $\frac{\partial z}{\partial y} = q$, $\frac{\partial^2 z}{\partial x^2} = r$, ..., proposons-nous de lui appliquer la transformation de Legendre. Soient

$$Z = px + qy - z, \qquad X = p, \qquad Y = q$$

les nouvelles variables, et désignons par P, Q, R, S, T les dérivées partielles $\frac{\partial Z}{\partial X}$, $\frac{\partial Z}{\partial Y}$, $\frac{\partial^2 Z}{\partial X^2}$, ...

On aura

$$\begin{aligned} dZ &= x\,dp + y\,dq + p\,dx + q\,dy - dz \\ &= x\,dp + y\,dq = x\,dX + y\,dY, \end{aligned}$$

d'où

$$P = x, \qquad Q = y,$$

et, par suite,

$$z = PX + QY - Z.$$

On aura ensuite

$$dX = dp = r\,dx + s\,dy, \qquad dY = dq = s\,dx + t\,dy,$$
$$dx = dP = R\,dX + S\,dY, \qquad dy = dQ = S\,dX + T\,dY,$$

et, en éliminant dX et dY,

$$dx = (Rr + Ss)\,dx + (Rs + St)\,dy,$$
$$dy = (Sr + Ts)\,dx + (Ss + Tt)\,dy;$$

d'où

$$Rr + Ss = 1, \qquad Rs + St = 0,$$
$$Sr + Ts = 0, \qquad Ss + Tt = 1,$$

et enfin

$$r = \frac{T}{RT - S^2}, \qquad s = -\frac{S}{RT - S^2}, \qquad t = \frac{R}{RT - S^2}.$$

L'équation transformée sera donc

$$F\left(PX + QY - Z, P, Q, X, Y, \frac{T}{RT - S^2}, -\frac{S}{RT - S^2}, \frac{R}{RT - S^2}\right) = 0.$$

279. Nous allons appliquer cette transformation à l'équation aux dérivées partielles des surfaces dont les rayons de courbure principaux sont égaux et de signe contraire.

Nous avons donné (*Calcul différentiel*, n° 337) l'équation du second degré, qui détermine ces rayons de courbure. Égalant à zéro la somme de ses racines, on obtiendra l'équation différentielle cherchée

$$(1 + q^2)\,r - 2pqs + (1 + p^2)\,t = 0.$$

Par la transformation de Legendre, elle deviendra

$$(8) \qquad (1 + X^2)R + 2XYS + (1 + Y^2)T = 0.$$

Différentiant par rapport à X, on trouvera

$$(9) \qquad (1 + X^2)\frac{\partial R}{\partial X} + 2XY\frac{\partial S}{\partial X} + (1 + Y^2)\frac{\partial T}{\partial X} + 2XR + 2YS = 0.$$

Mais on a

$$R = \frac{\partial P}{\partial X} = \frac{\partial x}{\partial X}, \qquad S = \frac{\partial P}{\partial Y} = \frac{\partial x}{\partial Y},$$

$$\frac{\partial R}{\partial X} = \frac{\partial^2 x}{\partial X^2}, \qquad \frac{\partial S}{\partial X} = \frac{\partial^2 x}{\partial X\,\partial Y}, \qquad \frac{\partial T}{\partial X} = \frac{\partial^2 P}{\partial Y^2} = \frac{\partial^2 x}{\partial Y^2}.$$

L'équation (9) peut donc s'écrire

$$(10)\quad \begin{cases} (1+X^2)\dfrac{\partial^2 x}{\partial X^2}+2XY\dfrac{\partial^2 x}{\partial X\,\partial Y}+(1+Y^2)\dfrac{\partial^2 x}{\partial Y^2} \\ \qquad\qquad +2X\dfrac{\partial x}{\partial X}+2Y\dfrac{\partial x}{\partial Y}=0. \end{cases}$$

La différentiation par rapport à Y donnerait pour y la même équation aux dérivées partielles. Enfin, en tenant compte de la relation (8), on vérifiera aisément que

$$z=PX+QY-Z=xX+yY-Z$$

satisfait encore à cette même équation.

Pour intégrer l'équation (10), nous la simplifierons suivant la méthode du n° 273, en remplaçant X, Y par de nouvelles variables indépendantes ξ, η, qui satisfassent à l'équation aux dérivées partielles

$$(1+X^2)\left(\frac{\partial u}{\partial X}\right)^2+2XY\frac{\partial u}{\partial X}\frac{\partial u}{\partial Y}+(1+Y^2)\left(\frac{\partial u}{\partial Y}\right)^2=0.$$

Cette dernière équation, décomposée en facteurs, donne la suivante :

$$(11)\qquad (1+X^2)\frac{\partial u}{\partial X}+\left(XY\mp\sqrt{-1-X^2-Y^2}\right)\frac{\partial u}{\partial Y}=0,$$

dont l'intégration se ramène à celle de l'équation différentielle ordinaire

$$\frac{dX}{1+X^2}=\frac{dY}{XY\mp\sqrt{-1-X^2-Y^2}}$$

ou

$$(12)\qquad (1+X^2)\frac{dY}{dX}=XY\mp\sqrt{-1-X^2-Y^2}.$$

Prenons la dérivée de cette équation et remplaçons-y $\frac{dY}{dX}$ par sa valeur; il viendra

$$(1+X^2)\frac{d^2Y}{dX^2}=0,$$

d'où

$$\frac{dY}{dX} = \text{const.}$$

L'intégrale générale de (12) sera donc

$$\frac{1+X^2}{XY \mp \sqrt{-1-X^2-Y^2}} = \text{const.},$$

de sorte que les nouvelles variables indépendantes à prendre seront les suivantes :

$$(13) \quad \begin{cases} \xi = \dfrac{1+X^2}{XY-\sqrt{-1-X^2-Y^2}} = \dfrac{XY+\sqrt{-1-X^2-Y^2}}{1+Y^2} \\ \eta = \dfrac{1+X^2}{XY+\sqrt{-1-X^2-Y^2}} = \dfrac{XY-\sqrt{-1-X^2-Y^2}}{1+Y^2}. \end{cases}$$

Éliminons le radical entre les deux équations équivalentes qui donnent ξ; il viendra

$$1+X^2+(1+Y^2)\xi^2-2XY\xi = 0,$$

d'où

$$(14) \qquad X = Y\xi+\sqrt{-1-\xi^2}.$$

On trouvera de même

$$(15) \qquad X = Y\eta+\sqrt{-1-\eta^2}.$$

De ces deux équations on tirera

$$X = \frac{\xi\sqrt{-1-\eta^2}-\eta\sqrt{-1-\xi^2}}{\xi-\eta}, \qquad Y = \frac{\sqrt{-1-\eta^2}-\sqrt{-1-\xi^2}}{\xi-\eta}.$$

L'équation (10), exprimée au moyen des nouvelles variables ξ, η, prendra la forme

$$L\frac{\partial^2 x}{\partial\xi\,\partial\eta}+M\frac{\partial x}{\partial\xi}+N\frac{\partial\xi}{\partial\eta} = 0,$$

où les coefficients M, N ont pour valeurs

$$M = (1+X^2)\frac{\partial^2 \xi}{\partial X^2} + 2XY\frac{\partial^2 \xi}{\partial X\,\partial Y} + (1+Y^2)\frac{\partial^2 \xi}{\partial Y^2} + 2X\frac{\partial \xi}{\partial X} + 2Y\frac{\partial \xi}{\partial Y}$$

$$N = (1+X^2)\frac{\partial^2 \eta}{\partial X^2} + 2XY\frac{\partial^2 \eta}{\partial X\,\partial Y} + \ldots.$$

Or ces deux coefficients sont nuls. En effet, l'équation (11) à laquelle satisfont ξ et η peut aisément se mettre sous les deux formes équivalentes

$$(16)\qquad \left(XY \pm \sqrt{-1-X^2-Y^2}\right)\frac{\partial u}{\partial X} + (1+Y^2)\frac{\partial u}{\partial Y} = 0,$$

$$(16)'\qquad \left(-X \pm \frac{Y}{\sqrt{-1-X^2-Y^2}}\right)\frac{\partial u}{\partial X} + \left(-Y \mp \frac{X}{\sqrt{-1-X^2-Y^2}}\right)\frac{\partial u}{\partial Y} = 0.$$

Ajoutons à cette dernière équation la dérivée de (11) par rapport à X et celle de (16) par rapport à Y ; il viendra

$$(1+X^2)\frac{\partial^2 u}{\partial X^2} + 2XY\frac{\partial^2 u}{\partial X\,\partial Y} + (1+Y^2)\frac{\partial^2 u}{\partial Y^2} + 2X\frac{\partial u}{\partial X} + 2Y\frac{\partial u}{\partial Y} = 0.$$

Prenant successivement pour u les fonctions ξ, η, on aura $M = 0$, $N = 0$.

L'équation transformée se réduira donc à

$$\frac{\partial^2 x}{\partial \xi\,\partial \eta} = 0$$

et aura pour intégrale générale

$$\Phi(\xi) + \Psi(\eta),$$

Φ et Ψ étant des fonctions arbitraires.

280. Il résulte de l'analyse qui précède que les surfaces cherchées appartiennent à celles dont les coordonnées peuvent s'exprimer en fonction de deux paramètres ξ, η par des équations de la forme

$$x = \Phi(\xi) + \Psi(\eta),$$
$$y = \Phi_1(\xi) + \Psi_1(\eta),$$
$$z = \Phi_2(\xi) + \Psi_2(\eta).$$

Ces dernières surfaces jouissent de la propriété géométrique d'être engendrées (et cela de deux manières différentes) par la translation d'une génératrice de forme invariable. Il est clair en effet que les courbes $\eta = \text{const.}$ représentent les diverses positions d'une même courbe déplacée parallèlement à elle-même. De même pour les courbes $\xi = \text{const.}$

Nous allons poursuivre l'étude du problème, pour achever de préciser la nature des surfaces cherchées.

281. Puisque x est la somme d'une fonction de ξ et d'une fonction de η, nous pourrons poser

$$x = \varphi'(\xi) + \psi'(\eta),$$

φ et ψ étant arbitraires. Cela posé, on a

$$\frac{\partial Z}{\partial X} = x,$$

d'où

$$Z = \int x\, dX = \int \varphi'(\xi)\, dX + \int \psi'(\eta)\, dX,$$

Y étant supposé constant dans l'intégration. Or les équations (14) et (15) donnent, dans cette hypothèse,

$$dX = Y\, d\xi + d\sqrt{-1-\xi^2} = Y\, d\eta + d\sqrt{-1-\eta^2}.$$

Substituant ces deux valeurs de dX dans les intégrales correspondantes, et intégrant par parties le second terme de chacune d'elles, il viendra

$$Z = Y\varphi(\xi) + \sqrt{-1-\xi^2}\,\varphi'(\xi) - \int \sqrt{-1-\xi^2}\,\varphi''(\xi)\,d\xi$$
$$+ Y\psi(\eta) + \sqrt{-1-\eta^2}\,\psi'(\eta) - \int \sqrt{-1-\eta^2}\,\psi''(\eta)\,d\eta + C,$$

C désignant une fonction de Y.

Pour obtenir maintenant y, nous aurons à prendre la dérivée partielle de cette expression par rapport à Y, en supposant que les variables indépendantes soient X, Y. On a, dans cette hypothèse, en prenant les dérivées partielles des équations (14) et (15),

$$\xi + Y\frac{\partial \xi}{\partial Y} + \frac{\partial\sqrt{-1-\xi^2}}{\partial Y} = 0,$$

$$\eta + Y\frac{\partial \eta}{\partial Y} + \frac{\partial\sqrt{-1-\eta^2}}{\partial Y} = 0.$$

En tenant compte de ces relations, la dérivée de Z se réduira à

$$y = \varphi(\xi) - \xi\varphi'(\xi) + \psi(\eta) - \eta\psi'(\eta) + \frac{\partial C}{\partial Y}.$$

Mais y doit être de la forme $\Phi(\xi) + \Psi(\eta)$; et son dernier terme $\frac{\partial C}{\partial Y}$ est une fonction de Y, qui ne peut être de cette forme que s'il se réduit à une constante. D'ailleurs on peut fondre cette constante dans la fonction arbitraire φ, de telle sorte qu'on ait simplement

$$y = \varphi(\xi) - \xi\varphi'(\xi) + \psi(\eta) - \eta\psi'(\eta).$$

La quantité C qui figure encore dans l'expression de Z sera une constante qu'on peut supprimer en la fondant avec les intégrales.

Il ne reste plus qu'à déterminer la quantité

$$z = Xx + Yy - Z.$$

En y substituant les valeurs trouvées de x, y, Z et tenant compte des relations (14) et (15), il viendra

$$z = \int \sqrt{-1-\xi^2}\,\varphi''(\xi)\,d\xi + \int \sqrt{-1-\eta^2}\,\psi''(\eta)\,d\eta.$$

Nous avons ainsi exprimé les trois coordonnées x, y, z des surfaces cherchées au moyen des paramètres ξ, η.

282. Considérons l'équation aux dérivées partielles du premier ordre

$$\Phi(u, v) = 0, \tag{17}$$

où u, v sont des fonctions données de x, y, z, p, q, dont l'une au moins contienne p ou q, et Φ une fonction arbitraire.

Prenons les dérivées partielles de l'équation. Il viendra

$$\begin{aligned}
&\frac{\partial\Phi}{\partial u}\left[\frac{\partial u}{\partial x} + p\frac{\partial u}{\partial z} + r\frac{\partial u}{\partial p} + s\frac{\partial u}{\partial q}\right] \\
&+ \frac{\partial\Phi}{\partial v}\left[\frac{\partial v}{\partial x} + p\frac{\partial v}{\partial z} + r\frac{\partial v}{\partial p} + s\frac{\partial v}{\partial q}\right] = 0, \\
&\frac{\partial\Phi}{\partial u}\left[\frac{\partial u}{\partial y} + q\frac{\partial u}{\partial z} + s\frac{\partial u}{\partial p} + t\frac{\partial u}{\partial q}\right] \\
&+ \frac{\partial\Phi}{\partial v}\left[\frac{\partial v}{\partial y} + q\frac{\partial v}{\partial z} + s\frac{\partial v}{\partial p} + t\frac{\partial v}{\partial q}\right] = 0.
\end{aligned}$$

Éliminant le rapport $\dfrac{\partial\Phi}{\partial u} : \dfrac{\partial\Phi}{\partial v}$, on obtiendra une équation du second ordre, de la forme

$$\mathrm{H}r + 2\mathrm{K}s + \mathrm{L}t + \mathrm{M} + \mathrm{N}(rt - s^2) = 0, \tag{18}$$

où H, K, L, M, N sont des fonctions de x, y, z, p, q.

L'équation (17) du premier ordre est dite une *intégrale intermédiaire* de cette équation du second ordre.

Réciproquement, étant donnée une équation du second ordre de la forme (18), on peut se proposer avec Monge de reconnaître si cette équation admet une intégrale intermédiaire et de déterminer celle-ci lorsqu'elle existe.

283. Supposons que l'équation (18) admette une intégrale intermédiaire (17). Soit V ce que devient le premier membre de l'équation (17) pour une détermination donnée à volonté de la fonction Φ. En changeant Φ en $\Phi - c$, c désignant une constante arbitraire, on obtiendra l'équation

$$V = c \tag{19}$$

comme cas particulier de (17).

Toute solution de cette équation satisfera donc à l'équation (18). Mais elle satisfait en outre aux deux équations

$$\left\{\begin{aligned} &\frac{\partial V}{\partial x} + p\frac{\partial V}{\partial z} + r\frac{\partial V}{\partial p} + s\frac{\partial V}{\partial q} = 0, \\ &\frac{\partial V}{\partial y} + q\frac{\partial V}{\partial z} + s\frac{\partial V}{\partial p} + t\frac{\partial V}{\partial q} = 0, \end{aligned}\right. \tag{20}$$

obtenues en prenant les dérivées partielles de (19).

Tirons de ces équations les valeurs de r, s pour les substituer dans (18); il viendra

$$P + Qt = 0, \tag{21}$$

en posant, pour abréger,

$$\begin{aligned} P = {}& H\left(\frac{\partial V}{\partial y} + q\frac{\partial V}{\partial z}\right)\frac{\partial V}{\partial q} - H\frac{\partial V}{\partial p}\left(\frac{\partial V}{\partial x} + p\frac{\partial V}{\partial z}\right) \\ & - 2K\left(\frac{\partial V}{\partial y} + q\frac{\partial V}{\partial z}\right)\frac{\partial V}{\partial p} + M\left(\frac{\partial V}{\partial p}\right)^2 - N\left(\frac{\partial V}{\partial y} + q\frac{\partial V}{\partial z}\right)^2, \\ Q = {}& H\left(\frac{\partial V}{\partial q}\right)^2 - 2K\frac{\partial V}{\partial p}\frac{\partial V}{\partial q} + L\left(\frac{\partial V}{\partial p}\right)^2 \\ & - N\left(\frac{\partial V}{\partial y} + q\frac{\partial V}{\partial z}\right)\frac{\partial V}{\partial q} - N\left(\frac{\partial V}{\partial x} + p\frac{\partial V}{\partial z}\right)\frac{\partial V}{\partial p}. \end{aligned}$$

L'équation (21) doit être une conséquence de l'équation (19). Mais les seules relations indépendantes de la constante c que celle-ci établisse entre x, y, z, p, q, r, s, t sont évidemment les relations (20). Or, si nous supposons que V contienne p, le déterminant $\left(\frac{\partial V}{\partial p}\right)^2$ des relations (20), par rapport à r et s, étant $\gtrless 0$, on ne pourra en déduire aucune relation nouvelle, indépendante de r et de s; donc l'équation (21) ne pourra subsister que si l'on a identiquement

$$P = 0, \qquad Q = 0.$$

Ce sont deux équations simultanées du premier ordre, auxquelles la fonction V doit satisfaire. En général, elles sont incompatibles; mais, si elles ont des solutions communes, chacune d'elles donnera une fonction V, telle que l'équation $V = c$ entraîne comme conséquence l'équation (18).

284. Ces équations $P = 0$, $Q = 0$ sont du second degré par rapport aux dérivées de V; mais elles peuvent être notablement simplifiées.

En effet, éliminons entre ces deux équations la quantité $\frac{\partial V}{\partial x} + p\frac{\partial V}{\partial z}$, nous obiendrons cette nouvelle équation

$$(22)\quad \left\{\begin{aligned} &\left[N\left(\frac{\partial V}{\partial y} + q\frac{\partial V}{\partial z}\right) + K\frac{\partial V}{\partial p} - H\frac{\partial V}{\partial q}\right]^2 \\ &\qquad -(HL - MN - K^2)\left(\frac{\partial V}{\partial p}\right)^2 = 0; \end{aligned}\right.$$

d'où l'on déduit, en posant, pour abréger,

$$G = K^2 + MN - HL,$$

$$(23)\quad N\left(\frac{\partial V}{\partial y} + q\frac{\partial V}{\partial z}\right) + (K \pm \sqrt{G})\frac{\partial V}{\partial p} - H\frac{\partial V}{\partial q} = 0.$$

Substituons dans $Q = 0$ la valeur de $\frac{\partial V}{\partial y} + q\frac{\partial V}{\partial z}$ tirée de cette équation, et supprimons le facteur commun $\frac{\partial V}{\partial p}$; il viendra

$$(24)\quad N\left(\frac{\partial V}{\partial x} + p\frac{\partial V}{\partial z}\right) - L\frac{\partial V}{\partial p} + (K \mp \sqrt{G})\frac{\partial V}{\partial q} = 0.$$

Les deux équations (23) et (24) sont linéaires. Si G n'est pas nul, on pourra prendre successivement pour $\sqrt{G}$ les deux valeurs dont cette quantité est susceptible; on obtiendra ainsi deux systèmes d'équations linéaires

$$(25) \qquad P_1 = 0, \qquad Q_1 = 0$$

et

$$(26) \qquad P_2 = 0, \qquad Q_2 = 0,$$

et V devra nécessairement satisfaire à l'un des deux. Si G est nul, ces deux systèmes se réduiront à un seul.

285. Nous avons toutefois supposé dans la démonstration que $\frac{\partial V}{\partial p}$ n'était pas nul. Si l'on avait $\frac{\partial V}{\partial p} = 0$, mais $\frac{\partial V}{\partial q} \gtrless 0$, on n'aurait qu'à permuter dans le raisonnement x, p, r, H avec y, q, t, L, et l'on arriverait au même résultat, car ce changement transforme simplement P_1, Q_1, P_2, Q_2 en Q_2, P_2, Q_1, P_1.

Notre conclusion ne serait donc en défaut que si V ne contenait ni p ni q. Mais, par définition, s'il existe une intégrale intermédiaire $\Phi(u, v) = 0$, l'une au moins des fonctions u, v contiendra p ou q. Donc, parmi les fonctions de la forme $\Phi(u, v)$, on pourra trouver deux fonctions distinctes U et V contenant chacune p ou q et satisfaisant, par suite, à l'un des deux systèmes d'équations (25) ou (26). Toute fonction $\Psi(U, V)$ de U et de V qui contient p ou q y satisfera de même.

On déduit de là que U et V doivent satisfaire toutes deux au système (25) ou toutes deux au système (26). Supposons en effet que U satisfît au système (25) et V au système (26); $\Psi(U, V)$ ne satisferait, en général, à aucun des deux. En effet, l'équation P_1, par exemple, étant linéaire, le résultat de la substitution de $\Psi(U, V)$ dans cette équation sera

$$\frac{\partial \Psi}{\partial U} S + \frac{\partial \Psi}{\partial V} T,$$

S et T étant les résultats de la substitution de U et de V.

Mais U satisfaisant à $P_1 = 0$ et V à

$$P_2 = P_1 - 2\sqrt{G}\,\frac{\partial V}{\partial p} = 0,$$

on aura

$$S = 0, \qquad T - 2\sqrt{G}\,\frac{\partial V}{\partial p} = 0,$$

$$\frac{\partial \Psi}{\partial U} S + \frac{\partial \Psi}{\partial V} T = 2\sqrt{G}\,\frac{\partial V}{\partial p}\,\frac{\partial \Psi}{\partial V}.$$

De même, le résultat de la substitution de $\Psi(U, V)$ dans Q_1 sera $-2\sqrt{G}\,\frac{\partial V}{\partial q}\,\frac{\partial \Psi}{\partial V}$; or $\sqrt{G}$ n'est pas nul, les deux systèmes (25) et (26) étant supposés distincts; d'autre part, $\frac{\partial V}{\partial p}$ et $\frac{\partial V}{\partial q}$ ne sont pas nuls à la fois; enfin, si Ψ contient V, $\frac{\partial \Psi}{\partial V}$ n'est pas nul; donc Ψ ne pourra satisfaire à la fois aux deux équations $P_1 = 0$, $Q_1 = 0$. On voit de même que, si Ψ contient U, il ne peut satisfaire à la fois aux équations $P_2 = 0$, $Q_2 = 0$.

Si donc il existe une intégrale intermédiaire, l'un au moins des deux systèmes (25) ou (26) admettra deux intégrales distinctes U et V.

Réciproquement, si le système (25), par exemple, admet deux intégrales distinctes, U et V, il admettra comme intégrale $\Psi(U, V)$, quelle que soit la fonction Ψ, et l'on aura l'intégrale intermédiaire

$$\Psi(U, V) = 0.$$

La recherche des intégrales intermédiaires se réduit, comme on le voit, à celle des solutions communes à deux équations linéaires du premier ordre.

286. Lorsqu'on a réussi à trouver une intégrale intermédiaire

$$\Psi(U, V) = 0,$$

il ne reste plus, pour obtenir z, qu'à intégrer cette équation, qui est équivalente à la proposée, mais du premier ordre seulement. Toutefois, la présence dans l'équation d'une fonction arbitraire rendra en général l'intégration plus difficile.

On peut d'ailleurs obtenir plusieurs intégrales intermédiaires, soit que chacun des deux systèmes (25), (26) en donne une, soit que l'un d'entre eux en fournisse plusieurs. En effet, ce système étant formé de deux équations entre cinq variables pourra admettre dans certains cas jusqu'à trois intégrales distinctes U, V, W. Il fournira alors deux intégrales intermédiaires

$$\Psi(U, V) = 0, \qquad X(U, W) = 0.$$

Supposons qu'on ait obtenu deux intégrales intermédiaires, on pourra les mettre sous la forme

$$(27) \qquad U = f(V), \qquad U_1 = \varphi(V_1).$$

Joignons à ces équations la suivante :

$$dz = p\,dx + q\,dy.$$

On pourra tirer p et q des équations (27) pour les substituer dans cette dernière; on obtiendra ainsi une équation aux différentielles totales entre les seules variables x, y, z. Cette équation satisfait évidemment à la condition d'intégrabilité, et son intégration donnera z.

Il y aura, en général, avantage à faire un changement de variables en prenant V et V_1 pour variables indépendantes à la place de x et de y.

287. Soit, comme application, à intégrer l'équation

$$rt - s^2 = 0.$$

On a ici $H = K = L = M = 0$, $N = 1$, $G = 0$, et les deux systèmes (25) et (26) se réduiront à un seul

$$\frac{\partial V}{\partial x} + p\frac{\partial V}{\partial z} = 0, \qquad \frac{\partial V}{\partial y} + q\frac{\partial V}{\partial z} = 0.$$

Ce système admet évidemment les trois intégrales

$$V = p, \qquad V = q, \qquad V = z - px - qy.$$

On aura donc les deux intégrales intermédiaires

$$q = f(p),$$
$$z - px - qy = \varphi(p),$$

qu'on doit combiner à

$$dz = p\,dx + q\,dy.$$

La différentiation des deux premières équations donne

$$dq = f'(p)\,dp,$$
$$dz - p\,dx - q\,dy - x\,dp - y\,dq = \varphi'(p)\,dp,$$

et, en substituant les valeurs de dz et dq,

$$[x + f'(p)y + \varphi'(p)]\,dp = 0.$$

En posant $dp = 0$, d'où $p = c$, on aura la solution particulière

$$z - cx - f(c)y = \varphi(c),$$

et, en égalant à zéro l'autre facteur, on aura une autre intégrale, représentée par ces deux équations

$$z - px - f(p)y = \varphi(p),$$
$$x + f'(p)y + \varphi'(p) = 0.$$

IV. — Équations linéaires à coefficients constants.

288. Les problèmes de la Physique mathématique conduisent en général à intégrer des équations (ou des systèmes d'équations) aux dérivées partielles, linéaires par rapport aux fonctions inconnues et à leurs dérivées partielles.

S'agit-il, par exemple, de la propagation de la chaleur, on aura entre le temps t, les coordonnées x, y, z d'un point quelconque du corps étudié, et sa température U, l'équation

$$(1) \qquad \frac{\partial U}{\partial t} = a^2 \left(\frac{\partial^2 U}{\partial x^2} + \frac{\partial^2 U}{\partial y^2} + \frac{\partial^2 U}{\partial z^2} \right),$$

a désignant une constante.

Il faudra joindre à cette équation, pour préciser la question, certaines conditions accessoires qui varieront dans chaque cas.

Si l'on considère un espace illimité, on rendra le problème déterminé en joignant à l'équation (1) une équation de la forme

$$U = f(x, y, z) \qquad \text{pour } t = 0,$$

laquelle donne en chaque point la température initiale.

S'il s'agit d'un corps K de dimensions finies, on pourra se donner la température initiale de chacun de ses points, ce qui donnera la condition

$$(2) \qquad U = f(x, y, z) \qquad \text{pour } t = 0.$$

Mais cette condition n'ayant plus lieu pour un point quelconque x, y, z de l'espace, mais seulement pour les points intérieurs à K, ne suffira plus pour rendre la question déterminée. Il faudra y joindre de nouvelles conditions relatives aux points de la surface S qui limite K. On pourra, par exemple, se donner la température à chaque instant en chacun de ces points, ce qui donnera une équation de condition de la forme

$$(3) \qquad V = \varphi(x, y, z, t),$$

valable pour tous les points de S.

La connaissance de la température à la surface du corps peut d'ailleurs être remplacée par une autre donnée équivalente.

Si, par exemple, on sait que le corps rayonne librement dans un espace à une température constante, l'équation à la surface (3) sera remplacée par la suivante

$$\frac{\partial U}{\partial x}\cos\alpha + \frac{\partial U}{\partial y}\cos\beta + \frac{\partial U}{\partial z}\cos\gamma = hU, \tag{4}$$

α, β, γ étant les cosinus directeurs de la normale à la surface au point x, y, z et h une constante.

Nous avons ainsi, en général, deux sortes de conditions accessoires : 1° *conditions initiales* qui auront lieu pour $t = 0$ dans tout l'intérieur du corps considéré; 2° *conditions relatives aux limites*, qui seront vérifiées à la limite du corps. Les unes et les autres peuvent être variées d'une infinité de manières, ce qui donnera lieu à autant de problèmes essentiellement distincts.

289. En général, les conditions accessoires, de même que les équations aux dérivées partielles, seront linéaires par rapport aux fonctions inconnues et à leurs dérivées partielles. Il en résulte d'importantes conséquences.

Soient, en effet, U_1, U_2, ... les fonctions inconnues, t, x, ... les variables indépendantes. Les équations aux dérivées partielles seront de la forme

$$F_1 = f_1, \qquad F_2 = f_2, \qquad \ldots, \tag{5}$$

les conditions accessoires de la forme

$$\Phi_1 = \varphi_1, \qquad \Phi_2 = \varphi_2, \qquad \ldots, \tag{6}$$

F_1, F_2, ..., Φ_1, Φ_2, ... étant des fonctions linéaires et homogènes par rapport à U_1, U_2, ... et à leurs dérivées partielles, et f_1, f_2, ..., φ_1, φ_2, ... des fonctions des variables indépendantes.

Supposons que nous soyons parvenus à déterminer : 1° une solution particulière U'_1, U'_2, ... du système d'équations aux dérivées partielles

$$F_1 = f_1, \qquad F_2 = 0, \qquad \ldots; \tag{7}$$

2° une solution particulière U''_1, U''_2, ... du système

$$(8) \qquad F_1 = 0, \qquad F_2 = f_2, \qquad \ldots,$$

etc.

Posons

$$U_1 = U'_1 + U''_1 + \ldots + V_1,$$
$$U_2 = U'_2 + U''_2 + \ldots + V_2,$$
$$\ldots\ldots\ldots\ldots\ldots\ldots$$

Les nouvelles variables V_1, V_2, ... devront évidemment satisfaire aux équations

$$F_1 = 0, \qquad F_2 = 0, \qquad \ldots$$

et aux conditions accessoires

$$\Phi_1 = \varphi_1 - \psi_1, \qquad \Phi_2 = \varphi_2 - \psi_2, \qquad \ldots,$$

ψ_1, ψ_2, ... désignant les fonctions des variables indépendantes que l'on obtient en substituant dans Φ_1, Φ_2, ... à la place de U_1, U_2, ... les expressions

$$U_1 = U'_1 + U''_1 + \ldots, \qquad U_2 = U'_2 + U''_2 + \ldots, \qquad \ldots.$$

Soient, d'autre part : 1° V'_1, V'_2, ... le système des fonctions qui satisfont aux relations

$$(9) \quad F_1 = 0, \quad F_2 = 0, \quad \ldots; \quad \Phi_1 = \varphi_1 - \psi_1, \quad \Phi_2 = 0, \quad \ldots;$$

2° V''_1, V''_2, ... celui des fonctions qui satisfont aux relations

$$(10) \quad F_1 = 0, \quad F_2 = 0, \quad \ldots; \quad \Phi_1 = 0, \quad \Phi_2 = \varphi_2 - \psi_2, \quad \ldots.$$

Si nous posons

$$V_1 = V'_1 + V''_1 + \ldots, + \theta_1,$$
$$V_2 = V'_2 + V''_2 + \ldots + \theta_2,$$
$$\ldots\ldots\ldots\ldots\ldots\ldots,$$

les nouvelles variables θ_1, θ_2, ... satisferont aux relations

$$F_1 = 0, \qquad F_2 = 0, \qquad \ldots; \qquad \Phi_1 = 0, \qquad \Phi_2 = 0, \qquad \ldots.$$

Ces équations, étant linéaires et homogènes par rapport

aux fonctions inconnues et à leurs dérivées, admettront la solution $\theta_1 = 0$, $\theta_2 = 0$, ... et n'en admettront pas d'autre, puisque le problème est entièrement déterminé. On aura donc finalement

$$\begin{array}{l} U_1 = U'_1 + U''_1 + \ldots + V'_1 + V''_1 + \ldots, \\ U_2 = U'_2 + U''_2 + \ldots + V'_2 + V''_2 + \ldots. \\ \ldots\ldots\ldots\ldots\ldots\ldots\ldots\ldots, \end{array}$$

et l'on voit que la résolution du problème primitif s'obtiendra en déterminant : 1° une solution particulière de chacun des systèmes (7), (8), ...; 2° la solution de chacun des systèmes (9), (10), ...

La question se trouve ainsi ramenée à d'autres problèmes plus simples où tous les seconds membres sont nuls, à l'exception d'un seul.

Dans la plupart des applications, les équations aux dérivées partielles (5) n'ont pas de seconds membres; on pourra donc poser plus simplement

$$U_1 = V'_1 + V''_1 + \ldots, \qquad U_2 = V'_2 + V''_2 + \ldots, \qquad \ldots,$$

V'_1, V'_2, ...; V''_1, V''_2, ...; ... étant les solutions des systèmes suivants :

$$\begin{array}{llllll} F_1 = 0, & F_2 = 0, & \ldots; & \Phi_1 = \varphi_1, & \Phi_2 = 0, & \ldots, \\ F_1 = 0, & F_2 = 0, & \ldots; & \Phi_1 = 0, & \Phi_2 = \varphi_2, & \ldots, \\ \ldots\ldots, & \ldots\ldots, & \ldots; & \ldots\ldots, & \ldots\ldots, & \ldots. \end{array}$$

290. La décomposition précédente du problème proposé en problèmes plus simples est souvent utile; mais il n'est pas toujours nécessaire d'y avoir recours. Nous admettrons donc, pour plus de généralité dans les explications qui vont suivre, qu'elle n'ait pas été faite complètement, de telle sorte que l'on ait à intégrer un système formé d'un certain nombre d'équations aux dérivées partielles linéaires et sans seconds membres

$$(11) \qquad F_1 = 0, \qquad F_2 = 0, \qquad \ldots,$$

jointes à des conditions accessoires dont les unes

$$(12)\qquad \Phi_1 = 0, \qquad \Phi_2 = 0, \qquad \ldots$$

n'auront pas de seconds membres, tandis que les autres

$$(13)\qquad \Psi_1 = \psi_1, \qquad \Psi_2 = \psi_2, \qquad \ldots$$

en auront.

La marche généralement suivie pour résoudre les questions de cette nature est la suivante :

On néglige provisoirement les conditions (13); les équations conservées (11), (12) ne suffisant plus pour la détermination complète des fonctions inconnues admettront une infinité de solutions.

On tâchera d'en déterminer des solutions particulières. Dans tous les problèmes que l'on sait résoudre, on obtiendra sans trop de peine une infinité de *solutions simples* de la forme

$$(14)\qquad \begin{cases} V_1 = f_1(t, x, \ldots, \alpha, \beta, \ldots), \\ V_2 = f_2(t, x, \ldots, \alpha, \beta, \ldots), \\ \ldots\ldots\ldots\ldots\ldots\ldots\ldots\ldots \end{cases}$$

α, β, ... étant des paramètres variables d'une solution à l'autre.

Deux cas seront ici à distinguer, suivant que les valeurs précédentes constituent une solution, quelles que soient les constantes α, β, ..., ou seulement pour celles de ces valeurs qui satisfont à certaines relations (par exemple, pour les valeurs entières de ces constantes ou pour celles qui sont les racines en nombre infini de certaines équations transcendantes que l'on formera dans chaque cas).

291. Dans le premier cas, les intégrales définies

$$(15)\qquad \mathop{\mathrm{S}}\varphi(\alpha, \beta, \ldots) f_1\, d\alpha\, d\beta \ldots, \qquad \mathop{\mathrm{S}}\varphi(\alpha, \beta, \ldots) f_2\, d\alpha\, d\beta \ldots, \qquad \ldots$$

donneront une nouvelle solution, quels que soient le champ de l'intégration et la fonction $\varphi(\alpha, \beta, \ldots)$. En effet, il est clair que le résultat de la substitution de ces intégrales, dans l'une quelconque des équations (11) ou (12), sera

$$(16) \qquad \mathsf{S}\, \varphi(\alpha, \beta, \ldots)\, M\, d\alpha\, d\beta \ldots,$$

M désignant le résultat de la substitution de $f_1, f_2, \ldots$. Mais M est nul, par hypothèse : donc l'intégrale (16), ayant tous ses éléments nuls, sera nulle elle-même.

Cela posé, nous tâcherons de déterminer le champ de l'intégration et la fonction arbitraire φ, de telle sorte que la solution (15) satisfasse aux conditions (13). Si nous y parvenons, nous aurons satisfait à toutes les exigences du problème.

292. Dans le deuxième cas, on substituera successivement dans la formule (14), pour les paramètres $\alpha, \beta, \ldots$, les divers systèmes de valeurs dont ils sont susceptibles; on obtiendra ainsi une suite illimitée de solutions

$$V'_1, \quad V'_2, \quad \ldots; \quad V''_1, \quad V''_2, \quad \ldots; \quad \ldots.$$

Nous obtiendrons une nouvelle solution plus générale en posant

$$(17) \quad V_1 = c'V'_1 + c''V''_1 + \ldots, \qquad V_2 = c'V'_2 + c''V''_2 + \ldots, \qquad \ldots,$$

$c', c'', \ldots$ désignant des constantes arbitraires.

Il est clair, en effet, que le résultat de la substitution de ces valeurs dans l'une quelconque des équations (11) et (12) sera de la forme $c'M' + c''M'' + \ldots$, $M', M'', \ldots$ désignant les résultats respectivement obtenus par la substitution des diverses solutions simples. Or $M', M'', \ldots$ sont nuls, par hypothèse; donc $c'M' + c''M'' + \ldots$ le sera, et les séries (17) donneront une solution.

Il restera à déterminer les coefficients arbitraires $c', c'', \ldots$, de telle sorte que ces séries soient convergentes et satisfassent aux conditions (13). Le problème sera dès lors résolu.

Nous allons éclaircir cette méthode par quelques exemples.

293. *Propagation de la chaleur dans un milieu indéfini.* — On a à intégrer l'équation

$$(18) \qquad \frac{\partial U}{\partial t} = a^2\left(\frac{\partial^2 U}{\partial x^2} + \frac{\partial^2 U}{\partial y^2} + \frac{\partial^2 U}{\partial z^2}\right)$$

jointe à la condition initiale

$$U = f(x, y, z) \quad \text{pour} \quad t = 0.$$

L'équation (18) admet évidemment comme intégrale particulière l'expression

$$U' = \cos u(x-\lambda)\cos v(y-\mu)\cos w(z-\nu)\, e^{-(u^2+v^2+w^2)a^2 t},$$

$u, v, w, \lambda, \mu, \nu$ étant des constantes arbitraires. Elle admettra donc comme solution l'intégrale

$$U'' = \int_0^\infty \int_0^\infty \int_0^\infty U'\, du\, dv\, dw,$$

laquelle est le produit des trois intégrales simples

$$\int_0^\infty e^{-a^2u^2t}\cos u\,(x-\lambda)\,du,$$

$$\int_0^\infty e^{-a^2v^2t}\cos v\,(y-\mu)\,dv,$$

$$\int_0^\infty e^{-a^2w^2t}\cos w\,(z-\nu)\,dw.$$

Ces intégrales sont aisées à calculer. Nous avons trouvé, en effet (t. II, n° 168), la formule

$$\int_0^\infty e^{-ay^2}\cos 2by\,dy = \tfrac{1}{2}\sqrt{\pi}\,a^{-\frac{1}{2}}\,e^{-\frac{b^2}{a}}.$$

Changeant dans cette formule y en u, a en $a^2 t$, b en $\dfrac{x-\lambda}{2}$, il viendra

$$\int_0^\infty e^{-a^2u^2t}\cos u(x-\lambda)\,du = \tfrac{1}{2}\sqrt{\pi}\,\frac{e^{-\frac{(x-\lambda)^2}{4a^2t}}}{a\sqrt{t}}.$$

Calculant de même les deux autres intégrales, il viendra

$$U'' = \pi^{\frac{3}{2}} \frac{e^{-\frac{(x-\lambda)^2}{4a^2t}}}{2a\sqrt{t}} \frac{e^{-\frac{(y-\mu)^2}{4a^2t}}}{2a\sqrt{t}} \frac{e^{-\frac{(z-\nu)^2}{4a^2t}}}{2a\sqrt{t}}.$$

L'intégrale

$$U = \frac{1}{\pi^3}\int_{-\infty}^{\infty}\int_{-\infty}^{\infty}\int_{-\infty}^{\infty} f(\lambda, \mu, \nu)\, U''\, d\lambda\, d\mu\, d\nu$$

sera encore une solution.

Cette expression peut se transformer en posant

$$\frac{\lambda - x}{2a\sqrt{t}} = \alpha, \qquad \frac{\mu - y}{2a\sqrt{t}} = \beta, \qquad \frac{\nu - z}{2a\sqrt{t}} = \gamma.$$

Il viendra

$$U = \pi^{-\frac{3}{2}}\int_{-\infty}^{\infty}\int_{-\infty}^{\infty}\int_{-\infty}^{\infty} f(x + 2a\sqrt{t}\alpha, y + 2a\sqrt{t}\beta, z + 2a\sqrt{t}\gamma) \times e^{-\alpha^2-\beta^2-\gamma^2}\, d\alpha\, d\beta\, d\gamma.$$

Cette valeur de U se réduit pour $t = 0$ au produit de $f(x, y, z)$ par les trois intégrales simples

$$\frac{1}{\sqrt{\pi}}\int_{-\infty}^{\infty} e^{-\alpha^2}\, d\alpha, \quad \frac{1}{\sqrt{\pi}}\int_{-\infty}^{\infty} e^{-\beta^2}\, d\beta, \quad \frac{1}{\sqrt{\pi}}\int_{-\infty}^{\infty} e^{-\gamma^2}\, d\gamma.$$

Mais on a

$$\frac{1}{\sqrt{\pi}}\int_{-\infty}^{\infty} e^{-\alpha^2}\, d\alpha = \frac{2}{\sqrt{\pi}}\int_{0}^{\infty} e^{-\alpha^2}\, d\alpha = 1$$

(t. II, n° 166); et de même pour les deux autres intégrales.

L'expression U satisfera donc à la condition initiale

$$U = f(x, y, z) \quad \text{pour} \quad t = 0$$

et sera la solution du problème.

294. *Propagation du son dans un espace indéfini.* — On a l'équation aux dérivées partielles

$$\frac{\partial^2 U}{\partial t^2} = a^2\left(\frac{\partial^2 U}{\partial x^2} + \frac{\partial^2 U}{\partial y^2} + \frac{\partial^2 U}{\partial z^2}\right)$$

avec les conditions initiales

$$\left.\begin{aligned} U &= f(x, y, z) \\ \frac{\partial U}{\partial t} &= f_1(x, y, z) \end{aligned}\right\} \text{ pour } t = 0.$$

On peut poser $U = U' + U''$, U' et U'' étant les solutions obtenues en combinant à l'équation différentielle les conditions initiales

$$U' = 0, \qquad \frac{\partial U'}{\partial t} = f_1(x, y, z)$$

et

$$U'' = f(x, y, z), \qquad \frac{\partial U''}{\partial t} = 0.$$

Calculons d'abord U'.

On voit immédiatement qu'on satisfait à l'équation aux dérivées partielles et à la condition initiale $U' = 0$ par la solution simple

$$U' = \cos M \sin art,$$

où nous posons, pour abréger,

$$M = u(x - \lambda) + v(y - \mu) + w(z - \nu),$$
$$r = \sqrt{u^2 + v^2 + w^2}.$$

On y satisfera plus généralement par l'intégrale

$$(19) \qquad \mathbb{S} \frac{F(\lambda, \mu, \nu)}{r} \cos M \sin art \, d\lambda \, d\mu \, d\nu \, du \, dv \, dw,$$

F désignant une fonction de u, v, w, λ, μ, ν, qu'on peut choisir arbitrairement, ainsi que le champ d'intégration.

Les variables u, v, w d'une part, λ, μ, ν d'autre part, peuvent être considérées comme des coordonnées rectangulaires. Remplaçons u, v, w par des coordonnées polaires r, θ, φ, ayant pour centre l'origine et pour axe polaire la droite qui joint l'origine au point $x - \lambda$, $y - \mu$, $z - \nu$. Remplaçons, d'autre part, λ, μ, ν par des coordonnées polaires r', θ', φ', ayant pour centre le point x, y, z et pour axe polaire l'axe des z.

On aura

$$\lambda = x + r' \sin\theta' \cos\varphi',$$
$$\mu = y + r' \sin\theta' \sin\varphi',$$
$$\nu = z + r' \cos\theta';$$

$$M = u(x-\lambda) + v(y-\mu) + w(z-\nu) = rr'\cos\theta,$$

$$du\,dv\,dw = r^2 \sin\theta\,dr\,d\theta\,d\varphi,$$
$$d\lambda\,d\mu\,d\nu = r'^2 \sin\theta'\,dr'\,d\theta'\,d\varphi'.$$

L'intégrale deviendra donc

$$\mathsf{S}\,F\cos(rr'\cos\theta)\sin art\, r\sin\theta\,dr\,d\theta\,d\varphi\, r'^2\sin\theta'\,dr'\,d\theta'\,d\varphi'.$$

Supposons que le champ de l'intégration soit pour θ et θ' de o à π, pour φ et φ' de o à 2π, pour r et r' de o à ∞.

Les intégrations par rapport à φ et θ pourront s'effectuer en remarquant que $\sin\theta\,d\theta = -d\cos\theta$. L'intégrale deviendra

$$4\pi\,\mathsf{S}\,F r' \sin rr' \sin art \sin\theta'\,dr'\,d\theta'\,d\varphi'\,dr$$

$$= 2\pi\,\mathsf{S}\,F r'[\cos r(r'-at) - \cos r(r'+at)]\sin\theta'\,d\theta'\,d\varphi'\,dr\,dr'.$$

On pourra encore effectuer les intégrations par rapport à r et r' en appliquant la formule de Fourier

$$\int_0^\infty d\mu \int_{-\infty}^\infty f(\beta)\cos\mu(\beta - x)\,d\beta = \frac{\pi}{2}[f(x+o) + f(x-o)]$$

démontrée au t. II, n° 228.

Soit, en effet, $\psi(r')$ une fonction égale à Fr' quand $r' \gtreqless o$ et nulle quand $r' < o$. On aura

$$\int_0^\infty dr \int_0^\infty F r' \quad [\cos r(r'-at) - \cos r(r'+at)]\,dr'$$

$$= \int_0^\infty dr \int_{-\infty}^\infty \psi(r')[\cos r(r'-at) - \cos r(r'+at)]\,dr'$$

$$= \frac{\pi}{2}[\psi(at+o) + \psi(at-o)] - \frac{\pi}{2}[\psi(-at+o) + \psi(-at-o)].$$

Cette formule suppose seulement : 1° que la fonction ψ a une variation limitée entre $-\infty$ et $+\infty$ ou, ce qui revient au même, que $\mathrm{F}r'$ a une variation limitée de o à ∞; 2° que l'intégrale

$$\int_{-\infty}^{\infty} \operatorname{mod}\psi\, dr' = \int_0^{\infty} \operatorname{mod}\mathrm{F}\, r'\, dr'$$

est finie. Si nous admettons en outre que la fonction F est continue, le second membre de l'expression précédente se réduira, si $t > 0$, à $\pi\psi(at)$, car $\psi(-at)$ sera nul; si $t < 0$, il se réduira à $-\pi\psi(-at)$. Enfin, si $t = 0$, il se réduira à zéro.

On aura donc, pour toute valeur de t,

$$\int_0^{\infty} dr \int_0^{\infty} \mathrm{F}\, r' [\cos r(r' - at) - \cos r(r' + at)]\, dr'$$
$$= \pi at\, \mathrm{F}(x + at' \sin\theta' \cos\varphi', y + at' \sin\theta' \sin\varphi', z + at' \cos\theta'),$$

t' désignant le module de t.

Nous obtenons ainsi, en supprimant les facteurs constants, comme solution de l'équation aux dérivées partielles, l'expression

$$\int_0^{2\pi} \int_0^{\pi} t\, \mathrm{F}(x + at' \sin\theta' \cos\varphi', y + at' \sin\theta' \sin\varphi', z + at' \cos\theta')$$
$$\times \sin\theta'\, d\theta'\, d\varphi'.$$

Pour $t = 0$, cette intégrale s'annule, et sa dérivée se réduit évidemment à

$$\int_0^{2\pi} \int_0^{\pi} \mathrm{F}(x, y, z) \sin\theta'\, d\theta'\, d\varphi' = 4\pi\, \mathrm{F}(x, y, z).$$

Nous satisferons donc à toutes les conditions du problème si nous posons

$$\mathrm{F}(x, y, z) = \frac{1}{4\pi} f_1(x, y, z).$$

Nous obtiendrons ainsi, comme solution, l'intégrale définie double

$$U' = \frac{1}{4\pi}\int_0^{2\pi}\int_0^{\pi} t f_1(x + at'\sin\theta'\cos\varphi', y + at'\sin\theta'\sin\varphi', z + at'\cos\theta') \times \sin\theta'\,d\theta'\,d\varphi'.$$

295. Calculons maintenant U″.

On satisfait évidemment à l'équation différentielle et à la condition initiale

$$\frac{\partial U''}{\partial t} = 0 \qquad \text{pour} \qquad t = 0$$

par la solution simple

$$\cos M \cos art,$$

et plus généralement par l'intégrale définie

$$\begin{aligned} a &\mathop{\mathrm{S}}\mathrm{F}(\lambda, \mu, \nu)\cos M \cos art\,d\lambda\,d\mu\,d\nu\,du\,dv\,dw \\ &= \frac{\partial}{\partial t}\mathop{\mathrm{S}}\frac{\mathrm{F}(\lambda, \mu, \nu)}{r}\cos M \sin art\,d\lambda\,d\mu\,d\nu\,du\,dv\,dw \\ &= \frac{\partial}{\partial t}\int_0^{2\pi}\int_0^{\pi} t\,\mathrm{F}(x + at'\sin\theta'\cos\varphi', y + at'\sin\theta'\sin\varphi', z + at'\cos\theta') \times \sin\theta'\,d\theta'\,d\varphi'. \end{aligned}$$

D'ailleurs, pour $t = 0$, cette expression se réduit à

$$4\pi\,\mathrm{F}(x, y, z).$$

On satisfera donc à toutes les conditions du problème en posant

$$\mathrm{F}(x, y, z) = \frac{1}{4\pi} f(x, y, z),$$

ce qui donnera

$$U'' = \frac{1}{4\pi}\frac{\partial}{\partial t}\int_0^{2\pi}\int_0^{\pi} t f(x + at'\sin\theta'\cos\varphi', y + at'\sin\theta'\sin\varphi', z + at'\cos\theta') \times \sin\theta'\,d\theta'\,d\varphi'.$$

On aura enfin

$$U = U' + U''.$$

Cette solution suppose toutefois, comme on l'a vu d'après

la démonstration : 1° que les fonctions

$$f(\lambda, \mu, \nu) r', \quad f_1(\lambda, \mu, \nu) r'$$

ont une variation limitée lorsque le point λ, μ, ν décrit une droite partant d'un point quelconque x, y, z de l'espace, et allant jusqu'à l'infini dans une direction quelconque; 2° que les intégrales

$$\int \operatorname{mod} f r' \, dr', \quad \int \operatorname{mod} f_1 \, r' \, dr'$$

prises le long de cette droite sont finies.

296. Supposons qu'à l'instant initial il n'existe de mouvement qu'aux environs de l'origine des coordonnées, de telle sorte que les fonctions

$$f(x, y, z), \quad f_1(x, y, z)$$

soient nulles pour toutes les valeurs de x, y, z extérieures à une sphère de rayon ε décrite autour de l'origine. Décrivons une sphère de rayon at' ayant pour centre l'origine; on pourra la représenter par les trois équations

$$\begin{aligned} \xi + at' \sin\theta' \cos\varphi' &= 0, \\ \eta + at' \sin\theta' \sin\varphi' &= 0, \\ \zeta + at' \cos\theta' \quad &= 0. \end{aligned}$$

Pour tout point x, y, z dont la distance à cette sphère est $> \varepsilon$ on aura, pour toutes les valeurs de θ' et φ',

$$\begin{aligned} &(x - \xi)^2 + (y - \eta)^2 + (z - \zeta)^2 \\ &\quad = (x + at' \sin\theta' \cos\varphi')^2 \\ &\qquad + (y + at' \sin\theta' \sin\varphi')^2 + (z + at' \cos\theta')^2 > \varepsilon. \end{aligned}$$

Les fonctions

$$f(x + at' \sin\theta' \cos\varphi', \; y + at' \sin\theta' \sin\varphi', \; z + at' \cos\theta')$$

et

$$f_1(x + at' \sin\theta' \cos\varphi', \; y + at' \sin\theta' \sin\varphi', \; z + at' \cos\theta')$$

seront donc nulles dans tout le champ d'intégration, et l'on aura par suite $U = 0$.

La fonction U sera donc nulle à chaque instant dans tout l'espace, sauf dans l'intérieur de l'*onde sphérique* comprise entre les deux sphères de rayon $at' + \varepsilon$ et $at' - \varepsilon$.

297. *Problème de Cauchy.* — Considérons plus généralement un système de fonctions inconnues U, V, ... des variables t, x, y, z, déterminées par un système d'équations

$$(20)\qquad R = \varpi(t, x, y, z), \qquad R_1 = \varpi_1(t, x, y, z), \qquad \ldots$$

ayant pour premiers membres des fonctions linéaires à coefficients constants de U, V, ... et de leurs dérivées partielles, et par les conditions initiales

$$\left.\begin{array}{lll} U = f(x, y, z), & \dfrac{\partial U}{\partial t} = f_1(x, y, z), & \ldots \\ V = \varphi(x, y, z), & \dfrac{\partial V}{\partial t} = \varphi_1(x, y, z), & \ldots \\ \ldots\ldots\ldots\ldots, & \ldots\ldots\ldots\ldots\ldots, & \ldots \end{array}\right\} \text{pour } t = 0.$$

Posons, pour abréger,

$$u(x - \lambda) + v(y - \mu) + w(z - \nu) = p,$$

u, v, w, λ, μ, ν étant des constantes, et

$$du\, dv\, dw\, d\lambda\, d\mu\, d\nu = d\sigma.$$

Nous allons prouver que la solution du problème est donnée par les formules

$$(21)\qquad \left\{\begin{array}{l} U = \dfrac{1}{(2\pi)^3} \displaystyle\int e^{ip} T\, d\sigma, \\ V = \dfrac{1}{(2\pi)^3} \displaystyle\int e^{ip} \Theta\, d\sigma, \\ \ldots\ldots\ldots\ldots\ldots\ldots \end{array}\right.$$

où le champ d'intégration par rapport à chacun des couples de variables u, λ; v, μ; w, ν est un rectangle infini ayant pour centre l'origine des coordonnées; T, Θ, ... désignant d'autre part des fonctions de t définies : 1° par les équations différentielles

$$(22) \qquad \mathfrak{R} = \varpi(t, \lambda, \mu, \nu), \qquad \mathfrak{R}_1 = \varpi_1(t, \lambda, \mu, \nu), \qquad \ldots,$$

où $\mathfrak{R}$, $\mathfrak{R}_1$, ... se déduisent de R, R_1, ... en y substituant aux dérivées partielles

$$\frac{\partial^{\alpha+\beta+\gamma+\delta} U}{\partial t^\alpha \, \partial x^\beta \, \partial y^\gamma \, \partial z^\delta}, \quad \frac{\partial^{\alpha+\beta+\gamma+\delta} V}{\partial t^\alpha \, \partial x^\beta \, \partial y^\gamma \, \partial z^\delta}, \quad \ldots$$

les expressions

$$\frac{d^\alpha T}{dt^\alpha}(iu)^\beta (iv)^\gamma (iw)^\delta, \quad \frac{d^\alpha \Theta}{dt^\alpha}(iu)^\beta (iv)^\gamma (iw)^\delta, \quad \ldots;$$

2° par les conditions initiales

$$(23) \quad \left\{ \begin{array}{lll} T = f(\lambda, \mu, \nu), & \dfrac{dT}{dt} = f_1(\lambda, \mu, \nu), & \ldots \\ \Theta = \varphi(\lambda, \mu, \nu), & \dfrac{d\Theta}{dt} = \varphi_1(\lambda, \mu, \nu), & \ldots \end{array} \right\} \text{ pour } t = 0.$$

Substituons en effet, pour U, V, ..., les valeurs (21) dans l'une des équations (20), la première, par exemple; comme on a évidemment

$$\begin{array}{lll} \dfrac{\partial U}{\partial t} = \dfrac{1}{(2\pi)^3} \displaystyle\mathbf{S} e^{ip} \dfrac{dT}{dt} d\sigma, & \dfrac{\partial V}{\partial t} = \dfrac{1}{(2\pi)^3} \displaystyle\mathbf{S} e^{ip} \dfrac{d\Theta}{dt} d\sigma, & \ldots, \\ \dfrac{\partial U}{\partial x} = \dfrac{1}{(2\pi)^3} \displaystyle\mathbf{S} iue^{ip} T \, d\sigma, & \dfrac{\partial V}{\partial x} = \dfrac{1}{(2\pi)^3} \displaystyle\mathbf{S} iue^{ip} \Theta \, d\sigma, & \ldots. \\ \ldots\ldots\ldots\ldots, & \ldots\ldots\ldots\ldots, & \ldots. \end{array}$$

le résultat de la substitution dans R sera

$$\frac{1}{(2\pi)^3} \mathbf{S} e^{ip} \mathfrak{R} \, d\sigma$$

ou, en vertu des équations (22),

$$(24) \qquad \frac{1}{(2\pi)^3} \mathbf{S} e^{ip} \varpi(t, \lambda, \mu, \nu) \, d\sigma.$$

Or on a

$$\begin{aligned} e^{ip} &= e^{iu(x-\lambda)}\, e^{iv(y-\mu)}\, e^{iw(z-\nu)} \\ &= [\cos u\,(x-\lambda) + i \sin u\,(x-\lambda)] \\ &\times [\cos v\,(y-\mu) + i \sin v\,(y-\mu)] \\ &\times [\cos w(z-\nu) + i \sin w(z-\nu)]. \end{aligned}$$

Effectuant les produits, on obtiendra huit termes qui tous, à l'exception d'un seul, contiendront un sinus en facteur.

Considérons un de ces termes, contenant par exemple le facteur $\sin u(x-\lambda)$. Les éléments qu'il fournit à l'intégrale pour deux valeurs égales et opposées de u se détruiront.

Au contraire, les éléments fournis par le terme

$$\cos u(x-\lambda) \cos v(y-\mu) \cos w(z-\nu)$$

pour des valeurs égales et contraires assignées à l'une des quantités u, v, w seront égaux. L'intégrale (24) se réduira donc à

$$\frac{1}{\pi^3} \int \cos u(x-\lambda) \cos v(y-\mu) \cos w(z-\nu)\, \varpi(t, \lambda, \mu, \nu)\, d\sigma,$$

u, v, w ne variant plus que de 0 à ∞.

La double intégration par rapport à u, λ donnera comme résultat, d'après le théorème de Fourier,

$$\frac{1}{\pi^2} \int \cos v(y-\mu) \cos w(z-\nu)\, \varpi(t, x, \mu, \nu)\, dv\, dw\, d\mu\, d\nu.$$

Intégrant par rapport à v et μ, on aura de même, comme résultat,

$$\frac{1}{\pi} \int \cos w(z-\nu)\, \varpi(t, x, y, \nu)\, dw\, d\nu,$$

et enfin, en intégrant par rapport à w et ν,

$$\varpi(t, x, y, z),$$

ce qui est précisément le second membre de l'équation aux dérivées partielles.

Les conditions initiales sont également satisfaites, car on a, pour $t = 0$, en vertu des équations (23),

$$U = \frac{1}{(2\pi)^3} \mathbb{S} e^{ip} f(\lambda, \mu, \nu)\, d\sigma,$$

$$\frac{\partial U}{\partial t} = \frac{1}{(2\pi)^3} \mathbb{S} e^{ip} f_1(\lambda, \mu, \nu)\, d\sigma,$$

$$\dots\dots\dots\dots\dots\dots,$$

et il suffira de changer ϖ en f, f_1, ... dans les raisonnements précédents pour montrer que ces expressions sont respectivement égales à $f(x, y, z)$, $f_1(x, y, z)$, ...

298. *Propagation de la chaleur dans une barre indéfinie dans un sens.* — Nous aurons l'équation aux dérivées partielles

$$\frac{\partial U}{\partial t} = a^2 \frac{\partial^2 U}{\partial x^2},$$

avec la condition initiale

$$U = f(x) \quad \text{pour } t = 0, \ x > 0$$

et la condition à la limite

$$U = \varphi(t) \quad \text{pour } x = 0,$$

laquelle donne, en fonction du temps, la température à l'origine de la barre.

On pourra poser

$$U = U' + U'',$$

U' devant satisfaire aux conditions

$$U' = f(x) \quad \text{pour } t = 0, \ x > 0;$$
$$U' = 0 \quad \text{pour } x = 0,$$

et U'' devant satisfaire aux conditions

$$U'' = 0 \quad \text{pour } t = 0, \ x > 0;$$
$$U'' = \varphi(t) \quad \text{pour } x = 0.$$

Calculons d'abord U'.

On satisfait à la condition $U' = 0$ pour $x = 0$, ainsi qu'à l'équation aux dérivées partielles, par la solution simple

$$\sin ux\, e^{-a^2u^2t}$$

et par la solution plus générale

$$\int_0^\infty \sin ux\, e^{-a^2u^2t}\, F(u)\, du,$$

laquelle, pour $t = 0$, se réduit à

$$\int_0^\infty \sin ux\, F(u)\, du.$$

Il restera donc à déterminer $F(u)$, de telle sorte qu'on ait

$$\int_0^\infty \sin ux\, F(u)\, du = f(x) \qquad \text{pour } x > 0.$$

On y arrivera en posant

$$F(u) = \frac{2}{\pi}\int_0^\infty \sin u\lambda\, f(\lambda)\, d\lambda.$$

On a, en effet,

$$\frac{2}{\pi}\int_0^\infty \int_0^\infty \sin ux \sin u\lambda\, f(\lambda)\, d\lambda$$
$$= \frac{1}{\pi}\int_0^\infty \int_0^\infty [\cos u(x-\lambda) - \cos u(x+\lambda)]\, f(\lambda)\, d\lambda,$$

et, en désignant par $\psi(\lambda)$ une fonction égale à $f(\lambda)$ pour $\lambda > 0$, à zéro pour $\lambda < 0$, cette intégrale aura pour valeur

$$\tfrac{1}{2}[\psi(x+0) + \psi(x-0) - \psi(-x+0) - \psi(-x-0)],$$

quantité qui, pour $x > 0$, se réduira à $f(x)$ [en supposant $f(x)$ continue].

La solution du problème sera donc l'intégrale double

$$\frac{1}{\pi}\int_0^\infty \int_0^\infty e^{-a^2u^2t}[\cos u(x-\lambda) - \cos u(x+\lambda)] f(\lambda)\, du\, d\lambda$$

ou, en effectuant l'intégration par rapport à u, comme au n° **293**,

$$(25)\qquad \frac{1}{2a\sqrt{\pi t}}\int_0^\infty f(\lambda)\, d\lambda \left[e^{-\frac{(x-\lambda)^2}{4a^2t}} - e^{-\frac{(x+\lambda)^2}{4a^2t}}\right].$$

299. Passons au calcul de U″. Ce problème se ramène au précédent, comme nous allons le voir.

Nous traiterons d'abord le cas particulier où $\varphi(t)$ se réduit à la constante 1. On aura, dans ce cas,

$$U'' = 1 + W,$$

W étant une nouvelle solution qui satisfasse aux relations

$$W = -1 \quad \text{pour } t = 0,\ x > 0;$$
$$W = 0 \quad \text{pour } x = 0.$$

Cette dernière fonction s'obtiendra en posant $f(\lambda) = -1$ dans la formule (25). On aura dônc

$$U'' = 1 - \frac{1}{2a\sqrt{\pi t}}\left[\int_0^\infty e^{-\frac{(x-\lambda)^2}{4a^2t}}\, d\lambda - \int_0^\infty e^{-\frac{(x+\lambda)^2}{4a^2t}}\, d\lambda\right].$$

Cette expression peut se simplifier. Changeons, en effet, de variables en posant, dans la première des intégrales ci-dessus,

$$\frac{x-\lambda}{2a\sqrt{t}} = -\beta$$

et dans la seconde,

$$\frac{x+\lambda}{2a\sqrt{t}} = \beta.$$

Elles deviendront respectivement

$$-\frac{1}{\sqrt{\pi}}\int_{-\frac{x}{2a\sqrt{t}}}^\infty e^{-\beta^2}\, d\beta, \quad \frac{1}{\sqrt{\pi}}\int_{\frac{x}{2a\sqrt{t}}}^\infty e^{-\beta^2}\, d\beta$$

et auront pour somme

$$-\frac{1}{\sqrt{\pi}}\int_{-\frac{x}{2a\sqrt{t}}}^{\frac{x}{2a\sqrt{t}}} e^{-\beta^2}\,d\beta = -\frac{2}{\sqrt{\pi}}\int_{0}^{\frac{x}{2a\sqrt{t}}} e^{-\beta^2}\,d\beta;$$

mais on a d'ailleurs

$$1 = \frac{2}{\sqrt{\pi}}\int_{0}^{\infty} e^{-\beta^2}\,d\beta.$$

On aura donc finalement

$$U'' = \frac{2}{\sqrt{\pi}}\int_{\frac{x}{2a\sqrt{t}}}^{\infty} e^{-\beta^2}\,d\beta,$$

expression que nous désignerons par $\chi(x, t)$.

300. Passons au cas général où $\varphi(t)$ ne se réduit pas à une constante. Nous allons démontrer qu'on a

$$(26)\qquad U'' = \varphi(0)\,\chi(x, t) + \int_{0}^{t} \chi(x, t-\lambda)\,\varphi'(\lambda)\,d\lambda.$$

En effet, $\chi(x, t)$ étant une solution de l'équation aux dérivées partielles et celle-ci ne changeant pas si l'on y change t en $t-\lambda$, $\chi(x, t-\lambda)$ sera encore une solution.

L'intégrale $\int \chi(x, t-\lambda)\,\varphi'(\lambda)\,d\lambda$, prise entre des limites constantes, sera une solution, et il en sera encore de même si la limite supérieure, au lieu d'être constante, est égale à t; car cette supposition ne fait qu'ajouter à la dérivée partielle de l'intégrale par rapport à t le terme $\chi(x, 0)\,\varphi'(t)$, lequel est nul dans toute l'étendue de la barre, d'après les conditions qui ont servi à déterminer la solution $\chi(x, t)$.

Donc les deux termes de U'' sont des solutions de l'équation aux dérivées partielles. Tous deux s'annulent d'ailleurs pour $t = 0$ dans toute l'étendue de la barre. On aura donc

$$U'' = 0 \quad \text{pour } t = 0,\ x > 0.$$

Enfin, pour $x = 0$, on a

$$\chi(x, t) = \chi(x, t - \lambda) = 1$$

et

$$U'' = \varphi(0) + \int_0^t \varphi'(\lambda)\, d\lambda = \varphi(t).$$

Donc U″ satisfait bien à toutes les conditions du problème.

301. L'expression (26) peut se transformer au moyen de l'intégration par parties. On a, en effet,

$$\int_0^t \chi(x, t-\lambda)\, \varphi'(\lambda)\, d\lambda$$
$$= [\varphi(\lambda)\, \chi(x, t-\lambda)]_0^t - \int_0^t \frac{\partial}{\partial\lambda} \chi(x, t-\lambda)\, \varphi(\lambda)\, d\lambda.$$

D'ailleurs $\varphi(\lambda)\chi(x, t-\lambda)$ s'annule pour $\lambda = t$, et se réduit à $\varphi(0)\chi(x, t)$ pour $\lambda = 0$. On aura donc simplement

$$U'' = -\int_0^t \frac{\partial}{\partial\lambda} \chi(x, t-\lambda)\, \varphi(\lambda)\, d\lambda$$
$$= \int_0^t \frac{\partial}{\partial t} \chi(x, t-\lambda)\, \varphi(\lambda)\, d\lambda.$$

Remplaçons maintenant $\chi(x, t-\lambda)$ par sa valeur

$$\frac{2}{\sqrt{\pi}} \int_{\frac{x}{2a\sqrt{t-\lambda}}}^{\infty} e^{-\beta^2}\, d\beta;$$

on aura

$$\frac{\partial}{\partial t} \chi(x, t-\lambda) = \frac{1}{\sqrt{\pi}} \frac{x}{2a(t-\lambda)^{\frac{3}{2}}} e^{-\frac{x^2}{4a^2(t-\lambda)}}$$

et enfin

$$U'' = \frac{x}{2a\sqrt{\pi}} \int_0^t e^{-\frac{x^2}{4a^2(t-\lambda)}} (t-\lambda)^{-\frac{3}{2}} \varphi(\lambda)\, d\lambda.$$

La méthode dont nous nous sommes servi pour ramener le calcul de U″ à celui de U′ est évidemment applicable à tous les problèmes analogues.

302. *Cordes vibrantes.* — Considérons une corde tendue sur la portion de l'axe des x comprise entre o et l. Désignons par U le déplacement suivant l'un des axes coordonnés du point dont l'abscisse serait x dans l'état de repos. Nous aurons l'équation aux dérivées partielles

$$\frac{\partial^2 U}{\partial t^2} = a^2 \frac{\partial^2 U}{\partial x^2}, \tag{27}$$

à laquelle il faudra joindre les conditions initiales

$$\left. \begin{aligned} U &= f(x) \\ \frac{\partial U}{\partial t} &= f_1(x) \end{aligned} \right\} \text{ pour } t = 0,\ x > 0 < l$$

et les conditions aux limites

$$\begin{aligned} U = 0 &\quad \text{pour } x = 0, \\ U = 0 &\quad \text{pour } x = l, \end{aligned}$$

lesquelles expriment que les extrémités de la corde restent fixes.

Nous avons trouvé (272) que l'intégrale générale de l'équation (27) est

$$U = \varphi(x + at) + \psi(x - at).$$

Il reste à déterminer les fonctions φ et ψ de manière à satisfaire aux autres conditions du problème.

Les conditions initiales donnent, pour l'intervalle de o à l,

$$\begin{aligned} \varphi(x) \quad + \psi(x) \quad &= f(x), \\ a\varphi'(x) - a\psi'(x) &= f_1(x); \end{aligned}$$

d'où, en intégrant,

$$a\varphi(x) - a\psi(x) = \int_0^x f_1(x)\,dx + c$$

et enfin

$$\varphi(x) = \tfrac{1}{2}f(x) + \frac{1}{2a}\int_0^x f_1(x)\,dx + \frac{c}{2a},$$

$$\psi(x) = \tfrac{1}{2}f(x) - \frac{1}{2a}\int_0^x f_1(x)\,dx - \frac{c}{2a}.$$

D'ailleurs, U ne changeant pas quand on accroît la fonction φ d'une constante quelconque en diminuant d'autre part la fonction ψ de la même quantité, on pourra, sans nuire à la généralité de la solution, supposer $c = 0$.

Les fonctions $\varphi(x)$ et $\psi(x)$ sont ainsi déterminées dans l'intervalle de o à l. Les conditions aux limites donnent d'ailleurs les identités

$$\varphi(at) + \psi(-at) = 0,$$
$$\varphi(l + at) + \psi(l - at) = 0;$$

d'où, en changeant at en x,

$$\varphi(x) + \psi(-x) = 0,$$
$$\varphi(l + x) + \psi(l - x) = 0.$$

Cette dernière équation donnera la valeur de φ pour les valeurs de l'argument comprises entre l et $2l$. En y changeant x en $-x$, elle donnera la valeur de ψ dans le même intervalle.

Enfin, en y changeant l en $l + x$, il viendra

$$\varphi(2l + x) + \psi(-x) = 0,$$

d'où

$$\varphi(2l + x) = \varphi(x).$$

La fonction φ admet donc la période $2l$. Il en sera de même de la fonction

$$\psi(x) = -\varphi(-x).$$

Les deux fonctions φ et ψ, admettant la période $2l$ et étant connues dans l'intervalle de o à $2l$, seront déterminées pour toutes les valeurs de l'argument.

303. La méthode d'intégration précédente, due à Euler, est spéciale au problème des cordes vibrantes. Le procédé de Bernoulli, que nous allons exposer, est, au contraire, l'application directe des principes établis au commencement de cette Section.

On satisfait à l'équation aux dérivées partielles et aux

conditions aux limites par les solutions simples

$$\sin\frac{m\pi x}{l}\cos\frac{m\pi at}{l},\quad \sin\frac{m\pi x}{l}\sin\frac{m\pi at}{l},$$

où m désigne un entier quelconque.

On y satisfera plus généralement par la série

$$U=\sum A_m\sin\frac{m\pi x}{l}\cos\frac{m\pi at}{l}+\sum B_m\sin\frac{m\pi x}{l}\sin\frac{m\pi at}{l},$$

m prenant toutes les valeurs entières de 1 à ∞.

Reste à déterminer les coefficients A_m et B_m, de manière à satisfaire aux conditions initiales. En y substituant cette valeur de U, elles deviendront

$$\sum A_m\sin\frac{m\pi x}{l}=f(x),$$

$$\sum\frac{m\pi a}{l}B_m\sin\frac{m\pi x}{l}=f_1(x),$$

et l'on y satisfera (t. II, n° 238) en posant

$$A_m=\frac{2}{l}\int_0^l f(\alpha)\,\sin\frac{m\pi\alpha}{l}\,d\alpha,$$

$$\frac{m\pi a}{l}B_m=\frac{2}{l}\int_0^l f_1(\alpha)\sin\frac{m\pi\alpha}{l}\,d\alpha.$$

304. *Refroidissement d'une barre hétérogène.* — Ce problème dépend de l'intégration de l'équation suivante

$$(28)\qquad g\frac{\partial U}{\partial t}=\frac{\partial}{\partial x}k\frac{\partial U}{\partial x}-lU$$

jointe à la condition initiale

$$(29)\qquad U=f(x)\quad\text{pour } t=0,\ x>0<X$$

et aux conditions aux limites

$$(30)\qquad k\frac{\partial U}{\partial x}-hU=0\quad\text{pour } x=0,$$

$$(31)\qquad k\frac{\partial U}{\partial x}+HU=0\quad\text{pour } x=X.$$

La barre est supposée s'étendre sur l'axe des x de o à X; g, k, l sont des fonctions de x, positives dans toute l'étendue de la barre et représentant respectivement la chaleur spécifique, la conductibilité intérieure et le pouvoir émissif sur chacune des sections transversales; h et H sont des constantes positives.

On satisfait à l'équation (28) par la solution simple

$$U = Ve^{-rt},$$

r désignant une constante et V une fonction de x qui satisfasse à l'équation linéaire du second ordre

$$\frac{d}{dx} k \frac{dV}{dx} + (gr - l)V = 0 \tag{32}$$

et aux relations

$$k\frac{dV}{dx} - hV = 0 \quad \text{pour } x = 0, \tag{33}$$

$$k\frac{dV}{dx} + HV = 0 \quad \text{pour } x = X. \tag{34}$$

Soient V′, V″ deux solutions particulières de l'équation (32); l'intégrale générale sera

$$c'V' + c''V'',$$

et cette valeur, substituée dans les équations (33) et (34), donnera

$$\left\{\begin{aligned} &c'\left[k\frac{dV'}{dx} - hV'\right]_0 + c''\left[k\frac{dV''}{dx} - hV''\right]_0 = 0, \\ &c'\left[k\frac{dV'}{dx} + HV'\right]_X + c''\left[k\frac{dV''}{dx} + HV''\right]_X = 0. \end{aligned}\right. \tag{35}$$

On pourra satisfaire simultanément à ces deux équations par un choix convenable du rapport $\frac{c''}{c'}$ si leur déterminant est nul. Ce déterminant est une fonction de r que nous désignerons par $\varpi(r)$.

Soient r_1, r_2, ... les racines de l'équation $\varpi(r) = 0$. A chacune d'elles, telle que r_n, correspond une intégrale V_n telle que la solution simple

$$U = V_n e^{-r_n t}$$

satisfasse à la fois à l'équation aux dérivées partielles et aux équations aux limites.

On y satisfera plus généralement en posant

$$U = \Sigma A_m V_m e^{-r_m t},$$

et cette nouvelle expression sera la solution du problème, si elle satisfait en outre à la condition initiale.

Il ne restera donc plus qu'à choisir les coefficients A, de telle sorte qu'on ait

$$\Sigma A_m V_m = f(x) \quad \text{de } x = 0 \text{ à } x = X.$$

305. La détermination de ces coefficients repose sur une propriété importante des fonctions V_n, que nous allons exposer.

Le paramètre r restant provisoirement arbitraire, désignons par V celle des intégrales de l'équation (32) qui satisfait, pour $x = 0$, à la condition initiale (33). Ces deux équations pourront s'écrire ainsi

$$(36) \qquad \frac{\partial}{\partial x} k \frac{\partial V}{\partial x} + (gr - l)V = 0,$$

$$(37) \qquad k \frac{\partial V}{\partial x} - hV = 0 \qquad \text{pour } x = 0,$$

en substituant aux différentielles ordinaires des signes ∂ de dérivation partielle, pour mettre en évidence ce fait que V dépend non seulement de x, mais du paramètre r.

Donnons à ce paramètre une autre valeur r'. Soit V' la valeur correspondante de V ; on aura

$$(38) \qquad \frac{\partial}{\partial x} k \frac{\partial V'}{\partial x} + (gr' - l)V' = 0,$$

$$(39) \qquad k \frac{\partial V'}{\partial x} - hV' = 0 \qquad \text{pour } x = 0.$$

Retranchons l'une de l'autre les équations (36) et (38), respectivement multipliées par V' et V; il viendra

$$(r'-r)g\mathrm{VV}' = \mathrm{V}'\frac{\partial}{\partial x}k\frac{\partial \mathrm{V}}{\partial x} - \mathrm{V}\frac{\partial}{\partial x}k\frac{\partial \mathrm{V}'}{\partial x}$$
$$= \frac{\partial}{\partial x}\left[k\left(\mathrm{V}'\frac{\partial \mathrm{V}}{\partial x} - \mathrm{V}\frac{\partial \mathrm{V}'}{\partial x}\right)\right]$$

et, en intégrant de o à X,

$$(40)\quad \begin{cases} (r'-r)\displaystyle\int_0^{\mathrm{X}} g\mathrm{VV}'\,dx = \left[k\left(\mathrm{V}'\frac{\partial \mathrm{V}}{\partial x} - \mathrm{V}\frac{\partial \mathrm{V}'}{\partial x}\right)\right]_0^{\mathrm{X}} \\ \qquad = \left[k\left(\mathrm{V}'\frac{\partial \mathrm{V}}{\partial x} - \mathrm{V}\frac{\partial \mathrm{V}'}{\partial x}\right)\right]_{x=\mathrm{X}}; \end{cases}$$

car, pour $x = 0$, l'expression $k\left(\mathrm{V}'\frac{\partial \mathrm{V}}{\partial x} - \mathrm{V}\frac{\partial \mathrm{V}'}{\partial x}\right)$ s'annule en vertu des équations (37) et (39).

Posons maintenant $r = r_m$, $r' = r_n$, r_m et r_n étant deux racines distinctes de l'équation $\varpi(r) = 0$; V et V' se réduiront à V_m et V_n, et l'on aura, pour $x = \mathrm{X}$,

$$k\frac{\partial \mathrm{V}}{\partial x} + \mathrm{HV} = 0, \qquad k\frac{\partial \mathrm{V}'}{\partial x} + \mathrm{HV}' = 0,$$

d'où

$$k\left(\mathrm{V}'\frac{\partial \mathrm{V}}{\partial x} - \mathrm{V}\frac{\partial \mathrm{V}'}{\partial x}\right) = 0.$$

L'équation (40) se réduira donc, en supprimant le facteur $r_n - r_m$, à

$$(41)\qquad \int_0^{\mathrm{X}} g\,\mathrm{V}_m\mathrm{V}_n\,dx = 0.$$

Soit, en second lieu, $r = r_n$, $r' = r_n + \varepsilon$, ε étant un infiniment petit. On aura

$$\mathrm{V} = \mathrm{V}_n, \qquad \frac{\partial \mathrm{V}}{\partial x} = \frac{\partial \mathrm{V}_n}{\partial x},$$

$$\mathrm{V}' = \mathrm{V}_n + \frac{\partial \mathrm{V}_n}{\partial r}\varepsilon + \ldots, \qquad \frac{\partial \mathrm{V}'}{\partial x} = \frac{\partial \mathrm{V}_n}{\partial x} + \frac{\partial^2 \mathrm{V}_n}{\partial x\,\partial r}\varepsilon + \ldots.$$

Substituant dans l'équation (40), divisant par ε et passant à la limite, il viendra

$$(42) \qquad \int_0^X g V_n^2 \, dx = \left[k \left(\frac{\partial V_n}{\partial r} \frac{\partial V_n}{\partial x} - V \frac{\partial^2 V_n}{\partial x \, \partial r} \right) \right]_{x=X}$$

306. Nous allons maintenant établir que, si l'on débarrasse l'équation $\varpi(r) = 0$ des racines parasites pour lesquelles la solution V correspondante serait identiquement nulle, les racines restantes seront toutes réelles, inégales, positives et en nombre infini.

1° Si $\varpi(r) = 0$ admettait une racine imaginaire $r_m = \alpha + \beta i$, elle admettrait sa conjuguée $r_n = \alpha - \beta i$. A ces deux racines correspondraient deux intégrales conjuguées $V_m = p + qi$, $V_n = p - qi$, et l'intégrale

$$\int_0^X g V_m V_n \, dx = \int_0^X g (p^2 + q^2) \, dx$$

aurait tous ses éléments positifs, ce qui est absurde, puisqu'elle doit être nulle.

2° Si $\varpi(r) = 0$ admettait une racine double r, l'intégrale correspondante V_n satisferait, pour $x = X$, non seulement à l'équation

$$\frac{\partial V_n}{\partial x} + H V_n = 0,$$

mais à sa dérivée

$$\frac{\partial^2 V_n}{\partial x \, \partial r} + H \frac{\partial V_n}{\partial r} = 0.$$

On aurait donc, pour $x = X$,

$$\frac{\partial V_n}{\partial r} \frac{\partial V_n}{\partial x} - V \frac{\partial^2 V_n}{\partial x \, \partial r} = 0,$$

d'où

$$\int_0^X g V_n^2 \, dx = 0,$$

résultat absurde, tous les éléments de l'intégrale étant positifs.

3° L'équation $\varpi(r) = 0$ ne peut avoir de racine négative ou nulle.

En effet, si $r \overline{\gtrless} 0$, $l - rg$ sera positif dans toute l'étendue de la barre, et les équations

$$\frac{d}{dx} k \frac{dV}{dx} + (gr - l)V = 0, \tag{43}$$

$$k \frac{dV}{dx} - hV = 0 \quad \text{pour } x = 0, \tag{44}$$

$$k \frac{dV}{dx} + HV = 0 \quad \text{pour } x = X \tag{45}$$

seront contradictoires.

En effet, l'équation (43), intégrée de o à x, donne

$$\left\{ \begin{aligned} k \frac{dV}{dx} &= \left[k \frac{dV}{dx} \right]_0 + \int_0^x (l - gr) V \, dx \\ &= [hV]_0 \quad + \int_0^x (l - gr) V \, dx. \end{aligned} \right. \tag{46}$$

La fonction V varie avec x en partant de la valeur initiale V_0; tant qu'elle ne changera pas de signe, tous les éléments de l'intégrale $\int_0^x (l - gr) V \, dx$ auront également le signe de V_0; donc $\frac{dV}{dx}$ aura ce même signe, et, par suite, V s'éloignera de zéro.

Il résulte de là que, dans tout l'intervalle de o à X, V s'éloigne de zéro et conserve le même signe que $\frac{dV}{dx}$. Donc l'équation

$$k \frac{dV}{dx} + HV = 0 \quad \text{pour } x = X$$

ne pourra avoir lieu, ses deux termes ayant le même signe.

307. Les racines de $\varpi(r) = 0$ sont donc toutes réelles, inégales et positives. Il reste à prouver qu'elles sont en nombre infini. Nous y arriverons en étudiant l'allure des in-

tégrales de l'équation (32) ou, plus généralement, d'une équation de la forme

$$(47)\qquad \frac{d}{dx}\mathrm{K}\frac{d\mathrm{V}}{dx} + \mathrm{GV} = 0,$$

où K et G sont des fonctions de x.

On peut remarquer incidemment que toute équation linéaire du second ordre

$$\mathrm{P}\frac{d^2\mathrm{V}}{dx^2} + \mathrm{Q}\frac{d\mathrm{V}}{dx} + \mathrm{RV} = 0$$

peut être mise sous cette forme. En effet, multiplions cette équation par un facteur indéterminé M. Elle deviendra

$$\mathrm{MP}\frac{d^2\mathrm{V}}{dx^2} + \mathrm{MQ}\frac{d\mathrm{V}}{dx} + \mathrm{MRV} = 0$$

ou

$$\frac{d}{dx}\mathrm{MP}\frac{d\mathrm{V}}{dx} + \left(\mathrm{MQ} - \frac{d\,\mathrm{MP}}{dx}\right)\frac{d\mathrm{V}}{dx} + \mathrm{MRV} = 0.$$

Le terme en $\frac{d\mathrm{V}}{dx}$ disparaîtra si l'on pose

$$\mathrm{MQ} - \frac{d\,\mathrm{MP}}{dx} = 0;$$

d'où

$$\frac{d\mathrm{MP}}{\mathrm{MP}} = \frac{\mathrm{Q}}{\mathrm{P}}dx,$$

$$\log \mathrm{MP} = \int \frac{\mathrm{Q}}{\mathrm{P}}dx,$$

et enfin

$$\mathrm{M} = \frac{1}{\mathrm{P}}e^{\int \frac{\mathrm{Q}}{\mathrm{P}}dx}$$

M étant ainsi déterminé, on n'aura plus qu'à poser $\mathrm{MP} = \mathrm{K}$, $\mathrm{MR} = \mathrm{G}$ pour avoir la forme d'équation voulue.

On peut simplifier encore la forme de l'équation (47) par un changement de variable. Posons, en effet,

$$\mathrm{V} = \mathrm{K}^{-\frac{1}{2}}\mathrm{W};$$

il viendra

$$\frac{dV}{dx} = +K^{\frac{1}{2}}\frac{dW}{dx} - \frac{1}{2}K^{-\frac{3}{2}}\frac{dK}{dx}W,$$

$$K\frac{dV}{dx} = K^{\frac{1}{2}}\frac{dW}{dx} - \frac{1}{2}K^{-\frac{1}{2}}\frac{dK}{dx}W,$$

$$\frac{d}{dx}K\frac{dV}{dx} = K^{\frac{1}{2}}\frac{d^2W}{dx^2} - \frac{1}{2}W\frac{d}{dx}\left(K^{-\frac{1}{2}}\frac{dK}{dx}\right).$$

Le terme en $\frac{dW}{dx}$ disparaîtra donc de l'équation transformée, laquelle, divisée par $K^{\frac{1}{2}}$, sera de la forme

$$\frac{d^2W}{dx^2} - RW = 0.$$

308. Soit V_1 une solution particulière de l'équation (47); on aura

$$\frac{d}{dx}K\frac{dV_1}{dx} + GV_1 = 0.$$

De cette équation combinée avec (47) on déduit

$$0 = V_1\frac{d}{dx}K\frac{dV}{dx} - V\frac{d}{dx}K\frac{dV_1}{dx} = \frac{d}{dx}\left[K\left(V_1\frac{dV}{dx} - V\frac{dV_1}{dx}\right)\right]$$

et, en intégrant,

(48) $$K\left(V_1\frac{dV}{dx} - V\frac{dV_1}{dx}\right) = c$$

ou

$$\frac{d\frac{V}{V_1}}{dx} = \frac{c}{KV_1^2}$$

et enfin

(49) $$V = cV_1\int_0^x \frac{dx}{KV_1^2} + c'V_1.$$

Supposons que K reste constamment fini et positif entre 0 et X. On déduira de la relation (48) que V_1 et $\frac{dV_1}{dx}$ ne peuvent s'annuler à la fois en aucun point de cet intervalle; car on aurait $c = 0$, et l'intégrale générale ne contiendrait qu'une constante c', ce qui est impossible.

L'équation $V_1 = 0$ n'admet donc que des racines simples, et la courbe $y = V_1$ coupera l'axe des x en tous les points où elle le rencontre. Soient α et β deux racines consécutives; les valeurs correspondantes $\left(\frac{dV_1}{dx}\right)_\alpha$ et $\left(\frac{dV_1}{dx}\right)_\beta$ de la dérivée $\frac{dV_1}{dx}$ seront évidemment de signe contraire.

Cela posé, V désignant une autre intégrale quelconque, on aura l'équation (48) qui, pour $x = \alpha$ et $x = \beta$, se réduira à

$$-[KV]_\alpha \left(\frac{\partial V_1}{\partial x}\right)_\alpha = c = -[KV]_\beta \left(\frac{\partial V_1}{\partial x}\right)_\beta.$$

Donc $[KV]_\alpha$ et $[KV]_\beta$ seront de signe contraire, et, comme K est toujours positif, $[V]_\alpha$ et $[V]_\beta$ seront de signe contraire.

Donc, entre deux racines consécutives de l'équation $V_1 = 0$, comprises entre 0 et X, il y aura au moins une racine de $V = 0$. Il n'y en aura d'ailleurs qu'une seule, car ce théorème est évidemment réciproque.

309. Nous allons étendre cette comparaison aux intégrales V, V' qui satisfont respectivement à deux équations différentielles distinctes

$$(50)\qquad \begin{cases} \dfrac{d}{dx} K \dfrac{dV}{dx} + GV = 0, \\[2mm] \dfrac{d}{dx} K' \dfrac{dV'}{dx} + G'V' = 0. \end{cases}$$

Supposons d'abord que K' et G' soient infiniment peu différents de K et de G et que les différences $K - K'$ et $G' - G$ soient constamment positives entre 0 et X.

Admettons enfin que les intégrales V et V' qu'il s'agit de comparer soient des solutions *correspondantes*, c'est-à-dire telles qu'on ait

$$V' = V, \qquad K' \frac{dV'}{dx} = K \frac{dV}{dx} \quad \text{pour } x = 0.$$

On déduit des équations (50)

$$V'\frac{d}{dx}K\frac{dV}{dx} - V\frac{d}{dx}K'\frac{dV'}{dx} = (G'-G)VV',$$

ce qui peut s'écrire

$$\frac{d}{dx}\left[V'K\frac{dV}{dx} - VK'\frac{dV'}{dx}\right] = (G'-G)VV' + (K-K')\frac{dV}{dx}\frac{dV'}{dx}.$$

Or V' et $\frac{dV'}{dx}$, différant infiniment peu de V et de $\frac{dV}{dx}$, auront le même signe que ces dernières quantités; d'ailleurs, $G'-G$ et $K-K'$ sont positifs. Donc le second membre de cette équation sera positif de o à X, et la fonction

$$(51) \qquad V'K\frac{dV}{dx} - VK'\frac{dV'}{dx}$$

sera croissante dans cet intervalle. D'ailleurs elle s'annule pour $x = 0$; elle sera donc positive de o à X.

Soit, maintenant, α une racine de l'équation $V = 0$ comprise dans cet intervalle; on aura, pour $x = \alpha$,

$$\left[V'K\frac{dV}{dx}\right]_\alpha > 0;$$

donc $[V']_\alpha$ et $\left[\frac{dV}{dx}\right]_\alpha$ seront de même signe.

Si $\left[\frac{dV}{dx}\right]_\alpha > 0$, la courbe $y = V$ traversera l'axe des x de

Fig. 7.

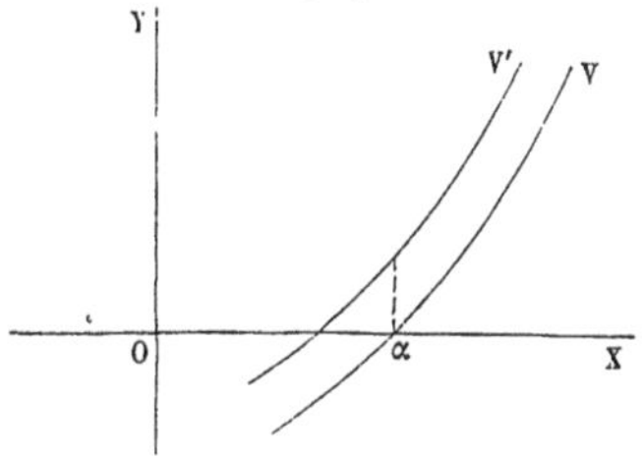

bas en haut au point $x = \alpha$ (*fig.* 7); $[V']_\alpha$ étant positif, la courbe $y = V'$, infiniment voisine de la précédente, sera située au dessus d'elle et coupera l'axe des x en arrière du point α.

Si $\left[\frac{dV}{dx}\right]_\alpha < 0$, la courbe $y = V$ traversera l'axe des x en descendant; $[V']_\alpha$ étant négatif, la courbe $y = V'$ sera au-dessous de la courbe $y = V$ et coupera encore l'axe des x en arrière du point α (*fig.* 8).

Fig. 8.

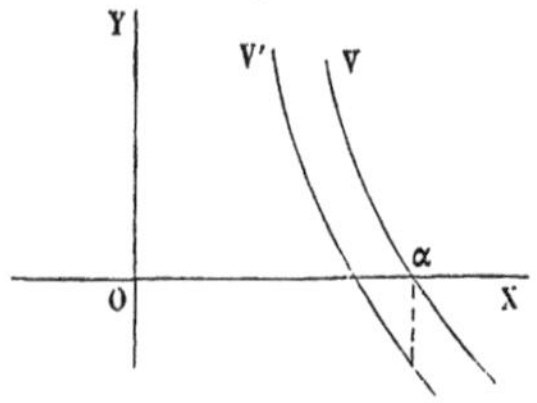

D'ailleurs, si l'une des fonctions V, V' s'annule pour $x = 0$, il en sera de même de l'autre, par hypothèse.

Donc, à chaque racine α de l'équation $V = 0$ correspond une racine infiniment voisine α' de l'équation $V' = 0$, laquelle sera un peu moindre que α; et l'équation $V' = 0$ aura en général autant de racines entre o et X que l'équation $V = 0$.

Toutefois elle en aura une de plus si V' s'annule pour X, car la racine correspondante de V tombe en dehors de l'intervalle considéré.

310. Soient plus généralement deux équations

$$\frac{d}{dx} K \frac{dV}{dx} + GV = 0, \tag{52}$$

$$\frac{d}{dx} K_1 \frac{dV_1}{dx} + G_1 V_1 = 0, \tag{53}$$

où les quantités K_1 et K, G_1 et G diffèrent de quantités finies, mais satisfassent toujours aux relations

$$G_1 - G \overset{=}{>} 0, \qquad K - K_1 \overset{=}{>} 0 \quad \text{de } 0 \text{ à } X. \tag{54}$$

On pourra former d'une infinité de manières deux fonctions $\mathcal{G}(x,r)$, $\mathcal{K}(x,r)$ de x et d'un paramètre variable r, qui soient, la première croissante et la seconde décroissante lorsque r croît de r_0 à r_1 (et cela pour toute valeur de x comprise entre o et X) et qui de plus se réduisent respectivement à G, K pour $r = r_0$ et à G_1, K_1 pour $r = r_1$. On pourra prendre, par exemple, $r_0 = 0$, $r_1 = 1$,

$$\mathcal{G}(x,r) = G + r(G_1 - G),$$
$$\mathcal{K}(x,r) = K + r(K_1 - K).$$

Cela posé, considérons l'équation

$$\frac{d}{dx}\mathcal{K}(x,r)\frac{dW}{dx} + \mathcal{G}(x,r)W = 0,$$

et désignons par $V(x,r)$ une solution de cette équation, déterminée par les conditions initiales

$$\left.\begin{aligned} V(x,r) &= a, \\ \mathcal{K}(x,r)\frac{dV(x,r)}{dx} &= b, \end{aligned}\right\} \quad \text{pour } x = 0,$$

a et b étant des constantes déterminées choisies à volonté.

Donnons successivement à r une infinité de valeurs r_0, r', ..., r_1 variant progressivement de r_0 à r_1.

Soient G, G′, ..., G_1; K, K′, ..., K_1; V, V′, ..., V_1 les valeurs correspondantes de $\mathcal{G}(x,r)$, $\mathcal{K}(x,r)$, $V(x,r)$; nous aurons

$$\left.\begin{matrix} G \leqq G' \leqq \ldots \leqq G_1 \\ K \geqq K' \geqq \ldots \geqq K_1 \end{matrix}\right\} \quad \text{de o à X},$$

deux fonctions consécutives étant d'ailleurs infiniment peu différentes

Nous aurons, d'autre part,

$$\frac{d}{dx}K\frac{dV}{dx} + GV = 0,$$
$$\frac{d}{dx}K'\frac{dV'}{dx} + G'V' = 0,$$
$$\ldots\ldots\ldots\ldots\ldots\ldots,$$
$$\frac{d}{dx}K_1\frac{dV_1}{dx} + G_1V_1 = 0$$

et

$$\left.\begin{aligned} \mathrm{V} = \mathrm{V}' = \ldots = \mathrm{V}_1 = a \\ \mathrm{K}\frac{d\mathrm{V}}{dx} = \mathrm{K}'\frac{d\mathrm{V}'}{dx} = \ldots = \mathrm{K}_1\frac{d\mathrm{V}_1}{dx_1} = b \end{aligned}\right\} \text{ pour } x = 0.$$

Si $\mathrm{V} = 0$ admet une racine α dans l'intervalle de o à X, les équations successives $\mathrm{V} = 0$, $\mathrm{V}' = 0$, ..., $\mathrm{V}_1 = 0$ admettront respectivement, pour racines correspondantes, d'après ce qui a été démontré, des quantités α, α', ..., α_1, telles que l'on ait

$$\alpha > \alpha' > \ldots > \alpha_1.$$

Donc, à chaque racine α de $\mathrm{V} = 0$ comprise entre o et X correspond une racine moindre α_1 de l'équation $\mathrm{V}_1 = 0$. Celle-ci aura donc dans cet intervalle au moins autant de racines que $\mathrm{V} = 0$. Elle peut en avoir davantage; car, si l'une des équations successives

$$\mathrm{V}' = \mathrm{V}(x, r') = 0, \quad \mathrm{V}'' = \mathrm{V}(x, r'') = 0, \quad \ldots, \quad \mathrm{V}_1 = \mathrm{V}(x, r_1) = 0$$

est satisfaite pour $x = \mathrm{X}$, il s'introduira par là dans les équations suivantes une nouvelle racine que n'avaient pas les précédentes.

L'excès Δ du nombre des racines de l'équation $\mathrm{V}_1 = 0$ sur le nombre des racines de $\mathrm{V} = 0$ sera donc égal au nombre des valeurs de r comprises entre r_0 et r_1 qui satisfont à l'équation

$$\mathrm{V}(\mathrm{X}, r) = 0.$$

311. Soient r^i, r^{i+1} deux valeurs consécutives quelconques de r; on aura (309), dans l'intervalle de o à X,

$$\mathrm{V}^{i+1}\mathrm{K}^i\frac{d\mathrm{V}^i}{dx} - \mathrm{V}^i\mathrm{K}^{i+1}\frac{d\mathrm{V}^{i+1}}{dx} > 0.$$

Lorsque V^i n'est pas nul, V^{i+1}, qui en diffère infiniment peu, sera de même signe, et, en divisant la relation précédente par la quantité positive $\mathrm{V}^i\mathrm{V}^{i+1}$, il viendra

$$\frac{\mathrm{K}^i\dfrac{d\mathrm{V}^i}{dx}}{\mathrm{V}^i} - \frac{\mathrm{K}^{i+1}\dfrac{d\mathrm{V}^{i+1}}{dx}}{\mathrm{V}^{i+1}} > 0,$$

et, plus généralement, en désignant par H une constante quelconque,

$$\frac{K^i \frac{dV^i}{dx} + HV^i}{V^i} - \frac{K^{i+1}\frac{dV^{i+1}}{dx} + HV^{i+1}}{V^{i+1}} > 0.$$

Cette inégalité a lieu pour toute valeur de x comprise de o à X et, en particulier, pour $x = X$; elle montre que l'expression

$$\frac{\mathcal{K}(X, r)\frac{dV(X, r)}{dx} + HV(X, r)}{V(X, r)} = \varphi(r),$$

considérée comme fonction de r, est constamment décroissante de r_0 à r_1, sauf pour les valeurs de r qui annulent son dénominateur.

Elle ne pourra donc changer de signe qu'en passant par zéro ou par l'infini négatif, et ces zéros et ces infinis se succéderont alternativement.

Si $\varphi(r_0)$ et $\varphi(r_1)$ sont de même signe, le nombre Δ' des zéros sera évidemment égal au nombre des infinis; si $\varphi(r_0) > 0$, $\varphi(r_1) < 0$, il sera égal à $\Delta + 1$; si $\varphi(r_0) < 0$, $\varphi(r_1) > 0$, il sera égal à $\Delta - 1$.

Le nombre des racines de l'équation

$$\mathcal{K}(X, r)\frac{dV(X, r)}{dX} + HV(x, r) = 0,$$

comprises entre r_0 et r_1, sera donc égal à Δ, $\Delta + 1$ ou $\Delta - 1$ suivant celle des trois hypothèses précédentes qui aura lieu.

312. Jusqu'à présent nous nous sommes borné à comparer des solutions correspondantes des deux équations différentielles

$$\frac{d}{dx}K\frac{dV}{dx} + GV = 0,$$

$$\frac{d}{dx}K_1\frac{dV_1}{dx} + G_1V_1 = 0.$$

Soient maintenant V et V_1 deux solutions quelconques de ces mêmes équations.

Nous allons établir que deux racines consécutives α, β de l'équation $V = o$ comprennent au moins une racine de l'équation $V_1 = o$,

En effet, soit V'_1 une solution de la seconde équation, telle que l'on ait, pour $x = \alpha$,

$$V'_1 = V = o, \qquad K_1 \frac{dV'_1}{dx} = K \frac{dV}{dx}.$$

A la racine β de $V = o$ comprise dans l'intervalle de α à X correspond, d'après les raisonnements précédents, une racine β'_1 de $V'_1 = o$ comprise dans le même intervalle et moindre que β. Mais V_1 satisfaisant à la même équation différentielle que V'_1, entre les deux racines α et β'_1 de $V'_1 = o$, il devra se trouver une racine β_1 de $V_1 = o$, ce qui démontre notre proposition.

313. Les considérations précédentes permettent de fixer dans une certaine mesure le nombre et la position des racines de l'équation $V = o$ comprises entre o et X, V désignant une solution de l'équation différentielle

$$\frac{d}{dx} K \frac{dV}{dx} + GV = o.$$

Soient, en effet, k_2, g_1 et k_1, g_2 les plus grandes et les plus petites valeurs de K et de G dans cet intervalle. Considérons les équations auxiliaires

$$(55) \qquad o = \frac{d}{dx} k_1 \frac{dV_1}{dx} + g_1 V_1 = k_1 \frac{d^2 V_1}{dx^2} + g_1 V_1 = o,$$

$$(56) \qquad o = \frac{d}{dx} k_2 \frac{dV_2}{dx} + g_2 V_2 = k_2 \frac{d^2 V_2}{dx^2} + g_2 V_2 = o.$$

V_1 et V_2 étant des intégrales quelconques de ces deux équations, deux racines de $V = o$ comprendront entre elles au moins une racine de $V_1 = o$, et deux racines de $V_2 = o$ comprendront entre elles au moins une racine de $V = o$.

Or, si g_1 est positif, les intégrales de (55) seront de la forme

$$V_1 = c \sin \sqrt{\frac{g_1}{k_1}}\, t + c' \cos \sqrt{\frac{g_1}{k_1}}\, t.$$

L'équation $V_1 = 0$ a une infinité de racines équidistantes et dont la différence est $2\pi\sqrt{\frac{k_1}{g_1}}$. On peut d'ailleurs déterminer le rapport des constantes c, c' de telle sorte que V_1 s'annule pour une valeur α arbitrairement choisie. Si donc on prend, entre o et X, un intervalle quelconque d'amplitude $< 2\pi\sqrt{\frac{k_1}{g_1}}$, on pourra déterminer V_1 de telle sorte qu'elle n'ait aucune racine dans cet intervalle; donc V ne saurait en avoir plus d'une. Donc la distance de deux racines consécutives de $V = 0$ sera au moins égale à $2\pi\sqrt{\frac{k_1}{g_1}}$. Le nombre total de ces racines entre o et X aura donc pour limite supérieure l'entier immédiatement supérieur au quotient de X par $2\pi\sqrt{\frac{k_1}{g_1}}$.

Si g_1 est négatif, on aura

$$V_1 = c e^{\sqrt{\frac{-g_1}{k_1}}\, t} + c' e^{-\sqrt{\frac{-g_1}{k_1}}\, t}.$$

L'équation $V_1 = 0$ n'a qu'une racine. Si elle tombe entre o et X, $V = 0$ pourra avoir deux racines au plus dans cet intervalle. Sinon elle ne pourra en avoir qu'une.

Considérons maintenant l'équation (56). Si g_2 est positif, $V_2 = 0$ aura une infinité de racines équidistantes, dont la différence est $2\pi\sqrt{\frac{k_2}{g_2}}$, et l'on peut choisir les constantes d'intégration de telle sorte que V_2 s'annule en un point arbitraire α. Donc entre o et X la distance de deux racines consécutives de $V = 0$ ne pourra pas surpasser $2\pi\sqrt{\frac{k_2}{g_2}}$, et le nombre total de ces racines aura pour limite inférieure le plus grand entier contenu dans le quotient de X par $2\pi\sqrt{\frac{k_2}{g_2}}$.

314. Revenons maintenant à l'équation

$$\frac{d}{dx}k\frac{dV}{dx}+(gr-l)V=0.$$

Désignons par $V(x, r)$ une de ses solutions qui satisfasse à la relation

$$k\frac{dV}{dx}-hV=0 \qquad \text{pour } x=0.$$

On a vu que, si $r=0$, cette fonction et sa dérivée ne s'annulent pas entre o et X et ont le même signe; on aura donc

$$\frac{k\frac{dV}{dx}+HV}{V}>0 \quad \text{pour } x=X,\ r=0.$$

Si donc r varie de o à une valeur positive R, $gr-l$ croissant constamment pendant ce changement, le nombre des racines de l'équation

$$0=\varpi(r)=k\frac{dV}{dx}+HV \qquad \text{pour } x=X,$$

comprises dans cet intervalle, sera égal à Δ ou $\Delta+1$, Δ désignant l'excès du nombre des racines de l'équation

$$V(x, R)=0$$

sur celui des racines de $V(x, 0)=0$ dans l'intervalle de o à X.

Cette dernière équation n'ayant pas de racines, Δ sera le nombre des racines de $V(x, R)=0$.

D'après l'analyse précédente, il a pour limite inférieure le plus grand entier E contenu dans le quotient de X par $2\pi\sqrt{\frac{k_2}{g_1R-l_2}}$, k_2, l_2 désignant les plus grandes valeurs de k, l, et g_1 la plus petite valeur de g dans l'intervalle de o à X.

Or il est manifeste que E croît indéfiniment avec R. Donc l'équation $\varpi(r) = 0$ admet bien une infinité de racines.

315. Cela posé, nous avons vu (304) que le problème du refroidissement de la barre revient à choisir les coefficients A_m, de telle sorte qu'on ait

$$\Sigma A_m V_m = f(x) \qquad \text{de } x_0 \text{ à } X.$$

En admettant la possibilité d'une solution, il sera aisé de déterminer ces coefficients; multiplions, en effet, cette équation par $g V_n$ et intégrons de o à X. En vertu des relations (41), tous les termes de la série où $m \gtrless n$ donneront une intégrale nulle, et l'on aura simplement

$$A_n \int_0^X g V_n^2 \, dx = \int_0^X g V_n f(x) \, dx.$$

Substituant les valeurs ainsi trouvées pour les coefficients, nous obtiendrons la série

$$\sum_n \frac{\int_0^X g V_n f(x) \, dx}{\int_0^X g V_n^2 \, dx} V_n.$$

Si cette série est convergente et a bien pour somme $f(x)$ dans tout l'intervalle de o à X, le problème sera résolu; mais, pour s'en assurer, il serait nécessaire de sommer directement la série. Ce résultat n'a encore été atteint que dans quelques cas particuliers.

316. *Équilibre de température d'une sphère homogène.* — En désignant par r le rayon de la sphère, nous aurons l'équation aux dérivées partielles

$$\frac{\partial^2 U}{\partial x^2} + \frac{\partial^2 U}{\partial y^2} + \frac{\partial^2 U}{\partial z^2} = 0,$$

avec la condition à la surface

$$U = F(x, y, z) \quad \text{pour } x^2 + y^2 + z^2 = r^2.$$

Posons

$$x = \rho \sin\theta \cos\psi, \qquad y = \rho \sin\theta \sin\psi, \qquad z = \rho \cos\theta.$$

Nous avons vu (t. II, n° 239-240) qu'on satisfait à l'équation aux dérivées partielles par la solution simple

$$U_n = \rho^n Y_n,$$

Y_n désignant une fonction de Laplace, c'est-à-dire un polynôme homogène et de degré n en $\sin\theta\cos\psi$, $\sin\theta\sin\psi$, $\cos\theta$, satisfaisant à l'équation aux dérivées partielles

$$\frac{\partial^2 Y_n}{\partial\theta^2} + \frac{1}{\sin^2\theta}\frac{\partial^2 Y_n}{\partial\psi^2} + \cot\theta\frac{\partial Y_n}{\partial\theta} + n(n+1)Y_n = 0.$$

Le polynôme Y_n ainsi déterminé contient d'ailleurs $2n+1$ constantes arbitraires dont il dépend linéairement.

En combinant ces solutions simples, on obtiendra comme nouvelle solution la série

$$U = \sum_0^\infty \frac{\rho^n}{r^n} Y_n.$$

A la surface de la sphère, où $\rho = r$, cette série se réduira à

$$\sum_0^\infty Y_n.$$

Il reste à déterminer les constantes qui figurent dans les Y_n, de telle sorte que cette valeur soit égale à l'expression

$$F(r\sin\theta\cos\psi,\ r\sin\theta\sin\psi,\ r\cos\theta),$$

que nous représenterons, pour abréger, par $f(\theta, \psi)$.

Or nous avons vu (t. II, n°s 243 et suiv.) qu'on arrive à ce résultat en prenant pour les Y_n les valeurs particulières suivantes

$$Y_n = \frac{2n+1}{4\pi} \int_0^{2\pi} \int_0^{\pi} f(\theta', \psi') \, P_n \sin\theta' \, d\theta' \, d\psi',$$

où

$$P_n = X_n(\cos\gamma) = X_n[\cos\theta \cos\theta' + \sin\theta \sin\theta' \cos(\psi - \psi')],$$

X_n désignant la fonction de Legendre.

317. Cette solution peut se mettre sous une forme plus élégante.

Remarquons, à cet effet, que la fonction générale Y_n est une somme de termes de la forme

$$A_{ik} \sin^i\psi \cos^k\psi \sin^{i+k}\theta \cos^{n-i-k}\theta.$$

D'ailleurs le produit $\sin^i\psi \cos^k\psi$ s'exprime linéairement au moyen des sinus et cosinus des arcs $(i+k)\psi$, $(i+k-2)\psi$, ... Par la substitution de ces expressions, Y_n prendra évidemment la forme

$$Y_n = \sum_{m=0}^{m=n} [\Theta'_{mn} \cos m\psi + \Theta''_{mn} \sin m\psi],$$

où

$$\Theta'_{mn} = \sin^m\theta \, V', \qquad \Theta''_{mn} = \sin^m\theta \, V'',$$

V' et V'' étant des polynômes en $\cos\theta$ et $\sin^2\theta$, qui se transformeront en polynômes en $\cos\theta$ si l'on y remplace $\sin^2\theta$ par $1 - \cos^2\theta$.

Substituons le développement précédent de Y_n dans l'équation aux dérivées partielles qui définit cette fonction, et chassons les dénominateurs ; il viendra

$$\begin{aligned} 0 = \sum_0^n & \left\{ \sin^2\theta \frac{d^2\Theta'_{mn}}{d\theta^2} + \sin\theta\cos\theta \frac{d\Theta'_{mn}}{d\theta} + [n(n+1)\sin^2\theta - m^2]\Theta'_{mn} \right\} \cos m\psi \\ + \sum_0^n & \left\{ \sin^2\theta \frac{d^2\Theta''_{mn}}{d\theta^2} + \sin\theta\cos\theta \frac{d\Theta''_{mn}}{d\theta} + [n(n+1)\sin^2\theta - m^2]\Theta''_{mn} \right\} \sin m\psi. \end{aligned}$$

Pour que cette expression s'annule identiquement, il faut

évidemment que les termes qui contiennent le sinus et le cosinus de chaque multiple de ψ s'annulent séparément. Donc chacun des termes de Y_n, pris à part, sera une solution de l'équation, et Θ'_{mn}, Θ''_{mn} seront des solutions de l'équation linéaire

$$\sin^2\theta \frac{d^2\Theta}{d\theta^2} + \sin\theta\cos\theta \frac{d\Theta}{d\theta} + [n(n+1)\sin^2\theta - m^2]\Theta = 0.$$

Posons

$$\Theta = \sin^m\theta\,V;$$

nous obtiendrons une transformée en V

$$\sin^2\theta \frac{d^2V}{d\theta^2} + (2m+1)\sin\theta\cos\theta \frac{dV}{d\theta} + [n(n+1) - m(m+1)]\sin^2\theta\,V = 0,$$

à laquelle satisferont V' et V''.

Prenons enfin $\cos\theta = \mu$ pour nouvelle variable indépendante; nous aurons une dernière transformée

$$(57)\qquad \left\{ \begin{aligned} &(1-\mu^2)\frac{d^2V}{d\mu^2} - 2(m+1)\mu\frac{dV}{d\mu} \\ &\quad + [n(n+1) - m(m+1)]V = 0. \end{aligned} \right.$$

Cette équation se lie intimement à l'équation connue

$$(58)\qquad (1-\mu^2)\frac{d^2X}{d\mu^2} - 2\mu\frac{dX}{d\mu} + n(n+1)X = 0,$$

à laquelle satisfait le polynôme de Legendre $X_n(\mu)$.

En effet, différentions m fois cette dernière équation; on obtiendra, pour déterminer $\frac{d^mX}{d\mu^m}$, une équation identique à (57). Les intégrales de (58) sont donc les dérivées $m^{\text{ièmes}}$ des intégrales de (57). Or le seul polynôme qui satisfasse à cette dernière (sauf un facteur constant qui reste arbitraire) est le polynôme de Legendre $X_n(\mu)$.

Les polynômes V', V'', qui satisfont à (57), se réduiront donc chacun, à un facteur constant près, à $\frac{d^mX_n(\mu)}{dx^m}$, et les fonctions

$$\Theta'_{mn} = \sin^m\theta\, V', \qquad \Theta''_{mn} = \sin^m\theta\, V''$$

seront égales, à des facteurs constants près, à l'expression

$$(1-\mu^2)^{\frac{m}{2}} \frac{d^m X_n(\mu)}{d\mu^n} = \frac{(1-\mu^2)^{\frac{m}{2}}}{2^n.1.2\ldots n} \frac{d^{m+n}(\mu^2-1)^n}{d\mu^{m+n}},$$

que nous désignerons par $P_n^m(\mu)$.

318. Cherchons la valeur de l'intégrale

$$\begin{aligned} I_{nn'}^m &= \int_{-1}^{+1} P_n^m(\mu)\, P_{n'}^m(\mu)\, d\mu \\ &= \int_{-1}^{+1} (1-\mu^2)^m \frac{d^m X_n(\mu)}{d\mu^m} \frac{d^m X_{n'}(\mu)}{d\mu^m} d\mu. \end{aligned}$$

Supposons, pour fixer les idées, $n' \geqq n$. L'intégration par parties donnera

$$I_{nn'}^m = \int_{-1}^{+1} (-1)^m X_{n'}(\mu) \frac{d^m}{d\mu^m}\left[(1-\mu^2)^m \frac{d^m X_n(\mu)}{d\mu^m}\right] d\mu;$$

car les termes tout intégrés, contenant $1-\mu^2$ en facteur, s'annulent aux deux limites.

Le multiplicateur de $X_{n'}(\mu)$ sous l'intégrale est un polynôme de degré n; donc l'intégrale sera nulle si $n' > n$. Si $n' = n$ et qu'on désigne par $C\mu^n$ le premier terme de $X_n(\mu)$, ce polynôme aura pour premier terme

$$n(n-1)\ldots(n-m+1)(n+m)\ldots(n+1)\, C\mu^n = \frac{(n+m)!}{(n-m)!} C\mu^n.$$

Il sera donc égal à

$$\frac{(n+m)!}{(n-m)!} X_n(\mu) + R,$$

R étant un reste de degré $< n$, qui est sans influence sur la valeur de l'intégrale; on aura donc

$$I_{nn}^m = \frac{(n+m)!}{(n-m)!} \int_{-1}^{+1} X_n^2(\mu)\, d\mu = \frac{(n+m)!}{(n-m)!} \frac{2}{2n+1}.$$

319. Cela posé, nous aurons

$$(59)\qquad Y_n = \sum_0^n P_n^m(\mu)\,[A_{mn}\cos m\psi + B_{mn}\sin m\psi],$$

et il restera à déterminer les constantes A et B, de telle sorte qu'on ait

$$\sum_0^\infty Y_n = \sum_0^\infty \sum_0^n P_n^m(\mu)\,[A_{mn}\cos m\psi + B_{mn}\sin m\psi] = f(\theta, \psi).$$

Multiplions cette équation par $\cos m\psi\, d\psi$, et intégrons de o à 2π; en remarquant qu'on a

$$\int_0^{2\pi} \cos m\psi \sin m'\psi\, d\psi = 0,$$

$$\int_0^{2\pi} \cos m\psi \cos m'\psi\, d\psi = 0 \begin{cases} 0, & \text{si } m \gtrless m', \\ \pi, & \text{si } m = m' > 0, \\ 2\pi, & \text{si } m = m' = 0, \end{cases}$$

il viendra

$$\sum_0^\infty P_n^m(\mu)\lambda_m \pi A_{mn} = \int_0^{2\pi} f(\theta, \psi)\cos m\psi\, d\psi,$$

λ_m étant égal, en général, à 1, et à 2 si $m = 0$.

Multiplions cette dernière équation par $P_n^m(\mu)\,d\mu$ et intégrons de -1 à 1, en remarquant que

$$I_{nn'}^m = \int_{-1}^{+1} P_n^m(\mu)\,P_{n'}^m(\mu)\,d\mu = \begin{cases} 0, & \text{si } n \gtrless n', \\ \dfrac{(n-m)!}{(n+m)!}\,\dfrac{2}{(2n+1)!}, & \text{si } n = n'; \end{cases}$$

il viendra

$$\frac{(n+m)!}{(n-m)!}\,\frac{2\lambda_m\pi}{2n+1} A_{mn} = \int_{-1}^{+1}\int_0^{2\pi} f(\theta, \psi)\cos m\psi\, P_n^m(\mu)\,d\psi\,d\mu,$$

$$A_{mn} = \frac{(n-m)!}{(n+m)!}\,\frac{2n+1}{2\lambda_m\pi}\int_{-1}^{+1}\int_0^{2\pi} f(\theta, \psi)\cos m\psi\, P_n^m(\mu)\,d\psi\,d\mu.$$

On trouvera de même

$$B_{mn} = \frac{(n-m)!}{(n+m)!}\,\frac{2n+1}{2\lambda_m\pi}\int_{-1}^{+1}\int_0^{2\pi} f(\theta, \psi)\sin m\psi\, P_n^m(\mu)\,d\psi\,d\mu.$$

Substituons ces valeurs des coefficients A et B dans l'expression (59) de Y_n et réunissons tous les termes sous un seul signe d'intégration, après avoir changé les variables d'intégration θ, ψ, μ en θ', ψ', μ' pour éviter toute confusion ; il viendra

$$Y_n = \int_{-1}^{+1}\int_0^{2\pi}\sum_0^n \frac{(n-m)!}{(n+m)!}\,\frac{2n+1}{2\lambda_m\pi} f(\theta',\psi')$$
$$\times P_n^m(\mu)\,P_n^m(\mu')\cos m(\psi-\psi')\,d\psi'\,d\mu'.$$

Mais nous avons précédemment trouvé cette autre valeur

$$Y_n = \frac{2n+1}{4\pi}\int_0^{\pi}\int_0^{2\pi} f(\theta',\psi')\,P_n \sin\theta'\,d\theta'\,d\psi',$$

ou, en prenant $\cos\theta' = \mu'$ pour nouvelle variable d'intégration,

$$Y_n = \frac{2n+1}{4\pi}\int_{-1}^{+1}\int_0^{2\pi} f(\theta',\psi')\,P_n\,d\psi'\,d\mu'.$$

La comparaison de cette valeur avec la précédente donne l'égalité

$$P_n = \sum_0^n \frac{n-m!}{n+m!}\,\frac{2}{\lambda_m}\,P_n^m(\mu)\,P_n^m(\mu')\cos m(\psi-\psi'),$$

qui permet d'exprimer la fonction

$$P_n = X_n(\cos\gamma) = X_n\left[\mu\mu' + \sqrt{1-\mu^2}\sqrt{1-\mu'^2}\cos(\psi-\psi')\right]$$

par une somme de produits de trois facteurs, dont chacun ne dépend que de l'une des variables μ, μ', $\psi-\psi'$.

320. Il est aisé de vérifier directement cette formule. En effet, P_n, considéré comme fonction de θ et $\psi-\psi'$, est une fonction de l'espèce Y_n ; elle pourra donc se mettre sous la forme

$$P_n = \sum_0^n P_n^m(\mu)\left[A_{mn}\cos m(\psi-\psi') + B_{mn}\sin m(\psi-\psi')\right],$$

où les coefficients A_{mn}, B_{mn} ne dépendent plus que de μ'.

D'ailleurs P_n est une fonction paire de $\psi - \psi'$; donc les coefficients B_{mn} seront tous nuls. De plus, P_n est symétrique en μ et μ'. Donc A_{mn} sera égal à $c_m P_n^m(\mu')$, c_m désignant une constante.

Nous trouvons ainsi

$$(60) \qquad P_n = \sum_0^n c_m\, P_n^m(\mu)\, P_n^m(\mu') \cos m(\psi - \psi')$$

et il ne reste plus qu'à déterminer les constantes c_m.

A cet effet, nous égalerons les valeurs principales des deux membres lorsque l'on y pose $\mu = \mu' = \infty$; faisant, pour abréger, $\psi - \psi' = \varphi$, la quantité

$$\cos\gamma = \mu\mu' + \sqrt{1-\mu^2}\sqrt{1-\mu'^2}\cos\varphi$$

se réduira sensiblement à

$$\mu^2(1-\cos\varphi) = 2\sin^2\frac{1}{2}\varphi\,.\,\mu^2,$$

et

$$X_n(\cos\gamma) = \frac{1}{2^n n!}\frac{d^n}{d\cos\gamma^n}(\cos^2\gamma - 1)^n$$
$$= \frac{2n(2n-1)\ldots(n+1)}{2^n n!}\cos^n\gamma + \ldots$$

aura pour valeur principale

$$\frac{2n(2n-1)\ldots(n+1)}{n!}\sin^{2n}\frac{1}{2}\varphi\,.\,\mu^{2n}.$$

Mais

$$(2i)^{2n}\sin^{2n}\frac{1}{2}\varphi = \left(e^{\frac{1}{2}\varphi i} - e^{-\frac{1}{2}\varphi i}\right)^{2n}$$
$$= 2\left[\cos n\varphi - \frac{2n}{1}\cos(n-1)\varphi + \ldots + (-1)^n\frac{1}{2}\frac{2n(2n-1)\ldots(n+1)}{n!}\right].$$

D'autre part,

$$P_n^m(\mu)\,P_n^m(\mu') = P_n^m(\mu)^2 = (1-\mu^2)^m\left[\frac{d^m}{d\mu^m}X_n(\mu)\right]^2$$
$$= (-1)^m\left[\frac{2n(2n-1)\ldots(n-m+1)}{2^n n!}\right]^2\mu^{2n} + \ldots.$$

La comparaison des termes en $\mu^{2n}\cos m\varphi$ dans les deux membres de l'équation (60) donnera donc, en posant $\lambda_m = 2$ si $m > 0$, $\lambda_m = 1$ si $m = 0$,

$$\frac{2n(2n-1)\ldots(n+1)}{n!}\frac{1}{(2i)^{2n}}\frac{2}{\lambda_m}(-1)^{n-m}\frac{2n(2n-1)\ldots(n+m+1)}{(n-m)!}$$
$$= (-1)^m\left[\frac{2n(2n-1)\ldots(n-m+1)}{2^n n!}\right]^2 c_m,$$

d'où

$$c_m = \frac{(n-m)!}{(n+m)!}\frac{2}{\lambda_m}.$$

321. *Équilibre de température de l'ellipsoïde.* — Nous devons satisfaire à l'équation

$$(61)\qquad \frac{\partial^2 U}{\partial x^2} + \frac{\partial^2 U}{\partial y^2} + \frac{\partial^2 U}{\partial z^2} = 0$$

et à la condition aux limites

$$U = f(x, y, z) \quad \text{pour} \quad \frac{x^2}{A} + \frac{y^2}{B} + \frac{z^2}{C} = 1.$$

Pour traiter cette question, nous aurons à transformer à plusieurs reprises l'équation (61) en coordonnées curvilignes. Nous simplifierons les calculs en nous appuyant sur le théorème suivant, dont on trouvera la démonstration à la fin du Chapitre consacré au Calcul des variations.

Soient t, u, v un système de coordonnées orthogonales, tel que l'on ait

$$ds^2 = dx^2 + dy^2 + dz^2 = \frac{dt^2}{\Delta} + \frac{du^2}{\Delta_1} + \frac{dv^2}{\Delta_2}.$$

L'équation (61), transformée par ce changement de variables, deviendra

$$\frac{\partial}{\partial t}\Delta J\frac{\partial U}{\partial t} + \frac{\partial}{\partial u}\Delta_1 J\frac{\partial U}{\partial u} + \frac{\partial}{\partial v}\Delta_2 J\frac{\partial U}{\partial v} = 0,$$

en désignant par $J = \frac{1}{+\sqrt{\Delta\Delta_1\Delta_2}}$ le module du jacobien de x, y, z par rapport à t, u, v.

Considérons, par exemple, les coordonnées polaires r, θ, ψ. On aura

$$dx^2 + dy^2 + dz^2 = dr^2 + r^2\,d\theta^2 + r^2 \sin^2\theta\,d\psi^2,$$

et le théorème précédent donnera l'équation transformée

$$\frac{\partial}{\partial r} r^2 \sin\theta \frac{\partial U}{\partial r} + \frac{\partial}{\partial\theta} \sin\theta \frac{\partial U}{\partial\theta} + \frac{\partial}{\partial\psi} \frac{1}{\sin\theta} \frac{\partial U}{\partial\psi} = 0,$$

résultat dont on vérifie aisément la concordance avec celui que nous avons précédemment trouvé (t. I, n° **42**).

322. Considérons, en second lieu, les coordonnées elliptiques λ_1, λ_2, λ_3. On aura (t. I, n^{os} **353-356**)

$$-A < \lambda_1 < -B < \lambda_2 < -C < \lambda_3,$$

$$x = \pm\sqrt{\frac{(A+\lambda_1)(A+\lambda_2)(A+\lambda_3)}{(A-B)(A-C)}},$$

$$y = \pm\sqrt{\frac{(B+\lambda_1)(B+\lambda_2)(B+\lambda_3)}{(B-A)(B-C)}},$$

$$z = \pm\sqrt{\frac{(C+\lambda_1)(C+\lambda_2)(C+\lambda_3)}{(C-A)(C-B)}};$$

$$\begin{aligned} ds^2 = {} & \frac{1}{4}\frac{(\lambda_1-\lambda_2)(\lambda_1-\lambda_3)}{(A+\lambda_1)(B+\lambda_1)(C+\lambda_1)}\,d\lambda_1^2 \\ & + \frac{1}{4}\frac{(\lambda_2-\lambda_1)(\lambda_2-\lambda_3)}{(A+\lambda_2)(B+\lambda_2)(C+\lambda_2)}\,d\lambda_2^2 \\ & + \frac{1}{4}\frac{(\lambda_3-\lambda_1)(\lambda_3-\lambda_2)}{(A+\lambda_3)(B+\lambda_3)(C+\lambda_3)}\,d\lambda_3^2. \end{aligned}$$

323. Pour nous conformer à des notations généralement adoptées, posons

$$A = a^2, \qquad B = a^2 - b^2, \qquad C = a^2 - c^2,$$

$$A + \lambda_1 = \mu^2, \qquad A + \lambda_2 = \nu^2, \qquad A + \lambda_3 = \rho^2;$$

d'où

$$d\lambda_1 = 2\mu\, d\mu, \qquad d\lambda_2 = 2\nu\, d\nu, \qquad d\lambda_3 = 2\rho\, d\rho.$$

Les formules précédentes deviendront

$$(62)\quad \begin{cases} 0 < \mu < b < \nu < c < \rho, \\ x = \pm \dfrac{\mu\nu\rho}{bc}, \\ y = \pm \dfrac{\sqrt{(b^2-\mu^2)(\nu^2-b^2)(\rho^2-b^2)}}{b\sqrt{c^2-b^2}}, \\ z = \pm \dfrac{\sqrt{(c^2-\mu^2)(c^2-\nu^2)(\rho^2-c^2)}}{c\sqrt{c^2-b^2}}, \\ ds^2 = \dfrac{(\nu^2-\mu^2)(\rho^2-\mu^2)}{(b^2-\mu^2)(c^2-\mu^2)}\, d\mu^2 + \dfrac{(\nu^2-\mu^2)(\rho^2-\nu^2)}{(\nu^2-b^2)(c^2-\nu^2)}\, d\nu^2 \\ \qquad\qquad + \dfrac{(\rho^2-\mu^2)(\rho^2-\nu^2)}{(\rho^2-b^2)(\rho^2-c^2)}\, d\rho^2. \end{cases}$$

324. Posons maintenant

$$(63)\qquad \alpha = \int_0^\mu \frac{c\, d\mu}{\sqrt{(b^2-\mu^2)(c^2-\mu^2)}},$$

$$(64)\qquad \beta = \int_b^\nu \frac{c\, d\nu}{\sqrt{(\nu^2-b^2)(c^2-\nu^2)}},$$

$$(65)\qquad \gamma = \int_c^\rho \frac{c\, d\rho}{\sqrt{(\rho^2-b^2)(\rho^2-c^2)}};$$

on aura plus simplement

$$(66)\quad \begin{cases} ds^2 = (\nu^2-\mu^2)(\rho^2-\mu^2)\dfrac{d\alpha^2}{c^2} + (\nu^2-\mu^2)(\rho^2-\nu^2)\dfrac{d\beta^2}{c^2} \\ \qquad\qquad + (\rho^2-\mu^2)(\rho^2-\nu^2)\dfrac{d\gamma^2}{c^2}. \end{cases}$$

Les coordonnées elliptiques μ, ν, ρ, et les radicaux $\sqrt{b^2-\mu^2}$, ..., $\sqrt{\rho^2-c^2}$ sont des fonctions monodromes et doublement périodiques de α, β, γ, qu'il est aisé de ramener aux fonctions elliptiques.

Posons en effet, pour abréger,

$$\frac{c}{b} = k, \qquad \sqrt{1 - k^2} = k', \qquad \sqrt{(1 - t^2)(1 - k^2 t^2)} = \Delta(t),$$

$$\int_0^1 \frac{dt}{\Delta(t)} = \frac{\Omega}{2}, \qquad \int_1^{\frac{1}{k}} \frac{dt}{\Delta(t)} = \frac{\Omega'}{2}.$$

En faisant $\mu = bt$ dans l'équation (63), elle deviendra

$$\alpha = \int_0^t \frac{dt}{\Delta(t)},$$

d'où

$$t = \operatorname{sn} \alpha$$

et, par suite,

$$(67) \qquad \mu = b \operatorname{sn} \alpha, \qquad \sqrt{b^2 - \mu^2} = b \operatorname{cn} \alpha, \qquad \sqrt{c^2 - \mu^2} = c \operatorname{dn} \alpha.$$

On tire de même de l'équation (64)

$$i\beta = \int_1^t \frac{dt}{\Delta(t)} = \int_0^t \frac{dt}{\Delta(t)} - \frac{\Omega}{2},$$

d'où

$$t = \operatorname{sn}\left(i\beta + \frac{\Omega}{2}\right)$$

et, par suite,

$$(68) \qquad \left\{ \begin{aligned} \nu &= b \operatorname{sn}\left(i\beta + \frac{\Omega}{2}\right), \\ \sqrt{\nu^2 - b^2} &= ib \operatorname{cn}\left(i\beta + \frac{\Omega}{2}\right), \\ \sqrt{c^2 - \nu^2} &= c \operatorname{dn}\left(i\beta + \frac{\Omega}{2}\right). \end{aligned} \right.$$

Enfin l'équation (65) donnera de même

$$(69) \qquad \left\{ \begin{aligned} \rho &= b \operatorname{sn}\left(-\gamma + \frac{\Omega + \Omega'}{2}\right), \\ \sqrt{\rho^2 - b^2} &= ib \operatorname{cn}\left(-\gamma + \frac{\Omega + \Omega'}{2}\right), \\ \sqrt{\rho^2 - c^2} &= ic \operatorname{dn}\left(-\gamma + \frac{\Omega + \Omega'}{2}\right). \end{aligned} \right.$$

En appliquant les formules données au Tome II (nos 356, 362 et 400), les expressions (68) et (69) pourront se transformer comme il suit :

$$\nu = b\,\frac{\operatorname{cn} i\beta}{\operatorname{dn} i\beta} = b\,\frac{1}{\operatorname{dn}(\beta, k')},$$

$$\sqrt{\nu^2 - b^2} = -\,ibk'\,\frac{\operatorname{sn} i\beta}{\operatorname{dn} i\beta} = bk'\,\frac{\operatorname{sn}(\beta, k')}{\operatorname{dn}(\beta, k')},$$

$$\sqrt{c^2 - \nu^2} = ck'\,\frac{1}{\operatorname{dn} i\beta} = ck'\,\frac{\operatorname{dn}(\beta, k')}{\operatorname{cn}(\beta, k')},$$

$$\rho = b\,\frac{\operatorname{cn}\left(-\gamma + \frac{\Omega'}{2}\right)}{\operatorname{dn}\left(-\gamma + \frac{\Omega'}{2}\right)} = c\,\frac{\operatorname{dn}(-\gamma)}{\operatorname{cn}(-\gamma)} = c\,\frac{\operatorname{dn}\gamma}{\operatorname{cn}\gamma},$$

$$\sqrt{\rho^2 - b^2} = -\,ibk'\,\frac{\operatorname{sn}\left(-\gamma + \frac{\Omega'}{2}\right)}{\operatorname{dn}\left(-\gamma + \frac{\Omega'}{2}\right)} = ck'\,\frac{1}{\operatorname{cn}(-\gamma)} = ck'\,\frac{1}{\operatorname{cn}\gamma},$$

$$\sqrt{\rho^2 - c^2} = ick'\,\frac{1}{\operatorname{dn}\left(-\gamma + \frac{\Omega'}{2}\right)} = -\,ck'\,\frac{\operatorname{sn}(-\gamma)}{\operatorname{cn}(-\gamma)} = ck'\,\frac{\operatorname{sn}\gamma}{\operatorname{cn}\gamma}.$$

Si nous faisons varier α de o à $\frac{\Omega}{2}$, β de o à $\frac{\Omega'}{2}$ et γ de o à I, I désignant l'intégrale

$$\int_c^\infty \frac{c\,d\rho}{\sqrt{(\rho^2 - b^2)(\rho^2 - c^2)}},$$

μ, ν, ρ varieront respectivement de o à b, de b à c et de c à ∞, et les radicaux $\sqrt{b^2 - \mu^2}$, ..., $\sqrt{\rho^2 - c^2}$ resteront réels et positifs; donc x, y, z prendront tous les systèmes de valeurs positives, chacun une seule fois.

D'ailleurs μ est une fonction impaire, et $\sqrt{b^2 - \mu^2}$, $\sqrt{c^2 - \mu^2}$ sont des fonctions paires de α. De même $\sqrt{\nu^2 - b^2}$ est une fonction impaire, et ν, $\sqrt{c^2 - \nu^2}$ sont des fonctions paires de β.

Enfin, si l'on fait varier β de Ω', ν ne change pas, et $\sqrt{\nu^2 - b^2}$, $\sqrt{c^2 - \nu^2}$ changent de signe.

On obtiendra donc tous les points de l'espace en faisant varier α, β, γ respectivement de $-\frac{\Omega}{2}$ à $+\frac{\Omega}{2}$, de $-\Omega'$ à $+\Omega'$ et de o à I; car les systèmes de valeurs correspondants de μ, ν, ρ, $\sqrt{b^2 - \mu^2}$, ... seront les mêmes que précédemment, sauf les signes des trois quantités μ, $\sqrt{b^2 - \nu^2}$, $\sqrt{\nu^2 - c^2}$, qui varieront de manière à présenter successivement les huit combinaisons possibles.

En particulier, à la surface de l'ellipsoïde considéré, on aura

$$\rho = a, \qquad \text{d'où} \qquad \gamma = \int_c^a \frac{c\, d\rho}{\sqrt{(\rho^2 - b^2)(\rho^2 - c^2)}},$$

quantité constante que nous désignerons par γ_0.

Prenons maintenant α, β, γ pour variables indépendantes. D'après l'expression (66) de ds^2, l'équation aux dérivées partielles (61) se transformera en

$$(70) \qquad (\rho^2 - \nu^2)\frac{\partial^2 U}{\partial \alpha^2} + (\rho^2 - \mu^2)\frac{\partial^2 U}{\partial \beta^2} + (\nu^2 - \mu^2)\frac{\partial^2 U}{\partial \gamma^2} = 0,$$

et l'équation à la surface prendra la forme

$$U = F(\alpha, \beta) \quad \text{pour} \quad \begin{cases} \alpha \underset{>}{=} -\frac{\Omega}{2} \underset{<}{=} \frac{\Omega}{2}, \\ \beta \underset{>}{=} -\Omega' \underset{<}{=} \Omega', \\ \gamma = \gamma_0. \end{cases}$$

325. Cherchons à satisfaire à l'équation (70) par une solution simple, de la forme

$$U = MNR,$$

M, N, R étant respectivement des fonctions de α, β, γ. Il viendra, en substituant et divisant par MNR,

$$\frac{\rho^2 - \nu^2}{M}\frac{d^2 M}{d\alpha^2} + \frac{\rho^2 - \mu^2}{N}\frac{d^2 N}{d\beta^2} + \frac{\nu^2 - \mu^2}{R}\frac{d^2 R}{d\gamma^2} = 0,$$

équation qui deviendra identique si l'on pose

$$(71) \qquad c^2 \frac{d^2 M}{d\alpha^2} = (g + h\mu^2) M,$$

$$(72) \qquad -c^2 \frac{d^2 N}{d\beta^2} = (g + h\nu^2) N,$$

$$(73) \qquad c^2 \frac{d^2 R}{d\gamma^2} = (g + h\rho^2) R,$$

g, h étant des constantes arbitraires.

La légère dissymétrie qui subsiste dans ces équations disparaît si l'on prend pour variables indépendantes μ, ν, ρ au lieu de α, β, γ. On aura, en effet,

$$d\alpha = \frac{c\, d\mu}{\sqrt{(b^2 - \mu^2)(c^2 - \mu^2)}},$$

d'où

$$c^2 \frac{d^2 M}{d\alpha^2} = \sqrt{(b^2 - \mu^2)(c^2 - \mu^2)} \frac{d}{d\mu} \sqrt{(b^2 - \mu^2)(c^2 - \mu^2)} \frac{dM}{d\mu}$$
$$= F(\mu) \frac{d^2 M}{d\mu^2} + \tfrac{1}{2} F'(\mu) \frac{dM}{d\mu},$$

en posant, pour abréger,

$$(b^2 - \mu^2)(c^2 - \mu^2) = F(\mu).$$

L'équation (71) peut donc s'écrire

$$(74) \qquad F(\mu) \frac{d^2 M}{d\mu^2} + \tfrac{1}{2} F'(\mu) \frac{dM}{d\mu} - (g + h\mu^2) M = 0$$

ou

$$(75) \qquad \sqrt{F(\mu)} \frac{d}{d\mu} \sqrt{F(\mu)} \frac{dM}{d\mu} - (g + h\mu^2) M = 0.$$

On trouvera, pour déterminer N et R, des équations toutes semblables,

$$(76) \qquad F(\nu) \frac{d^2 N}{d\nu^2} + \tfrac{1}{2} F'(\nu) \frac{dN}{d\nu} - (g + h\nu^2) N = 0,$$

$$(77) \qquad F(\rho) \frac{d^2 R}{d\rho^2} + \tfrac{1}{2} F'(\rho) \frac{dR}{d\rho} - (g + h\rho^2) R = 0.$$

326. Lamé a démontré que, en choisissant convenablement les constantes g, h, on peut satisfaire à l'équation (74) par des polynômes entiers et de degré n en μ, $\sqrt{b^2-\mu^2}$, $\sqrt{c^2-\mu^2}$.

1° Substituons, en effet, dans l'équation, un polynôme en μ, de la forme

$$M = \alpha_0\mu^n + \alpha_1\mu^{n-2} + \ldots + \alpha_k\mu^{n-2k} + \ldots;$$

on obtiendra un résultat tel que

$$A_0\mu^{n+2} + A_1\mu^n + \ldots + A_k\mu^{n-2k+2} + \ldots,$$

où les coefficients A sont de la forme

$$A_0 = [n(n-1) + 2n - h]\alpha_0,$$
$$A_k = p_{nk}\alpha_{k-1} + (q_{nk} - g)\alpha_k + r_{nk}\alpha_{k+1},$$

p_{nk}, q_{nk}, r_{nk} étant indépendants de g.

Le premier coefficient A_0 s'annule si $h = n(n+1)$. En égalant les autres à zéro, on obtiendra une série d'équations linéaires et homogènes par rapport aux α, lesquelles fourniront les rapports de ces quantités si g est choisi de façon que le déterminant de leurs coefficients soit nul.

Ce déterminant, égalé à zéro, donne une équation en g, dont le degré est égal au nombre des termes non négatifs que contient la série n, $n-2$, $n-4$, ..., soit $E\left(\frac{n}{2}\right)+1$, $E\left(\frac{n}{2}\right)$ désignant le plus grand entier contenu dans $\left(\frac{n}{2}\right)$.

Ainsi, parmi les équations de la forme (74), il en existe $E\left(\frac{n}{2}\right)+1$ qui ont pour solution un polynôme en μ, de degré n.

2° Cherchons en second lieu à obtenir une solution de la forme

$$M = \sqrt{b^2-\mu^2}\,[\beta_0\mu^{n-1} + \ldots + \beta_k\mu^{n-2k-1} + \ldots].$$

Pour cela, posons d'abord

$$M = \sqrt{b^2-\mu^2}\,M_1$$

dans l'équation (75); elle deviendra, après suppression du

facteur commun $\sqrt{b^2-\mu^2}$,

$$o=\sqrt{c^2-\mu^2}\frac{d}{d\mu}\sqrt{b^2-\mu^2}\sqrt{c^2-\mu^2}\frac{d}{d\mu}\sqrt{b^2-\mu^2}M_1-(g+h\mu^2)M_1$$
$$=(b^2-\mu^2)(c^2-\mu^2)\frac{d^2M_1}{d\mu^2}-[(b^2+3c^2)\mu-4\mu^3]\frac{dM_1}{d\mu}$$
$$-[g+c^2+(h-2)\mu^2]M_1.$$

Substituant maintenant pour M_1 la valeur

$$\beta_0\mu^{n-1}+\beta_1\mu^{n-3}+\ldots,$$

on aura pour résultat

$$B_0\mu^{n+1}+B_1\mu^{n-1}+B_2\mu^{n-3}+\ldots,$$

où

$$B_0=[(n-1)(n-2)+4(n-1)-(h-2)]\beta_0,$$
$$B_k=p'_{nk}\beta_{k-1}+(q'_{nk}-g)\beta_k+r'_{nk}\beta_{k+1},$$

p'_{nk}, q'_{nk}, r'_{nk} étant indépendants de g.

Le coefficient B_0 s'annule encore si $h=n(n+1)$. Les autres étant égalés à zéro donneront les rapports des quantités β, si g est choisi de manière à annuler le déterminant de leurs coefficients.

L'équation ainsi obtenue pour déterminer g est du degré $E\left(\frac{n-1}{2}\right)+1$.

3° Il résulte immédiatement de la symétrie qui existe entre b et c qu'en posant encore $h=n(n+1)$, il existera $E\left(\frac{n-1}{2}\right)+1$ valeurs de g, pour lesquelles l'équation admettra une solution de la forme

$$M=\sqrt{c^2-\mu^2}(\gamma_0\mu^{n-1}+\gamma_1\mu^{n-3}+\ldots).$$

4° Cherchons enfin à obtenir une solution de la forme

$$M=\sqrt{(b^2-\mu^2)(c^2-\mu^2)}(\delta_0\mu^{n-2}+\delta_1\mu^{n-4}+\ldots).$$

Posons d'abord

$$M=\sqrt{(b^2-\mu^2)(c^2-\mu^2)}M_2.$$

L'équation (75) deviendra

$$0 = \frac{d}{d\mu}\sqrt{(b^2-\mu^2)(c^2-\mu^2)}\frac{d}{d\mu}\sqrt{(b^2-\mu^2)(c^2-\mu^2)}\,M_2 - (g+h\mu^2)M_2$$
$$= F(\mu)\frac{d^2M_2}{d\mu^2} + \tfrac{3}{2}F'(\mu)\frac{dM_2}{d\mu} + [\tfrac{1}{2}F''(\mu) - g - h\mu^2]M_2.$$

Posant enfin $M_2 = \delta_0\mu^{n-2} + \delta_1\mu^{n-4} + \ldots$, il viendra comme résultat

$$D_0\mu^n + D_1\mu^{n-2} + \ldots,$$

où

$$D_0 = [(n-2)(n-3) + 6(n-2) + 6 - h]\delta_0,$$
$$D_k = p''_{nk}\delta_{k-1} + (q''_{nk} - g)\delta_k + r''_{nk}\delta_{k+1}.$$

En égalant à zéro tous ces coefficients, on trouvera encore $h = n(n+1)$, et g sera déterminé par une équation de degré $E\left(\frac{n-2}{2}\right) + 1 = E\left(\frac{n}{2}\right)$.

On voit donc que, pour $h = n(n+1)$, nous obtenons en tout

$$2E\left(\frac{n}{2}\right) + 2E\left(\frac{n-1}{2}\right) + 3 = 2n+1$$

valeurs de g, pour lesquelles l'équation (74) admet une solution de l'une des formes

$$P_n(\mu),\quad \sqrt{b^2-\mu^2}\,P_{n-1}(\mu),\quad \sqrt{c^2-\mu^2}\,P_{n-1}(\mu),\quad \sqrt{(b^2-\mu^2)(c^2-\mu^2)}\,P_{n-2}(\mu),$$

où les P sont des polynômes en μ, d'un degré marqué par leur indice, et ne contenant que les puissances paires ou les puissances impaires de μ.

Les équations (76) et (77) admettront les solutions correspondantes

$$P_n(\nu),\quad \sqrt{\nu^2-b^2}\,P_{n-1}(\nu),\quad \sqrt{c^2-\nu^2}\,P_{n-1}(\nu),\quad \sqrt{(\nu^2-b^2)(c^2-\nu^2)}\,P_{n-2}(\nu),$$
$$P_n(\rho),\quad \sqrt{\rho^2-b^2}\,P_{n-1}(\rho),\quad \sqrt{\rho^2-c^2}\,P_{n-1}(\rho),\quad \sqrt{(\rho^2-b^2)(\rho^2-c^2)}\,P_{n-2}(\rho).$$

327. Soient M, N, R trois solutions associées. L'équation aux dérivées partielles admettra la solution simple

$$U = MNR.$$

Il est aisé de voir que cette solution sera un polynôme entier en x, y, z.

En effet, M est de la forme

$$Q\varphi(\mu^2),$$

où Q désigne soit l'unité, soit un des divers produits formés avec un, deux ou trois des facteurs

$$\mu, \quad \sqrt{b^2-\mu^2}, \quad \sqrt{c^2-\mu^2},$$

et φ un polynôme de degré $\frac{n-m}{2}$, m désignant le nombre des facteurs de Q.

Donc MNR sera égal à

$$\Pi\varphi(\mu^2)\varphi(\nu^2)\varphi(\rho^2),$$

Π désignant soit l'unité, soit un des divers produits formés avec les facteurs

$$\mu\nu\rho, \quad \sqrt{(b^2-\mu^2)(\nu^2-b^2)(\rho^2-b^2)}, \quad \sqrt{(c^2-\mu^2)(c^2-\nu^2)(\rho^2-c^2)},$$

qui sont respectivement égaux à x, y, z à des facteurs constants près.

D'autre part, μ^2, ν^2, ρ^2 étant les racines de l'équation

$$\frac{x^2}{\sigma}+\frac{y^2}{\sigma-b^2}+\frac{z^2}{\sigma-c^2}=1$$

ou

$$\sigma^3-(x^2+y^2+z^2+b^2+c^2)\sigma^2$$
$$+[(b^2+c^2)x^2+c^2y^2+b^2z^2+b^2c^2]\sigma-b^2c^2x^2=0,$$

$\varphi(\mu^2)\varphi(\nu^2)\varphi(\rho^2)$, fonction symétrique de ces racines, de degré $\frac{n-m}{2}$, par rapport à chacune d'elles, sera un polynôme entier et de degré $\frac{n-m}{2}$, par rapport aux coefficients de l'équation. Ceux-ci étant du second degré en x, y, z, on obtiendra un polynôme pair et de degré $n-m$ en x, y, z. Multipliant par Π, on aura un polynôme entier de degré n.

Considérée, d'autre part, comme fonction de α, β, γ, MNR sera doublement périodique par rapport à chacune de ces quantités; elle sera impaire ou paire par rapport à α, suivant qu'elle contiendra ou non μ en facteur; impaire ou paire par rapport à β, suivant qu'elle contiendra ou non $\sqrt{\nu^2 - b^2}$ en facteur; impaire ou paire par rapport à γ, suivant qu'elle contiendra ou non $\sqrt{\rho^2 - c^2}$ en facteur.

328. Les fonctions M, N, R satisfont d'ailleurs aux équations

$$c^2 \frac{d^2 M}{d\alpha^2} = [g + n(n+1)\mu^2]M,$$

$$-c^2 \frac{d^2 N}{d\beta^2} = [g + n(n+1)\nu^2]N,$$

$$c^2 \frac{d^2 R}{d\gamma^2} = [g + n(n+1)\rho^2]R.$$

On en déduit immédiatement que le produit $X = MN$, considéré comme fonction de α, β, satisfait à l'équation aux dérivées partielles

$$(78) \qquad c^2\left(\frac{\partial^2 X}{\partial\alpha^2} + \frac{\partial^2 X}{\partial\beta^2}\right) = n(n+1)(\mu^2 - \nu^2)X.$$

Soient θ, ψ deux nouvelles variables définies par les équations

$$(79) \qquad \begin{cases} \sin\theta \cos\psi = \dfrac{\mu\nu}{bc}, \\ \sin\theta \sin\psi = \dfrac{\sqrt{(b^2 - \mu^2)(\nu^2 - b^2)}}{b\sqrt{c^2 - b^2}}, \\ \cos\theta \quad = \dfrac{\sqrt{(c^2 - \mu^2)(c^2 - \nu^2)}}{c\sqrt{c^2 - b^2}}, \end{cases}$$

dont la troisième est une conséquence des deux autres, Lorsque α, β varieront respectivement de $-\frac{\Omega}{2}$ à $+\frac{\Omega}{2}$ et de $-\Omega'$ à $+\Omega'$, θ variera de 0 à π et ψ de 0 à 2π.

La quantité X est le produit de m facteurs $(m = 0, 1, 2, 3)$

de la forme $\mu\nu$, $\sqrt{(b^2-\mu^2)(\nu^2-b^2)}$, $\sqrt{(c^2-\mu^2)(c^2-\nu^2)}$, lesquels sont égaux, sauf des facteurs constants, à $\sin\theta\cos\psi$, $\sin\theta\sin\psi$, $\cos\theta$, par un polynôme $\varphi(\mu^2)\varphi(\nu^2)$ symétrique en μ^2, ν^2 et de degré $\frac{n-m}{2}$ par rapport à chacune de ces quantités. Ce facteur se met aisément sous la forme d'un polynôme de degré $\frac{n-m}{2}$ en $\mu^2\nu^2$, $\mu^2+\nu^2$ ou d'un polynôme de degré $\frac{n-m}{2}$ et homogène par rapport aux trois quantités $\mu^2\nu^2$, $\mu^2+\nu^2$, 1. Or les équations (79) donnent les valeurs de ces trois quantités en fonction linéaire et homogène de $\sin^2\theta\cos^2\psi$, $\sin^2\theta\sin^2\psi$, $\cos^2\theta$. Donc X est un polynôme homogène et de degré n en $\sin\theta\cos\psi$, $\sin\theta\sin\psi$, $\cos\theta$.

Ce polynôme est une fonction de Laplace. Posons en effet

$$(80)\quad \left\{\begin{aligned} x &= r\sin\theta\cos\psi = r\frac{\mu\nu}{bc},\\ y &= r\sin\theta\sin\psi = r\frac{\sqrt{(b^2-\mu^2)(\nu^2-b^2)}}{b\sqrt{c^2-b^2}},\\ z &= r\cos\theta \qquad = r\frac{\sqrt{(c^2-\mu^2)(c^2-\nu^2)}}{c\sqrt{c^2-b^2}};\end{aligned}\right.$$

définissons d'ailleurs α et β en fonction de μ et de ν comme précédemment, et cherchons ce que devient l'équation

$$\frac{\partial^2 U}{\partial x^2}+\frac{\partial^2 U}{\partial y^2}+\frac{\partial^2 U}{\partial z^2}$$

rapportée aux nouvelles coordonnées r, α, β.

On déduit aisément des équations (80) les suivantes

$$(81)\quad x^2+y^2+z^2=r^2,$$

$$(82)\quad \frac{x^2}{\mu^2}+\frac{y^2}{\mu^2-b^2}+\frac{z^2}{\mu^2-c^2}=0,$$

$$(83)\quad \frac{x^2}{\nu^2}+\frac{y^2}{\nu^2-b^2}+\frac{z^2}{\nu^2-c^2}=0,$$

qui montrent que les surfaces $r =$ const. sont des sphères et que les surfaces $\mu =$ const. et les surfaces $\nu =$ const. appartiennent à une même famille de cônes homofocaux.

L'équation

$$\frac{x^2}{\sigma} + \frac{y^2}{\sigma - b^2} + \frac{z^2}{\sigma - c^2} = 0$$

ou

$$(\sigma - b^2)(\sigma - c^2)x^2 + \sigma(\sigma - c^2)y^2 + \sigma(\sigma - b^2)z^2 = 0$$

donne pour σ deux racines réelles, respectivement comprises entre o et b^2 et entre b^2 et c^2; car ces trois valeurs, substituées dans le premier membre de l'équation, le rendent alternativement positif et négatif.

Donc, en chaque point de l'espace se coupent une sphère r, un cône μ et un cône ν. Ces cônes coupent évidemment la sphère à angle droit; ils sont en outre orthogonaux entre eux; cette propriété résulte en effet de l'équation

$$\frac{x^2}{\mu^2\nu^2} + \frac{y^2}{(\mu^2 - b^2)(\nu^2 - b^2)} + \frac{z^2}{(\mu^2 - c^2)(\nu^2 - c^2)} = 0,$$

qui résulte de la soustraction des équations (82) et (83).

En différentiant les équations (80), on trouve aisément

$$\begin{aligned} &dx^2 + dy^2 + dz^2 \\ &= dr^2 + \frac{r^2(\nu^2 - \mu^2)}{(b^2 - \mu^2)(c^2 - \mu^2)}d\mu^2 + \frac{r^2(\nu^2 - \mu^2)}{(\nu^2 - b^2)(c^2 - \nu^2)}d\nu^2 \\ &= dr^2 + \frac{r^2(\nu^2 - \mu^2)}{c^2}(d\alpha^2 + d\beta^2). \end{aligned}$$

L'équation transformée, que nous voulons obtenir, sera donc

$$\frac{\partial}{\partial r}\frac{(\nu^2 - \mu^2)r^2}{c^2}\frac{\partial U}{\partial r} + \frac{\partial^2 U}{\partial \alpha^2} + \frac{\partial^2 U}{\partial \beta^2} = 0.$$

Posons, dans cette équation, $U = r^n Y_n$, Y_n étant une fonction de α et de β. Nous obtiendrons, pour l'équation qui définit les Y_n, la suivante

$$c^2\left(\frac{\partial^2 Y_n}{\partial \alpha^2} + \frac{\partial^2 Y_n}{\partial \beta^2}\right) = n(n+1)(\mu^2 - \nu^2)Y_n,$$

identique à l'équation (78). Donc X, qui satisfait à cette équation, est une fonction de Laplace.

Nous avons trouvé, d'ailleurs, $2n+1$ fonctions particulières X. En les ajoutant ensemble, après les avoir multipliées par des constantes arbitraires, on formera la fonction Y_n dans toute sa généralité.

329. Il est maintenant aisé d'établir qu'en associant les solutions simples que nous avons trouvées, on peut obtenir une nouvelle solution qui satisfasse en outre à la condition à la surface. En effet, soient MNR, M'N'R', ... nos solutions simples. Désignons par R_0, R'_0, ... ce que deviennent R, R', ... pour $\gamma = \gamma_0$; par C, C', ... des constantes arbitraires. La série

$$\frac{C}{R_0}\text{MNR} + \frac{C'}{R'_0}\text{M}'\text{N}'\text{R}' + \ldots = \sum \frac{C}{R_0}\text{MNR}$$

sera une solution de l'équation aux dérivées partielles, qui, pour $\gamma = \gamma_0$, se réduira à

$$\sum \text{CMN}.$$

Nous avons donc à satisfaire à l'équation

$$(84) \qquad \sum \text{CMN} = F(\alpha, \beta) \left\{ \begin{array}{l} \alpha \overset{=}{>} -\dfrac{\Omega}{2} \overset{=}{<} \dfrac{\Omega}{2}, \\ \beta \overset{=}{>} -\Omega' \overset{=}{<} \Omega'. \end{array} \right.$$

Or soit $\Phi(\theta, \psi)$ ce que devient F lorsqu'on l'exprime en fonction des angles θ, ψ. On pourra (sous les réserves connues) exprimer la fonction arbitraire $\Phi(\theta, \psi) = F(\alpha, \beta)$, lorsque θ varie de 0 à π et ψ de 0 à 2π, par une série de fonctions de Laplace. Exprimant chacune de ces dernières par les produits MN qui correspondent à la même valeur de n, on obtiendra une égalité de la forme (84).

330. La possibilité de satisfaire à l'équation (84) étant établie, on peut déterminer aisément les coefficients C.

A cet effet, nous remarquerons que les fonctions MN sont impaires ou paires par rapport à β, suivant qu'elles contiennent ou non en facteur le radical $\sqrt{\nu^2 - b^2}$.

Dans le premier cas, M, contenant en facteur le radical $\sqrt{b^2 - \mu^2} = b \operatorname{cn} \alpha$, s'annulera pour $\alpha = \pm \frac{\Omega}{2}$.

Dans le second cas, M sera un polynôme en $\operatorname{sn} \alpha$, $\operatorname{dn} \alpha$, dont la dérivée contient $\operatorname{cn} \alpha$ en facteur et s'annule pour $\alpha = \pm \frac{\Omega}{2}$.

Donc, si $M'N'$, $M''N''$ sont deux fonctions MN de même parité par rapport à β,

$$\left[M'' \frac{dM'}{d\alpha} - M' \frac{dM''}{d\alpha} \right]_{-\frac{\Omega}{2}}^{\frac{\Omega}{2}} = 0; \tag{85}$$

car M' et M'', ou $\frac{dM'}{d\alpha}$ et $\frac{dM''}{d\alpha}$ s'annuleront à la fois aux deux limites.

On aura de même

$$\left[N'' \frac{dN'}{d\beta} - N' \frac{dN''}{d\beta} \right]_{-\Omega'}^{\Omega'} = 0, \tag{86}$$

car N', N'' et leurs dérivées admettent la période $2\Omega'$.

331. Soient d'ailleurs g', h' et g'', h'' les valeurs des paramètres g et $h = n(n+1)$, qui correspondent respectivement aux deux fonctions $M'N'$, $M''N''$. On aura

$$c^2 \frac{d^2 M'}{d\alpha^2} = (g' + h'\mu^2) M',$$

$$-c^2 \frac{d^2 N'}{d\beta^2} = (g' + h'\nu^2) N',$$

$$c^2 \frac{d^2 M''}{d\alpha^2} = (g'' + h''\mu^2) M'',$$

$$-c^2 \frac{d^2 N''}{d\beta^2} = (g'' + h''\nu^2) N'';$$

d'où

$$[(g'-g'')+(h'-h'')\mu^2]M'M'' = c^2\left(M''\frac{d^2M'}{d\alpha^2}-M'\frac{d^2M''}{d\alpha^2}\right)$$
$$= c^2\frac{d}{d\alpha}\left(M''\frac{dM'}{d\alpha}-M'\frac{dM''}{d\alpha}\right),$$

$$[(g'-g'')+(h'-h'')\nu^2]N'N'' = -c^2\frac{d}{d\beta}\left(N''\frac{dN'}{d\beta}-N'\frac{dN''}{d\beta}\right)$$

et, en intégrant et tenant compte des équations (85) et (86),

$$(g'-g'')\int_{-\frac{\Omega}{2}}^{\frac{\Omega}{2}} M'M''\,d\alpha + (h'-h'')\int_{-\frac{\Omega}{2}}^{\frac{\Omega}{2}} M'M''\mu^2\,d\alpha = 0,$$

$$(g'-g'')\int_{-\Omega'}^{\Omega'} N'N''\,d\beta + (h'-h'')\int_{-\Omega'}^{\Omega'} N'N''\nu^2\,d\alpha = 0.$$

Faisons passer les derniers termes de ces égalités dans le second membre et multiplions en croix; remplaçons le produit des intégrales simples, par rapport à α et β, par une intégrale double; enfin réunissons les intégrales en une seule; il viendra

$$(g'-g'')(h'-h'')\int_{-\frac{\Omega}{2}}^{\frac{\Omega}{2}}\int_{-\Omega'}^{\Omega'} M'M''N'N''(\nu^2-\mu^2)\,d\alpha\,d\beta = 0.$$

Donc l'intégrale double

$$(87)\qquad \int_{-\frac{\Omega}{2}}^{\frac{\Omega}{2}}\int_{-\Omega'}^{\Omega'} M'M''N'N''(\nu^2-\mu^2)\,d\alpha\,d\beta$$

s'annule si $g' \gtrless g''$, $h' \gtrless h''$.

Il en est de même si $g' \gtrless g''$, $h' = h''$; ou si $g' = g''$, $h' \gtrless h''$. En effet, dans le premier cas, les intégrales

$$\int_{-\frac{\Omega}{2}}^{\frac{\Omega}{2}} M'M''\,d\alpha,\qquad \int_{-\Omega'}^{\Omega'} N'N''\,d\alpha,$$

et, dans le second, les intégrales

$$\int_{-\frac{\Omega}{2}}^{\frac{\Omega}{2}} M'M''\mu^2\,d\alpha, \qquad \int_{-\Omega'}^{\Omega'} N'N''\nu^2\,d\alpha$$

s'annulent. Dans l'un et l'autre cas, chacun des termes de l'intégrale double (87) sera donc nul séparément.

332. Supposons, enfin, $g' = g''$, $h' = h''$, d'où $M'N' = M''N''$, et cherchons à déterminer la valeur de l'intégrale

$$(88)\quad \begin{cases} J = \displaystyle\int_{-\frac{\Omega}{2}}^{\frac{\Omega}{2}}\int_{-\Omega'}^{\Omega'} M'^2N'^2(\nu^2-\mu^2)\,d\alpha\,d\beta \\ \quad = \displaystyle\int_{-\frac{\Omega}{2}}^{\frac{\Omega}{2}} M'^2\,d\alpha \int_{-\Omega'}^{\Omega'} N'^2\nu^2\,d\beta - \int_{-\frac{\Omega}{2}}^{\frac{\Omega}{2}} M'^2\mu^2\,d\alpha \int_{-\Omega'}^{\Omega'} N'^2\,d\beta. \end{cases}$$

On sait que M'^2 est un polynôme en μ^2, tel que

$$M'^2 = a_0 + a_1\mu^2 + \ldots + a_m\mu^{2m} + \ldots.$$

Posant, pour abréger,

$$\int_{-\frac{\Omega}{2}}^{\frac{\Omega}{2}} \mu^{2m}\,d\alpha = I_m,$$

on aura donc

$$(89)\quad \int_{-\frac{\Omega}{2}}^{\frac{\Omega}{2}} M'^2\,d\alpha = \Sigma a_m I_m, \qquad \int_{-\frac{\Omega}{2}}^{\frac{\Omega}{2}} M'^2\mu^2\,d\alpha = \Sigma a_m I_{m+1};$$

mais on trouve aisément une formule de réduction pour les

intégrales I_m. On a, en effet,

$$d\left[c\mu^{2m+1}\sqrt{(b^2-\mu^2)(c^2-\mu^2)}\right]$$
$$=(2m+1)\mu^{2m}\sqrt{(b^2-\mu^2)(c^2-\mu^2)}\,c\,d\mu+\frac{\mu^{2m+1}[2\mu^3-(b^2+c^2)\mu]}{\sqrt{(b^2-\mu^2)(c^2-\mu^2)}}\,c\,d\mu$$
$$=\left[(2m+3)\mu^{2m+4}-(2m+2)(b^2+c^2)\mu^{2m+2}+(2m+1)b^2c^2\mu^{2m}\right]d\alpha$$

Intégrons les deux membres de cette égalité de $-\frac{\Omega}{2}$ à $+\frac{\Omega}{2}$. Les valeurs de μ correspondant à ces limites étant $+b$ et $-b$, le premier membre s'annulera, et l'on aura simplement

$$(2m+3)I_{m+2}-(2m+2)(b^2+c^2)I_{m+1}+(2m+1)b^2c^2I_m=0.$$

Au moyen de cette formule de réduction, on pourra mettre les intégrales (89) sous la forme

$$(90)\qquad \int_{-\frac{\Omega}{2}}^{\frac{\Omega}{2}} M'^2\,d\alpha=AI_0+BI_1,\qquad \int_{-\frac{\Omega}{2}}^{\frac{\Omega}{2}} M'^2\mu^2\,d\alpha=A'I_0+B'I_1.$$

D'ailleurs N'^2 est un polynôme en ν^2, tout semblable à M'^2 (sauf le signe qui serait différent si M' contenait $\sqrt{b^2-\mu^2}$ en facteur). En posant, pour abréger,

$$\int_{-\Omega'}^{\Omega'} \nu^{2m}\,d\beta=K_m,$$

on aura donc

$$\int_{-\Omega'}^{\Omega'} N'^2\,d\beta=\pm\Sigma a_m K_m,\qquad \int_{-\Omega'}^{\Omega'} N'^2\nu^2\,d\beta=\pm\Sigma a_m K_{m+1}.$$

D'ailleurs, en intégrant la différentielle de

$$c\nu^{2m+1}\sqrt{(\nu^2-b^2)(c^2-\nu^2)}$$

entre $-\Omega'$ et Ω', on trouve, pour les intégrales K_m, la même formule de réduction que pour les I_m; on aura donc

$$(91)\qquad \begin{cases} \displaystyle\int_{-\Omega'}^{\Omega'} N'^2\,d\beta = \pm(AK_0 + BK_1), \\ \displaystyle\int_{-\Omega'}^{\Omega'} N'^2\nu^2\,d\beta = \pm(A'K_0 + B'K_1). \end{cases}$$

Les valeurs (90) et (91), substituées dans l'expression (88), donneront

$$\begin{aligned} J &= \pm(AB' - BA')(I_0K_1 - I_1K_0) \\ &= \pm(AB' - BA')\int_{-\frac{\Omega}{2}}^{\frac{\Omega}{2}}\int_{-\Omega'}^{\Omega'}(\nu^2 - \mu^2)\,d\alpha\,d\beta. \end{aligned}$$

Pour déterminer l'intégrale double qui subsiste encore dans cette expression, nous remarquerons que, en rapportant les points de l'espace au système de coordonnées curvilignes r, α, β défini au n° **328**, on a trouvé

$$ds^2 = dr^2 + \frac{r^2(\nu^2 - \mu^2)}{c^2}(d\alpha^2 + d\beta^2).$$

Considérons en particulier les points situés sur la sphère de rayon 1 ayant pour centre l'origine. On aura, pour deux points infiniment voisins de cette sphère,

$$ds^2 = \frac{\nu^2 - \mu^2}{c^2}(d\alpha^2 + d\beta^2).$$

L'élément $d\sigma$ de la surface sphérique, compris entre les quatre courbes rectangulaires α, β, $\alpha + d\alpha$, $\beta + d\beta$, aura pour côtés

$$\frac{\sqrt{\nu^2 - \mu^2}}{c}\,d\alpha, \quad \frac{\sqrt{\nu^2 - \mu^2}}{c}\,d\beta$$

et pour aire

$$\frac{\nu^2 - \mu^2}{c^2}\,d\alpha\,d\beta.$$

L'intégrale double cherchée a donc pour valeur

$$\iint c^2\, d\sigma = 4\pi c^2,$$

l'intégration s'étendant à toute la sphère.

333. Cela posé, soit à déterminer les constantes C, de telle sorte qu'on ait

$$\Sigma\, \mathrm{CMN} = \mathrm{F}(\alpha, \beta).$$

Séparons dans le premier membre les termes impairs en β, que nous désignerons par $C'_1 M'_1 N'_1$, $C''_1 M''_1 N''_1$, ... des termes pairs que nous désignerons par $C'_2 M'_2 N'_2$, ...; on aura

$$\Sigma\, C_1 M_1 N_1 + \Sigma\, C_2 M_2 N_2 = \mathrm{F}(\alpha, \beta)$$

et, en changeant le signe de β,

$$-\Sigma\, C_1 M_1 N_1 + \Sigma\, C_2 M_2 N_2 = \mathrm{F}(\alpha, -\beta);$$

d'où l'on déduit

$$\Sigma\, C_1 M_1 N_1 = \frac{\mathrm{F}(\alpha, \beta) - \mathrm{F}(\alpha, -\beta)}{2} = \varphi_1(\alpha, \beta),$$

$$\Sigma\, C_2 M_2 N_2 = \frac{\mathrm{F}(\alpha, \beta) + \mathrm{F}(\alpha, -\beta)}{2} = \varphi_2(\alpha, \beta).$$

Considérons une quelconque de ces équations, la première par exemple. Pour déterminer l'un quelconque des coefficients, tel que C'_1, multiplions les deux membres par $M'_1 N'_1 (\nu^2 - \mu^2)\, d\alpha\, d\beta$ et intégrons entre les limites $-\frac{\Omega}{2}$ et $\frac{\Omega}{2}$, $-\Omega'$ et Ω'; il viendra

$$C'_1 \int_{-\frac{\Omega}{2}}^{\frac{\Omega}{2}} \int_{-\Omega'}^{\Omega'} M'^2_1 N'^2_1 (\mu^2 - \nu^2)\, d\alpha\, d\beta$$

$$= \int_{-\frac{\Omega}{2}}^{\frac{\Omega}{2}} \int_{-\Omega'}^{\Omega'} \varphi_1(\alpha, \beta)\, M'_1 N'_1 (\nu^2 - \mu^2)\, d\alpha\, d\beta.$$

On aura ainsi C'_1 par le quotient de deux intégrales doubles, dont l'une a d'ailleurs été calculée.

On obtiendra de même les coefficients de la seconde équation.

334. *Refroidissement d'une sphère homogène.* — Soit r le rayon de la sphère; nous aurons l'équation aux dérivées partielles

$$\frac{\partial U}{\partial t} = a^2\left(\frac{\partial^2 U}{\partial x^2} + \frac{\partial^2 U}{\partial y^2} + \frac{\partial^2 U}{\partial z^2}\right)$$

avec la condition initiale

$$U = f \quad \text{pour} \quad t = 0, \quad x^2 + y^2 + z^2 < r,$$

f étant une fonction donnée de x, y, z, et la condition à la surface

$$\frac{\partial U}{\partial x}\cos\alpha + \frac{\partial U}{\partial y}\cos\beta + \frac{\partial U}{\partial z}\cos\gamma + HU = 0 \quad \text{pour } x^2 + y^2 + z^2 = r,$$

α, β, γ étant les cosinus des angles formés par la normale extérieure avec les axes coordonnés.

Remplaçons x, y, z par des coordonnées polaires ρ, θ, ψ. L'équation aux dérivées partielles deviendra (t. I, n° 42)

$$(92)\qquad \frac{\partial U}{\partial t} = a^2\left(\frac{\partial^2 U}{\partial \rho^2} + \frac{1}{\rho^2\sin^2\theta}\frac{\partial^2 U}{\partial \psi^2} + \frac{1}{\rho^2}\frac{\partial^2 U}{\partial \theta^2} + \frac{2}{\rho}\frac{\partial U}{\partial \rho} + \frac{\cot\theta}{\rho^2}\frac{\partial U}{\partial \theta}\right).$$

La condition initiale prendra la forme

$$(93)\qquad U = f \quad \text{pour} \quad t = 0, \quad \rho < r,$$

et la condition à la surface deviendra, en remarquant que l'on a

$$\cos\alpha = \frac{\partial x}{\partial \rho}, \qquad \cos\beta = \frac{\partial y}{\partial \rho}, \qquad \cos\gamma = \frac{\partial z}{\partial \rho},$$

$$(94)\qquad \frac{\partial R}{\partial \rho} + HU = 0 \quad \text{pour} \quad \rho = r.$$

335. Pour déterminer une solution simple qui satisfasse

aux équations (92) et (94), posons

$$U = e^{-a^2 p^2 t} Y_n R,$$

p désignant une constante, Y_n une fonction de Laplace et R une fonction de ρ. Ces équations deviendront, après qu'on aura chassé les dénominateurs et supprimé les facteurs communs,

$$(95) \qquad \begin{cases} 0 = \rho^2 \dfrac{d^2 R}{d\rho^2} + 2\rho \dfrac{dR}{d\rho} + [p^2\rho^2 - n(n+1)]\,R \\ = \dfrac{d}{d\rho} \rho^2 \dfrac{dR}{d\rho} + [p^2\rho^2 - n(n+1)]\,R, \end{cases}$$

$$(96) \qquad \frac{dR}{d\rho} + HR = 0 \quad \text{pour} \quad \rho = r.$$

L'équation (95) rentre dans la catégorie de celles que nous avons ramenées à l'équation de Bessel (191). Elle admet, comme solution particulière l'expression,

$$(p\rho)^{-\frac{1}{2}} J_{n+\frac{1}{2}}(p\rho),$$

que nous désignerons par $F_n(p\rho)$. Cette fonction est le produit de $p^n \rho^n$ par une série, procédant suivant les puissances entières de $p^2 \rho^2$.

Il reste à satisfaire à l'équation aux limites (96). Il faut pour cela que p soit une racine de l'équation transcendante

$$\frac{\partial F_n(pr)}{\partial r} + H F_n(pr) = 0.$$

Le premier membre de cette équation est évidemment une fonction entière de p^2 si $n = 0$; une semblable fonction, multipliée par p^n, si $n > 0$; supprimant, dans ce dernier cas, la racine parasite $p = 0$, qui ne fournirait qu'une solution identiquement nulle, nous obtiendrons dans tous les cas une équation de la forme

$$(97) \qquad \varpi_n(p^2) = 0.$$

La fonction $F_n(p\rho)$ s'annule évidemment pour $\rho = 0$

si $n > 0$; et, si $n = 0$, sa dérivée s'annule; on aura donc, dans tous les cas, en désignant par p et q deux valeurs quelconques du paramètre p,

$$\mathrm{F}_n(q\rho)\frac{\partial \mathrm{F}_n(p\rho)}{\partial\rho} - \mathrm{F}_n(p\rho)\frac{\partial \mathrm{F}_n(q\rho)}{\partial\rho} = 0 \quad \text{pour } \rho = 0,$$

et la même relation aura lieu pour $\rho = r$, si p et q sont racines de l'équation (97).

L'équation (95) est d'ailleurs un cas particulier de l'équation (36) considérée aux nos 305 et suivants, à laquelle elle se réduit en remplaçant V, x, r, X par R, ρ, p^2, r et donnant à k, g, l les valeurs particulières ρ^2, ρ^2, $n(n+1)$. On en conclut :

1° Que les valeurs de p^2 qui satisfont à l'équation $\varpi_n(p^2) = 0$ sont toutes réelles, inégales et en nombre infini;

2° Qu'en désignant par p^2, q^2, ... ces racines, l'intégrale

$$\mathrm{K}_{pq}^n = \int_0^r \rho^2\,\mathrm{F}_n(p\rho)\,\mathrm{F}_n(q\rho)\,d\rho$$

sera nulle, si p^2 diffère de q^2; soit, au contraire, $q = p$; on aura

$$\begin{aligned}\mathrm{K}_{pp}^n &= r^2\left[\frac{\partial \mathrm{F}_n(pr)}{\partial p^2}\frac{\partial \mathrm{F}_n(pr)}{\partial r} - \mathrm{F}_n(pr)\frac{\partial^2 \mathrm{F}_n(pr)}{\partial r\,\partial p^2}\right]\\ &= \frac{r^2}{2p}\left[\frac{\partial \mathrm{F}_n(pr)}{\partial p}\frac{\partial \mathrm{F}_n(pr)}{\partial r} - \mathrm{F}_n(pr)\frac{\partial^2 \mathrm{F}_n(pr)}{\partial r\,\partial p}\right].\end{aligned}$$

336. Nous nous bornerons à considérer les racines positives de l'équation

$$\varpi_n(p^2) = 0.$$

Soit p l'une d'elles. Posons, d'autre part, comme au n° 317,

$$\cos\theta = \mu, \qquad \mathrm{P}_n^m(\mu) = \frac{(1-\mu^2)^{\frac{m}{2}}}{2^n\,n!}\,\frac{d^{m+n}(\mu^2-1)^n}{d\mu^{m+n}}.$$

On a vu que $\mathrm{P}_n^m(\mu)\cos m\psi$, $\mathrm{P}_n^m(\mu)\sin m\psi$ sont des fonctions Y_n; on satisfera donc à la fois à l'équation aux dérivées partielles et à la condition à la surface par les solutions simples

$$e^{-a^2p^2t}\,P_n^m(\mu)\cos m\psi\,F_n(p\rho),$$
$$e^{-a^2p^2t}\,P_n^m(\mu)\sin m\psi\,F_n(p\rho),$$

et plus généralement par la série

$$\Sigma\Sigma\Sigma\, e^{-a^2p^2t}\,P_n^m(\mu)\,(A_{mnp}\cos m\psi + B_{mnp}\sin m\psi)\,F_n(p\rho),$$

où les A, B sont des constantes arbitraires, et les sommations s'étendant :

1° Celle par rapport à n, à toutes les valeurs entières de o à ∞; 2° celle par rapport à m, aux valeurs entières de o à n; 3° celle par rapport à p, à toutes les racines positives de l'équation $\varpi_n(p^2) = 0$.

337. Cherchons à déterminer les constantes A, B, de telle sorte que la série satisfasse à la condition initiale

$$(98)\qquad \Sigma\Sigma\Sigma\, P_n^m(\mu)\,(A_{mnp}\cos m\psi + B_{mnp}\sin m\psi)\,F_n(p\rho) = f$$

pour tous les points intérieurs de la sphère, c'est-à-dire pour $\rho \gtreqless 0 < r$, $\mu \gtreqless -1 \lesseqgtr 1$, $\psi \gtreqless 0 \lesseqgtr 2\pi$.

Soit m', n', p' un des systèmes de valeurs associées des paramètres m, n, p. Pour déterminer $A_{m'n'p'}$, multiplions l'équation (98) par $\cos m'\psi\, d\psi$ et intégrons de o à 2π. Tous les termes du premier membre donnent une intégrale nulle, sauf ceux qui contiennent $\cos m'\psi$. On a, pour ceux-ci,

$$\int_0^{2\pi} \cos^2 m'\psi\, d\psi = \lambda_{m'}\pi, \qquad \lambda_{m'} = \begin{cases} 1, & \text{si } m' > 0, \\ 2, & \text{si } m' = 0. \end{cases}$$

Il viendra donc

$$\int_0^{2\pi} f\cos m'\psi\, d\psi = \Sigma\Sigma\, P_n^{m'}(\mu)\, A_{m'np}\lambda_{m'}\pi\, F(p\rho).$$

Multiplions cette égalité par $P_{n'}^{m'}(\mu)\,d\mu$ et intégrons de -1 à $+1$. Tous les termes du second membre donneront une intégrale nulle (318), sauf ceux où $n = n'$, pour lesquels on a

$$\int_{-1}^{+1} P_{n'}^{m'}(\mu)\, P_{n'}^{m'}(\mu)\, d\mu = \frac{n'+m'!}{n'-m'!}\,\frac{2}{2n'+1} = I_{n'n'}^{m'}.$$

Il viendra donc

$$\int_{-1}^{+1}\int_{0}^{2\pi} f \cos m'\psi\, P_{n'}^{m'}(\mu)\, d\psi\, d\mu = \Sigma A_{m'n'p}\lambda_{m'}\pi I_{n'n'}^{m'}\, F(p\rho),$$

la sommation ne s'étendant plus qu'aux valeurs de p correspondant à la valeur n' de l'entier n.

Multiplions enfin par $\rho^2 F(p'\rho)\, d\rho$ et intégrons de o à r; tous les termes du second membre donneront une intégrale nulle, sauf celui où $p = p'$, et l'on aura finalement, pour déterminer $A_{m'n'p'}$, l'équation

$$\int_{0}^{r}\int_{-1}^{+1}\int_{0}^{2\pi} f \cos m'\psi\, P_{n'}^{m'}(\mu)\rho^2 F(p'\rho)\, d\psi\, d\mu\, d\rho$$
$$= A_{m'n'p'}\lambda_{m'}\pi I_{n'n'}^{m'} K_{p'p'}^{n'}.$$

On trouvera, par le même procédé, pour déterminer $B_{m'n'p'}$, l'équation analogue

$$\int_{0}^{r}\int_{-1}^{+1}\int_{0}^{2\pi} f \sin m'\psi\, P_{n'}^{m'}(\mu)\rho^2 F(p'\rho)\, d\psi\, d\mu\, d\rho$$
$$= B_{m'n'p'}\lambda_{m'}\pi I_{n'n'}^{m'} K_{p'p'}^{n'}.$$

Substituons, dans la série (98), les valeurs que nous venons de trouver pour les coefficients, et accentuons les variables d'intégration, afin de pouvoir faire rentrer sans ambiguïté sous les signes d'intégration les facteurs qui leur sont extérieurs; nous obtiendrons comme valeur initiale de U l'expression

$$(99)\quad \left\{ \begin{aligned} &\sum\sum\sum \int_{0}^{r}\int_{-1}^{+1}\int_{0}^{2\pi} \frac{f(\psi',\mu',\rho')}{\lambda_m \pi I_{nn}^{m} K_{pp}^{n}} P_n^m(\mu)\, P_n^m(\mu') \cos m(\psi-\psi') \\ &\qquad \times \rho'^2 F_n(p\rho)\, F_n(p\rho')\, d\psi'\, d\mu'\, d\rho'. \end{aligned} \right.$$

338. Mais il reste à prouver que, en additionnant les termes de cette série triple dans un ordre convenable, on trouvera bien pour somme $f(\psi, \mu, \rho)$.

Laissons d'abord n et m constants, et bornons-nous à faire varier p de manière à lui faire prendre successivement pour valeurs les diverses racines positives de l'équation

$$\varpi_n(p^2) = 0,$$

supposées rangées par ordre de grandeur croissante. Nous aurons à déterminer la valeur de la somme

$$(100) \qquad \sum \int_0^r \frac{f(\psi', \mu', \rho')}{K_{pp}^n} \rho'^2 F_n(p\rho) F_n(p\rho') \, d\rho'$$

pour les valeurs de ρ comprises entre o et r. Nous verrons qu'elle est égale à $f(\psi', \mu', \rho)$ [pourvu que cette expression, considérée comme fonction de ρ, soit continue et ait une variation limitée dans l'intervalle de o à r, quels que soient ψ' et μ'].

La somme (99) se réduira dès lors à la somme double

$$\sum\sum \int_{-1}^{+1} \int_0^{2\pi} \frac{f(\psi', \mu', \rho)}{\lambda_m \pi I_{nn}^m} P_n^m(\mu) P_n^m(\mu') \cos m(\psi - \psi') \, d\psi' \, d\mu',$$

qu'on sait être égale à $f(\psi, \mu, \rho)$ [319].

Tout revient donc à établir ce que nous avons annoncé pour la somme de la série (100).

339. En cessant, pour plus de simplicité, de mettre en évidence les quantités ψ', μ', n qui conservent une valeur constante dans toute cette recherche, cette expression peut s'écrire ainsi :

$$(100)' \qquad \int_0^r f(\rho')\rho'^2 \, d\rho' \sum \frac{F(p\rho) F(p\rho')}{K_{pp}}.$$

La fonction $F(p\rho)$ satisfait à l'équation différentielle

$$\frac{\partial}{\partial \rho} \rho^2 \frac{\partial F(p\rho)}{\partial \rho} + [p^2\rho^2 - n(n+1)] F(p\rho) = 0,$$

et, comme elle est symétrique en ρ et p, on aura aussi

$$(101) \qquad \frac{\partial}{\partial p} p^2 \frac{\partial F(p\rho)}{\partial p} + [p^2\rho^2 - n(n+1)] F(p\rho) = 0.$$

On a de même

$$\frac{\partial}{\partial p} p^2 \frac{\partial F(p\rho')}{\partial p} + [p^2\rho'^2 - n(n+1)] F(p\rho') = 0.$$

En combinant ces deux équations, on trouve

$$\begin{aligned}(\rho'^2 - \rho^2) & p^2 F(p\rho) F(p\rho') \\ &= F(p\rho') \frac{\partial}{\partial p} p^2 \frac{\partial F(p\rho)}{\partial p} - F(p\rho) \frac{\partial}{\partial p} p^2 \frac{\partial F(p\rho')}{\partial p} = \varphi'(p);\end{aligned}$$

en posant, pour abréger,

$$\begin{aligned}\varphi(p) &= p^2 \left[F(p\rho') \frac{\partial}{\partial p} F(p\rho) - F(p\rho) \frac{\partial}{\partial p} F(p\rho') \right] \\ &= p^2 [\rho F(p\rho') F'(p\rho) - \rho' F(p\rho) F'(p\rho')].\end{aligned}$$

on aura, par suite,

$$(102) \qquad F(p\rho) F(p\rho') = \frac{\varphi'(p)}{(\rho'^2 - \rho^2) p^2}.$$

Nous avons trouvé d'autre part

$$K_{pp} = \frac{r^2}{2p} \left[\frac{\partial F(pr)}{\partial p} \frac{\partial F(pr)}{\partial r} - F(pr) \frac{\partial^2 F(pr)}{\partial r \, \partial p} \right].$$

Pour transformer cette expression, nous remarquerons qu'on a

$$\frac{\partial F(pr)}{\partial r} = p F'(pr) = \frac{p}{r} \frac{\partial F(pr)}{\partial p},$$

ce qui permet de mettre K_{pp} sous la forme

$$(103) \qquad K_{pp} = \frac{r}{2p} \left\{ p \left[\frac{\partial F(pr)}{\partial p} \right]^2 - F(pr) \frac{\partial}{\partial p} p \frac{\partial F(pr)}{\partial p} \right\}$$

et de donner à l'équation à la surface

$$\frac{\partial F(pr)}{\partial r} + H F(pr) = 0$$

la forme suivante :

$$(104)\qquad p\frac{\partial F(pr)}{\partial p}+HrF(pr)=0.$$

Désignons par $\psi(p)$ le premier membre de cette équation ; l'identité

$$(105)\qquad p\frac{\partial F(pr)}{\partial r}+HrF(pr)=\psi(p),$$

étant différentiée, donnera

$$(106)\qquad \frac{\partial}{\partial p}p\frac{\partial F(pr)}{\partial p}+Hr\frac{\partial F(pr)}{\partial p}=\psi'(p).$$

Enfin, pour $\rho=r$, l'équation (101) peut se mettre sous la forme

$$(107)\qquad \begin{cases} p\dfrac{\partial}{\partial p}p\dfrac{\partial F(pr)}{\partial p}+p\dfrac{\partial F(pr)}{\partial p} \\ \quad +[p^2r^2-n(n+1)]F(pr)=0. \end{cases}$$

Tirons des équations (104), (106), (107) les valeurs de $F(pr)$, $\frac{\partial F(pr)}{\partial p}$, $\frac{\partial}{\partial p}p\frac{\partial F(pr)}{\partial p}$ pour les substituer dans (103), il viendra

$$K_{pp}=\frac{r}{2Q(p)}\psi'^2(p),$$

en posant, pour abréger,

$$p^2r^2-n(n+1)-Hr(1-Hr)=Q(p).$$

On aura, par suite,

$$\frac{F(p\rho)F(p\rho')}{K_{pp}}=\frac{2Q(p)\varphi'(p)}{r(\rho'^2-\rho^2)p^2\psi'^2(p)}.$$

340. Il est aisé de voir que cette expression est le résidu, pour le pôle $z=p$, de la fonction

$$\chi(z)=\frac{2Q(z)\varphi(z)}{r(\rho'^2-\rho^2)z^2\psi^2(z)}.$$

En effet, posons $z = p + h$; on aura

$$Q(z) = Q(p) + h\,Q'(p) + \ldots,$$
$$\varphi(z) = \varphi(p) + h\,\varphi'(p) + \ldots,$$
$$\frac{1}{z^2} = \frac{1}{p^2}\left(1 - \frac{2h}{p} + \ldots\right),$$
$$\frac{1}{\psi^2(z)} = \left[h\,\psi'(p) + \frac{h^2\,\psi''(p)}{1.2} + \ldots\right]^{-2}$$
$$= \frac{1}{\psi'^2(p)}\left[\frac{1}{h^2} - \frac{\psi''(p)}{h\,\psi'(p)} + \ldots\right].$$

Le résidu cherché sera donc

$$\frac{2\,Q(p)\,\varphi'(p)}{r(\rho'^2 - \rho^2)\,p^2\,\psi'^2(p)}$$
$$+ \frac{2\,\varphi(p)}{r(\rho'^2 - \rho^2)\,p^2\,\psi'^2(p)}\left[-\frac{Q(p)\,\psi''(p)}{\psi'(p)} + Q'(p) - \frac{2\,Q(p)}{p}\right].$$

Or la quantité entre parenthèses est nulle. En effet, les équations (105), (106) et (107), résolues par rapport à $\frac{\partial}{\partial p}p\frac{\partial\,F(pr)}{\partial p}$, $\frac{\partial\,F(pr)}{\partial p}$, $F(pr)$, donnent

$$F(pr) = -\frac{(1 - Hr)\,\psi(p) + p\,\psi'(p)}{Q(p)}.$$

Substituons cette expression et sa dérivée dans l'équation (104). Il viendra, en tenant compte de ce que $\psi(p)$ est nul,

$$-p\left[\frac{(1 - Hr)\,\psi'(p) + \psi'(p) + p\,\psi''(p)}{Q(p)} - \frac{p\,\psi'(p)\,Q'(p)}{Q^2(p)}\right]$$
$$- \frac{Hrp\,\psi'(p)}{Q(p)} = 0$$

ou, en réduisant et divisant par $\frac{p^2\,\psi'(p)}{Q^2(p)}$,

$$-\frac{Q(p)\,\psi''(p)}{\psi'(p)} + Q'(p) - \frac{2\,Q(p)}{p} = 0.$$

341. On remarquera d'ailleurs que, pour $z = 0$, la fonc-

tion $\chi(z)$ n'est pas infinie, car $\varphi(z)$ contient le facteur z^2 qui figure au dénominateur. Donc $\chi(z)$ n'a d'autres pôles que les racines p, et l'intégrale

$$\frac{1}{2\pi i}\int \chi(z)\,dz,$$

prise suivant un contour fermé quelconque situé à droite de l'axe des y, sera égale à la somme

$$\sum \frac{F(p\rho)\,F(p\rho')}{K_{pp}},$$

bornée à celles des racines p qui sont contenues dans ce contour.

Les termes correspondants de la somme $(100)'$ donneront l'intégrale double

$$(108)\qquad \int_0^r f(\rho')\rho'^2\,d\rho'\,\frac{1}{2\pi i}\int \chi(z)\,dz.$$

342. Prenons pour contour d'intégration (*fig.* 9) le rec-

Fig. 9.

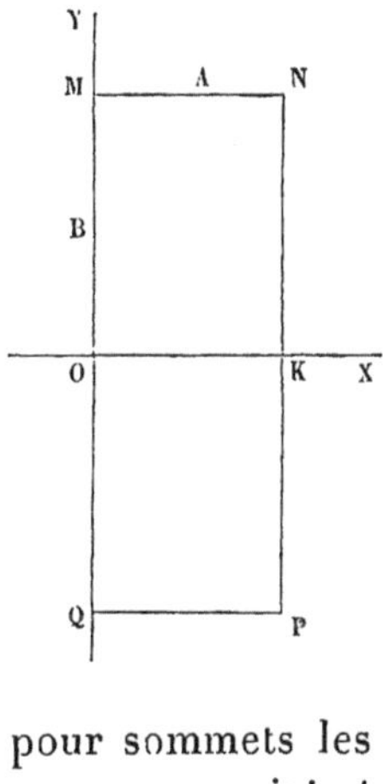

tangle MNPQ qui a pour sommets les points Bi, $A+Bi$, $A-Bi$, $-Bi$, A étant une quantité réelle de la forme

$$\left(\frac{n}{2}+2k\right)\frac{\pi}{r},$$

où k est un entier, et B une autre quantité réelle, très grande par rapport à A. En faisant croître indéfiniment l'entier k, ce rectangle contiendra un nombre de racines de plus en plus grand; on obtiendra donc la somme (100)′ en cherchant la limite de l'expression (108) pour $k = \infty$.

Pour établir que cette expression a pour limite $f(\rho)$, il nous suffira de faire voir : 1° que l'intégrale

$$(109) \qquad \int_\rho^b \frac{\rho'^2 d\rho'}{2\pi i} \int \chi(z)\, dz,$$

où b est une quantité variable entre o et r, reste constamment inférieure à une limite finie; 2° qu'elle tend uniformément vers $\frac{1}{2}$ lorsque k croît indéfiniment, tant que b restera inférieur à $\rho - \varepsilon$ ou supérieur à $\rho + \varepsilon$, ε étant une constante quelconque.

En effet, l'intégrale (108) étant décomposée en deux autres, où l'intégration relative à ρ' s'étend respectivement de o à ρ et de ρ à r, ces intégrales partielles auront respectivement pour valeur (t. II, n° 219)

$$\tfrac{1}{2} f(\rho - 0) \quad \text{et} \quad \tfrac{1}{2} f(\rho + 0).$$

Leur somme sera donc égale à $f(\rho)$, puisque cette fonction est supposée continue.

Nous remarquerons d'abord que, $\chi(z)$ étant une fonction impaire, les éléments de l'intégrale $\int \frac{\chi(z)\, dz}{2\pi i}$ prise sur le côté MQ se détruisent deux à deux. En outre, $\chi(z)$ prenant des valeurs imaginaires conjuguées en deux points symétriques par rapport à l'axe des x, le reste de la ligne d'intégration relative à z pourra être borné à sa moitié supérieure KNM, à la condition de doubler la partie réelle et de supprimer la partie imaginaire du résultat obtenu.

343. Cela posé, si, dans les formules des n°s 212 à 215, nous changeons x en z et n en $n + \frac{1}{2}$, il viendra, en désignant

par C une constante réelle,

$$\begin{aligned} F(z) &= z^{-\frac{1}{2}} J_{n+\frac{1}{2}}(z) \\ &= \frac{C z^n}{(1-e^{2\pi i n}) i}(I_3 - I_4) = -\frac{C z^n (I'_3 - I'_4)}{i} \\ &= -C z^n \left(e^{-\frac{\pi i}{2}} I'_3 + e^{\frac{\pi i}{2}} I'_4\right). \end{aligned}$$

Effectuant d'ailleurs le même changement dans les expressions I'_3 et I'_4 et supposant n entier après la substitution, il viendra

$$I'_3 = -2^n \frac{e^{-n\frac{\pi i}{2}} e^{iz}}{z^{n+1}} H,$$

H étant un polynôme limité, procédant suivant les puissances entières et croissantes de $\frac{i}{z}$, et l'on trouvera pour I'_4 l'expression conjuguée de I'_3.

La fonction $F(z)$ sera donc égale au double de la partie réelle de l'expression

$$2^n C \frac{e^{i\left[z-(n+1)\frac{\pi}{2}\right]} H}{z},$$

et, si nous posons, pour abréger, $(n+1)\frac{\pi}{2} = \lambda$, on trouvera ainsi, pour $F(z)$, une expression de la forme

$$(110) \qquad F(z) = \frac{\cos(z-\lambda)}{z}(\alpha + \theta) + \sin(z-\lambda)\theta_1,$$

α étant une constante, et θ, θ_1 des polynômes en $\frac{1}{z^2}$. On en déduit, pour $F'(z)$, $F''(z)$, des expressions analogues

$$(111) \qquad F'(z) = -\frac{\sin(z-\lambda)}{z}(\alpha + \theta_2) + \cos(z-\lambda)\theta_3,$$

$$(112) \qquad F''(z) = -\frac{\cos(z-\lambda)}{z}(\alpha + \theta_4) + \sin(z-\lambda)\theta_5,$$

θ_2, θ_3, θ_4, θ_5 étant encore des polynômes en $\frac{1}{z^2}$.

Soit $z = u + ti$, t étant positif ou nul. Le module des quantités

$$\cos(z - \lambda) = \frac{e^{-t+(u-\lambda)i} + e^{t-(u-\lambda)i}}{2},$$

$$\sin(z - \lambda) = \frac{e^{-t+(u-\lambda)i} - e^{t-(u-\lambda)i}}{2i}$$

sera compris entre

$$\frac{e^t + e^{-t}}{2} \quad \text{et} \quad \frac{e^t - e^{-t}}{2},$$

et, par suite, moindre que e^t. En particulier, si t est très grand, il se réduira sensiblement à $\frac{1}{2}e^t$.

D'ailleurs, si le module $\sqrt{u^2 + t^2}$ de z est > 1, les modules des polynômes $\theta, \ldots, \theta_5$ seront limités; et si $\operatorname{mod} z$ est très grand, ils seront du même ordre de grandeur que $\frac{1}{(\operatorname{mod} z)^2}$.

Les modules des quantités $F(z)$, $F'(z)$, $F''(z)$ seront donc, si t est très grand, sensiblement égaux à

$$\frac{\alpha e^t}{2 \operatorname{mod} z}$$

et seront, dans tous les cas, moindres que

$$l \frac{e^t}{\operatorname{mod} z},$$

l désignant une constante.

Ce dernier résultat, que nous venons d'établir en supposant $\operatorname{mod} z > 1$, subsiste évidemment encore si $\operatorname{mod} z \leqq 1$; car, dans cette hypothèse, $\frac{e^t}{\operatorname{mod} z}$ est au moins égal à 1, et, d'autre part, les fonctions entières $F(z)$, $F'(z)$, $F''(z)$ restent inférieures à une limite fixe.

344. Il est maintenant aisé de trouver, soit la valeur approchée, soit une limite supérieure du module de chacun des facteurs de la quantité

$$\rho'^2\chi(z) = \frac{2\rho'}{r}\frac{Q(z)}{\psi^2(z)} \frac{\rho'\varphi(z)}{(\rho'^2-\rho^2)z^2}$$

qui figure dans l'intégrale (109), lorsque mod z est très grand, ce qui a lieu sur toute la ligne d'intégration.

On a tout d'abord $\frac{2\rho'}{r} < 2$. En second lieu,

$$Q(z) = r^2 z^2 - n(n+1) - Hr(1 - Hr)$$

a son module sensiblement égal à $r^2(\text{mod}\, z)^2$.

On a, d'autre part,

$$\psi(z) = z\frac{\partial F(rz)}{\partial z} + Hr\, F(rz)$$
$$= rzF'(rz) + Hr\, F(rz).$$

Sur le côté horizontal du rectangle, où $z = u + Bi$, u variant de o à A et B étant très grand, les modules de $F(rz)$, $F'(rz)$ seront sensiblement égaux à $\frac{\alpha}{2}\frac{e^{rB}}{r\,\text{mod}\, z}$ et l'on aura sensiblement

$$\text{mod}\,\psi(z) = \frac{\alpha}{2}e^{rB}.$$

Sur le côté vertical, où $z = A + ti$, t variant de o à B, on aura, en remplaçant A et λ par leurs valeurs,

$$rz - \lambda = rA - \lambda + rti = (2k - \tfrac{1}{2})\pi + rti$$

d'où

$$\sin(rz - \lambda) = -\cos rti, \qquad \cos(rz - \lambda) = \sin rti,$$

et, par suite,

$$\psi(z) = rz\left\{\frac{\cos rti}{rz}[\alpha + \theta_2(rz)] + \sin rti\,\theta_3(rz)\right\}$$
$$+ Hr\left\{\frac{\sin rti}{rz}[\alpha + \theta(rz)] - \cos rti\,\theta_1(rz)\right\}.$$

On en déduit

(113) $\psi^2(z) = \alpha^2\cos^2 rti(1 + M + M'\,\text{tang}\, rti + M''\,\text{tang}^2 rti),$

M, M', M'', M''' étant des polynômes formés avec les puissances négatives de $A + ti$; A étant très grand, ces polynômes ont leurs modules très petits; d'autre part, lorsque t varie de o à ∞, $\tang rti$ varie régulièrement de o à i; donc on aura sensiblement

$$\operatorname{mod} \psi^2(z) = \alpha^2 \cos^2 rti = \frac{\alpha^2}{4}(e^{rt} + e^{-rt})^2 > \frac{\alpha^2}{4} e^{2rt}.$$

Considérons enfin le dernier facteur,

$$\frac{\rho' \varphi(z)}{(\rho'^2 - \rho^2) z^2} = \rho' \left[\frac{\rho \, F(\rho' z) \, F'(\rho z) - \rho' \, F(\rho z) \, F'(\rho' z)}{\rho'^2 - \rho^2} \right].$$

Il peut se mettre sous la forme

$$\rho' \left[\begin{array}{l} \frac{1}{2} F'(\rho z) \dfrac{F(\rho' z) - F(\rho z)}{\rho' - \rho} - \frac{1}{2} F(\rho z) \dfrac{F'(\rho' z) - F'(\rho z)}{\rho' - \rho} \\ \quad - \dfrac{1}{2} \dfrac{F(\rho' z) F'(\rho z) + F(\rho z) F'(\rho' z)}{\rho' + \rho} \end{array} \right].$$

Or on a

$$\rho' \frac{F(\rho' z) - F(\rho z)}{\rho' - \rho} = \frac{\rho'}{\rho' - \rho} \int_{\rho}^{\rho'} F'(xz) z \, dx,$$

expression dont le module a pour limite supérieure

$$\rho' \mu \operatorname{mod} z,$$

μ désignant une limite supérieure du module de $F'(xz)$; or ce dernier module est moindre que

$$\frac{le^{xt}}{\operatorname{mod} xz} < \frac{rle^{rt}}{\rho\rho' \operatorname{mod} z},$$

car x, variant entre ρ et ρ', qui sont eux-mêmes compris entre o et r, sera $< r$, mais $> \frac{\rho\rho'}{r}$.

On a donc pour limite supérieure du module cherché l'expression

$$\frac{rle^{rt}}{\rho}.$$

Le même procédé, appliqué à l'expression

$$\rho' \frac{F'(\rho' z) - F'(\rho z)}{\rho' - \rho},$$

donnera pour son module la même limite.

Substituant pour ces quantités, ainsi que pour $F(\rho z)$, $F'(\rho z)$, ..., les limites de leurs modules, il viendra

$$\operatorname{mod} \frac{\rho' \varphi(z)}{(\rho'^2 - \rho^2) z^2} < \frac{l^2 r e^{(r+\rho)t}}{\rho^2 \operatorname{mod} z} + \frac{l^2 e^{(\rho'+\rho)t}}{(\rho + \rho')\rho \operatorname{mod}^2 z}.$$

D'ailleurs, ρ' étant $\overline{\overline{<}} r$ et $\operatorname{mod} z$ étant très grand, le second terme de cette expression sera négligeable par rapport au premier.

345. Il résulte des évaluations qui précèdent que, sur le côté horizontal du rectangle où $t = B$, et où $\operatorname{mod} z$ est sensiblement égal à B, l'intégrale (109) s'annule pour $B = \infty$; car on aura

$$\operatorname{mod} \int_\rho^b \int_0^A \frac{\rho'^2 \chi(z)}{2\pi i} du \overline{\overline{<}} \frac{\operatorname{mod}(b - \rho)}{2\pi} A \mu,$$

μ désignant le maximum du module de $\rho'^2 \chi(z)$, lequel, d'après ce qui précède, ne peut surpasser sensiblement la quantité

$$2 r^2 B^2 \frac{4}{\alpha^2 e^{2rB}} \frac{l^2 r e^{(r+\rho)B}}{\rho^2 B},$$

qui s'annule pour $B = \infty$, car elle contient en dénominateur l'exponentielle $e^{(r-\rho)B}$.

Considérons maintenant l'intégrale suivant le côté vertical, laquelle, pour $B = \infty$, se réduit à

$$\frac{1}{2\pi} \int_\rho^b \int_0^\infty \rho'^2 \chi(A + ti)\, dt.$$

Elle a une valeur limitée, car son module est au plus égal à

$$\frac{\operatorname{mod}(b - \rho)}{2\pi} \int_0^\infty \mu\, dt < \frac{r}{2\pi} \int_0^\infty \mu\, dt,$$

μ désignant une limite supérieure du module de $\rho'^2\chi(A+ti)$. Or mod z étant ici égal à $\sqrt{A^2+t^2}$, μ ne peut surpasser sensiblement l'expression

$$2r^2(A^2+t^2)\frac{4}{\alpha^2 e^{2rt}}\frac{l^2 r e^{(r+\rho)t}}{\rho^2\sqrt{A^2+t^2}},$$

laquelle donne une intégrale finie, à cause de la présence du facteur $e^{(r-\rho)t}$ au dénominateur.

Nous allons enfin démontrer que l'intégrale, suivant le côté vertical, tend uniformément vers $\frac{1}{4}$ pour $A=\infty$, quelle que soit la valeur constante ou variable assignée à b.

A cet effet, nous remarquerons d'abord que l'on peut supposer $b \gtreqless \frac{1}{A}$. En effet, si b était $<\frac{1}{A}$, on pourrait décomposer le champ d'intégration relatif à ρ' en deux autres, s'étendant l'un de ρ à $\frac{1}{A}$, l'autre de $\frac{1}{A}$ à b. Le module de l'intégrale relative à cette seconde partie du champ est au plus égal à

$$\left(\frac{1}{A}-b\right)\int_0^\infty \mu\, dt$$

et *a fortiori* à $\frac{1}{A}\int_0^\infty \mu\, dt$, quantité indépendante de b, et qui s'annule pour $A=\infty$. On n'aura donc à considérer que la première partie du champ.

346. Supposons donc $b \gtreqless \frac{1}{A}$. Pour déterminer dans ce cas la valeur limite de l'intégrale, il ne suffira plus d'assigner, comme on l'a fait jusqu'à présent, une limite supérieure à son module; mais il faudra analyser avec plus de précision la nature des facteurs de $\chi(z)$.

Considérons d'abord le facteur

$$\varphi(z)=z^2[\rho\,F(\rho' z)\,F'(\rho z)-\rho'\,F(\rho z)\,F'(\rho' z)].$$

Substituons aux fonctions $F(\rho z)$, ... leurs valeurs

$$F(\rho z)=\frac{\cos(\rho z-\lambda)}{\rho z}[\alpha+\theta(\rho z)]+\sin(\rho z-\lambda)\theta_1(\rho z),$$

. . . . ,

il viendra

$$\varphi(z)=\frac{1}{\rho\rho'}\left\{\begin{array}{l}\sin(\rho' z-\lambda)\cos(\rho z-\lambda)[\alpha^2\rho'+D]\\ -\cos(\rho' z-\lambda)\sin(\rho z-\lambda)[\alpha^2\rho+D']\\ +\sin(\rho' z-\lambda)\sin(\rho z-\lambda)D''\\ +\cos(\rho' z-\lambda)\cos(\rho z-\lambda)D'''\end{array}\right\},$$

chacune des quantités D, D′, D″, D‴ étant une somme de fractions simples, de la forme

$$\frac{c}{\rho^{\mu}\rho'^{\nu}z^{\mu+\nu+1}}.$$

En faisant usage des formules

$$\sin(\rho' z-\lambda)\cos(\rho z-\lambda)=\frac{\sin[(\rho+\rho')z-2\lambda]+\sin(\rho'-\rho)z}{2},$$

....,

on peut mettre cette expression sous la forme

$$\varphi(z)=\frac{1}{\rho\rho'}\left\{\begin{array}{l}\sin(\rho'-\rho)z\left[\alpha^2\left(\frac{\rho'+\rho}{2}\right)+E\right]\\ +\sin[(\rho'+\rho)z-2\lambda]\left[\alpha^2\left(\frac{\rho'-\rho}{2}\right)+E'\right]\\ +\cos(\rho'-\rho)z\,E''+\cos[(\rho'+\rho)z-2\lambda]E'''\end{array}\right\}.$$

E, E′, ... étant de la même forme que D, D′, ...

D'ailleurs, pour $\rho'=\rho$, $\varphi(z)$ s'annule identiquement; donc E′, E″, E‴ s'annulent. Si donc une de ces fonctions contient la fraction simple

$$\frac{c}{\rho^{\mu}\rho'^{\nu}z^{\mu+\nu+1}},$$

elle contiendra son associée

$$-\frac{c}{\rho^{\nu}\rho'^{\mu}z^{\mu+\nu+1}}.$$

Cette fraction, ajoutée à la précédente, donnera un résultat de la forme

$$(\rho'-\rho)\sum\frac{c_{\beta\gamma}}{\rho^{\beta}\rho'^{\gamma}z^{\mu+\nu+1}},\quad \text{où } \gamma+\delta=\mu+\nu-1.$$

On aura donc

$$E'=(\rho'-\rho)F',\qquad E''=(\rho'-\rho)F'',\qquad E'''=(\rho'-\rho)F''',$$

F′, F″, F‴ étant des sommes de fractions simples, de la forme

$$\frac{c_{\beta\gamma}}{\rho^{\beta}\rho'^{\gamma}z^{\beta+\gamma+2}}.$$

Substituons, dans les arguments des lignes trigonométriques, la valeur $z = A + ti$ et séparons la partie réelle de la partie imaginaire au moyen des formules d'addition. Remarquons enfin que 2λ ne diffère de $2rA$ que par un nombre impair de demi-circonférences ; il viendra

$$\begin{aligned}\rho\rho'\varphi(z) = {} & \begin{bmatrix}\sin(\rho'-\rho)A\cos(\rho'-\rho)it\\ +\cos(\rho'-\rho)A\sin(\rho'-\rho)it\end{bmatrix}\left[\frac{\alpha^2}{2}(\rho'+\rho)+E\right]\\ & + \begin{bmatrix}\sin(2r-\rho-\rho')A\cos(\rho'+\rho)it\\ -\cos(2r-\rho-\rho')A\sin(\rho'+\rho)it\end{bmatrix}(\rho'-\rho)\left(\frac{\alpha^2}{2}+F'\right)\\ & + \begin{bmatrix}\cos(\rho'-\rho)A\cos(\rho'-\rho)it\\ -\sin(\rho'-\rho)A\sin(\rho'-\rho)it\end{bmatrix}(\rho'-\rho)F''\\ & + \begin{bmatrix}-\cos(2r-\rho-\rho')A\cos(\rho'+\rho)it\\ -\sin(2r-\rho-\rho')A\sin(\rho'+\rho)it\end{bmatrix}(\rho'-\rho)F'''.\end{aligned}$$

347. Chacune des fractions simples qui figurent dans E, F′, F″, F‴, considérée comme fonction de ρ' et de t, est de la forme

$$\frac{c}{\rho'^{\mu}(A+it)^{\nu}}, \quad \text{où } \nu > \mu.$$

Elle peut s'écrire

$$\frac{c(A-it)^{\nu}}{\rho'^{\mu}(A^2+t^2)^{\nu}} = \sum(-i)^m\frac{c'A^{\nu-m}t^m}{\rho'^{\mu}(A^2+t^2)^{\nu}}.$$

Chacun des termes de cette somme est le produit d'une puissance de i par une fonction de ρ', A, t, continue, réelle et positive dans tout le champ d'intégration. Cette fonction sera croissante de $\rho'=\rho$ à $\rho'=b$, si $b<\rho$. Si $b>\rho$, on pourra la décomposer dans la différence des deux fonctions partielles

$$\frac{1}{\rho^{\mu}}\frac{c'A^{\nu-m}t^m}{(A^2+t^2)^{\nu}} \quad \text{et} \quad \left(\frac{1}{\rho^{\mu}}-\frac{1}{\rho'^{\mu}}\right)\frac{c'A^{\nu-m}t^m}{(A^2+t^2)^{\nu}},$$

également continues et positives, dont la première ne varie pas avec ρ', tandis que la seconde est croissante de ρ à b.

D'ailleurs A et t étant au plus égaux à $\sqrt{A^2+t^2}$ et ρ' au moins égal à $\frac{1}{A}$ dans tout le champ d'intégration, le module de la fonction considérée aura pour limite supérieure

$$\frac{c'}{A^{\nu-\mu}},$$

et, si $b > \rho$, les modules des deux fonctions partielles dans lesquelles on la décompose seront moindres que

$$\frac{c'}{\rho^{\mu} A^{\nu}}.$$

Ces diverses fonctions tendent donc uniformément vers o pour $A=\infty$, quels que soient ρ' et t.

D'autre part, la fonction

$$\frac{Q(z)}{z^2} = r^2 - \frac{n(n+1)+Hr(1-Hr)}{(A^2+t^2)^2}(A-ti)^2$$

est de même égale à r^2, plus la somme de quatre termes, dont chacun est le produit d'une puissance de i par une fonction positive de t et de A, qui tend uniformément vers o pour $A=\infty$, quel que soit t.

On a enfin

$$\psi^2(t) = \alpha^2 \cos^2 rit(1+M+M' \operatorname{tang} rti + M'' \operatorname{tang}^2 rti).$$

Chacune des fonctions M, M', ..., étant une somme de termes de la forme

$$\frac{c}{(A+ti)^{\nu}},$$

s'exprimera par une somme de termes dont chacun est le produit d'une puissance de i par une fonction continue et positive de t et de A, qui tend uniformément vers o pour $A=\infty$.

D'ailleurs, $\operatorname{tang} rti$ est le produit de i par une quantité comprise entre o et 1. On aura donc

$$1+M+M'\operatorname{tang} rti + M''\operatorname{tang}^2 rti = 1+P+P'i-P''-P'''i;$$

P, P', P'', P''' étant des fonctions continues et positives qui tendent uniformément vers o pour $A = \infty$, l'expression

$$\frac{1}{1 + M + M' \operatorname{tang} rti + M'' \operatorname{tang}^2 rti} = \frac{1 + P - P'i - P'' + P'''i}{(1 + P - P'')^2 + (P' - P''')^2}$$

sera évidemment une fonction de même forme.

348. Réunissant les résultats précédents, on trouve pour l'intégrale cherchée

$$\frac{1}{2\pi} \int_\rho^b \int_0^\infty \rho'^2 \chi(A + it)\, dt$$

l'expression suivante

$$(114)\quad \frac{r}{\pi\rho} \left\{ \begin{aligned} &\int_\rho^b \frac{\sin(\rho' - \rho)A}{\rho' - \rho} d\rho' \int_0^\infty \frac{\cos(\rho' - \rho)ti}{\cos^2 rti} \rho' \left[\frac{1}{2} + \frac{R}{\rho' + \rho}\right] dt \\ &+ \int_\rho^b \cos(\rho' - \rho) A\, d\rho' \int_0^\infty \frac{\sin(\rho' - \rho)ti}{(\rho' - \rho)\cos^2 rti} \rho' \left[\frac{1}{2} + \frac{R}{\rho' + \rho}\right] dt \\ &+ \int_\rho^b \sin(2r - \rho - \rho') A\, d\rho' \int_0^\infty \frac{\cos(\rho' + \rho)ti}{\cos^2 rti} \rho' \frac{\frac{1}{2} + R_1}{\rho' + \rho} dt \\ &- \int_\rho^b \cos(2r - \rho - \rho') A\, d\rho' \int_0^\infty \frac{\sin(\rho' + \rho)ti}{\cos^2 rti} \rho' \frac{\frac{1}{2} + R_1}{\rho' + \rho} dt \\ &+ \int_\rho^b \cos(\rho' - \rho) A\, d\rho' \int_s^\infty \frac{\cos(\rho' - \rho)ti}{\cos^2 rti} \rho' \frac{R_2}{\rho' + \rho} dt \\ &- \int_\rho^b \sin(\rho' - \rho) A\, d\rho' \int_0^\infty \frac{\sin(\rho' - \rho)ti}{\cos^2 rti} \rho' \frac{R_2}{\rho' + \rho} dt \\ &- \int_\rho^b \cos(2r - \rho - \rho') A\, d\rho' \int_0^\infty \frac{\cos(\rho' + \rho)ti}{\cos^2 rti} \rho' \frac{R_3}{\rho' + \rho} dt \\ &- \int_\rho^b \sin(2r - \rho - \rho') A\, d\rho' \int_0^\infty \frac{\sin(\rho' + \rho)ti}{\cos^2 rti} \rho' \frac{R_3}{\rho' + \rho} dt \end{aligned} \right\},$$

R, R_1, R_2, R_3 étant une somme de termes dont chacun est le produit d'une puissance de i par une fonction de ρ', t, A, continue, positive et limitée, laquelle croît (ou tout au moins ne décroît pas) lorsque ρ' varie de ρ à b, mais tend uniformément vers zéro quel que soit ρ pour $A = \infty$.

D'ailleurs ρ' et $\frac{\rho'}{\rho'+\rho}$ sont des fonctions de ρ', finies et continues; elles sont croissantes de ρ à b, si $b > \rho$; dans le cas contraire, elles sont la différence de deux fonctions finies, continues et non décroissantes

$$\rho' = \rho - (\rho - \rho'),$$
$$\frac{\rho'}{\rho+\rho'} = \frac{1}{2} - \left(\frac{1}{2} - \frac{\rho'}{\rho+\rho'}\right).$$

Enfin, les fonctions $\cos(\rho' - \rho)ti$, $-i\frac{\sin(\rho'-\rho)ti}{\rho'-\rho}$ sont croissantes de ρ à b.

Donc chacune des intégrales relatives à t, qui figurent dans la formule précédente, porte sur une somme de termes dont chacun est le produit d'une puissance de i par une fonction de ρ', A, t positive, limitée et continue, laquelle ne décroît pas lorsque ρ' varie de ρ à b, mais tend uniformément vers o pour $A = \infty$ (à moins qu'elle ne soit indépendante de A, ce qui arrivera pour les termes des quatre premières intégrales qui ne proviennent pas de R et de R_1).

L'intégrale de chacun de ces termes, prise par rapport à t, sera manifestement le produit d'une puissance de i par une fonction de même forme, que nous désignerons par $f(\rho', A)$.

349. D'autre part, les intégrales

$$\int_\rho^b \frac{\sin(\rho'-\rho)A\,d\rho'}{\rho'-\rho},$$
$$\int_\rho^b \sin(\rho'-\rho)A\,d\rho' = \frac{1-\cos(b-\rho)A}{A},$$
$$\int_\rho^b \cos(\rho'-\rho)A\,d\rho' = \frac{\sin(b-\rho)A}{A},$$
$$\int_\rho^b \sin(2r-\rho-\rho')A\,d\rho' = \frac{\cos(2r-\rho-b)A - \cos(2r-2\rho)A}{A},$$
$$\int_\rho^b \cos(2r-\rho-\rho')A\,d\rho' = -\frac{\sin(2r-\rho-b)A - \sin(2r-2\rho)A}{A}$$

sont limitées et, pour $A=\infty$, tendent uniformément vers les limites respectives $\frac{\pi}{2}$, o, o, o, o.

Soient

$$\int_\rho^b \varphi(\rho', A)\,d\rho'$$

l'une quelconque de ces cinq intégrales; G la limite vers laquelle elle tend. Il sera aisé de trouver la limite de l'intégrale

$$\int_\rho^b \varphi(\rho', A) f(\rho', A)\,d\rho'$$

par la méthode employée au tome II, nº 219.

On a, en effet, λ désignant une constante.

$$\int_\rho^b = \int_\rho^{\rho+\lambda} + \int_{\rho+\lambda}^b.$$

Appliquons à la seconde intégrale le second théorème de la moyenne; il viendra

$$\int_{\rho+\lambda}^b \varphi(\rho', A) f(\rho', A)\,d\rho'$$
$$= f(\rho+\lambda, A)\int_{\rho+\lambda}^{\xi} \varphi(\rho', A)\,d\rho' + f(b, A)\int_\xi^b \varphi(\rho', A)\,d\rho'.$$

Pour $A=\infty$, les deux intégrales ci-dessus tendent uniformément vers zéro (pour plus de détails, voir l'endroit cité); et leurs multiplicateurs tendent également vers zéro (ou tout au moins restent fixes, si f ne dépend pas de A).

Reste la première intégrale

$$\int_\rho^{\rho+\lambda} \varphi(\rho', A) f(\rho', A)\,d\rho'$$
$$= f(\rho, A)\int_\rho^{\rho+\lambda} \varphi(\rho', A)\,d\rho' + \int_\rho^{\rho+\lambda} [f(\rho', A) - f(\rho, A)]\,\varphi(\rho', A)\,d\rho'.$$

Le premier terme tend, pour $A=\infty$, vers $G \lim_{A=\infty} f(\rho, A)$.

Appliquons à l'autre le second théorème de la moyenne; elle devient

$$[f(\rho+\lambda, A) - f(\rho, A)] \int_{\xi}^{\rho+\lambda} \varphi(\rho', A)\, d\rho',$$

ξ étant compris entre ρ et $\rho+\lambda$.

L'intégrale qui figure ici reste finie; son multiplicateur tend d'ailleurs vers zéro pour $A=\infty$, s'il dépend de A; sinon, on pourra le rendre aussi petit qu'on voudra en faisant décroître λ.

Nous obtenons donc pour la limite cherchée

$$G \lim_{A=\infty} f(\rho, A).$$

350. Tous les termes des intégrales (**114**) pouvant être traités de même, et G étant d'ailleurs nul, sauf pour la première d'entre elles, pour laquelle il est égal à $\frac{\pi}{2}$, la limite cherchée sera, en désignant par R_0 ce que devient R pour $\rho'=\rho$,

$$\frac{r}{\pi\rho}\frac{\pi}{2}\lim_{A=\infty}\int_0^\infty \frac{dt}{\cos^2 rti}\rho\left(\frac{1}{2}+\frac{R_0}{2\rho}\right)$$
$$=\lim_{A=\infty}\int_0^\infty \frac{r\,dt}{(e^{rt}+e^{-rt})^2}\left(1+\frac{R_0}{\rho}\right).$$

Mais, lorsque A tend vers ∞, R_0 tend uniformément vers zéro. L'intégrale se réduit donc à son premier terme

$$\int_0^\infty \frac{r\,dt}{(e^{rt}+e^{-rt})^2}.$$

Posons $e^{rt}=u$; cette intégrale se transforme en

$$\int_1^\infty \frac{u\,du}{(u^2+1)^2} = \left[\frac{-1}{2(u^2+1)}\right]_1^\infty = \frac{1}{4}.$$

Doublant ce résultat d'après le n° **342**, on obtiendra $\frac{1}{2}$, ainsi qu'il fallait l'établir.

CHAPITRE IV.

CALCUL DES VARIATIONS.

I. — Première variation des intégrales simples.

351. Soit $\varphi(x, y, y', \ldots, y^m; z, z', \ldots, z^n, \ldots)$ une fonction de la variable indépendante x, des variables dépendantes $y, z, \ldots$ et des dérivées de ces dernières jusqu'aux ordres $m, n, \ldots$ respectivement.

Si nous changeons $y, z, \ldots$ en $y+\varepsilon\eta$, $z+\varepsilon\zeta$, ... (η, ζ, ... désignant de nouvelles fonctions de x et ε une constante infiniment petite) $y^k, z^k, \ldots$ seront changés en $y^k+\varepsilon\eta^k$, $z^k+\varepsilon\zeta^k, \ldots$, et φ en

$$\Phi(x, \varepsilon) = \varphi(x, y+\varepsilon\eta, y'+\varepsilon\eta', \ldots, z+\varepsilon\zeta, \ldots).$$

Cette expression, développée par la formule de Taylor suivant les puissances de ε, prendra la forme

$$\varphi + \varepsilon\varphi_1 + \frac{\varepsilon^2}{1.2}\varphi_2 + \ldots,$$

en posant, pour abréger,

$$(1)\quad \begin{cases} \varphi_1 = \dfrac{\partial\varphi}{\partial y}\eta + \dfrac{\partial\varphi}{\partial y'}\eta' + \ldots + \dfrac{\partial\varphi}{\partial y^m}\eta^m + \dfrac{\partial\varphi}{\partial z}\zeta + \ldots, \\ \varphi_2 = \dfrac{\partial^2\varphi}{\partial y^2}\eta^2 + \dfrac{\partial^2\varphi}{\partial y'^2}\eta'^2 + \ldots + \dfrac{\partial^2\varphi}{\partial z^2}\zeta^2 + \ldots + 2\dfrac{\partial^2\varphi}{\partial y\,\partial y'}\eta\eta' + \ldots, \\ \ldots\ldots\ldots\ldots\ldots\ldots\ldots\ldots\ldots \end{cases}$$

Les quantités $\varepsilon\varphi_1$, $\varepsilon^2\varphi_2$, ... se nomment les *variations première, seconde,* etc. de la fonction φ, et se représentent par les symboles $\delta\varphi$, $\delta^2\varphi$, ...

On a, d'après cette définition,

$$\begin{array}{llll} \delta y = \varepsilon\eta, & \delta y' = \varepsilon\eta', & \ldots, & \delta z = \varepsilon\zeta, \quad \ldots; \\ \delta^2 y = 0, & \delta^2 y' = 0, & \ldots, & \delta^2 z = 0, \quad \ldots. \end{array}$$

Il est clair, d'ailleurs, que φ_1, φ_2, ... ne sont autre chose que les dérivées partielles $\frac{\partial\Phi}{\partial\varepsilon}$, $\frac{\partial^2\Phi}{\partial\varepsilon^2}$, ... pour la valeur particulière $\varepsilon = 0$. Or on a généralement

$$\frac{\partial^i}{\partial x^i}\frac{\partial^k\Phi}{\partial\varepsilon^k} = \frac{\partial^k}{\partial\varepsilon^k}\frac{\partial^i\Phi}{\partial x_i}.$$

Pour $\varepsilon = 0$, $\frac{\partial^k\Phi}{\partial\varepsilon^k}$ se réduira à $\varphi_k = \frac{1}{\varepsilon^k}\delta^k\varphi$ et $\frac{\partial^k}{\partial\varepsilon^k}\frac{\partial^i\Phi}{\partial x^i}$ à $\frac{1}{\varepsilon^k}\delta^k\frac{d^i\varphi}{dx^i}$. Substituant ces valeurs dans l'équation précédente et multipliant par la constante ε^k, il viendra

$$(2) \qquad \frac{d^i}{dx^i}\delta^k\varphi = \delta^k\frac{d^i\varphi}{dx^i}.$$

Cette équation montre que les deux opérations de la dérivation et de la variation peuvent être transposées.

352. Les équations (1), respectivement multipliées par ε, ε^2, ..., pourront s'écrire

$$(3)\quad \begin{cases} \delta\varphi = \frac{\partial\varphi}{\partial y}\delta y + \frac{\partial\varphi}{\partial y'}\delta y' + \ldots + \frac{\partial\varphi}{\partial z}\delta z + \ldots, \\ \delta^2\varphi = \frac{\partial^2\varphi}{\partial y^2}\delta y^2 + \frac{\partial^2\varphi}{\partial y'^2}\delta y'^2 + \ldots + \frac{\partial^2\varphi}{\partial z^2}\delta z^2 + \ldots + 2\frac{\partial^2\varphi}{\partial y\,\partial y'}\delta y\,\delta y' + \ldots, \\ \ldots\ldots\ldots\ldots\ldots\ldots\ldots\ldots\ldots\ldots \end{cases}$$

Si les fonctions y, z, ..., au lieu d'être données immédiatement en fonction de x, étaient exprimées au moyen de x, t, t', ...; u, u', ...; ..., où t, u, ... désignent des fonctions de x, le changement de ces dernières fonctions en $t + \varepsilon\tau$, $u + \varepsilon\upsilon$, ... transformerait y, z, ... en $y + \delta y + \frac{1}{2}\delta^2 y + \ldots$,

$z + \delta z + \frac{1}{2}\delta^2 z + \ldots$, ..., et, par suite, φ en

$$\varphi(x, y + \delta y + \tfrac{1}{2}\delta^2 y + \ldots, y' + \delta y' + \tfrac{1}{2}\delta^2 y' + \ldots, z + \delta z + \tfrac{1}{2}\delta^2 z + \ldots, \ldots)$$
$$= \varphi + \delta\varphi + \tfrac{1}{2}\delta^2\varphi + \ldots,$$

où

$$\delta\varphi = \frac{\partial\varphi}{\partial y}\delta y + \frac{\partial\varphi}{\partial y'}\delta y' + \ldots + \frac{\partial\varphi}{\partial z}\delta z + \ldots,$$

$$\delta^2\varphi = \frac{\partial^2\varphi}{\partial y^2}\delta y^2 + \frac{\partial^2\varphi}{\partial y'^2}\delta y'^2 + \ldots + \frac{\partial^2\varphi}{\partial z^2}\delta z^2 + \ldots + 2\frac{\partial^2\varphi}{\partial y\,\partial y'}\delta y\,\delta y' + \ldots$$
$$+ \frac{\partial\varphi}{\partial y}\delta^2 y + \frac{\partial\varphi}{\partial y'}\delta^2 y' + \ldots + \frac{\partial\varphi}{\partial z}\delta^2 z + \ldots,$$

....

Ainsi $\delta\varphi$ conserve la même forme que si y, z étaient donnés directement en fonction de x; mais les variations suivantes seront modifiées par l'adjonction de nouveaux termes en $\delta^2 y$, $\delta^2 y'$, ...

353. Proposons-nous maintenant de déterminer les variations successives d'une intégrale définie

$$\mathrm{I} = \int_{x_0}^{x_1} \varphi(x, y, y', \ldots, y^m, z, z', \ldots, z^n, \ldots)\,dx.$$

Changeons y, z en $y + \delta y$, $z + \delta z$, ...; φ sera transformé en

$$\Phi(x, \varepsilon) = \varphi + \delta\varphi + \tfrac{1}{2}\delta^2\varphi + \ldots$$

et I en

$$\mathrm{I} + \Delta\mathrm{I} = \int_{x_0}^{x_1} (\varphi + \delta\varphi + \tfrac{1}{2}\delta^2\varphi + \ldots)\,dx.$$

Séparant les termes affectés des diverses puissances de ε, il viendra

$$\delta\mathrm{I} = \int_{x_0}^{x_1} \delta\varphi\,dx, \qquad \delta^k\mathrm{I} = \int_{x_0}^{x_1} \delta^k\varphi\,dx, \qquad \ldots.$$

Ce résultat suppose toutefois que les limites x_0, x_1 de l'intégration sont des constantes fixes. Si nous admettons qu'en même temps qu'on altère les fonctions y, z, ... on accroisse x_0, x_1 de quantités infiniment petites $\delta x_0 = \varepsilon\xi_0$, $\delta x_1 = \varepsilon\xi_1$, I subira de ce fait une nouvelle altération $\Delta' I$, égale à

$$(4)\quad \int_{x_1}^{x_1+\delta x_1} (\varphi + \delta\varphi + \tfrac{1}{2}\delta^2\varphi + \ldots)\,dx - \int_{x_0}^{x_0+\delta x_0} (\varphi + \delta\varphi + \ldots)\,dx.$$

Chacun des termes de cette expression peut se développer sans peine suivant les puissances de ε. En effet, considérons, par exemple, le terme

$$\int_{x_1}^{x_1+\delta x_1} \frac{1}{1.2\ldots k}\,\delta^k\varphi\,dx.$$

La formule de Taylor donne

$$\delta^k\varphi = [\delta^k\varphi]_1 + \left[\frac{d}{dx}\,\delta^k\varphi\right]_1 (x - x_1) + \left[\frac{d^2}{dx^2}\,\delta^k\varphi\right]_1 \frac{(x-x_1)^2}{1.2} + \ldots,$$

$[\delta^k\varphi]_1$, ... représentant les valeurs de $\delta^k\varphi$ et de ses dérivées pour $x = x_1$ (y, y', ..., z, ... étant en même temps remplacés par les valeurs y_1, y'_1, ...; z_1, ... qu'ils prennent pour $x = x_1$).

Multipliant par $\dfrac{1}{1.2\ldots k}$ et intégrant de x_1 à $x_1 + \delta x_1$, il viendra, pour valeur du terme considéré,

$$\frac{1}{1.2\ldots k}\left([\delta^k\varphi]_1\,\delta x_1 + \left[\delta^k \frac{d\varphi}{dx}\right]_1 \frac{\delta x_1^2}{1.2} + \ldots\right).$$

Chaque terme de l'expression (4) étant développé de même, on obtiendra, en réunissant ensemble les termes de même ordre en ε,

$$\begin{aligned}\Delta' I &= [\varphi]_1\,\delta x_1 - [\varphi]_0\,\delta x_0 \\ &\quad + \left[\frac{d\varphi}{dx}\right]_1 \frac{\delta x_1^2}{2} + [\delta\varphi]_1\,\delta x_1 - \left[\frac{d\varphi}{dx}\right]_0 \frac{\delta x_0^2}{2} - [\delta\varphi]_0\,\delta x_0 \\ &\quad + \ldots\ldots\ldots\ldots\ldots\ldots\ldots\ldots\end{aligned}$$

Réunissant ces termes à l'autre partie de la variation déjà obtenue précédemment, il viendra, pour la variation première de I,

$$\delta I = [\varphi]_1 \delta x_1 - [\varphi]_0 \delta x_0 + \int_{x_0}^{x_1} \delta\varphi\, dx;$$

pour la variation seconde,

$$\delta^2 I = \left[\frac{d\varphi}{dx}\right]_1 \delta x_1^2 + 2[\delta\varphi]_1 \delta x_1 - \left[\frac{d\varphi}{dx}\right]_0 \delta x_0^2 - [\delta\varphi]_0 \delta x_0 + \int_{x_0}^{x_1} \delta^2 \varphi\, dx,$$

....

354. On peut arriver au même résultat d'une autre manière, en transformant l'intégrale

$$I + \Delta I = \int_{x_0+\delta x_0}^{x_1+\delta x_1} \Phi(x, \varepsilon)\, dx$$

par un changement de variable, de manière qu'elle ait les mêmes limites x_0, x_1 que l'intégrale primitive.

Posons, en effet,

$$x = t + \delta t,$$

δt étant une fonction arbitraire de t, affectée du coefficient ε et assujettie seulement à se réduire respectivement à δx_0 et δx_1 pour $t = x_0$ et $t = x_1$; on aura

$$I + \Delta I = \int_{x_0}^{x_1} \Phi(t + \delta t, \varepsilon)[dt + d\,\delta t]$$

ou, en écrivant x au lieu de t,

$$\begin{aligned} I + \Delta I &= \int_{x_0}^{x_1} \Phi(x + \delta x, \varepsilon)[dx + d\,\delta x] \\ &= \int_{x_0}^{x_1} \left[\Phi + \frac{\partial\Phi}{\partial x}\delta x + \frac{1}{2}\frac{\partial^2\Phi}{\partial x^2}\delta x^2 + \ldots\right](dx + d\,\delta x) \\ &= \int_{x_0}^{x_1} \Phi\, dx + d\left[\Phi\,\delta x + \frac{\partial\Phi}{\partial x}\frac{\delta x^2}{2} + \ldots\right] \\ &= \left[\Phi\,\delta x + \frac{\partial\Phi}{\partial x}\frac{\delta x^2}{2} + \ldots\right]_0^1 + \int_{x_0}^{x_1} \Phi\, dx; \end{aligned}$$

mais on a

$$\Phi = \varphi + \delta\varphi + \tfrac{1}{2}\delta^2\varphi + \ldots,$$

$$\frac{\partial\Phi}{\partial x} = \frac{d\varphi}{dx} + \frac{\partial\,\delta\varphi}{\partial x} + \frac{1}{2}\frac{\partial\,\delta^2\varphi}{\partial x} + \ldots,$$

$$\ldots\ldots\ldots\ldots\ldots\ldots\ldots\ldots\ldots\ldots,$$

Substituons ces valeurs dans l'expression de $I + \Delta I$, et séparons les termes de même ordre en ε; on trouvera, pour δI, $\delta^2 I$, ..., les mêmes expressions que tout à l'heure.

355. Nous venons de nous trouver conduits à faire varier non seulement l'expression de y, z, ... en fonction de la variable indépendante x, mais cette variable indépendante elle-même. Cette considération nouvelle peut devenir nécessaire, lors même que les limites x_0, x_1 restent fixes.

Considérons, par exemple, l'aire comprise entre l'axe des x

Fig. 10.

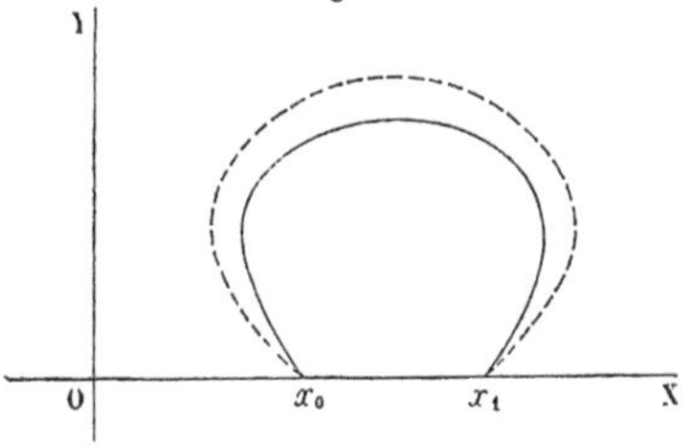

et la courbe figurée en ligne pleine par la *fig.* 10. Elle sera représentée par l'intégrale

$$\int y\,dx,$$

où l'on donnera à x la série des valeurs successives qu'il prend lorsqu'il décrit la courbe, y désignant l'ordonnée correspondante.

Considérons une seconde courbe infiniment voisine de la première et ayant les mêmes extrémités, par exemple celle que la figure représente en pointillé, et proposons-nous d'évaluer l'accroissement de l'aire lorsqu'on passe de la première courbe à la seconde. Pour opérer ce changement, il ne suffira pas de faire varier l'ordonnée de chaque point de la première courbe en laissant l'abscisse constante; car il y a sur la seconde courbe des points auxquels ne correspond, sur la courbe primitive, aucun point ayant la même abscisse. On pourra, au contraire, passer aisément de la première courbe à la seconde, en altérant un peu les abscisses en même temps que les ordonnées.

356. Cela posé, l'objet principal du calcul des variations est la solution de la question suivante :

Les fonctions y, z, ..., qui figurent dans l'intégrale I, et les limites x_0, x_1 étant indéterminées en tout ou en partie, achever de les définir, de telle sorte que la valeur de l'intégrale I soit maximum ou minimum.

D'après cet énoncé, si l'on donne à y, z, ..., x_0, x_1 un système quelconque de variations infiniment petites δy, δz, ..., δx_0, δx_1 compatible avec les conditions imposées par l'énoncé du problème, l'accroissement

$$\delta \mathrm{I} + \tfrac{1}{2}\delta^2 \mathrm{I} + \ldots$$

qui en résulte pour la valeur de l'intégrale devra conserver constamment le même signe (positif ou négatif suivant qu'il s'agit d'un minimum ou d'un maximum).

Or, ε étant infiniment petit, l'ensemble δI des termes du premier degré sera prépondérant et donnera son signe au résultat. Si d'ailleurs on admet (ce qui aura lieu très généralement) qu'à chaque système de variations δy, δz, ..., δx_0, δx_1 compatible avec les conditions du problème, correspond un second système de variations $-\delta y$, $-\delta z$, ..., $-\delta x_0$, $-\delta x_1$ jouissant de la même propriété, ce nouveau système de variations donnera à I l'accroissement

$$-\delta \mathrm{I} + \tfrac{1}{2}\delta^2 \mathrm{I} - \ldots,$$

qui sera de signe contraire au précédent, à moins qu'on n'ait $\delta I = 0$.

Nous obtenons donc cette première condition pour l'existence d'un maximum ou d'un minimum :

La variation première δI *doit s'annuler pour tout système de variations* δy, δz, ..., δx_0, δx_1 *compatible avec les conditions du problème.*

357. Cette condition détermine, en général, ainsi que nous le verrons, ce qui reste d'arbitraire dans la définition des fonctions $y, z, \ldots$ et des limites x_0, x_1. Mais elle n'est pas suffisante. Il faudra en effet s'assurer que, après avoir ainsi déterminé ces quantités inconnues, l'accroissement de I pour une variation infiniment petite (compatible avec les conditions du problème) conservera toujours le même signe; d'ailleurs, δI étant nul, cet accroissement se réduit à

$$\tfrac{1}{2}\delta^2 I + \ldots.$$

Le terme prépondérant de ce développement, $\frac{1}{2}\delta^2 I$, ne devra donc pas changer de signe, quel que soit le système de variations que l'on adopte parmi ceux qui sont admissibles. Cette seconde condition sera évidemment suffisante si $\frac{1}{2}\delta^2 I$ est toujours différent de zéro. Mais, s'il existait un système de variations qui annulât $\delta^2 I$, il n'y aurait ni maximum, ni minimum, à moins que $\frac{1}{1.2.3}\delta^3 I$, qui est d'ordre impair, ne s'annulât en même temps, auquel cas il resterait à discuter le signe de $\delta^4 I$, etc.

Nous nous bornerons, dans cette Section, à tirer les conséquences de la première condition

$$0 = \delta I = [\varphi]_1\,\delta x_1 - [\varphi]_0\,\delta x_0 + \int_{x_0}^{x_1} \delta\varphi\, dx.$$

358. Posons, pour abréger l'écriture,

$$\frac{\partial\varphi}{\partial y} = A, \quad \frac{\partial\varphi}{\partial y'} = A_1, \quad \ldots, \quad \frac{\partial\varphi}{\partial z} = B, \quad \frac{\partial\varphi}{\partial z'} = B_1, \quad \ldots$$

Nous aurons, d'après la formule (3),

$$\delta\varphi = \mathrm{A}\,\delta y + \mathrm{A}_1\,\delta y' + \ldots + \mathrm{A}_m\,\delta y^m + \mathrm{B}\,\delta z + \ldots,$$

valeur qu'il faudra substituer dans l'intégrale $\int_{x_0}^{x_1} \delta\varphi\,dx$.

L'intégration par parties permet de transformer cette expression en faisant disparaître sous le signe $\int$ les variations des dérivées y', ..., y^m, z', ..., z^n, ... En effet, considérons, par exemple, le terme

$$\int_{x_0}^{x_1} \mathrm{A}_k\,\delta y^k\,dx.$$

Nous savons que δy^k est la dérivée $k^{\text{ième}}$ de δy; on aura donc

$$\int_{x_0}^{x_1} \mathrm{A}_k \delta y^k dx = [\mathrm{A}_k \delta y^{k-1} - \mathrm{A}'_k \delta y^{k-2} + \ldots + (-1)^{k-1} \mathrm{A}_k^{k-1}\,\delta y]_{x_0}^{x_1} + \int_{x_1}^{x_1} (-1)^k \mathrm{A}_k^k\,\delta y\,dx.$$

Opérons de même sur chaque terme de $\delta\varphi$ et posons, pour abréger,

$$(5)\quad \left\{ \begin{array}{ll} \mathrm{A} - \mathrm{A}'_1 + \ldots + (-1)^m \;\mathrm{A}_m^m & = \mathrm{M}, \\ \mathrm{A}_1 - \mathrm{A}'_2 + \ldots + (-1)^{m-1} \mathrm{A}_m^{m-1} & = \mathrm{C}, \\ \mathrm{A}_2 - \mathrm{A}'_3 + \ldots + (-1)^{m-2} \mathrm{A}_m^{m-2} & = \mathrm{C}^1, \\ \ldots\ldots\ldots\ldots\ldots\ldots\ldots\ldots & , \\ \mathrm{A}_m & = \mathrm{C}^{m-1}, \\ \mathrm{B} - \mathrm{B}'_1 + \ldots + (-1)^n \;\mathrm{B}_n^n & = \mathrm{N}, \\ \mathrm{B}_1 - \mathrm{B}'_2 + \ldots + (-1)^{n-1} \mathrm{B}_n^{n-1} & = \mathrm{D}, \\ \mathrm{B}_2 - \mathrm{B}'_3 + \ldots + (-1)^{n-2} \mathrm{B}_n^{n-2} & = \mathrm{D}^1, \\ \ldots\ldots\ldots\ldots\ldots\ldots\ldots\ldots & , \\ \mathrm{B}_n & = \mathrm{D}^{n-1}, \\ \ldots\ldots\ldots\ldots\ldots\ldots\ldots\ldots & , \end{array} \right.$$

il viendra

$$\delta I = [\varphi]_1 \delta x_1 - [\varphi]_0 \delta x_0 + \left[\begin{array}{l} C\delta y + C^1 \delta y' + \ldots + C^{m-1} \delta y^{m-1} \\ + D\delta z + D^1 \delta z' + \ldots + D^{n-1} \delta z^{n-1} \\ + \ldots\ldots\ldots\ldots\ldots\ldots\ldots\ldots \end{array}\right]_{x_0}^{x_1}$$

$$+ \int_{x_0}^{x_1} (M\,\delta y + N\,\delta z + \ldots)\, dx.$$

Cette expression doit être nulle pour tous les systèmes de valeurs admissibles des variations δy, δz, ..., δx_0, δx_1.

359. Supposons d'abord que ces variations puissent être choisies d'une manière entièrement arbitraire.

On pourra poser, en particulier,

$$\delta x_0 = \delta x_1 = 0, \qquad \delta y = \varepsilon\theta^2 M, \qquad \delta z = \varepsilon\theta^2 N, \qquad \ldots,$$

θ étant une fonction quelconque de x, qui s'annule pour $x = x_0$ et pour $x = x_1$, ainsi que ses dérivées successives, jusqu'à un ordre égal au plus grand des nombres $m-1$, $n-1$, ... Pour ce système de variations, les termes tout intégrés de δI s'évanouiront, et l'on aura

$$\delta I = \int_{x_0}^{x_1} \theta^2 (M^2 + N^2 + \ldots)\, dx.$$

Cette intégrale, dont tous les éléments sont positifs, ne pourra s'évanouir que si l'on a

$$M = 0, \qquad N = 0, \qquad \ldots.$$

ce qui réduira l'expression de δI à la partie tout intégrée

$$\left[\begin{array}{l} C\,\delta y + C^1\,\delta y' + \ldots + C^{m-1}\,\delta y^{m-1} \\ + D\,\delta z + D^1\,\delta z' + \ldots + D^{n-1}\,\delta z^{n-t} \\ + \ldots\ldots\ldots\ldots\ldots\ldots\ldots\ldots \end{array}\right]_{x_0}^{x_1} + [\varphi_1]\,\delta x_1 - [\varphi]_0\,\delta x_0$$

$$= C_1\,\delta y_1 + C_1^1\,\delta y'_1 + \ldots + C_1^{m-1}\,\delta y_1^{m-1} + D_1\,\delta z_1 + \ldots + D_1^{n-1}\,\delta z_1^{n-1} + \ldots$$
$$- C_0\,\delta y_0 - C_0^1\,\delta y'_0 - \ldots - C_0^{m-1}\,\delta y_0^{m-1} - D_0\,\delta z_0 - \ldots - D_0^{n-1}\,\delta z_0^{n-1} - \ldots$$
$$+ [\varphi]_1\,\delta x_1 - [\varphi]_0\,\delta x_0,$$

que nous désignerons par H.

Les diverses variations qui figurent dans cette expression

sont évidemment des arbitraires indépendantes. Donc, pour que δI s'annule identiquement, il faudra qu'on ait encore

$$(6)\quad \left\{\begin{array}{l} C_1=0,\quad C_1^1=0,\quad \ldots,\quad C_0=0,\quad \ldots,\quad D_0^{n-1}=0,\quad \ldots, \\ \qquad\qquad [\varphi]_1=0,\qquad [\varphi]_0=0. \end{array}\right.$$

Les équations

$$(7)\quad \left\{\begin{array}{l} 0=M=A-A_1'+\ldots+(-1)^m A_m^m, \\ 0=N=B-B_1'+\ldots+(-1)^n B_n^n, \\ \ldots\ldots\ldots\ldots\ldots\ldots\ldots\ldots \end{array}\right.$$

sont des équations différentielles entre x et les fonctions inconnues y, z.

La première contient les dérivées de y, z, ... jusqu'à l'ordre $2m$, $n+m$, ... respectivement. La seconde les contient jusqu'à l'ordre $m+n$, $2n$, ...; et de même pour les suivantes si le nombre des fonctions y, z, ... surpasse 2. Ces équations forment donc un système d'ordre $2m+2n+\ldots$ en général, et donneront y, z, ... en fonction de x et de $2m+2n+\ldots$ constantes arbitraires a_1, a_2, ...

En substituant ces valeurs dans les $2+2m+2n+\ldots$ équations aux limites (6), on aura le nombre d'équations nécessaires pour déterminer les constantes d'intégration et les limites x_0, x_1. Le problème est donc en général déterminé.

360. Jacobi a montré que le système des équations différentielles (7) peut être ramené à un système de $2m+2n+\ldots$ équations du premier ordre ayant la forme canonique.

Supposons, en effet, pour fixer les idées, qu'on ait deux fonctions inconnues y, z. Prenons pour inconnues auxiliaires les quantités y', ..., y^{m-1}, z', ..., z^{n-1}, C, C', ..., C^{m-1}, D, D', ..., D^{n-1}; on aura, par définition,

$$(8)\quad \left\{\begin{array}{lll} \dfrac{dy}{dx}=y', & \ldots, & \dfrac{dy^{m-1}}{dx}=y^m, \\ \dfrac{dz}{dx}=z', & \ldots, & \dfrac{dz^{n-1}}{dx}=z^n, \end{array}\right.$$

D'autre part, la différentiation des équations (5) donne immédiatement (en remarquant que $M = N = 0$)

$$(9)\quad \begin{cases} \dfrac{dC}{dx} = A, & \ldots, \quad \dfrac{dC^i}{dx} = A_i - C^{i-1}, \quad \ldots, \\ \dfrac{dD}{dx} = B, & \ldots, \quad \dfrac{dD^i}{dx} = B_i - D^{i-1}, \quad \ldots, \end{cases}$$

et, si l'on tire des équations

$$(10)\qquad A_m = C^{m-1}, \qquad B_n = D^{n-1}$$

les valeurs de y^m, z^n pour les substituer dans les équations (8) et (9), on obtiendra, entre x et les nouvelles variables y, y', $\ldots$, y^{m-1}; z, $\ldots$, z^{n-1}; C, $\ldots$, C^{m-1}, D, $\ldots$, D^{n-1}, un système d'équations du premier ordre, équivalent aux deux équations primitives.

Ce nouveau système est canonique. Considérons en effet la fonction

$$U = \varphi - Cy' - \ldots - C^{m-1}y^m - Dz' - \ldots - D^{n-1}z^n.$$

Sa différentiation donnera

$$\begin{aligned} dU = \frac{\partial\varphi}{\partial x}\,dx &+ A\,dy + (A_1 - C)\,dy' + \ldots + (A_m - C^{m-1})\,dy^m \\ &+ B\,dz + (B_1 - D)\,dz' + \ldots + (B_n - D^{n-1})\,dz^n \\ &- y'\,dC - y''\,dC^1 - \ldots - y^m\,dC^{m-1} \\ &- z'\,dD - z''\,dD^1 - \ldots - z^n\,dD^{n-1}. \end{aligned}$$

D'ailleurs les coefficients de dy^m et de dz^n dans cette expression sont nuls. On voit donc que, si l'on exprime U en fonction de x, y, $\ldots$, y^{m-1}; z, $\ldots$, z^{n-1}; C, $\ldots$, C^{m-1}; D, $\ldots$, D^{n-1}, en éliminant y^m, z^n au moyen des équations (10), on aura

$$y' = -\frac{\partial U}{\partial C}, \quad \ldots, \quad y^i = -\frac{\partial U}{\partial C^{i-1}}, \quad \ldots, \quad z' = -\frac{\partial U}{\partial D}, \quad \ldots,$$

$$A = \frac{\partial U}{\partial y}, \quad \ldots, \quad A_i - C^{i-1} = \frac{\partial U}{\partial y^i}, \quad \ldots, \quad B = \frac{\partial U}{\partial z}, \quad \ldots,$$

ce qui établit notre proposition.

361. Réciproquement, soit U une fonction quelconque de x et d'un nombre quelconque de couples de variables y, η; z, ζ; ...; supposons ces dernières quantités fonctions de x, et cherchons la variation de l'intégrale

$$\int_{x_0}^{x_1} (\mathrm{U} + \eta y' + \zeta z' + \ldots)\, dx,$$

en supposant qu'on les fasse varier. La portion de la variation qui restera sous le signe $\int$, après l'intégration par parties, sera

$$\int_{x_0}^{x_1} \left[\left(\frac{\partial \mathrm{U}}{\partial y} - \eta'\right)\delta y + \left(\frac{\partial \mathrm{U}}{\partial \eta} + y'\right)\delta\eta + \ldots\right] dx,$$

et, en exprimant qu'elle est constamment nulle, on aura les équations canoniques

$$\eta' = \frac{\partial \mathrm{U}}{\partial y}, \qquad y' = -\frac{\partial \mathrm{U}}{\partial \eta}, \qquad \ldots.$$

On voit donc que le problème d'annuler la première variation d'une intégrale et celui d'intégrer les systèmes d'équations canoniques sont entièrement équivalents.

362. Les résultats que nous venons de trouver subissent quelques modifications, lorsque les fonctions y, z, ... et les limites x_0, x_1 ne sont pas entièrement arbitraires. Nous allons passer en revue les principaux cas que l'on rencontre dans les problèmes usuels.

1° Les fonctions y, z, ... sont encore arbitraires dans l'intérieur du champ d'intégration; mais il existe entre les limites x_0, x_1 et les valeurs y_0, y'_0, ..., y_0^{m-1}; z_0, ..., z_0^{n-1}; ...; y_1, ..., y_1^{m-1}; z_1, ..., z_1^{n-1}; ... que prennent pour ces limites les quantités y, y', ..., y^{m-1}; z, z', ..., z^{n-1}; ... une ou plusieurs relations

(11) $$\psi = 0, \qquad \chi = 0, \qquad \ldots.$$

On aura encore, dans ce cas, $\mathrm{M} = 0$, $\mathrm{N} = 0$, ...; mais les variations δx_0, δx_1, δy_0, ... qui figurent dans la partie tout intégrée de $\delta \mathrm{I}$ ne seront plus indépendantes les unes des autres, et chacune des équations (11) fournira une relation linéaire entre ces variations.

En effet, changeons y, z, ... en $y+\delta y$, $z+\delta z$, puis x_0, x_1 en $x_0+\delta x_0$, $x_1+\delta x_1$. Soient $y_0+\Delta y_0$, $y'_0+\Delta y'_0$, ... ce que sont devenus y_0, y'_0, ... par cette variation. Ces nouvelles valeurs, associées aux nouvelles limites $x_0+\delta x_0$, $x_1+\delta x_1$, devront encore satisfaire aux équations aux limites $\psi=0$, $\chi=0$, ... On aura donc, en développant par la série de Taylor et s'arrêtant aux termes du premier ordre,

$$0=\delta\psi=\frac{\partial\psi}{\partial x_0}\delta x_0+\frac{\partial\psi}{\partial x_1}\delta x_1+\frac{\partial\psi}{\partial y_0}\Delta y_0+\frac{\partial\psi}{\partial y'_0}\Delta y'_0+\ldots,$$

$$\ldots\ldots\ldots\ldots\ldots\ldots\ldots\ldots\ldots\ldots\ldots\ldots$$

Il ne reste plus, pour obtenir les relations cherchées, qu'à trouver l'expression de Δy_0, $\Delta y'_0$, ... en fonction de δx_0, δx_1, δy_0, $\delta y'_0$, ... On l'obtient aisément comme il suit.

On a, par définition,

$$\begin{aligned}
y_0^k &= [y^k]_{x=x_0},\\
y_0^k+\Delta y_0^k &= [y^k+\delta y^k]_{x=x_0+\delta x_0}\\
&= [y^k]_{x=x_0+\delta x_0}+[\delta y^k]_{x=x_0+\delta x_0},\\
&= y_0^k+y_0^{k+1}\,\delta x_0+\ldots+\delta y_0^k+\ldots.
\end{aligned}$$

On aura donc, en négligeant les termes du second ordre, comme nous le faisons dans toute cette recherche,

$$\Delta y_0^k=\delta y_0^k+y_0^{k+1}\,\delta x_0.$$

Nous avons ainsi obtenu autant d'équations linéaires entre les variations δx_0, δx_1, δy_0, ... qu'il existe d'équations de condition $\psi=0$, $\chi=0$, ... Soit p ce nombre. On pourra, au moyen de ces relations, éliminer p variations de l'équation

$$H=\left\{\begin{aligned}
&[\varphi]_1\,\delta x_1-[\varphi]_0\,\delta x_0\\
&\quad+C_1\,\delta y_1+\ldots+C_1^{m-1}\,\delta y_1^{m-1}\\
&\quad-C_0\,\delta y_0-\ldots-C_0^{m-1}\,\delta y_0^{m-1}\\
&\quad+D_1\,\delta z_1+\ldots+D_1^{n-1}\,\delta z_1^{n-1}\\
&\quad-D_0\,\delta z_0-\ldots-D_0^{n-1}\,\delta z_0^{n-1}\\
&\quad+\ldots\ldots\ldots\ldots\ldots\ldots=0.
\end{aligned}\right.$$

Les $2 + 2m + 2n + \ldots - p$ variations restantes étant entièrement indépendantes, on devra égaler leurs coefficients à zéro, ce qui donnera autant d'équations de condition nouvelles, qui, jointes aux équations $\psi = 0$, $\chi = 0$, ..., détermineront encore x_0, x_1 et les constantes d'intégration.

On peut d'ailleurs opérer d'une manière plus symétrique en ajoutant à l'équation précédente les équations $\delta\psi = 0$, $\delta\chi = 0$, multipliées par des indéterminées λ, μ, ..., et égalant à zéro les coefficients de chaque variation. Les $2 + 2m + 2n + \ldots$ équations ainsi obtenues seront les mêmes que celles qu'on obtiendrait en annulant la variation de $I + \lambda\psi + \mu\chi + \ldots$, λ et μ désignant des quantités invariables. En les joignant aux équations données $\psi = 0$, $\chi = 0$, ..., on pourra déterminer toutes les inconnues du problème, y compris les inconnues auxiliaires λ, μ, ...

363. 2° Les fonctions y, z, ... ne sont plus indépendantes, mais sont liées par des équations différentielles

$$\psi = 0, \qquad \chi = 0, \qquad \ldots. \tag{12}$$

Soit p le nombre de ces équations, dans lesquelles pourront d'ailleurs figurer, outre les fonctions inconnues y, z, ... et leurs dérivées, d'autres inconnues auxiliaires u, ... et leurs dérivées. (Le nombre de ces nouvelles inconnues devra toutefois être inférieur à celui des équations de condition.)

Les équations $\psi = 0$, $\chi = 0$, ... feront connaître p des inconnues y, z, ..., u, ..., par exemple y, ... en fonction des autres z, ..., u, ..., qui resteront indéterminées.

Cela posé, désignons par λ_1, ..., λ_p des fonctions arbitraires de x, que nous nous réserverons de déterminer. On aura évidemment, pour tout système de variations de y, z, ..., u, ...; x_0, x_1 compatible avec les équations $\psi = 0$, $\chi = 0$, ...,

$$\delta I = \delta \int_{x_0}^{x_1} \varphi\, dx = \delta \int_{x_0}^{x_1} (\varphi + \lambda_1 \psi + \lambda_2 \chi + \ldots)\, dx;$$

car l'intégrale $\int_{x_0}^{x_1}(\lambda_1\psi+\lambda_2\chi+\ldots)\,dx$ étant identiquement nulle, sa variation l'est aussi.

La variation de l'intégrale

$$K=\int_{x_0}^{x_1}(\varphi+\lambda_1\psi+\lambda_2\chi+\ldots)\,dx,$$

traitée à la manière ordinaire (sans faire varier les fonctions λ), pourra se mettre sous la forme

$$\delta K=H'+\int_{x_0}^{x_1}(M'\,\delta y+N'\,\delta z+\ldots+P'\,\delta u+\ldots)\,dx,$$

H' désignant la partie tout intégrée et M', N' des expressions formées avec y, z, ..., u, ..., λ_1, ..., λ_p et leurs dérivées.

Déterminons les fonctions arbitraires λ_1, ..., λ_p par la condition d'annuler les coefficients des variations δy, ... des variables dépendantes y, ...; δK se réduira à

$$H'+\int_{x_0}^{x_1}(N'\,\delta z+\ldots+P'\,\delta u+\ldots)\,dx,$$

et, comme les variations δz, δu, ... sont arbitraires dans tout le champ d'intégration, on aura séparément

$$H'=0,\qquad N'=0,\qquad \ldots,\qquad P'=0,\qquad \ldots.$$

Nous aurons donc, pour déterminer y, z et les fonctions auxiliaires λ_1, ..., λ_p, les équations différentielles simultanées

$$\psi=0,\qquad \chi=0,\qquad \ldots,$$
$$M'=0,\qquad N'=0,\qquad \ldots;\qquad P'=0,\qquad \ldots.$$

Les constantes d'intégration et les limites x_0, x_1 se déduiront de la condition $H'=0$. Celle-ci se décompose d'ailleurs en autant d'équations distinctes qu'il reste de variations indépendantes parmi celles qui figurent dans H', lorsqu'on a tenu compte des équations aux limites

$$(13)\quad \begin{cases} \psi = 0, & \dfrac{d\psi}{dx} = 0, & \ldots, & \text{pour } x = x_0 \text{ et } x = x_1; \\ \chi = 0, & \dfrac{d\chi}{dx} = 0, & \ldots, & \text{»} \quad x = x_0 \text{ et } x = x_1; \\ \ldots\ldots, & \ldots\ldots\ldots, & \ldots, & \text{»} \quad \ldots\ldots\ldots\ldots\ldots, \end{cases}$$

qui sont des conséquences de l'équation $\psi = 0$, laquelle a lieu identiquement pour toute valeur de x.

La série de ces équations aux limites devra d'ailleurs être arrêtée au moment où apparaîtraient, dans les dérivées successives de ψ, χ, ..., des dérivées de y, z, ...; u, ... d'ordre supérieur à celles que contient H'.

On obtiendra donc la solution du problème proposé en égalant identiquement à zéro la variation de l'expression

$$\begin{aligned} &\int_{x_0}^{x_1} (\varphi + \lambda_1 \psi + \lambda_2 \chi + \ldots)\, dx \\ &\quad + \mu_0^0 \psi_0 + \mu_1^0 \left(\frac{d\psi}{dx}\right)_0 + \ldots + \mu_0^1 \psi_1 + \mu_1^1 \left(\frac{d\psi}{dx}\right)_1 + \ldots \\ &\quad + \nu_0^0 \chi_0 + \nu_1^0 \left(\frac{d\chi}{dx}\right)_0 + \ldots + \nu_0^1 \chi_1 + \nu_1^1 \left(\frac{d\chi}{dx}\right)_1 + \ldots \\ &\quad + \ldots\ldots\ldots\ldots\ldots\ldots\ldots\ldots\ldots\ldots\ldots, \end{aligned}$$

Les équations ainsi obtenues, jointes aux équations

$$\psi = 0, \qquad \chi = 0, \qquad \ldots;$$

et à celles-ci :

$$\begin{array}{llllll} \psi_0 = 0, & \left(\dfrac{d\psi}{dx}\right)_0 = 0, & \ldots, & \psi_1 = 0, & \left(\dfrac{d\psi}{dx}\right)_1 = 0, & \ldots; \\ \chi_0 = 0, & \left(\dfrac{d\chi}{dx}\right)_0 = 0, & \ldots, & \chi_1 = 0, & \left(\dfrac{d\chi}{dx}\right)_1 = 0, & \ldots; \\ \ldots\ldots, & \ldots\ldots\ldots, & \ldots, & \ldots\ldots, & \ldots\ldots\ldots, & \ldots, \end{array}$$

déterminent toutes les inconnues du problème, y compris les multiplicateurs λ, μ, ν.

364. 3° Les quantités inconnues $y, z, \ldots, x_0, x_1$ sont assujetties à varier de telle sorte qu'une intégrale définie

$$K = \int_{x_0}^{x_1} \psi(x, y, y', \ldots; z, z', \ldots)\, dx,$$

prise entre les mêmes limites que I, conserve une valeur constante c.

Ce cas se ramène immédiatement aux précédents. Prenons, en effet, comme inconnue auxiliaire, la quantité

$$u = \int_{x_0}^{x} \psi\, dx.$$

Cette équation, qui définit u, équivaut évidemment aux deux suivantes :

$$u' = \psi, \qquad u = 0 \qquad \text{pour } x = x_0.$$

D'ailleurs, pour $x = x_1$, u devient égal à c; on doit donc avoir

$$u = c \quad \text{pour } x = x_1.$$

D'après le numéro précédent, nous aurons donc à annuler identiquement la variation de l'expression

$$\int_{x_0}^{x_1} [\varphi + \lambda(\psi - u')]\, dx + \mu_0 u_0 + \mu_1(u_1 - c)$$

$$= \int_{x_0}^{x_1} \left(\varphi + \lambda\psi + \frac{d\lambda}{dx} u\right) dx + (\mu_0 + \lambda_0) u_0 + (\mu_1 - \lambda_1)(u_1 - c),$$

λ_0 et λ_1 étant les valeurs de λ aux deux limites x_0 et x_1.

Les termes qui, dans la variation de cette expression, dépendent de δu, δu_0, δu_1, seront

$$\int_{x_0}^{x_1} \frac{d\lambda}{dx} \delta u\, dx + (\mu_0 + \lambda_0)\, \delta u_0 + (\mu_1 - \lambda_1)\, \delta u_1.$$

On aura donc les équations

$$\frac{d\lambda}{dx} = 0, \qquad \mu_0 + \lambda_0 = 0, \qquad \mu_1 - \lambda_1 = 0;$$

donc λ est une constante, et la quantité dont on doit annuler la variation se réduit à

$$\int_{x_1}^{x_1} (\varphi + \lambda\psi)\,dx.$$

Les équations qui expriment que cette variation est nulle détermineront les inconnues x_0, x_1, y, z, ... en fonction de la constante inconnue λ. Ces valeurs, substituées dans l'intégrale K, en feront une fonction de λ, telle que $f(\lambda)$; il ne restera plus qu'à résoudre l'équation

$$f(\lambda) = c.$$

On peut retrouver ce même résultat par les considérations suivantes.

La variation de l'intégrale I doit s'annuler pour tous les systèmes de variations δy, δz, ..., qui annulent la variation de K.

Cela posé, soient $\delta' x_0$, $\delta' x_1$, $\delta' y$, $\delta' z$, ...; $\delta'' x_0$, $\delta'' x_1$, $\delta'' y$, $\delta'' z$, ... deux systèmes quelconques de variations de x_0, x_1, y, z, ...; et soient $\delta' \mathrm{I}$, $\delta' \mathrm{K}$; $\delta'' \mathrm{I}$, $\delta'' \mathrm{K}$ les variations qui en résultent respectivement pour les intégrales I, K. Donnons à x_0, x_1, y, z, ... de nouvelles variations égales à

$$\delta''\mathrm{K}\,\delta' x_0 - \delta'\mathrm{K}\,\delta'' x_0, \quad \ldots,$$
$$\delta''\mathrm{K}\,\delta' y - \delta'\mathrm{K}\,\delta'' y, \quad \delta''\mathrm{K}\,\delta' z - \delta'\mathrm{K}\,\delta'' z, \quad \ldots.$$

La variation correspondante de K sera

$$\delta''\mathrm{K}\,\delta'\mathrm{K} - \delta'\mathrm{K}\,\delta''\mathrm{K} = 0.$$

Celle de I, qui est égale à $\delta''\mathrm{K}\,\delta'\mathrm{I} - \delta'\mathrm{K}\,\delta''\mathrm{I}$, devra s'annuler également. On en déduit

$$\frac{\delta'\mathrm{I}}{\delta'\mathrm{K}} = \frac{\delta''\mathrm{I}}{\delta''\mathrm{K}}.$$

Le rapport des variations de I et de K sera donc constant pour tout système de variations de y, z, ... Soit $-\lambda$ la valeur de ce rapport. La variation de l'intégrale

$$I + \lambda K = \int_{x_0}^{x_1} (\varphi + \lambda\psi)\, dx$$

sera identiquement nulle. Cette condition déterminera x_0, x_1, y, z, ... en fonction de λ, qu'on obtiendra, comme tout à l'heure, par l'équation $K = c$.

On voit que, dans les divers cas que nous venons d'examiner, la solution du problème revient toujours dans sa partie essentielle à annuler la variation d'une intégrale où toutes les variations sont supposées indépendantes.

365. Nous allons éclaircir ces théories générales par quelques exemples.

Cherchons quelles conditions doivent être remplies pour que l'expression

$$\varphi(x, y, y', \ldots, y^m; z, z', \ldots, z^n)$$

soit la dérivée exacte d'une fonction ψ de $x, y, y', \ldots, y^{m-1}$; $z, z', \ldots, z^{n-1}$.

On a identiquement, par hypothèse,

$$\varphi - \frac{d\psi}{dx} = 0.$$

On aura donc, quelles que soient les variations δx_0, δx_1, δy, δz,

$$0 = \delta \int_{x_0}^{x_1} \left[\varphi - \frac{d\psi}{dx}\right] dx = H - [\delta\psi]_{x_1}^{x_0} + \int_{x_0}^{x_1} (M\,\delta y + N\,\delta z)\, dx,$$

H, M, N ayant la même signification que précédemment.

On aura, par suite,

$$(14)\quad \left\{ \begin{aligned} 0 = M = \frac{\partial\varphi}{\partial y} - \frac{d}{dx}\frac{\partial\varphi}{\partial y'} + \frac{d^2}{dx^2}\frac{\partial\varphi}{\partial y''} - \ldots, \\ 0 = N = \frac{\partial\varphi}{\partial z} - \frac{d}{dx}\frac{\partial\varphi}{\partial z'} + \frac{d^2}{dx^2}\frac{\partial\varphi}{\partial z''} - \ldots. \end{aligned} \right.$$

les séries du second membre étant prolongées jusqu'au point où elles s'arrêtent d'elles-mêmes.

366. Ces deux conditions, dont nous venons d'établir la nécessité, sont en même temps suffisantes. Cette proposition est évidente si $m=0$, $n=0$; car les deux conditions se réduisant dans ce cas à $\frac{\partial\varphi}{\partial y}=0$, $\frac{\partial\varphi}{\partial z}=0$, φ sera une fonction de x seul, que l'on peut intégrer.

Nous allons montrer d'ailleurs que ces conditions seront suffisantes pour des valeurs quelconques de m et de n si elles le sont pour $m-1$, n.

Nous remarquerons tout d'abord que le développement des divers termes de M ne fournit que des dérivées de y et de z d'ordre inférieur respectivement à $2m$ et $n+m$, sauf le dernier terme $(-1)^m \frac{d^m}{dx^m}\frac{\partial\varphi}{\partial y^m}$ dont le développement contient les deux termes

$$(-1)^m \frac{\partial^2\varphi}{(\partial y^m)^2} y^{2m} + (-1)^m \frac{\partial^2\varphi}{\partial y^m\,\partial z^n} z^{n+m}.$$

Ces termes ne pouvant se réduire avec aucun autre, M ne pourra s'annuler identiquement que si l'on a

$$\frac{\partial^2\varphi}{(\partial y^m)^2}=0, \qquad \frac{\partial^2\varphi}{\partial y^m\,\partial z^n}=0,$$

ce qui montre que φ est nécessairement de la forme

$$\varphi = P y^m + Q,$$

P ne contenant plus y^m ni z^n, et Q ne contenant plus y^m.

Posons

$$U=\int_0^{y^{m-1}} P\,dy^{m-1},$$

y^{m-1} seul étant traité comme variable dans cette intégration; U sera une fonction de $x, y, \ldots, y^{m-1}; z, \ldots, z^{n-1}$, dont la dérivée partielle par rapport à y^{m-1} sera P, et l'on aura, par suite,

$$\begin{aligned}\frac{d\mathrm{U}}{dx} &= \frac{\partial \mathrm{U}}{\partial x} + \frac{\partial \mathrm{U}}{\partial y} y' + \ldots + \frac{\partial \mathrm{U}}{\partial y^{m-1}} y^m + \frac{\partial \mathrm{U}}{\partial z} z' + \ldots + \frac{\partial \mathrm{U}}{\partial z^{n-1}} z^n \\ &= \mathrm{P} y^m + \mathrm{R},\end{aligned}$$

R ne contenant plus y^m.

Si donc on pose

$$\varphi = \frac{d\mathrm{U}}{dx} + \varphi_1,$$

la fonction $\varphi_1 = \mathrm{Q} - \mathrm{R}$ ne contiendra plus y^m. D'ailleurs elle satisfera évidemment aux équations (14); car φ y satisfait par hypothèse, et $\dfrac{d\mathrm{U}}{dx}$ étant une dérivée exacte y satisfait aussi nécessairement. Donc, le théorème étant supposé vrai pour $m-1$, n, φ_1 est une dérivée exacte, et il en sera de même pour φ.

367. Proposons-nous, comme seconde application, la transformation des équations de la Dynamique.

Considérons un système de n points $p_1, \ldots, p_n$, de masses $m_1, \ldots, m_n$, et dont les coordonnées $x_1, y_1, z_1, \ldots, x_n, y_n, z_n$ soient liées par r équations de condition

$$(15) \qquad \varphi_1 = 0, \qquad \ldots, \qquad \varphi_r = 0.$$

Soient $\mathrm{X}_1, \mathrm{Y}_1, \mathrm{Z}_1; \ldots; \mathrm{X}_n, \mathrm{Y}_n, \mathrm{Z}_n$ les composantes des forces qui sollicitent ces divers points, et admettons, ce qui a lieu dans des cas très étendus, que ces composantes soient les dérivées partielles $\dfrac{\partial \mathrm{U}}{\partial x_1}, \dfrac{\partial \mathrm{U}}{\partial y_1}, \dfrac{\partial \mathrm{U}}{\partial z_1}; \ldots; \dfrac{\partial \mathrm{U}}{\partial x_n}, \dfrac{\partial \mathrm{U}}{\partial y_n}, \dfrac{\partial \mathrm{U}}{\partial z_n}$ d'une même fonction U des coordonnées x, y, z et du temps t. D'après les principes généraux de la Mécanique, on obtiendra les équations du mouvement en joignant aux relations (15) les suivantes :

$$(16)\quad \left\{\begin{aligned} &\frac{\partial U}{\partial x_i} - m_i x_i'' + \lambda_1 \frac{\partial \varphi_1}{\partial x_i} + \ldots + \lambda_r \frac{\partial \varphi_r}{\partial x_i} = 0,\\ &\frac{\partial U}{\partial y_i} - m_i y_i'' + \lambda_1 \frac{\partial \varphi_1}{\partial y_i} + \ldots + \lambda_r \frac{\partial \varphi_r}{\partial y_i} = 0,\\ &\frac{\partial U}{\partial z_i} - m_i z_i'' + \lambda_1 \frac{\partial \varphi_1}{\partial z_i} + \ldots + \lambda_r \frac{\partial \varphi_r}{\partial z_i} = 0, \end{aligned}\right\} \quad (i = 1, \ldots, n),$$

$\lambda_1, \ldots, \lambda_r$ étant des inconnues auxiliaires représentant les tensions qui existent dans le système.

Représentons, pour abréger, par T la demi-force vive

$$\frac{1}{2} \sum m_i (x_i'^2 + y_i'^2 + z_i'^2)$$

et considérons l'intégrale

$$I = \int_{t_0}^{t_1} (U + T)\, dt.$$

Les équations (15) et (16) sont précisément celles qui expriment que la variation de cette intégrale est nulle lorsque l'on suppose que les limites t_0 et t_1 restent constantes, ainsi que les valeurs initiales et finales des diverses coordonnées x_i, y_i, z_i, et que d'ailleurs ces coordonnées restent assujetties, dans le cours de leur variation, aux équations de condition (15).

Cela posé, les relations (15) permettent d'exprimer les $3n$ coordonnées x, y, z en fonction de $3n - r$ d'entre elles ou, plus généralement, en fonction de $3n - r$ nouvelles variables entièrement indépendantes $q_1, q_2, \ldots$. Substituons ces valeurs dans l'intégrale. On aura

$$x_i' = \frac{\partial x_i}{\partial q_1} q_1' + \frac{\partial x_i}{\partial q_2} q_2' + \ldots, \qquad \ldots$$

et, par suite, T se transformera en une fonction de q_1, $q_2, \ldots$ et de leurs dérivées $q_1', q_2', \ldots$, homogène et du second degré par rapport à ces dernières quantités; quant à U, il deviendra une fonction de $q_1, q_2, \ldots$.

Les nouvelles variables $q_1, q_2, \ldots$ ne sont plus assujetties à aucune équation de condition; leurs variations sont donc arbitraires dans tout le champ d'intégration; elles doivent seulement s'annuler aux limites. Pour que la variation de l'intégrale

$$\begin{aligned}\delta I &= \int_{t_0}^{t_1} \sum \left[\frac{\partial(U+T)}{\partial q_i} \delta q_i + \frac{\partial T}{\partial q'_i} \delta q'_i \right] dt \\ &= \left[\sum \frac{\partial T}{\partial q'_i} \delta q_i \right]_{t_0}^{t_1} + \int_{t_0}^{t_1} \sum \left[\frac{\partial(U+T)}{\partial q_i} - \frac{d}{dt} \frac{\partial T}{\partial q'_i} \right] \delta q_i \, dt\end{aligned}$$

s'annule, il est donc nécessaire et suffisant que l'on ait

$$\frac{\partial(U+T)}{\partial q_i} - \frac{d}{dt} \frac{\partial T}{\partial q'_i} = 0 \qquad (i = 1, \ldots, 3n - r).$$

Ce sont les équations transformées que nous voulions obtenir. On peut d'ailleurs les remplacer par un système canonique en prenant pour inconnues auxiliaires les quantités $\frac{\partial T}{\partial q'_i}$. C'est un cas particulier de la proposition plus générale démontrée au n° 360.

368. *Brachistochrone*. — Proposons-nous de déterminer le chemin que doit suivre sous l'action de la gravité un point animé de la vitesse initiale v_0 pour se rendre d'un point $x_0 y_0 z_0$ à un autre point $x_1 y_1 z_1$ dans le temps le plus court possible.

Prenons z pour variable indépendante. La différentielle de l'arc de la courbe cherchée sera $\sqrt{1 + x'^2 + y'^2}$; la vitesse v, à un instant quelconque, sera $\sqrt{v_0^2 - 2g(z - z_0)}$, enfin la durée du trajet sera donnée par l'intégrale

$$I = \int_{z_0}^{z_1} \frac{ds}{v} = \int_{z_0}^{z_1} \frac{\sqrt{1 + x'^2 + y'^2}}{\sqrt{v_0^2 - 2g(z - z_0)}} dz.$$

C'est cette expression qu'il s'agit de rendre minimum.

On a

$$\begin{aligned}\delta\mathrm{I} &= \left[\frac{\sqrt{1+x'^2+y'^2}}{\sqrt{v_0^2-2g(z-z_0)}}\,\delta z\right]_0^1 \\ &\quad + \int_{z_0}^{z_1} \frac{x'\,\delta x'+y'\,\delta y'}{\sqrt{1+x'^2+y'^2}\sqrt{v_0^2-2g(z-z_0)}}\,dz \\ &= \mathrm{H} + \int_{z_0}^{z_1} [\mathrm{M}\,\delta x + \mathrm{N}\,\delta y]\,dz,\end{aligned}$$

en posant, pour abréger,

$$\begin{aligned}\mathrm{H} &= \left[\frac{\sqrt{1+x'^2+y'^2}}{\sqrt{v_0^2-2g(z-z_0)}}\,\delta z + \frac{x'\,\delta x+y'\,\delta y}{\sqrt{1+x'^2+y'^2}\sqrt{v_0^2-2g(z-z_0)}}\right]_0^1 \\ &= \left[\frac{\delta z + x'(\delta x + x'\,\delta z) + y'(\delta y + y'\,\delta z)}{\sqrt{1+x'^2+y'^2}\sqrt{v_0^2-2g(z-z_0)}}\right]_0^1,\end{aligned}$$

$$\mathrm{M} = -\frac{d}{dz}\,\frac{x'}{\sqrt{1+x'^2+y'^2}\sqrt{v_0^2-2g(z-z_0)}},$$

$$\mathrm{N} = -\frac{d}{dz}\,\frac{y'}{\sqrt{1+x'^2+y'^2}\sqrt{v_0^2-2g(z-z_0)}}.$$

Les deux équations différentielles de la courbe cherchée

$$\mathrm{M}=0, \qquad \mathrm{N}=0$$

donnent immédiatement

$$\frac{x'}{\sqrt{1+x'^2+y'^2}\sqrt{v_0^2-2g(z-z_0)}} = c,$$

$$\frac{y'}{\sqrt{1+x'^2+y'^2}\sqrt{v_0^2-2g(z-z_0)}} = c_1,$$

et, par suite,

$$y' = \frac{c_1}{c}\,x', \qquad y = \frac{c_1}{c}\,x + c_2,$$

c, c_1, c_2 étant des constantes.

On voit ainsi que la courbe cherchée est située dans un plan vertical. Pour mieux reconnaître sa nature, choisissons ce plan pour plan des xz; on aura, dans ce cas, $y=0$, et l'équation différentielle de la courbe se réduira à

$$\frac{x'}{\sqrt{1+x'^2}\sqrt{v_0^2-2g(z-z_0)}}=c,$$

d'où

$$x'=\sqrt{\frac{a-z}{b+z}}$$

en posant, pour abréger,

$$z_0+\frac{v_0^2}{2g}=a, \qquad \frac{1}{2gc^2}-z_0-\frac{v_0^2}{2g}=b.$$

Posons

(17) $$z=\frac{a-b}{2}-\frac{a+b}{2}\cos t;$$

il viendra

$$\frac{dx}{dt}=\frac{a+b}{2}\sin t.x'=\frac{a+b}{2}\sin t\sqrt{\frac{1-\cos t}{1+\cos t}}$$
$$=(a+b)\sin^2\tfrac{1}{2}t=\frac{a+b}{2}[1-\cos t],$$

d'où

(18) $$x=\frac{a+b}{2}[t-\sin t]+k,$$

k étant une constante.

Les équations (17) et (18) peuvent s'écrire

$$z+b=\frac{a+b}{2}(1-\cos t),$$
$$x-k=\frac{a+b}{2}(t-\sin t)$$

et représentent une cycloïde dont la droite directrice est dirigée suivant l'axe des x.

Si les points x_0, y_0, z_0; x_1, y_1, z_1 sont supposés fixes, δx_0, δy_0, δz_0, δx_1, δy_1, δz_1 seront nuls, de sorte que H s'évanouira de lui-même. Mais les quatre constantes introduites par l'intégration des équations $M = 0$, $N = 0$ se détermineront en exprimant que la courbe passe par les deux points donnés.

Supposons, au contraire, que, le point (x_0, y_0, z_0) étant fixe, la position du point (x_1, y_1, z_1) ne soit pas donnée d'avance, mais qu'il soit seulement assujetti à se trouver sur une surface

$$\psi(x, y, z) = 0.$$

On aura encore $\delta x_0 = \delta y_0 = \delta z_0 = 0$; quant à δx_1, δy_1, δz_1, ils seront liés par l'équation de condition

$$\left(\frac{\partial\psi}{\partial z}\right)_1 \delta z_1 + \left(\frac{\partial\psi}{\partial x}\right)_1 (\delta x_1 + x'_1\, \delta z_1) + \left(\frac{\partial\psi}{\partial y}\right)_1 (\delta y_1 + y'_1\, \delta z_1) = 0.$$

Toutes les fois que cette condition sera remplie, la quantité H, qui se réduit à

$$\frac{\delta z_1 + x'_1(\delta x_1 + x'_1\, \delta z_1) + y'_1(\delta y_1 + y'_1\, \delta z_1)}{\sqrt{1 + x'^2_1 + y'^2_1}\sqrt{v_0^2 - 2g(z_1 - z_0)}},$$

devra s'annuler; on aura donc les équations de condition

$$(19)\qquad \frac{\left(\frac{\partial\psi}{\partial z}\right)_1}{1} = \frac{\left(\frac{\partial\psi}{\partial x}\right)_1}{x'_1} = \frac{\left(\frac{\partial\psi}{\partial y}\right)_1}{y'_1},$$

qui, jointes à $\psi = 0$ et aux équations qui expriment que la courbe passe par x_0, y_0, z_0 et par x_1, y_1, z_1, détermineront les constantes d'intégration et les coordonnées finales x_1, y_1, z_1.

Les équations (19) expriment évidemment que la tangente à la courbe cherchée au point (x_1, y_1, z_1) est normale à la surface $\psi = 0$.

Supposons encore que, (x_0, y_0, z_0) étant fixe, (x_1, y_1, z_1) soit assujetti à se trouver sur la courbe

$$\psi = 0, \qquad \chi = 0.$$

Les variations δx_1, δy_1, δz_1 seront liées par les deux équations

$$\left(\frac{\partial\psi}{\partial z}\right)_1 \delta z_1 + \left(\frac{\partial\psi}{\partial x}\right)_1 (\delta x_1 + x'_1\,\delta z_1) + \frac{\partial\psi}{\partial y_1}(\delta y_1 + y'_1\,\delta z_1) = 0,$$

$$\left(\frac{\partial\chi}{\partial z}\right)_1 \delta z_1 + \left(\frac{\partial\chi}{\partial x}\right)_1 (\delta x_1 + x'_1\,\delta z_1) + \frac{\partial\chi}{\partial y_1}(\delta y_1 + y'_1\,\delta z_1) = 0,$$

et toutes les fois que ces conditions seront remplies, l'expression devra s'annuler, ce qui donne l'équation de condition

$$\begin{vmatrix} \left(\frac{\partial\psi}{\partial z}\right)_1 & \left(\frac{\partial\psi}{\partial x}\right)_1 & \left(\frac{\partial\psi}{\partial y}\right)_1 \\ \left(\frac{\partial\chi}{\partial z}\right)_1 & \left(\frac{\partial\chi}{\partial x}\right)_1 & \left(\frac{\partial\chi}{\partial y}\right)_1 \\ 1 & x'_1 & y'_1 \end{vmatrix} = 0,$$

qui, jointe aux équations $\psi = 0$, $\chi = 0$ et à celles qui expriment que (x_0, y_0, z_0) et (x_1, y_1, z_1) sont sur la courbe, déterminera encore toutes les inconnues du problème. Cette équation exprime que la courbe cherchée est normale à la courbe $\psi = 0$, $\chi = 0$.

Le cas où (x_0, y_0, z_0) serait lui-même variable se traiterait de la même manière.

369. *Ligne de longueur minimum entre deux points.* — Soient x_0, y_0, z_0 et x_1, y_1, z_1 les deux extrémités de la ligne cherchée. Nous supposerons, pour plus de symétrie, les coordonnées x, y, z exprimées en fonction d'un paramètre t. On pourra évidemment passer de la ligne cherchée à toute autre ligne infiniment voisine en faisant varier l'expression de x, y, z en fonction de t, sans altérer les valeurs initiale et finale t_0 et t_1 de ce paramètre. Nous aurons donc à annuler la variation de l'intégrale

$$I = \int_{t_0}^{t_1} ds = \int_{t_0}^{t_1} \sqrt{x'^2 + y'^2 + z'^2}\, dt,$$

où les limites t_0, t_1 restent fixes.

On a

$$\delta I = \int_{t_0}^{t_1} \frac{x'\,\delta x' + y'\,\delta y' + z'\,\delta z'}{\sqrt{x'^2 + y'^2 + z'^2}}\,dt$$

$$= \left[\frac{x'\,\delta x + y'\,\delta y + z'\,\delta z}{\sqrt{x'^2 + y'^2 + z'^2}}\right]_0^1 + \int_{t_0}^{t_1} (M\,\delta x + N\,\delta y + P\,\delta z)\,dt,$$

où

$$M = -\frac{d}{dt}\frac{x'}{\sqrt{x'^2 + y^{2\prime} + z'^2}}, \quad N = -\frac{d}{dt}\frac{y'}{\sqrt{x'^2 + y'^2 + z'^2}}, \quad \ldots.$$

Les équations $M = 0$, $N = 0$, $P = 0$ donneront, par l'intégration,

$$\frac{x'}{\sqrt{x'^2 + y'^2 + z'^2}} = \text{const.}, \qquad \frac{y'}{\sqrt{x'^2 + y'^2 + z'^2}} = \text{const.}, \qquad \ldots,$$

d'où

$$x' = \text{const.}, \qquad y' = \text{const.}, \qquad z' = \text{const.},$$

et enfin

$$(20) \qquad x = at + \alpha, \qquad y = bt + \beta, \qquad z = ct + \gamma,$$

équations d'une droite.

Si les points x_0, y_0, z_0; x_1, y_1, z_1 sont donnés, la condition de passer par ces deux points achèvera de déterminer la droite; il restera encore deux constantes indéterminées dans les équations (20); mais cela doit être, car on peut changer dans ces équations t en $mt + n$, m et n étant deux arbitraires, sans altérer leur forme et sans qu'elles cessent de représenter la même droite.

Supposons que, le point (x_0, y_0, z_0) étant fixe, (x_1, y_1, z_1) soit inconnu, mais assujetti à se trouver sur la surface

$$\psi(x, y, z) = 0.$$

On aura, entre les variations δx_1, δy_1, δz_1, la relation

$$\frac{\partial \psi}{\partial x_1}\delta x_1 + \frac{\partial \psi}{\partial y_1}\delta y_1 + \frac{\partial \psi}{\partial z_1}\delta z_1 = 0,$$

et, sous cette condition, l'expression

$$H = \frac{x'_1\,\delta x_1 + y'_1\,\delta y_1 + z'_1\,\delta z_1}{\sqrt{x'^2_1 + y'^2_1 + z'^2_1}}$$

doit s'annuler, ce qui donne, pour achever de déterminer la droite et les coordonnées x_1, y_1, z_1, les deux équations

$$\frac{x'_1}{\dfrac{\partial\psi}{\partial x_1}} = \frac{y'_1}{\dfrac{\partial\psi}{\partial y_1}} = \frac{z'_1}{\dfrac{\partial\psi}{\partial z_1}},$$

lesquelles expriment que la droite est normale à la surface ψ.

Si (x_1, y_1, z_1) était sur une courbe

$$\psi = 0, \qquad \chi = 0,$$

on trouverait de même l'équation de condition

$$\begin{vmatrix} \dfrac{\partial\psi}{\partial x_1} & \dfrac{\partial\psi}{\partial y_1} & \dfrac{\partial\psi}{\partial z_1} \\ \dfrac{\partial\chi}{\partial x_1} & \dfrac{\partial\chi}{\partial y_1} & \dfrac{\partial\chi}{\partial z_1} \\ x'_1 & y'_1 & z'_1 \end{vmatrix} = 0,$$

qui exprime que la droite rencontre la courbe donnée normalement.

370. *Lignes géodésiques.* — Supposons que la ligne de longueur minimum à mener entre les points (x_0, y_0, z_0) et (x_1, y_1, z_1), au lieu d'être située d'une manière quelconque dans l'espace, soit assujettie à être tracée sur une surface donnée

$$\psi(x, y, z) = 0.$$

Nous avons à rendre minimum l'intégrale $\int_{t_0}^{t_1} ds$, x, y, z étant astreints à la condition $\psi = 0$. Il faudra, pour cela, chercher le minimum de l'intégrale

$$K = \int_{t_0}^{t_1} \left(\sqrt{x'^2 + y'^2 + z'^2} + \lambda\psi\right) dt.$$

On aura

$$\delta K = H + \int_{t_0}^{t_1} \left[\left(M + \lambda \frac{\partial \psi}{\partial x} \right) \delta x + \left(N + \lambda \frac{\partial \psi}{\partial y} \right) \delta y + \left(P + \lambda \frac{\partial \psi}{\partial z} \right) \delta z \right] dt,$$

H, M, N, P ayant les mêmes valeurs que dans le problème précédent. Les équations différentielles à joindre à l'équation $\psi = 0$ pour déterminer la courbe cherchée et l'inconnue auxiliaire λ seront donc les suivantes :

$$(21) \qquad \frac{\dfrac{d}{dt} \dfrac{x'}{\sqrt{x'^2 + y'^2 + z'^2}}}{\dfrac{\partial \psi}{\partial x}} = \frac{\dfrac{d}{dt} \dfrac{y'}{\sqrt{x'^2 + y'^2 + z'^2}}}{\dfrac{\partial \psi}{\partial y}} = \ldots = -\lambda.$$

Or $\dfrac{\partial \psi}{\partial x}, \dfrac{\partial \psi}{\partial y}, \dfrac{\partial \psi}{\partial z}$ sont proportionnels aux cosinus directeurs de la normale à la surface ψ ; mais, d'autre part, $\dfrac{d}{dt} \dfrac{x'}{\sqrt{x'^2 + y'^2 + z'^2}}, \ldots$ sont respectivement proportionnels aux cosinus directeurs de la normale principale à la courbe cherchée (t. I, n° 298). Les équations (21) expriment donc cette propriété géométrique de la courbe cherchée, que sa normale principale se confond avec la normale à la surface sur laquelle elle est tracée.

Les lignes définies par cette propriété se nomment *lignes géodésiques*.

371. Il est généralement avantageux, dans l'étude des lignes géodésiques, de représenter la surface considérée non plus par une équation entre x, y, z, mais par un système de trois équations, donnant x, y, z en fonction de deux paramètres u, v. On aura, dans ce cas, pour ds, une expression de la forme

$$ds = \sqrt{M\,du^2 + 2N\,du\,dv + P\,dv^2}.$$

Une ligne tracée sur la surface sera définie en joignant aux équations de la surface une nouvelle relation donnant u en fonction de v.

Si l'on fait varier la fonction u sans changer les extrémités u_0, v_0; u_1, v_1 de cette ligne, on aura, pour la variation de l'arc, l'expression

$$\delta \int_{v_0}^{v_1} ds = \int_{v_0}^{v_1} \frac{\left(\frac{\partial M}{\partial u} du^2 + 2 \frac{\partial N}{\partial u} du\, dv + \frac{\partial P}{\partial u} dv^2\right) \delta u + 2(M\, du + N\, dv)\, d\delta u}{2\, ds}.$$

Intégrant par parties le terme en $d\delta u$ et égalant à zéro ce qui restera sous l'intégrale, on obtiendra l'équation différentielle des lignes géodésiques sous la forme

$$(22) \qquad \frac{\partial M}{\partial u} du^2 + 2 \frac{\partial N}{\partial u} du\, dv + \frac{\partial P}{\partial u} dv^2 = 2\, ds\, d \frac{M\, du + N\, dv}{ds}.$$

Cette équation du second ordre peut être remplacée par un système de deux équations simultanées du premier ordre entre u, v et l'angle θ formé par la tangente à la ligne géodésique en chacun de ses points avec la tangente à celle des lignes $v =$ const. qui passe par ce même point.

A cet effet, considérons le triangle infiniment petit formé par les points A, B, C, dont les coordonnées sont respectivement u, v; u, $v + dv$; $u + du$, $v + dv$; on aura sensiblement

$$\overline{AB}^2 = P\, dv^2, \qquad \overline{BC}^2 = M\, du^2, \qquad \overline{AC}^2 = ds^2,$$
$$\widehat{ACB} = \theta, \qquad \widehat{ABC} = \pi - \omega;$$

ω désignant l'angle des deux lignes u et v qui se croisent au point A.

On aura, par suite, en appliquant les formules connues de la Trigonométrie,

$$ds^2 = M\, du^2 + P\, dv^2 + 2\sqrt{MP}\, du\, dv \cos\omega,$$

d'où

$$\cos\omega = \frac{N}{\sqrt{MP}}, \qquad \sin\omega = \frac{\sqrt{MP - N^2}}{\sqrt{MP}},$$

puis

$$\frac{ds}{\sin\omega} = \frac{\sqrt{P}\,dv}{\sin\theta};$$

d'où

$$(23)\qquad ds\sin\theta = \frac{\sqrt{MP - N^2}}{\sqrt{M}}\,dv$$

et enfin, en projetant le triangle sur BC,

$$(24)\qquad ds\cos\theta = \sqrt{M}\,du + \sqrt{P}\,dv\cos\omega = \frac{M\,du + N\,dv}{\sqrt{M}}.$$

La division membre à membre des deux dernières formules donnera

$$(25)\qquad \cot\theta = \frac{M\,du + N\,dv}{\sqrt{MP - N^2}\,dv}.$$

Il ne reste plus qu'à transformer l'équation (22). On aura

$$\begin{aligned} 2\,ds\,d\frac{M\,du + N\,dv}{ds} &\\ = 2\,ds\,d\sqrt{M}\cos\theta &\\ = \left(\frac{\partial M}{\partial u}du + \frac{\partial M}{\partial v}dv\right)\frac{ds\cos\theta}{\sqrt{M}} - 2\sqrt{M}\,ds\sin\theta\,d\theta. \end{aligned}$$

Remplaçons $ds\cos\theta$ et $ds\sin\theta$ par leurs valeurs, substituons dans (22) et réduisons; il viendra

$$(26)\qquad \left\{ \begin{aligned} &2\frac{\partial N}{\partial u}du + \frac{\partial P}{\partial u}dv - \frac{\partial M}{\partial v}du \\ &\quad - \frac{N}{M}\left(\frac{\partial M}{\partial u}du + \frac{\partial M}{\partial v}dv\right) + 2\sqrt{MP - N^2}\,d\theta = 0. \end{aligned} \right.$$

Les équations (25) et (26) sont les deux équations différentielles cherchées.

372. Lorsque les lignes u et v sont orthogonales, on a $N = 0$, et les formules (23) à (26) prennent la forme plus simple

$$(27)\qquad \begin{cases} ds\sin\theta = \sqrt{P}\,dv, \\ ds\cos\theta = \sqrt{M}\,du, \\ \quad\cot\theta = \sqrt{\dfrac{M}{P}}\dfrac{du}{dv}; \end{cases}$$

$$(28)\qquad \frac{\partial P}{\partial u}dv - \frac{\partial M}{\partial v}du + 2\sqrt{MP}\,d\theta = 0.$$

373. Appliquons ces formules à l'ellipsoïde

$$\frac{x^2}{A} + \frac{y^2}{B} + \frac{z^2}{C} = 1,$$

en prenant pour lignes u et v le système de ses lignes de courbure.

Nous avons trouvé (t. I, n° 356) la valeur du carré ds^2 de l'élément de longueur dans l'espace rapporté à un système de coordonnées elliptiques λ_1, λ_2, λ_3. En chaque point de l'ellipsoïde considéré, on aura $\lambda_1 = 0$; les coordonnées de ces points ne dépendront donc plus que des deux paramètres λ_2 et λ_3, que nous désignerons par u et v. On sait d'ailleurs (t. I, n° 359) que les courbes $u = \text{const.}$, $v = \text{const.}$ seront les lignes de courbure de l'ellipsoïde.

Posant donc $\lambda_1 = 0$, $\lambda_2 = u$, $\lambda_3 = v$ dans les valeurs de x^2, y^2, z^2, ds^2, il viendra

$$x^2 = A\frac{(A+u)(A+v)}{(A-B)(A-C)},$$

$$y^2 = B\frac{(B+u)(B+v)}{(B-A)(B-C)},$$

$$z^2 = C\frac{(C+u)(C+v)}{(C-A)(C-B)},$$

$$ds^2 = \frac{1}{4}\frac{u(u-v)}{(A+u)(B+u)(C+u)}du^2 + \frac{1}{4}\frac{v(v-u)}{(A+v)(B+v))(C+v)}dv^2.$$

On aura donc ici

$$M = \frac{1}{4} \frac{u(u-v)}{(A+u)(B+u)(C+u)},$$
$$N = 0,$$
$$P = \frac{1}{4} \frac{v(v-u)}{(A+v)(B+v)(C+v)}$$

et, par suite,

$$\frac{\partial P}{\partial u} = -\frac{1}{4} \frac{v}{(A+v)(B+v)(C+v)} = -\frac{P}{v-u},$$
$$\frac{\partial M}{\partial v} = -\frac{M}{u-v}.$$

Substituant ces valeurs dans l'équation (28), il viendra

$$M\,du + P\,dv + 2(u-v)\sqrt{MP}\,d\theta = 0$$

ou, en remplaçant M et P par leurs valeurs tirées des équations (27),

$$\cos^2\theta\,dv + \sin^2\theta\,du + 2(u-v)\sin\theta\cos\theta\,d\theta = 0.$$

Cette équation s'intègre immédiatement et donne

$$(29) \qquad u\sin^2\theta + v\cos^2\theta = c,$$

c désignant une constante.

L'équation (29) peut s'écrire

$$(u-c)\sin^2\theta + (v-c)\cos^2\theta = 0$$

ou, en remplaçant $\sin\theta$ et $\cos\theta$ par leurs valeurs,

$$(u-c)P\,dv^2 + (v-c)M\,du^2 = 0.$$

Substituant enfin, pour M et P, leurs valeurs et séparant les variables, on aura l'équation

$$\sqrt{\frac{v}{(A+v)(B+v)(C+v)(v-c)}}\,dv$$
$$= \sqrt{\frac{u}{(A+u)(B+u)(C+u)(u-c)}}\,du,$$

dont l'intégration se ramène aux quadratures.

L'arc de la courbe s'obtient également par des quadratures. On a, en effet,

$$ds^2 = M\,du^2 + P\,dv^2$$
$$= M\,du^2\left(1 - \frac{v-c}{u-c}\right) = \frac{u(u-v)^2\,du^2}{(A+u)(B+u)(C+u)(u-c)},$$

$$ds = (u-v)\sqrt{\frac{u}{(A+u)(B+u)(C+u)(u-c)}}\,du$$
$$= \frac{u\sqrt{u}\,du}{\sqrt{(A+u)(B+u)(C+u)(u-c)}} - \frac{v\sqrt{v}\,dv}{\sqrt{(A+v)(B+v)(C+v)(v-c)}}.$$

374. Les lignes géodésiques de l'ellipsoïde jouissent de propriétés remarquables, qu'on peut déduire de l'équation (29).

Remarquons tout d'abord qu'en tous les points d'une ligne de courbure $u =$ const. on a

$$\theta = \frac{\pi}{2}, \qquad \text{d'où} \qquad u\sin^2\theta + v\cos^2\theta = u = \text{const.}$$

Le long d'une ligne du second système $v =$ const., on aura

$$\theta = 0 \qquad \text{et} \qquad u\sin^2\theta + v\cos^2\theta = v = \text{const.}$$

Les lignes de courbure satisfont donc à l'équation (29) des lignes géodésiques.

Cherchons les points où la ligne géodésique

$$u\sin^2\theta + v\cos^2\theta = c$$

est tangente à une ligne de courbure.

On aura, au point de contact,

$$\theta = 0 \qquad \text{ou} \qquad \theta = \frac{\pi}{2}$$

t, par suite,

$$u = c \qquad \text{ou} \qquad v = c.$$

Chaque ligne géodésique est donc tangente à deux lignes de courbure, une de chaque système, et l'on voit qu'à deux lignes géodésiques tangentes à une même ligne de courbure

$u = c$ correspond la même valeur c de la constante d'intégration.

Il en est de même pour le système des lignes géodésiques qui passent par les ombilics.

On a, en effet, pour les quatre ombilics réels (t. I, n° 343).

$$x^2 = A\frac{A - B}{A - C}, \qquad y^2 = 0, \qquad z^2 = C\frac{C - A}{C - B}.$$

La condition $y^2 = 0$ donne

$$(B + u)(B + v) = 0;$$

donc u ou v est égal à $-B$. Soit, par exemple, $u = -B$; on aura

$$x^2 = A\frac{A + v}{A - C};$$

donc v sera aussi égal à $-B$.

Pour une ligne géodésique qui passe par un ombilic, on aura donc, en substituant ces valeurs dans l'équation (29),

$$-B = c,$$

ce qui détermine la valeur de la constante c.

Considérons une ligne de courbure quelconque $u =$ const. Soit (u, v) un point quelconque de cette ligne; joignons-le à deux ombilics O et O′ par des lignes géodésiques L, L′, elles auront pour équation différentielle

$$u\cos^2\theta + v\sin^2\theta = -B,$$
$$u\cos^2\theta' + v\sin^2\theta' = -B.$$

En retranchant ces deux équations l'une de l'autre, il viendra

$$\begin{aligned} 0 &= u(\cos^2\theta - \cos^2\theta') + v(\sin^2\theta - \sin^2\theta') \\ &= (v - u)(\sin^2\theta - \sin^2\theta'). \end{aligned}$$

Donc $\sin^2\theta = \sin^2\theta'$, et les lignes L, L′ auront pour bissectrices les lignes de courbure du point u, v.

Soit (u, v_1) un point de la ligne de courbure considérée

situé à une distance infiniment petite ds du point (u, v) primitivement choisi. Joignons-le à O, O' par de nouvelles lignes géodésiques L_1, L'_1.

Projetons L_1 et l'élément ds sur L; on aura évidemment

$$L = \text{proj.}\, L_1 + \text{proj.}\, ds.$$

Or chacun des éléments de L_1, ne faisant qu'un angle infiniment petit avec sa projection, lui est égal en négligeant le produit de sa longueur par une quantité du second ordre; on aura donc, au second ordre près,

$$\text{proj.}\, L_1 = L_1.$$

D'ailleurs

$$\text{proj.}\, ds = ds \sin\theta;$$

donc

$$L = L_1 + ds \sin\theta.$$

On a de même

$$L' = L'_1 + ds \sin\theta'.$$

Mais on a

$$\sin\theta = \pm \sin\theta',$$

égalité où l'on doit évidemment prendre le signe + si les ombilics O et O' sont situés de côtés différents de la ligne u ou du même côté. Dans le premier cas on aura

$$L - L' = L_1 - L'_1,$$

et, dans le second,

$$L + L' = L_1 + L'_1.$$

Ces égalités étant démontrées, au second ordre près, lorsque le point (u, v_1) est infiniment voisin du point (u, v), on en conclut par le raisonnement connu (t. I, n° 277) qu'elles sont vraies en toute rigueur, quelle que soit la position du point (u, v_1) sur la ligne de courbure u.

On voit ainsi que les ombilics jouissent, par rapport aux lignes de courbure, de propriétés toutes semblables à celles des foyers des sections coniques.

375. *Problème des isopérimètres.* — Proposons-nous de déterminer, parmi toutes les courbes de longueur $2l$ ayant leurs extrémités en deux points A et B, celle pour laquelle l'aire comprise entre la corde AB et la courbe est maximum.

Prenons pour axe des x la droite AB, pour origine le milieu de cette droite : soit $2a$ la longueur de celle-ci. Nous aurons à rendre maximum l'intégrale

$$\int_{-a}^{a} y\,dx,$$

sachant que l'intégrale

$$\int_{-a}^{a} ds = \int_{-a}^{a} \sqrt{1+y'^2}\,dx$$

a pour valeur $2l$.

D'après la méthode générale, nous aurons à poser

$$\begin{aligned} 0 &= \delta\int_{-a}^{a} \left(y + \lambda\sqrt{1+y'^2}\right) dx \\ &= \int_{-a}^{a} \left(1 - \frac{d}{dx}\frac{\lambda y'}{\sqrt{1+y'^2}}\right) \delta y\,dx. \end{aligned}$$

L'équation différentielle de la courbe cherchée sera donc

$$1 - \frac{d}{dx}\frac{\lambda y'}{\sqrt{1+y'^2}} = 0;$$

d'où

$$\frac{\lambda y'}{\sqrt{1+y'^2}} = x - c,$$

$$y' = \pm\frac{x-c}{\sqrt{\lambda^2-(x-c)^2}},$$

$$y - c' = \mp\sqrt{\lambda^2-(x-c)^2},$$

équation d'un cercle de rayon λ.

Il reste à déterminer les constantes c, c', λ.

Pour $y = 0$, on aura $x = \pm a$; donc $c = 0$, $c'^2 = \lambda^2 - a^2$.

Il ne reste plus qu'à faire en sorte que la longueur de l'arc soit $2l$.

Or, en désignant par α (*fig.* 11) l'angle que le rayon CA

Fig. 11.

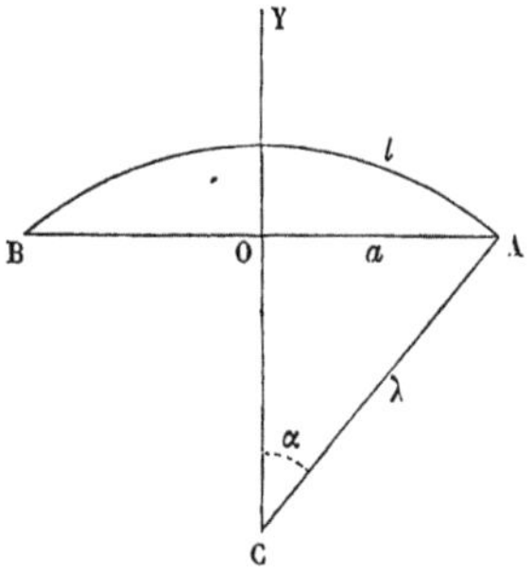

du cercle cherché fait avec l'axe OY, on aura

$$l = \lambda\alpha, \qquad a = \lambda \sin\alpha.$$

Éliminant α, on aura, pour déterminer λ, l'équation transcendante

$$a = \lambda \sin\frac{l}{\lambda}.$$

L'angle α étant d'ailleurs compris entre o et π, il faudra prendre pour λ celle des racines de cette équation qui est $< \frac{l}{\pi}$.

En supposant a infiniment petit, le problème se transforme en celui-ci :

Déterminer parmi les courbes fermées de périmètre $2l$ *celle qui enferme une aire maximum.*

Dans ce cas, l'équation en λ deviendra

$$\sin\frac{l}{\lambda} = 0$$

et aura pour racine $\lambda = \frac{l}{\pi}$. La solution du problème sera donc un cercle ayant le périmètre donné.

II. — Variation seconde.

376. L'étude des variations de l'intégrale

$$\int_{x_0}^{x_1} \varphi \, dx,$$

où φ est une fonction de x, des variables dépendantes y_1, y_2, ... et de leurs dérivées successives, ces variables pouvant d'ailleurs être liées entre elles par un système d'équations différentielles

$$\psi_1 = 0, \qquad \psi_2 = 0, \qquad \ldots,$$

se ramène immédiatement au cas où φ, ψ_1, ... ne contiennent, avec les fonctions inconnues, que leurs dérivées premières.

Supposons, en effet, que y_1, par exemple, figure dans ces expressions avec ses dérivées successives jusqu'à l'ordre n. Nous pourrons introduire comme inconnues auxiliaires les dérivées y'_1, ..., y_1^{n-1}, pourvu qu'on joigne au système des équations $\psi_1 = 0$, $\psi_2 = 0$, ... celles-ci :

$$\frac{dy_1}{dx} = y'_1, \qquad \ldots, \qquad \frac{dy_1^{n-2}}{dx} = y_1^{n-1};$$

y_1^n étant d'ailleurs la dérivée première de y_1^{n-1}, on voit que la fonction φ et les équations de condition ne contiendront plus que les fonctions inconnues et leurs dérivées premières.

Supposons donc que nous ayons m fonctions inconnues $y_1, \ldots, y_m$; que ces fonctions, leurs dérivées premières et la variable indépendante x figurent seules dans l'intégrale

$$\int_{x_0}^{x_1} \varphi \, dx$$

et dans les équations de condition

$$\psi_1 = 0, \quad \ldots, \quad \psi_p = 0.$$

Désignons par p le nombre de ces dernières équations. Admettons enfin, pour plus de simplicité, que les limites x_0, x_1 de l'intégrale et les valeurs correspondantes des fonctions y soient des quantités fixes données. Cela posé, cherchons à rendre l'intégrale maximum ou minimum.

377. Nous déterminerons les fonctions inconnues, comme on l'a vu plus haut, en annulant la variation première de l'intégrale

$$\mathrm{I} = \int_{x_0}^{x_1} (\varphi + \lambda_1 \psi_1 + \ldots + \lambda_p \psi_p)\, dx = \int_{x_0}^{x_1} \mathrm{F}\, dx,$$

ce qui fournit les équations différentielles suivantes

$$(1) \qquad \frac{\partial \mathrm{F}}{\partial y_i} - \frac{d}{dx}\frac{\partial \mathrm{F}}{\partial y'_i} = 0 \quad (i = 1, 2, \ldots, m)$$

que nous combinerons avec les équations de condition

$$(2) \qquad \frac{\partial \mathrm{F}}{\partial \lambda_l} = \psi_l = 0 \quad (l = 1, 2, \ldots, p).$$

L'intégration de ce système donnera en général les inconnues y et λ en fonction de x et de $2m$ constantes arbitraires.

En effet, remplaçons les équations $\psi_l = 0$ par leurs dérivées $\frac{d\psi_l}{dx} = 0$. Le nouveau système obtenu

$$(3) \qquad \frac{\partial \mathrm{F}}{\partial y_i} - \frac{d}{dx}\frac{\partial \mathrm{F}}{\partial y'_i} = 0, \qquad \frac{d\psi_l}{dx} = 0$$

contient les dérivées de $y_1, \ldots, y_m$ jusqu'au second ordre, celles de $\lambda_1, \ldots, \lambda_p$ jusqu'au premier ordre. Il sera donc d'ordre $2m + p$ et fournira les inconnues y et λ en fonction de x et de $2m + p$ constantes arbitraires. Ces valeurs, substituées dans les expressions ψ_l, les réduiront à des constantes $\left(\text{puisqu'elles annulent identiquement } \frac{d\psi_l}{dx}\right)$. En écrivant que ces constantes sont nulles, on obtiendra des équations de condition qui déterminent p constantes d'intégration en fonction des autres.

Les $2m$ constantes qui restent seront déterminées à leur tour par la condition que $y_1, \ldots, y_m$ prennent pour chacune des deux limites x_0 et x_1 les valeurs qui leur sont assignées.

Le problème d'annuler la variation première de l'intégrale est donc en général possible et déterminé.

On doit toutefois remarquer que l'ordre du système (3), et, par suite, celui du système primitif, s'abaisseraient si l'on pouvait éliminer les dérivées $y''_1, \ldots, y''_m, \lambda'_1, \ldots, \lambda'_p$ entre les équations (3). Or, ces dérivées y entrent linéairement, et le déterminant de leurs coefficients n'est autre chose que le jacobien J des fonctions $\frac{\partial F}{\partial y'_i}$, ψ_l par rapport aux quantités y' et λ. Si donc ce jacobien était identiquement nul, il serait en général impossible d'annuler la variation première de l'intégrale; car les constantes d'intégration seraient en moindre nombre que les équations aux limites auxquelles elles doivent satisfaire.

378. Nous admettrons donc que J n'est pas nul. Il est aisé, dans ce cas, de ramener le système (1), (2) à un système canonique. (Ce résultat est une généralisation de celui du n° 360.)

Prenons, en effet, pour variables auxiliaires les quantités

$$\frac{\partial F}{\partial y'_i} = p_i.$$

Les équations

$$(4) \qquad \frac{\partial F}{\partial y'_i} = p_i, \qquad \psi_l = 0$$

permettront d'exprimer les quantités y', λ en fonction des variables y, p.

Posons, d'autre part,

$$H = \sum_i p_i y'_i - F.$$

On aura

$$dH = \sum_i \left[-\frac{\partial F}{dy_i} dy_i + \left(p_i - \frac{\partial F}{\partial y'_i} \right) dy'_i + y'_i dp_i - \psi_l d\lambda_l \right].$$

Mais les termes en dy'_i, $d\lambda_l$ disparaissent en vertu des équations (4). On aura donc, en supposant qu'on exprime H au moyen des variables y et p,

$$\frac{\partial H}{\partial y_i} = -\frac{\partial F}{\partial y_i}, \qquad \frac{\partial H}{\partial p_i} = y'_i.$$

D'ailleurs, les équations (1) peuvent s'écrire

$$\frac{\partial F}{\partial y_i} - p'_i = 0.$$

On aura donc, pour déterminer les variables y, p, les équations canoniques

$$(5) \qquad y'_i = \frac{\partial H}{\partial p_i}, \qquad p'_i = -\frac{\partial H}{\partial y_i}.$$

379. Ces équations étant supposées intégrées, on sait (259) que leur intégrale générale pourra se mettre sous la forme

$$(6) \qquad \frac{\partial V}{\partial y_i} = p_i, \qquad \frac{\partial V}{\partial \alpha_i} = \beta_i \qquad (i = 1, 2, \ldots, m),$$

V étant une fonction des variables x, y_i et de m constantes d'intégration $\alpha_1, \ldots, \alpha_m$ et les quantités $\beta_1, \ldots, \beta_m$ étant les autres constantes d'intégration.

La résolution des équations précédentes donnera les valeurs des y, p en fonction de x et des constantes α, β. Les équations (4) donneront ensuite les quantités y', λ; enfin les conditions aux limites détermineront les valeurs des constantes α, β.

380. Mais, pour être assuré de l'existence effective d'un maximum ou d'un minimum, il est nécessaire d'étudier la variation seconde $\delta^2 I$. Si celle-ci ne peut s'annuler pour aucun système de valeurs admissible des variations δy, elle conservera toujours le même signe, et il y aura minimum ou maximum, suivant qu'elle sera positive ou négative. Si, au contraire, elle peut s'annuler, il n'y aura en général ni maximum, ni minimum, la variation troisième changeant de signe avec les variations δy; il ne pourrait y avoir incertitude que dans le cas exceptionnel où elle s'annulerait en même temps que la variation seconde.

Laissant de côté ce cas singulier, nous sommes amenés à rechercher si $\delta^2 I$ est ou non susceptible de s'annuler.

381. Posons, pour abréger,

$$\frac{\partial^2 F}{\partial y_i \, \partial y_k} = a_{ik}, \qquad \frac{\partial^2 F}{\partial y_i \, \partial y'_k} = b_{ik}, \qquad \frac{\partial^2 F}{\partial y'_i \, \partial y'_k} = c_{ik},$$

$$\frac{\partial \psi_l}{\partial y_i} = \frac{\partial^2 F}{\partial y_i \, \partial \lambda_l} = d_{il}, \qquad \frac{\partial \psi_l}{\partial y'_i} = \frac{\partial^2 F}{\partial y'_i \, \partial \lambda_l} = e_{il}.$$

Les quantités a_{ik}, b_{ik}, c_{ik}, d_{il}, e_{il} seront des fonctions connues de x; nous les supposerons continues, ainsi que leurs dérivées partielles, entre x_0 et x_1; cette hypothèse est évidemment nécessaire pour qu'on puisse appliquer la série de Taylor au développement des accroissements des fonctions F, ψ_l.

Posons encore, pour simplifier l'écriture,

$$\delta y_i = z_i;$$

ces quantités seront assujetties aux relations

$$(7) \qquad o = \delta \psi_l = \sum_i (d_{il} z_i + e_{il} z'_i) \quad (l = 1, \ldots, p).$$

On aura, d'autre part,

$$\delta^2 F = \sum_i \sum_k [a_{ik} z_i z_k + 2 b_{ik} z_i z'_k + c_{ik} z'_i z'_k]$$

et

$$\delta^2 I = \int_{x_0}^{x_1} \delta^2 F \, dx = \int_{x_0}^{x_1} \left(\delta^2 F + \sum_l 2 \mu_l \, \delta \psi_l \right) dx,$$

les multiplicateurs μ_l étant des fonctions quelconques de x, finies entre x_0 et x_1.

L'expression

$$\begin{aligned}2\Omega &= \delta^2 F + \sum_l 2\mu_l\,\delta\psi_l\\ &= \sum_i\sum_k [a_{ik}z_i z_k + 2b_{ik}z_i z'_k + c_{ik}z'_i z'_k]\\ &\quad + \sum_i\sum_l 2\mu_l[d_{il}z_i + e_{il}z'_i]\end{aligned}$$

étant homogène et du second degré par rapport aux quantités z, z', μ, on aura

$$2\Omega = \sum_i\left(\frac{\partial\Omega}{\partial z_i}z_i + \frac{\partial\Omega}{\partial z'_i}z'_i\right) + \sum_l \frac{\partial\Omega}{\partial\mu_l}\mu_l.$$

Substituant cette valeur dans l'expression de $\delta^2 I$ et remarquant que les équations de condition (7) ne sont autres que les suivantes

$$(8)\qquad \frac{\partial\Omega}{\partial\mu_l} = 0,$$

il viendra

$$\delta^2 I = \int_{x_0}^{x_1}\sum_i\left(\frac{\partial\Omega}{\partial z_i}z_i + \frac{\partial\Omega}{\partial z'_i}z'_i\right)dx.$$

Intégrant par parties les seconds termes et remarquant que z_i s'annule aux deux limites x_0 et x_1, il viendra

$$\delta^2 I = \int_{x_0}^{x_1}\sum_i\left(\frac{\partial\Omega}{\partial z_i} - \frac{d}{dx}\frac{\partial\Omega}{\partial z'_i}\right)z_i\,dx.$$

On pourra donc annuler $\delta^2 I$ si l'on peut déterminer les quantités z, μ, de manière à satisfaire aux équations

$$(9)\qquad \frac{\partial\Omega}{\partial z_i} - \frac{d}{dx}\frac{\partial\Omega}{\partial z'_i} = 0,$$

ainsi qu'aux équations de condition (8), en assignant aux z_i

des valeurs qui ne soient pas constamment nulles entre x_0 et x_1, mais qui s'annulent aux deux limites.

382. Les relations (8) et (9) constituent un système d'équations différentielles entre les variables z, μ tout à fait analogue aux systèmes (1), (2). Il sera également d'ordre $2m$, pourvu que le jacobien J_1 des expressions

$$\frac{\partial \Omega}{\partial z'_i}, \quad \frac{\partial \Omega}{\partial \mu_l}$$

par rapport aux quantités z'_i, μ_l ne soit pas identiquement nul. Or, d'après l'expression de Ω, on voit que les éléments de ce déterminant ne sont autre chose que ceux de J, où l'on a substitué, pour les quantités y, leurs valeurs en fonction de x. Nous admettrons que, même après cette substitution, le déterminant ne s'annule pas identiquement et que, en particulier, il n'est pas nul pour $x = x_1$.

Prenons alors pour inconnues auxiliaires les quantités

$$(10) \qquad u_i = \frac{\partial \Omega}{\partial z'_i}.$$

Les équations (8) et (10) permettront d'exprimer les quantités z' et μ en fonction linéaire des quantités z et u. Ces valeurs, substituées dans l'expression

$$H_1 = \sum_i u_i z'_i - \Omega,$$

la transformeront en une fonction homogène et du second degré des quantités z, u; et l'on aura, pour déterminer ces quantités, les équations canoniques

$$(11) \qquad z'_i = \frac{\partial H_1}{\partial u_i}, \qquad u'_i = -\frac{\partial H_1}{\partial z_i},$$

dont les seconds membres sont linéaires et homogènes par rapport aux inconnues z, u.

383. Les équations différentielles linéaires

$$(12)\quad 0=\frac{\partial\Omega}{\partial\mu_l}\qquad\qquad =\sum_i [d_{il}z_i+e_{il}z'_i],$$

$$(13)\quad 0=\frac{\partial\Omega}{\partial z'_i}-u_i\qquad =\sum_k [b_{ki}z_k+c_{ki}z'_k]+\sum_l e_{il}\mu_l-u_i,$$

$$(14)\quad 0=\frac{\partial\Omega}{\partial z_i}-\frac{d}{dx}\frac{\partial\Omega}{\partial z'_i}=\sum_k [a_{ik}z_k+b_{ik}z'_k+d_{il}\mu_l]-u'_i,$$

auxquelles nous venons d'arriver, sont intimement liées aux équations

$$\psi_l=0,\qquad \frac{\partial F}{\partial y'_i}-p_i=0,\qquad \frac{\partial F}{\partial y_i}-p'_i=0,$$

dont l'intégration nous a fourni les valeurs des quantités y, λ en fonction de x et des constantes $\alpha_1, \ldots, \alpha_m$; $\beta_1, \ldots, \beta_m$. En effet, substituons ces valeurs dans ces dernières équations; elles se réduiront à des identités, quelles que soient les constantes α et β. On pourra donc les différentier par rapport à l'une quelconque c de ces constantes. Effectuant cette différentiation et posant

$$\frac{\partial y_i}{\partial c}=z_i,\qquad \frac{\partial y'_i}{\partial c}=z'_i,\qquad \frac{\partial p_i}{\partial c}=u_i,\qquad \frac{\partial \lambda_l}{\partial c}=\mu_l,$$

on obtiendra précisément les équations (12), (13), (14).

Prenant successivement pour c chacune des $2m$ constantes α, β, nous aurons donc $2m$ solutions particulières de ces équations. On en déduit, en désignant par A_k et B_k des constantes arbitraires, la solution plus générale

$$(15)\qquad z_i=\sum_k\left(A_k\frac{\partial y_i}{\partial\alpha_k}+B_k\frac{\partial y_i}{\partial\beta_k}\right),$$

$$(16)\qquad u_i=\sum_k\left(A_k\frac{\partial p_i}{\partial\alpha_k}+B_k\frac{\partial p_i}{\partial\beta_k}\right),$$

$$(17)\qquad z'_i=\sum_k\left(A_k\frac{\partial y'_i}{\partial\alpha_k}+B_k\frac{\partial y'_i}{\partial\beta_k}\right),$$

$$(18)\qquad \mu_l=\sum_k\left(A_k\frac{\partial \lambda_l}{\partial\alpha_k}+B_k\frac{\partial \lambda_l}{\partial\beta_k}\right).$$

Les équations (11), qui se déduisent de la combinaison des équations (12) à (14), admettront donc comme solution les valeurs de z_i, u_i données par les formules (15) et (16).

384. Nous admettrons : 1° que les diverses dérivées partielles $\frac{\partial y_i}{\partial \alpha_k}$, $\frac{\partial y_i}{\partial \beta_k}$, ..., $\frac{\partial \lambda_l}{\partial \beta_k}$, qui figurent dans les expressions précédentes, restent continues entre x_0 et x_1 ; 2° que les seconds membres des équations (15) ne peuvent devenir à la fois identiquement nuls, de quelque manière qu'on choisisse les constantes A, B, à moins qu'elles ne soient toutes nulles.

Cette dernière hypothèse entraîne manifestement comme conséquence que les $2m$ solutions particulières obtenues pour les équations (11) sont linéairement indépendantes. La solution générale des équations (11) sera donc donnée par les formules (15) et (16), et celle des équations (12), (13), (14) par les formules (15) à (18).

Nos $2m$ solutions particulières étant indépendantes, le déterminant

$$D = \begin{vmatrix} \frac{\partial y_1}{\partial \alpha_1} & \cdots & \frac{\partial y_1}{\partial \alpha_m} & \frac{\partial y_1}{\partial \beta_1} & \cdots & \frac{\partial y_m}{\partial \beta_m} \\ \cdots & \cdots & \cdots & \cdots & \cdots & \cdots \\ \frac{\partial y_m}{\partial \alpha_1} & \cdots & \frac{\partial y_m}{\partial \alpha_m} & \frac{\partial y_m}{\partial \beta_1} & \cdots & \frac{\partial y_m}{\partial \beta_m} \\ \frac{\partial p_1}{\partial \alpha_1} & \cdots & \frac{\partial p_1}{\partial \alpha_m} & \frac{\partial p_1}{\partial \beta_1} & \cdots & \frac{\partial p_1}{\partial \beta_m} \\ \cdots & \cdots & \cdots & \cdots & \cdots & \cdots \\ \frac{\partial p_m}{\partial \alpha_1} & \cdots & \frac{\partial p_m}{\partial \alpha_m} & \frac{\partial p_m}{\partial \beta_1} & \cdots & \frac{\partial p_m}{\partial \beta_m} \end{vmatrix}$$

ne pourra être identiquement nul.

Ce déterminant peut d'ailleurs se mettre sous la forme d'un produit de deux autres déterminants. En effet, les équations intégrales

$$\frac{\partial V}{\partial y_i} = p_i$$

(où V ne contient ni les p ni les β), différentiées par rapport aux constantes α_k et β_k, donnent

$$\frac{\partial p_i}{\partial \alpha_k} = \sum\nolimits_h \frac{\partial^2 V}{\partial y_i \, \partial y_h} \frac{\partial y_h}{\partial \alpha_k} + \frac{\partial^2 V}{\partial y_i \, \partial \alpha_k},$$

$$\frac{\partial p_i}{\partial \beta_k} = \sum\nolimits_h \frac{\partial^2 V}{\partial y_i \, \partial y_h} \frac{\partial y_h}{\partial \beta_k}.$$

Substituant ces valeurs dans D et retranchant des m dernières lignes du déterminant les m premières, multipliées par des facteurs convenables, il viendra

$$D = \begin{vmatrix} \frac{\partial y_1}{\partial \alpha_1} & \cdots & \frac{\partial y_1}{\partial \alpha_m} & \frac{\partial y_1}{\partial \beta_1} & \cdots & \frac{\partial y_1}{\partial \beta_m} \\ \cdots & \cdots & \cdots & \cdots & \cdots & \cdots \\ \frac{\partial y_m}{\partial \alpha_1} & \cdots & \frac{\partial y_m}{\partial \alpha_m} & \frac{\partial y_m}{\partial \beta_1} & \cdots & \frac{\partial y_m}{\partial \beta_m} \\ \frac{\partial^2 V}{\partial y_1 \, \partial \alpha_1} & \cdots & \frac{\partial^2 V}{\partial y_1 \, \partial \alpha_m} & 0 & \cdots & 0 \\ \cdots & \cdots & \cdots & \cdot & \cdots & \cdots \\ \frac{\partial^2 V}{\partial y_m \, \partial \alpha_1} & \cdots & \frac{\partial^2 V}{\partial y_m \, \partial \alpha_m} & 0 & \cdots & 0 \end{vmatrix} = (-1)^m D_1 D_2,$$

en posant

$$D_1 = \begin{vmatrix} \frac{\partial y_1}{\partial \beta_1} & \cdots & \frac{\partial y_1}{\partial \beta_m} \\ \cdots & \cdots & \cdots \\ \frac{\partial y_m}{\partial \beta_1} & \cdots & \frac{\partial y_m}{\partial \beta_m} \end{vmatrix}, \qquad D_2 = \begin{vmatrix} \frac{\partial^2 V}{\partial y_1 \, \partial \alpha_1} & \cdots & \frac{\partial^2 V}{\partial y_1 \, \partial \alpha_m} \\ \cdots & \cdots & \cdots \\ \frac{\partial^2 V}{\partial y_m \, \partial \alpha_1} & \cdots & \frac{\partial^2 V}{\partial y_m \, \partial \alpha_m} \end{vmatrix}.$$

Aucun des deux déterminants D_1, D_2 ne peut donc être identiquement nul.

385. Nous sommes maintenant en mesure de déterminer les conditions nécessaires et suffisantes pour que $\delta^2 I$ ne puisse s'annuler.

On voit tout d'abord que $\delta^2 I$ sera susceptible de s'annuler si l'on peut déterminer les rapports des constantes A_k, B_k, de telle sorte que les valeurs des z_i fournies par les équations (15) s'annulent toutes à la fois pour deux valeurs distinctes ξ_0, ξ_1 de la variable x, comprises entre x_0 et x_1.

En effet, posons $\delta y_i = \varepsilon z_i$ entre ξ_0 et ξ_1, et $\delta y_i = 0$ dans le reste de l'intervalle $x_0 x_1$.

Les variations ainsi définies ne sont pas identiquement nulles dans tout l'intervalle entre x_0 et x_1; elles satisfont aux équations de condition (12); enfin entre ξ_0 et ξ_1, seule partie de l'intervalle où elles ne soient pas nulles, elles satisfont aux équations (13) et (14), équivalentes aux équations (9); elles annulent donc tous les éléments de l'intégrale $\delta^2 I$.

Pour que les rapports des constantes A_k, B_k puissent être déterminés comme il est indiqué ci-dessus, il faut et il suffit que le déterminant

$$\Delta(\xi_0, \xi_1) = \begin{vmatrix} \left(\frac{\partial y_1}{\partial \alpha_1}\right)_{\xi_0} & \cdots & \left(\frac{\partial y_1}{\partial \alpha_m}\right)_{\xi_0} & \left(\frac{\partial y_1}{\partial \beta_1}\right)_{\xi_0} & \cdots & \left(\frac{\partial y_1}{\partial \beta_m}\right)_{\xi_0} \\ \cdots & \cdots & \cdots & \cdots & \cdots & \cdots \\ \left(\frac{\partial y_m}{\partial \alpha_1}\right)_{\xi_0} & \cdots & \left(\frac{\partial y_m}{\partial \alpha_m}\right)_{\xi_0} & \left(\frac{\partial y_m}{\partial \beta_1}\right)_{\xi_0} & \cdots & \left(\frac{\partial y_m}{\partial \beta_m}\right)_{\xi_0} \\ \left(\frac{\partial y_1}{\partial \alpha_1}\right)_{\xi_1} & \cdots & \left(\frac{\partial y_1}{\partial \alpha_m}\right)_{\xi_1} & \left(\frac{\partial y_1}{\partial \beta_1}\right)_{\xi_1} & \cdots & \left(\frac{\partial y_1}{\partial \beta_m}\right)_{\xi_1} \\ \cdots & \cdots & \cdots & \cdots & \cdots & \cdots \\ \left(\frac{\partial y_m}{\partial \alpha_1}\right)_{\xi_1} & \cdots & \left(\frac{\partial y_m}{\partial \alpha_m}\right)_{\xi_1} & \left(\frac{\partial y_m}{\partial \beta_1}\right)_{\xi_1} & \cdots & \left(\frac{\partial y_m}{d \beta_m}\right)_{\xi_1} \end{vmatrix}$$

soit égal à zéro.

Donc, pour que $\delta^2 I$ ne puisse s'annuler, il faut tout d'abord qu'on ait

$$\Delta(\xi_0, \xi_1) \gtrless 0$$

de quelque manière qu'on choisisse ξ_0 et ξ_1 entre x_0 et x_1. Posant en particulier $\xi_0 = x_0$, on devra avoir

$$(19) \qquad \Delta(x_0, x) \gtrless 0$$

pour toute valeur de $x > x_0$ et $\overline{\overline{<}}\, x_1$.

386. Pour déterminer les autres conditions qui, jointes

à (19), sont nécessaires et suffisantes pour l'existence d'un maximum ou d'un minimum, il nous faut transformer l'expression de $\delta^2 I$ de manière à faciliter la discussion de son signe. Cette transformation repose sur deux propriétés de nos équations différentielles, que nous allons établir :

1° Les équations différentielles qui déterminent les quantités y, p ont pour intégrale générale les équations

$$\frac{\partial V}{\partial y_i} = p_i, \qquad \frac{\partial V}{\partial \alpha_i} = \beta_i. \tag{20}$$

Prenons la différentielle totale des équations de droite en supposant x constant; il viendra

$$\sum_h \left(\frac{\partial^2 V}{\partial \alpha_i\, \partial y_h} dy_h + \frac{\partial^2 V}{\partial \alpha_i\, \partial \alpha_h} d\alpha_h \right) = d\beta_i.$$

Substituons cette valeur de $d\beta_i$ dans l'expression de la différentielle totale de dy_k

$$dy_k = \sum_i \left(\frac{\partial y_k}{\partial \alpha_i} d\alpha_i + \frac{\partial y_k}{\partial \beta_i} d\beta_i \right),$$

elle deviendra

$$dy_k = \sum_i \frac{\partial y_k}{\partial \alpha_i} d\alpha_i + \sum_i \sum_h \left(\frac{\partial^2 V}{\partial \alpha_i\, \partial y_h} dy_h + \frac{\partial^2 V}{\partial \alpha_i\, \partial \alpha_h} d\alpha_h \right) \frac{\partial y_k}{\partial \beta_i},$$

et, comme les équations (20) n'établissent entre les y et les α aucune relation indépendante des quantités p et β, les coefficients de chaque différentielle devront être égaux dans les deux membres. On aura donc, en particulier, en égalant à zéro le coefficient de $d\alpha_i$ (après avoir permuté dans la somme double les indices de sommation h et i),

$$\frac{\partial y_k}{\partial \alpha_i} + \sum_h \frac{\partial^2 V}{\partial \alpha_i\, \partial \alpha_h} \frac{\partial y_k}{\partial \beta_h} = 0.$$

Substituons la valeur de $\frac{\partial y_k}{\partial \alpha_i}$ tirée de cette formule dans l'expression

$$\sum_i \frac{\partial y_k}{\partial \alpha_i} \frac{\partial y_{k'}}{\partial \beta_i};$$

elle deviendra

$$-\sum_i \sum_h \frac{\partial^2 V}{\partial \alpha_i \, \partial \alpha_h} \frac{\partial y_{k'}}{\partial \beta_i} \frac{\partial y_k}{\partial \beta_h}$$

et ne changera pas si l'on permute k et k'; car cela revient évidemment à permuter les deux indices de sommation i et h. Nous obtenons donc cette première relation

$$(21) \qquad \sum_i \left(\frac{\partial y_k}{\partial \alpha_i} \frac{\partial y_{k'}}{\partial \beta_i} - \frac{\partial y_{k'}}{\partial \alpha_i} \frac{\partial y_k}{\partial \beta_i} \right) = 0.$$

387. 2° Les quantités y, p satisfont (378) aux équations canoniques

$$y'_i = \frac{\partial H}{\partial p_i}, \qquad p'_i = -\frac{\partial H}{\partial y_i}.$$

Prenons la dérivée de ces équations par rapport à l'une quelconque c des constantes α, β. Il viendra, en désignant, pour abréger, $\frac{\partial y_i}{\partial c}$ par z_i, $\frac{\partial p_i}{\partial c}$ par u_i,

$$(22) \qquad \begin{cases} z'_i = \sum_k \left(\dfrac{\partial^2 H}{\partial p_i \, \partial y_k} z_k + \dfrac{\partial^2 H}{\partial p_i \, \partial p_k} u_k \right), \\ u'_i = -\sum_k \left(\dfrac{\partial^2 H}{\partial y_i \, \partial y_k} z_k + \dfrac{\partial^2 H}{\partial y_i \, \partial p_k} u_k \right). \end{cases}$$

Ces équations linéaires, admettant les $2m$ solutions particulières

$$\left(\frac{\partial y_i}{\partial \alpha_1}, \frac{\partial p_i}{\partial \alpha_1} \right), \quad \dots; \quad \left(\frac{\partial y_i}{\partial \beta_m}, \frac{\partial p_i}{\partial \beta_m} \right),$$

auront pour intégrale générale les expressions (15) et (16), de sorte que le système (22) ne sera qu'une autre forme du système (11).

Le système (22) a pour adjoint le suivant :

$$-Z'_i = \sum_k \left(\frac{\partial^2 H}{\partial p_k \, \partial y_i} Z_k - \frac{\partial^2 H}{\partial y_i \, \partial y_k} U_k \right),$$

$$-U'_i = \sum_k \left(\frac{\partial^2 H}{\partial p_i \, \partial p_k} Z_k - \frac{\partial^2 H}{\partial y_k \, \partial p_i} U_k \right),$$

qui n'en diffère que par le changement de z, u en $-U$, Z. Si donc

$$S_1 = (\ldots, z_{i1}, \ldots, u_{i1}, \ldots),$$
$$S_2 = (\ldots, z_{i2}, \ldots, u_{i2}, \ldots)$$

sont deux solutions particulières quelconques des équations (22),

$$(\ldots, u_{i1}, \ldots, -z_{i1}, \ldots)$$

sera une solution du système adjoint; et, d'après les propriétés connues de ce système (115), l'expression

$$(S_1 S_2) = \sum_i (u_{i1} z_{i2} - z_{i1} u_{i2})$$

sera une constante.

388. On a évidemment, d'après la définition précédente du symbole $(S_1 S_2)$, la relation

$$(S_1 S_2) = -(S_2 S_1),$$
$$(S_1 S_1) = 0.$$

En outre, si

$$S_2 = (\ldots, z_{i2}, \ldots, u_{i2}, \ldots),$$
$$S_3 = (\ldots, z_{i3}, \ldots, u_{i3}, \ldots),$$
$$\cdots\cdots\cdots\cdots\cdots\cdots$$

sont des solutions particulières, l'expression

$$m_2 S_2 + m_3 S_3 + \ldots$$
$$= (\ldots, m_2 z_{i2} + m_3 z_{i3} + \ldots, \ldots, m_2 u_{i2} + m_3 u_{i3} + \ldots, \ldots)$$

sera encore une solution, et l'on aura

$$(S_1, m_2 S_2 + m_3 S_3 + \ldots) = m_2 (S_1 S_2) + m_3 (S_1 S_3) + \ldots.$$

389. Toutes les solutions de nos équations s'expriment

linéairement en fonction des $2m$ solutions partic ulières

$$S_1 = \left(\dots, \frac{\partial y_i}{\partial \alpha_1}, \dots, \frac{\partial p_i}{\partial \alpha_1}, \dots\right),$$
$$\dots\dots\dots\dots\dots\dots\dots\dots,$$
$$S_m = \left(\dots, \frac{\partial y_i}{\partial \alpha_m}, \dots, \frac{\partial p_i}{\partial \alpha_m}, \dots\right),$$
$$T_1 = \left(\dots, \frac{\partial y_i}{\partial \beta_1}, \dots, \frac{\partial p_i}{\partial \beta_1}, \dots\right),$$
$$\dots\dots\dots\dots\dots\dots\dots\dots,$$
$$T_m = \left(\dots, \frac{\partial y_i}{\partial \beta_m}, \dots, \frac{\partial p_i}{\partial \beta_m}, \dots\right).$$

Proposons-nous de déterminer les valeurs des constantes particulières

$$(S_k S_h), \quad (T_k S_h), \quad (T_k T_h).$$

Il faudra, pour cela, chercher la valeur de l'expression

$$\sum_i \left(\frac{\partial p_i}{\partial c}\frac{\partial y_i}{\partial c'} - \frac{\partial y_i}{\partial c}\frac{\partial p_i}{\partial c'}\right),$$

c et c' désignant deux quelconques des constantes α, β.

A cet effet, recourons encore aux équations intégrales

$$\frac{\partial V}{\partial y_i} = p_i, \qquad \frac{\partial V}{\partial \alpha_i} = \beta_i.$$

En dérivant les premières par rapport à c, il viendra

$$\frac{\partial^2 V}{\partial y_i \partial c} + \sum_k \frac{\partial^2 V}{\partial y_i \partial y_k}\frac{\partial y_k}{\partial c} = \frac{\partial p_i}{\partial c}.$$

On aura, par suite,

$$\sum_i \frac{\partial p_i}{\partial c}\frac{\partial y_i}{\partial c'} = \sum_i \frac{\partial y_i}{\partial c'}\frac{\partial^2 V}{\partial y_i \partial c} + \sum_i\sum_k \frac{\partial^2 V}{\partial y_i \partial y_k}\frac{\partial y_k}{\partial c}\frac{\partial y_i}{\partial c'}.$$

La somme double ne change pas si l'on permute c et c', car cela équivaut à permuter les indices de sommation i

et k. On aura donc

$$\sum_i\left(\frac{\partial p_i}{\partial c}\frac{\partial y_i}{\partial c'}-\frac{\partial y_i}{\partial c}\frac{\partial p_i}{\partial c'}\right)=\sum_i\left(\frac{\partial y_i}{\partial c'}\frac{\partial^2 V}{\partial y_i\,\partial c}-\frac{\partial y_i}{\partial c}\frac{\partial^2 V}{\partial y_i\,\partial c'}\right).$$

On a d'ailleurs

$$\sum_i\frac{\partial y_i}{\partial c'}\frac{\partial^2 V}{\partial y_i\,\partial c}=\frac{d}{dc'}\frac{\partial V}{\partial c}-\frac{\partial^2 V}{\partial c\,\partial c'},$$

en désignant par $\frac{d}{dc'}\frac{\partial V}{\partial c}$ la dérivée complète de $\frac{\partial V}{\partial c}$ par rapport à c', en tenant compte de ce que les y sont des fonctions des constantes c. On a de même

$$\sum_i\frac{\partial y_i}{\partial c}\frac{\partial^2 V}{\partial y_i\,\partial c'}=\frac{d}{dc}\frac{\partial V}{\partial c'}-\frac{\partial^2 V}{\partial c\,\partial c'}$$

et, par suite,

$$\sum_i\left(\frac{\partial p_i}{\partial c}\frac{\partial y_i}{\partial c'}-\frac{\partial y_i}{\partial c}\frac{\partial p_i}{\partial c'}\right)=\frac{d}{dc'}\frac{\partial V}{\partial c}-\frac{d}{dc}\frac{\partial V}{\partial c'}.$$

Cela posé, V ne contenant pas explicitement les constantes β, on aura, si $c=\beta_k$ et $c'=\beta_h$,

$$\frac{\partial V}{\partial c}=0,\qquad \frac{\partial V}{\partial c'}=0,$$

d'où

$$(T_k T_h)=0.$$

Si $c=\alpha_k$ et $c'=\alpha_h$, on aura, en vertu des équations (20),

$$\frac{\partial V}{\partial c}=\frac{\partial V}{\partial \alpha_k}=\beta_k,$$

d'où

$$\frac{d}{dc'}\frac{\partial V}{\partial c}=\frac{d}{d\alpha_h}\beta_k=0.$$

On a de même

$$\frac{d}{dc}\frac{\partial V}{\partial c'}=0$$

et, par suite,

$$(S_k S_h)=0.$$

Enfin, si $c = \beta_k$ et $c' = \alpha_h$, on aura

$$\frac{\partial V}{\partial c} = 0, \qquad \frac{\partial V}{\partial c'} = \beta_h,$$

d'où

$$\frac{d}{dc}\frac{\partial V}{\partial c'} - \frac{d}{dc'}\frac{\partial V}{\partial c} = \frac{d}{d\beta_k}\beta_h = \begin{cases} 0 & \text{si } h \gtrless k, \\ 1 & \text{si } h = k. \end{cases}$$

Nous trouvons donc

$$(S_k S_h) = 0, \qquad (T_k T_h) = 0,$$

$$(T_k S_h) = -(S_h T_k) = \begin{cases} 0 & \text{si } h \gtrless k, \\ 1 & \text{si } h = k. \end{cases}$$

390. Considérons maintenant deux solutions quelconques

$$R_\rho = \sum_k [A_{k\rho} S_k + B_{k\rho} T_k],$$

$$R_\sigma = \sum_h [A_{h\sigma} S_h + B_{h\sigma} T_h].$$

On aura, d'après les formules précédentes,

$$\begin{aligned}(R_\rho R_\sigma) &= \sum_k \sum_h \left[\begin{array}{l} A_{k\rho} A_{h\sigma}(S_k S_h) + A_{k\rho} B_{h\sigma}(S_k T_h) \\ + B_{k\rho} A_{h\sigma}(T_k S_h) + B_{k\rho} B_{h\sigma}(T_k T_h) \end{array}\right] \\ &= \sum_k (B_{k\rho} A_{k\sigma} - A_{k\rho} B_{k\sigma}).\end{aligned}$$

Assignons aux coefficients $A_{k\rho}$, $B_{k\rho}$; $A_{k\sigma}$, $B_{k\sigma}$ les valeurs particulières

$$A_{k\rho} = \left(\frac{\partial y_\rho}{\partial \beta_k}\right)_\xi, \qquad B_{k\rho} = -\left(\frac{\partial y_\rho}{\partial \alpha_k}\right)_\xi;$$

$$A_{k\sigma} = \left(\frac{\partial y_\sigma}{\partial \beta_k}\right)_\xi, \qquad B_{k\sigma} = -\left(\frac{\partial y_\sigma}{\partial \alpha_k}\right)_\xi,$$

où ξ désigne une constante quelconque; il viendra

$$(23) \quad (R_\rho R_\sigma) = \sum_k \left[\left(\frac{\partial y_\rho}{\partial \beta_k}\right)_\xi \left(\frac{\partial y_\sigma}{\partial \alpha_k}\right)_\xi - \left(\frac{\partial y_\rho}{\partial \alpha_k}\right)_\xi \left(\frac{\partial y_\sigma}{\partial \beta_k}\right)_\xi\right] = 0;$$

car le second membre de cette expression, se déduisant de celui de l'équation (21) quand on y change i, k, k' en k, σ, ρ

et qu'on attribue à x la valeur particulière ξ, est identiquement nul.

En posant successivement $\rho = 1, 2, \ldots, m$, nous obtiendrons un système de m solutions

$$R_1 = (\ldots, z_{i1}, \ldots, u_{i1}, \ldots),$$
$$\ldots\ldots\ldots\ldots\ldots\ldots,$$
$$R_m = (\ldots, z_{im}, \ldots, u_{im}, \ldots),$$

tel que l'on ait généralement

$$(R_\rho R_\sigma) = 0.$$

391. Calculons, d'autre part, la valeur du déterminant G, formé avec les quantités

$$(24) \qquad z_{i\rho} = \sum_k \left(\frac{\partial y_\rho}{\partial \beta_k}\right)_\xi \frac{\partial y_i}{\partial \alpha_k} - \sum_k \left(\frac{\partial y_\rho}{\partial \alpha_k}\right)_\xi \frac{\partial y_i}{\partial \beta_k}.$$

Pour l'obtenir, formons le produit du déterminant

$$\Delta(x, \xi) = \begin{vmatrix} \frac{\partial y_1}{\partial \alpha_1} & \cdots & \frac{\partial y_1}{\partial \alpha_m} & \frac{\partial y_1}{\partial \beta_1} & \cdots & \frac{\partial y_1}{\partial \beta_m} \\ \cdots & \cdots & \cdots & \cdots & \cdots & \cdots \\ \frac{\partial y_m}{\partial \alpha_1} & \cdots & \frac{\partial y_m}{\partial \alpha_m} & \frac{\partial y_m}{\partial \beta_1} & \cdots & \frac{\partial y_m}{\partial \beta_m} \\ \left(\frac{\partial y_1}{\partial \alpha_1}\right)_\xi & \cdots & \left(\frac{\partial y_1}{\partial \alpha_m}\right)_\xi & \left(\frac{\partial y_1}{\partial \beta_1}\right)_\xi & \cdots & \left(\frac{\partial y_1}{\partial \beta_m}\right)_\xi \\ \cdots & \cdots & \cdots & \cdots & \cdots & \cdots \\ \left(\frac{\partial y_m}{\partial \alpha_1}\right)_\xi & \cdots & \left(\frac{\partial y_m}{\partial \alpha_m}\right)_\xi & \left(\frac{\partial y_m}{\partial \beta_1}\right)_\xi & \cdots & \left(\frac{\partial y_m}{\partial \beta_m}\right)_\xi \end{vmatrix}$$

par le déterminant

$$D_1 = \begin{vmatrix} \frac{\partial y_1}{\partial \beta_1} & \cdots & \frac{\partial y_1}{\partial \beta_m} \\ \cdots & \cdots & \cdots \\ \frac{\partial y_m}{\partial \beta_1} & \cdots & \frac{\partial y_m}{\partial \beta_m} \end{vmatrix} = \begin{vmatrix} \frac{\partial y_1}{\partial \beta_1} & \cdots & \frac{\partial y_1}{\partial \beta_m} & -\frac{\partial y_1}{\partial \alpha_1} & \cdots & -\frac{\partial y_1}{\partial \alpha_m} \\ \cdots & \cdots & \cdots & \cdots & \cdots & \cdots \\ \frac{\partial y_m}{\partial \beta_1} & \cdots & \frac{\partial y_m}{\partial \beta_m} & -\frac{\partial y_m}{\partial \alpha_1} & \cdots & -\frac{\partial y_m}{\partial \alpha_m} \\ 0 & \cdots & 0 & 1 & \cdots & 0 \\ . & \cdots & . & . & \cdots & . \\ 0 & \cdots & 0 & 0 & \cdots & 1 \end{vmatrix}.$$

Il viendra, en tenant compte des équations (21) et (24),

$$D_1\,\Delta(x,\xi) = \begin{vmatrix} 0 & 0 & \dfrac{\partial y_1}{\partial \beta_1} & \cdots & \dfrac{\partial y_1}{\partial \beta_m} \\ \cdot & \cdot & \cdots & \cdots & \cdots \\ 0 & 0 & \dfrac{\partial y_m}{\partial \beta_1} & \cdots & \dfrac{\partial y_m}{\partial \beta_m} \\ -z_{11} & -z_{m1} & \left(\dfrac{\partial y_1}{\partial \beta_1}\right)_\xi & \cdots & \left(\dfrac{\partial y_1}{\partial \beta_m}\right)_\xi \\ \cdots & \cdots & \cdots & \cdots & \cdots \\ -z_{1m} & -z_{mm} & \left(\dfrac{\partial y_m}{\partial \beta_1}\right)_\xi & \cdots & \left(\dfrac{\partial y_m}{\partial \beta_m}\right)_\xi \end{vmatrix} = D_1 G,$$

et, comme D_1 n'est pas nul, on en déduira

$$G = \Delta(x,\xi).$$

Nous admettrons provisoirement qu'on ait pu déterminer la constante ξ, de telle sorte que l'on ait

$$G = \Delta(x,\xi) \gtrless 0$$

dans tout l'intervalle de x_0 à x_1.

Les quantités $z_{1\rho}, \ldots, z_{m\rho}$; $u_{1\rho}, \ldots, u_{m\rho}$, associées aux valeurs correspondantes $\mu_{1\rho}, \ldots, \mu_{p\rho}$ des quantités μ, fourniront pour chacune des valeurs $\rho = 1, \ldots, m$ un système de solutions des équations (12) à (14).

392. Posons maintenant

$$(25)\qquad z'_{i\rho} = \sum_k \gamma_{ki} z_{k\rho},$$

$$(26)\qquad u_{i\rho} = \sum_k \delta_{ki} z_{k\rho},$$

$$(27)\qquad \mu_{l\rho} = \sum_k M_{kl} z_{k\rho}.$$

Les quantités γ_{ki}, δ_{ki}, M_{kl}, déterminées par ces équations linéaires, seront des fonctions de x, finies et continues entre x_0 et x_1 en vertu de nos hypothèses, puisque le déterminant G des quantités $z_{k\rho}$ ne s'annule pas dans cet intervalle.

En différentiant les équations (26), on trouvera

$$u'_{i\rho} = \sum_k (\delta'_{ki} z_{k\rho} + \delta_{ki} z'_{k\rho})$$

ou, en remplaçant les z' par leurs valeurs déduites de (25),

$$(28) \qquad u'_{i\rho} = \sum_k \left(\delta'_{ki} + \sum_h \delta_{hi} \gamma_{kh}\right) z_{k\rho}.$$

Substituons, d'autre part, les valeurs des quantités $u_{i\rho}$, $u_{i\sigma}$ déduites des équations (26) dans les équations

$$0 = (R_\rho R_\sigma) = \sum_i (u_{i\rho} z_{i\sigma} - z_{i\rho} u_{i\sigma}),$$

elles deviendront

$$\sum_i \sum_k (\delta_{ki} z_{k\rho} z_{i\sigma} - \delta_{ki} z_{k\sigma} z_{i\rho}) = 0$$

ou, en permutant les deux indices de sommation dans le second terme,

$$\sum_i \sum_k (\delta_{ki} - \delta_{ik}) z_{k\rho} z_{i\sigma} = 0, \quad (\rho = 1, \ldots, m; \ \sigma = 1, \ldots, m).$$

Le déterminant des quantités $z_{i\sigma}$ n'étant pas nul, ces équations entraînent les suivantes

$$\sum_k (\delta_{ki} - \delta_{ik}) z_{k\rho} = 0 \qquad (\rho = 1, \ldots, m),$$

et le déterminant des $z_{k\rho}$ n'étant pas nul, on en déduira

$$\delta_{ki} = \delta_{ik}.$$

Les équations (12), (13), (14) sont d'ailleurs satisfaites par les valeurs

$$z_i = z_{i\rho}, \qquad u_i = u_{i\rho}, \qquad \mu_l = \mu_{l\rho}.$$

Faisons cette substitution, remplaçons les quantités z', u,

μ, u' par leurs valeurs (25) à (28) et changeons, lorsque cela est nécessaire, la dénomination des indices de sommation; il viendra

$$o = \sum_k \left(d_{kl} + \sum_h e_{hl} \gamma_{kh} \right) z_{k\rho},$$

$$o = \sum_k \left(b_{ki} + \sum_h c_{hi} \gamma_{kh} + \sum_l e_{il} M_{kl} - \delta_{ki} \right) z_{k\rho},$$

$$o = \sum_k \left(a_{ik} + \sum_h b_{ih} \gamma_{kh} + \sum_l d_{il} M_{kl} - \delta'_{ki} - \sum_h \delta_{hi} \gamma_{kh} \right) z_{k\rho}.$$

Ces équations ayant lieu pour $\rho = 1, \ldots, m$, et le déterminant des quantités $z_{k\rho}$ n'étant pas nul, on aura pour $k = 1, \ldots, m$,

$$(29) \quad o = d_{kl} + \sum_h e_{hl} \gamma_{kh},$$

$$(30) \quad o = b_{ki} + \sum_h c_{hi} \gamma_{kh} + \sum_l e_{il} M_{kl} - \delta_{ki},$$

$$(31) \quad o = a_{ik} + \sum_h b_{ih} \gamma_{kh} + \sum_l d_{il} M_{kl} - \delta'_{ki} - \sum_h \delta_{hi} \gamma_{kh}.$$

On peut déduire de ces équations les valeurs des quantités a, b, d en fonction des c, e, γ, δ, M. Elles donnent en effet

$$(32) \qquad d_{kl} = -\sum_h e_{hl} \gamma_{kh},$$

puis

$$b_{ki} = \delta_{ki} - \sum_h c_{hi} \gamma_{kh} - \sum_l e_{il} M_{kl}$$

ou, en permutant i et k et remarquant que $\delta_{ki} = \delta_{ik}$,

$$(33) \qquad b_{ik} = \delta_{ki} - \sum_h c_{hk} \gamma_{ih} - \sum_l e_{kl} M_{il}.$$

Les valeurs précédentes des b, d étant substituées dans

l'équation (31), elle donnera

$$(34)\quad \left\{\begin{aligned} a_{ik} = {} & \delta'_{ki} + \sum_h \delta_{hi}\gamma_{kh} + \sum_l \sum_h e_{hl}\gamma_{ih}\mathrm{M}_{kl} \\ & - \sum_h \gamma_{kh}\Big(\delta_{hi} - \sum_{h'} c_{h'h}\gamma_{ih'} - \sum_l e_{hl}\mathrm{M}_{il}\Big) \\ = {} & \delta'_{ki} + \sum_l \sum_h e_{hl}(\gamma_{ih}\mathrm{M}_{kl} + \gamma_{kh}\mathrm{M}_{il}) + \sum_h \sum_{h'} c_{h'h}\gamma_{ih'}\gamma_{kh}. \end{aligned}\right.$$

Substituons les valeurs ci-dessus des quantités a, b, d dans l'expression de la variation seconde

$$\delta^2 \mathrm{I} = \int_{x_0}^{x_1} \sum_i \sum_k (a_{ik}\,\delta y_i\,\delta y_k + 2\,b_{ik}\,\delta y_i\,\delta y'_k + c_{ik}\,\delta y'_i\,\delta y'_k)\,dx$$

et dans les équations de condition

$$(35)\quad o = \delta\psi_l = \sum_i (d_{il}\,\delta y_i + e_{il}\,\delta y'_i) \qquad (l = 1, \ldots, p),$$

qui existent entre les variations.

Si nous posons, pour abréger,

$$(36)\qquad \delta y'_i - \sum_h \gamma_{hi}\,\delta y_h = v_i,$$

$$(37)\qquad \sum_i \sum_k \delta_{ik}\,\delta y_i\,\delta y_k = \mathrm{P},$$

$$(38)\qquad \sum_k \mathrm{M}_{kl}\,\delta y_k = \Phi_l,$$

on trouvera aisément que les équations (35) deviennent

$$(39)\qquad \sum_i e_{il} v_i = o$$

et que $\delta^2\mathrm{I}$ prend la forme suivante :

$$\delta^2 \mathrm{I} = \int_{x_0}^{x_1} \left(\sum_i \sum_k c_{ik}\,v_i v_k + \frac{d\mathrm{P}}{dx} - 2\sum_i \sum_l e_{il}\,v_i\,\Phi_l\right) dx.$$

Le dernier terme de cette expression disparaît en vertu

des relations (35). D'autre part,

$$\int_{x_0}^{x_1} \frac{dP}{dx} dx = \left(\sum_i \sum_k \delta_{ik}\, \delta y_i\, \delta y_k\right)_{x_0}^{x_1} = 0,$$

car les variations δy_i, δy_k s'annulent aux limites. On aura donc plus simplement

$$\delta^2 I = \int_{x_0}^{x_1} \left(\sum_i \sum_k c_{ik}\, v_i\, v_k\right) dx.$$

393. Les conditions (35) ne sont pas les seules auxquelles soient assujetties les variations δy_i. Il faut, en outre : 1° que ces variations soient infiniment petites, ainsi que leurs dérivées, entre x_0 et x_1 ; 2° qu'elles s'annulent à ces deux limites, sans s'annuler identiquement dans tout l'intervalle $x_0 x_1$.

Il résulte de là que les quantités v_i doivent être infiniment petites, mais qu'on ne peut les supposer identiquement nulles entre x_0 et x_1. En effet, si tous les v étaient nuls, les équations (36) donneraient

$$(40) \qquad \delta y'_i - \sum_h \gamma_{hi}\, \delta y_h = 0.$$

En vertu des relations (25), ces équations seraient satisfaites en posant

$$\delta y_i = z_{i\rho},$$

ρ ayant l'une quelconque des valeurs $1, \ldots, m$.

Par hypothèse, le déterminant des quantités $z_{i\rho}$ non seulement n'est pas identiquement nul, mais ne s'annule en aucun point de l'intervalle $x_0 x_1$. Les équations linéaires (40) auront donc pour intégrale générale

$$\delta y_i = \sum_\rho C_\rho z_{i\rho},$$

les C étant des constantes arbitraires.

Les δy_i devant d'ailleurs s'annuler pour $x = x_0$ et le déterminant des $z_{i\rho}$ n'étant pas nul en ce point, les constantes C_ρ devront être toutes nulles; mais alors les δy_i seraient nuls identiquement.

394. Cela posé, si la fonction

$$\varphi = \sum_i \sum_k c_{ik} v_i v_k$$

conserve constamment le même signe pour tous les systèmes de valeurs des fonctions v_i qui ne sont pas identiquement nulles et qui satisfont aux relations (39), l'intégrale

$$\int_{x_0}^{x_1} \varphi\, dx$$

jouira de la même propriété. Il en sera de même, à plus forte raison, si l'on se borne à assigner aux arbitraires v_i les systèmes de valeurs auxquels correspondent des valeurs admissibles des δy_i. Il y aura donc maximum ou minimum.

La fonction φ pourrait d'ailleurs s'annuler pour certaines valeurs particulières de x sans que ce résultat fût troublé.

Cette condition suffisante est en même temps nécessaire. En effet, s'il existait un système de fonctions v_i satisfaisant aux équations (39) et tel que la fonction φ fût positive dans une partie de l'intervalle $x_0 x_1$ et négative dans l'autre, nous allons voir qu'on pourrait rendre $\delta^2 I$ positif ou négatif à volonté dans cet intervalle.

Soient, en effet, $X_1, \ldots, X_{2n+1}$ des fonctions quelconques de x, linéairement indépendantes, et finies entre x_0 et x_1; $c_1, \ldots, c_{2n+1}$ des constantes infiniment petites. Posons

$$V_i = K v_i,$$

le multiplicateur K étant égal à zéro dans la partie de l'intervalle où φ est négatif et égal à

$$c_1 X_1 + \ldots + c_{2n+1} X_{2n+1}$$

dans la partie où il est positif. Les fonctions V_i satisferont encore aux équations (39), et l'expression

$$\Phi = \sum_i \sum_k c_{ik} V_i V_k = K^2 \varphi,$$

nulle dans la première portion de l'intervalle, sera positive dans la seconde. L'intégrale

$$\int_{x_0}^{x_1} \Phi \, dx$$

sera donc positive.

Les valeurs correspondantes des δy_i sont les intégrales des équations linéaires

$$(41) \qquad \delta y'_i - \sum_h \gamma_{hi} \, \delta y_h = V_i.$$

Pour les obtenir, intégrons d'abord les équations sans second membre; il viendra, comme tout à l'heure,

$$(42) \qquad \delta y_i = \sum_\rho C_\rho z_{i\rho}.$$

Prenant les C_ρ pour nouvelles variables, d'après la méthode de la variation des constantes, on obtiendra les équations transformées

$$\sum_\rho \frac{\partial C_\rho}{\partial x} z_{i\rho} = V_i.$$

Les $z_{i\rho}$ étant continus entre x_0 et x_1 et leur déterminant ne s'annulant pas, on pourra résoudre cette équation par rapport aux dérivées $\frac{\partial C_\rho}{\partial x}$. Le résultat obtenu sera de la forme

$$\frac{\partial C_\rho}{\partial x} = \sum_i E_{i\rho} V_i,$$

les $E_{i\rho}$ étant des fonctions finies.

Ces équations admettent la solution particulière

$$C_\rho = \int_{x_0}^{x} \sum_i E_{i\rho} V_i \, dx,$$

qui est infiniment petite, les V_i étant infiniment petits. Les valeurs correspondantes des δy_i seront elles-mêmes infiniment petites. Il est clair d'ailleurs qu'elles seront linéaires et homogènes par rapport aux constantes $c_1, \ldots, c_{2m+1}$, et l'on pourra déterminer les rapports de ces constantes de manière à faire en sorte que les δy_i s'annulent pour x_0 et x_1. Enfin les δy_i ainsi déterminés ne s'annulent pas identiquement; car les équations (41), où les V_i ne sont pas identiquement nuls, ne pourraient être satisfaites.

Nous obtenons donc un système de variations δy_i satisfaisant à toutes les conditions requises, et pour lequel $\delta^2 I$ est positif. On déterminerait de même un second système de variations pour lequel $\delta^2 I$ serait négatif.

395. Nous avons donc réduit la question proposée à chercher les conditions pour que la fonction

$$\varphi = \sum_i \sum_k c_{ik} v_i v_k$$

conserve constamment le même signe pour toutes les valeurs de v qui satisfont aux relations

$$\sum_i e_{il} v_i = 0. \tag{43}$$

Comme d'ailleurs le signe de φ ne dépend que des rapports des quantités v, on peut, sans restreindre la généralité du problème, supposer les v assujettis à satisfaire en outre à la condition

$$\sum_i v_i^2 = 1. \tag{44}$$

Pour résoudre la question ainsi posée, cherchons les maxima et minima de φ pour les valeurs de v qui satisfont aux équations (43) et (44). Dans ce but, nous égalerons à zéro les dérivées partielles de la fonction

$$\frac{1}{2}\varphi - \frac{1}{2}\rho \sum_i v_i^2 - \sum_l \rho_l \sum_i e_{il} v_i.$$

Nous obtiendrons les équations suivantes

$$\sum_k c_{ik} v_k - \rho v_i - \sum_l e_{il} \rho_l = 0, \tag{45}$$

qui, jointes aux relations (43), détermineront les rapports des quantités v et ρ_l; quant à ρ, il sera déterminé par la condition que le déterminant

$$I = \begin{vmatrix} c_{11} - \rho & \dots & c_{1m} & -e_{11} & \dots & -e_{1p} \\ \dots\dots & \dots & \dots & \dots\dots & \dots & \dots\dots \\ c_{m1} & \dots & c_{mm} - \rho & -e_{m1} & \dots & -e_{mp} \\ e_{11} & \dots & e_{m1} & 0 & \dots & 0 \\ \dots & \dots & \dots & . & \dots & . \\ e_{1p} & \dots & e_{mp} & 0 & \dots & 0 \end{vmatrix}$$

soit nul.

D'ailleurs les équations (45), respectivement multipliées par $v_1, \dots, v_m$ et ajoutées ensemble, donneront

$$\varphi - \rho \sum_i v_i^2 - \sum_l \rho_l \sum_i e_{il} v_i = 0$$

ou, en vertu des équations (43) et (44),

$$\varphi = \rho.$$

Les maxima et minima cherchés sont donc les racines de l'équation $I = 0$.

Pour que φ reste constamment non positif (ou constamment non négatif) entre x_0 et x_1, et cela pour tout système de valeurs des v, il est évidemment nécessaire et suffisant que ces racines restent toutes non positives (ou toutes non négatives) dans cet intervalle.

D'ailleurs, si cette condition est remplie, on n'a pas à craindre que φ soit identiquement nul entre x_0 et x_1; car il faudrait pour cela que l'équation en ρ eût une racine nulle pour toute valeur de x entre x_0 et x_1, ce qui est impossible; car le terme constant de l'équation en ρ se confond, au signe près, avec le déterminant J_1 qui, par hypothèse, n'est pas identiquement nul.

Nous obtenons ainsi les conditions suivantes pour l'existence d'un maximum (ou d'un minimum) :

Dans toute l'étendue de l'intervalle $x_0 x_1$ *le déterminant* $\Delta(x_0, x)$ *doit être* $\gtrless 0$ *(sauf pour* $x = x_0$*), et les racines de l'équation* $I = 0$ *doivent être non positives (ou non négatives).*

396. Nous avons toutefois admis, pour arriver à ce résultat, qu'on pouvait déterminer une constante ξ, telle que l'on eût

$$(46) \qquad \Delta(x, \xi) \gtrless 0 \quad \text{de } x_0 \text{ à } x_1.$$

Il nous reste à nous assurer que cette condition est implicitement contenue dans les précédentes.

La condition $\Delta(x_0, x) \gtrless 0$ pour $x > x_0 \overline{\gtrless} x_1$ donne, en particulier, pour $x = x_1$,

$$\Delta(x_0, x_1) \gtrless 0.$$

Les éléments du déterminant Δ et les coefficients de I étant par hypothèse des fonctions continues, on pourra déterminer des quantités ε_0, ε_1 assez petites pour qu'on ait encore

$$\Delta(\xi_0, \xi_1) \gtrless 0,$$

tant que ξ_0, ξ_1 seront respectivement compris entre x_0 et $x_0 + \varepsilon_0$ et entre x_1 et $x_1 + \varepsilon_1$. On aura donc

$$(47) \qquad \Delta(x_0, x) \gtrless 0,$$

tant que x sera compris entre $x_0 + \varepsilon_0$ et $x_1 + \varepsilon_1$.

D'autre part, les racines de l'équation $I = 0$ conservent un signe constant dans l'intervalle de x_0 à x_1 ; d'ailleurs, J_1 n'étant pas nul pour $x = x_1$, aucune d'elles ne sera nulle pour cette valeur de x; et, comme elles varient infiniment peu entre x_1 et $x_1 + \varepsilon_1$, elles conserveront encore leur signe dans ce nouvel intervalle.

De cette propriété et de l'équation (47), on déduit que $\delta^2 I$ ne peut s'annuler dans l'intervalle de $x_0 + \varepsilon_0$ à $x_1 + \varepsilon_1$. Donc, d'après le n° 385,

$$\Delta(x, x_1 + \varepsilon_1) \gtrless 0 \quad \text{pour } x \geqq x_0 + \varepsilon_0 < x_1 + \varepsilon_1.$$

D'ailleurs cette expression est également $\lessgtr 0$ si x est compris entre x_0 et $x_0 + \varepsilon_0$. On satisfera donc à la condition (46) en prenant $\xi = x_1 + \varepsilon_1$.

397. Nous ferons remarquer, en terminant, que nous avons admis dans toute cette étude, non seulement que les variations δy_i des fonctions inconnues sont infiniment petites, mais que leurs dérivées $\delta y'_i$ le sont également. Si l'on voulait supprimer cette dernière restriction, les conditions trouvées ci-dessus pour l'existence d'un maximum ou d'un minimum, tout en restant nécessaires, pourraient cesser d'être suffisantes.

III. — Variation des intégrales multiples.

398. Les notions fondamentales du calcul des variations peuvent s'étendre sans difficulté aux fonctions qui renferment plusieurs variables indépendantes.

Considérons, par exemple, une fonction

$$\varphi(x, y, z, u, v, \ldots, u_{\alpha\beta\gamma}, v_{\alpha\beta\gamma}, \ldots)$$

des variables indépendantes x, y, z, des fonctions u, v de ces variables et de leurs dérivées partielles

$$u_{\alpha\beta\gamma} = \frac{\partial^{\alpha+\beta+\gamma} u}{\partial x^\alpha \, \partial y^\beta \, \partial z^\gamma}, \qquad v_{\alpha\beta\gamma} = \frac{\partial^{\alpha+\beta+\gamma} v}{\partial x^\alpha \, \partial y^\beta \, \partial z^\gamma}.$$

Si l'on y change u, v en $u + \varepsilon u_1 = u + \delta u$, $v + \varepsilon v_1 = v + \delta v$, φ se changera en une nouvelle fonction $\Phi(x, y, z, \varepsilon)$, qui, développée suivant les puissances de ε, prendra la forme

$$\varphi + \Delta\varphi = \varphi + \delta\varphi + \tfrac{1}{2}\delta^2\varphi + \ldots.$$

On aura évidemment

$$\frac{\partial^i}{\partial x^i}\frac{\partial^k \Phi}{\partial \varepsilon^k} = \frac{\partial^k}{\partial \varepsilon^k}\frac{\partial^i \Phi}{\partial x^i};$$

d'où, pour la valeur particulière $\varepsilon = 0$,

$$\frac{d^i}{dx^i}\delta^k\varphi = \delta^k\frac{d^i\varphi}{dx^i},$$

$\frac{d^i}{dx^i}$ représentant la dérivée complète de φ par rapport à x, en tenant compte de ce que u, v dépendent de cette variable.

On trouvera de même

$$\frac{d^i}{dy^i}\delta^k\varphi = \delta^k\frac{d^i\varphi}{dy^i}, \qquad \frac{d^i}{dz^i}\delta^k\varphi = \delta^k\frac{d^i\varphi}{dz^i}.$$

La variation première $\delta\varphi$, que nous considérerons spécialement dans ce qui va suivre, aura évidemment la valeur suivante :

$$(1)\qquad \left\{\begin{aligned} \delta\varphi &= \mathrm{U}\,\delta u + \ldots + \mathrm{U}_{\alpha\beta\gamma}\,\delta u_{\alpha\beta\gamma} \\ &\quad + \mathrm{V}\,\delta v + \ldots + \mathrm{V}_{\alpha\beta\gamma}\,\delta v_{\alpha\beta\gamma} + \ldots, \end{aligned}\right.$$

en posant, pour abréger,

$$\frac{\partial\varphi}{\partial u} = \mathrm{U}, \quad \ldots, \quad \frac{\partial\varphi}{\partial u_{\alpha\beta\gamma}} = \mathrm{U}_{\alpha\beta\gamma}, \quad \ldots,$$

$$\frac{\partial\varphi}{\partial v} = \mathrm{V}, \quad \ldots, \quad \frac{\partial\varphi}{\partial v_{\alpha\beta\gamma}} = \mathrm{V}_{\alpha\beta\gamma}, \quad \ldots.$$

399. Cherchons maintenant les variations de l'intégrale triple

$$\mathrm{I} = \mathrm{S}\,\varphi\,dx\,dy\,dz,$$

en admettant, pour plus de généralité, que, en même temps qu'on change u, v en $u + \delta u$, $v + \delta v$, on fasse subir une altération infiniment petite au champ de l'intégration.

A chaque point ξ, η, ζ situé sur la limite de l'ancien champ d'intégration, on pourra faire correspondre un point infiniment voisin $\xi + \delta\xi$, $\eta + \delta\eta$, $\zeta + \delta\zeta$ sur la limite du nouveau champ. Cela posé, changeons de variables indépendantes en posant

$$x = x' + \delta x', \qquad y = y' + \delta y', \qquad z = z' + \delta z',$$

$\delta x'$, $\delta y'$, $\delta z'$ étant des fonctions infiniment petites, assujetties à la condition de se réduire à $\delta\xi$, $\delta\eta$, $\delta\zeta$ lorsque $x' = \xi$, $y' = \eta$, $z' = \zeta$. L'intégrale altérée, exprimée au moyen de ces nouvelles variables, prendra la forme

$$(2) \qquad \mathrm{I} + \Delta\mathrm{I} = \int\!\!\int\!\!\int \Psi \mathrm{J}\, dx'\, dy'\, dz',$$

le champ d'intégration étant redevenu le même que dans l'intégrale primitive I, J désignant le jacobien

$$\begin{vmatrix} 1 + \dfrac{d\,\delta x'}{dx'} & \dfrac{d\,\delta x'}{dy'} & \dfrac{d\,\delta x'}{dz'} \\ \dfrac{d\,\delta y'}{dx'} & 1 + \dfrac{d\,\delta y'}{dy'} & \dfrac{d\,\delta y'}{dz'} \\ \dfrac{d\,\delta z'}{dx'} & \dfrac{d\,\delta z'}{dy'} & 1 + \dfrac{d\,\delta z'}{dz'} \end{vmatrix};$$

enfin Ψ étant ce que devient Φ lorsqu'on l'exprime au moyen des nouvelles variables x', y', z'.

Le développement de cette expression, suivant les puissances de ε, ne présente aucune difficulté ; nous l'arrêterons aux termes du premier ordre pour obtenir la variation première $\delta\mathrm{I}$. Nous pourrons d'ailleurs, en le faisant, supprimer les accents dont sont affectées les nouvelles variables, aucune confusion n'étant à craindre, puisque les anciennes variables x, y, z auront disparu.

On a évidemment, avec ce degré d'approximation,

$$\mathrm{J} = 1 + \frac{d\,\delta x}{dx} + \frac{d\,\delta y}{dy} + \frac{d\,\delta z}{dz}.$$

D'autre part,

$$\Phi = \varphi + \delta\varphi + \ldots$$

devient, en remplaçant x, y, z par $x+\delta x,\ y+\delta y,\ z+\delta z$,

$$\Psi = \varphi + \frac{d\varphi}{dx}\delta x + \frac{d\varphi}{dy}\delta y + \frac{d\varphi}{dz}\delta z + \ldots + \delta\varphi + \ldots.$$

On aura donc

$$\begin{aligned}\Psi J &= \varphi + \delta\varphi + \frac{d\varphi}{dx}\delta x + \frac{d\varphi}{dy}\delta y + \frac{d\varphi}{dz}\delta z \\ &\quad + \varphi\frac{d\,\delta x}{dx} + \varphi\frac{d\,\delta y}{dy} + \varphi\frac{d\,\delta z}{dz} \\ &= \varphi + \delta\varphi + \frac{d}{dx}\varphi\,\delta x + \frac{d}{dy}\varphi\,\delta y + \frac{d}{dz}\varphi\,dz.\end{aligned}$$

Remplaçant $\delta\varphi$ par sa valeur (1), substituant dans l'équation (2) et égalant de part et d'autre les termes du premier ordre en ε, il viendra

$$\delta I = \mathbb{S}\left(\begin{array}{l} U\,\delta u + \ldots + U_{\alpha\beta\gamma}\,\delta u_{\alpha\beta\gamma} + V\,\delta v + \ldots \\ + \dfrac{d}{dx}\varphi\,\delta x + \dfrac{d}{dy}\varphi\,\delta y + \dfrac{d}{dz}\varphi\,\delta z \end{array}\right) dx\,dy\,dz.$$

400. Cette expression de δI, donnée par M. Ostrogradsky, peut être transformée par l'intégration par parties.

On peut admettre, pour plus de simplicité, que la fonction φ soumise à l'intégration et les équations de condition qui peuvent exister, suivant la nature du problème, entre les variables indépendantes $x, y, \ldots$ et les fonctions inconnues $u, v, \ldots$ ne contiennent aucune dérivée partielle de ces dernières fonctions d'ordre supérieur au premier; car le cas où figureraient des dérivées partielles d'ordre m se ramènerait à celui-là en prenant pour inconnues auxiliaires les dérivées partielles jusqu'à l'ordre $m-1$ et ajoutant aux équations de condition les équations aux dérivées partielles du premier ordre qui définissent ces nouvelles inconnues.

Supposons encore, pour abréger l'écriture, qu'il n'y ait plus que deux variables indépendantes x, y, et posons $\dfrac{\partial u}{\partial x} = u_1$, $\dfrac{\partial u}{\partial y} = u_2$, $\dfrac{\partial u}{\partial v} = v_1, \ldots$; $\dfrac{\partial \varphi}{\partial u} = U$, $\dfrac{\partial \varphi}{\partial u_1} = U_1$,

$\frac{\partial\varphi}{\partial u_2} = U_2$, . . . On aura, d'après ce qui précède,

$$\delta I = \mathbb{S}\left(\begin{array}{l} U\,\delta u + U_1\,\delta u_1 + U_2\,\delta u_2 + V\,\delta v + \ldots \\ \quad + \frac{d}{dx}\varphi\,\delta x + \frac{d}{dy}\varphi\,\delta y \end{array}\right) dx\,dy.$$

Les termes $U_1\,\delta u_1$, $V_1\,\delta V_1$, ... et $\frac{d}{dx}\varphi\,\delta x$ peuvent être intégrés par parties par rapport à x, et donneront

$$(3)\quad \left\{\begin{array}{l} \int\left(U_1\,\delta u_1 + V_1\,\delta v_1 + \ldots + \frac{d}{dx}\varphi\,\delta x\right) dx \\ \quad = -F_0 + F_1 - F_2 + F_3 - \ldots \\ \quad\quad -\int\left(\frac{dU_1}{dx}\,\delta u + \frac{dV_1}{dx}\,\delta v + \ldots\right) dx, \end{array}\right.$$

F_0, F_1, . . . désignant les valeurs de l'expression

$$F = U_1\,\delta u + V_1\,\delta v + \ldots + \varphi\,\delta x$$

aux points où la parallèle aux x le long de laquelle on intègre entre dans le champ et en ressort (*fig.* 12).

Fig. 12.

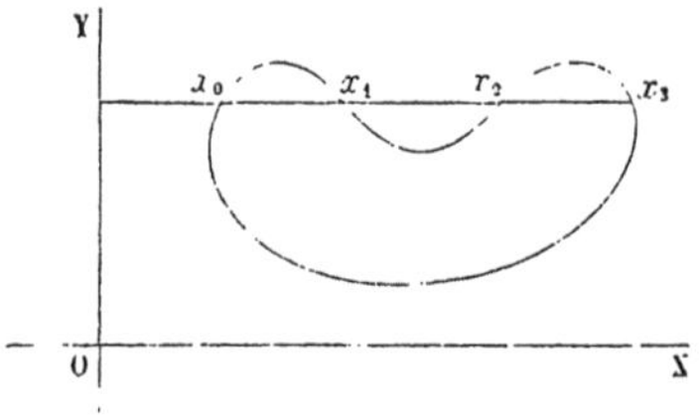

On a d'ailleurs, en désignant par N_0X, N_1X les angles que la normale extérieure à la courbe qui limite le champ fait en ces divers points avec l'axe des x positifs, et par ds_0, ds_1, ... les arcs interceptés sur la courbe entre la droite y et la parallèle infiniment voisine $y + dy$,

$$dy = -ds_0 \cos N_0X = ds_1 \cos N_1X = \ldots.$$

L'équation (3), intégrée par rapport à y, donnera donc

$$\mathbf{S}\left(U_1\,\delta u_1 + V_1\,\delta v_1 + \ldots + \frac{d}{dx}\varphi\,\delta x\right) dx\,dy$$
$$= \int (U_1\,\delta u + V_1\,\delta v + \ldots + \varphi\,\delta x)\cos NX\,ds$$
$$- \mathbf{S}\left(\frac{dU_1}{dx}\,\delta u + \frac{dV_1}{dx}\,\delta v + \ldots\right) dx\,dy,$$

la première intégrale étant prise le long de la courbe limite, et la seconde dans tout le champ.

On peut opérer de même sur les termes

$$U_2\,\delta u_2 + V_2\,\delta v_2 + \ldots + \frac{d}{dy}\varphi\,\delta y$$

en les intégrant par rapport à y. On trouvera ainsi

$$\delta I = \int (A\,\delta u + B\,\delta v + \ldots + D\,\delta x + E\,\delta y)\,ds$$
$$+ \mathbf{S}(M\,\delta u + N\,\delta v + \ldots)\,dx\,dy$$

en posant, pour abréger,

$$A = U_1 \cos NX + U_2 \cos NY,$$
$$B = V_1 \cos NX + V_2 \cos NY,$$
$$\ldots\ldots\ldots\ldots\ldots\ldots,$$
$$D = \varphi \cos NX,$$
$$E = \varphi \cos NY,$$
$$M = U - \frac{dU_1}{dx} - \frac{dU_2}{dy},$$
$$N = V - \frac{dV_1}{dx} - \frac{dV_2}{dy},$$
$$\ldots\ldots\ldots\ldots\ldots\ldots$$

401. Cherchons à quelles conditions on doit satisfaire pour que cette quantité s'annule pour tout système de valeurs de δx, δy, δu, δv, ... compatible avec les données du problème.

1° Si les limites du champ et les fonctions u, v, ... sont entièrement arbitraires, on pourra assigner à δx, δy, δu, δv, ... des valeurs absolument quelconques. Posant d'abord

$$\delta x = \delta y = 0, \qquad \delta u = \varepsilon\theta^2 M, \qquad \delta v = \varepsilon\theta^2 N, \qquad \ldots,$$

θ étant une quantité qui s'annule aux limites du champ, l'intégrale simple aura tous ses éléments nuls, de sorte que δI se réduira à l'intégrale

$$\varepsilon \int\!\!\int \theta^2 (M^2 + N^2 + \ldots)\, dx\, dy,$$

qui ne peut s'annuler que si l'on a séparément

$$M = 0, \qquad N = 0, \qquad \ldots.$$

Ces équations aux dérivées partielles détermineront les fonctions inconnues u, v, ...

Les fonctions arbitraires introduites par cette intégration et les limites de l'intégration s'obtiendront en exprimant que l'intégrale simple à laquelle se réduit δI s'annule également, quelles que soient les fonctions δx, δy, δu, δv, ... En posant

$$\delta u = \varepsilon\mu^2 A, \qquad \delta v = \varepsilon\mu^2 B, \qquad \ldots, \qquad \delta x = \varepsilon\mu^2 D, \qquad \ldots,$$

on voit qu'on devra avoir séparément

$$A = 0, \qquad B = 0, \qquad \ldots, \qquad E = 0.$$

2° Supposons que, sur la limite du champ (ou seulement sur une portion de cette limite), on ait une équation de condition

$$\psi(x, y, u, v, \ldots) = 0.$$

Cette relation devra subsister entre les nouvelles valeurs limites $x + \delta x$, $y + \delta y$, $u + \Delta u$, $v + \Delta v$, ... D'ailleurs l'accroissement total Δu dû au changement de la fonction u en $u + \delta u$ suivi du changement de x, y en $x + \delta x$, $y + \delta y$ est évidemment égal à $\delta u + u_1 \delta x + u_2 \delta y$. De même

$$\Delta v = \delta v + v_1 \delta x + v_2 \delta y, \qquad \ldots.$$

On aura donc à la limite du champ entre les variations δx, δy, δu, δv, ... la relation

$$\frac{\partial\psi}{\partial x}\delta x + \frac{\partial\psi}{\partial y}\delta y + \frac{\partial\psi}{\partial u}(\delta u + u_1\,\delta x + u_2\,\delta y)$$
$$+ \frac{\partial\psi}{\partial v}(\delta v + v_1\,\delta x + v_2\,\delta y) + \ldots = 0.$$

Les équations $A = 0$, $B = 0$, ..., $E = 0$ ne seront donc plus nécessaires le long de la portion de courbe considérée pour que l'intégrale simple s'annule, mais il suffira que l'on ait

$$A = \lambda\frac{\partial\psi}{\partial u}, \qquad B = \lambda\frac{\partial\psi}{\partial v}, \qquad \ldots,$$
$$D = \lambda\left(\frac{\partial\psi}{\partial x} + u_1\frac{\partial\psi}{\partial u} + v_1\frac{\partial\psi}{\partial v} + \ldots\right),$$
$$E = \lambda\left(\frac{\partial\psi}{\partial y} + u_2\frac{\partial\psi}{\partial u} + v_2\frac{\partial\psi}{\partial v} + \ldots\right),$$

λ étant une inconnue auxiliaire.

On a donc une inconnue de plus, mais en même temps une équation de plus, à savoir $\psi = 0$.

3° Supposons que x, y, u, v, ... soient liés par une équation aux dérivées partielles

$$\psi(x, y, u, u_1, u_2, v, v_1, v_2, \ldots) = 0.$$

On aura, pour tous les systèmes de valeurs des variations qui laissent subsister cette équation,

$$\delta I = \delta \iint \varphi\, dx\, dy = \delta \iint (\varphi + \lambda\psi)\, dx\, dy,$$

λ étant une fonction arbitraire de forme invariable.

La variation de cette dernière intégrale pourra se mettre sous la forme

$$\int (A'\,\delta u + B'\,\delta v + \ldots + D'\,\delta x + E'\,\delta y)\, ds$$
$$+ \iint (M'\,\delta u + N'\,\delta v + \ldots)\, dx\, dy.$$

Déterminons l'auxiliaire λ par l'équation $M' = 0$. L'intégrale double se réduira à

$$\iint (N' \,\delta v + \ldots)\, dx\, dy.$$

Il est clair d'ailleurs que δv, ... pourront être choisis à volonté sans que l'équation $\psi = 0$ cesse d'avoir lieu. Donc on devra avoir $N' = 0$, ...

Reste l'intégrale simple, qui devra s'annuler tant que l'équation $\psi = 0$ subsistera. Or les variables sont encore liées par cette équation à la limite du champ. Si cette équation contient les dérivées partielles $u_1, u_2, v_1, v_2, \ldots$, elle n'apprendra rien sur les variations $\delta x, \delta y, \delta z, \delta u$, de sorte qu'on devra avoir

$$A' = 0, \qquad \ldots, \qquad E' = 0.$$

Mais, si elle ne contient que $x, y, u, v, \ldots$, il suffira, d'après le cas précédemment examiné, de poser sur la courbe limite

$$A' = \lambda' \frac{\partial \psi}{\partial x}, \qquad B' = \lambda' \frac{\partial \psi}{\partial y}, \qquad \ldots,$$

$$D' = \lambda' \left(\frac{\partial \psi}{\partial x} + u_1 \frac{\partial \psi}{\partial u} + v_1 \frac{\partial \psi}{\partial u} \right), \quad \ldots,$$

λ' étant une nouvelle inconnue auxiliaire.

4° Supposons enfin que $u, v, \ldots$ et les limites soient astreints à varier de telle sorte qu'une intégrale donnée $K = \iint \psi \, dx\, dy$ conserve une valeur constante c. On verra, comme au n° 364, qu'on doit avoir identiquement

$$\delta I + \lambda \,\delta K = 0,$$

λ désignant une constante.

On aura donc à former les équations qui annulent la variation de l'intégrale double

$$I + \lambda K = \iint (\varphi + \lambda \psi)\, dx\, dy,$$

auxquelles on joindra la condition donnée $K = c$, qui déterminera λ.

402. Nous allons appliquer les considérations qui précèdent à la solution du problème suivant, rencontré par Gauss dans la théorie de la capillarité :

Déterminer la forme d'équilibre d'un liquide contenu dans un vase de forme donnée.

Soient

V le volume du fluide supposé donné ;
σ l'aire de sa surface libre ;
Σ celle de la paroi mouillée ;
H la hauteur du centre de gravité du liquide au-dessus du plan horizontal des xy.

On obtiendra la surface cherchée en rendant minimum l'expression

$$\sigma + a\Sigma + b\mathrm{VH},$$

où a et b sont des constantes.

Soient

z l'ordonnée de la surface libre ;
p, q, r, s, t ses dérivées partielles première et seconde ;
Z, P, Q l'ordonnée de la paroi et ses dérivées partielles.

On aura

$$V = \iint (z - Z)\, dx\, dy,$$

$$\sigma = \iint \sqrt{1 + p^2 + q^2}\, dx\, dy,$$

$$\Sigma = \iint \sqrt{1 + P^2 + Q^2}\, dx\, dy,$$

$$\mathrm{VH} = \iint \frac{z^2 - Z^2}{2}\, dx\, dy.$$

Nous aurons donc à annuler la variation de l'intégrale

double

$$I = \iint \left[\sqrt{1+p^2+q^2} + a\sqrt{1+P^2+Q^2} + \frac{b}{2}(z^2 - Z^2)\right] dx\, dy$$
$$= \iint \varphi\, dx\, dy$$

avec les conditions : 1° que l'intégrale V soit constante; 2° qu'on ait aux limites du champ l'équation de condition

$$z = Z.$$

Nous aurons à former la variation

$$\delta(I + \lambda V) = \int (A\,\delta z + D\,\delta x + E\,\delta y)\, ds + \iint M\,\delta u\, dx\, dy,$$

où

$$A = \frac{p}{\sqrt{1+p^2+q^2}} \cos NX + \frac{q}{\sqrt{1+p^2+q^2}} \cos NY,$$
$$D = \varphi \cos NX, \qquad E = \varphi \cos NY,$$
$$M = bz + \lambda - \frac{d}{dx} \frac{p}{\sqrt{1+p^2+q^2}} - \frac{d}{dy} \frac{q}{\sqrt{1+p^2+q^2}}$$
$$= bz + \lambda - \frac{(1+q^2)r - 2pqs + (1+p^2)t}{(1+p^2+q^2)^{\frac{3}{2}}}.$$

L'équation aux dérivées partielles de la surface libre cherchée sera donc

$$M = 0.$$

Cette équation est susceptible d'une interprétation géométrique remarquable. En effet, le dernier terme de M est égal à $\frac{1}{R} + \frac{1}{R_1}$, R et R_1 désignant les deux rayons de courbure principaux. On aura donc

$$\frac{1}{R} + \frac{1}{R_1} = bz + \lambda.$$

Passons à la considération de l'intégrale simple. On a, le long de la courbe limite, $z = Z$, ce qui réduit φ à ses deux premiers termes

$$\sqrt{1+p^2+q^2}+a\sqrt{1+P^2+Q^2}.$$

On déduit d'ailleurs de cette équation aux limites la relation suivante :

$$\delta z+p\,\delta x+q\,\delta y=P\,\delta x+Q\,\delta y.$$

Tirant de là la valeur de δz pour la substituer dans l'intégrale, puis égalant à zéro les coefficients de δx et de δy, il viendra

$$(4)\qquad \left\{\begin{aligned}&\frac{p\cos NX+q\cos NY}{\sqrt{1+p^2+q^2}}(P-p)+\varphi\cos NX=0,\\ &\frac{p\cos NX+q\cos NY}{\sqrt{1+p^2+q^2}}(Q-q)+\varphi\cos NY=0.\end{aligned}\right.$$

On a d'ailleurs évidemment, en désignant par x, y, z et $x+dx$, $y+dy$, $z+dz$ deux points infiniment voisins de la courbe limite,

$$\cos NX=-\frac{dy}{ds},\qquad \cos NY=\frac{dx}{ds}$$

et

$$dz=p\,dx+q\,dy=P\,dx+Q\,dy;$$

d'où

$$(P-p)\,dx+(Q-q)\,dy=0$$

et enfin

$$(P-p)\cos NY=(Q-q)\cos NX.$$

La première des équations (4) deviendra donc, en éliminant $\cos NY$ et supprimant le facteur $\cos NX$,

$$\frac{p(P-p)+q(Q-q)}{\sqrt{1+p^2+q^2}}+\sqrt{1+p^2+q^2}+a\sqrt{1+P^2+Q^2}=0$$

ou

$$\frac{1+Pp+Qq}{\sqrt{1+p^2+q^2}\sqrt{1+P^2+Q^2}}+a=0$$

ou enfin

$$\cos i+a=0,$$

i désignant l'angle des plans tangents à la surface libre et à la paroi du vase. Cet angle sera donc constant.

La seconde équation redonnera ce même résultat en éliminant cos NX et supprimant le facteur cos NY.

403. Cherchons encore à déterminer les surfaces d'aire minima. Il faudra annuler la variation de l'intégrale

$$\mathrm{I} = \iint \sqrt{1 + p^2 + q^2}\, dx\, dy.$$

Posant $a = b = \lambda = 0$ dans les calculs précédents, on aura

$$\delta \mathrm{I} = \int \left[\mathrm{A}\,\delta z + \sqrt{1 + p^2 + q^2}\,(\cos \mathrm{NX}\,\delta x + \cos \mathrm{NY}\,\delta y)\right] ds$$
$$- \iint \left(\frac{1}{\mathrm{R}} + \frac{1}{\mathrm{R}_1}\right) dx\, dy.$$

L'équation aux dérivées partielles des surfaces cherchées sera donc

$$\frac{1}{\mathrm{R}} + \frac{1}{\mathrm{R}_1} = 0,$$

ou

$$\mathrm{R} + \mathrm{R}_1 = 0.$$

Cette équation a été intégrée au n° **279**.

Si l'on donne le contour qui limite le champ et la valeur de z en chacun de ses points, on aura à la limite $\delta x = 0$, $\delta y = 0$, $\delta z = 0$, et l'intégrale simple disparaîtra d'elle-même. Mais les valeurs limites des trois variables donneront une courbe par laquelle doit passer la surface cherchée, et l'on aura à déterminer par cette condition les fonctions arbitraires que l'intégration a introduites.

Si une portion de la courbe limite est inconnue, mais assujettie à se trouver sur une surface donnée $z = \mathrm{Z}$, on aura, pour l'angle i sous lequel la surface inconnue vient la rencontrer, l'équation

$$\cos i = 0,$$

laquelle montre que les surfaces se coupent à angle droit.

Supposons enfin qu'on demande la surface d'aire minima qui renferme un volume donné V. On aura à annuler la variation de l'intégrale

$$I + \lambda V,$$

ce qui donnera l'équation aux dérivées partielles

$$\frac{1}{R} + \frac{1}{R_1} = \lambda.$$

Les fonctions arbitraires de l'intégration se détermineront par l'équation $V = \text{const.}$, jointe aux conditions aux limites.

404. Le calcul des variations fournit un procédé commode pour la transformation des équations aux dérivées partielles.

Pour en donner un exemple, considérons, avec Jacobi, l'intégrale triple

$$I = \mathop{\mathrm{S}} \left[\left(\frac{\partial V}{\partial x}\right)^2 + \left(\frac{\partial V}{\partial y}\right)^2 + \left(\frac{\partial V}{\partial z}\right)^2 \right] dx\, dy\, dz.$$

Cherchons la variation δI en supposant le champ d'intégration invariable, ainsi que les valeurs de V et de ses dérivées du premier ordre aux limites du champ. On aura

$$\delta I = 2 \mathop{\mathrm{S}} \left(\frac{\partial V}{\partial x} \delta \frac{\partial V}{\partial x} + \frac{\partial V}{\partial y} \delta \frac{\partial V}{\partial y} + \frac{\partial V}{\partial z} \delta \frac{\partial V}{\partial y} \right) dx\, dy\, dz$$

ou, en intégrant par parties les trois termes respectivement par rapport à x, y, z et remarquant que les termes intégrés s'annulent aux limites,

$$\delta I = -2 \mathop{\mathrm{S}} \left(\frac{\partial^2 V}{\partial x^2} + \frac{\partial^2 V}{\partial y^2} + \frac{\partial^2 V}{\partial z^2} \right) \delta V\, dx\, dy\, dz.$$

La condition pour que δI soit identiquement nul sera donc fournie par l'équation aux dérivées partielles

$$(5) \qquad \frac{\partial^2 V}{\partial x^2} + \frac{\partial^2 V}{\partial y^2} + \frac{\partial^2 V}{\partial z^2} = 0.$$

Remplaçons les coordonnées rectangles x, y, z par un système de coordonnées curvilignes orthogonales t, u, v, définies par les équations

$$x = f(t, u, v), \qquad y = \varphi(t, u, v), \qquad z = \psi(t, u, v)$$

ou

$$t = \mathrm{F}(x, y, z), \qquad u = \Phi(x, y, z), \qquad v = \Psi(x, y, z).$$

On aura (t. I, n°s 346 et suiv.)

$$\frac{\partial \mathrm{F}}{\partial x}\frac{\partial \Phi}{\partial x} + \frac{\partial \mathrm{F}}{\partial y}\frac{\partial \Phi}{\partial y} + \frac{\partial \mathrm{F}}{\partial z}\frac{\partial \Phi}{\partial z} = 0,$$

$$\frac{\partial \Phi}{\partial x}\frac{\partial \Psi}{\partial x} + \frac{\partial \Phi}{\partial y}\frac{\partial \Psi}{\partial y} + \frac{\partial \Phi}{\partial z}\frac{\partial \Psi}{\partial z} = 0,$$

$$\frac{\partial \Psi}{\partial x}\frac{\partial \mathrm{F}}{\partial x} + \frac{\partial \Psi}{\partial y}\frac{\partial \mathrm{F}}{\partial y} + \frac{\partial \Psi}{\partial z}\frac{\partial \mathrm{F}}{\partial z} = 0;$$

$$\left(\frac{\partial \mathrm{F}}{\partial x}\right)^2 + \left(\frac{\partial \mathrm{F}}{\partial y}\right)^2 + \left(\frac{\partial \mathrm{F}}{\partial z}\right)^2 = \Delta,$$

$$\left(\frac{\partial \Phi}{\partial x}\right)^2 + \left(\frac{\partial \Phi}{\partial y}\right)^2 + \left(\frac{\partial \Phi}{\partial z}\right)^2 = \Delta_1,$$

$$\left(\frac{\partial \Psi}{\partial x}\right)^2 + \left(\frac{\partial \Psi}{\partial y}\right)^2 + \left(\frac{\partial \Psi}{\partial z}\right)^2 = \Delta_2,$$

$$dx^2 + dy^2 + dz^2 = \frac{dt^2}{\Delta} + \frac{du^2}{\Delta_1} + \frac{dv^2}{\Delta_2}.$$

Enfin l'élément de volume rapporté aux nouvelles coordonnées sera

$$dx\,dy\,dz = \frac{dt\,du\,dv}{\sqrt{\Delta\Delta_1\Delta_2}} = \mathrm{J}\,dt\,du\,dv,$$

$\mathrm{J} = \dfrac{1}{\sqrt{\Delta\Delta_1\Delta_2}}$ étant le module du jacobien de x, y, z par rapport à t, u, v.

On a d'ailleurs

$$\frac{\partial \mathrm{V}}{\partial x} = \frac{\partial \mathrm{V}}{\partial t}\frac{\partial \mathrm{F}}{\partial x} + \frac{\partial \mathrm{V}}{\partial u}\frac{\partial \Phi}{\partial x} + \frac{\partial \mathrm{V}}{\partial v}\frac{\partial \Psi}{\partial x},$$

. . . . ,

$$\frac{\partial \mathrm{V}}{\partial z} = \frac{\partial \mathrm{V}}{\partial t}\frac{\partial \mathrm{F}}{\partial z} + \frac{\partial \mathrm{V}}{\partial u}\frac{\partial \Phi}{\partial z} + \frac{\partial \mathrm{V}}{\partial v}\frac{\partial \Psi}{\partial z};$$

d'où, en tenant compte des relations précédentes,

$$\left(\frac{\partial V}{\partial x}\right)^2+\left(\frac{\partial V}{\partial y}\right)^2+\left(\frac{\partial V}{\partial z}\right)^2=\Delta\left(\frac{\partial V}{\partial t}\right)^2+\Delta_1\left(\frac{\partial V}{\partial u}\right)^2+\Delta_2\left(\frac{\partial V}{\partial v}\right)^2.$$

L'intégrale I, rapportée aux nouvelles variables t, u, v, deviendra donc

$$\mathbf{S}\left[\Delta J\left(\frac{\partial V}{\partial t}\right)^2+\Delta_1 J\left(\frac{\partial V}{\partial u}\right)^2+\Delta_2 J\left(\frac{\partial V}{\partial v}\right)^2\right]dt\,du\,dv.$$

Le champ de cette nouvelle intégrale sera invariable comme celui de l'intégrale primitive, ainsi que les valeurs de V, $\frac{\partial V}{\partial t}$, $\frac{\partial V}{\partial u}$, $\frac{\partial V}{\partial v}$ aux limites du champ.

Exprimons que δI s'annule dans ces conditions. On aura

$$\delta I = 2\,\mathbf{S}\left(\Delta J\frac{\partial V}{\partial t}\delta\frac{\partial V}{\partial t}+\ldots+\Delta_2 J\frac{\partial V}{\partial v}\delta\frac{\partial V}{\partial v}\right)dt\,du\,dv$$

ou, en intégrant par parties les divers termes de cette expression et remarquant que les termes intégrés s'annulent aux limites,

$$\delta I = -2\,\mathbf{S}\left(\frac{\partial}{\partial t}\Delta J\frac{\partial V}{\partial t}+\ldots+\frac{\partial}{\partial v}\Delta_2 J\frac{\partial V}{\partial v}\right)\delta V\,dt\,du\,dv.$$

La condition pour que δI s'annule identiquement sera donc

$$\frac{\partial}{\partial t}\Delta J\frac{\partial V}{\partial t}+\frac{\partial}{\partial u}\Delta_1 J\frac{\partial V}{\partial u}+\frac{\partial}{\partial v}\Delta_2 J\frac{\partial V}{\partial v}=0.$$

Cette nouvelle équation est donc équivalente à l'équation (5), dont elle sera la transformée.

NOTE

SUR QUELQUES POINTS DE LA THÉORIE DES FONCTIONS.

1. **Nombres irrationnels.** — On considère en Analyse deux sortes de quantités :

Les unes, formées d'unités indivisibles, sont exprimées par des nombres entiers.

Les autres peuvent, au contraire, être divisées en un nombre quelconque de parties égales; pour les exprimer par des nombres, on les compare à l'une d'entre elles, choisie à volonté pour unité. En divisant cette unité en parties égales et ajoutant un nombre quelconque de ces parties, on arrive à la notion des nombres rationnels.

Soient $a_1, \ldots, a_n, \ldots$ et $b_1, \ldots, b_n, \ldots$ deux suites illimitées de nombres rationnels, tels que l'on ait

$$(1) \qquad \begin{cases} a_n \geqq a_m, \qquad b_n \leqq b_m, \quad \text{si } n > m, \\ b_n - a_n > 0 < \varepsilon_n, \end{cases}$$

ε_n devenant moindre que toute quantité donnée lorsque n augmente indéfiniment.

Les nombres rationnels (seuls définis jusqu'à présent) pourront se répartir en trois classes :

1° Les nombres A, qui sont $< a_n$ lorsque n est assez grand;

2° Les nombres B, qui sont $> b_n$ lorsque n est assez grand;

3° Les nombres qui sont $> a_n$, mais $< b_n$, quel que soit n.

Cette dernière classe ne peut renfermer plus d'un nombre; car, si elle en contenait deux, C et D, on aurait, pour toute valeur de n,

$$b_n - a_n > D - C.$$

Donc $b_n - a_n$ ne pourrait devenir moindre que toute quantité donnée, ainsi que nous l'avons admis.

Il peut arriver qu'il existe, en effet, un nombre rationnel C constamment compris entre a_n et b_n : ce nombre sera plus grand que tous les nombres A et plus petit que les nombres B; mais il peut aussi se faire qu'il n'en existe aucun. On sait que ce cas se présentera, par exemple, si l'on prend pour a_1, b_1, a_2, b_2, ... les réduites successives d'une fraction continue illimitée.

On peut faire disparaître cette différence par une définition nouvelle, en disant qu'il existe dans ce cas un *nombre irrationnel* C, plus grand que tous les nombres A et moindre que les nombres B.

Tout nombre C, rationnel ou irrationnel, est ainsi défini sans ambiguïté par la connaissance des nombres rationnels qui sont plus petits que lui et de ceux qui sont, au contraire, plus grands que lui.

Il est clair que, si $C = 0$, les nombres a_n seront négatifs et les b_n positifs; mais les uns et les autres décroîtront au-dessous de toute limite quand n croîtra suffisamment.

Si C est positif, c'est-à-dire > 0, les b_n seront positifs, et les a_n le deviendront à partir d'une certaine valeur de n. Donc, en supprimant au besoin les premiers termes de chaque série, on aura, pour déterminer C, un couple de séries à termes tous positifs.

Si C est négatif, c'est-à-dire < 0, on aura de même pour le déterminer un couple de séries à termes tous négatifs.

2. Soient C, C' deux nombres déterminés respectivement par les couples de séries

$$a_1, \quad \ldots, \quad a_n, \quad \ldots; \quad b_1, \quad \ldots, \quad b_n, \quad \ldots;$$

et

$$a'_1, \quad \ldots, \quad a'_n, \quad \ldots; \quad b'_1, \quad \ldots, \quad b'_n, \quad \ldots.$$

Formons les nouveaux couples de séries

$$a_1 + a'_1, \quad \ldots, \quad a_n + a'_n, \quad \ldots; \quad b_1 + b'_1, \quad \ldots, \quad b_n + b'_n, \quad \ldots;$$
$$a_1 - b'_1, \quad \ldots, \quad a_n - b'_n, \quad \ldots; \quad b_1 - a'_1, \quad \ldots, \quad b_n - a'_n, \quad \ldots.$$

Ils jouiront évidemment des mêmes caractères que les couples primitifs et définiront deux nouveaux nombres, respectivement égaux à $C + C'$ et $C - C'$ si C et C' sont rationnels. Nous étendrons cette propriété par voie de définition au cas où ces nombres sont irrationnels.

De même, si C, C' sont différents de zéro, auquel cas les termes de chaque couple de suites peuvent être supposés de même signe, nous pouvons considérer, si C et C' sont de même signe, les deux nouveaux couples de suites suivants

$$a_1 a'_1, \quad \ldots, \quad a_n a'_n, \quad \ldots; \quad b_1 b'_1, \quad \ldots, \quad b_n b'_n, \quad \ldots;$$
$$\frac{a_1}{b'_1}, \quad \ldots, \quad \frac{a_n}{b'_n}, \quad \ldots; \quad \frac{b_1}{a'_1}, \quad \ldots, \quad \frac{b_1}{a'_n}, \quad \ldots;$$

et, si C, C′ sont de signes contraires, les suivants

$$a_1 b'_1, \quad \ldots, \quad a_n b'_n, \quad \ldots; \quad b_1 a'_1, \quad \ldots, \quad b_1 a'_n, \quad \ldots;$$

$$\frac{a_1}{a'_1}, \quad \ldots, \quad \frac{a_n}{a'_n}, \quad \ldots; \quad \frac{b_1}{b'_1}, \quad \ldots, \quad \frac{b_n}{b'_n}, \quad \ldots.$$

Ils définiront deux nouveaux nombres, respectivement égaux à CC′ et à $\frac{C}{C'}$ si C et C′ sont rationnels, propriété que nous étendrons par voie de définition aux nombres irrationnels.

On dira que C est égal à C′, plus grand que C′ ou plus petit que C′, suivant que C — C′ sera nul, >0 ou <0.

On vérifiera aisément qu'on peut ajouter, retrancher, multiplier ou diviser l'une par l'autre deux égalités, lors même que les deux membres sont irrationnels; ajouter des inégalités, ou les retrancher en croix; les multiplier, ou les diviser en croix, lorsque leurs deux membres sont positifs, qu'on peut intervertir l'ordre des facteurs d'un produit, etc.

Enfin, soient $a_1, \ldots, a_n, \ldots$ et $b_1, \ldots, b_n, \ldots$ deux suites de nombres rationnels ou non, satisfaisant aux relations (1). Il existera toujours, dans la série des nombres que nous avons définis, un nombre $C > a_n$ et $< b_n$, quel que soit n. En effet, on peut toujours déterminer un nombre rationnel a'_n compris entre a_n et a_{n+1}, et un nombre rationnel b'_n compris entre b_n et b_{n+1}. Les deux suites $a'_1, \ldots, a'_n, \ldots; b'_1, \ldots, b'_n, \ldots$, qui satisfont évidemment nux relations (1), définiront un nombre C, constamment $> a'_n$ et $< b'_n$, et, par suite, $> a_n$ et $< b_n$.

3. **Limites.** — Soit x une quantité variable, à laquelle on donne successivement une suite illimitée de valeurs $x_1, \ldots, x_n, \ldots$. On dit que la variable x tend ou converge vers la limite c si, pour toute valeur de la quantité positive ε, on peut assigner une autre quantité ν, telle que l'on ait

$$\operatorname{mod}(x_n - c) < \varepsilon$$

pour toutes les valeurs de n supérieures à ν.

La variable x ne peut tendre à la fois vers deux limites différentes c et c'; car, si l'on prend ε moindre que $\frac{c'-c}{2}$, l'une au moins des deux différences $x_n - c$, $x_n - c'$ aura son module $> \varepsilon$, quel que soit n.

Si x reste constamment moindre qu'un nombre fixe l, sa limite c ne pourra surpasser l; car, si l'on avait $c > l$, x_n étant constamment $< l$, on aurait, quel que fût n,

$$\text{mod}(x_n - c) > l - c,$$

Ce module ne pourrait donc devenir $< \varepsilon$, dès que ε serait $< l - c$.

Si x tend vers une limite c différente de zéro, $\frac{1}{x}$ tendra vers la limite $\frac{1}{c}$.

Posons, en effet, $x_n = c + \xi_n$; on aura

$$\frac{1}{x_n} - \frac{1}{c} = -\frac{\xi_n}{c(c+\xi_n)}.$$

Soit δ une quantité positive quelconque moindre que le module C de c. On pourra, par hypothèse, déterminer une quantité ν_δ, telle que, pour toute valeur de n plus grande que ν_δ, on ait

$$\text{mod}(x_n - c) = \text{mod}\,\xi_n < \delta$$

et, par suite,

$$\text{mod}\left(\frac{1}{x_n} - \frac{1}{c}\right) < \frac{\delta}{C(C-\delta)}.$$

Or, quelle que soit la quantité ε, on pourra disposer de l'indéterminée δ, de telle sorte qu'on ait

$$\frac{\delta}{C(C-\delta)} < \varepsilon.$$

Il suffira, en effet, de prendre pour δ une quantité moindre que $\frac{C^2\varepsilon}{1+C\varepsilon}$. On aura, par suite,

$$\text{mod}\left(\frac{1}{x_n} - \frac{1}{c}\right) < \varepsilon$$

pour toutes les valeurs de n supérieures à ν_δ, ce qui démontre notre proposition.

Si x tend vers la limite zéro, on pourra, quel que soit δ, déterminer une quantité correspondante ν_δ, telle que, pour toute valeur de n supérieure à ν_δ, on ait

$$\text{mod}\,x_n < \delta;$$

d'où

$$\text{mod}\,\frac{1}{x_n} > \frac{1}{\delta}$$

ou, en posant $\delta = \frac{1}{\varepsilon}$,

$$\text{mod}\,\frac{1}{x_n} > \varepsilon.$$

On dira, dans ce cas, que $\frac{1}{x}$ tend vers ∞. Si, de plus, les quantités $\frac{1}{x_n}$, à partir d'une certaine valeur de n, sont toutes positives, on dira que $\frac{1}{x}$ tend vers $+\infty$; si elles sont toutes négatives, que $\frac{1}{x}$ tend vers $-\infty$.

4. Théorème. — *La variable x tendra vers une limite finie, si les différences*

$$x_{n+1} - x_n, \quad \ldots, \quad x_p - x_n, \quad \ldots$$

sont toutes inférieures en valeur absolue à une quantité variable ε_n ayant pour limite zéro quand n augmente indéfiniment.

Soient, en effet, a_n la plus grande des quantités $x_1 - \varepsilon_1, \ldots, x_n - \varepsilon_n$; b_n la plus petite des quantités $x_1 + \varepsilon_1, \ldots, x_n + \varepsilon_n$; on aura évidemment

$$a_n \overline{\gtrless} a_m, \qquad b_n \overline{\gtrless} b_m, \quad \text{si } n > m.$$

D'autre part, de l'inégalité

$$x_p - x_n < \varepsilon_n > -\varepsilon_n, \quad \text{si } p > n,$$

on déduit

$$a_n < x_p < b_n$$

et enfin

$$b_n - a_n \overline{\gtrless} (x_n + \varepsilon_n) - (x_n - \varepsilon_n) \overline{\gtrless} 2\varepsilon_n.$$

La double suite

$$a_1, \quad \ldots, \quad a_n, \quad \ldots; \quad b_1, \quad \ldots, \quad b_n, \quad \ldots$$

définira donc un nombre rationnel ou non C, et l'on aura

$$\operatorname{mod}(x_p - C) < b_n - a_n < 2\varepsilon_n,$$

quantité qu'on peut rendre $< \varepsilon$, en prenant n assez grand.

Nous nous sommes appuyé sur cette proposition en plusieurs endroits de cet Ouvrage (t. I, nos 109, 261, 323; t. II, no 54, etc.), en la considérant comme suffisamment évidente par elle-même; mais on voit qu'elle peut se ramener aux autres axiomes.

5. Corollaire. — *Si la variable x va toujours en croissant, elle tendra vers une limite finie ou vers $+\infty$.*

En effet, si elle ne tend pas vers une limite finie, on pourra, d'après ce qui précède, trouver une quantité positive δ, telle que, pour toute valeur de n, quelque grande qu'on la suppose, l'une au moins des différences successives $x_{n+1} - x_n, \ldots; x_p - x_n, \ldots$ ait son module $> \delta$, et, par suite, soit $> \delta$, car elle est positive par hypothèse. On pourra donc déterminer une série illimitée d'entiers $n_1, n_2, \ldots, n_k, \ldots$, tels que l'on ait

$$\begin{aligned} x_{n_1} &> x_1 + \delta, \\ x_{n_2} &> x_{n_1} + \delta > x_1 + 2\delta, \\ &\ldots\ldots\ldots\ldots\ldots\ldots\ldots\ldots, \\ x_{n_k} &> x_{n_{k-1}} + \delta > x_1 + k\delta. \end{aligned}$$

Soit maintenant ε une quantité positive quelconque; si l'on détermine k par l'inégalité

$$k > \left(\frac{1}{\varepsilon} - x_1\right)\frac{1}{\delta}, \qquad \text{d'où} \qquad x_1 + k\delta > \frac{1}{\varepsilon},$$

on aura

$$x_{n_k} > \frac{1}{\varepsilon}$$

et, *a fortiori*,

$$x_n > \frac{1}{\varepsilon}$$

ou

$$\frac{1}{x_n} < \varepsilon$$

pour toute valeur de n supérieure à n_k.

Donc $\frac{1}{x}$ tendra vers zéro et x tendra vers ∞. D'ailleurs x_n est positif dès que n atteint la valeur n_k. Donc x tend vers $+\infty$.

On verra de même que, si x va toujours en décroissant, il tendra vers une limite finie ou vers $-\infty$.

6. **Passage à la limite.** — L'Arithmétique et l'Algèbre comportent quatre opérations fondamentales : addition, soustraction, multiplication et division. On peut en concevoir une cinquième, consistant à remplacer une quantité variable par sa limite. C'est l'introduction de cette nouvelle opération qui constitue l'essence de la méthode infinitésimale. Cette opération se présente d'ailleurs sous des formes variées, dont les trois principales sont : la sommation des séries, la dérivation et l'intégration.

Lorsqu'une quantité dépend à la fois de plusieurs quantités variables $x, y, \ldots$, on a souvent à se demander si elle tend vers une limite, et quelle est cette limite, lorsque ces diverses variables tendent simultanément vers leurs limites respectives.

Soient x, y deux quantités variables tendant respectivement *vers les limites finies c et d; les quantités $x+y$, xy tendront respectivement vers les limites $c+d$, cd.*

Soient, en effet, $x_1, \ldots, x_n, \ldots$ et $y_1, \ldots, y_n, \ldots$ les valeurs successives attribuées à x et y.

Posons

$$x_n = c + \xi_n, \qquad y_n = d + \eta_n.$$

On pourra, par définition, quelle que soit la quantité positive δ, déterminer deux quantités ν_1 et ν_2, telles que l'on ait

$$\begin{aligned} &\text{mod}\,\xi_n < \delta, \quad \text{si } n > \nu_1; \\ &\text{mod}\,\eta_n < \delta, \quad \text{si } n > \nu_2 \end{aligned}$$

et, par suite,

$$\text{mod}\,\xi_n < \delta, \qquad \text{mod}\,\eta_n < \delta, \quad \text{si } n > \nu,$$

ν désignant la plus grande des deux quantités ν_1 et ν_2.

Cela posé, on a

$$\begin{aligned} &(x_n + y_n) - (c + d) = \xi_n + \eta_n, \\ &x_n y_n - cd = c\eta_n + d\xi_n + \eta_n \xi_n. \end{aligned}$$

Donc, en désignant par C, D les modules de c et d, on aura, pour toute valeur de n supérieure à ν,

$$\begin{aligned} &\text{mod}[(x_n + y_n) - (c + d)] < 2\delta, \\ &\text{mod}(x_n y_n - cd) < (\mathrm{C} + \mathrm{D})\delta + \delta^2. \end{aligned}$$

Les seconds membres de ces inégalités seront $< \varepsilon$ si nous déterminons l'arbitraire δ de manière à satisfaire aux inégalités

$$\delta < \frac{\varepsilon}{2}, \qquad \delta < \frac{\varepsilon}{2(\mathrm{C} + \mathrm{D})}, \qquad \delta < \sqrt{\frac{\varepsilon}{2}}.$$

Notre proposition est donc démontrée.

Supposons maintenant que, y continuant de tendre vers une limite finie d, x tende vers ∞. On pourra, quelles que soient les quantités positives δ et δ', trouver un nombre ν, tel que l'on ait

$$\text{mod}\,x_n > \delta', \qquad \text{mod}\,y_n < \mathrm{D} + \delta, \quad \text{si } n > \nu$$

et, par suite, en supposant $\delta' > \mathrm{D} + \delta + \varepsilon$,

$$\text{mod}(x_n + y_n) > \delta' - \mathrm{D} - \delta > \varepsilon.$$

Donc $x+y$ tendra vers ∞. D'ailleurs $x_n + y_n$ aura le signe de x_n dès que n est $> \nu$. Donc, si x tend vers $+\infty$ ou $-\infty$, il en sera de même de $x+y$

Considérons maintenant le produit xy. Si d n'est pas nul, on aura,

δ et δ' étant deux quantités positives arbitraires dont la seconde soit $< \mathrm{D}$, pour toute valeur de n supérieure à un certain nombre ν,

$$\mathrm{mod}\, x_n > \delta, \qquad \mathrm{mod}\, y_n > \mathrm{D} - \delta',$$
$$\mathrm{mod}\, x_n y_n > \delta(\mathrm{D} - \delta'),$$

quantité qui sera $> \varepsilon$, si l'on pose $\delta > \frac{\varepsilon}{\mathrm{D} - \delta'}$. Donc xy tendra vers ∞. D'ailleurs, pour toute valeur de n qui surpasse ν, y_n aura le signe de d. Donc $x_n y_n$ aura le signe de dx_n; si donc x tend vers $+\infty$ ou vers $-\infty$, xy tendra également vers $+\infty$ ou vers $-\infty$ si $d > 0$, vers $-\infty$ ou $+\infty$ si $d < 0$.

Supposons, au contraire, que d soit nul. Lorsque n croîtra suffisamment, le module de x_n dépassera toute limite, mais celui de y_n se rapprochera en même temps de zéro; il sera évidemment impossible de rien affirmer sur la suite des valeurs que prendra le produit $x_n y_n$ lorsque n augmente, tant qu'on n'aura rien spécifié sur la rapidité relative de l'accroissement de x au décroissement de y.

De même, si x et y tendent simultanément vers ∞ sans être assujettis à conserver constamment le même signe, on ne pourra rien affirmer *a priori* sur la manière dont varie la somme $x + y$.

7. **Fonctions.** — Soit x une variable indépendante, à laquelle on pourra assigner, soit toute la suite des valeurs possibles, soit un certain système de valeurs (par exemple toutes celles qui sont contenues dans l'intervalle de x_0 à X ou toutes les valeurs rationnelles, etc.).

Soit u une seconde variable, liée à x de telle sorte qu'à chaque valeur du système parcouru par x corresponde une valeur unique, finie et déterminée de u. On dira que u est une *fonction* de x (pour le système de valeurs que l'on considère).

On dira de même que u est une fonction des deux variables indépendantes x, y si à chaque couple de valeurs de x, y correspond une valeur unique, finie et déterminée de u.

Cette nouvelle définition des fonctions est plus nette et, à certains égards, plus générale que celle que nous avons donnée (t. I, n° 1).

Nous avons, à la vérité, considéré dans le cours de cet Ouvrage des fonctions qui ont plusieurs valeurs pour chaque valeur de la variable, ou qui deviennent infinies ou indéterminées pour certaines valeurs de x. Mais on doit remarquer :

1° Que, pour utiliser la notion des fonctions à valeurs multiples, nous avons dû associer constamment ensemble les valeurs successives de y qui correspondent aux valeurs successives de x, suivant une loi déterminée, de manière à décomposer la fonction en diverses branches, dont chacune, prise séparément, rentre dans notre nouvelle définition ;

2° Que, dire qu'une fonction y devient infinie pour $x = a$, c'est employer une locution abrégée, dont le sens exact est le suivant : si l'on donne à x une suite quelconque de valeurs se rapprochant indéfiniment de a, les valeurs correspondantes de y croîtront au delà de toute limite; quant à la valeur a elle-même, on doit l'exclure du système des valeurs donné à la variable indépendante ;

3° Qu'une fonction y, qui devient indéterminée pour $x = a$, rentrera de même dans notre définition actuelle, si l'on exclut a du système des valeurs attribuées à x.

Les valeurs d'une fonction y, correspondantes aux diverses valeurs assignées à x, peuvent être choisies d'une facon arbitraire et indépendamment les unes des autres. Par suite de cette excessive généralité, il est évidemment impossible d'établir aucune propriété générale s'étendant à toutes les fonctions sans exception; des hypothèses restrictives seront, en effet, nécessaires pour servir de base à un raisonnement quelconque.

8. **Fonctions limitées.** — Nous dirons qu'une fonction est *limitée supérieurement* (ou *inférieurement*) dans l'intervalle de $x = a$ à $x = b$, si les valeurs qu'elle prend pour les diverses valeurs de x comprises dans cet intervalle ne sont pas supérieures à une quantité fixe L (ne sont pas inférieures à une quantité fixe l).

La fonction $y = x^2$, par exemple, sera limitée tant supérieurement qu'inférieurement dans tout intervalle fixe ab; car les valeurs qu'elle prend dans cet intervalle ne peuvent s'abaisser au-dessous de zéro, ni surpasser la plus grande des deux quantités a^2, b^2.

Considérons, au contraire, une fonction y, définie de la manière suivante :

$$y = 0, \quad \text{si } x \text{ est irrationnel,}$$

$$y = (-1)^p q, \quad \text{si } x = \frac{p}{q},$$

$\frac{p}{q}$ étant une fraction irréductible.

Cette fonction sera illimitée dans tout intervalle ab. Soient, en effet, L un nombre quelconque supérieur à 3; q un nombre premier $> \text{L}$, et $> \frac{b-a}{4}$. Dans la série des fractions qui ont q pour dénominateur, il en existera quatre au moins qui sont consécutives et comprises dans l'intervalle ab. Sur les quatre, trois au moins seront irréductibles, et, sur les trois, il y en aura au moins une de numérateur pair et une de numérateur impair. Les valeurs correspondantes de y

seront q et $-q$, quantités respectivement plus grande que L et plus petite que $-$ L.

9. La distinction des fonctions en limitées et illimitées est intimement liée à celle de la convergence uniforme ou non uniforme.

Soit, en effet, $f(x)$ une fonction illimitée dans l'intervalle de $x=a$ à $x=b$. Posons

$$\varphi(x, n)=\frac{f(x)}{n}.$$

Pour toute valeur donnée de x comprise dans cet intervalle, $f(x)$ a une valeur finie et déterminée; $\varphi(x, n)$ tendra donc vers zéro lorsque n croît indéfiniment, quelle que soit la valeur assignée à x.

Mais cette convergence de la fonction $\varphi(x, n)$ vers sa limite ne sera pas uniforme, en ce sens qu'on ne pourra assigner à n aucune valeur fixe, telle que, pour toutes les valeurs de x considérées, la différence entre la fonction φ et sa limite ait un module moindre qu'une quantité donnée ε. Il faut, en effet, pour cela, qu'on ait

$$\operatorname{mod}\frac{f(x)}{n}<\varepsilon, \qquad \text{d'où} \qquad \operatorname{mod} f(x)<n\varepsilon;$$

mais, $f(x)$ étant illimitée, on pourra, quels que soient n et ε, assigner à x une valeur telle que cette inégalité n'ait pas lieu.

Considérons maintenant la série infinie

$$S=\varphi(x, 1)+[\varphi(x, 2)-\varphi(x, 1)]+\ldots+[\varphi(x, n)-\varphi(x, n-1)]+\ldots$$

ou le produit infini

$$\Pi=\varphi(x, 1)\frac{\varphi(x, 2)}{\varphi(x, 1)}\cdots\frac{\varphi(x, n)}{\varphi(x, n-1)}\cdots.$$

La somme S_n des n premiers termes de S et le produit Π_n des n premiers facteurs de Π seront évidemment égaux à $\varphi(x, n)$. Donc série et produit convergent vers zéro, quel que soit x; mais leur convergence ne sera pas uniforme.

10. Théorème. — *Si une fonction y est limitée supérieurement (inférieurement), on pourra déterminer un nombre* M, *tel que y ne puisse prendre aucune valeur supérieure (inférieure) à* M, *mais que l'une au moins de ses valeurs soit supérieure à* $M-\varepsilon$ *(inférieure à* $M+\varepsilon$*), ε étant une quantité d'une petitesse arbitraire.*

Soient, en effet, L une limite supérieure des valeurs de y; η l'une de ces valeurs. Divisons l'intervalle de η à L en 2^n parties égales, nous obtiendrons une suite de nombres

$$\eta, \quad \ldots, \quad \eta + m\frac{L-\eta}{2^n}, \quad \ldots, \quad L,$$

dont chacun diffère du suivant de la quantité constante $\frac{L-\eta}{2^n}$. Parmi ces nombres, soit a_n le dernier de ceux que y atteint ou dépasse dans sa variation ; b_n le suivant, que y n'atteint plus.

Si nous changeons n en $n+1$, on aura une nouvelle suite de nombres comprenant les précédents; soient a_{n+1} le dernier de ces nouveaux nombres atteint ou dépassé par y; b_{n+1} le suivant. On aura évidemment

$$a_{n+1} \gtreqless a_n, \qquad b_{n+1} \lesseqgtr b_n,$$

$$b_n - a_n = \frac{L-\eta}{2^n}.$$

Si l'on fait croître n indéfiniment, $b_n - a_n$ reste positif, mais décroit indéfiniment. Les deux suites

$$a, \quad \ldots, \quad a_n, \quad \ldots; \quad b_1, \quad \ldots, \quad b_n, \quad \ldots$$

définiront donc un nombre M.

Cela posé, y étant constamment inférieur aux nombres b qui se rapprochent indéfiniment de M ne pourra surpasser ce nombre; mais, d'autre part, il existe, quel que soit n, une valeur de x, pour laquelle on a

$$y \gtreqless a_n \gtreqless M - (M - a_n) \gtreqless M - (b_n - a_n) > M - \frac{L-\eta}{2^n}.$$

Or on peut prendre n assez grand pour que $\frac{L-\eta}{2^n}$ soit $< \varepsilon$.

Ce nombre M peut s'appeler le *maximum* de y.

La fonction y peut, suivant les circonstances, atteindre effectivement ce maximum ou s'en rapprocher indéfiniment, sans jamais l'atteindre.

Ainsi la fonction définie dans l'intervalle de 0 à 1 par les relations

$$y = x \quad (x \gtreqless 0 < 1), \qquad y = 0 \quad (x = 1)$$

a pour maximum 1, sans toutefois être jamais égale à 1.

On démontrerait de la même manière, pour toute fonction limitée inférieurement, l'existence d'un minimum m, tel que la fonction ne puisse prendre aucune valeur inférieure à m, mais prenne des valeurs inférieures à $m + \varepsilon$, quel que soit ε. Quant à la valeur m elle-même, elle pourra être atteinte ou non, suivant les cas.

On voit aisément :

1° Que, si une fonction y est limitée tant supérieurement qu'inférieurement dans un intervalle ab, son maximum M sera au moins égal à son minimum m;

2° Que, si $a'b'$ est un intervalle quelconque contenu dans ab, M' et m' le maximum et le minimum relatifs à ce nouvel intervalle, on aura

$$M' \overline{\underline{<}} M, \qquad m' \overline{\underline{>}} m.$$

11. Théorème de M. Darboux. — *Soit y une fonction de x, limitée supérieurement et inférieurement pour les valeurs de x comprises dans un intervalle donné x_0X. Décomposons cet intervalle par des points de division intermédiaires x_1, x_2, ... en intervalles partiels I_0, ..., $I_k = x_{k+1} - x_k$, ... Multiplions chacun de ces intervalles I_k par le maximum M_k de la fonction y dans cet intervalle et formons la somme*

$$S = \Sigma M_k I_k.$$

Si l'on fait croître progressivement le nombre des intervalles, de manière que leur amplitude décroisse indéfiniment, S tendra vers une limite fixe et indépendante du mode de décomposition adopté.

Soient, en effet, M et m le maximum et le minimum de y dans l'intervalle total x_0X. Chacun des facteurs M_k qui figurent dans l'expression de S étant au moins égal à m, on aura, quel que soit le mode de décomposition adopté,

$$S \overline{\underline{>}} m\Sigma I_k \overline{\underline{>}} m(X - x_0).$$

Les sommes S, étant ainsi limitées inférieurement, admettront un minimum L, et l'on pourra, quel que soit la constante ε, trouver une somme

$$S = \Sigma M_k I_k,$$

dont la valeur soit $\overline{\underline{>}} L$, mais $< L + \varepsilon$.

Soit $\mu + 1$ le nombre des intervalles de cette somme.

Considérons une autre somme analogue

$$S' = \Sigma M'_k I'_k$$

et comparons-la à la précédente.

Soient I'_r, I'_{r+1}, ... ceux des intervalles I' qui sont contenus dans l'intervalle I_k; les multiplicateurs correspondants M'_r, M'_{r+1}, ..., représentant chacun le maximum de y dans une portion de l'intervalle I_k, seront au plus égaux à M_k, maximum de la même fonction dans l'intervalle total. On aura donc

$$M'_r I'_r + M'_{r+1} I'_{r+1} + \ldots \overline{\gtrless} M_k (I'_r + I'_{r+1} + \ldots) \overline{\gtrless} M_k I_k.$$

Raisonnant ainsi pour chacun des intervalles I_k, on aura évidemment

$$S' \overline{\gtrless} S + \Sigma M'_l I'_l,$$

la nouvelle sommation étant bornée à ceux des intervalles I' qui s'étendent sur plusieurs des intervalles I.

Chacun de ces intervalles I'_l devant contenir dans son intérieur l'un au moins des points de division intermédiaires $x_1, \ldots, x_\mu$ qui séparent les intervalles I_k les uns des autres, leur nombre sera au plus égal à μ; on aura d'ailleurs, pour chacun d'eux,

$$M'_l \overline{\gtrless} M, \qquad I'_l \overline{\gtrless} \lambda',$$

λ' désignant l'amplitude du plus grand des intervalles I'.

On aura donc

$$S' \overline{\gtrless} S + \mu M \lambda' \overline{\gtrless} L + \varepsilon + \mu M \lambda'.$$

On a d'ailleurs, d'autre part,

$$S' \overline{\gtrless} L.$$

Cela posé, faisons varier la décomposition en intervalles qui fournit la somme S', de telle sorte que l'amplitude maximum λ' de ces intervalles décroisse indéfiniment. On pourra, en même temps que λ' décroît, faire décroître ε, assez lentement toutefois pour que $\mu M \lambda'$ tende vers zéro; $\varepsilon + \mu M \lambda'$ tendra alors vers zéro; donc S' tendra vers L.

12. On démontrerait exactement de la même manière que la somme

$$s = \Sigma m_k I_k,$$

où m_k désigne le minimum de y dans l'intervalle I_k, tend vers une limite fixe l lorsque l'amplitude des intervalles I_k décroît indéfiniment.

13. **Fonctions intégrables.** — Si $l = L$, la somme

$$\sigma = \Sigma y_k I_k,$$

où y_k est une quantité choisie à volonté entre M_k et m_k, tendra encore vers L, car elle est constamment comprise entre les deux sommes S et s, qui ont L pour limite commune.

Lorsque cette circonstance se présente, on dit que la fonction y est *intégrable;* l'expression

$$L = \lim \Sigma y_k I_k$$

se nomme l'intégrale définie de cette fonction prise dans l'intervalle de x_0 à X, et se représente par la notation

$$L = \int_{x_0}^{X} y\,dx.$$

La notion d'intégrale définie, que nous n'avions établie que pour les fonctions continues, se trouve ainsi étendue, avec les conséquences qui en résultent, à une classe de fonctions beaucoup plus générale.

14. La condition d'intégrabilité d'une fonction y dans l'intervalle de x_0 à X est, par définition, que la somme

$$\Sigma(M_k - m_k) I_k$$

ait pour limite zéro, lorsque les intervalles partiels I_k, dans lesquels on a décomposé l'intervalle total I, décroissent indéfiniment d'amplitude.

Il suffit d'ailleurs, d'après ce qui précède, que cette condition soit remplie par un mode particulier de décomposition en intervalles indéfiniment décroissants, pour qu'elle subsiste pour toute autre loi de décomposition.

La quantité $M_k - m_k$, que nous désignerons, pour abréger, par δ_k, se nomme l'*oscillation* de la fonction dans l'intervalle I_k, et la condition d'intégrabilité sera

$$\lim \Sigma\, \delta_k I_k = 0.$$

Dans chacun des intervalles I_k, l'oscillation sera au plus égale à $M - m$. Soit d'ailleurs s la somme de ceux de ces intervalles où l'oscillation surpasse une quantité donnée ε; $I - s$ la somme des intervalles restants. On aura évidemment

$$\Sigma\, \delta_k I_k < (M - m)s + \varepsilon(I - s) < (M - m)s + \varepsilon I,$$
$$\Sigma\, \delta_k I_k > \varepsilon s.$$

Conservons à ε une valeur constante et faisons décroître indéfiniment l'amplitude des intervalles. Pour que $\Sigma\, \delta_k I_k$ tende vers zéro, il faut évidemment que s tende vers zéro.

Réciproquement, si, pour toute valeur de ε, s tend vers zéro lorsqu'on fait décroître suffisamment l'amplitude des intervalles, $\Sigma\, \delta_k I_k$

tendra vers zéro; car, en prenant ε assez petit, puis faisant décroître suffisamment les intervalles, on pourra faire tendre séparément vers zéro chacune des deux quantités εI et $(M - m)s$.

15. Une fonction $y = f(x)$ est dite *continue* pour la valeur particulière $x = c$, si $f(c+h)$ tend vers $f(c)$ quand on fait tendre h vers zéro, et cela quelle que soit la loi des valeurs successives assignées à cette variable.

Si la fonction y est intégrable dans l'intervalle $x_0 X$, il existe dans tout intervalle ab contenu dans celui-là des valeurs de x pour lesquelles y est continue.

En effet, soit δ une quantité quelconque; décomposons ab en intervalles partiels suffisamment petits; la somme de ceux de ces intervalles où l'oscillation est $> \frac{\delta}{2}$ peut être rendue plus petite que toute quantité donnée. Donc, dans l'un au moins des intervalles partiels, l'oscillation sera au plus égale à $\frac{\delta}{2}$.

Il est donc établi qu'on peut trouver dans l'intervalle ab un second intervalle $a_1 b_1$ dans lequel l'oscillation soit $< \frac{\delta}{2}$; et, comme on peut réduire à volonté l'amplitude de cet intervalle $a_1 b_1$ sans qu'il perde cette propriété, on pourra supposer que $a_1 > a$, $b_1 < b$ et $a_1 b_1 < \frac{ab}{2}$.

On pourra déterminer de même dans l'intervalle $a_1 b_1$ un second intervalle d'amplitude moindre que $\frac{ab}{4}$, et dans lequel l'oscillation ne surpasse pas $\frac{\delta}{4}$.

Continuant ainsi, on aura une suite de nombres croissants $a, a_1, a_2, \ldots, a_n, \ldots$ et une suite de nombres décroissants $b, b_1, \ldots, b_n, \ldots$, qui convergent évidemment vers une limite commune c. Ce point c jouira de la propriété qu'on peut, quel que soit n, déterminer un intervalle $a_n b_n$, dans l'intérieur duquel il est compris et dans lequel l'oscillation soit $< \frac{\delta}{2^n}$.

On peut évidemment, quel que soit ε, déterminer n de telle sorte que $\frac{\delta}{2^n}$ soit $< \varepsilon$.

Cela posé, considérons la différence $f(c+h) - f(c)$. Dès que le module de h deviendra assez petit pour que $c+h$ soit compris dans l'intervalle $a_n b_n$, on aura

$$\text{mod}[f(c+h)-f(c)] < \varepsilon;$$

car $f(c+h)$ et $f(c)$ étant tous deux compris entre le maximum M et le minimum m de $f(x)$ dans l'intervalle $a_n b_n$, leur différence sera au plus égale, en valeur absolue, à l'oscillation $M - m$.

Il existe néanmoins, ainsi que nous le verrons tout à l'heure, des fonctions intégrables, telles que dans tout intervalle il y ait des points pour lesquels elles soient discontinues.

16. *La somme ou la différence de deux fonctions intégrables y, y' est également intégrable.* En effet, par hypothèse, la somme

$$\Sigma\, \delta_k I_k$$

et la somme correspondante

$$\Sigma\, \delta'_k I_k,$$

relative à la fonction y', tendent toutes deux vers zéro quand on diminue suffisamment l'amplitude des intervalles. Il en sera évidemment de même de la somme analogue

$$\Sigma(\delta_k \pm \delta'_k) I_k,$$

correspondante à la fonction $y \pm y'$.

Le produit yy' est également intégrable.

Soient, en effet, respectivement M et m, M' et m', le maximum et le minimum de y et de y' entre x_0 et X; M_k, m_k et M'_k, m'_k leur maximum et leur minimum dans l'intervalle I_k.

Supposons d'abord m et m' positifs; M, M', M_k, m_k, M'_k, m'_k le seront *a fortiori*. Dans l'intervalle I_k, les fonctions y et y' ne pouvant respectivement surpasser M_k et M'_k, leur produit yy' ne pourra surpasser $M_k M'_k$. Son maximum N_k ne peut donc surpasser MM'_k. De même, son minimum n_k ne peut être inférieur à $m_k m'_k$.

La somme

$$\Sigma(N_k - n_k) I_k$$

ne peut donc surpasser la suivante :

$$\Sigma(M_k M'_k - m_k m'_k) I_k = \Sigma[M_k(M'_k - m'_k) + m'_k(M_k - m_k)] I_k.$$

Il faut montrer que cette somme, dont tous les éléments sont positifs, a pour limite zéro.

Or on a

$$M_k \overline{\gtrless} M, \qquad m'_k \overline{\gtrless} M'.$$

Cette somme sera donc au plus égale à la suivante

$$M\Sigma(M'_k - m'_k)I_k + M'\Sigma(M_k - m_k)I_k,$$

qui a pour limite zéro, les fonctions y et y' étant supposées intégrables.

Si m' était < 0, on considérerait, au lieu du produit yy', le produit $y(y'+c')$, c' désignant une constante telle que le minimum de la fonction $y'+c'$ fût positif; $y'+c'$ étant évidemment intégrable. $y(y'+c')$ le sera; mais $c'y$ l'est évidemment. Donc yy' le sera.

Si m et m' étaient tous deux négatifs, on considérerait de même le produit $(y+c)(y'+c')$.

17. *Si la fonction y est intégrable et si son maximum* M *et son minimum m sont de même signe, son inverse $\frac{1}{y}$ sera intégrable.*

En effet, supposons, pour fixer les idées, M et m positifs; la fonction $\frac{1}{y}$ aura pour maximum et pour minimum, dans l'intervalle I_k, les quantités $\frac{1}{m_k}$ et $\frac{1}{M_k}$; il suffira donc de prouver que, en réduisant suffisamment l'amplitude des intervalles partiels, la somme

$$\sum\left(\frac{1}{m_k} - \frac{1}{M_k}\right)I_k = \sum\frac{M_k - m_k}{M_k m_k}I_k$$

aura pour limite zéro.

Or cette somme a ses éléments positifs, et on l'augmentera en remplaçant au dénominateur M_k et m_k par leur limite inférieure m; on obtiendra ainsi l'expression

$$\frac{1}{m^2}\Sigma(M_k - m_k)I_k,$$

qui tend vers zéro par hypothèse.

18. *Toute fonction y non décroissante de x_0 à* X *est intégrable dans cet intervalle.*

Soit, en effet, y_k la valeur de y correspondant à x_k. Le minimum de y, dans l'intervalle $I_k = x_{k+1} - x_k$, sera y_k et son maximum sera y_{k+1}, puisque la fonction est supposée non décroissante. On aura donc, en désignant par λ l'amplitude du plus grand des intervalles I_k,

$$\Sigma(M_k - m_k)I_k = \Sigma(y_{k+1} - y_k)I_k \overline{\overline{<}} \lambda\Sigma(y_{k+1} - y_k) \overline{\overline{<}} \lambda(Y - y_0),$$

y_0 et Y étant les valeurs initiale et finale de y. Or cette expression tend vers zéro en même temps que λ.

19. L'exemple suivant montrera qu'une fonction limitée et non décroissante, et par suite intégrable, peut présenter dans tout intervalle une infinité de points de discontinuité.

Appelons *nombre algébrique* tout nombre x qui est racine d'une équation algébrique à coefficients entiers, telle que

$$\mathrm{A}x^n + \mathrm{B}x^{n-1} + \ldots + \mathrm{K} = 0.$$

Réunissons dans une même classe toutes les équations de ce genre, où la somme des modules des entiers n, A, B, ..., K a une valeur constante μ. Chaque classe ne contiendra qu'un nombre limité d'équations, ayant chacune un nombre limité de racines. Cette classe μ ne fournira donc qu'un nombre limité E_μ de nombres algébriques.

Soit x_μ le nombre de ceux de ces nombres qui sont inférieurs à un nombre donné x. Soit enfin $\theta(\mu)$ une fonction de μ positive, et telle que la série

$$\mathrm{S} = \theta(1) + \theta(2) + \ldots + \theta(\mu) + \ldots$$

soit convergente.

Considérons la fonction définie par la relation

$$f(x) = \sum_\mu \frac{x_\mu}{\mathrm{E}_\mu} \theta(\mu).$$

Cette somme a ses termes positifs et ne peut que croître avec x, car x_μ, qui seul dépend de x, ne peut décroître. Elle est d'ailleurs limitée pour toute valeur de x, car x_μ étant $\overline{\leq} \mathrm{E}_\mu$, $f(x)$ est au plus égal à $\Sigma\, \theta(\mu) = \mathrm{S}$.

Soit maintenant h une quantité positive, et considérons l'expression

$$f(x+h) - f(x) = \sum_\mu \frac{(x+h)_\mu - x_\mu}{\mathrm{E}_\mu} \theta(\mu).$$

Tous les termes de cette somme sont nuls ou positifs.

Si x est un nombre algébrique de la classe k, il ne sera pas $< x$, mais sera $< x + h$, quel que soit h; on aura donc $(x+h)_k - x_k \overline{\geq} 1$ et, par suite,

$$f(x+h) - f(x) \overline{\geq} \frac{(x+h)_k - x_k}{\mathrm{E}_k} \theta(k) \overline{\geq} \frac{\theta(k)}{\mathrm{E}_k};$$

donc x sera un point de discontinuité.

Soit, au contraire, x un nombre transcendant. Les nombres algébriques des classes 1, ..., k étant en nombre limité, on pourra, en prenant h assez petit, faire en sorte qu'aucun d'eux ne soit compris entre $x - h$ et $x + h$; on aura alors

$$(x \pm h)_\mu - x_\mu = 0, \quad \text{si } \mu \gtreqless k,$$

de sorte que $f(x \pm h) - f(x)$ se réduira à

$$\sum_{\mu=k+1}^{\mu=\infty} \frac{(x \pm h)_\mu - x_\mu}{E_\mu} \theta(\mu),$$

quantité au plus égale à $\sum_{k+1}^{\infty} \theta(\mu)$ en valeur absolue.

Mais, la série S étant convergente, il suffira de prendre k assez grand pour que cette dernière somme soit $< \varepsilon$. La fonction $f(x)$ sera donc continue pour la valeur considérée de x.

Comme il doit exister dans tout intervalle des points où la fonction $f(x)$ soit continue, on voit qu'il existe dans tout intervalle des nombres transcendants.

20. **Fonctions à variation limitée.**—Soit encore y une fonction de x limitée dans l'intervalle de x_0 à X. Donnons à x une suite de valeurs croissantes $x_0, x_1, \ldots, x_k, \ldots,$ X; et soient $y_0, y_1, \ldots, y_k, \ldots,$ Y les valeurs correspondantes de y. On aura

(2) $$Y - y_0 = \Sigma(y_{k+1} - y_k) = p - n,$$

p désignant la somme des termes positifs et n celle des termes négatifs de la somme précédente.

Nous dirons que p est la *variation positive* de y et n sa *variation négative* dans l'intervalle considéré. La somme

(3) $$t = p + n = \Sigma \bmod(y_{k+1} - y_k)$$

sera la *variation totale* de y.

Ces diverses variations dépendent en général du nombre et de la position des points de division $x_1, x_2, \ldots$. Supposons qu'entre deux de ces points x_k et x_{k+1} on intercale un nouveau point de division x'; p, n, t conserveront leur valeur primitive si la valeur y' de y correspondant à x' est comprise entre y_k et y_{k+1}, sinon p, n seront accrus tous deux de la différence entre y' et celle des quantités y_k, y_{k+1} qui en est la plus voisine, et t sera accru du double de cette différence.

Cela posé, admettons que l'une des trois quantités p, n, t reste constamment inférieure à une limite fixe, quel que soit le système des points de division. Il en sera de même des deux autres, en vertu des équations (2) et (3). Elles admettront donc des maxima que nous représenterons respectivement par P, N, T. On dira, dans ce cas, que y est une fonction à *variation limitée* entre x_0 et X.

Les fonctions à variation limitée, telles que nous venons de les définir, ont pour caractère spécifique de pouvoir être mises sous la forme

$$y = z - u,$$

z, u étant des fonctions positives, limitées et non décroissantes dans l'intervalle de x_0 à X.

Pour le démontrer, considérons deux points quelconques x', x'' contenus entre x_0 et X. Soient

p', n', t' les variations de y dans l'intervalle $x_0 x'$ pour un choix quelconque de points x_1, x_2, ... intermédiaires entre x_0 et x';

p'', n'', t'' les variations de y dans l'intervalle $x_0 x''$ en prenant pour points intermédiaires x_1, x_2, ..., x' et d'autres points quelconques x'_1, x'_2, ..., intercalés entre x' et x'';

p, n, t les variations de y dans l'intervalle total x_0X, en prenant pour points intermédiaires x_1, x_2, ..., x'; x'_1, x'_2, ..., x''.

On aura évidemment

$$y' - y_0 = p' - n', \qquad y'' - y_0 = p'' - n'',$$
$$p' \overline{\gtrless} p'' \overline{\gtrless} p, \qquad n' \overline{\gtrless} n'' \overline{\gtrless} n, \qquad t' \overline{\gtrless} t'' \overline{\gtrless} t.$$

Donc p', n', t', p'', n'', t'' seront limités supérieurement et admettront des maxima P′, N′, T′, P″, N″, T″ satisfaisant aux inégalités

$$P' \overline{\gtrless} P'' \overline{\gtrless} P, \qquad N' \overline{\gtrless} N'' \overline{\gtrless} N, \qquad T' \overline{\gtrless} T'' \overline{\gtrless} T,$$

desquelles il résulte que P′, N′, T′, considérés comme fonctions de x', sont des fonctions limitées et non décroissantes dans tout l'intervalle x_0X.

Cela posé, en faisant varier le nombre et la position des points x_1, x_2, ..., on peut faire en sorte que p' se rapproche indéfiniment de son maximum P′. La différence $p' - n'$ étant constante, n' s'approchera en même temps du sien. L'équation

$$y' - y_0 = p' - n'$$

deviendra donc à la limite

$$y' - y_0 = P' - N',$$

ce qui montre que y' est la différence des deux fonctions positives limitées et non décroissantes

$$P' + y_0 + c \quad \text{et} \quad N' + c,$$

c désignant une constante quelconque plus grande que $-y_0$.

Réciproquement, si $y = z - u$, z et u étant deux fonctions positives, limitées et non décroissantes entre x_0 et X, sa variation dans cet intervalle sera limitée; car on a

$$\begin{aligned}\Sigma \operatorname{mod}(y_{k+1} - y_k) &\overline{\overline{<}} \Sigma[\operatorname{mod}(z_{k+1} - z_k) + \operatorname{mod}(u_{k+1} - u_k)] \\ &\overline{\overline{<}} Z - z_0 + U - u_0,\end{aligned}$$

z_0, Z et u_0, U étant les valeurs de z et de u aux points x_0, X.

21. Toute fonction à variation limitée, étant la différence de deux fonctions intégrables, sera intégrable.

Soient, d'autre part, $y = z - u$, $y' = z' - u'$ deux fonctions à variation limitée. Leur somme

$$(z + z') - (u + u'),$$

leur différence

$$(z + u') - (z' + u)$$

et leur produit

$$(zz' + uu') - (zu' + uz')$$

sont évidemment des fonctions de même nature.

Enfin, si la fonction y a une variation limitée et si son module ne s'abaisse pas au-dessous d'une limite fixe l, différente de zéro, son inverse $\frac{1}{y}$ aura une variation limitée.

On a, en effet,

$$\sum \operatorname{mod}\left(\frac{1}{y_{k+1}} - \frac{1}{y_k}\right) = \sum \operatorname{mod} \frac{y_k - y_{k+1}}{y_k y_{k+1}} \overline{\overline{<}} \frac{1}{l^2} \sum \operatorname{mod}(y_{k+1} - y_k),$$

quantité qui reste limitée, par hypothèse.

22. *L'intégrale d'une fonction y, intégrable de x_0 à X, est une fonction continue, à variation limitée.*

On a, en effet,

$$\int_{x_0}^{x+h} y\,dx - \int_{x_0}^{x} y\,dx = \int_{x}^{x+h} y\,dx = \lim \sum M_k(x_{k+1} - x_k),$$

la sommation s'étendant à tous les intervalles partiels infiniment petits $x_1 - x, \ldots, x_{k+1} - x_k, \ldots$, dans lesquels on a décomposé l'intervalle de x à $x + h$; M_k désignant le maximum relatif à chacun de ces intervalles. Mais on a, en désignant par M et m le maximum et le minimum de y entre x_0 et X,

$$M_k \leqq M \geqq m,$$

$$\Sigma M_k(x_{k+1} - x_k) \leqq M\Sigma(x_{k+1} - x_k) \leqq Mh \geqq m\Sigma(x_{k+1} - x_k) \geqq mh.$$

Donc

$$\int_x^{x+h} y\,dx \leqq Mh \geqq mh.$$

Ces dernières quantités tendant vers zéro avec h, la continuité de la fonction intégrale se trouve démontrée.

Divisons, d'autre part, l'intervalle de x_0 à X en intervalles partiels $x_0x_1, \ldots, x_kx_{k+1}, \ldots$. La variation totale de la fonction intégrale

$$\int_{x_0}^{x} y\,dx,$$

relative à cette décomposition, sera

$$\sum \operatorname{mod} \int_{x_k}^{x_{k+1}} y\,dx;$$

mais l'intégrale

$$\int_{x_k}^{x_{k+1}} y\,dx$$

étant comprise entre $M(x_{k+1} - x_k)$ et $m(x_{k+1} - x_k)$, son module aura pour limite supérieure

$$\mu(x_{k+1} - x_k),$$

μ désignant la plus grande des deux quantités mod M et mod m. La variation totale ne pourra donc surpasser la limite fixe

$$\mu\Sigma(x_{k+1} - x_k) = \mu(X - x_0).$$

23. Soient, comme au n° 19, E_μ le nombre des nombres algébriques de la classe μ, et $\theta(\mu)$ une fonction positive, telle que la série

$$S = \sum_1^\infty \theta(\mu)$$

soit convergente.

Considérons une fonction y égale à zéro si x est transcendant, à $\frac{\theta(\mu)}{E_\mu}$ si x est algébrique et de classe μ. Cette fonction aura une variation limitée dans tout intervalle.

En effet, donnons à x une suite de valeurs $x_0, x_1, \ldots, x_k, \ldots, X$, et soient $y_0, y_1, \ldots, y_k, \ldots, Y$ les valeurs correspondantes de y. La variation totale

$$\Sigma \operatorname{mod}(y_{k+1} - y_k)$$

sera au plus égale à

$$\Sigma y_{k+1} + \Sigma y_k \overline{\gtrless} y_0 + 2y_1 + \ldots + 2y_k + \ldots + Y \overline{\gtrless} 2 \sum_\mu \frac{p_\mu}{E_\mu} \theta(\mu),$$

p_μ étant le nombre des nombres algébriques de la classe μ qui figurent dans la suite $y_0, \ldots, y_k, \ldots, Y$; mais, d'ailleurs, $p_\mu \overline{\gtrless} E_\mu$. Donc la variation totale sera $\overline{\gtrless} 2\Sigma\, \theta(\mu) \overline{\gtrless} 2S$.

L'intégrale de la fonction y ainsi définie est constamment nulle. On a, en effet,

$$\int_{x_0}^{x} y\, dx = \lim \Sigma\, m_k (x_{k+1} - x_k),$$

m_k désignant le minimum de y dans l'intervalle $x_{k+1} - x_k$. Mais ce minimum est nul quel que soit cet intervalle, car cet intervalle contient nécessairement des nombres transcendants. Donc la somme ci-dessus est constamment nulle, et sa limite $\int_{x_0}^{x} y\, dx$ l'est également.

On voit, par cet exemple, qu'*il existe une infinité de fonctions discontinues dont l'intégrale est identiquement nulle.*

24. **Propriétés des fonctions continues.** — *Soit $f(x)$ une fonction continue dans l'intervalle de a à b; si $f(a)$ et $f(b)$ sont de signe contraire, il existera un point c intermédiaire entre a et b, et pour lequel on a $f(c) = 0$.*

Décomposons, en effet, l'intervalle ab en n intervalles égaux, d'amplitude $\frac{b-a}{n}$. Si $f(x)$ s'annule à l'extrémité de l'un de ces intervalles, le théorème est démontré; sinon, parmi ces intervalles, il en existera au moins un, $a_1 b_1$, tel que $f(a_1)$ et $f(b_1)$ soient de signe contraire.

Décomposons de même $a_1 b_1$ en n intervalles d'amplitude $\frac{b-a}{n^2}$. Ou bien le théorème sera démontré ou bien, parmi ces nouveaux invalles, il en existera un, $a_2 b_2$, tel que $f(a_2)$ et $f(b_2)$ soient de signe contraire.

Continuons ainsi indéfiniment; les nombres croissants $a, a_1, a_2, \ldots$ et les nombres décroissants $b, b_1, b_2, \ldots$ convergeront évidemment vers une limite commune c. Soit $f(c)$ la valeur correspondante de la fonction; on pourra, ε désignant une quantité quelconque, trouver une autre quantité η, telle que l'on ait pour toute valeur de h de module $< \eta$,

$$f(c+h) < f(c) + \varepsilon > f(c) - \varepsilon.$$

Mais on peut trouver, d'autre part, dans la suite des nombres a, a_1, ... et b, b_1, ... qui convergent vers c deux nombres a_μ, b_μ, tels que $b_\mu - a_\mu$ et, *a fortiori*, $b_\mu - c$, $c - a_\mu$ soient $< \eta$. Les quantités $f(a_\mu)$, $f(b_\mu)$ seront donc comprises entre $f(c) + \varepsilon$ et $f(c) - \varepsilon$; mais elles sont de signe contraire. Donc $f(c) + \varepsilon$, $f(c) - \varepsilon$ sont de signe contraire, et cela quel que soit ε. Il faut évidemment pour cela que $f(c)$ soit nul.

23. *Toute fonction $f(x)$ continue entre a et b est limitée dans cet intervalle tant supérieurement qu'inférieurement, et atteint effectivement son maximum et son minimum.*

Supposons, en effet, que $f(x)$ ne fût pas limitée supérieurement, par exemple; décomposons ab en n intervalles égaux. Dans l'un au moins de ces intervalles, $a_1 b_1$, $f(x)$ sera encore illimitée. Décomposons de même $a_1 b_1$ en n intervalles égaux; dans l'un au moins d'entre eux, $a_2 b_2$, $f(x)$ sera illimitée, et ainsi de suite. Les nombres a, a_1, ... et les nombres b, b_1, ... tendront vers une limite commune c. On pourra, quel que soit ε, trouver une quantité η, telle que, dans tout l'intervalle de $c - \eta$ à $c + \eta$, $f(x)$ soit $< f(c) + \varepsilon$; mais on peut déterminer, d'autre part, un nombre μ, tel que a_μ et b_μ soient compris dans cet intervalle. Donc la fonction serait limitée dans l'intervalle $a_\mu b_\mu$, ce qui implique contradiction.

La fonction $f(x)$ admet donc un maximum M et peut prendre, dans l'intervalle ab, des valeurs $> \mathrm{M} - \varepsilon'$, quel que soit ε'. Partageons encore ab en n intervalles égaux : l'un au moins, $a_1 b_1$, de ces nouveaux intervalles jouira évidemment de cette même propriété.

On peut le partager en n nouveaux intervalles, dont l'un, $a_2 b_2$, jouira de cette propriété, etc. Soit c la limite commune des nombres a, a_1, ... et b, b_1, ... Déterminons encore μ, de telle sorte que a_μ et b_μ soient compris entre $c - \eta$ et $c + \eta$; dans l'intervalle $a_\mu b_\mu$, la valeur de $f(x)$ sera $< f(c) + \varepsilon$. On aura donc

$$f(c) + \varepsilon > \mathrm{M} - \varepsilon',$$

et cela quelles que soient les quantités positives ε, ε'. Donc $f(c) \overline{\overline{>}} \mathrm{M}$; et, comme il ne peut surpasser M, d'après la définition du maximum, on aura

$$f(c) = \mathrm{M}.$$

On démontrerait de même que $f(x)$ admet un minimum et l'atteint effectivement.

Ce raisonnement s'étendrait d'ailleurs sans difficulté à une fonction continue de plusieurs variables.

26. *Toute fonction $f(x)$ continue entre a et b est uniformément continue dans tout cet intervalle.*

En effet, pour toute valeur de x comprise entre a et b, et pour une valeur donnée quelconque de ε, on peut trouver, par hypothèse, une quantité η fonction de x, et telle que l'on ait

$$f(x') > f(x) - \varepsilon < f(x) + \varepsilon$$

pour tout point x' situé dans l'intervalle de $x - \eta$ à $x + \eta$.

En désignant par x'' un autre point quelconque situé dans le même intervalle, on aura, par suite,

$$(4) \qquad \operatorname{mod}[f(x'') - f(x')] < 2\varepsilon.$$

Soit H le maximum des valeurs de η, telles que cette dernière propriété ait lieu dans tout l'intervalle de $c - \eta$ à $c + \eta$; H sera une fonction de x qui, par hypothèse, est toujours > 0. Nous allons montrer que cette fonction est continue.

En effet, la relation (4) est satisfaite, par hypothèse, tant que x' et x'' se mouvront entre $x - (\mathrm{H} - \delta)$ et $x + (\mathrm{H} - \delta)$, δ étant une quantité d'une petitesse arbitraire. Si nous passons de la valeur x a une valeur infiniment voisine $x + h$, la relation aura lieu *a fortiori* dans l'intervalle de $x + h - (\mathrm{H} - \delta - h)$ à $x + h + (\mathrm{H} - \delta - h)$ qui est contenu dans le précédent. Donc, pour le point $x + h$, on pourra prendre η égal à $\mathrm{H} - \delta - h$, quantité qu'on peut rendre aussi voisine qu'on voudra de $\mathrm{H} - h$. Donc, la valeur H' du maximum de η pour le point $x + h$ est au moins égale à $\mathrm{H} - h$.

On verrait de même que H est au moins égal à $\mathrm{H}' - h$. La différence entre H et H' ayant ainsi son module au plus égal à h tendra vers zéro avec h; donc la fonction H est continue. Elle aura donc, dans l'intervalle ab, un minimum, et l'atteindra. Ce minimum μ sera d'ailleurs différent de zéro, puisque H n'est jamais nul.

La relation sera donc satisfaite pour toutes les valeurs de x', x'' comprises entre $x - \mu$ et $x + \mu$, et cela quel que soit x. En posant, en particulier, $x' = x$, $x'' = x + h$, on aura

$$f(x + h) - f(x) < 2\varepsilon,$$

tant que h est $< \mu$ en valeur absolue. Cette quantité μ ne dépendant plus de x, on voit que la convergence est uniforme.

27. *Soit y une fonction continue des variables $x_1, x_2, \ldots$; sa*

réciproque $\frac{1}{y}$ *sera également une fonction continue pour tout système de valeurs de* x_1, x_2, ... *qui n'annule pas* y.

En effet, donnons à x_1, x_2, ... un système d'accroissements quelconques Δx_1, Δx_2, ...; soit Δy l'accroissement correspondant de y. Celui de $\frac{1}{y}$ sera

$$\frac{1}{y+\Delta y}-\frac{1}{y}=-\frac{\Delta y}{y(y+\Delta y)},$$

et son module sera au plus égal à $\frac{\operatorname{mod}\Delta y}{\operatorname{mod}y(\operatorname{mod}y-\operatorname{mod}\Delta y)}$. Cette quantité sera $< \varepsilon$ si l'on a

$$\operatorname{mod}\Delta y < \frac{\varepsilon \operatorname{mod}^2 y}{1+\varepsilon \operatorname{mod} y}.$$

Or, y étant une fonction continue, on pourra assigner une quantité η, telle que cette inégalité soit satisfaite tant que les modules de x_1, x_2, ... seront $< \eta$.

28. *Soit* z *une fonction continue des variables* y_1, y_2, ..., *qui sont elles-mêmes des fonctions continues de* x_1, x_2, ...; z *sera une fonction continue de* x_1, x_2, ...

En effet, en vertu de nos hypothèses, l'accroissement de z aura son module $< \varepsilon$ tant que les accroissements de y_1, y_2, ... auront leurs modules moindres qu une autre quantité η, et ces nouvelles conditions seront satisfaites tant que les modules des accroissements de x_1, x_2, ... seront eux-mêmes inférieurs à une autre quantité ξ.

29. *Soit* y *une fonction continue et croissante de* x *dans l'intervalle de* x_0 *à* X, *et soient* y_0, Y *les valeurs qu'elle prend à ces limites. Réciproquement,* x *sera une fonction continue de* y *dans l'intervalle de* y_0 *à* Y.

En effet, lorsque x varie de x_0 à X, la fonction continue y passera par toute la série des valeurs intermédiaires entre y_0 et Y, et, comme elle est croissante, elle ne prendra chacune de ces valeurs qu'une seule fois. Donc, à chaque valeur de y comprise entre y_0 et Y correspond une valeur de x, et une seule; donc x est une fonction de y dans l'intervalle de y_0 à Y.

Cette fonction est continue dans cet intervalle. Soient, en effet, x_1, y_1 un système quelconque de valeurs correspondantes de x et de y; aux valeurs $x_1-\varepsilon$ et $x_1+\varepsilon$ de x correspondront des valeurs $y_1-\eta'$ et $y_1+\eta''$ de y. Aux valeurs de y, comprises entre $y_1-\eta'$

et $y_1 + \eta''$, correspondront des valeurs de x toutes comprises entre $x - \varepsilon$ et $x + \varepsilon$. La même propriété appartiendra *a fortiori* aux valeurs de y comprises entre $y_1 - \eta$ et $y_1 + \eta$, η désignant une quantité quelconque moindre que η' et η''. Donc x, considéré comme fonction de y, est continue aux environs de la valeur $y = y_1$.

30. Théorème. — *Une fonction $f(x)$, continue et à variation limitée dans l'intervalle de x_0 à X, est la différence de deux fonctions continues et non décroissantes.*

En effet, $f(x)$ ayant une variation limitée, on aura

$$f(x) = \varphi(x) - \psi(x),$$

$\varphi(x)$ et $\psi(x)$ étant des fonctions non décroissantes à variation limitée.

Considérons, en particulier, la fonction $\varphi(x)$. Pour une valeur de x, intermédiaire entre x_0 et X, on aura

$$\varphi(x - \varepsilon) \leqq \varphi(x) \leqq \varphi(x + \varepsilon).$$

Si ε tend vers zéro, $\varphi(x - \varepsilon)$, $\varphi(x + \varepsilon)$, qui varient toujours dans le même sens, tendront vers des limites déterminées $\varphi(x - 0)$ et $\varphi(x + 0)$, et l'on aura encore

$$\varphi(x - 0) \leqq \varphi(x) \leqq \varphi(x + 0).$$

Si la différence $\varphi(x + 0) - \varphi(x - 0)$ est égale à zéro, la fonction φ sera continue au point x; sinon, cette différence sera positive et nous dirons que la fonction présente en ce point une *discontinuité* égale à cette différence.

Cette discontinuité peut d'ailleurs se séparer en deux parties : la *discontinuité antérieure* $\varphi(x) - \varphi(x - 0)$ et la *discontinuité postérieure* $\varphi(x + 0) - \varphi(x)$.

La fonction $\varphi(x)$ n'étant pas définie pour les valeurs de la variable $< x_0$ ou $>$ X, nous n'aurons à considérer, pour $x = x_0$, qu'une discontinuité postérieure; pour $x =$ X, qu'une discontinuité antérieure.

Soient maintenant a, x deux valeurs quelconques de la variable; $x_1, \ldots, x_n$ une série de valeurs intermédiaires entre celles-là. Formons la somme des discontinuités

$$\varphi(a + 0) - \varphi(a) + \sum_1^n [\varphi(x_k + 0) - \varphi(x_k - 0)] + \varphi(x) - \varphi(x - 0),$$

que nous désignerons par

$$S(a, x_1, \ldots, x).$$

Cette somme est au moins égale à $\varphi(a+0)-\varphi(a)$; mais nous allons voir, d'autre part, qu'elle ne peut surpasser $\varphi(x)-\varphi(a)$.

Soit, en effet, ξ_k un point quelconque intermédiaire entre x_k et x_{k+1}; la fonction φ étant non décroissante, on aura

$$\varphi(x_k+0) \overline{\gtrless} \varphi(\xi_k) \overline{\gtrless} \varphi(x_{k+1}-0).$$

Soient de même ξ_0 et ξ_n des points respectivement intermédiaires entre a et x_1 et entre x_n et x, on aura

$$\begin{aligned}\varphi(a+0) &\overline{\gtrless} \varphi(\xi_0) \overline{\gtrless} \varphi(x_1-0),\\ \varphi(x_n+0) &\overline{\gtrless} \varphi(\xi_n) \overline{\gtrless} \varphi(x-0).\end{aligned}$$

On aura, par suite,

$$\begin{aligned}S(a, x_1, \ldots, x) &\overline{\gtrless} \varphi(\xi_0)-\varphi(a)+\sum_1^n[\varphi(\xi_k)-\varphi(\xi_{k-1})]+\varphi(x)-\varphi(\xi_n)\\ &\overline{\gtrless} \varphi(x)-\varphi(a).\end{aligned}$$

Cette somme restant ainsi inférieure à une limite fixe, quels que soient le nombre et la position des points de division $x_1, \ldots, x_n$, admettra un maximum $S(a, x)$, que nous appellerons la *discontinuité totale* de la fonction dans l'intervalle de a à x. Ce maximum sera compris entre $\varphi(a+0)-\varphi(a)$ et $\varphi(x)-\varphi(a)$.

D'ailleurs, on a évidemment, d'après la définition des sommes S,

$$S(a, x_1, \ldots, x) = S(a, x_1, \ldots, x_k)+S(x_k, \ldots, x),$$

d'où, en supposant que x_k conserve une valeur constante b, et passant à la limite,

$$S(a, x) = S(a, b)+S(b, x).$$

On voit par là que la fonction $S(x_0, x)$ est une fonction de x non décroissante de x_0 à X.

Posons maintenant

$$\varphi(x) = \varphi_1(x)+S(x_0, x).$$

La nouvelle fonction $\varphi_1(x)$ sera continue et non décroissante.

On a, en effet, h étant positif,

$$\begin{aligned}\varphi_1(x+h)-\varphi_1(x) &= \varphi(x+h)-S(x_0, x+h)-\varphi(x)+S(x_0, x)\\ &= \varphi(x+h)-\varphi(x)-S(x, x+h).\end{aligned}$$

Cette quantité ne peut être négative, car $S(x, x+h)$ est au plus égal à $\varphi(x+h)-\varphi(x)$.

D'ailleurs elle tend vers zéro avec h; car, $S(x, x+h)$ étant au moins égal à $\varphi(x+0)-\varphi(x)$, elle ne saurait être supérieure à $\varphi(x+h)-\varphi(x+0)$, qui tend vers zéro avec h.

La fonction non décroissante $\psi(x)$ admet en chaque point la même discontinuité que $\varphi(x)$, puisque leur différence $\varphi(x)-\psi(x)$ est supposée continue. Donc, dans tout intervalle, $\psi(x)$ aura la même discontinuité totale que $\varphi(x)$, de telle sorte que, en répétant les raisonnements précédents, on aura

$$\psi(x)=\psi_1(x)+S(x_0,x),$$

$\psi_1(x)$ étant une fonction continue et non décroissante et $S(x_0,x)$ représentant la même fonction que tout à l'heure. On aura donc

$$f(x)=\varphi(x)-\psi(x)=\varphi_1(x)-\psi_1(x),$$

ce qu'il fallait démontrer.

31. Toute fonction y, qui a une dérivée dans l'intervalle de x_0 à X, est évidemment continue dans cet intervalle; mais la réciproque n'est pas vraie, ainsi que le montre l'exemple suivant, emprunté à M. Weierstrass.

Considérons la série

$$F(x)=\sum_0^\infty b^n \cos a^n\pi x,$$

où b est une constante positive <1 et a un entier impair >1.

Cette fonction est continue; on a, en effet, en désignant par $F_m(x)$ l'ensemble des m premiers termes,

$$F(x)=F_m(x)+R,$$

R étant un reste dont les termes ont leurs modules au plus égaux aux termes de la suite $b^m+b^{m+1}+\ldots=\frac{b^m}{1-b}$.

On aura de même

$$F(x+h)=F_m(x+h)+R_1,$$

R_1 ayant son module moindre que $\frac{b^m}{1-b}$.

On aura donc

$$\text{mod}[F(x+h)-F(x)] \gtreqless \text{mod}[F_m(x+h)-F_m(x)]+\frac{2b^m}{1-b}.$$

Or on peut choisir m, de telle sorte que $\frac{2b^m}{1-b}$ soit $<\frac{\varepsilon}{2}$. Cela fait, la fonction $F_m(x)$ étant continue, on aura aussi, en faisant h assez petit,

$$\operatorname{mod}[F_m(x+h)-F_m(x)] < \frac{\varepsilon}{2}$$

et, par suite,

$$\operatorname{mod}[F(x+h)-F(x)] < \varepsilon.$$

Si $ab < 1$, cette fonction $F(x)$ aura pour dérivée la série

$$-\sum_0^\infty a^n b^n \pi \sin a^n \pi x$$

des dérivées de ses termes; car cette dernière série est uniformément convergente.

Nous allons montrer, au contraire, que si ab surpasse une certaine limite, $F(x)$ n'aura pas de dérivée.

Soit m un entier quelconque; on pourra poser

$$a^m x = \alpha_m + \xi_m,$$

α_m étant un entier et ξ_m une fraction comprise entre $\frac{1}{2}$ et $-\frac{1}{2}$. Posons

$$h = \frac{e_m - \xi_m}{a^m},$$

e_m étant égal à ± 1. La quantité

$$a^m(x+h) = \alpha_m + e_m$$

sera un entier; d'autre part, h aura le signe de e_m et son module sera au plus égal à $\frac{3}{2a^m}$; h tendra donc vers zéro si m croît indéfiniment.

Considérons l'expression

$$\frac{F(x+h)-F(x)}{h} = \sum_0^\infty \frac{b^n[\cos a^n(x+h)\pi - \cos a^n x \pi]}{h}.$$

Soient S_m la somme de ses m premiers termes, R_m le reste. On aura

$$S_m = \sum_0^{m-1} \frac{b^n[\cos a^n(x+h)\pi - \cos a^n x\pi]}{h}$$

$$= \sum_0^{m-1} - \frac{\pi a^n b^n}{h}\int_x^{x+h} \sin a^n t\pi\, dt$$

et, par suite,

$$\operatorname{mod} S_m \overline{\gtrless} \sum_0^{m-1} \frac{\pi a^n b^n}{\operatorname{mod} h} \operatorname{mod} \int_x^{x+h} dt \overline{\gtrless} \sum_0^{m-1} \pi a^n b^n$$

$$\overline{\gtrless} \frac{\pi(a^m b^m - 1)}{ab - 1} < \frac{\pi}{ab - 1} a^m b^m.$$

Passons à la considération de R_m. Pour $n \overline{\gtrless} m$, on aura (a et e_m étant impairs)

$$\begin{aligned} \cos a^n(x+h)\pi &= \cos a^{n-m}(\alpha_m + e_m)\pi = (-1)^{\alpha_m+1} \\ \cos a^n x\pi &= \cos a^{n-m}(\alpha_m + \xi_m)\pi = (-1)^{\alpha_m} \cos a^{n-m}\xi_m\pi \end{aligned}$$

et, par suite,

$$R_m = \frac{(-1)^{\alpha_m+1}}{h} \sum_m^{\infty} b^n(1 + \cos a^{n-m}\xi_m\pi).$$

La quantité sous le signe Σ a tous ses termes positifs ; d'ailleurs le premier de ces termes $b^m(1 + \cos\xi_m\pi)$ est $\overline{\gtrless} b^m$, car $\xi_m\pi$ étant compris entre $-\frac{\pi}{2}$ et $\frac{\pi}{2}$, $\cos\xi_m\pi$ ne peut être négatif.

On aura donc

$$\operatorname{mod} R_m \overline{\gtrless} \frac{b^m}{\operatorname{mod} h} \overline{\gtrless} \frac{2}{3} a^m b^m,$$

et R_m aura d'ailleurs le signe du produit $(-1)^{\alpha_m+1} e_m$.

Si donc on a

$$\frac{2}{3} > \frac{\pi}{ab - 1}, \qquad \text{d'où} \qquad ab \overline{\gtrless} 1 + \frac{3\pi}{2},$$

on aura $\operatorname{mod} R_m > \operatorname{mod} S_m$ et

$$\operatorname{mod} \frac{F(x+h) - F(x)}{h} \overline{\gtrless} \operatorname{mod} R_m - \operatorname{mod} S_m \overline{\gtrless} \left(\frac{2}{3} - \frac{\pi}{ab-1}\right) a^m b^m,$$

quantité qui croît indéfiniment avec m.

D'ailleurs $\frac{F(x+h) - F(x)}{h}$ a, ainsi que R_m, le signe de $(-1)^{\alpha_m+1} e_m$, et, comme on peut, pour chaque valeur de m, se donner arbitrairement le signe de e_m, on voit qu'on pourra à volonté faire tendre $\frac{F(x+h) - F(x)}{h}$ vers l'infini positif ou négatif, ou lui faire parcourir une série de valeurs de signes différents et indéfiniment croissantes.

32. La fonction que nous venons d'étudier a une variation illimitée dans tout intervalle.

Soit, en effet, cd un intervalle quelconque. Soient $\frac{\beta}{a^m}, \frac{\beta+1}{a^m}, \ldots,$ $\frac{\beta+\gamma}{a^m}$ celles des fractions de dénominateur $\frac{1}{a^m}$ qui sont contenues dans cet intervalle; si nous donnons à x la série de ces valeurs intermédiaires entre c et d, la variation totale T correspondante sera

$$\operatorname{mod}\left[F\left(\frac{\beta}{a^m}\right)-F(c)\right]+\sum_{0}^{\gamma-1}\operatorname{mod}\left[F\left(\frac{\beta+i+1}{a^m}\right)-F\left(\frac{\beta+i}{a^m}\right)\right]$$
$$+\operatorname{mod}\left[F(d)-F\left(\frac{\beta+\gamma}{a^m}\right)\right]$$

et sera au moins égale à $\gamma\eta$, η désignant la plus petite des quantités

$$\operatorname{mod}\left[F\left(\frac{\beta+i+1}{a^m}\right)-F\left(\frac{\beta+i}{a^m}\right)\right].$$

Or on a, par hypothèse,

$$\frac{\beta-1}{a^m}<c, \qquad \frac{\beta+\gamma+1}{a^m}>d;$$

d'où

$$d-c<\frac{\gamma+2}{a^m}, \qquad \gamma>a^m(d-c)-2.$$

D'autre part, nous avons vu, dans le numéro précédent, qu'en posant

$$a^m x=\alpha_m+\xi_m, \qquad h=\frac{e_m-\xi_m}{a^m},$$

on avait

$$\operatorname{mod}\frac{F(x+h)-F(x)}{h} \geqq \left(\frac{2}{3}-\frac{\pi}{ab-1}\right)a^m b^m.$$

Faisant, en particulier, $\xi_m=0$, $e_m=+1$, $\alpha_m=\beta+i$, d'où $x=\frac{\beta+i}{a^m}$, $h=\frac{1}{a^m}$, il viendra

$$\operatorname{mod}\left[F\left(\frac{\beta+i+1}{a^m}\right)-F\left(\frac{\beta+i}{a^m}\right)\right] \geqq \left(\frac{2}{3}-\frac{\pi}{ab-1}\right)b^m.$$

On aura donc

$$T \geqq \left(\frac{2}{3}-\frac{\pi}{ab-1}\right)b^m[a^m(d-c)-2].$$

Si nous faisons croître m indéfiniment, b étant <1 et $ab>1$, cette expression croîtra indéfiniment, ce qui établit notre proposition.

33. Théorème. — *Si la fonction $f(x)$ admet une dérivée finie et déterminée pour tous les points de l'intervalle de a à b et s'annule à ces deux limites, sa dérivée s'annulera pour un point intermédiaire entre a et b.*

En effet, si $f(x)$ était constamment nulle entre a et b, sa dérivée serait constamment nulle et le théorème serait démontré.

Supposons, au contraire, que $f(x)$ prenne dans cet intervalle des valeurs différentes de zéro. Elle admettra un maximum ou un minimum différent de zéro, qu'elle atteindra pour un point c intermédiaire entre a et b; et la différence $f(c+h)-f(c)$ ne pourra changer de signe, tant que $c+h$ restera compris dans cet intervalle.

Il résulte de là que $f'(c)$ est nul. On a, en effet,

$$f(c+h)-f(c)=h[f'(c)+\varepsilon],$$

ε tendant vers zéro avec h. Si donc $f'(c)$ n'était pas nul, on pourrait assigner un nombre positif δ, tel que, pour toute valeur de h de module inférieur à δ, ε fût moindre en valeur absolue que $f'(c)$; $f'(c)+\varepsilon$ aurait donc le signe de $f'(c)$, et $f(c+h)-f(c)$ aurait le même signe que $hf'(c)$; son signe changerait donc avec celui de h, ce qui implique contradiction.

34. *Corollaire.* — Soient $f(x)$, $\varphi(x)$, $\psi(x)$ trois fonctions quelconques admettant des dérivées dans l'intervalle de a à $a+h$; considérons le déterminant

$$\begin{vmatrix} f(a) & \varphi(a) & \psi(a) \\ f(a+h) & \varphi(a+h) & \psi(a+h) \\ f(a+\theta h) & \varphi(a+\theta h) & \psi(a+\theta h) \end{vmatrix}$$

C'est une fonction de θ qui s'annule pour $\theta=0$ et $\theta=1$, et qui admet, pour dérivée dans cet intervalle, le produit de h par le déterminant

$$\Delta=\begin{vmatrix} f(a) & \varphi(a) & \psi(a) \\ f(a+h) & \varphi(a+h) & \psi(a+h) \\ f'(a+\theta h) & \varphi'(a+\theta h) & \psi'(a+\theta h) \end{vmatrix}$$

Ce nouveau déterminant devra donc s'annuler pour une valeur de θ comprise entre 0 et 1.

Posons, en particulier, $\psi(x)=1$. L'équation $\Delta=0$ deviendra

$$[\varphi(a)-\varphi(a+h)]f'(a+\theta h)+[f(a+h)-f(a)]\varphi'(a+\theta h)=0;$$

d'où

$$\frac{f(a+h)-f(a)}{\varphi(a+h)-\varphi(a)}=\frac{f'(a+\theta h)}{\varphi'(a+\theta h)}.$$

Si nous posons, en outre, $\varphi(x) = x$, cette dernière équation deviendra

$$\frac{f(a+h)-f(a)}{h} = f'(a+\theta h).$$

35. La démonstration que nous avons donnée de cette formule (*Calcul différentiel*, n° 15) supposait inutilement la continuité de la dérivée $f'(x)$; elle repose, en outre, sur un autre postulatum que nous n'avons pas formulé explicitement, à savoir que $\frac{f(x+\Delta x)-f(x)}{\Delta x}$ tend uniformément vers $f'(x)$ quand Δx tend vers zéro pour toutes les valeurs de x comprises entre a et $a+h$. En effet, s'il en était autrement, on ne pourrait affirmer, comme nous l'avons fait, que

$$\frac{f(a_{k+1})-f(a_k)}{a_{k+1}-a_k} - f'(a_k) = \varepsilon_k$$

tend vers zéro avec $a_{k+1} - a_k$. Il en serait effectivement ainsi, d'après la définition même de la dérivée, si $a_{k+1} - a_k$ variait seul, a_k ayant une valeur fixe quelconque; mais ici a_k varie nécessairement en même temps que $a_{k+1} - a_k$, à mesure qu'on fait croître le nombre des intervalles partiels $aa_1, \ldots, a_k a_{k+1}, \ldots$.

Ce postulatum est d'ailleurs aisé à démontrer lorsque $f'(x)$ est continue entre a et $a+h$. En effet, on aura, d'après le théorème démontré ci-dessus, pour toute valeur de x comprise entre a et $a+h$ et pour toute valeur de Δx assez petite pour que $x+\Delta x$ soit encore contenu entre a et $a+h$,

$$\frac{f(x+\Delta x)-f(x)}{\Delta x} - f'(x) = f'(x+\theta\,\Delta x) - f'(x).$$

Or, $f'(x)$ étant continue sera uniformément continue. On pourra donc, quel que soit ε, déterminer une quantité δ, telle que l'on ait, pour toute valeur de x comprise entre a et $a+h$, et pour toute valeur de k dont le module ne surpasse pas δ,

$$\operatorname{mod}[f'(x+k) - f'(x)] < \varepsilon.$$

Or, en prenant Δx inférieur à δ en valeur absolue, $\theta\,\Delta x$ jouira *a fortiori* de cette propriété; on aura donc

$$\operatorname{mod}[f'(x+\theta\,\Delta x) - f'(x)] < \varepsilon.$$

36. L'analyse du n° 19 (t. I) réclame également un léger changement pour être rendue rigoureuse. En effet, nous avons admis que,

dans l'égalité

$$f(x+\Delta x, y+\Delta y)-f(x+\Delta x, y)=\frac{\partial f(x+\Delta x, y)}{\partial y}\Delta y+\varepsilon_1 \Delta y,$$

ε_1 tend vers zéro avec Δy. Cela serait sûr si Δx avait une valeur fixe quelconque, mais cette quantité varie en même temps que Δy.

Pour faire disparaître ce doute, nous remarquerons qu'on a, d'après le théorème précédent,

$$f(x+\Delta x, y+\Delta y)-f(x+\Delta x, y)=\Delta y\frac{\partial f(x+\Delta x, y+\theta\,\Delta y)}{\partial y},$$

θ étant compris entre o et 1. Or, en admettant la continuité de la dérivée partielle $\frac{\partial f}{\partial y}$, on aura

$$\frac{\partial f(x+\Delta x, y+\theta\,\Delta y)}{\partial y}=\frac{\partial f(x,y)}{\partial y}+\varepsilon',$$

ε' étant un infiniment petit.

37. La démonstration de la règle donnée aux n°s 24 et 25 (t. I) pour la dérivation des fonctions implicites $u, v, \ldots$, liées aux variables indépendantes $x, y, \ldots$ par des équations non résolues

$$\begin{gathered} F(x, y, \ldots; u, v, \ldots)=0, \\ \Phi(x, y, \ldots; u, v, \ldots)=0, \\ \ldots\ldots\ldots\ldots\ldots\ldots\ldots\ldots, \end{gathered}$$

repose sur ce double postulatum : 1° qu'il existe effectivement des fonctions $u, v, \ldots$ de $x, y, \ldots$ qui satisfassent à ces équations; 2° que ces fonctions admettent des dérivées.

La démonstration de ce postulatum résulte des propositions suivantes :

Théorème I. — *Soit* $F(x, y, \ldots, u)$ *une fonction continue des variables* $x, y, \ldots, u$, *laquelle s'annule pour le système de valeurs particulières* $x_0, y_0, \ldots, u_0$. *Si l'on suppose : 1° que la fonction* F *admet des dérivées partielles* $F'_x, F'_y, \ldots, F'_u$ *pour tous les systèmes de valeurs* $x, y, \ldots, u$ *suffisamment voisins de* $x_0, y_0, \ldots, u_0$; *2° qu'au point* $(x_0, y_0, \ldots, u_0)$, *ces dérivées partielles soient continues; 3° que* F'_u *ne s'y annule pas, on pourra déterminer, pour tous les systèmes de valeurs de* $x, y, \ldots$ *suffisamment voisins de* $x_0, y_0, \ldots$, *une fonction* $u=\varphi(x, y, \ldots)$ *qui, substituée dans l'équation* $F=0$, *la rende identiquement satisfaite. Cette fonction sera unique de son espèce et admettra, pour* $x = x_0$, $y = y_0$, ..., *les dérivées partielles*

$$-\frac{F'_x(x_0, y_0, \ldots, u_0)}{F'_u(x_0, y_0, \ldots, u_0)}, \quad -\frac{F'_y(x_0, y_0, \ldots, u_0)}{F'_u(x_0, y_0, \ldots, u_0)}, \quad \ldots.$$

En vertu des hypothèses faites ci-dessus sur l'existence et la continuité des dérivées partielles F'_x, F'_y, ..., F'_u, on pourra déterminer une quantité h, telle que, pour tous les systèmes de valeurs $x, y, \ldots, u$ où les modules de $x - x_0$, $y - y_0$, ..., $u - u_0$ ne surpassent pas h, ces dérivées partielles existent et diffèrent de leurs valeurs initiales $(F'_x)_0$, $(F'_y)_0$, ..., $(F'_u)_0$ de moins de ε, en désignant par ε une quantité positive, choisie à volonté, mais que nous supposerons moindre en valeur absolue que $(F'_u)_0$.

Si donc on désigne par A la plus grande des quantités $\operatorname{mod}(F'_x)_0 + \varepsilon$, $\operatorname{mod}(F'_y)_0 + \varepsilon$, ..., et par B la quantité $\operatorname{mod}(F'_u)_0 - \varepsilon$, on aura, pour tous les systèmes de valeurs considérés,

$$\operatorname{mod} F'_x < \operatorname{mod}(F'_x)_0 + \varepsilon < A, \qquad \operatorname{mod} F'_y < A,$$

et

$$\operatorname{mod} F'_u > \operatorname{mod}(F'_u)_0 - \varepsilon > B.$$

En outre, F'_u conservera toujours le signe de $(F'_u)_0$.

Cela posé, soit $n+1$ le nombre des variables $x, y, \ldots, u$, et soit k le plus petit des deux nombres h, $\frac{B}{nA}h$. On aura, pour tout système de valeurs de $x, y, \ldots, u$, tel que les modules des différences $\Delta x = x - x_0$, $\Delta y = y - y_0$, ... ne surpassent pas k et que celui de $\Delta u = u - u_0$ ne surpasse pas h,

$$\begin{aligned} &F(x, y, \ldots, u) \\ &\quad = F(x_0 + \Delta x, y_0 + \Delta y, \ldots, u_0 + \Delta u) - F(x_0, y_0, \ldots, u_0) \\ &\quad = F'_x(x_0 + \theta\,\Delta x, y_0, \ldots, u_0)\Delta x + F'_y(x_0 + \Delta x, y_0 + \theta_1\,\Delta y, \ldots, u)\Delta y + \ldots \\ &\qquad + F'_u(x_0 + \Delta x, y_0 + \Delta y, \ldots, u + \theta_n\,\Delta u)\,\Delta u. \end{aligned}$$

Chacun des n premiers termes qui figurent dans cette expression a son module moindre que Ak; la somme de leurs modules sera donc $< nAk < Bh$. Mais, d'autre part, le dernier terme a son module plus grand que $B \operatorname{mod} \Delta u$.

Si donc nous posons, en particulier, $\Delta u = \pm h$, ce terme l'emportera sur la somme de tous les autres et donnera son signe à l'expression. D'ailleurs le facteur $F'_u(x_0 + \Delta x, y_0 + \Delta y, \ldots, u + \theta_n\,\Delta u)$ a toujours le même signe, celui de $(F'_u)_0$. Donc, si l'on pose successivement $\Delta u = h$ et $\Delta u = -h$, d'où $u = u_0 + h$, $u = u_0 - h$, on obtiendra, pour $F(x, y, \ldots, u)$, deux valeurs de signe contraire. Mais F est une fonction continue de u; elle s'annulera donc pour une valeur de u intermédiaire entre $u_0 + h$ et $u_0 - h$. Elle ne pourra d'ailleurs s'annuler qu'une fois, car sa dérivée ne change pas de signe dans cet intervalle.

Nous avons donc établi qu'à tout système de valeurs de $x, y, \ldots,$ tel que $x - x_0, y - y_0, \ldots$ aient leurs modules non supérieurs à k, correspond une valeur unique de u, comprise entre $u_0 + h$ et $u_0 - h$ et satisfaisant à l'équation $F = 0$. L'ensemble de ces valeurs constituera une fonction de $x, y, \ldots,$ entièrement définie dans cet intervalle.

Cette fonction est continue, car la différence $u - u_0$ est $< h$; or on peut faire décroître h indéfiniment à la condition de faire décroître en même temps la quantité correspondante k, limite supérieure des modules de $\Delta x, \Delta y, \ldots$.

Soit d'ailleurs Δu l'accroissement de cette fonction correspondant à un accroissement infiniment petit Δx donné à la variable x; on aura

$$\begin{aligned} 0 &= F(x_0 + \Delta x, y_0, \ldots, u_0 + \Delta u) \\ &= F'_x(x_0 + \theta\,\Delta x, y_0, \ldots, u_0)\Delta x + F'_u(x_0 + \Delta x, y_0, \ldots, u + \theta'\Delta u)\Delta u; \end{aligned}$$

d'où

$$\frac{\Delta u}{\Delta x} = -\frac{F'_x(x_0 + \theta\,\Delta x, y_0, \ldots, u_0)}{F'_u(x_0 + \Delta x, y_0, \ldots, u_0 + \theta'\Delta u)}$$

et, en faisant tendre Δx et Δu vers zéro,

$$\lim \frac{\Delta u}{\Delta x} = -\frac{(F'_x)_0}{(F'_u)_0}.$$

Notre proposition est donc établie dans toutes ses parties.

38. THÉORÈME II. — *Soient* $F_1, \ldots, F_n$, n *fonctions continues des* $m + n$ *variables* $x, y, \ldots; u, v, w, \ldots,$ *lesquelles s'annulent pour* $x_0, y_0, \ldots; u_0, v_0, w_0, \ldots$. *Si l'on suppose :* 1° *que* $F_1, \ldots, F_n$ *admettent des dérivées partielles pour tous les systèmes de valeurs des variables suffisamment voisins de* $x_0, y_0, \ldots; u_0, v_0, \ldots;$ 2° *que ces dérivées sont continues en ce point*; 3° *que le jacobien*

$$J = \begin{vmatrix} \dfrac{\partial F_1}{\partial u} & \dfrac{\partial F_1}{\partial v} & \dfrac{\partial F_1}{\partial w} & \cdots \\ \dfrac{\partial F_2}{\partial u} & \dfrac{\partial F_2}{\partial v} & \dfrac{\partial F_2}{\partial w} & \cdots \\ \cdots & \cdots & \cdots & \cdots \end{vmatrix}$$

ne s'y annule pas, on pourra déterminer, pour les systèmes de *valeurs de $x, y, \ldots$ suffisamment voisins de $x_0, y_0, \ldots$, un système unique de fonctions $u, v, w, \ldots$ satisfaisant identiquement aux équations $F_1 = 0, \ldots, F_n = 0$ et se réduisant respectivement à u_0, $v_0, w_0, \ldots$ pour $x = x_0, y = y_0, \ldots$. Ces fonctions admettront des dérivées partielles.*

Ce théorème est établi par ce qui précède, dans le cas où l'on n'a qu'une seule équation, et nous pourrons, dans la démonstration, supposer qu'il ait été établi pour le cas de $n - 1$ équations.

Cela posé, pour que J soit $\gtrless 0$ pour le point $x_0, y_0, \ldots; u_0, v_0, w_0, \ldots$, il faut évidemment qu'une au moins des dérivées $\frac{\partial F_1}{\partial u_0}, \frac{\partial F_1}{\partial v_0}, \frac{\partial F_1}{\partial w_0}, \ldots$ soit différente de zéro. Soit, par exemple, $\frac{\partial F_1}{\partial u_0} \gtrless 0$. On pourra, d'après le théorème I, déterminer une fonction u de $x, y, \ldots; v, w, \ldots$ qui satisfasse identiquement à l'équation $F_1 = 0$ et qui admette des dérivées partielles aux environs du point $x_0, y_0, \ldots; v_0, w_0, \ldots$. Substituant cette valeur de u dans les équations suivantes $F_2 = 0, \ldots, F_n = 0$, elles prendront la forme suivante :

$$\Phi_2(x, y, \ldots; v, w, \ldots) = 0, \qquad \ldots, \qquad \Phi_n = 0.$$

Les fonctions $\Phi_2, \ldots, \Phi_n$, étant respectivement égales à $F_2, \ldots, F_n$, admettront, aux environs du point $x_0, y_0, \ldots; v_0, w_0, \ldots$ des dérivées partielles

$$\frac{\partial \Phi_2}{\partial x} = \frac{\partial F_2}{\partial x} + \frac{\partial F_2}{\partial u}\frac{\partial u}{\partial x}, \qquad \ldots, \qquad \frac{\partial \Phi_2}{\partial v} = \frac{\partial F_2}{\partial v} + \frac{\partial F_2}{\partial u}\frac{\partial u}{\partial v}, \qquad \ldots$$

Le jacobien

$$J_1 = \begin{vmatrix} \frac{\partial \Phi_2}{\partial v} & \frac{\partial \Phi_2}{\partial w} & \cdots \\ \frac{\partial \Phi_3}{\partial v} & \frac{\partial \Phi_3}{\partial w} & \cdots \\ \cdots & \cdots & \cdots \end{vmatrix}$$

des dérivées partielles relatives à $v, w, \ldots$ sera, en négligeant les termes qui se détruisent,

$$\begin{vmatrix} \frac{\partial F_2}{\partial v} & \frac{\partial F_2}{\partial w} & \cdots \\ \frac{\partial F_3}{\partial v} & \frac{\partial F_3}{\partial w} & \cdots \\ \cdots & \cdots & \cdots \end{vmatrix} + \frac{\partial u}{\partial v} \begin{vmatrix} \frac{\partial F_2}{\partial u} & \frac{\partial F_2}{\partial w} & \cdots \\ \frac{\partial F_3}{\partial u} & \frac{\partial F_3}{\partial w} & \cdots \\ \cdots & \cdots & \cdots \end{vmatrix} + \frac{\partial u}{\partial w} \begin{vmatrix} \frac{\partial F_2}{\partial v} & \frac{\partial F_2}{\partial u} & \cdots \\ \frac{\partial F_3}{\partial v} & \frac{\partial F_3}{\partial u} & \cdots \\ \cdots & \cdots & \cdots \end{vmatrix} + \cdots$$

Remplacant $\frac{\partial u}{\partial v}$, $\frac{\partial u}{\partial w}$, ... par leurs valeurs

$$-\frac{\frac{\partial F_1}{\partial v}}{\frac{\partial F_1}{\partial u}}, \quad -\frac{\frac{\partial F_1}{\partial w}}{\frac{\partial F_1}{\partial u}}, \quad \ldots,$$

cette expression deviendra égale à $\frac{J}{\frac{\partial F_1}{\partial u}}$; et, comme $\frac{\partial F_1}{\partial u}$ a au point $(x_0, y_0, \ldots; u_0, v_0, w_0, \ldots)$ une valeur finie et différente de zéro, J_1 sera lui-même fini et différent de zéro.

On pourra donc, par hypothèse, déterminer des fonctions v, w, ... des variables indépendantes x, y, ..., qui satisfassent identiquement aux équations $\Phi_2 = 0$, $\Phi_3 = 0$, ..., qui se réduisent à v_0, w_0, ... pour $x = x_0$, $y = y_0$, ... et qui admettent des dérivées partielles aux environs de ce point. Substituant ces valeurs de v, w, ... dans l'expression de u, on obtiendra pour u, v, w, ... des fonctions de x, y, ... satisfaisant aux conditions requises.

39. **Courbes continues.** — Nous appellerons *courbe* la suite des points représentés par les équations

$$x = f(t), \qquad y = \varphi(t),$$

où f, φ sont des fonctions de la variable indépendante t. Si ces fonctions sont continues, la courbe sera dite *continue*.

Si ces fonctions ont une période commune ω, la courbe sera fermée. Elle aura d'ailleurs des points multiples si x et y reprennent simultanément les mêmes valeurs pour des valeurs différentes de t (pour des valeurs qui ne soient pas égales aux multiples près de la période, s'il s'agit d'une courbe fermée).

La distance d'un point fixe ξ, η à un point t, x, y d'une courbe continue est une fonction continue de t; si le point (ξ, η) n'est pas sur la courbe, cette fonction ne s'annulera pas; elle admettra donc un minimum différent de zéro, qu'elle atteindra pour une certaine valeur de t, et qu'on pourra appeler la *distance* du point (ξ, η) à la courbe.

Soient de même (t, x, y) et (u, ξ, η) deux points pris sur deux courbes

$$x = f(t), \qquad y = \varphi(t) \qquad \text{et} \qquad \xi = F(u), \qquad \eta = \Phi(u).$$

Leur distance est une fonction continue de t et de u. Si les courbes ne se rencontrent pas, cette fonction ne s'annulera pas. Elle atteindra donc, pour un certain système de valeurs de t, u, une valeur minimum, différente de zéro, qui sera la *plus courte distance* des deux courbes.

Soient, enfin,

(t, x, y) et (t', x', y') deux points variables quelconques pris sur une même courbe;

$\Delta = \sqrt{(x'-x)^2+(y'-y)^2}$ leur distance;

$t'-t=h$ la différence de leurs arguments. Si la courbe est fermée, cette différence n'étant déterminée qu'aux multiples près de ω, nous adopterons celle de ses valeurs qui est comprise dans l'intervalle de $-\frac{\omega}{2}$ à $\frac{\omega}{2}$.

D'après les propriétés des fonctions continues, on pourra, quelle que soit la quantité α, déterminer une autre quantité β, telle que, pour toutes les valeurs de h dont le module est $< \beta$, on ait

$$\operatorname{mod}(x'-x) < \frac{\alpha}{\sqrt{2}}, \qquad \operatorname{mod}(y'-y) < \frac{\alpha}{\sqrt{2}}, \qquad \text{d'où} \qquad \Delta < \alpha.$$

Réciproquement, lorsque la courbe n'a pas de points multiples, si Δ tend vers zéro, il en sera de même de h. En effet, Δ est une fonction continue de t et de h, qui ne s'annule que pour $h = 0$. Si donc on considère tous les systèmes de points t, $t+h$, où le module de h surpasse une quantité fixe quelconque β', il existera dans cette suite un système pour lequel Δ prendra une valeur minimum α', différente de zéro. Si donc $\Delta < \alpha'$, on aura nécessairement $h < \beta'$.

Supposons maintenant $h < \beta$, et considérons un point quelconque de l'arc de courbe compris entre t et t'. Son argument $t'' = t + \theta h (\theta > 0 < 1)$ différera de t et de t' d'une quantité dont le module est $< \beta$. La distance de t'' à chacun des points t et t' sera donc $< \alpha$.

Nous obtenons donc ce résultat :

Si la distance de deux points t, t' d'une courbe sans points multiples est infiniment petite, la distance de ces mêmes points à un point quelconque t'' de l'arc qui les joint le sera également.

40. Cela posé, soit C une courbe fermée sans points multiples. Donnons à l'argument t une série de valeurs infiniment voisines $t_0, \ldots, t_i, \ldots$, embrassant une période. Sur les points ainsi déterminés, construisons un polygone inscrit P. La distance d'un quelconque de ses sommets, tel que t_i, aux divers points de l'arc de courbe $t_i t_{i+1}$, et notamment à son autre extrémité t_{i+1}, pourra être supposée $< \delta$, δ étant une quantité infiniment petite, indépendante de la position du point t_i. La distance d'un point quelconque t, pris sur l'arc $t_i t_{i+1}$, à un autre

point t' pris sur la corde $t_i t_{i+1}$ sera $\overline{\gtrless} tt_i + t_i t' \overline{\gtrless} tt_i + t_i t_{i+1} < 2\delta$.

Le polygone P peut avoir des points multiples; mais on en déduit aisément un polygone réduit P' sans points multiples, et tel que la distance de deux points quelconques t, t', pris sur une partie de la courbe et sur la partie correspondante de ce polygone, soit infiniment petite, et cela uniformément.

Suivons, en effet, le contour du polygone P jusqu'à ce que nous arrivions à un point multiple a; soit $t_i t_{i+1}$ le côté sur lequel il est situé. Continuons à suivre le polygone jusqu'à ce qu'on arrive à un second côté $t_k t_{k+1}$, passant également par le point multiple a. Les droites $t_i t_{i+1}$ et $t_k t_{k+1}$ ayant une longueur $< \delta$ et se coupant au point a, la distance des points t_i et t_{k+1} sera $< 2\delta$, quantité infiniment petite. La différence $t_{k+1} - t_i$ de leurs arguments sera donc $< \varepsilon$ en valeur absolue, ε étant une quantité infiniment petite.

Si cette différence est positive, la distance au point t_i d'un point quelconque de l'arc $t_i t_{i+1} \dots t_{k+1}$ sera $< \eta$, η étant un infiniment petit. La distance d'un point quelconque t, pris sur la partie $t_i \dots t_k$ de cet arc, à un point quelconque t' pris sur la droite $t_i a$, sera donc $< \eta + \delta$. D'autre part, la distance de deux points quelconques, pris sur l'arc $t_k t_{k+1}$ et sur la droite at_k, est $< 2\delta$. Si donc, en décrivant le contour du polygone P, nous nous abstenons de décrire la boucle $at_{i+1} \dots t_k a$, de manière à substituer à la ligne polygonale $t_i t_{i+1} \dots t_k$ la droite $t_i a$ et, au côté $t_k t_{k+1}$, la partie at_{k+1} de cette droite, nous obtiendrons un polygone réduit P_1, ayant moins de points multiples que P, et tel qu'en prenant arbitrairement deux points t, t' sur une partie de la courbe et sur la partie correspondante du polygone, leur distance soit constamment $< \alpha$, α désignant un infiniment petit, égal à la plus grande des quantités $\eta + \delta$, 2δ.

Si la différence $t_{k+1} - t_i$ était négative, au lieu de supprimer dans le polygone P la boucle $at_{i+1} \dots t_k a$, on supprimerait l'autre boucle $at_{k+1} \dots t_i a$, et l'on arriverait évidemment au même résultat.

Si ce polygone P_1 présente encore des points multiples, on y supprimera une nouvelle boucle, et ainsi de suite, jusqu'à ce qu'on arrive à un polygone réduit P', sans point multiple, et jouissant des mêmes propriétés.

41. Ce nouveau polygone P' divise le plan en deux régions, l'une extérieure, l'autre intérieure.

Nous allons établir qu'il existe toujours un point p, situé dans la région intérieure, et dont la plus courte distance à P' surpasse une quantité fixe, différente de zéro.

Soient, en effet, $A = (t_0, x_0, y_0)$ et $B = (t_1, x_1, y_1)$ les deux points de la courbe C pour lesquels x atteint sa plus petite valeur x_0 et sa plus grande valeur x_1. La courbe sera formée de deux arcs, l'un allant de A en B, l'autre revenant de B en A.

Considérons sur ces deux arcs deux points (t, x, y) et (t', x', y'), dont les abscisses soient comprises entre $x_0 + \beta$ et $x_1 - \beta$, β étant une quantité fixe arbitraire, moindre que $\frac{x_1 - x_0}{2}$. La distance de chacun de ces points à l'un quelconque des points A, B étant $\overline{\gtrless} \beta$, les différences des arguments, $t - t_0$, $t_1 - t$, $t' - t_1$, $t_0 - t'$, surpasseront une quantité fixe γ; et, comme l'argument varie de ω quand on décrit la courbe entière, on en conclut que $t' - t$ est compris entre 2γ et $\omega - 2\gamma$. La distance des points t et t' ne pourra donc s'abaisser au-dessous d'une quantité fixe d.

Cela posé, la distance entre deux points choisis à volonté sur deux portions correspondantes de la courbe C et du polygone P' est $< \alpha$, α désignant un infiniment petit. On pourra donc déterminer sur P' deux points A', B', dont les distances à A, B soient respectivement $< \alpha$; et le polygone se composera également de deux arcs polygonaux, l'un allant de A' à B', l'autre revenant de B' à A'. Prenons respectivement sur ces deux arcs deux points (ξ, η) et (ξ', η'), dont les abscisses soient comprises entre $x_0 + \beta + \alpha$ et $x_1 - \beta - \alpha$. Il existe sur la courbe des points t, t' dont les distances à ces deux-là sont $< \alpha$; leurs abscisses seront comprises entre $x_0 + \beta$ et $x_1 - \beta$; leur distance sera donc $> d$, et la distance des points (ξ, η), (ξ', η') sera $> d - 2\alpha$, quantité qui deviendra, lorsque α décroît, plus grande que d_1, d_1 étant une quantité quelconque moindre que d.

Cela posé, coupons le polygone réduit par la droite $x = \frac{x_0 + x_1}{2}$. Les points A' et B' n'étant pas du même côté de cette droite, elle traversera chacun des deux arcs A'B' et B'A' en un nombre impair de points. En remontant cette droite à partir de l'infini négatif, on sera d'abord en dehors du polygone. Au premier point d'intersection, on entrera dans l'intérieur; on en ressortira au second, et ainsi de suite.

Supposons, pour fixer les idées, que la droite en question traverse d'abord l'arc A'B' en m points consécutifs, puis l'arc B'A' en n points, puis l'arc A'B' en m' points, etc. La série des nombres m, n, m', ... contiendra au moins deux nombres impairs. Soit, par exemple, m' le premier nombre de cette nature que contient la série. Le nombre $m + n + m'$ étant impair, le tronçon de droite contenu entre le $m + n + m'^{\text{ième}}$ point d'intersection et le suivant sera intérieur au polygone; d'ailleurs, ses deux extrémités sont l'une sur l'arc A'B', l'autre sur l'arc B'A'.

Considérons un point quelconque de ce tronçon de droite. La somme de ses distances aux portions q et q' des lignes polygonales A'B' et

B'A' comprises entre les abscisses $x_0 + \beta + \alpha$ et $x_1 - \beta - \alpha$ est au moins égale à la plus courte distance de ces deux lignes, qui est $> d_1$. Or, lorsque le point se déplace sur le tronçon de droite considéré, sa distance à q, d'abord nulle, varie d'une façon continue et devient plus grande que d_1. Il existe donc sur cette ligne un point p, où cette distance devient égale à $\frac{d_1}{2}$. La distance de ce point à q' sera $> \frac{d_1}{2}$.

D'autre part, l'abscisse de ce point étant égale à $\frac{x_0 + x_1}{2}$, sa distance à un quelconque des points des lignes A'B' ou B'A', dont l'abscisse est moindre que $x_0 + \beta + \alpha$ ou plus grande que $x_1 - \beta - \alpha$, sera au moins égale à $\frac{x_1 - x_0}{2} - \beta - \alpha$, quantité qui, pour α assez petit, devient plus grande que toute quantité d_2 inférieure à $\frac{x_1 - x_0}{2} - \beta$. La plus courte distance du point considéré au polygone P' sera donc $> l$, l désignant la plus petite des quantités $\frac{1}{2} d_1$ et d_2.

42. Cela posé, le lieu des points du plan qui sont à la distance α d'un côté du polygone P' se compose de deux droites égales et parallèles à ce côté et de deux demi-circonférences reliant leurs extrémités. Traçons ces droites et ces cercles pour chacun des côtés de P'. L'ensemble de ces lignes auxiliaires décomposera le plan en un certain nombre de régions. Considérons, en particulier, celle de ces régions qui contient le point p. Elle est intérieure à P', et tous les points de son intérieur seront à une distance de P' plus grande que α. Elle sera limitée par un contour fermé R sans point multiple, dont chaque point sera à la distance α de P'. Le cercle de rayon $l - \alpha$, décrit du point p comme centre, sera en entier dans son intérieur. Au contraire, tous les points de la courbe C lui seront extérieurs, car leur distance à P' est $< \alpha$.

Décomposons le contour R en éléments infiniment petits par des points de division $a, a', a'', \ldots$. Soient ab, $a'b'$, ... des droites de plus courte distance menées de ces points au contour P'. Ces droites auront α pour longueur commune. Elles ne peuvent rencontrer sur leur parcours ni R ni P'; car, si cela avait lieu, on aurait sur R un point dont la distance à P' serait $< \alpha$. Elles resteront donc dans l'espace annulaire compris entre R et P'. Enfin, elles ne peuvent se couper mutuellement; car, si ab et $a'b'$, par exemple, se coupaient en un point c de leur parcours, on aurait évidemment

$$ab' + a'b < ab + a'b' < 2\alpha;$$

l'une des deux distances ab', $a'b$ serait donc $< \alpha$. On aurait donc ici encore, sur R, un point dont la distance à P' serait $< \alpha$.

Cela posé, soient ab, $a'b'$ deux lignes de plus courte distance consécutives. A la portion bcb' du polygone P′, comprise entre b et b', correspond un arc BB′ de la courbe C, dont les extrémités B, B′ sont respectivement à une distance $< \alpha$ de b et de b'. La distance rectiligne des points B, B′ sera infiniment petite, car elle est au plus égale à

$$\mathrm{B}b + ba + aa' + a'b' + b'\mathrm{B}',$$

quantité moindre que $4\alpha + aa'$. Donc tous les points de l'arc BB′ sont à une distance infiniment petite de B. Il en sera de même des points de la ligne polygonale bcb', dont chacun est éloigné de moins de α de l'un des points de BB′. D'ailleurs la ligne polygonale $\mathrm{B}baa'b'\mathrm{B}'$ est également infiniment petite. Donc tout le contour polygonal $baa'b'cb$ sera contenu dans un cercle de rayon infiniment petit décrit autour de B, et tous les points de la région intérieure à ce contour seront infiniment voisins de B.

Donc tout point de la région annulaire comprise entre R et P′ sera infiniment voisin de la courbe C.

Le contour R, dont nous venons d'établir les propriétés, est formé de lignes droites et d'arcs de cercle; mais ces arcs de cercle, s'il en existe, tournent leur convexité vers l'intérieur de P′ et, en remplaçant chacun d'eux par un polygone inscrit dont les côtés soient assez multipliés pour que la distance du cercle au polygone soit moindre que la plus courte distance de R à la courbe C, on obtiendra un nouveau polygone S uniquement formé de lignes droites et jouissant des mêmes propriétés que R, à savoir : 1° il n'a pas de point multiple; 2° il contient à son intérieur un cercle de rayon fini; 3° il laisse à son extérieur tous les points de P′ et de C; 4° tout point de l'espace annulaire compris entre P′ et S est infiniment voisin de C.

43. On pourrait considérer de même, parmi les régions dans lesquelles le plan est décomposé par les lignes droites et les cercles auxiliaires, celle qui est extérieure à toutes ces lignes. On verrait aisément, par des considérations toutes semblables à celles que nous avons développées, que tous ses points sont à une distance de P′ plus grande que α; qu'elle est limitée par un contour fermé R′, sans points multiples, enveloppant le polygone P′ et la courbe C, et dont tous les points sont à la distance α de P′; que tous les points de l'espace annulaire, compris entre R′ et P′, sont infiniment voisins de C; enfin, qu'on peut remplacer R′ par un polygone S′ exclusivement formé de lignes droites et jouissant des mêmes propriétés.

44. Il est donc établi qu'on peut, quelle que soit la quantité ε, trouver deux polygones S, S′ sans points multiples, intérieurs l'un à

l'autre, entre lesquels la courbe se trouve contenue, et tels que chaque point de l'espace annulaire qui les sépare soit à une distance de C moindre que ε.

Soient η, η' les plus courtes distances de ces polygones à la courbe C; ε_1 une quantité moindre que η et η'. On pourra trouver deux nouveaux polygones S_1, S'_1, intérieur et extérieur, dont l'écartement à la courbe soit $< \varepsilon_1$; ils seront évidemment compris entre les deux autres.

Continuant ainsi, on pourra former une série de polygones intérieurs de plus en plus grands S, S_1, ..., et une série de polygones extérieurs S', S'_1, ..., comprenant toujours entre eux la courbe C et s'en rapprochant de plus en plus.

Les points du plan seront de trois sortes :

1° Ceux qui, à partir d'un certain terme de la série, deviendront extérieurs aux polygones S', S'_1, ...; on les nommera *points extérieurs à la courbe;*

2° Ceux qui sont intérieurs à partir d'un certain moment aux polygones S, S_1, ...; on les nommera *points intérieurs à la courbe;*

3° Ceux qui sont intérieurs à tous les polygones de la suite S', S'_1, ..., mais extérieurs à tous les polygones S, S_1, ... Ces points, dont la distance à la courbe est moindre que toute quantité assignable, seront situés sur elle.

Il est donc établi que toute courbe continue C divise le plan en deux régions, l'une extérieure, l'autre intérieure, cette dernière ne pouvant se réduire à zéro, car elle contient un cercle de rayon fini.

45. Deux points intérieurs q, q' peuvent toujours être réunis par un trait polygonal sans traverser la courbe. Il existe, en effet, dans la série S, S_1, ... des polygones intérieurs, un polygone S_i qui les contient tous deux. Par les points q, q', menons des droites quelconques qui coupent ce polygone en r et r'. Les droites qr, $q'r'$, jointes à l'un des deux arcs de S_i qui réunissent r à r', satisferont à la question.

Deux points extérieurs pourront être réunis de même sans traverser la courbe.

Au contraire, toute ligne continue D, qui joint un point intérieur q à un point extérieur q', coupera nécessairement la courbe C; car, en répétant le raisonnement par lequel on a démontré qu'une fonction continue ne peut changer de signe sans s'annuler, on verra qu'il existe sur la ligne D un point q'', tel que tout arc contenant q'' contienne à la fois des points intérieurs et des points extérieurs à C, d'où résulte que la distance de q'' à la courbe C est moindre que toute quantité assignable.

Remarquons, enfin, que toute ligne AC, continue et sans points multiples, menée dans l'intérieur d'une ligne continue et fermée sans points multiples ABCD entre deux points A et C de son contour, divise son intérieur en deux régions, limitées l'une par la ligne fermée ACDA, l'autre par la ligne fermée ACBA.

46. **Courbes rectifiables.** — Considérons une courbe, définie par les équations

$$x = f(t), \qquad y = \varphi(t).$$

Soient $t_0, t_1, \ldots, t_n$, T une série de valeurs du paramètre t; x_0, y_0; x_1, y_1; ...; X, Y les valeurs correspondantes de x, y. Le périmètre du polygone inscrit à la courbe, et dont ces points sont les sommets, sera

$$(5) \qquad \Sigma \sqrt{(x_{k+1} - x_k)^2 + (y_{k+1} - y_k)^2}.$$

Si cette somme tend vers une limite déterminée et constante, lorsque les intervalles $t_{k+1} - t_k$ dans lesquels on a divisé l'intervalle $T - t_0$ décroissent indéfiniment d'amplitude, cette limite représentera la *longueur de l'arc de courbe* correspondant à cet intervalle.

Pour que cette limite existe, il faut, en premier lieu, que la somme (5) ne puisse pas croître indéfiniment par un choix d'intervalles quelconque. Or l'expression

$$\sqrt{(x_{k+1} - x_k)^2 + (y_{k+1} - y_k)^2}$$

est au moins égale à $\operatorname{mod}(x_{k+1} - x_k)$ et à $\operatorname{mod}(y_{k+1} - y_k)$, mais ne peut surpasser la somme de ces quantités. Pour que cette première condition soit remplie, il est donc nécessaire et suffisant que les sommes

$$\Sigma \operatorname{mod}(x_{k+1} - x_k), \qquad \Sigma \operatorname{mod}(y_{k+1} - y_k)$$

soient limitées et, par suite, que $f(t)$ et $\varphi(t)$ soient des fonctions à variation limitée.

47. Supposons cette condition remplie, et soit L le maximum du périmètre des polygones possibles. Il faudra encore que le périmètre de tout polygone, pour lequel les intervalles $t_{k+1} - t_k$ sont suffisamment petits, soit aussi voisin qu'on voudra de L.

Cherchons à exprimer analytiquement cette condition. Nous remarquerons tout d'abord que les fonctions $f(t + \delta)$ et $\varphi(t + \delta)$, où δ est une quantité positive indéfiniment décroissante, tendront vers des limites déterminées $f(t + 0)$ et $\varphi(t + 0)$; car cela est évident pour chacune des deux fonctions non décroissantes dont $f(t)$ ou $\varphi(t)$ est la différence.

On voit de même que $f(t-\delta)$ et $\varphi(t-\delta)$ tendent, quand δ décroît, vers des limites déterminées $f(t-0)$, $\varphi(t-0)$.

Cela posé, soit P le périmètre d'un polygone Π correspondant aux points de division $t_1, \ldots, t_k, \ldots$ et soit t un point quelconque intermédiaire entre t_k et t_{k+1}. Introduisons deux nouveaux points de division $t-\delta$ et $t+\delta$ également compris dans l'intervalle de t_k à t_{k+1}. Le nouveau polygone Π' ainsi obtenu différant du premier par le remplacement de l'un de ses côtés par une ligne brisée, son périmètre P' sera $\gtreqless$ P.

Introduisons le nouveau point de division t. Nous obtiendrons un troisième polygone Π'' qui diffère de Π' par le remplacement du côté qui joint les points $f(t-\delta)$, $\varphi(t-\delta)$ et $f(t+\delta)$, $\varphi(t+\delta)$ par les deux lignes qui joignent respectivement ces deux points au point $f(t)$, $\varphi(t)$.

Supposons que δ décroisse indéfiniment; les points $f(t-\delta)$, $\varphi(t-\delta)$ et $f(t+\delta)$, $\varphi(t+\delta)$ tendront vers les points fixes $f(t-0)$, $\varphi(t-0)$ et $f(t+0)$, $\varphi(t+0)$; et, si le point $f(t)$, $\varphi(t)$ n'est pas sur la portion de droite qui joint ces deux points, nous obtiendrons, par l'adjonction du nouveau point de division t, un accroissement de périmètre fini. Soit α cet accroissement. Le périmètre du nouveau polygone étant au plus égal à L, celui du polygone Π ne pourra surpasser $L-\alpha$, et cela quelque rapprochés que soient les points t_0, $t_1, \ldots, t_k, \ldots$, tant que le point t ne fera pas partie de cette suite.

Nous arrivons donc à ce résultat que, pour toute valeur de t comprise dans l'intervalle de t_0 à T, le point $f(t)$, $\varphi(t)$ doit être sur le segment de droite qui joint les points $f(t+0)$, $\varphi(t+0)$ et $f(t-0)$, $\varphi(t-0)$.

48. Cette condition est suffisante. En effet, soit ε une quantité quelconque. On pourra déterminer une division en intervalles t_0, $t_1, \ldots, t_k, \ldots$, T, telle que le périmètre P du polygone correspondant soit $> L-\frac{\varepsilon}{2}$.

Soit $t_0, t'_1, \ldots, t'_i, \ldots$ une autre division en intervalles assujettis à la seule condition d'être tous moindres qu'une quantité fixe δ; nous allons montrer que, si δ est suffisamment petit, le périmètre P' du polygone ainsi obtenu sera plus grand que $L-\varepsilon$.

Considérons, en effet, un troisième polygone obtenu en prenant, pour points de division, tous les points t_k et tous les points t'_i. Son périmètre P'' sera $\gtreqless P > L-\frac{\varepsilon}{2}$.

Évaluons, d'autre part, la différence entre P'' et P', en supposant que δ ait été pris $< \delta'$, δ' désignant le plus petit des intervalles $t_{k+1} - t_k$, auquel cas deux quelconques des points t_k seront séparés au moins par un point de la série t'_i.

Soient n le nombre total des points de la première division; n' le nombre de ceux de ces points qui n'appartiennent pas à la seconde division. Soient, enfin, t_k l'un de ces derniers points, t'_i, et t'_{i+1} ceux des points t' entre lesquels il tombe. Le côté $t'_i t'_{i+1}$ du polygone P' sera remplacé dans P'' par les deux côtés $t'_i t_k$, $t_k t'_{i+1}$.

Or la distance $t'_i t_k$ diffère de la distance $(t_k - 0, t_k)$ d'une quantité au plus égale en valeur absolue à la distance $(t'_i, t_k - 0)$; de même $t_k t'_{i+1}$ diffère de $(t_k, t_k + 0)$ d'une quantité au plus égale en valeur absolue à $(t'_{i+1}, t_k + 0)$; enfin $t'_i t'_{i+1}$ diffère de $(t_k - 0, t_k + 0)$ [lequel est égal à $(t_k - 0, t_k) + (t_k, t_k + 0)$] d'une quantité au plus égale en valeur absolue à $(t'_i, t_k - 0) + (t_k + 0, t'_{i+1})$. On aura donc

$$t'_i t_k + t_k t'_{i+1} - t'_i t'_{i+1} \overline{\overline{<}}\, 2(t'_i, t_k - 0) + 2(t_k + 0, t'_{i+1}).$$

Or les distances $(t'_i, t_k - 0)$ et $(t_k + 0, t'_{i+1})$ tendent vers zéro avec δ. On peut donc trouver une quantité δ_k, telle que, pour toute valeur de δ inférieure à δ_k, chacune de ces distances soit moindre que $\frac{\varepsilon}{8n}$; on aura dès lors

$$t'_i t_k + t_k t'_{i+1} - t'_i t'_{i+1} \overline{\overline{<}}\, \frac{\varepsilon}{2n}.$$

A chaque point t_k de la première division qui n'appartient pas à la seconde, correspond ainsi une quantité δ_k. Si nous prenons pour δ une quantité moindre que la plus petite des quantités $\delta_1, \ldots, \delta_k, \ldots$ et δ', nous aurons donc

$$P'' - P' = \sum_k (t'_i t_k + t_k t'_{i+1} - t'_i t'_{i+1}) \overline{\overline{<}}\, n' \frac{\varepsilon}{2n} \overline{\overline{<}}\, \frac{\varepsilon}{2},$$

d'où

$$P' \overline{\overline{>}}\, P'' - \frac{\varepsilon}{2} \overline{\overline{>}}\, L - \varepsilon.$$

49. Si l'arc de courbe compris entre les points t_0 et T a une longueur déterminée L, et qu'on prenne un point t quelconque intermédiaire entre t_0 et T, les deux arcs partiels $t_0 t$ et tT auront également des longueurs déterminées L', L'', et l'on aura

$$L' + L'' = L.$$

En effet, L est, par définition, le maximum du périmètre des polygones inscrits à l'arc t_0T. Parmi ces polygones, il en est qui n'ont pas de sommet en t; mais, en intercalant ce nouveau sommet, on ne fait qu'accroître le périmètre. On peut donc, pour la détermination de L, ne considérer que les polygones qui admettent t pour sommet. Or ceux-ci sont formés de deux polygones, inscrits, l'un dans l'arc $t_0 t$, l'autre dans l'arc $t\mathrm{T}$. En appelant P, P', P'' les périmètres des trois polygones, on aura toujours

$$\mathrm{P}' + \mathrm{P}'' = \mathrm{P}.$$

Donc P étant limité, P' et P'' le seront également, et L, maximum de P, sera la somme des maxima partiels L', L''.

Il résulte de là que l'arc $t_0 t$, où le point t est considéré comme variable de t_0 à T, est une fonction de t, essentiellement positive et croissante. Cherchons quelles nouvelles conditions sont nécessaires pour qu'elle soit continue.

50. Lorsque t s'accroît de la quantité h, l'accroissement de l'arc est évidemment égal à la longueur de l'arc compris entre les points t et $t+h$. Intercalons donc, entre t et $t+h$, une série de valeurs intermédiaires $t_1, \ldots, t_n$; écrivons, pour plus de symétrie, t_0 et t_{n+1} à la place de t et $t+h$; l'accroissement cherché Δs sera le maximum de l'expression

$$\sum_0^n \sqrt{[f(t_{k+1}) - f(t_k)]^2 + [\varphi(t_{k+1}) - \varphi(t_k)]^2},$$

lorsqu'on fait varier le mode de division de l'intervalle; on aura, par suite,

$$\begin{aligned} \Delta s &\gtreqless f(t_1) - f(t), \\ &\gtreqless \varphi(t_1) - \varphi(t). \end{aligned}$$

Faisant tendre t_1 vers t, les seconds membres de ces inégalités tendront respectivement vers

$$f(t+0) - f(t) \quad \text{et} \quad \varphi(t+0) - \varphi(t).$$

Si donc ces expressions ne sont pas nulles, Δs ne pourra décroître indéfiniment avec h, et l'arc sera discontinu.

En changeant le signe de h, on verra de même que l'arc sera discontinu, si

$$f(t-0) - f(t) \quad \text{et} \quad \varphi(t-0) - \varphi(t)$$

ne sont pas nuls.

51. Supposons, au contraire, qu'on ait

$$\begin{aligned} f(t-0) &= f(t+0) = f(t), \\ \varphi(t-0) &= \varphi(t+0) = \varphi(t), \end{aligned}$$

ce qui exprime que $f(t)$ et $\varphi(t)$ sont continues. L'arc s sera lui-même continu.

En effet, on aura

$$f(t) = f_1(t) - f_2(t),$$
$$\varphi(t) = \varphi_1(t) - \varphi_2(t),$$

$f_1, f_2, \varphi_1, \varphi_2$ étant des fonctions continues et non décroissantes. On aura, par suite,

$$\sum_0^n \sqrt{[f(t_{k+1}) - f(t_k)]^2 + [\varphi(t_{k+1}) - \varphi(t_k)]^2}$$

$$\leqq \sum_0^n \left\{ \begin{array}{l} \operatorname{mod}[f(t_{k+1}) - f(t_k)] \\ + \operatorname{mod}[\varphi(t_{k+1}) - \varphi(t_k)] \end{array} \right\}$$

$$\leqq \sum_0^n \left\{ \begin{array}{l} \operatorname{mod}[f_1(t_{k+1}) - f_1(t_k) - f_2(t_{k+1}) + f_2(t_k)] \\ + \operatorname{mod}[\varphi_1(t_{k+1}) - \varphi_1(t_k) - \varphi_2(t_{k+1}) + \varphi_2(t_k)] \end{array} \right\}$$

$$\leqq \sum_0^n \left\{ \begin{array}{l} [f_1(t_{k+1}) - f_1(t_k)] + [f_2(t_{k+1}) - f_2(t_k)] \\ + [\varphi_1(t_{k+1}) - \varphi_1(t_k)] + [\varphi_2(t_{k+1}) - \varphi_2(t_k)] \end{array} \right\}$$

$$\leqq [f_1(t+h) - f_1(t)] + [f_2(t+h) - f_2(t)]$$
$$+ [\varphi_1(t+h) - \varphi_1(t)] + [\varphi_2(t+h) - \varphi_2(t)].$$

Or chacun des quatre termes de cette expression tend vers zéro avec h, puisque $f_1, f_2, \varphi_1, \varphi_2$ sont des fonctions continues.

Nous nommerons *courbes rectifiables* celles dont l'arc a une longueur déterminée, fonction continue de t. D'après ce que nous venons de voir, on les reconnaît à ce caractère que les fonctions $f(t)$ et $\varphi(t)$ sont continues, et à variation limitée.

52. **Quadrature des courbes planes.** — L'aire d'un polygone fermé sans points multiples, dont les sommets sont $x_0, y_0, \ldots; x_k, y_k, \ldots$ est représentée par l'expression

$$A = \sum \frac{y_{k+1} + y_k}{2}(x_{k+1} - x_k).$$

Si le polygone a des points multiples, le sens géométrique de cette somme sera un peu modifié, comme nous l'avons indiqué (t. II, n° 114); mais on peut, dans tous les cas, la prendre au point de vue algébrique, comme définition de l'aire du polygone.

Si l'aire d'un polygone inscrit à une courbe tend vers une limite fixe lorsque ses côtés décroissent indéfiniment, la courbe sera dite *quarrable*, et aura pour *aire* cette limite.

53. *Toute courbe rectifiable est en même temps quarrable.* Considérons, en effet, deux polygones P, P′ ayant respectivement pour sommets les points $t_0, \ldots, t_k, \ldots$ et $t_0, \ldots, t'_i, \ldots$. Supposons que les intervalles $t_{k+1} - t_k$ et $t'_{i+1} - t'_i$ soient tous $< \delta$. Nous allons montrer que la différence $A - A'$ des aires de ces polygones tend vers zéro avec δ.

Concevons un troisième polygone P″ ayant pour sommets tous ceux des précédents; soit A″ son aire; il nous suffira évidemment d'établir que les différences $A'' - A$, $A'' - A'$ tendent vers zéro avec δ.

Considérons une de ces différences, telle que $A'' - A$. Soient t_k, t_{k+1} deux sommets consécutifs de P, et $t_k, t'_i, \ldots, t_{k+1}$ les sommets de P″ compris entre ces deux-là. On aura, dans A, le terme

$$\frac{y_{k+1} + y_k}{2}(x_{k+1} - x_k) = \frac{y_{k+1} + y_k}{2} \Sigma(x'_{i+1} - x'_i);$$

ils sont remplacés dans A″ par la somme

$$\sum \frac{y'_{i+1} + y'_i}{2}(x'_{i+1} - x'_i),$$

dont la différence avec le terme correspondant de A sera

$$\sum \left(\frac{y'_{i+1} + y'_i}{2} - \frac{y_{k+1} + y_k}{2} \right)(x'_{i+1} - x'_i).$$

Or, si δ tend vers zéro, y'_i, y'_{i+1}, y'_{k+1} tendront uniformément vers y_k, quelle que soit la position du point t_k sur la courbe. Le module de la différence précédente sera donc moindre que

$$\mu \Sigma \operatorname{mod}(x'_{i+1} - x'_i) \overline{\overline{<}} \mu s_k,$$

s_k désignant la longueur de l'arc compris entre les points t_k, t_{k+1}, et μ un infiniment petit.

On aura, par suite,

$$\operatorname{mod}(A'' - A) < \Sigma \mu s_k < \mu L,$$

L désignant le périmètre de la courbe.

54. Si la courbe n'a pas de point multiple, les polygones inscrits peuvent en présenter ; mais nous avons vu (n° 40) qu'en supprimant les boucles formées à ces points multiples, on pouvait déduire d'un

polygone inscrit P un polygone réduit P′, comme lui infiniment voisin de la courbe.

Nous allons montrer que la somme des aires des boucles ainsi supprimées tend vers zéro avec δ.

Soient, en effet, a un de ces points multiples; $at_{i+1}\dots t_k\dots a$ la boucle correspondante. Elle a pour aire

$$\sum \frac{y_{k+1}+y_k}{2}(x_{k+1}-x_k).$$

Comme elle forme d'ailleurs un polygone fermé, on aura

$$\Sigma(x_{k+1}-x_k)=0,$$

et l'aire pourra s'écrire

$$\sum_k \left(\frac{y_{k+1}+y_k}{2}-y_a\right)(x_{k+1}-x_k),$$

y_a désignant l'ordonnée du point a. D'ailleurs, tous les points de la boucle étant infiniment voisins les uns des autres, comme on l'a vu, (n° 40), $\frac{y_{k+1}+y_k}{2}-y_a$ tendra uniformément vers zéro avec δ. On aura donc, pour limite supérieure du module de l'aire cherchée,

$$\mu\Sigma \bmod(x_{k+1}-x_k) \lesseqgtr \mu l:$$

l désignant le périmètre de la boucle, et μ un infiniment petit.

En désignant par λ le périmètre du polygone inscrit, la somme des aires des boucles sera donc $\lesseqgtr \mu\Sigma l \lesseqgtr \mu\lambda \lesseqgtr \mu L$.

55. **Fonctions d'une variable imaginaire.** — Nous avons défini (t. II, n° 256), comme fonction d'une variable imaginaire $z=x+yi$ dans une région quelconque du plan, toute expression de la forme $P+Qi$, où P, Q sont des fonctions de x, y, qui, dans la région considérée, admettent des dérivées partielles finies et déterminées, liées par les relations

$$\frac{\partial P}{\partial y}=-\frac{\partial Q}{\partial x}, \qquad \frac{\partial P}{\partial x}=\frac{\partial Q}{\partial y}.$$

Mais cet énoncé doit être complété en imposant aux dérivées partielles la condition de continuité; car nous avons admis qu'en changeant x, y en $x+dx$, $y+dy$, les accroissements correspondants des quantités P, Q étaient sensiblement représentés par les différentielles totales $\frac{\partial P}{\partial x}dx+\frac{\partial P}{\partial y}dy$, $\frac{\partial Q}{\partial x}dx+\frac{\partial Q}{\partial y}dy$, ce qui implique la continuité des dérivées partielles.

Il résulte de cette nouvelle condition que, dans toute région du plan ne contenant pas de point critique, le rapport $\frac{\Delta f(z)}{\Delta z}$ tendra uniformément vers $f'(z)$ pour $\Delta z = 0$.

On a, en effet,

$$\begin{aligned}\Delta f(z) &= \Delta P + i\Delta Q \\ &= \frac{\partial P(x+\theta\Delta x, y)}{\partial x}\Delta x + \frac{\partial P(x+\Delta x, y+\theta_1\Delta y)}{\partial y}\Delta y \\ &\quad + i\left[\frac{\partial Q(x+\theta_2\Delta x, y)}{\partial x}\Delta x + \frac{\partial Q(x+\Delta x, y+\theta_3\Delta y)}{\partial y}\Delta y\right] \\ &= \frac{\partial P}{\partial x}\Delta x + \frac{\partial P}{\partial y}\Delta y + i\left(\frac{\partial Q}{\partial x}\Delta x + \frac{\partial Q}{\partial y}\Delta y\right) \\ &\quad + \varepsilon\Delta x + \varepsilon_1\Delta y + i(\varepsilon_2\Delta x + \varepsilon_3\Delta y),\end{aligned}$$

ε, ε_1, ε_2, ε_3 tendant uniformément vers zéro avec Δx et Δy.

On aura, par suite,

$$\frac{\Delta f(z)}{\Delta z} - f'(z) = \frac{\varepsilon\Delta x + \varepsilon_1\Delta y + i(\varepsilon_2\Delta x + \varepsilon_3\Delta y)}{\Delta z},$$

et, comme le module de Δz est au moins égal à ceux de Δx et de Δy, le module de cette différence ne pourra surpasser la quantité

$$\mathrm{mod}\,\varepsilon + \mathrm{mod}\,\varepsilon_1 + \mathrm{mod}\,\varepsilon_2 + \mathrm{mod}\,\varepsilon_3,$$

et tendra uniformément vers zéro.

56. L'existence effective des fonctions d'une ou de plusieurs variables imaginaires, définies par des équations implicites, est une conséquence immédiate des propositions établies (t. III, n°s 78 et 236) relativement à l'existence des intégrales des équations différentielles.

Soit, en effet, $F(z, u)$ une fonction des deux variables imaginaires z, u; et soit ζ, υ un système de valeurs de ces variables pour lequel on ait

$$F(\zeta, \upsilon) = 0, \qquad \frac{\partial F}{\partial \upsilon} \gtrless 0.$$

On pourra trouver une fonction u de z qui satisfasse à l'équation différentielle

$$\frac{\partial F}{\partial z} + \frac{\partial F}{\partial u}\frac{du}{dz} = 0$$

et qui se réduise à υ pour $z = \zeta$. Or l'équation différentielle s'intègre immédiatement et donne

$$F(z, u) = \text{const.},$$

et la constante est nulle en vertu de la seconde condition. Donc la fonction u ainsi déterminée satisfait à l'équation

$$F(z, u) = 0.$$

Soit plus généralement F une fonction des variables imaginaires $z_1, \ldots, z_m, u$; et soit $\zeta_1, \ldots, \zeta_m, \upsilon$ un système de valeurs pour lequel on ait

$$F = 0, \qquad \frac{\partial F}{\partial \upsilon} \gtrless 0.$$

On pourra déterminer une fonction u de $z_1, \ldots, z_m$, qui se réduise à υ pour $z_1 = \zeta_1, \ldots, z_m = \zeta_m$, et satisfasse identiquement à l'équation

$$F(z_1, \ldots, z_m, u) = 0$$

En effet, supposons le théorème démontré pour le cas où les variables indépendantes sont en nombre $< m$. On pourra déterminer une fonction u_1 des variables $z_2, \ldots, z_m$ qui satisfasse à l'équation

$$F(\zeta_1, z_2, \ldots, z_m, u_1) = 0$$

et se réduise à υ pour $z_2 = \zeta_2, \ldots, z_m = \zeta_m$.

D'autre part, on pourra déterminer une fonction u par l'équation aux dérivées partielles

$$\frac{\partial F}{\partial z_1} + \frac{\partial F}{\partial u}\frac{\partial u}{\partial z_1} = 0,$$

jointe à la condition

$$u = u_1 \qquad \text{pour} \qquad z_1 = \zeta_1.$$

La première équation montre que F devient indépendant de z_1 par la substitution de cette valeur de u; d'ailleurs, pour $z_1 = \zeta_1$, cette fonction s'annule en vertu des autres conditions ci-dessus. Donc u satisfera identiquement à l'équation $F = 0$, et u se réduira d'ailleurs à υ pour $z_1 = \zeta_1, \ldots, z_m = \zeta_m$.

Enfin, supposons qu'on ait n fonctions $F_1, \ldots, F_n$ des $m + n$ variables $z_1, \ldots, z_m, u_1, \ldots u_n$; et soit $\zeta_1, \ldots, \zeta_m, \upsilon_1, \ldots, \upsilon_n$ un système de valeurs de ces variables qui annule ces fonctions, sans annuler leur jacobien par rapport à $u_1, \ldots, u_n$. On montrera, par le même raisonnement qu'au n° 38, qu'il existe un système de fonctions de $z_1, \ldots, z_m$ qui, mises à la place des u, donnent identiquement

$$F_1 = 0, \qquad \ldots, \qquad F_n = 0$$

et qui se réduisent respectivement à $v_1, \ldots, v_n$ pour $z_1 = \zeta_1, \ldots,$ $z_n = \zeta_n$.

57. Nous avons défini (t. II, n° 275) l'intégrale d'une fonction

$$f(z) = P + Qi$$

le long d'une ligne L par la limite de la somme

$$\Sigma f(\zeta_k)(z_{k+1} - z_k),$$

$z_0, \ldots, z_k, \ldots$ étant une série de points de division pris sur L, et ζ_k l'affixe d'un point pris arbitrairement sur L dans l'intervalle de z_k à z_{k+1}. Nous allons reprendre, en la complétant, la démonstration de l'existence de cette limite. Nous admettrons seulement, ce qui est nécessaire au raisonnement, que la ligne L soit rectifiable.

Soient

$$x = \varphi(t), \qquad y = \psi(t)$$

les équations de cette ligne. Les fonctions φ et ψ seront, par hypothèse, continues et à variation limitée.

Les quantités P et Q, étant des fonctions continues de x, y, seront des fonctions continues de t. Représentons-les par $P(t)$, $Q(t)$. En désignant par t_k, t_{k+1}, τ_k les valeurs de t auxquelles correspondent respectivement les points z_k, z_{k+1}, ζ_k, la somme considérée deviendra

$$\Sigma [P(\tau_k) + iQ(\tau_k)](z_{k+1} - z_k).$$

Pour établir l'existence de la limite demandée, il suffit d'établir que, quelle que soit la quantité ε, on pourra déterminer une quantité η telle que les modules de toutes les diverses sommes dans lesquelles les différences $t_{k+1} - t_k$ sont $< \eta$ diffèrent les uns des autres de moins de ε. Car les différences entre les parties réelles de ces sommes d'une part, et les différences entre leurs parties imaginaires d'autre part, seront *a fortiori* $< \varepsilon$. Les parties réelles, convergeant les unes vers les autres à mesure que η décroît, tendront vers une même limite (n° 4); de même pour les parties imaginaires.

Soient S, S′ deux de ces sommes correspondant respectivement à deux systèmes de valeurs intermédiaires $\ldots, t_k, t_{k+1}, \ldots$ et $\ldots, t'_k, t'_{k+1}, \ldots$; S″ une troisième somme correspondant à un nouveau mode de division où figurent toutes les valeurs intermédiaires t et t'. On aura

$$\text{mod}(S' - S) \overline{\gtrless} \text{mod}(S'' - S) + \text{mod}(S'' - S');$$

il suffit donc de montrer que, si η est assez petit, le module de la différence $S'' - S$ sera $< \frac{\varepsilon}{2}$, la même démonstration s'appliquant à la différence analogue $S'' - S'$.

Considérons un terme

$$[P(\tau_k) + i\,Q(\tau_k)]\,(z_{k+1} - z_k)$$

de la somme S. Il est remplacé dans S'' par une somme de termes

$$\Sigma\,[P(\tau'_{k'}) + i\,Q(\tau'_{k'})]\,(z'_{k'+1} - z'_{k'})$$

où

$$\Sigma\,(z'_{k'+1} - z'_{k'}) = z_{k+1} - z_k.$$

La différence entre cette somme de termes et le terme primitif sera donc

$$(6)\qquad \Sigma\left\{P(\tau'_{k'}) - P(\tau_k) + i\,[Q(\tau'_{k'}) - Q(\tau_k)]\right\}(z'_{k'+1} - z'_{k'}).$$

Cela posé, τ_k et $\tau'_{k'}$ étant compris entre t_k et t_{k+1}, leur différence sera $< \eta$. D'ailleurs, les fonctions P et Q, étant continues, le sont uniformément. On pourra donc, en prenant η assez petit, rendre toutes les quantités $P(\tau'_{k'}) - P(\tau_k)$, $Q(\tau'_{k'}) - Q(\tau_k)$ moindres en valeur absolue qu'une quantité arbitraire ξ.

Cela posé, le module de la somme (6) sera moindre que

$$\xi\sqrt{2}\,\Sigma\,\mathrm{mod}(z'_{k'+1} - z'_{k'}).$$

D'ailleurs le module de $z'_{k'+1} - z'_{k'}$ n'est autre chose que la distance rectiligne des points $z'_{k'+1}$ et $z'_{k'}$. Donc $\Sigma\,\mathrm{mod}(z'_{k'+1} - z'_{k'})$ représente le périmètre du polygone formé avec les points $z'_{k'}$, ... et sera au plus égal à l'arc de courbe compris entre z_k et z_{k+1}.

Opérant de même sur chacun des termes de la somme S et sur les termes correspondants de S'', on aura

$$\mathrm{mod}(S'' - S) < \xi\sqrt{2}\,l,$$

l désignant la longueur de l'arc total. En prenant ξ assez petit, on pourra rendre cette différence moindre que $\frac{\varepsilon}{2}$.

58. Supposons, en outre, que les fonctions $\varphi(t)$, $\psi(t)$ admettent une dérivée continue. Le calcúl de l'intégrale dont l'existence vient d'être établie se ramènera à celui d'intégrales réelles.

Il s'agit, en effet, de trouver la limite de la somme

$$\Sigma\,(P + Qi)(\Delta x + i\,\Delta y) = \Sigma(P\,\Delta x - Q\,\Delta y) + i\,\Sigma(Q\,\Delta x + P\,\Delta y).$$

Or on a, d'après les hypothèses faites sur les fonctions φ et ψ,

$$\Delta x = [\varphi'(t) + \varepsilon]\,\Delta t, \qquad \Delta y = [\psi'(t) + \varepsilon']\,\Delta t,$$

ε et ε' convergeant uniformément vers zéro avec Δt, quel que soit t.

On aura donc

$$\Sigma(\mathrm{P}\,\Delta x - \mathrm{Q}\,\Delta y) = \Sigma[\mathrm{P}\varphi'(t) - \mathrm{Q}\psi'(t)]\,\Delta t + \Sigma(\mathrm{P}\varepsilon - \mathrm{Q}\varepsilon')\,\Delta t.$$

Le second terme de cette expression tend vers zéro avec les intervalles Δt. En effet, soient t_0, T les valeurs de t correspondant aux extrémités de L, M une limite supérieure des modules des fonctions P et Q sur cette ligne, η le plus grand des modules des quantités ε, ε'; on aura

$$\operatorname{mod} \Sigma(\mathrm{P}\varepsilon - \mathrm{Q}\varepsilon')\,\Delta t \leqq 2\mathrm{M}\eta\,\Sigma\,\Delta t \leqq 2\mathrm{M}\eta(\mathrm{T} - t_0).$$

Or, lorsque les Δt décroissent indéfiniment, les ε, ε' tendent uniformément vers zéro; donc η tend vers zéro.

On aura donc

$$\begin{aligned}\lim \Sigma(\mathrm{P}\,\Delta x - \mathrm{Q}\,\Delta y) &= \lim \Sigma[\mathrm{P}\varphi'(t) - \mathrm{Q}\psi'(t)]\,\Delta t \\ &= \int_{t_0}^{\mathrm{T}} [\mathrm{P}\varphi'(t) - \mathrm{Q}\psi'(t)]\,dt.\end{aligned}$$

De même

$$\lim \Sigma(\mathrm{Q}\,\Delta x + \mathrm{P}\,\Delta y) = \int_{t_0}^{\mathrm{T}} [\mathrm{Q}\varphi'(t) + \mathrm{P}\psi'(t)]\,dt.$$

59. Nous avons établi (t. II, n° 279) que la valeur de l'intégrale $\int_{\mathrm{L}} f(z)\,dz$ ne change pas lorsqu'on déforme la ligne L en conservant ses extrémités, tant que cette ligne ne traverse aucun point critique. Nous allons reprendre la démonstration de cette proposition fondamentale pour lui donner plus de précision.

Ce théorème est manifestement équivalent au suivant (t. II, n° 281) :

Soit C *une ligne continue fermée et sans points multiples, ne contenant à son intérieur aucun point critique de la fonction $f(z)$. L'intégrale $\int f(z)\,dz$, prise le long d'une ligne fermée et rectifiable quelconque* K *intérieure à* C, *est nulle.*

Nous avons vu qu'on peut tracer un polygone fermé C′ sans point multiple, intérieur à C et s'en rapprochant autant qu'on voudra. On pourra faire en sorte qu'il contienne encore le contour K dans son intérieur.

Cela posé, soit $f(z) = \mathrm{P} + \mathrm{Q}i$. Les quantités P, Q étant des fonctions uniformément continues de x, y dans l'intérieur de C′ et sur ce polygone même, on pourra, quel que soit ε, déterminer une autre quantité η, telle que l'on ait, pour tout point de cette région,

$$\bmod\,[P(x+\Delta x, y+\Delta y) - P(x, y)] < \frac{\varepsilon}{\sqrt{2}},$$

$$\bmod\,[Q(x+\Delta x, y+\Delta y) - Q(x, y)] < \frac{\varepsilon}{\sqrt{2}},$$

tant que les modules de Δx et de Δy seront $< \eta$.

La fonction $f(z)$ sera donc uniformément continue dans l'intérieur de C'.

Soient, d'autre part,

$$x = \varphi(t), \qquad y = \psi(t)$$

les équations de la courbe K. Donnons à t une série de valeurs successives $t_0, \ldots, t_k, \ldots$; nous obtiendrons sur la courbe K une série de points correspondants $z_0, \ldots, z_k, \ldots$. Supposons que les intervalles $t_{k+1} - t_k$ soient tous $< \delta$. En faisant décroître suffisamment cette quantité δ, on pourra faire en sorte :

1° Que les distances $z_k z_{k+1}$ (qui tendent uniformément vers zéro avec δ) soient moindres que la plus courte distance de K à C' et, par suite, que le polygone inscrit P, qui a pour sommets $z_0, z_1, \ldots, z_k, \ldots$ soit en entier dans l'intérieur de C';

2° Que la différence entre la somme $\Sigma f(z_k)(z_{k+1} - z_k)$ et sa limite $\int_K f(z)\,dz$ ait son module moindre qu'une quantité ε choisie à volonté;

3° Enfin, que la différence entre cette somme et l'intégrale $\int_P f(z)\,dz$, prise sur le contour du polygone inscrit P, ait également son module $< \varepsilon$.

Pour établir ce dernier point, qui seul a besoin de démonstration, considérons le terme

$$f(z_k)(z_{k+1} - z_k)$$

correspondant au côté $z_k z_{k+1}$. Il est remplacé, dans l'intégrale correspondante $\int_P f(z)\,dz$, par l'expression suivante

$$\lim \Sigma f(z'_{ik})(z'_{i+1,k} - z'_{ik}),$$

où $z'_{ik}, z'_{i+1,k}, \ldots$ sont des points de division infiniment voisins pris sur la droite $z_k z_{k+1}$.

Comme on a

$$z_{k+1} - z_k = \Sigma(z'_{i+1,k} - z'_{ik}),$$

la différence entre ces deux expressions sera la limite de la somme

$$\Sigma\,[f(z'_{ik})-f(z_k)]\,(z'_{i+1,k}-z'_{ik}),$$

dont le module est au plus égal à

$$\mathrm{M}_k\,\Sigma\,\mathrm{mod}(z'_{i+1,k}-z'_{ik})=\mathrm{M}_k\,\mathrm{mod}(z_{k+1}-z_k)=\mathrm{M}_k\,l_k,$$

l_k désignant la longueur du côté $z_{k+1}-z_k$, et M_k le maximum des modules des quantités $f(z'_{ik})-f(z_k)$.

Raisonnant de même sur chacun des côtés du polygone et désignant par M le maximum des quantités M_k, et par L la longueur de la courbe K, on aura pour limite supérieure du module de la différence cherchée

$$\Sigma\,\mathrm{M}_k\,l_k \overline{\gtrless}\, \mathrm{M}\,\Sigma\,l_k \overline{\gtrless}\, \mathrm{ML}.$$

D'ailleurs, le point z'_{ik} étant situé sur la droite $z_k z_{k+1}$, on aura

$$\mathrm{mod}(z'_{ik}-z_k)\overline{\gtrless}\,\mathrm{mod}(z_{k+1}-z_k).$$

Donc les différences $z'_{ik}-z_k$ et, par suite, les quantités $f(z'_{ik})-f(z_k)$ tendent uniformément vers zéro avec δ. On peut donc, en prenant δ assez petit, rendre M moindre que $\frac{\varepsilon}{\mathrm{L}}$, ce qui démontre notre proposition.

Si donc nous établissons que l'intégrale $\int f(z)\,dz$ est nulle pour tout polygone P, le théorème sera démontré, car le module de l'intégrale $\int_{\mathrm{K}} f(z)\,dz$, étant $< 2\varepsilon$, quelque petit que soit ε, sera rigoureusement nul.

60. Le contour polygonal P peut se traverser lui-même en certains points; le nombre de ces traversées sera limité et au plus égal à $\frac{n(n-1)}{2}$, n étant le nombre des côtés du polygone. Partons, dans ce cas, d'un point quelconque du contour pour le décrire dans le sens de l'intégration, jusqu'à ce qu'on traverse pour la première fois les parties déjà décrites. La portion de contour comprise entre ces deux passages au même point formera un contour partiel qui ne se traverse pas lui-même. Si l'on suppose le théorème établi pour un semblable contour, on pourra négliger cette portion de la ligne d'intégration, et il ne restera plus qu'à faire la démonstration pour le contour restant, où le nombre des traversées est diminué.

On voit donc qu'il suffit d'établir notre proposition pour un contour polygonal qui ne se traverse pas lui-même. Or l'intérieur d'un semblable contour peut se décomposer en triangles. Supposons le théorème établi pour chacun de ces triangles; la somme des intégrales obtenues en faisant le tour de chacun de ces triangles, dans le sens direct, par exemple, sera nulle. Mais les côtés de ces triangles qui ne font pas partie du contour P étant décrits deux fois en sens contraire, les intégrales correspondantes se détruisent deux à deux; et l'intégrale restante sera précisément celle qu'on obtient en décrivant le contour P.

Nous avons ainsi ramené la démonstration du théorème au cas où le contour K, au lieu d'être une courbe rectifiable quelconque, dont la notion est un peu confuse, se réduit à un triangle.

61. Soient a, b, c les affixes des trois sommets de ce triangle; il faut prouver qu'on a

$$\int_{ab} f(z)\,dz + \int_{bc} f(z)\,dz + \int_{ca} f(z)\,dz = 0.$$

Or, si nous posons

$$z = a + (b-a)t,$$

il viendra

$$\int_{ab} f(z)\,dz = \int_0^1 f[a+(b-a)t](b-a)\,dt,$$

la nouvelle variable t étant réelle.

On a de même

$$\int_{bc} = -\int_{cb} = -\int_0^1 f[c+(b-c)t](b-c)\,dt,$$

$$\int_{ca} = -\int_{ac} = -\int_0^1 f[a+(c-a)t](c-a)\,dt$$

et, par suite,

$$\int_{ab} f(z)\,dz + \int_{ca} f(z)\,dz$$
$$= \int_0^1 \big\{ f[a+(b-a)t](b-a) - f[a+(c-a)t](c-a) \big\}\,dt.$$

Or, si l'on pose

$$f[a+(c-a)t+(b-c)\theta t][c-a+(b-c)\theta] = \mathrm{F}(t,\theta),$$

θ variant de 0 à 1, le point dont l'affixe est $a+(c-a)t+(b-c)\theta t$ décrira la parallèle au côté cb qui joint les points $a+(c-a)t$ et

$a+(b-a)t$, et restera situé dans l'intérieur du triangle. On aura d'ailleurs

$$\begin{aligned} &f[a+(b-a)t](b-a)-f[a+(c-a)t](c-a)\\ &\quad = \mathrm{F}(t,1)-\mathrm{F}(t,0)=\int_0^1 \frac{\partial \mathrm{F}}{\partial \theta}\,d\theta \end{aligned}$$

et, par suite,

$$\begin{aligned} \int_{ab}+\int_{ca} &= \int_0^1\int_0^1 \frac{\partial \mathrm{F}}{\partial \theta}\,d\theta\,dt\\ &= \int_0^1\int_0^1 \left\{ \begin{array}{l} f\,[a+(c-a)t+(b-c)\theta t](b-c)\\ +f'[a+(c-a)t+(b-c)\theta t][c-a+(b-c)\theta](b-c)t \end{array} \right\} dt\,d\theta\\ &= \int_0^1\int_0^1 \frac{\partial}{\partial t}(b-c)t\,f[a+(c-a)t+(b-c)\theta t]\,dt\,d\theta. \end{aligned}$$

Effectuant l'intégration par rapport à t, cette expression deviendra

$$\int_0^1 (b-c)\,f[c+(b-c)\theta]\,d\theta = -\int_{bc} f(z)\,dz,$$

ce qu'il fallait démontrer.

62. Nous avons indiqué, en divers endroits de cet Ouvrage, la possibilité de concevoir des fonctions admettant une ligne continue de points critiques. Un exemple simple d'une semblable fonction nous est fourni par la fonction modulaire $\varphi^8(\rho)$, considérée au t. II, n° 388. Cette fonction est définie par un produit convergent, seulement pour les valeurs de ρ situées au-dessus de l'axe des x; sa propriété fondamentale est que, si l'on pose

$$\rho_1 = \frac{\alpha+\beta\rho}{\gamma+\delta\rho},$$

α, δ étant deux entiers pairs et β, γ deux entiers impairs, liés par la relation $\beta\gamma-\alpha\delta=1$, on aura

$$\varphi^8(\rho_1)=\varphi^8(\rho).$$

Si $\rho = r+si$, s étant positif, on aura

$$\rho_1 = \frac{\alpha+\beta r+\beta si}{\gamma+\delta r+\delta si} = r_1+s_1 i$$

en posant, pour abréger,

$$r_1 = \frac{(\alpha+\beta r)(\gamma+\delta r)+\beta\delta s^2}{(\gamma+\delta r)^2+\delta^2 s^2}, \qquad s_1 = \frac{s}{(\gamma+\delta r)^2+\delta^2 s^2}.$$

Donc s_1 sera positif comme s, et le point ρ_1 sera, comme le point ρ, au-dessus de l'axe des x.

Mais nous allons montrer que, en choisissant convenablement les coefficients de la substitution, on peut faire en sorte que ρ_1 se rapproche, autant qu'on voudra, d'une quantité réelle quelconque a.

Supposons d'abord $a = 0$, et posons

$$\gamma = \beta = 2n + 1, \qquad \alpha = 2, \qquad \delta = 2n(n+1),$$

n étant un entier quelconque. Il est clair que, si n croît indéfiniment, ρ_1 tendra vers zéro et s'en rapprochera autant qu'on voudra.

Faisons maintenant une nouvelle substitution

$$\rho_2 = \frac{\alpha' + \beta'\rho_1}{\gamma' + \delta'\rho_1};$$

ρ_1 étant supposé infiniment voisin de zéro, ρ_2 sera infiniment voisin de $\frac{\alpha'}{\gamma'}$; mais, d'autre part, les entiers α' et γ', qui sont assujettis à la seule condition d'être l'un pair, l'autre impair et premiers entre eux, peuvent être choisis de telle sorte que $\frac{\alpha'}{\gamma'}$ se rapproche de a autant qu'on voudra.

On voit donc que; quelle que soit la position du point a sur l'axe des x et quel que soit le point ρ, on pourra trouver un point a' infiniment voisin de a, pour lequel on ait

$$\varphi^8(a') = \varphi^8(\rho).$$

Tous les points de l'axe des x sont donc des points d'indétermination pour la fonction modulaire. Cette ligne forme ainsi une limite naturelle, au-dessous de laquelle la fonction ne peut être prolongée.

63. La notion des intégrales d'une variable imaginaire permet aisément d'expliquer les discontinuités qu'offrent en général les fonctions représentées par des intégrales définies, lorsque le paramètre variable dont elles dépendent passe par une valeur pour laquelle l'intégrale cesse d'être finie et déterminée.

Considérons, pour fixer les idées, l'intégrale définie

$$I = \int_L \frac{F(t, z)}{G(t, z)}\, dt,$$

F et G désignant des fonctions entières et L une ligne déterminée, ayant une tangente en chacun de ses points, et dont nous désignerons les extrémités par a et b.

Pour une valeur particulière donnée à t, l'équation

$$G(t, z) = 0$$

donnera en général pour z une série de racines $\zeta_1, \zeta_2, \ldots$, simples ou multiples, en nombre fini ou infini, mais isolées les unes des autres (t. II, n° 315). Réciproquement, à chaque valeur de z correspondront une série de valeurs $\theta_1, \theta_2, \ldots$ de t.

Soient θ, ζ deux valeurs associées de t et de z, satisfaisant à l'équation

$$G(\theta, \zeta) = 0.$$

Si aucune des deux dérivées partielles $\frac{\partial G}{\partial \theta}, \frac{\partial G}{\partial \zeta}$ ne s'annule, l'équation

$$G(t, z) = 0$$

définira t comme fonction de la variable imaginaire z, et réciproquement, aux environs des points θ, ζ. Si donc on fait décrire au point t diverses courbes rayonnant autour du point θ, le point z décrira en partant du point ζ une série de courbes correspondantes, se coupant suivant les mêmes angles (t. II, n° 256).

Supposons maintenant que le point t décrive la courbe L d'un mouvement continu. Chacune des valeurs de z, racines de l'équation $G(t, z) = 0$, décrira un arc de courbe correspondant. L'ensemble de ces arcs formera une ou plusieurs courbes, fermées ou non, avec ou sans points multiples, que nous désignerons par Z.

Si l'on donne à z une valeur particulière, qui ne soit pas située sur la ligne Z, l'expression $G(t, z)$ ne s'annulera en aucun point de la ligne d'intégration L; l'intégrale I aura une valeur finie et déterminée, ainsi que ses dérivées successives, que l'on pourra former par la règle connue de la dérivation sous le signe $\int$. Donc I sera une fonction de la variable imaginaire z dans l'intérieur de tout contour qui ne traverse pas Z.

64. Au contraire, si z traverse la ligne Z, I éprouvera en général une discontinuité brusque.

Soit, en effet, ζ un point de cette ligne. A ce point correspondent une série de valeurs de t, racines de l'équation $G(t, \zeta) = 0$, et dont l'une au moins se trouvera sur la ligne L.

Celles de ces racines $t_1, t_2, \ldots$ qui ne sont pas sur L, formant un système de points isolés, sont en nombre limité dans une partie quelconque du plan; elles sont donc toutes à distance finie de L.

Soient $\theta_1, \theta_2, \ldots, \theta_n$ les autres racines, situées sur L. Admettons : 1° qu'aucune d'elles ne soit égale à a ni à b; 2° que pour chacune d'elles, telle que θ_k, on ait

$$\frac{\partial G(\theta_k, \zeta)}{\partial \zeta} \gtrless 0, \quad \frac{\partial G(\theta_k, \zeta)}{\partial \theta_k} \gtrless 0.$$

Lorsque t décrit l'arc de L voisin de θ_k, la fonction z définie par l'équation $G(t, z) = 0$ et par la condition $z = \zeta$ pour $t = \theta_k$ décrira un arc de la ligne Z passant par ζ. On aura donc n branches de Z se croisant en ζ, et qui correspondent respectivement aux n racines $\theta_1, \ldots, \theta_n$; et chacune de ces branches aura une tangente déterminée.

Faisons maintenant décrire à z une ligne quelconque M, ayant également une tangente déterminée, et qui coupe en ζ les branches précédentes sous des angles finis.

Soient $\zeta - \varepsilon$ et $\zeta + \varepsilon'$ deux points de cette ligne infiniment voisins de ζ et situés de part et d'autre de ce point.

Lorsque z variera de $\zeta - \varepsilon$ à $\zeta + \varepsilon'$, celles des racines de l'équation $G(t, z) = 0$, qui pour $z = \zeta$ se réduisent à $t_1, t_2, \ldots$, décriront aux environs de ces points des arcs de courbe infiniment petits $N_1, N_2, \ldots$, lesquels resteront à distance finie de L.

Celles de ces racines qui se réduisent à $\theta_1, \theta_2, \ldots$ décriront au contraire des arcs de courbe infiniment petits $P_1, P_2, \ldots$ qui traversent L aux points $\theta_1, \theta_2, \ldots$ sous des angles égaux à ceux que M fait avec les diverses branches de Z. Soient $\theta_1 - \eta_1, \theta_2 - \eta_2, \ldots$ et $\theta_1 + \eta'_1, \theta_2 + \eta'_2, \ldots$ les valeurs de ces racines pour $z = \zeta - \varepsilon$ et $z = \zeta + \varepsilon'$.

Concevons que l'on déforme la ligne d'intégration L, sans lui faire traverser les points $\theta_1 - \eta_1, \theta_2 - \eta_2, \ldots$, assez pour qu'elle ne traverse plus les lignes $P_1, P_2, \ldots$, mais trop peu pour qu'elle coupe les lignes $N_1, N_2, \ldots$. Soit L' la nouvelle ligne ainsi obtenue. L'intégrale $\int \frac{F(t, z)}{G(t, z)} dz$ prise sur la ligne L' variera d'une manière continue lorsque z varie de $\zeta - \varepsilon$ à $\zeta + \varepsilon'$. D'autre part, pour $z = \zeta - \varepsilon$, cette nouvelle intégrale est égale à l'intégrale primitive suivant L; car on peut passer de la ligne L à la ligne L' sans traverser aucun des points critiques $\theta_1 - \eta_1, \ldots$ de la fonction à intégrer. Au contraire, pour $z = \zeta + \varepsilon'$, les deux lignes L et L' comprendront entre elles les points critiques $\theta_1 + \eta'_1, \theta_2 + \eta'_2 + \ldots$, et les résidus correspondant à ces points étant respectivement égaux à

$$\frac{F(\theta_k + \eta'_k, \zeta + \varepsilon')}{\frac{\partial}{\partial \theta_k} G(\theta_k + \eta'_k, \zeta + \varepsilon')},$$

on aura

$$\left(\int_L - \int_{L'}\right)\left[\frac{F(t, \zeta+\varepsilon')}{G(t, \zeta+\varepsilon')}\right] dt = 2\pi i \sum \lambda_k \frac{F(\theta_k + \eta'_k, \zeta+\varepsilon')}{\frac{\partial}{\partial\theta_k} G(\theta_k+\eta'_k, \zeta+\varepsilon')},$$

λ_k étant égal à $+1$ ou à -1 suivant que le point $\theta_k + \eta'_k$ sera à la gauche ou à la droite de la ligne L.

Si donc ε et ε' tendent vers zéro, la différence entre les deux intégrales

$$\int_L \frac{F(t, \zeta+\varepsilon')}{G(t, \zeta+\varepsilon')} dt \quad \text{et} \quad \int_L \frac{F(t, \zeta-\varepsilon)}{G(t, \zeta-\varepsilon)} dt$$

tendra vers la quantité finie

$$2\pi i \sum \lambda_k \frac{F(\theta_k, \zeta)}{\frac{\partial}{\partial\theta_k} G(\theta_k, \zeta)}.$$

65. Il est ainsi établi que la ligne Z est une ligne de discontinuité pour l'intégrale $\int_L \frac{F(t, z)}{G(t, z)} dz$. Toutefois, la fonction de la variable imaginaire z, que cette intégrale représente, n'est pas limitée à cette ligne, mais peut être prolongée au delà; car nous venons de voir qu'en remplaçant la ligne d'intégration L par une autre ligne L', on peut, sans altérer la valeur de l'intégrale pour les valeurs de z comprises entre $\zeta-\varepsilon$ et ζ, faire que l'intégrale et ses dérivées conservent leur continuité de $\zeta-\varepsilon$ à $\zeta+\varepsilon'$.

L'intégrale $\int \frac{F(t, z)}{G(t, z)} dz$, où la ligne d'intégration, d'abord dirigée suivant L, se déforme progressivement suivant le besoin, représente donc une fonction de la variable imaginaire z, qui ne peut avoir d'autres points critiques que les suivants :

1° Ceux qui satisfont à l'une des équations

$$G(a, z) = 0, \qquad G(b, z) = 0;$$

2° Ceux pour lesquels on aurait à la fois

$$G(t, z) = 0 \qquad \text{et} \qquad \frac{\partial G}{\partial t} = 0 \qquad \text{ou} \qquad \frac{\partial G}{\partial z} = 0.$$

66. Considérons le cas où la ligne Z partage le plan en plusieurs régions distinctes R, R_1, ...

Dans chacune de ces régions, telle que R, l'intégrale

$$I = \int_L \frac{F(t, z)}{G(t, z)} dz$$

représente une fonction de z, qui peut être prolongée en dehors de la région R à la condition de modifier la ligne d'intégration. Chacune des régions R_1, etc., donne un résultat analogue. Mais on peut se demander si les diverses fonctions de z ainsi obtenues sont identiques entre elles. L'exemple suivant montre qu'il n'en est pas nécessairement ainsi.

Considérons l'intégrale

$$I = \int_{-\infty}^{\infty} \left(\frac{A_1}{t - z + \alpha_1 + \beta_1 i} + \ldots + \frac{A_n}{t - z + \alpha_n + \beta_n i} \right) dt,$$

où les α_k, β_k sont des constantes réelles, et les A des constantes satisfaisant à l'équation

$$A_1 + \ldots + A_n = 0.$$

L'intégration se fait d'ailleurs suivant l'axe des x.

En réduisant les fractions en une seule, on voit que le numérateur sera d'un degré moindre de deux unités au moins que le dénominateur. L'intégrale aura donc une valeur finie et déterminée, à moins que le dénominateur ne s'annule sur la ligne d'intégration, ce qui aura lieu si la partie imaginaire de z est égale à l'une des quantités $\beta_1 i, \ldots, \beta_n i$. La ligne Z sera donc formée dans cet exemple de parallèles à l'axe des x, qui ont pour équations $y = \beta_1, \ldots, y = \beta_n$. Supposons, pour fixer les idées $\beta_1 < \beta_2 < \ldots < \beta_n$.

La fonction à intégrer a pour pôles les points $z - \alpha_k - \beta_k i$, et les résidus correspondants sont les A_k. Or on sait (t. II, n° 287) que la valeur de l'intégrale est égale au produit de $2\pi i$ par la somme de ceux de ces résidus qui appartiennent à des pôles situés au-dessus de l'axe des x. Si donc z est situé dans la région comprise entre les parallèles $y = \beta_k$ et $y = \beta_{k+1}$, on aura

$$I = 2\pi i(A_1 + \ldots + A_k).$$

Cette fonction est une constante, variable d'une région à l'autre; et les diverses constantes ainsi obtenues ne sont pas les branches d'une même fonction.

Nous avions d'ailleurs obtenu un résultat du même genre (t. II, n°s 292-295). Nous avons montré en effet qu'une même intégrale définie était égale à X_n ou à $-X_n$ suivant la valeur du paramètre.

67. Il est également facile de trouver des séries dépendant d'une variable imaginaire z et qui représentent des fonctions différentes de cette variable dans diverses régions du plan.

Pour en donner un exemple, considérons l'expression

$$\frac{1}{1+z^n}.$$

Pour $n=\infty$, cette expression aura pour limite zéro, si $\operatorname{mod} z > 1$; 1 si $\operatorname{mod} z < 1$.

Cela posé, soient $\varphi(z)$, $\psi(z)$ deux fonctions quelconques de z; considérons la série

$$\frac{\psi(z)+\varphi(z)}{2} + \sum_1^\infty [\psi(z)-\varphi(z)]\left(\frac{1}{1+z^n} - \frac{1}{1+z^{n-1}}\right).$$

La somme des n premiers termes de cette série est

$$\varphi(z) + \frac{\psi(z)-\varphi(z)}{1+z^n},$$

et, pour $n=\infty$, cette expression tendra vers $\varphi(z)$ ou vers $\psi(z)$, suivant que le module de z sera >1 ou <1.

On voit, par ces exemples, que l'on doit établir une distinction entre les fonctions d'une variable imaginaire et les formules analytiques qui peuvent servir à les représenter, la coïncidence entre la fonction et ces formules n'ayant souvent lieu que dans une portion limitée du plan.

FIN.

11054 Paris. — Imprimerie de GAUTHIER-VILLARS, quai des Augustins, 55.

For EU product safety concerns, contact us at Calle de José Abascal, 56–1°, 28003 Madrid, Spain or eugpsr@cambridge.org.

www.ingramcontent.com/pod-product-compliance
Ingram Content Group UK Ltd.
Pitfield, Milton Keynes, MK11 3LW, UK
UKHW040617240426
470322UK00010B/183
* 9 7 8 1 1 0 8 0 6 4 7 1 2 *